U0248937

西北内陆区水资源安全保障理论与技术

冯 起等 著

科 学 出 版 社
北 京

内 容 简 介

本书根据多年实地调查和观测结果，结合室内分析、论证、研究，在野外技术、试验、示范的基础上撰写而成。以变化环境下西北内陆区水资源安全保障为需求，构建适宜西北内陆区的水资源安全评价理论方法，定量评价西北内陆区水资源安全状况，阐明西北内陆区冰川消融、降水径流、绿洲耗水、地表水-地下水转化等关键水循环要素的时空变化特征，建立高寒山区分布式水文模型、绿洲区和荒漠区水循环耦合模型，并预测西北内陆区变化环境下水循环要素演化趋势，集成保水节水、多水源开发利用、荒漠绿洲生态保护等技术体系，创建面向生态的荒漠绿洲水资源调配技术、水资源-经济社会-生态环境多维协同优化技术，提出西北内陆区水资源安全保障体系与对策，可为丝绸之路经济带的水资源安全提供理论支撑。

本书可供水文、水利、大气、环境、资源等相关专业科研、管理单位的工作人员及高等院校师生参考。

图书在版编目（CIP）数据

西北内陆区水资源安全保障理论与技术 / 冯起等著. —北京：科学出版社，2024.1

ISBN 978-7-03-068678-7

Ⅰ. ①西…　Ⅱ. ①冯…　Ⅲ. ①水资源管理-研究-西北地区　Ⅳ. ①TV213.4

中国版本图书馆 CIP 数据核字（2021）第 076475 号

责任编辑：杨向萍　汤宇晨 / 责任校对：王　瑞
责任印制：师艳茹 / 封面设计：陈　敬

科学出版社 出版
北京东黄城根北街 16 号
邮政编码：100717
http://www.sciencep.com

北京中科印刷有限公司 印刷
科学出版社发行　各地新华书店经销

*

2024 年 1 月第　一　版　开本：720 × 1000　1/16
2024 年 1 月第一次印刷　印张：25 1/4　插页：7
字数：506 000

定价：358.00 元

（如有印装质量问题，我社负责调换）

《西北内陆区水资源安全保障理论与技术》撰写委员会

主　任：冯　起

副主任：龙爱华　王宁练　钟德钰　薛联青　李福生

委　员：（按汉语拼音排序）

曹广超　曹生奎　陈安安　陈丽娟　董彦丽　顾声龙
郭　瑞　郭小燕　何新林　侯红雨　黄　昌　贾　冰
姜海波　李宝锋　李俊峰　李丽琴　李宗省　刘　兵
刘　静　刘　蔚　刘　文　马　龙　苗庆丰　宋晓龙
王春霞　王亚竹　王燕云　温小虎　吴　婕　吴　敏
吴玉伟　席海洋　杨　广　杨林山　尹振良　鱼腾飞
张　沛　张成琦　张世强　赵　焱　赵良菊　朱　猛

前　言

西北内陆区，西起帕米尔高原国境线，东至阴山、贺兰山、乌鞘岭，北自国境线，南接羌塘高原，分别与黄河、长江、额尔齐斯河、伊犁河、额敏河流域及内蒙古高原内陆水系（巴彦淖尔市以东）、羌塘高原内陆水系为邻，约占我国国土面积的 23%。随着“一带一路”倡议的提出，该地区无论在经济社会发展、国际贸易往来，还是民族团结、国防建设和边疆稳定等方面，都具有越来越重要的地位。

西北内陆区的水资源系统独特，高山冰雪、山地涵养林、平原绿洲、河流尾闾湖泊构成了内陆水文系统和相伴而生的生态系统。在变化环境下，区域的冰川融水、降水径流、蒸散发等水循环要素必然发生变化，使得西北内陆区水资源系统的变化过程更为复杂，不确定性增加。面向丝绸之路经济带生态安全的需求，西北内陆区水资源高效利用及绿洲生态保护是迫切需要解决的问题。因此，开展变化环境下西北内陆区多尺度水循环过程及水资源安全研究极为必要。

针对西北内陆区水循环和水安全，“九五”至“十二五”期间开展了大量工作，如国家“九五”科技攻关项目“西北地区水资源合理开发利用与生态环境保护研究”、中国科学院知识创新工程重大项目课题“中国西部气候与环境演化科学评估”和国家自然科学基金委重大研究计划“黑河流域生态–水文过程集成研究”等，已在水循环机理、水资源转化规律、生态水文过程耦合、气候变化对水循环和水资源的影响等方面取得了重要进展，积累了由简单分散向深入综合层面突破的良好基础。变化环境下面向生态安全的西北内陆区水资源配置研究还较薄弱，西北内陆区水资源安全保障的技术支撑不足，特别是水资源“开源”仍主要局限在传统的地表水与地下水水源，而空中水资源、微咸水、矿井疏干水和再生水等非常规水源开发与高效利用的技术研发没有得到足够重视与实践，流域尺度的水资源调配等技术体系尚有争议。因此，从开源和节流两方面重点突破保水节水、空中与地表水资源联合利用、水资源–经济社会–生态环境多维协同优化等关键技术，构建水资源安全保障体系，缓解水资源短缺压力，为丝绸之路经济带水资源安全保障提供科技支撑。

为解决区域水资源安全保障问题，团队开展了西北内陆区大气、水文、水资源、土壤、生态变化的系列研究工作，得到了初步的结论，集成本书。全书共七章。第 1 章是西北内陆区水资源安全状况与评估，构建适宜西北内陆区的水资源承载潜力分析理论方法和指标体系，建立变化环境下的西北内陆区水资源安全风险评估理论方法和模型，定量评估西北内陆区水资源安全及风险。第 2 章是变化环境下西北内陆区多尺度水循环过程与模拟，开展西北内陆区冰川消融、降水径流、绿洲耗水、地表水–地下水转化等关键水循环要素的时空变化特征研究，揭示变化环境下西北内陆区典型流域多尺度水循环机理，预测西北内陆区未来水循环要素及水资源演化趋势。第 3 章是西北内陆区空中水资源开发利用技术，建立“空–地”水循环的流域水资源演化模型，评估西北内陆区空中水资源开发潜力，研发空中与地表水资源联合高效利用技术。第 4 章是西北内陆区多水源开发利用关键技术，分析西北内陆区微咸水和矿井疏干水分布特征，评估微咸水和矿井疏干水开发利用潜力，提出西北内陆区微咸水和矿井疏干水的开发与利用技术；评估再生水利用潜力，提出西北内陆区再生水资源在城市绿化、河湖湿地等方面的综合利用模式。第 5 章是西北内陆区保水节水技术集成与应用，量化各类生态系统水源涵养功能，构建水源涵养区水文调蓄功能提升技术，提出西北内陆区不同立地条件下水源涵养和水土保持的植被空间优化模式；集成干旱绿洲区输水渠道的防渗抗冻胀技术，开发消减水库群水量损失的山区水库与平原水库联合调度技术，提出绿洲灌区节水灌溉模式下农田防护林适宜的灌溉方式及灌溉制度。第 6 章是西北内陆区荒漠绿洲生态保护的水资源调控关键技术，研发绿洲区地表水优化配置、河–渠轮灌和适时补水技术，提出荒漠绿洲生态稳定的地表水与地下水联合调控技术；研发不同流域生态水量调度技术，提出基于生态用水安全的流域尺度水资源优化配置技术及调度方案。第 7 章是西北内陆区水资源多维协同配置与安全保障，集成西北内陆区水资源安全保障的保水节水、生态水调控、多水源利用等水资源调控技术，提出多维协同优化配置技术和水资源安全保障综合配置方案；初步构建西北内陆区水资源安全保障框架与体系，为丝绸之路经济带水资源安全提供保障。

本书由冯起、尹振良、杨林山、朱猛等组织撰写和定稿，冯起、尹振良负责统稿工作，全书由撰写委员会共同完成，分工如下：第 1 章由龙爱华等撰写，第 2 章由王宁练等撰写，第 3 章和第 4 章由钟德钰等撰写，第 5 章由薛联青等撰写，第 6 章由冯起等撰写，第 7 章由李福生等撰写。

本书是在国家重点研发计划项目“西北内陆区水资源安全保障技术集成与应用”（2017YFC0404300）、中国科学院前沿科学重点研究项目“气候变化对西北干旱区水循环的影响及水资源安全研究”（QYZDJ-SSW-DQC031）、甘肃省自然科学基金重大项目“祁连山涵养水源生态系统与水文过程相互作用及其对气候变化的适应研究”（18JR4RA002）、中国科学院 STS 项目“祁连山极端环境生态恢复与非常规水利用技术示范”及甘肃省祁连山生态环境研究中心共同资助下完成的，在此一并表示感谢！

本书在总结西北内陆区三十年来大气、水文、水资源、土壤、生态特征研究成果的基础上凝练而成，研究内容有较强综合性，涉及的学科多、内容覆盖面广，仍有许多科学和实践问题需要进一步探究。本书撰写历时十年，几易其稿，书中不足之处在所难免，敬请读者不吝赐教。

作　者

2023年1月

目　录

第1章 西北内陆区水资源安全状况与评估

1.1 西北内陆区自然状况

西北内陆区地处丝绸之路经济带核心区，是我国生态安全格局的重点区域(冯起等，2019)。根据西北内陆区的范围及各主要子水系(流域)特征，可划分为 10 个子流域或分区：河西内陆河、青海湖水系、柴达木盆地、吐哈盆地小河、古尔班通古特荒漠区、天山北麓诸河、塔里木河源流、昆仑山北麓诸小河、塔里木河干流、塔里木盆地荒漠区。

1.1.1 西北内陆区自然概况

西北内陆区，西起帕米尔高原国境线，东至阴山、贺兰山、乌鞘岭，北自国境线，南接羌塘高原，分别与黄河、长江、额尔齐斯河、伊犁河、额敏河流域及内蒙古高原内陆水系(巴彦淖尔市以东)、羌塘高原内陆水系为邻(钱正英等，2004)，地处东经 73°26′～106°58′、北纬 34°41′～47°58′，总面积 216.31 万 km^2，约占我国国土面积的 23%。省级区划中属于西北内陆区的有新疆维吾尔自治区 137.51 万 km^2、青海省 30.74 万 km^2、甘肃省 24.44 万 km^2、内蒙古自治区 23.62 万 km^2。随着我国西部国土资源开发步伐加快，西北内陆区无论在经济社会发展、国际贸易交往，还是民族团结、国防建设和边疆稳定等方面都具有十分重要的地位。

从西部帕米尔高原伸向本区域的主要山系有天山、喀喇昆仑山、昆仑山及其余脉阿尔金山、祁连山，诸山阻隔形成塔里木盆地、准噶尔盆地、柴达木盆地、青海湖盆地、河西走廊和阿拉善高原等地貌单元(黄河勘测规划设计有限公司，2014)。区内高山巍峨，沙漠广阔，河流绿洲宛如串珠，穿插分布于山前和沙漠之间，形成我国西北内陆区奇特的地形地貌景观。塔里木盆地西南海拔 8611m 的乔戈里峰为本区域的最高峰，盆地东北部海拔−155m 的艾丁湖为世界上仅次于死海的第二低地。

西北内陆区深居欧亚大陆腹地，受蒙古高压和大陆气团控制，为典型大陆性气候。来自地中海的水汽受帕米尔高原阻碍后强度减弱，沿横断山脉峡谷北上的印度洋暖湿气流被东西走向的一系列平行高山阻挡，难以到达本区域，从太平洋来的东南季风和暖流越过贺兰山的机会较少。因此，西北内陆区大部分地区干旱少雨，蒸发强烈，昼夜温差大(黄河勘测规划设计有限公司，2014；胡安焱，2003)。平原沙漠地区年平均气温 4～8℃，年积温 2000～4000℃，无霜期 120～160d，日照时数 2550～3600h(董雪娜，2006)。除海拔很高的山区外，大部分地区年降水量在 200mm 以下，部分沙漠戈壁地区甚至在 10mm 以下(邓铭江，2018)。多数地区水面年蒸发量在 800～2850mm(E601 蒸发器)，分布规律与年降水量相反，蒸发量大的地区降水量小，蒸发量小的地区降水量大。

西北内陆区干旱少雨，土地资源利用受到制约。根据中国科学院地理科学与资源研究所 2018 年土地利用解译结果，西北内陆区灌溉面积 902 万 hm^2，仅占全区总面积的 4.17%，荒地多达 1.45 亿 hm^2，占全区总面积的 67.13%(徐新良等，2018)。该区地域广阔，物种丰富，拥有许多珍稀宝贵物种，如属于国家保护植物的胡杨等，属于国家保护动物的野牛、野驴、雪豹、天鹅等。区内矿产资源丰富，品种多、品位高，矿脉集中，开发价值巨大。柴达木盆地有 30 余种珍贵的盐湖资源，总储量 2400 亿 t。其中，铷、锂、钾盐、镁盐和芒硝储量约占全国总储量的 90%。勘探结果表明，准噶尔盆地蕴藏着 15 个巨大的油气田，其中石油资源总储量 86 亿 t，天然气资源总储量 2.1 万亿 m^3。截至 2016 年，柴达木盆地探明油田 16 处，石油资源总储量 12 亿 t；油气田 6 处，天然气资源总储量 7900 亿 m^3。塔里木盆地探明油气田 27 处，石油资源总储量 4 亿 t，天然气资源总储量 6448 亿 m^3。该区还有丰富的有色金属与稀土金属矿藏，位于河西走廊的金川县镍矿保有储量占全国的 70%以上，共生的铂族金属储量占全国同类金属总储量的五分之三。

1.1.2 西北内陆区水资源开发利用存在的问题

1) 水资源总量短缺，开发利用率高

从水资源总量分析，西北内陆区多年平均地表水资源量为 1425.8 亿 m^3，地下水资源量为 699.6 亿 m^3，扣除两者的重复量，多年平均水资源总量只有 1592.5 亿 m^3。其中，内陆干旱区为 986.2 亿 m^3，半干旱草原区为 107.3 亿 m^3，黄河流域区为 499 亿 m^3。从水资源开发利用程度分析，按 2015 年的供水量计，全国水资源的开发利用率(供水量占水资源总量的比例)为 22.6%，西北地区为 59.8%，其中黄河流域为 62.6%，内陆河流域为 56.3%，远高于全国平均水平，尤其是石羊河流域、黑河流域、塔里木河流域、准噶尔盆地内流区，水资源开发利用率分别高达 154%、112%、91%、92%。

2) 用水量大，用水结构不合理

从供水端来看，2015 年西北内陆区总供水量达到 952.6 亿 m^3，其中地表水 722.7 亿 m^3，地下水 222.9 亿 m^3，污水回用及雨水利用 7.0 亿 m^3，占比分别为 75.9%、23.4%和 0.7%。从流域尺度分析，黄河流域总供水量为 320.0 亿 m^3，内陆河流域总供水量为 632.6 亿 m^3。从用水端来看，2015 年西北内陆区全部用水量中，农业用水 830.7 亿 m^3，占 87.2%；工业用水 54.1 亿 m^3，占 5.7%；生活用水 40.3 亿 m^3，占 4.2%。农业用水量过大，用水结构不合理，是西北内陆区水资源短缺的最主要原因之一。全区人均综合用水量 936m^3(黄河流域 459m^3，内陆河流域 2047m^3)，是全国人均综合用水量的 2.1 倍。在水资源十分短缺的情况下，人均综合用水量反而很大，水资源浪费现象严重。

3) 用水效率低下，单方水 GDP 产出低于全国平均水平

从用水效率分析，受干旱气候和生产水平的综合影响，西北地区农田综合灌溉定额为 505m^3/亩（1 亩≈666.667m^2），是全国平均值的 1.29 倍；万元国内生产总值（gross domestic product，GDP）用水量为 183m^3，是全国平均水平的 2.05 倍。从西北地区内部分析，不同地区用水效率差异性极为显著，单方水 GDP 产出为 55 元，仅为全国平均产出量的 49%，新疆更低，只有 16 元。

4) 生态用水被大量挤占，生态环境不断恶化

西北内陆区气候干旱，水土资源分布不平衡，大部分地区水资源匮乏，地多水少，生态环境脆弱。由于人们对生态环境关注不够，盲目开垦，乱砍滥伐，超载过牧，经济发展挤占生态环境用水，导致植被退化和土地沙化，生态环境恶化。上游绿洲大量引水改变了水资源的天然分布格局，导致尾闾湖泊严重萎缩甚至干涸。例如，新疆著名的罗布泊于 20 世纪 70 年代干涸；塔里木河下游断流数十年；艾比湖水面缩小；黑河下游狼心山断面断流，年断流时间由 20 世纪 50 年代的每年约 100 天延长到 20 世纪末的近 200 天，下游来水减少，导致黑河尾闾的西、东居延海分别于 1961 年、1992 年干涸；石羊河下游的青土湖也演变为沙漠，流沙厚 3～4m，严重威胁当地居民的生产条件。

地下水的大量超采，造成地下水位持续下降，形成大范围地下水降落漏斗。西北内陆区存在地下水漏斗区 17 处，其中石羊河流域最为严重，地下水位平均下降 10～20m，民勤县一些地方甚至达 30m 以上。地下水位的下降，进一步加剧了植被退化和土地沙化的进程(黄河勘测规划设计有限公司，2014；杨国宪等，2011)。

5) 废污水处理率低，部分城市河段污染严重

近年来西北内陆区经济快速增长的同时，废污水和污染物排放量、入河量逐年增加，部分城市河段水环境超载，水污染较重。在现状调查评价的 279 个水功能区中，有 31 个水功能区化学需氧量（chemical oxygen demand，COD）或氨氮入河量超过了水域承载能力，占水功能区总数的 11.1%，且均位于城市河段。28 个水功能区 COD 超载，现状入河量超出纳污能力的 4.3 倍；31 个水功能区氨氮超载，现状入河量超出纳污能力的 6.3 倍。超载水功能区主要分布在黑河、疏勒河、石羊河等河西内陆河，天山北麓诸河和阿克苏河、叶尔羌河、开都–孔雀河等

塔里木河源流区的城市河段。

西北内陆区废污水和污染物排放量增加，但处理率一直很低，主要原因是经济基础薄弱，城市基础设施建设缓慢，城市排水管网和污水处理设施的建设严重滞后于城市建设。大量未经有效处理的工业废水和生活污水进入地表水域，造成城市河段水体污染。受污染比较严重的城市河段如新疆乌鲁木齐市的水磨河、甘肃武威市的石羊河、甘肃玉门市的石油河等，现状水质多为V类或劣V类。

随着西部开发，经济社会快速发展，西北内陆区城市河段水污染问题越来越突出。因此，在经济发展的同时，必须对水资源合理利用进行有效保护，加大水污染治理力度，以促进经济和环境的和谐发展。

6) 水资源管理滞后，难以适应现代管理的要求

西北内陆区一方面水资源贫乏，生态环境脆弱；另一方面水资源开发利用水平滞后，上中下游之间、各用水行业之间激烈争水，多部门管理的事权划分不清，水资源无序开发现象普遍，水利、环保部门职能有交叉，缺乏必要的协调和协商机制，联合治污机制尚未建立，难以适应水资源现代化管理的需要。

综上，亟须以流域为单元，完善管理机构，强化管理职能，强化流域统一规划、统一治理、统一调度、统一管理；建立运转高效、机构协调、政令畅通、令行禁止的水资源管理调度行政体系，建立完善配套水量调度工程监控体系，建立先进实用、功能齐全的水资源管理调度决策支持体系，建立水资源总量控制和定额管理体系，完善建立水利、环保部门联合治污机制，保证水资源公平、合理、科学地调配，使水质达到水功能区水质目标，生态系统得到一定改善和恢复，以水资源的可持续利用促进相关地区经济、社会协调可持续发展(田小强，2013)。

1.2 西北内陆区水资源评价

1.2.1 西北内陆区水资源总体评价

以2016年为现状年，为便于不同时段水文系列对比分析，将1956～2016年降水及水资源系列分为1956～2000年、2001～2016年和1956～2016年时间系列，并选取典型河流，分析西北内陆区水资源变化情况。

根据全国第三次水资源调查评价初步成果，西北内陆区1956～2000年平均年降水量为123.49mm，1956～2016年平均年降水量为129.83mm，与1956～2000年相比偏多5.13%；2001～2016年平均年降水量为147.67mm，与1956～2000年相比偏多19.58%，较1956～2016年偏多13.74%。详见表1-1～表1-3。

表 1-1　1956～2000 年西北内陆区各流域水资源评价结果

流域分区	平均年降水量/mm	地表水资源量/亿 m^3	地下水不重复计算量/亿 m^3	水资源总量/亿 m^3
河西内陆河	113.62	73.51	10.33	83.84
青海湖水系	349.71	24.83	8.71	33.54
柴达木盆地	118.81	50.71	5.93	56.64
吐哈盆地小河	87.91	20.17	3.02	23.19
古尔班通古特荒漠区	66.77	0.08	0.00	0.08
天山北麓诸河	262.98	100.34	9.83	110.17
塔里木河源流	188.05	296.67	14.55	311.22
昆仑山北麓诸小河	96.92	40.48	2.70	43.18
塔里木河干流	39.45	0.00	0.12	0.12
塔里木盆地荒漠区	18.02	0.05	0.00	0.05
西北内陆区	123.49	606.84	55.19	662.03

表 1-2　1956～2016 年西北内陆区各流域水资源评价结果

流域分区	平均年降水量/mm	地表水资源量/亿 m^3	地下水不重复计算量/亿 m^3	水资源总量/亿 m^3
河西内陆河	115.67	76.17	10.51	86.68
青海湖水系	363.57	27.31	8.74	36.05
柴达木盆地	125.51	53.54	6.00	59.54
吐哈盆地小河	89.53	20.66	3.03	23.69
古尔班通古特荒漠区	70.11	0.09	0.00	0.09
天山北麓诸河	273.65	102.25	9.96	112.21
塔里木河源流	201.69	305.90	14.72	320.62
昆仑山北麓诸小河	107.78	44.98	2.74	47.72
塔里木河干流	39.68	0.00	0.18	0.18
塔里木盆地荒漠区	18.62	0.05	0.00	0.05
西北内陆区	129.83	630.95	55.88	686.83

表 1-3　2001～2016 年西北内陆区各流域水资源评价结果

流域分区	平均年降水量/mm	地表水资源量/亿 m^3	地下水不重复计算量/亿 m^3	水资源总量/亿 m^3
河西内陆河	121.41	83.64	11.02	94.66

续表

流域分区	平均年降水量/mm	地表水资源量/亿 m³	地下水不重复计算量/亿 m³	水资源总量/亿 m³
青海湖水系	402.53	34.31	8.84	43.15
柴达木盆地	144.34	61.48	6.19	67.67
吐哈盆地小河	94.07	22.04	3.06	25.10
古尔班通古特荒漠区	79.49	0.10	0.00	0.10
天山北麓诸河	303.65	107.64	10.31	117.95
塔里木河源流	240.05	331.86	15.22	347.08
昆仑山北麓诸小河	138.31	57.62	2.85	60.47
塔里木河干流	40.31	0.00	0.32	0.32
塔里木盆地荒漠区	20.31	0.05	0.00	0.05
西北内陆区	147.67	698.74	57.81	756.55

西北内陆区 1956～2000 年水资源总量为 662.03 亿 m³，1956～2016 年水资源总量为 686.83 亿 m³，与 1956～2000 年相比偏多 3.74%；2001～2016 年水资源总量为 756.55 亿 m³，与 1956～2000 年相比偏多 14.28%，较 1956～2016 年偏多 10.15%。

1.2.2 西北内陆区水资源演变

1. 典型河流径流量演变

由于新疆和甘肃的水资源总量占西北内陆区水资源总量的 80%以上，用水总量占西北内陆区用水总量的 95%左右，选用塔里木河流域、天山北麓诸河和河西内陆河等水资源二级区的典型河流进行研究，分析其演变趋势和突变年份。其中，塔里木河流域选择塔里木河干流、阿克苏河、叶尔羌河、和田河和开都–孔雀河 5 条河流，天山北麓诸河选择玛纳斯河和奎屯河 2 条河流，河西内陆河选择黑河、昌马河和杂木河 3 条河流。

近 60 年来，塔里木河流域的阿克苏河、叶尔羌河、和田河、开都–孔雀河山区来水量和塔里木河干流阿拉尔站多年平均径流量分别为 77.92 亿 m³、67.21 亿 m³、45.33 亿 m³、35.21 亿 m³ 和 46.01 亿 m³。在全球气候变暖的背景下，塔里木河流域源流区降水量增大，冰川消融加速，1956～2016 年径流量整体呈现上升趋势，4 条源流径流量变化趋势有所差异与其所处的地理位置有关(刘静等，2019)。自西向东的纬向西风环流是塔里木河流域水汽输送的主要载体，西风环流带来的水汽受到喀喇昆仑山和昆仑山的阻挡，难以到达和田河流域，使流域山区降水量北部多于南部，从而形成了源流径流量从北部阿克苏河向南部和田河的增加趋势逐渐减小的局面(王娇，2006)。塔里木河干流多年径流量呈现微弱的下降趋势，这与人类活动的影响密切相关。从图 1-1 中也可以看出，源流区的突变年份大多在 20 世纪 90 年代，这与我国西北暖湿化时间相符(20 世纪 80 年代中期西北地区气候转型)，但存在明显的滞后效应。

如图 1-2 所示，天山北麓玛纳斯河(肯斯瓦特站)和奎屯河(将军庙站)多年平均径流量分别为 12.71 亿 m^3 和 6.58 亿 m^3，径流演变呈现微弱上升趋势，突变点位于 20 世纪 90 年代。天山北麓诸河与塔里木河流域突变情况类似，都是受西北地区暖湿化的影响。

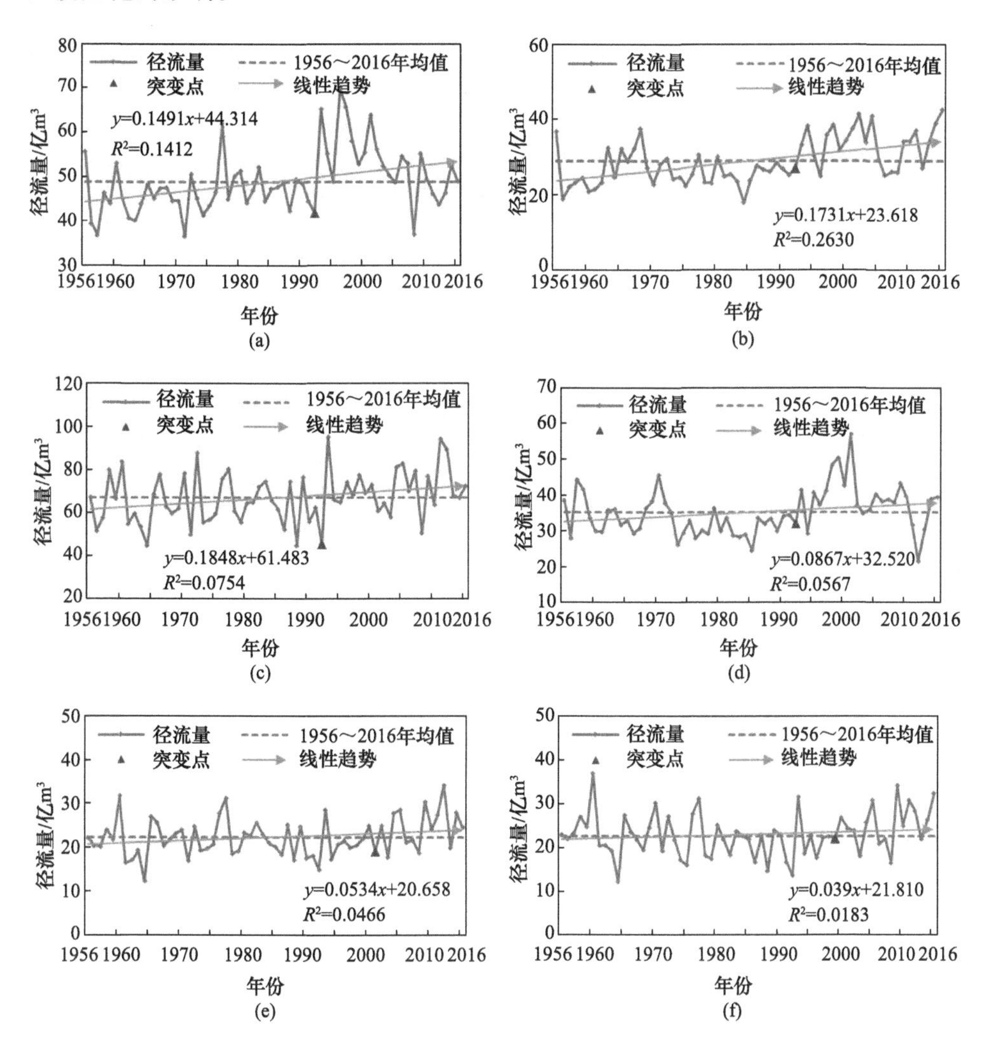

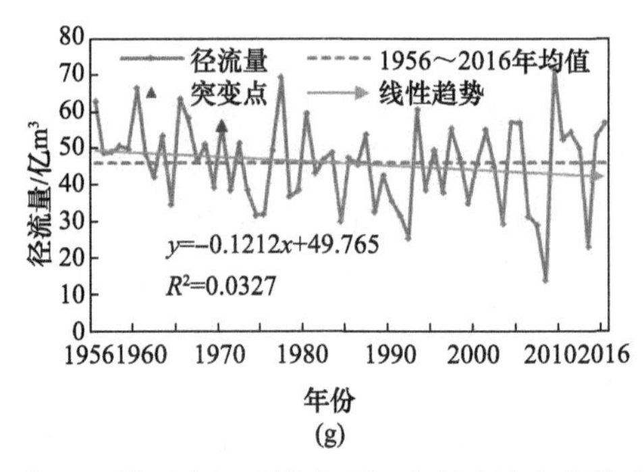

图 1-1 塔里木河流域典型河流径流演变趋势(见彩图)

(a)阿克苏河协合拉站；(b)阿克苏河沙里桂兰克站；(c)叶尔羌河卡群站；(d)开都–孔雀河大山口站；(e)和田河乌鲁瓦提站；(f)和田河同古孜洛克站；(g)塔里木河干流阿拉尔站

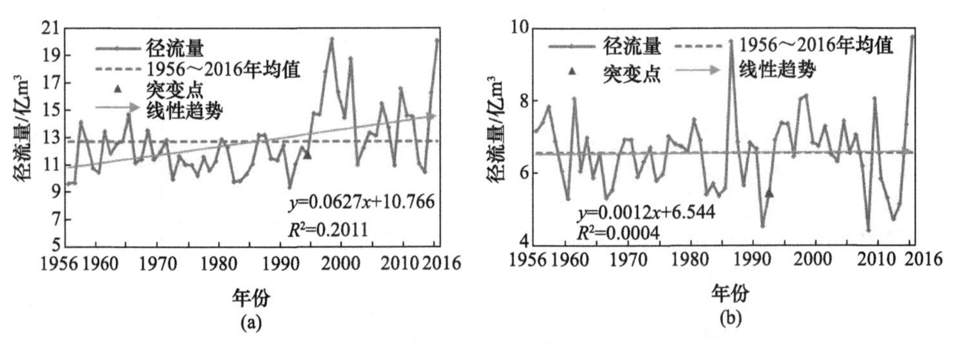

图 1-2 天山北麓诸河典型河流径流演变趋势(见彩图)

(a)玛纳斯河肯斯瓦特站；(b)奎屯河将军庙站

河西内陆河黑河莺落峡站和昌马河昌马堡站多年平均径流量分别为16.42 亿 m^3 和 9.91 亿 m^3，径流演变呈现明显的上升趋势，突变点位于 2000 年前后(图 1-3)，明显晚于新疆地区；石羊河流域杂木河杂木寺站的多年平均径流量为 2.37 亿 m^3，径流演变呈现微弱的下降趋势，这是人类活动加强、用水量增加造成的。

2. 西北内陆区水资源总量演变

将 2001～2016 年与 1956～2000 年西北内陆区水资源变化量及变化率进行比较，结果如表 1-4 所示。区内增“湿”、增“流”情况普遍，年均降水量由 123.49mm 增至 147.67mm，增加 19.58%；地表径流量增加了 91.90 亿 m^3，整体增加率为 15.14%。受暖湿化现象的影响，西北内陆区水资源总量增加 14.28%，各分区水资源总量也均为增加趋势。

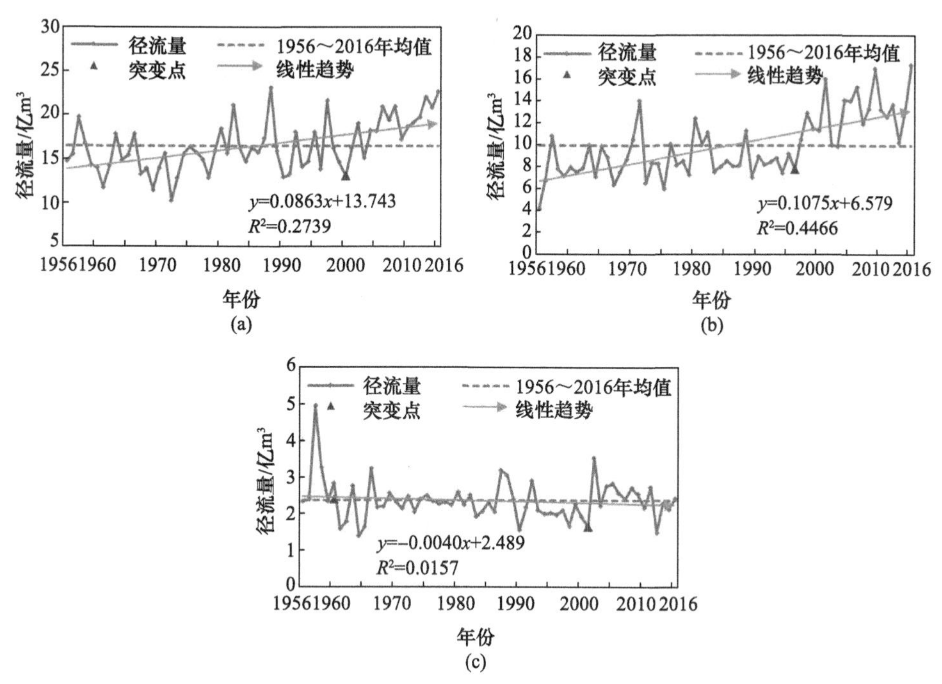

图 1-3　河西内陆河典型河流径流演变趋势(见彩图)

(a)黑河莺落峡站；(b)昌马河昌马堡站；(c)杂木河杂木寺站

表 1-4　2001～2016 年与 1956～2000 年水资源变化量与变化率

流域分区	变化量			变化率/%		
	降水量/mm	地表径流量/亿 m³	水资源总量/亿 m³	降水量	地表径流量	水资源总量
河西内陆河	7.78	10.12	10.81	6.85	13.77	12.89
青海湖水系	52.82	9.48	9.62	15.10	38.20	28.68
柴达木盆地	25.53	10.77	11.03	21.49	21.24	19.47
吐哈盆地小河	6.16	1.87	1.91	7.01	9.26	8.23
古尔班通古特荒漠区	12.72	0.02	0.02	19.04	20.23	20.23
天山北麓诸河	40.67	7.30	7.79	15.47	7.28	7.07
塔里木河源流	52.00	35.19	35.86	27.65	11.86	11.52
昆仑山北麓小河	41.38	17.13	17.28	42.70	42.32	40.02
塔里木河干流	0.86	0.00	0.20	2.18	—	156.72
塔里木盆地荒漠区	2.29	0.00	0.00	12.73	2.19	2.19
西北内陆区	24.18	91.90	94.51	19.58	15.14	14.28

1.3　西北内陆区水资源开发利用

1.3.1　水资源开发利用

西北内陆区水资源开发历史悠久，开渠、筑坝、引水、屯垦，与农业耕作有关的水资源开发活动可以追溯到公元前一世纪。河西内陆河的黑河流域灌溉农业始自汉朝初期，在中游开凿千斤渠，下游兴修甲渠、合即渠，屯垦成边，曾在汉、唐、西夏形成居延–黑城绿洲，黑河流域进入农业和农牧开发的交错时期(唐霞等，2015)。唐朝中期，黑河流域开始大兴水利，建成了盈科、大满、小满、大官(永利)、加官五渠，灌溉面积 46.5 万亩。明朝洪武二十五年(1392 年)，移民屯田，水利再度发展，在张掖兴修了龙首渠、梨园渠等，在山丹县修建了白石崖渠，在临泽县修建了板桥渠和昔喇渠(颉耀文和汪桂生，2014)。分布于吐鲁番市和哈密市一带的坎儿井，可以汇集渗入山麓砂砾带的高山融雪水，并引水灌溉。由于种种历史原因，水资源开发利用程度相当低。20 世纪 50 年代，开展了大规模的水资源开发利用。20 世纪 80 年代以来，随着改革开放的不断深入和我国北方水资源危机的出现，水资源开发利用从重点为农村服务转向为全社会服务，西北内陆区城市供水事业得到长足的发展，农业节水得到较大发展。

21 世纪以来，西北内陆区积极调整产业结构，引进先进的技术设备，这片热土也注入了生机。2000～2016 年，西北内陆区建成了乌鲁瓦提水利枢纽、峡口水库、柳树沟水库、塔西河石门子水利枢纽等一批重点水利工程，全区供水保证程度大大提高(刘静等，2019)，2016 年总供水量达到 575.79 亿 m^3，比 2000 年总供水量增多 28.93%。农业仍是西北内陆区第一大用水户，农业用水所占比例超过 90%，其中新疆农业用水比例最大，高达 94.46%，见表 1-5 和表 1-6。由于西北内陆区用水效率尤其是农业灌溉效率提高和工农业结构调整等，各地区万元 GDP 用水量逐年减少，由 2005 年的 1528m^3 减少到 2016 年的 520m^3，减少幅度高达 65.97%，但与全国及其他流域相比，万元 GDP 用水量仍处于较高水平。2016 年西北内陆区万元 GDP 用水量约为全国平均水平的 6.4 倍，见表 1-7。

表 1-5　西北内陆区 2016 年实际供水量统计表　（单位：亿 m^3）

省(自治区)	地表水源供水量		地下水源供水量	其他水源供水量	总供水量
	小计	其中调水			
新疆	368.09	1.36	107.45	0.94	476.48

续表

省(自治区)	地表水源供水量		地下水源供水量	其他水源供水量	总供水量
	小计	其中调水			
青海	9.45	0.00	1.86	0.07	11.38
甘肃	54.29	2.37	20.19	0.99	75.47
内蒙古	10.35	0.00	2.08	0.03	12.46
合计	442.18	3.73	131.58	2.03	575.79

注：数据源自各地区水资源公报。

表 1-6　西北内陆区 2016 年实际用水量统计表　(单位：亿 m^3)

省（自治区）	农业用水量	工业用水量	生活用水量	生态环境补水量	总用水量
新疆	450.1	11.8	9.8	4.7	476.4
青海	9.2	1.2	0.3	0.5	11.2
甘肃	68.5	4.2	2.2	10.6	85.5
内蒙古	1.7	0.6	0.1	0.2	2.6
合计	529.5	17.8	12.4	16.0	575.7

注：数据源自各地区水资源公报。

表 1-7　西北内陆区用水水平分析

年份	人均用水量/m^3	万元 GDP 用水量/m^3	城镇居民人均用水/($L\cdot d^{-1}$)	万元工业增加值用水量/m^3
2005 年	2089	1528	229	115.0
2010 年	2052	745	195	50.0
2016 年	2333	520	153	52.5
全国平均(2016 年)	438	81	220	52.8

注：数据源自各地区水资源公报；万元 GDP 用水量和万元工业增加值用水量按当年价格计算。

西北内陆区水资源的禀赋和开发利用在空间上差异明显，各区域可开发利用的水资源量具有区域特征。新疆内陆区水资源总量占西北内陆区水资源总量的 74.05%，用水量占西北内陆区总用水量的比例最大，高达 82.75%；青海内陆区水资源总量仅次于新疆，但用水量却很小，仅有 11.2 亿 m^3，所占比例为 1.95%；甘肃内陆区水资源总量较小，但用水量占比仅次于新疆，接近 15%，见表 1-8。

表 1-8 1956～2016 年西北内陆区各地区面积与多年平均水资源量空间分配结果

省（自治区）	面积/万 km^2	面积占比/%	水资源总量/亿 m^3	水资源总量占比/%	用水量/亿 m^3	用水量占比/%
新疆	137.51	63.57	508.57	74.05	476.5	82.75
青海	30.74	14.21	119.87	17.45	11.2	1.95
甘肃	24.44	11.30	53.66	7.81	85.5	14.85
内蒙古	23.62	10.92	4.73	0.69	2.6	0.45
合计	216.31	—	686.83	—	575.8	—

1.3.2 西北内陆区虚拟水流动

基于国家统计局发布的 2012 年、2007 年和 2002 年区域间投入产出表与地区间投入产出表，核算了 2012 年西北内陆区不同地区的虚拟水流动情况(苏守娟，2020)。

2012 年西北内陆区虚拟水量为 571.26 亿 m^3，本地使用量为 207.26 亿 m^3；流出总量为 388.10 亿 m^3，其中出口量为 61.06 亿 m^3，流出到我国其他省份的虚拟水量为 327.04 亿 m^3；流入总量为 24.10 亿 m^3，其中进口量为 7.85 亿 m^3，从我国其他省份流入的虚拟水量为 16.25 亿 m^3。从虚拟水流动总体情况来看，西北内陆区呈虚拟水净流出状态，净流出量为 364.00 亿 m^3（表 1-9）。

表 1-9 2012 年西北内陆区虚拟水流动量 (单位：亿 m^3)

区域	虚拟水量	本地使用量	流出		流入		净流出量
			出口量	其他省份流出量	进口量	其他省份流入量	
甘肃	79.53	94.53	0.30	4.76	1.60	18.47	−15.01
青海	15.69	19.18	0.12	0	3.61	0	−3.50
新疆北部	192.65	−5.97	35.01	183.95	1.00	19.34	198.62
新疆南部	283.39	111.77	34.81	145.05	0.42	7.81	171.63
西北内陆区	571.26	207.26	61.06	327.04	7.85	16.25	364.00

2012 年西北内陆区社会经济系统内部虚拟水转移如图 1-4 所示。农林牧渔业虚拟水量最大，为 296.83 亿 m^3，占虚拟水总量的 51.96%；其次是食品制造及烟草加工业、建筑业、化学工业、纺织服装鞋帽皮革羽绒及其制品业和纺织业等部门。农业是高耗水部门，直接用水系数为 0.24，部门直接用水量为 538.81 亿 m^3，虚拟水量为 296.83 亿 m^3，小于其直接用水量，说明农业部门生产最终产品完全实际需要的水资源量为 296.83 亿 m^3，其余的 241.98 亿 m^3 在经济生产过程中以虚

拟水的形式蕴含在农业部门产品中，作为原料或中间产品转移到了其他部门。

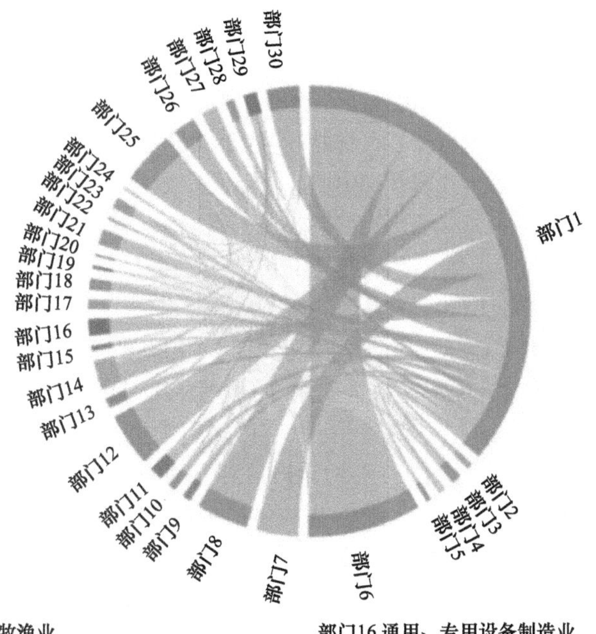

图 1-4　2012 年西北内陆区社会经济系统内部虚拟水转移图(见彩图)

工业中直接用水量较大的部门有水的生产和供应业，为 9.92 亿 m^3，建筑业为 3.26 亿 m^3，石油和天然气开采业为 3.15 亿 m^3，电力、热力的生产和供应业为 2.61 亿 m^3。完全用水量较大的部门有食品制造及烟草加工业，为 55.75 亿 m^3，建筑业为 28.31 亿 m^3，化学工业为 25.80 亿 m^3，纺织服装鞋帽皮革羽绒及其制品业为 24.90 亿 m^3。其中，食品制造及烟草加工业完全用水量远大于直接用水量，直接用水量仅为 1.26 亿 m^3，虚拟水净转移量为 54.49 亿 m^3，说明该部门在生产过程中主要依赖于其他部门提供原料和中间产品才能完成最终产品的生产。根据转移矩阵可知，食品制造及烟草加工业主要接收了农林牧渔业(54.53 亿 m^3)，水的生产和供应业(0.14 亿 m^3)，电力、热力的生产和供应业(0.03 亿 m^3)，石油和天然气开采业(0.01 亿 m^3)等部门的虚拟水。建筑业直接用水量为 3.25 亿 m^3，远远小于完全用水量，在经济生产过程中主要接收了来自农林牧渔业(23.05 亿 m^3)，水的生产和供应业(0.85 亿 m^3)，金属冶炼及压延加工业(0.33 亿 m^3)，电力、热力的生产和供应业(0.24 亿 m^3)等部门的虚拟水。化学工业直接用水量为 1.44 亿 m^3，远小于其完全用水量，在生产过程中主要接收了农林牧渔业(24.06 亿 m^3)，水的生产和供应业为(0.32 亿 m^3)，石油和天然气开采业(0.15 亿 m^3)，电力、热力的生产和供应业(0.11 亿 m^3)等部门的虚拟水。纺织服装鞋帽皮革羽绒及其制品业直接用水量为 0.05 亿 m^3，小于其完全用水量，主要接收了农林牧渔业(24.59 亿 m^3)，水的生产和供应业(0.14 亿 m^3)，纺织业(0.03 亿 m^3)等部门的虚拟水。

第三产业中直接用水量较大的部门有批发和零售业，为 0.57 亿 m^3，交通运输、邮政及仓储业为 0.53 亿 m^3。完全用水量最大的部门是交通运输、邮政及仓储业，完全用水量为 10.68 亿 m^3，远大于其直接用水量，在经济生产过程中主要接收了农林牧渔业(9.88 亿 m^3)，水的生产和供应业(0.15 亿 m^3)，石油和天然气开采业(0.05 亿 m^3)，电力、热力的生产和供应业(0.03 亿 m^3)等部门的虚拟水。完全用水量排第二位的部门为住宿和餐饮业，完全用水量 7.43 亿 m^3，大于其直接用水量为 0.16 亿 m^3，主要接收了农林牧渔业(7.23 亿 m^3)，食品制造及烟草加工业(0.05 亿 m^3)，水的生产和供应业(0.04 亿 m^3)等部门的虚拟水。

如图 1-4 所示，从区域间虚拟水贸易来看，农林牧渔业是虚拟水流出量最大的部门，流出量为 369.91 亿 m^3，占西北内陆区总流出量的 95.31%，其中 84.61%(312.97 亿 m^3)流向我国其他省份，其余 15.39%(56.94 亿 m^3)通过出口流向国外。农林牧渔业流入量为 16.58 亿 m^3，其中从我国其他省份流入 12.95 亿 m^3，其余 3.63 亿 m^3 来自进口，净流出量为 353.33 亿 m^3。虚拟水流出量位居第二的部门为石油和天然气开采业，流出量为 2.35 亿 m^3，占虚拟水流出总量的 0.60%，流入量为 0.81 亿 m^3，净流出量为 1.54 亿 m^3。金属冶炼及压延加工业虚拟水流出量为 1.47 亿 m^3，占虚拟水流出总量的 0.38%，流入量为 0.30 亿 m^3，净流出量为 1.18 亿 m^3。根据区域间虚拟水贸易计算结果，西北内陆区流向广东的虚拟水量最多，为 39.53 亿 m^3，占我国其他省份虚拟水流出总量的 12.09%，其余依次为山东 30.63 亿 m^3、山西 20.70 亿 m^3、黑龙江 20.65 亿 m^3、上海 20.56 亿 m^3、河南 17.15 亿 m^3 等。从我国其他省份流入西北内陆区虚拟水量最多的省份为黑龙江，流入量为 2.75 亿 m^3，其余依次为广东 1.79 亿 m^3、辽宁 1.47 亿 m^3、广西 1.26 亿 m^3、湖南 0.96 亿 m^3、江西 0.93 亿 m^3 等。

1.4 西北内陆区水资源承载潜力

本节将从行政区和流域两个层面评价西北内陆区水资源承载潜力，共有 24

个地级行政区参加评价，其中内蒙古自治区 1 个，甘肃省 6 个，青海省 5 个，新疆维吾尔自治区 12 个；共有 25 个水资源三级区参加评价，详见表 1-10。

表 1-10　参加评价的行政区与水资源区

省级行政区	地级行政区	水资源二级区	水资源三级区
内蒙古自治区	阿拉善盟	河西内陆河	石羊河
甘肃省	嘉峪关市		黑河
	酒泉市		疏勒河
	张掖市		河西荒漠区
	金昌市	青海湖水系	青海湖水系
	武威市	柴达木盆地	柴达木盆地东部
	白银市		柴达木盆地西部
青海省	海北藏族自治州	吐哈盆地小河	巴伊盆地
	海南藏族自治州		哈密盆地
	果洛藏族自治州		吐鲁番盆地
	玉树藏族自治州	古尔班通古特荒漠区	古尔班通古特荒漠区
	海西蒙古族藏族自治州	天山北麓诸河	东段诸河
新疆维吾尔自治区	乌鲁木齐市		中段诸河
	克拉玛依市		艾比湖水系
	吐鲁番市	塔里木河源流	和田河
	哈密市		叶尔羌河
	昌吉回族自治州		喀什噶尔河
	博尔塔拉蒙古自治州		阿克苏河
	巴音郭楞蒙古自治州		渭干河
	阿克苏地区		开都–孔雀河
	克孜勒苏柯尔克孜自治州	昆仑山北麓小河	克里雅河诸小河
	喀什地区		车尔臣河诸小河
	和田地区	塔里木河干流	塔里木河干流
	石河子市	塔里木盆地荒漠区	塔克拉玛干沙漠
			库木塔格沙漠

1.4.1 用水总量承载状况

西北内陆区用水总量严重超载的地级行政区有 4 个，约占 16.7%；用水总量超载的地级行政区有 12 个，占 50.0%；用水总量临界超载的地级行政区有 5 个，约占 20.8%；用水总量不超载的地级行政区有 3 个，占 12.5%。总体而言，青海省和新疆维吾尔自治区用水总量整体处于严重超载状态，甘肃省用水总量整体处于超载状态，内蒙古自治区用水总量整体为不超载状态(表 1-11)。

表 1-11 西北内陆区各省(自治区)用水总量指标评价结果

省级行政区	地级行政区	用水总量指标评价
内蒙古自治区	阿拉善盟	不超载
甘肃省	嘉峪关市	超载
	酒泉市	临界超载
	张掖市	超载
	金昌市	超载
	武威市	临界超载
	白银市	临界超载
	小计	超载
青海省	海北藏族自治州	严重超载
	海南藏族自治州	临界超载
	果洛藏族自治州	不超载
	玉树藏族自治州	不超载
	海西蒙古族藏族自治州	临界超载
	小计	严重超载
新疆维吾尔自治区	乌鲁木齐市	超载
	克拉玛依市	超载
	吐鲁番市	严重超载
	哈密市	超载
	昌吉回族自治州	严重超载
	博尔塔拉蒙古自治州	超载
	巴音郭楞蒙古自治州	超载
	阿克苏地区	超载

续表

省级行政区	地级行政区	用水总量指标评价
新疆维吾尔自治区	克孜勒苏柯尔克孜自治州	超载
	喀什地区	超载
	和田地区	超载
	石河子市	严重超载
	小计	严重超载

内蒙古自治区阿拉善盟用水总量不超载；甘肃省 3 个地级行政区用水总量超载，分别是嘉峪关市、张掖市和金昌市，3 个地级行政区用水总量处于临界超载状态，分别是酒泉市、武威市和白银市，无不超载和严重超载地区；青海省海北藏族自治州用水总量严重超载，果洛藏族自治州和玉树藏族自治州用水总量不超载，海西蒙古族藏族自治州和海南藏族自治州用水总量处于临界超载状态；新疆维吾尔自治区 3 个地级行政区用水总量严重超载，分别是吐鲁番市、昌吉回族自治州和石河子市，其余 9 个地级行政区用水总量均超载。

从流域区划来看，西北内陆区用水总量超载的水资源三级区有 15 个，占 60%；用水总量临界超载的水资源三级区有 9 个，占 36%；用水总量不超载的水资源三级区有 1 个，占 4%。总体而言，河西内陆河、柴达木盆地、天山北麓诸河、塔里木河源流、昆仑山北麓小河、塔里木河干流和塔里木盆地荒漠区用水总量整体处于超载状态；青海湖水系、吐哈盆地小河和古尔班通古特荒漠区用水总量整体处于临界超载状态（表 1-12）。

表 1-12　西北内陆区水资源分区用水总量指标评价结果

水资源二级区	水资源三级区	用水总量指标评价
河西内陆河	石羊河	超载
	黑河	超载
	疏勒河	超载
	河西荒漠区	超载
	小计	超载
青海湖水系	青海湖水系	临界超载
柴达木盆地	柴达木盆地东部	超载
	柴达木盆地西部	超载
	小计	超载

续表

水资源二级区	水资源三级区	用水总量指标评价
吐哈盆地小河	巴伊盆地	临界超载
	哈密盆地	临界超载
	吐鲁番盆地	临界超载
	小计	临界超载
古尔班通古特荒漠区	古尔班通古特荒漠区	临界超载
天山北麓诸河	东段诸河	临界超载
	中段诸河	临界超载
	艾比湖水系	超载
	小计	超载
塔里木河源流	和田河	超载
	叶尔羌河	超载
	喀什噶尔河	超载
	阿克苏河	超载
	渭干河	超载
	开都–孔雀河	临界超载
	小计	超载
昆仑山北麓小河	克里雅河诸小河	不超载
	车尔臣河诸小河	超载
	小计	超载
塔里木河干流	塔里木河干流	超载
塔里木盆地荒漠区	塔克拉玛干沙漠	超载
	库木塔格沙漠	临界超载
	小计	超载

1.4.2 地下水承载状况

西北内陆区地下水开采量严重超载的地级行政区有 14 个，占 58.3%；超载的地级行政区有 2 个，占 8.3%；临界超载的地级行政区有 1 个，占 4.2%；不超载的地级行政区有 7 个，占 29.2%。总的来说，内蒙古自治区、甘肃省、新疆维吾尔自治区地下水开采量处于严重超载状态，青海省地下水开采量处于不超载状态（表1-13）。

表1-13 西北内陆区各省(自治区)地下水开采量综合评价结果

省级行政区	地级行政区	地下水开采量综合评价
内蒙古自治区	阿拉善盟	严重超载
青海省	海北藏族自治州	不超载
	海南藏族自治州	不超载
	果洛藏族自治州	不超载
	玉树藏族自治州	不超载
	海西蒙古族藏族自治州	不超载
	小计	不超载
甘肃省	嘉峪关市	严重超载
	酒泉市	严重超载
	张掖市	严重超载
	金昌市	严重超载
	武威市	超载
	白银市	严重超载
	小计	严重超载
新疆维吾尔自治区	乌鲁木齐市	严重超载
	克拉玛依市	临界超载
	吐鲁番市	严重超载
	哈密市	严重超载
	昌吉回族自治州	严重超载
	博尔塔拉蒙古自治州	严重超载
	巴音郭楞蒙古自治州	严重超载
	阿克苏地区	超载
	克孜勒苏柯尔克孜自治州	不超载
	喀什地区	严重超载
	和田地区	不超载
	石河子市	严重超载
	小计	严重超载

内蒙古自治区阿拉善盟地下水开采量处于严重超载状态；甘肃省武威市地下水开采量处于超载状态，张掖市、白银市、金昌市、酒泉市、嘉峪关市地下水开采量均处于严重超载状态；青海省5个地级行政区地下水开采量均不超载；新疆维吾尔自治区12个地级行政区中，和田地区和克孜勒苏柯尔克孜自治州地下水开采量不超载，克拉玛依市地下水开采量处于临界超载状态，阿克苏地区地下水开采量处于超载状态，巴音郭楞蒙古自治州、哈密市、乌鲁木齐市、吐鲁番市、昌吉回族自治州、石河子市、博尔塔拉蒙古自治州和喀什地区地下水开采量均处于严重超载状态。

地下水开采量严重超载的水资源三级区有8个，占32%；地下水开采量超载的水资源三级区有7个，占28%；地下水开采量临界超载的水资源三级区有9个，占36%；地下水开采量不超载的水资源三级区有1个，占4%。总体而言，吐哈盆地小河、天山北麓诸河、塔里木河源流和塔里木盆地荒漠区地下水开采量整体处于严重超载状态；青海湖水系、昆仑山北麓小河地下水开采量整体处于超载状态；河西内陆河、柴达木盆地、古尔班通古特荒漠区和塔里木河干流地下水开采量整体处于临界超载状态（表1-14）。

表1-14 西北内陆区水资源分区地下水开采量综合评价结果

水资源二级区	水资源三级区	地下水开采量综合评价
河西内陆河	石羊河	临界超载
	黑河	临界超载
	疏勒河	临界超载
	河西荒漠区	临界超载
	小计	临界超载
青海湖水系	青海湖水系	超载
柴达木盆地	柴达木盆地东部	不超载
	柴达木盆地西部	临界超载
	小计	临界超载
吐哈盆地小河	巴伊盆地	严重超载
	哈密盆地	严重超载
	吐鲁番盆地	严重超载
	小计	严重超载
古尔班通古特荒漠区	古尔班通古特荒漠区	临界超载
天山北麓诸河	东段诸河	严重超载
	中段诸河	严重超载

续表

水资源二级区	水资源三级区	地下水开采量综合评价
天山北麓诸河	艾比湖水系	严重超载
	小计	严重超载
塔里木河源流	和田河	超载
	叶尔羌河	超载
	喀什噶尔河	临界超载
	阿克苏河	超载
	渭干河	临界超载
	开都-孔雀河	严重超载
	小计	严重超载
昆仑山北麓小河	克里雅河诸小河	超载
	车尔臣河诸小河	超载
	小计	超载
塔里木河干流	塔里木河干流	临界超载
塔里木盆地荒漠区	塔克拉玛干沙漠	超载
	库木塔格沙漠	严重超载
	小计	严重超载

1.4.3　水量要素评价

西北内陆区取用水长期处于无序开发的混沌状态，灌溉引水不受调控地疯狂增长，区内部分中小河流已被消耗殆尽。西北内陆区 24 个地级行政区中，严重超载的地级行政区有 15 个，占 63%；超载的地级行政区有 5 个，占 21%；临界超载的地级行政区有 2 个，占 8%；不超载的地级行政区有 2 个，占 8%。从西北内陆区所属省级行政区来看，四省(自治区)水量要素均严重超载(表 1-15)。

表 1-15　西北内陆区各省(自治区)水量要素评价结果

省级行政区	地级行政区	水量要素评价
内蒙古自治区	阿拉善盟	严重超载
甘肃省	嘉峪关市	严重超载
	酒泉市	严重超载
	张掖市	严重超载

续表

省级行政区	地级行政区	水量要素评价
甘肃省	金昌市	严重超载
	武威市	超载
	白银市	严重超载
	小计	严重超载
青海省	海北藏族自治州	严重超载
	海南藏族自治州	临界超载
	果洛藏族自治州	不超载
	玉树藏族自治州	不超载
	海西蒙古族藏族自治州	临界超载
	小计	严重超载
新疆维吾尔自治区	乌鲁木齐市	严重超载
	克拉玛依市	超载
	吐鲁番市	严重超载
	哈密市	严重超载
	昌吉回族自治州	严重超载
	博尔塔拉蒙古自治州	严重超载
	巴音郭楞蒙古自治州	严重超载
	阿克苏地区	超载
	克孜勒苏柯尔克孜自治州	超载
	喀什地区	严重超载
	和田地区	超载
	石河子市	严重超载
	小计	严重超载

内蒙古自治区阿拉善盟水量要素处于严重超载状态；甘肃省武威市水量要素处于超载状态，其他5个地级行政区水量要素均处于严重超载状态；青海省果洛藏族自治州和玉树藏族自治州水量要素不超载，海西蒙古族藏族自治州和海南藏族自治州水量要素处于临界超载状态，海北藏族自治州水量要素处于严重超载状态；新疆维吾尔自治区12个地级行政区中，克拉玛依市、和田地区、阿克苏地区和克孜勒苏柯尔克孜自治州水量要素处于超载状态，其他8个地级行政区水量要

素均处于严重超载状态。

水量要素严重超载的水资源三级区有 11 个，占 44%；水量要素超载的水资源三级区有 3 个，占 12%；水量要素临界超载的水资源三级区有 11 个，占 44%。总体而言，河西内陆河、青海湖水系、吐哈盆地小河、古尔班通古特荒漠区、天山北麓诸河和塔里木河源流水量要素整体处于严重超载状态；柴达木盆地和昆仑山北麓小河水量要素整体处于超载状态；塔里木河干流和塔里木盆地荒漠区水量要素整体处于临界超载状态(表 1-16)。

表 1-16　西北内陆区水资源分区水量要素评价结果

水资源二级区	水资源三级区	水量要素评价
河西内陆河	石羊河	临界超载
	黑河	严重超载
	疏勒河	严重超载
	河西荒漠区	临界超载
	小计	严重超载
青海湖水系	青海湖水系	严重超载
柴达木盆地	柴达木盆地东部	超载
	柴达木盆地西部	临界超载
	小计	超载
吐哈盆地小河	巴伊盆地	严重超载
	哈密盆地	严重超载
	吐鲁番盆地	严重超载
	小计	严重超载
古尔班通古特荒漠区	古尔班通古特荒漠区	严重超载
天山北麓诸河	东段诸河	严重超载
	中段诸河	严重超载
	艾比湖水系	严重超载
	小计	严重超载
塔里木河源流	和田河	超载
	叶尔羌河	临界超载
	喀什噶尔河	临界超载
	阿克苏河	临界超载
	渭干河	临界超载

续表

水资源二级区	水资源三级区	水量要素评价
塔里木河源流	开都-孔雀河	严重超载
	小计	严重超载
昆仑山北麓小河	克里雅河诸小河	超载
	车尔臣河诸小河	临界超载
	小计	超载
塔里木河干流	塔里木河干流	临界超载
塔里木盆地荒漠区	塔克拉玛干沙漠	临界超载
	库木塔格沙漠	临界超载
	小计	临界超载

1.4.4　水质要素评价

西北内陆区 24 个地级行政区无严重超载；超载的地级行政区有 9 个，占 37.5%；临界超载的地级行政区有 3 个，占 12.5%；不超载的地级行政区有 12 个，占 50.0%。从省级行政区来看，甘肃省和新疆维吾尔自治区水质要素整体处于超载状态，内蒙古自治区水质要素整体为临界超载状态，青海省不超载(表 1-17)。

表 1-17　西北内陆区各省(自治区)水质要素评价结果

省级行政区	地级行政区	水质要素评价
内蒙古自治区	阿拉善盟	临界超载
甘肃省	嘉峪关市	不超载
	酒泉市	超载
	张掖市	超载
	金昌市	不超载
	武威市	超载
	白银市	不超载
	小计	超载
青海省	海北藏族自治州	不超载
	海西蒙古族藏族自治州	不超载
	海南藏族自治州	不超载

续表

省级行政区	地级行政区	水质要素评价
青海省	果洛藏族自治州	不超载
	玉树藏族自治州	不超载
	小计	不超载
新疆维吾尔自治区	乌鲁木齐市	临界超载
	克拉玛依市	临界超载
	吐鲁番市	不超载
	哈密市	不超载
	昌吉回族自治州	超载
	博尔塔拉蒙古自治州	超载
	巴音郭楞蒙古自治州	超载
	阿克苏地区	超载
	克孜勒苏柯尔克孜自治州	不超载
	喀什地区	不超载
	和田地区	超载
	石河子市	超载
	小计	超载

内蒙古自治区阿拉善盟水质要素处于临界超载状态；甘肃省 6 个地级行政区中，张掖市、武威市和酒泉市水质要素处于超载状态，其他 3 个地级行政区水质要素均处于不超载状态；青海省 5 个地级行政区均不超载；新疆维吾尔自治区 12 个地级行政区中，巴音郭楞蒙古自治州、昌吉回族自治州、博尔塔拉蒙古自治州、和田地区、阿克苏地区和石河子市水质要素处于超载状态，乌鲁木齐市、克拉玛依市处于临界超载状态，吐鲁番市、哈密市、喀什地区和克孜勒苏柯尔克孜自治州水质要素均处于不超载状态。

水质要素临界超载的水资源三级区有 15 个，占 60%；水质要素不超载的水资源三级区有 10 个，占 40%。总体而言，河西内陆河、吐哈盆地小河、古尔班通古特荒漠区、天山北麓诸河、塔里木河源流、塔里木河干流和塔里木盆地荒漠区水质要素整体处于临界超载状态；青海湖水系、柴达木盆地、昆仑山北麓小河水质要素整体处于不超载状态(表 1-18)。

表 1-18　西北内陆区水资源分区水质要素评价结果

水资源二级区	水资源三级区	水质要素评价
河西内陆河	石羊河	临界超载
	黑河	临界超载
	疏勒河	临界超载
	河西荒漠区	临界超载
	小计	临界超载
青海湖水系	青海湖水系	不超载
柴达木盆地	柴达木盆地东部	不超载
	柴达木盆地西部	不超载
	小计	不超载
吐哈盆地小河	巴伊盆地	临界超载
	哈密盆地	不超载
	吐鲁番盆地	临界超载
	小计	临界超载
古尔班通古特荒漠区	古尔班通古特荒漠区	临界超载
天山北麓诸河	东段诸河	不超载
	中段诸河	临界超载
	艾比湖水系	临界超载
	小计	临界超载
塔里木河源流	和田河	不超载
	叶尔羌河	临界超载
	喀什噶尔河	不超载
	阿克苏河	不超载
	渭干河	临界超载
	开都-孔雀河	临界超载
	小计	临界超载
昆仑山北麓小河	克里雅河诸小河	不超载
	车尔臣河诸小河	不超载
	小计	不超载

续表

水资源二级区	水资源三级区	水质要素评价
塔里木河干流	塔里木河干流	临界超载
塔里木盆地荒漠区	塔克拉玛干沙漠	临界超载
	库木塔格沙漠	临界超载
	小计	临界超载

1.4.5　综合评价

基于水量水质综合评价，西北内陆区水资源承载状况严重超载的地级行政区有 15 个，占 63%；水资源承载状况超载的地级行政区有 5 个，占 21%；水资源承载状况临界超载的地级行政区有 2 个，占 8%；水资源承载状况不超载的地级行政区有 2 个，占 8%。总体而言，内蒙古自治区、甘肃省、青海省和新疆维吾尔自治区水资源承载状况均处于严重超载状态(表 1-19)。

表 1-19　西北内陆区各省(自治区)水量水质综合评价结果

省级行政区	地级行政区	水量水质综合评价
内蒙古自治区	阿拉善盟	严重超载
甘肃省	嘉峪关市	严重超载
	酒泉市	严重超载
	张掖市	严重超载
	金昌市	严重超载
	武威市	超载
	白银市	严重超载
	小计	严重超载
青海省	海北藏族自治州	严重超载
	海南藏族自治州	临界超载
	果洛藏族自治州	不超载
	玉树藏族自治州	不超载
	海西蒙古族藏族自治州	临界超载
	小计	严重超载

续表

省级行政区	地级行政区	水量水质综合评价
新疆维吾尔自治区	乌鲁木齐市	严重超载
	克拉玛依市	超载
	吐鲁番市	严重超载
	哈密市	严重超载
	昌吉回族自治州	严重超载
	博尔塔拉蒙古自治州	严重超载
	巴音郭楞蒙古自治州	严重超载
	阿克苏地区	超载
	克孜勒苏柯尔克孜自治州	超载
	喀什地区	严重超载
	和田地区	超载
	石河子市	严重超载
	小计	严重超载

内蒙古自治区阿拉善盟水资源承载状况处于严重超载状态；甘肃省 6 个地级行政区中，武威市水资源承载状况属于超载状态，其他 5 个地级行政区均处于严重超载状态；青海省 5 个地级行政区中，海北藏族自治州水资源承载状况属于严重超载，海南藏族自治州、海西蒙古族藏族自治州为临界超载状态，果洛藏族自治州、玉树藏族自治州处于不超载状态；新疆维吾尔自治区 12 个地级行政区中，乌鲁木齐市、吐鲁番市、哈密市、昌吉回族自治州、博尔塔拉蒙古自治州、巴音郭楞蒙古自治州、石河子市和喀什地区处于严重超载状态，其他 4 个地级行政区均处于超载状态。

水资源承载状况严重超载的水资源三级区有 12 个，占 48%；水资源承载状况超载的水资源三级区有 3 个，占 12%；水资源承载状况临界超载的水资源三级区有 10 个，占 40%。总体而言，河西内陆河、青海湖水系、吐哈盆地小河、古尔班通古特荒漠区、天山北麓诸河、塔里木河源流和塔里木盆地荒漠区水资源承载状况整体处于严重超载状态；柴达木盆地和昆仑山北麓小河水资源承载状况整体处于超载状态；塔里木河干流水资源承载状况整体处于临界超载状态(表 1-20)。

表 1-20　西北内陆区水资源分区水量水质综合评价结果

水资源二级区	水资源三级区	水量水质综合评价
河西内陆河	石羊河	临界超载
	黑河	严重超载
	疏勒河	严重超载
	河西荒漠区	临界超载
	小计	严重超载
青海湖水系	青海湖水系	严重超载
柴达木盆地	柴达木盆地东部	超载
	柴达木盆地西部	临界超载
	小计	超载
吐哈盆地小河	巴伊盆地	严重超载
	哈密盆地	严重超载
	吐鲁番盆地	严重超载
	小计	严重超载
古尔班通古特荒漠区	古尔班通古特荒漠区	严重超载
天山北麓诸河	东段诸河	严重超载
	中段诸河	严重超载
	艾比湖水系	严重超载
	小计	严重超载
塔里木河源流	和田河	超载
	叶尔羌河	临界超载
	喀什噶尔河	临界超载
	阿克苏河	临界超载
	渭干河	临界超载
	开都-孔雀河	严重超载
	小计	严重超载
昆仑山北麓小河	克里雅河诸小河	超载
	车尔臣河诸小河	临界超载
	小计	超载
塔里木河干流	塔里木河干流	临界超载

续表

水资源二级区	水资源三级区	水量水质综合评价
塔里木盆地荒漠区	塔克拉玛干沙漠	临界超载
	库木塔格沙漠	严重超载
	小计	严重超载

1.5 西北内陆区水资源安全评估

从水资源条件、水污染状况、社会因素暴露性、用水个体敏感性及水利工程调节能力 5 个层面选取 18 个指标，构建西北内陆区水资源安全评估指标体系，以水资源三级区为基础，开展水资源安全评估工作。

1) 水资源条件

根据地表水资源量、地下水资源量与人均水资源量等数据，评估西北内陆区水资源条件。结果表明，柴达木盆地东部的水资源条件最好，石羊河、黑河、青海湖水系、中段诸河、和田河、叶尔羌河、喀什噶尔河、阿克苏河水资源条件较好，巴伊盆地、哈密盆地、吐鲁番盆地、东段诸河、艾比湖水系、渭干河、塔里木河干流水资源条件较差，疏勒河、河西荒漠区、柴达木盆地西部、古尔班通古特荒漠区、开都–孔雀河、克里雅河诸小河、车尔臣河诸小河和塔克拉玛干沙漠水资源条件差。

2) 水污染状况

根据生活污水排放量、工业污水排放量及水资源总量等数据，评估西北内陆区水污染的状况。结果表明，疏勒河、吐鲁番盆地、和田河、叶尔羌河、喀什噶尔河的水污染程度很小，状况较好；石羊河、河西荒漠区、青海湖水系、柴达木盆地、哈密盆地、天山北麓诸河、阿克苏河、克里雅河诸小河、车尔臣河诸小河水质较差；黑河、巴伊盆地、古尔班通古特荒漠区水污染状况差。

3) 社会因素暴露性

根据人口数量、人口增长率、耕地面积、GDP 等数据，评估西北内陆区社会因素暴露性。结果表明，只有渭干河与塔里木河干流的情况好；疏勒河、柴达木盆地东部、中段诸河、和田河、阿克苏河、开都–孔雀河的社会因素暴露性压力较小；吐哈盆地小河、东段诸河、喀什噶尔河、克里雅河诸小河社会因素暴露性压力较大；石羊河、黑河、河西荒漠区、青海湖水系、柴达木盆地西部、古尔班通古特荒漠区、艾比湖水系、叶尔羌河、车尔臣河诸小河情况较差，社会因素暴露性压力大。

4) 用水个体敏感性

根据农业用水量、工业用水量、生活用水量及万元 GDP 用水量等数据，评估西北内陆区用水个体敏感性。结果表明，渭干河、塔里木河干流、开都–孔雀河情况好；疏勒河、柴达木盆地东部、和田河及车尔臣河诸小河用水个体敏感性评价结果较好，对水资源变化不敏感；石羊河、柴达木盆地西部、吐哈盆地小河、天山北麓诸河、喀什噶尔河、阿克苏河和克里雅河诸小河评价结果较差；黑河、河西荒漠区、青海湖水系、古尔班通古特荒漠区及叶尔羌河情况差，对水资源变化较为敏感。

5) 水利工程调节能力

根据各区域大中型水库数量、水库储水量、供水能力及节水灌溉面积占比等数据，评估西北内陆区水利工程调节能力。结果表明，阿克苏河、叶尔羌河、中段诸河、黑河水利工程调节能力好；和田河、喀什噶尔河、渭干河、塔里木河干流、艾比湖水系、东段诸河、青海湖水系及石羊河水利工程调节能力较好，柴达木盆地西部、吐哈盆地小河、开都–孔雀河、车尔臣河诸小河水利工程调节能力较差；疏勒河、河西荒漠区、柴达木盆地东部、古尔班通古特荒漠区、克里雅河诸小河水利工程调节能力差。

6) 西北内陆区水资源安全评估

综合水资源条件、水污染状况、社会因素暴露性、用水个体敏感性、水利工程调节能力 5 个方面 18 个指标体系，评估西北内陆区水资源安全状况。结果表明，柴达木盆地东部现状安全；开都–孔雀河和车尔臣河诸小河现状较安全；疏勒河、柴达木盆地西部、中段诸河、和田河和阿克苏河处于临界状态；石羊河、黑河、河西荒漠区、青海湖水系、哈密盆地、东段诸河、渭干河、艾比湖水系、克里雅河诸小河和塔里木河干流水资源现状较不安全；吐鲁番盆地、叶尔羌河、喀什噶尔河、古尔班通古特荒漠区及巴伊盆地水资源现状不安全。

从流域区划来看，西北内陆区 25 个水资源三级区中，水资源安全评估结果安全和较安全的水资源三级区有 4 个，占 16%；水资源安全评估结果处于临界状态的水资源三级区有 6 个，占 24%；水资源安全评估结果较不安全和不安全的水资源三级区有 15 个，占 60%(表 1-21)。

表 1-21　西北内陆区各流域水资源安全评估结果

水资源二级区	水资源三级区	评价指标					综合评估结果
		水资源条件	水污染状况	社会因素暴露性	用水个体敏感性	水利工程调节能力	
河西内陆河	石羊河	较好	较差	差	较差	较好	较不安全
	黑河	较好	差	差	差	好	较不安全
	疏勒河	差	较好	较好	较好	差	临界状态
	河西荒漠区	差	较差	差	差	差	较不安全

续表

水资源二级区	水资源三级区	评价指标					综合评估结果
		水资源条件	水污染状况	社会因素暴露性	用水个体敏感性	水利工程调节能力	
青海湖水系	青海湖水系	较好	较差	差	差	较好	较不安全
柴达木盆地	柴达木盆地东部	好	较差	较好	较好	差	安全
	柴达木盆地西部	差	较差	差	较差	较差	临界状态
吐哈盆地小河	巴伊盆地	较差	差	较差	较差	较差	不安全
	哈密盆地	较差	较差	较差	较差	较差	较不安全
	吐鲁番盆地	较差	较好	较差	较差	较差	不安全
古尔班通古特荒漠区	古尔班通古特荒漠区	差	差	差	差	差	不安全
天山北麓诸河	东段诸河	较差	较差	较差	较差	较好	较不安全
	中段诸河	较好	较差	较好	较差	好	临界状态
	艾比湖水系	较差	较差	差	较差	较好	较不安全
塔里木河源流	和田河	较好	较好	较好	较好	较好	临界状态
	叶尔羌河	较好	较好	差	差	好	不安全
	喀什噶尔河	较好	较好	较差	较差	较好	不安全
	阿克苏河	较好	较差	较好	较差	好	临界状态
	渭干河	较差	好	好	好	较好	较不安全
	开都–孔雀河	差	好	较好	好	较差	较安全
昆仑山北麓小河	克里雅河诸小河	差	较差	较差	较差	差	较不安全
	车尔臣河诸小河	差	较差	差	较好	较差	较安全
塔里木河干流	塔里木河干流	较差	好	好	好	较好	较不安全
塔里木盆地荒漠区	塔克拉玛干沙漠	差	较好	较好	较好	差	临界状态
	库木塔格沙漠	好	好	差	差	较差	安全

参考文献

邓铭江, 2018. 中国西北“水三线”空间格局与水资源配置方略[J]. 地理学报, 73(7): 1189-1203.
董雪娜, 2006. 西北诸河水资源调查评价[M]. 郑州: 黄河水利出版社.
冯起, 龙爱华, 王宁练, 等, 2019. 西北内陆区水资源安全保障技术集成与应用[J]. 人民黄河, 41(10): 103-108.
胡安焱, 2003. 干旱地区内陆河的水文生态特征及其水资源的合理开发利用研究——以塔里木河为例[D]. 西安: 长安大学.

黄河勘测规划设计有限公司, 2014. 西北诸河水资源综合规划[C]//中国水利水电勘测设计协会. 水利水电工程勘测设计新技术应用——2013年度全国优秀水利水电工程勘测设计获奖项目技术文集. 北京: 中国水利水电出版社.
颉耀文, 汪桂生, 2014. 黑河流域历史时期水资源利用空间格局重建[J]. 地理研究, 33(10): 1977-1991.
刘静, 龙爱华, 李江, 等, 2019. 近60年塔里木河三源流径流演变规律与趋势分析[J]. 水利水电技术, 50(12): 10-17.
钱正英, 沈国舫, 潘家铮, 等, 2004. 西北地区水资源配置生态环境建设和可持续发展战略研究: 重大工程卷[M]. 北京: 科学出版社.
苏守娟, 2020. 西北内陆河流域社会水循环与贸易水循环核算及变化分析[D]. 兰州: 西北师范大学.
唐霞, 张志强, 王勤花, 等, 2015. 黑河流域历史时期水资源开发利用研究[J]. 干旱区资源与环境, 29(7): 89-94.
田小强, 2013. 西北地区水资源问题及农业灌溉节水[J]. 陕西水利, (2): 50-52.
王娇, 2006. 新疆降水的环流背景场及水汽输送[D]. 兰州: 兰州大学.
徐新良, 刘纪远, 张树文, 等, 2018. 中国多时期土地利用土地覆被遥感监测数据集(CNLUCC). 中国科学院资源环境科学数据中心数据注册与出版系统[DB/OL]. (2018-07-02)[2022-08-28]. http://www.resdc.cn/DOI, DOI:10.12078/2018070201.
杨国宪, 李清杰, 彭少明, 等, 2011. 西北诸河河流生态环境需水量分析[J]. 人民黄河, 33(11): 74-76, 80.

第 2 章　变化环境下西北内陆区多尺度水循环过程与模拟

通过研究西北内陆区关键水循环要素的时空变化特征，对冰雪消融、降水径流、绿洲耗水的系统水循环过程进行模拟，阐明西北内陆区典型流域多尺度水循环机理和水汽内循环特征，揭示气候变化对冰雪融水、森林径流、草地径流及出山径流变化的影响机制。通过构建流域大气降水、地表水和地下水转化的数值模型，揭示人类活动和气候变化影响下西北内陆河中下游绿洲–荒漠不同生态系统的水循环过程及其调控机理。构建模块化的西北内陆区水循环模型，耦合高寒山区分布式水文模型和绿洲区、荒漠区水循环模型，揭示变化环境下西北内陆区不同生态系统的水循环过程，预测未来西北内陆区水循环要素及水资源演化趋势，从而形成内陆区多尺度水循环理论和应用成果。

2.1　西北内陆区水循环要素的时空变化特征

本节首先基于气象台站观测资料和气候研究中心(Climatic Research Unit，CRU)格点化气候数据集，分析西北内陆区 1965～2016 年的降水量和气温变化趋势。基于谷歌地球引擎(google earth engine，GEE)云计算平台，开展多源遥感数据的西北内陆区水循环要素时空变化分析。在 GEE 平台下，利用重力卫星 GRACE 等效水厚度(总水储量)数据、TRMM 降水数据集、NASA-USDA 土壤湿度数据集、MODIS 蒸散发数据产品、基于 Landsat 全球地表水监测数据集，以 0.25°为格网单元，基于曼–肯德尔(Mann-Kendall)趋势分析方法，分析几十年来整个西北内陆区水循环要素的变化趋势，揭示区域总水储量、降水量、土壤湿度、蒸散发量、地表水面积等关键水循环要素的空间分布特征与时间演变规律。

2.1.1　降水量和气温

1. 台站观测资料

1965～2016 年，西北内陆区的大多数气象台站显示年降水量呈增加趋势，特别是在新疆西部(如伊犁河谷)及青藏高原东北边缘区(祁连山)等区域，降水量增加幅度较大(增幅可达 16mm · $10a^{-1}$ 甚至 20mm · $10a^{-1}$ 以上)，而新疆中北部及河西内陆河流域下游区个别站点的年降水量呈减少趋势。在气温变化方面，整个区域除个别站点气温微弱下降外，绝大多数站点气温均显示为上升趋势，升温速率普遍介于 0.2～0.4℃ · $10a^{-1}$,特别是新疆北部地区部分台站的升温速率达 0.7℃ · $10a^{-1}$。总体而言，1956～2016 年西北内陆区的气候状况呈现暖湿化的趋势。

虽然西北内陆区多数台站年降水量呈增加趋势，但其夏季和冬季降水量变化趋势存在较大的区域差异。新疆西部和青藏高原东北缘夏季降水量以增加趋势为主，而新疆东部及河西地区夏季降水量以减少趋势为主。在新疆西部，冬季降水量对全年降水量的贡献较大；夏季常以晴热天气为主，夏季降水量增加表明阴雨天气概率增加，这可能也是这一区域部分台站夏季气温呈下降趋势的原因。在新疆东部及河西走廊地区等干旱区，夏季降水量的减少伴随区域夏季气温的进一步升高。因此，1956～2016 年西北内陆区在夏季总体表现为“湿润半湿润区域愈加湿润、干旱区愈加干旱”的变化特征；在冬季，1956～2016 年新疆北部和祁连山区的暖湿化特征明显。不同区域的气候变化特征差异决定了其水资源变化的差异性。

2. CRU 格点化气候数据集

1965～2016 年 CRU 格点化气候数据集气温的线性趋势显示，无论是季节尺度还是年尺度，西北内陆区气温均呈明显的升温趋势，在年尺度上平均升温速率为 0.32℃ · $10a^{-1}$。对比季节温度变化趋势，其中冬季升温速率最大，尤其在新疆内陆河流域的西部可达 0.60℃ · $10a^{-1}$ 以上；在内陆河流域，春季和秋季的升温速率大致相当，普遍介于 0.20～0.35℃ · $10a^{-1}$；夏季的升温速率区域间差异相对较小。从空间分布看，西北内陆区的西部升温速率高于东南部区域，尤其是新疆天山附近的冬季升温十分明显，而地处东部的河西走廊及祁连山附近的升温速率相对较小。此外，夏季气温变化幅度随海拔升高有减小之势，增温显著的区域主要位于海拔较低的塔里木盆地中东部、吐哈盆地及柴达木盆地西部。

相比于气温一致性的升温趋势，西北内陆区降水量的变化趋势存在明显的空间异质性和季节差异性。新疆西北部地区的冬季降水量存在明显的增加趋势(>1mm · 月$^{-1}$ · $10a^{-1}$)，青海和甘肃的内陆河流域降水量也呈现增加趋势，新疆南部昆仑山沿线冬季降水量呈减少趋势(约−0.5mm · 月$^{-1}$ · $10a^{-1}$)；内陆河流域的春秋季降水量均表现为总体增多的趋势(约 0.3mm · 月$^{-1}$ · $10a^{-1}$)。从空间分布看，夏季降水量的变化大致呈现出西部和南部增加而中部和东部减少的变化特征。此外，值得注意的是，新疆西北部地区降水量在四个季节均存在明显的增加趋势，其增幅普遍超过 1mm · 月$^{-1}$ · $10a^{-1}$，这可能是新疆西北部地区暖湿化表现最为显著的主要原因。

3. TRMM 降水数据集

采用 Mann-Kendall 趋势分析方法对西北内陆区 1998～2017 年 TRMM 降水变化趋势进行分析，并对其趋势分析结果进行置信度检验，剔除置信度在90%以下的区域(未通过置信度检验的像元)，结果见图 2-1。从该图可以看到，降水量的变化在整个西北内陆区并不显著，但总体上还是呈现出缓慢增加的态势，尤其在西北内陆区的北部和东南部少数地区，零星出现了降水量急剧上升的情况，增长率达 $2\text{mm}\cdot\text{a}^{-1}$ 以上。说明这些地区时常会出现一些强降水的极端天气情况，这与黄建平等(2014)发现的西北内陆区极端强降水事件明显增多的结论一致。

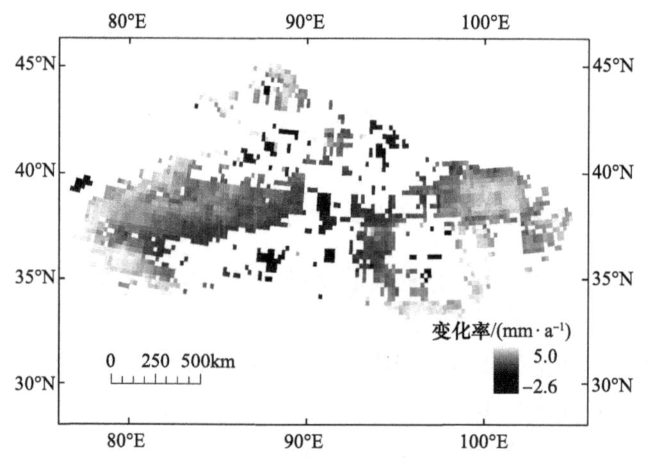

图 2-1 基于 TRMM 降水数据集的 1998～2017 年西北内陆区降水变化趋势 (刘启航和黄昌，2020)

2.1.2 土壤湿度

基于 NASA-USDA 土壤湿度数据集，利用 Mann-Kendall 趋势分析方法对 2010～2017 年西北内陆区土壤湿度异常值进行趋势分析，剔除置信度在 90%以下的区域(未通过置信度检验的像元)，结果见图 2-2。由图 2-2 可以看到，西北内陆区的年平均土壤表层湿度变化空间异质性较大，呈增加趋势的地区主要集中在中北部的吐鲁番盆地、塔克拉玛干沙漠外围的诸多流域及南部的青海湖水系和柴达木盆地地区，并且这些地区的变化率普遍较高，可达到 $1\text{mm}\cdot\text{a}^{-1}$ 以上，有较为明显的变湿趋势。呈减少趋势的地区则比较分散，主要包括天山山脉、河西荒漠区的部分地区及一些流域边缘地带，变化率明显偏负，达到了 $-1.27\text{mm}\cdot\text{a}^{-1}$，可见其变干的趋势同样较为明显。

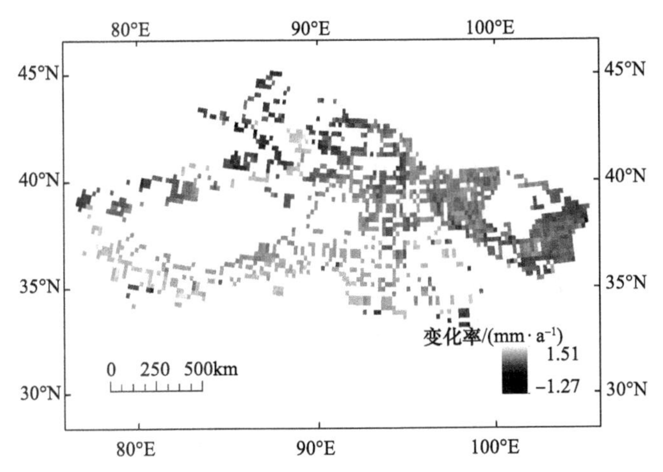

图 2-2　基于 NASA-USDA 土壤湿度数据集的 2010～2017 年西北内陆区年平均土壤表层湿度变化趋势(刘启航和黄昌，2020)

2.1.3　实际蒸散发量

基于 MODIS 蒸散发数据产品，利用 Mann-Kendall 趋势分析方法计算西北内陆区 2000～2014 年实际蒸散发量的年际变化率，如图 2-3 所示。可以看到，呈增长趋势的区域主要集中在塔克拉玛干沙漠以西的多个子流域、青海湖地区及中段诸河流域的北部地区，这些地区的实际蒸散发量变化率普遍较大，增长率最大可达 $2.02\text{kg}\cdot\text{m}^{-2}\cdot\text{a}^{-1}$。实际蒸散发量减少的地区主要集中在中北部的天山山脉一带，减少率可高达 $-1.41\text{kg}\cdot\text{m}^{-2}\cdot\text{a}^{-1}$。其余地区的实际蒸散发量年际变化则不显著。

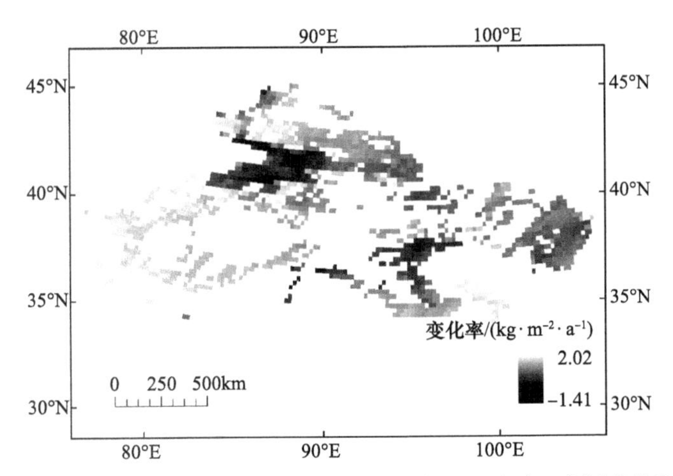

图 2-3　基于 MODIS 蒸散发数据产品的 2000～2014 年西北内陆区实际蒸散发量变化趋势(刘启航和黄昌，2020)

2.1.4 地表水面积

基于长时间序列 Landsat 全球地表水监测数据集获得的地表水面积，利用 Mann-Kendall 趋势分析方法获得 2001～2015 年西北内陆区地表水面积的变化趋势(图 2-4)。可以看到，区域内地表水面积在 2001～2015 年呈现出较为平稳的状态，全流域的变化普遍不大。呈增长趋势的区域较少，主要集中在部分子流域的下游，如塔克拉玛干沙漠的西北部即塔里木河干流，其变化率最大可达到 $20km^2 \cdot a^{-1}$ 以上，且大部分像元都通过了 90%的置信度检验，说明这些区域的地表水面积呈现出较为明显的增长趋势。

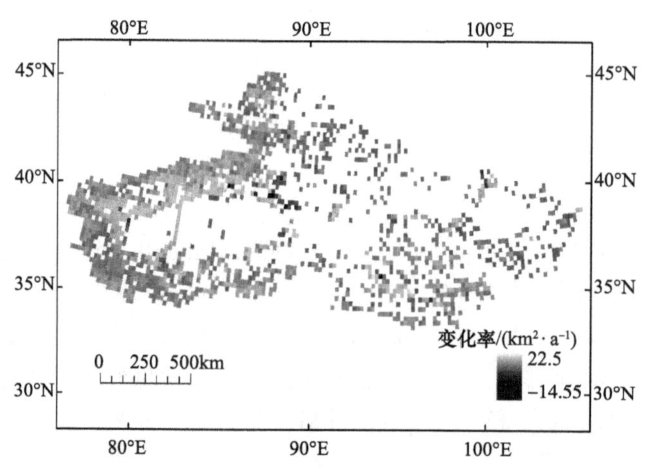

图 2-4 基于 Landsat 全球地表水监测数据集的 2001～2015 年西北内陆区地表水面积变化趋势(刘启航和黄昌，2020)

2.1.5 总水储量

基于 GRACE 等效水厚度(总水储量)数据，用 Mann-Kendall 趋势分析方法对 2003～2016 年西北内陆区总水储量变化进行分析，结果表明西北内陆区南部总水储量呈明显的增长趋势，且大部分像元都通过了 90%的置信度检验，变化率最大达到了 $0.63cm \cdot a^{-1}$。研究区中北部天山山脉一带的总水储量则呈逐年减少趋势，变化率最大达到了$-0.89cm \cdot a^{-1}$，且大部分像元同样通过了 90%的置信度检验(图 2-5)。总水储量变化趋势在流域内呈现的这种空间差异，主要是因为西北内陆区气温呈明显的变暖趋势(焦伟等，2017)，流域上游地区的冰川融水过程加剧，冰川退缩加速、面积减少，高大山脉等冰川丰富地区的总水储量不断下降。此外，冰川融水的增加使其周边平原及盆地区域水分大量补给，从而呈现总水储量增加的趋势。

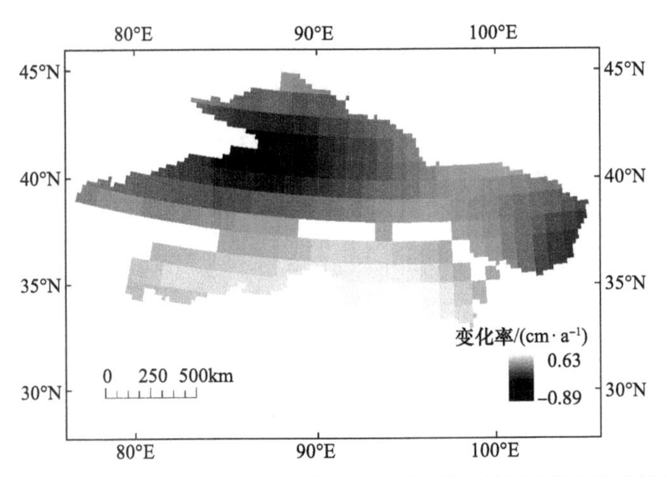

图 2-5　基于 GRACE 等效水厚度的 2003～2016 年西北内陆区总水储量变化趋势(刘启航和黄昌, 2020)

2.1.6　典型流域径流变化

以疏勒河流域、黑河流域和石羊河流域为研究对象，利用气象资料、径流资料等观测数据，采用 Mann-Kendall 趋势检验和 Pettitt 突变检验，分析 1960～2012 年三个内陆河流域的上游气候条件和下垫面变化，并基于 Budyko 框架分析气候及下垫面变化对径流的影响。

首先使用 Mann-Kendall 方法得到河西内陆河黑河、石羊河和疏勒河的年径流量变化趋势。对疏勒河(昌马堡站)而言，Mann-Kendall 方法计算的径流量变化趋势检验统计量为 4.50($P<0.01$)，黑河(莺落峡站)径流量变化趋势检验统计量为 3.80($P<0.01$)，石羊河(杂木寺站)径流量变化趋势检验统计量为 0.37 ($P>0.05$)。结果表明，河西走廊三条内陆河流域径流量均呈增加趋势；降水量在疏勒河和黑河上游呈显著增加趋势，其他水文要素变化不显著(表 2-1)。

表 2-1　1960～2012 年西北三大内陆河流域水文要素变化特征统计

内陆河	统计量	径流量/亿 m^3	径流深/mm	降水量/mm	ET_0/mm	n
疏勒河(昌马堡站)	均值	9.83	89.66	201.20	955.00	0.59
	最小值	5.97	54.45	142.30	876.60	0.39
	最大值	16.97	154.82	278.70	1010.70	0.80
	Cv	0.27	0.27	0.16	0.03	0.15
	Mann-Kendall 趋势检验	4.50**	4.50**	3.32**	−0.81	−1.63
黑河(莺落峡站)	均值	16.04	160.45	325.80	824.80	0.65
	最小值	10.22	102.24	244.70	762.50	0.55
	最大值	23.07	230.74	445.10	859.80	0.88

续表

内陆河	统计量	径流量/亿 m^3	径流深/mm	降水量/mm	ET_0/mm	n
黑河 (莺落峡站)	Cv	0.17	0.17	0.13	0.03	0.10
	Mann-Kendall 趋势检验	3.80**	3.80**	2.58**	1.70	−1.81
石羊河 (杂木寺站)	均值	2.30	270.33	320.70	929.40	0.31
	最小值	1.40	163.92	209.30	844.00	0.10
	最大值	3.26	382.96	391.20	987.00	0.55
	Cv	0.19	0.19	0.13	0.04	0.32
	Mann-Kendall 趋势检验	0. 37	0. 37	1.38	1.88	1.05

注：Cv 表示变异系数；Mann-Kendall 趋势检验中**表示达到 0.01 显著性水平；ET_0 表示潜在蒸散发量；n 表示流域下垫面特征参数。

利用 Pettitt 突变检验方法分析以上三个流域径流量的突变年份，表明疏勒河流域上游、黑河流域上游及石羊河流域上游的年径流量分别在 1997 年、1979 年及 2002 年发生了突变(图 2-6)。

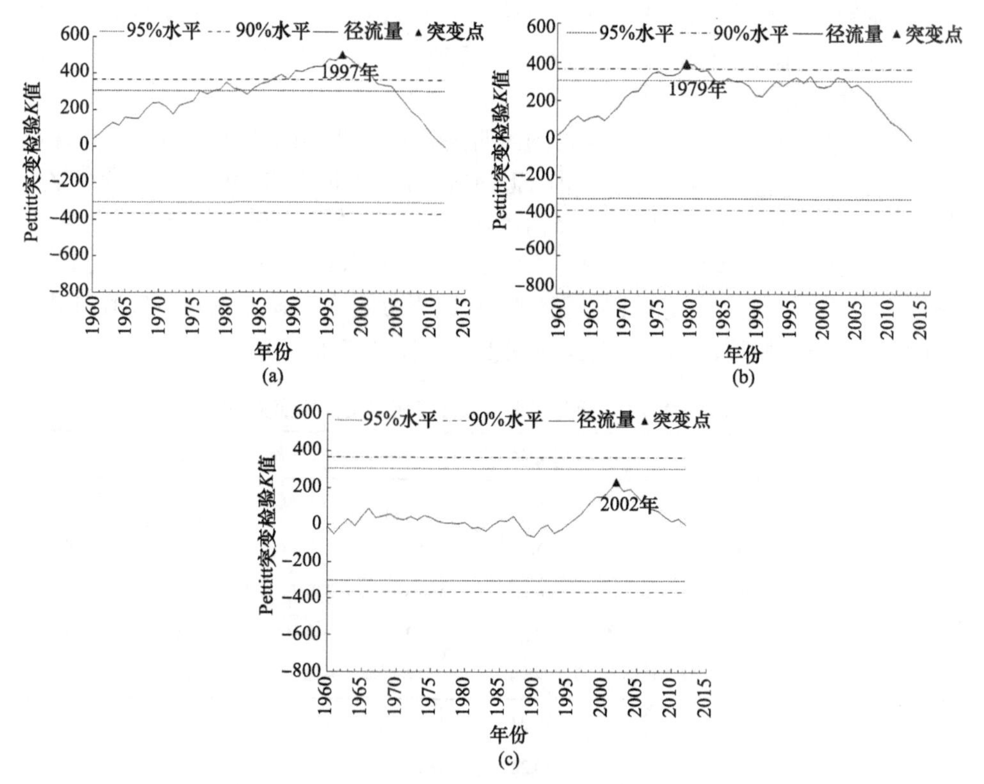

图 2-6　1960～2012 年内陆河流域年径流量突变点

(a)疏勒河(昌马堡站)；(b)黑河(莺落峡站)；(c)石羊河(杂木寺站)

依据 Budyko 水热平衡方程计算径流量对各因子的弹性系数，结果显示石羊河上游径流量对下垫面条件的变化更为敏感，疏勒河上游下垫面变化和降水量变化对径流量变化的贡献基本相当，而莺落峡的径流量变化贡献近 60%来自于降水量变化(表 2-2)。

表 2-2　西北三大内陆河流域上游径流量变化归因识别

水文站	基准期	人类活动期	降水量变化贡献/%	ET_0变化贡献/%	下垫面变化贡献/%
昌马堡站	1960～1997 年	1998～2012 年	49.55	−0.73	51.17
莺落峡站	1960～1979 年	1980～2012 年	57.89	−0.28	42.39
杂木寺站	1960～2002 年	2003～2012 年	36.94	−1.50	64.56

2.2　西北内陆区冰川及其融水径流变化

“水塔”一词已被广泛用来表达山地为下游邻近地区提供淡水资源的重要性，在全球范围内，干旱半干旱地区的山地是“水塔”的主要分布区域。祁连山、阿尔金山、昆仑山、喀喇昆仑山、帕米尔高原、天山、阿尔泰山等是我国西北内陆区的水塔区域。冰川是这些区域水塔的重要组成部分，冰川及其融水对下游绿洲区域水资源的供给具有重要意义。

2.2.1　冰川变化

1. 冰川平衡线高度变化

冰川平衡线高度是冰川上年物质积累与年物质损耗相等位置处的海拔。冰川前进、退缩或消亡的命运直接由冰川平衡线高度变化决定。对于冰川稳定态或物质平衡为零时的平衡线高度而言，如果平衡线高度升高，那么冰川就会因消融增强而退缩，而且当冰川平衡线高度升高并超过冰川顶部时，冰川最终将会消亡；反之，如果平衡线高度下降，冰川就会因物质积累增多而前进。与冰川的其他特征参数(如长度、面积等)变化相比，平衡线高度变化是气候变化最直接的反映。冰川平衡线高度只有通过实地观测和计算才能获得。

在全球范围内，具有 50 年以上长期连续观测记录的冰川数量不足 40 条。在整个高亚洲地区，只有天山乌鲁木齐河源 1 号冰川和 Tuyuksuyskiy 冰川、祁连山七一冰川和阿尔泰山 Maliy Aktru 冰川等少数几条监测冰川具有长期的观测记录。这些监测冰川的观测结果表明，近几十年来它们的平衡线高度均呈上升趋势。例如，乌鲁木齐河源 1 号冰川和 Tuyuksuyskiy 冰川的平衡线高度在 1960～2013 年分别升高了约 116m 和 80m(叶万花等，2016)，Maliy Aktru 冰川平衡线高度在

1983～2007 年升高了约 142m(叶万花等，2016)，七一冰川平衡线高度在 1958～2008 年的上升量超过了 250m(王宁练等，2010)，并且其平衡线高度接近该冰川的顶峰。由于高亚洲地区监测冰川的数量极其有限，目前无法获得该区域平衡线高度变化的空间特征。今后应该在高亚洲不同山区开展冰川监测工作，同时利用遥感资料开展冰川雪线高度的重建工作，以充分揭示高亚洲冰川平衡线高度/雪线高度的时空变化特征，为高海拔气候变化重建和冰川变化原因分析提供科学基础。

2. 冰川面积与冰川物质平衡变化

冰川编目资料是研究冰川空间分布的关键。全球冰川编目研究工作早在国际地球物理年(1957～1958 年)就已经提出，但前期进展非常缓慢。随着遥感技术的发展与应用，1995 年美国科学家发起了全球陆地冰空间监测(Global Land Ice Measurements from Space，GLIMS)计划，冰川编目工作得到了前所未有的发展。20 世纪 70 年代末期以来，我国先后两次系统性地完成了冰川的编目工作(刘时银等，2015；施雅风，2005)。根据我国第二次冰川编目资料，西北内陆区共分布有冰川 20531 条，总面积约为 22488.4km^2，冰储量约为 2250.5km^3，见表 2-3。

表 2-3　我国西北内陆区冰川分布状况

地区名称	数量/条	面积/km^2	冰储量/km^3
天山北麓	3442	1886.7	103.1
南疆内流区	13037	17868.2	1994.3
祁连山-柴达木	4052	2733.5	153.1
总计	20531	22488.4	2250.5

许多研究者利用不同时期的遥感资料，对西北内陆区 20 世纪 70 年代至 21 世纪前 10 年的冰川变化进行了研究。由于不同研究者的研究时段不同，为了便于比较冰川面积变化空间差异特征，基于大量研究资料计算不同区域冰川近几十年的年萎缩速率。结果表明，近几十年来西北内陆区的冰川呈全面退缩趋势，整体的空间分布表现为研究区东北部分的萎缩速率明显大于西南部(王宁练等，2019)。天山山脉的萎缩速率最大，且自东向西呈现逐渐增加的趋势(0.55～0.63%·a^{-1})，祁连山和阿尔金山地区的萎缩速率略小，分别为 0.41%·a^{-1} 和 0.42%·a^{-1}；西南部的帕米尔东部和昆仑山西段萎缩速率则明显小于东南部的祁连山和阿尔金山，分别约为 0.20%·a^{-1} 和 0.28%·a^{-1}；西北干旱区南部边缘的木孜塔格地区和马兰山附近的萎缩速率较小，分别仅为 0.11%·a^{-1} 和 0.16%·a^{-1}；萎缩速率最小的区域是位于干旱区西南边缘的喀喇昆仑山地区，该区域的萎缩速率仅为 0.04%·a^{-1}。

物质平衡是冰川对水资源影响最基本的指标之一。不同学者近几十年对冰川物质平衡变化的研究结果表明，2000 年以后西北内陆区东北部的冰川物质亏损呈明显的加速趋势，西南部则呈现出与之相反的放缓乃至呈现正平衡的趋势(王宁练等，2019)。祁连山地区冰川的物质平衡亏损速率从 2000 年前的(0.18 ± 0.03)m w.e. · a^{-1}(w.e.为水当量)增加到 2000 年后的(0.29 ± 0.22)m w.e. · a^{-1}；西北干旱区东北部的哈尔里克山的物质平衡亏损速率从 2000 年以前的(0.13 ± 0.02)m w.e. · a^{-1} 增加到了(0.30 ± 0.06)m w.e. · a^{-1}，南部边缘的木孜塔格峰地区也有约 1 倍的增速。同西北干旱区东部呈明显的增速趋势相反，西部几个冰川区的物质平衡亏损速率则呈明显的放缓乃至呈正平衡趋势，其中西昆仑地区的物质平衡亏损速率在过去几十年呈微弱的正平衡，喀喇昆仑山西北部地区的冰川物质平衡亏损速率则从 2000 年前的(−0.04±0.05)m w.e. · a^{-1} 变为 2000 年以后的(0.09±0.22)m w.e. · a^{-1}；天山西部地区和帕米尔东部地区的冰川物质亏损速率也呈现不同程度的放缓趋势。

2.2.2　典型流域冰川融水径流变化

疏勒河流域是典型的气候变化敏感区，亟须定量评估气候变化对该流域水资源的影响，为制订下游河西地区的水资源可持续利用对策提供科学依据。

将观测、模型及遥感手段相结合，系统定量评估 1957～2010 年疏勒河流域水量平衡对气候变化的响应及机理。结果表明：①1957～2010 年，冰川物质损失量平均为 62.4mm · a^{-1}，冰川径流量约为 2.37 亿 m^3，约占总径流量的 23.6%，冰川融水对径流量的贡献在 2000 年后显著增加；②1957～2010 年，疏勒河上游径流量呈现明显增加趋势，超过 50%的径流深来源于冰川径流深的增加[(图 2-7(b)]；③疏勒河上游蒸发量呈增加趋势，增加速率为 13.4mm·10a^{-1}，GRACE 重力卫星数据和 GLDAS 陆面过程模式模拟结果表明，疏勒河上游地下水储量呈下降趋势，地下水储量在 2006 年之后呈剧烈上升趋势(图 2-8)；④气温升高，导致疏勒河上游冻土退化，改变了流域水文过程，冬季退水过程减缓(图 2-9)。

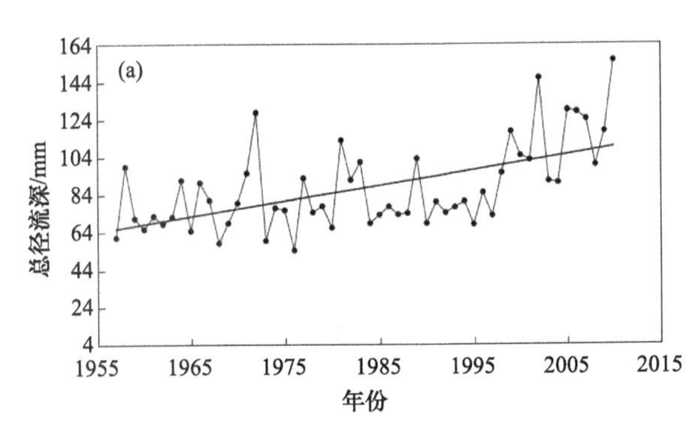

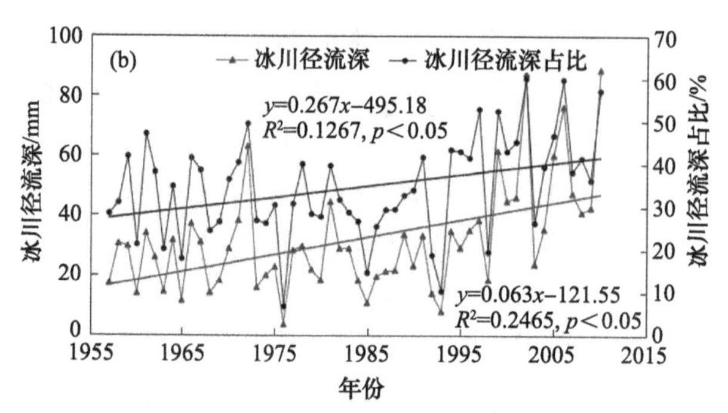

图 2-7　1957～2010 年疏勒河总径流深及冰川径流深

(a)疏勒河总径流深；(b)冰川径流深

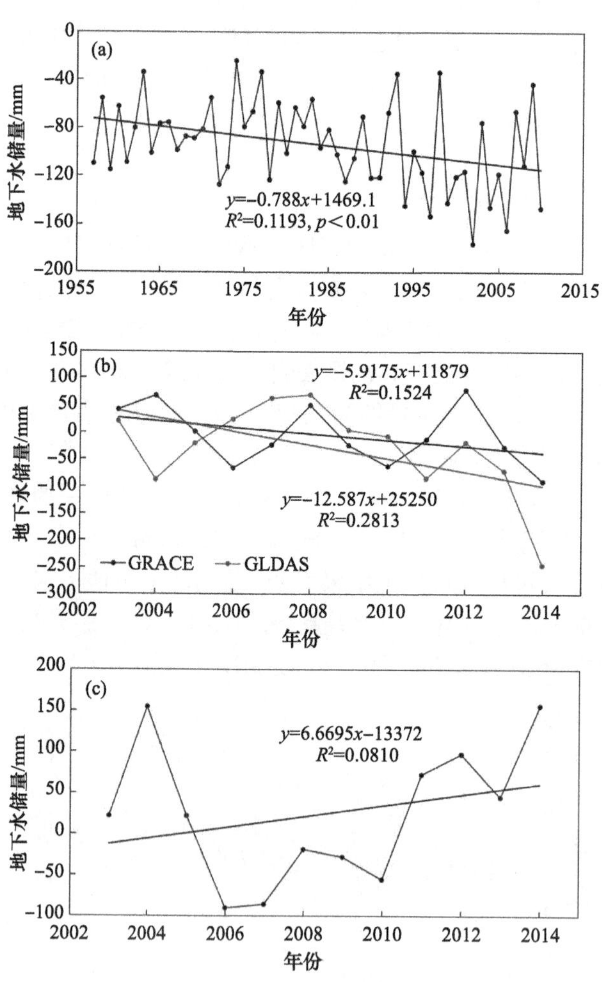

图 2-8　2003～2014 年疏勒河流域地下水储量

(a)水量平衡观测结果；(b)遥感监测结果；(c)模型模拟结果

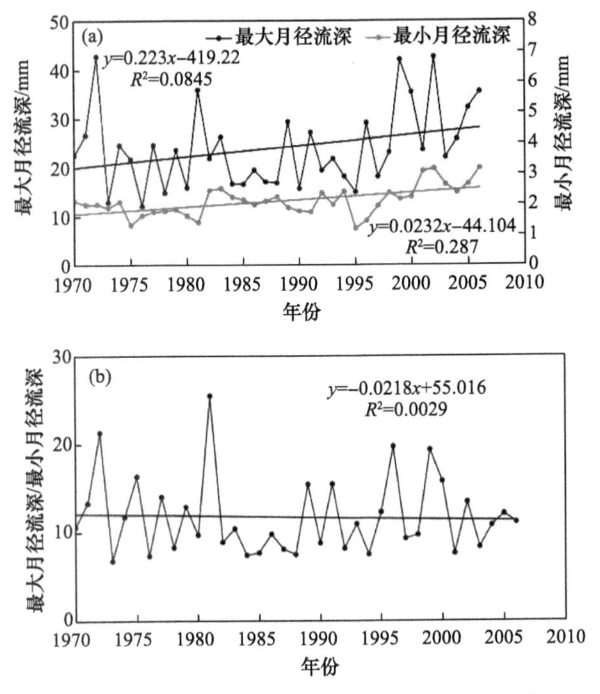

图 2-9　1970～2006 年疏勒河流域年最大月径流深、最小月径流深及二者比值变化

(a)最大月径流深和最小月径流深；(b)最大月径流深/最小月径流深

在 RCP2.6 情景下，预估 21 世纪 50 年代疏勒河年河流径流量为 13.17 亿 m^3，21 世纪 90 年代的年河流径流量为 12.31 亿 m^3，与 21 世纪前 10 年的年河流径流量相比，预计分别增加约 2.73 亿 m^3 和 1.87 亿 m^3，增长速率分别为 0.67 亿 $m^3 \cdot 10a^{-1}$ 和 0.21 亿 $m^3 \cdot 10a^{-1}$[图 2-10(a)]；在 RCP4.5 情景下，预估 21 世纪 50 年代的年河流径流量为 13.02 亿 m^3，21 世纪 90 年代的年河流径流量为 10.71 亿 m^3，与 21 世纪前 10 年的年河流径流量相比，预计分别增加 2.58 亿 m^3 和 0.28 亿 m^3，增长速率分别为 0.63 亿 $m^3 \cdot 10a^{-1}$ 和 0.03 亿 $m^3 \cdot 10a^{-1}$[图 2-10(b)]。预估的 21 世纪 90 年代的河流径流量小于 21 世纪 50 年代的预估径流量，这表明 21 世纪 50 年代后疏勒河上游的水资源管理将面临巨大挑战。

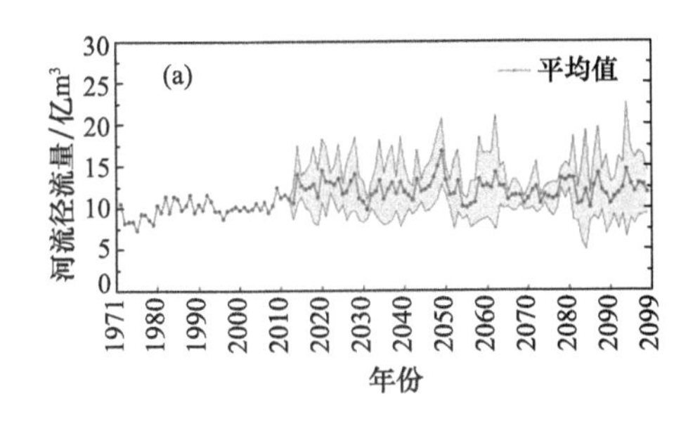

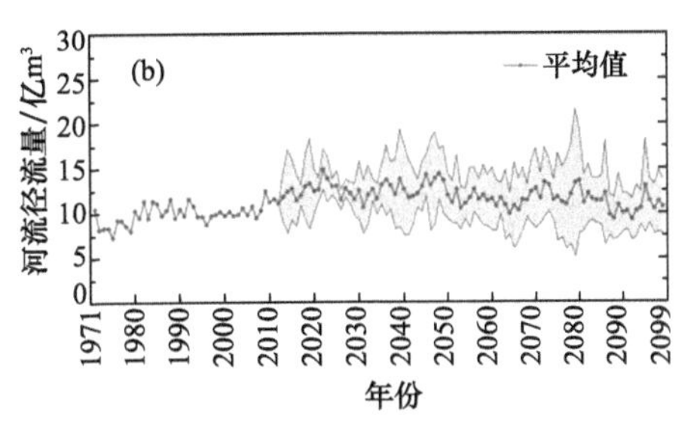

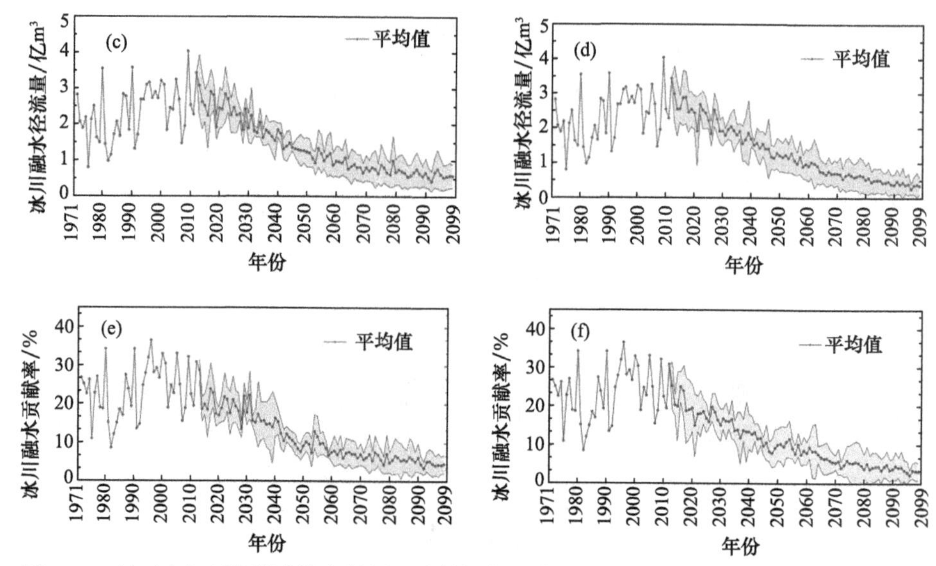

图 2-10　基于大气环流模式输出结果驱动数据集预估的 2018～2100 年疏勒河上游各要素的平均值和不确定性的变化(Zhang et al.，2019)

(a)RCP2.6 情景下的河流径流量；(b)RCP4.5 情景下的河流径流量；(c)RCP2.6 情景下的冰川融水径流量；(d)RCP4.5 情景下的冰川融水径流量；(e)RCP2.6 情景下的冰川融水贡献率；(f)RCP2.6 情景下的冰川融水贡献率；阴影表示一倍标准差

在 RCP2.6 情景下，预估 21 世纪 50 年代疏勒河流域冰川融水径流量将以 0.29 亿 $m^3 \cdot 10a^{-1}$ 的速率减少到 1.37 亿 m^3(约占总径流量的 10.39%)，21 世纪 90 年代的冰川融水径流量将以 0.22 亿 $m^3 \cdot 10a^{-1}$ 的速率减少到 0.59 亿 m^3(约占总径流量的 4.83%)[图 2-10(c)]；在 RCP4.5 情景下，预估 21 世纪 50 年代的冰川融水径流量将以 0.29 亿 $m^3 \cdot 10a^{-1}$ 的速率减少到 1.37 亿 m^3(约占总径流量的 10.55%)，21 世纪 90 年代的冰川融水径流量将以 0.24 亿 $m^3 \cdot 10a^{-1}$ 的速率减少到 0.38 亿 m^3(约占总径流量的 3.58%)[图 2-10(d)]。

在 RCP2.6 和 RCP4.5 情景下，21 世纪 50 年代的疏勒河流域冰川融水对河流径流量的贡献率很可能下降到约 10%，这一贡献率甚至达不到 1973～2013 年冰川融水贡献率的二分之一[图 2-10(e)和(f)]；21 世纪 90 年代的冰川融水对河流径流量的贡献率将不足 5%，这个数值甚至小于 1973～2013 年冰川融水贡献率的四分之一。由此可见，冰川融水对河流径流的调节作用预计会减弱，这意味着河流径流的易变性将大大增加，进而导致疏勒河中下游的水资源管理与合理利用面临更大的挑战。

预估的冰川融水径流量在 21 世纪 30 年代前将一直增加，之后将逐渐减少[图 2-10(c)和(d)]。由于气温升高和冰川退缩，冰川融水的径流系数增大，进而冰川融水径流量发生变化。冰川融水径流量逐渐下降，这表明冰川融水的径流系数增加已经不足以弥补冰川退缩对冰川融水的影响。这些结果进一步说明，疏勒河上游冰川融水径流量的拐点将在 21 世纪 30 年代左右，在这以后来自非冰川区的降水径流将发挥更为重要的作用。

2.3　西北内陆区典型流域多尺度水循环机理

西北内陆区属于干旱半干旱区域，温差大、降水少、蒸发强烈、气候干燥，水资源严重不足。从流域尺度研究内陆河流域水汽来源、地表水和地下水补给源、地下水年龄和更新速率，有助于提高对内陆河流域地下水循环关键过程及流域内循环和流域尺度水循环过程的理解，且对流域水资源科学管理和利用具有重要意义。

2.3.1　水汽来源研究

1. 当地大气降水线

基于本书研究和前人的研究结果得出，西北内陆区如石羊河流域、黑河上中游、疏勒河上游和塔里木河流域的当地大气降水线(local meteoric water line，LMWL)如下。石羊河流域：$\delta D=7.62\delta^{18}O+4.40$，$R^2=0.96$(Ma et al.，2012)；黑河上游：$\delta D=7.88\delta^{18}O+14.27$，$R^2=0.97$，黑河中游：$\delta D=7.01\delta^{18}O-2.87$；$R^2=0.95$(Zhao et al.，2018)；疏勒河夏季：$\delta D=7.96\delta^{18}O+17.96$，$R^2=0.98$；塔里木河流域：$\delta D=7.10\delta^{18}O+0.60$，$R^2=0.93$(Fan et al.，2016)；$\delta$ 为样品的同位素浓度(‰)。不同流域降水过程受到不同程度的二次蒸发影响，受区域气候影响强烈，蒸发程度由上游至中游和由东至西逐渐增强(图 2-11)。

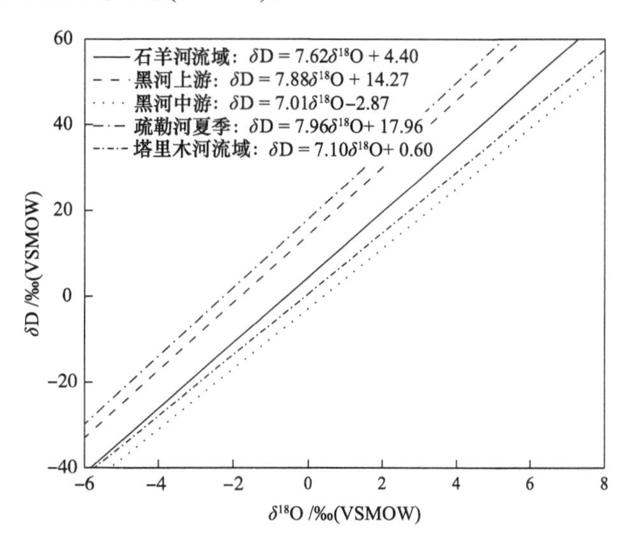

图 2-11　河西内陆河(黑河、石羊河、疏勒河)和塔里木河流域当地大气降水线

VSMOW 表示维也纳标准平均海水(Viena standard mean ocean water)

2. 西北内陆区水汽来源

将西北内陆区降水中稳定氢氧同位素特征，如 δ^{18}O 和氘过量参数 *d*-excess，与西风控制区的乌鲁木齐、西南季风控制区的拉萨和东南季风控制区的香港进行对比，结果表明西北内陆区如石羊河、黑河、疏勒河和塔里木河流域大气降水由东到西主要受西风和极地大陆气团影响，石羊河流域在 7～8 月同时受到西南季风影响(图 2-12)。

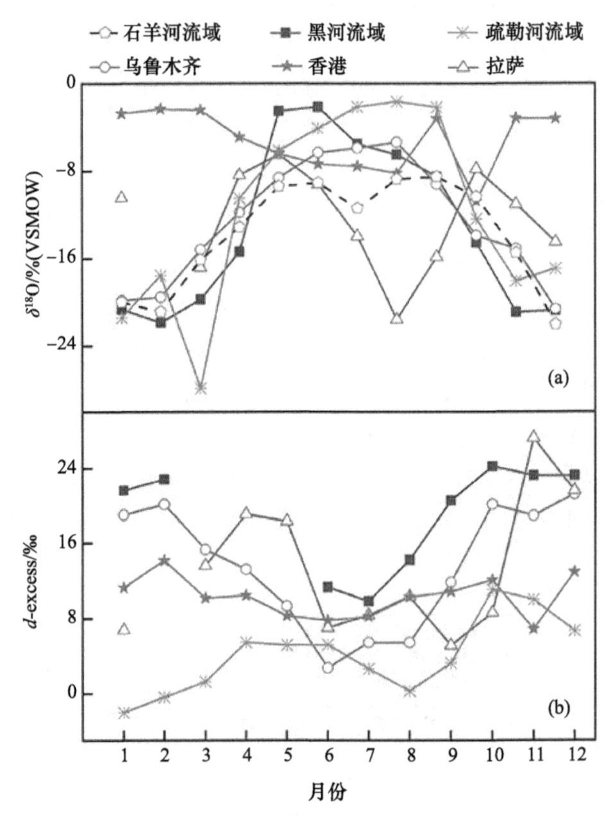

图 2-12　石羊河流域、黑河流域、疏勒河流域和乌鲁木齐、拉萨、香港降水中稳定氢氧同位素特征季节变化比较

(a)不同站点降水 δ^{18}O 变化；(b)不同站点降水 *d*-excess 变化；拉萨、乌鲁木齐和香港降水 δ^{18}O 数据来自国际原子能机构(IAEA: http://www.iaea.org/)

2.3.2　地表水与地下水水化学特征

1. 西北内陆区典型流域地表水与地下水水化学类型

本书研究(黑河流域和疏勒河流域)和前人研究(石羊河流域和塔里木河流域)

对西北内陆区地表水与地下水主要阴阳离子(Mg^{2+}、Ca^{2+}、Na^{+}、K^{+}、Cl^{-}、HCO_3^-和SO_4^{2-})及总溶解固体(total dissolved solids，TDS)等水化学特征的分析结果表明，石羊河、黑河、疏勒河和塔里木河流域地表水自东向西由 $Ca^{2+}\cdot Mg^{2+}$-$SO_4^{2-}\cdot HCO_3^-$型逐渐演变为以 $Na^{+}\cdot Mg^{2+}$-$Cl^{-}\cdot SO_4^{2-}$ 型为主(图 2-13)(肖捷颖等，2016；朱海勇等，2013；Ma et al.，2010；Zhu et al.，2007)。就地下水而言，石羊河流域、黑河流域和疏勒河流域自东向西不同流域水化学类型由 Mg^{2+}-$SO_4^{2-}\cdot HCO_3^-$ 型到 $Ca^{2+}\cdot Mg^{2+}$-$SO_4^{2-}\cdot Cl^{-}$型，再到 $Mg^{2+}\cdot Ca^{2+}$-$SO_4^{2-}\cdot HCO_3^-$ 型，塔里木河流域中下游地下水水化学类型以 $Na^{+}\cdot Mg^{2+}$-$Cl^{-}\cdot SO_4^{2-}$ 型为主(图 2-14)。自东向西优势阳离子从 Ca^{2+}、Mg^{2+}转变为 Na^{+}、Mg^{2+}，优势阴离子从SO_4^{2-}、HCO_3^-转变为 Cl^{-}、SO_4^{2-}，表明自东向西气候越来越干旱，西部相对蒸发-浓缩作用更明显，使 Na^{+}、Cl^{-}成为优势离子。在岩石风化作用方面，东部共同存在碳酸盐岩风化(Ca^{2+}、Mg^{2+}、HCO_3^-)及蒸发岩溶解作用(Ca^{2+}、Mg^{2+}、SO_4^{2-})，西部则受蒸发盐岩溶解作用影响更突出(Na^{+}、Mg^{2+}、Cl^{-}、SO_4^{2-})。

2. 西北内陆区典型流域地表水与地下水水化学控制因素

石羊河流域地表水受岩石风化作用影响，浅层和深层地下水受岩石风化和蒸发-浓缩作用共同影响[图 2-15(a)]。黑河流域上游和中游地表水受岩石风化作用控

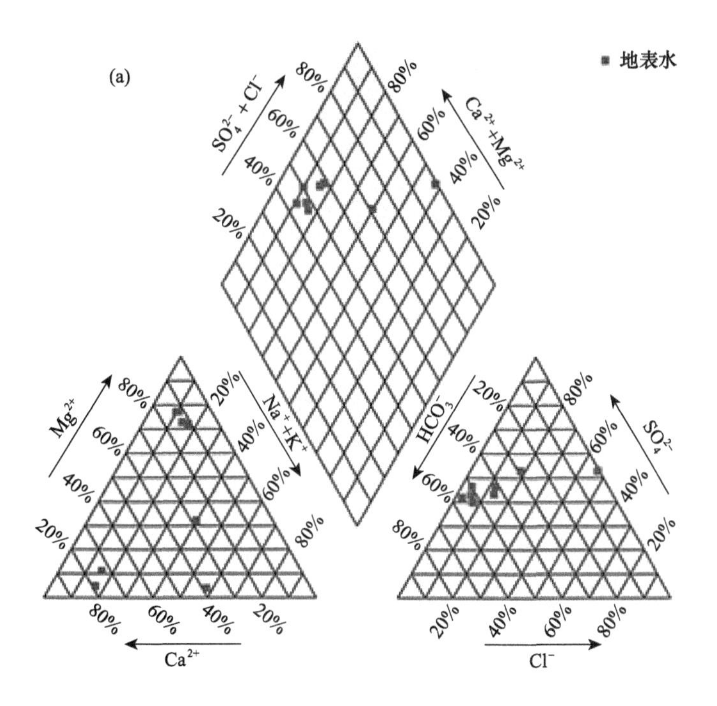

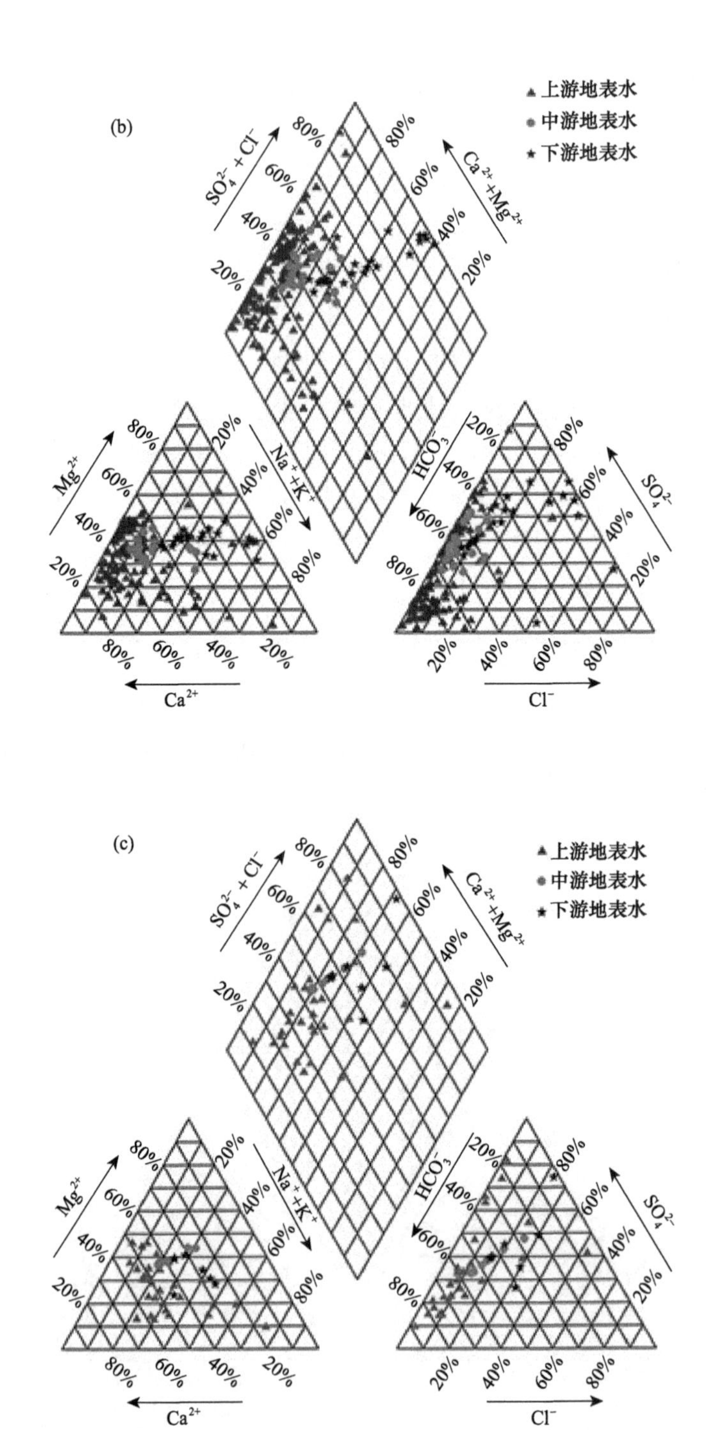
(b)
上游地表水
中游地表水
下游地表水
$SO_4^{2-}+Cl^-$
$Ca^{2+}+Mg^{2+}$
Mg^{2+}
Na^++K^+
HCO_3^-
SO_4^{2-}
Ca^{2+}
Cl^-
(c)
上游地表水
中游地表水
下游地表水
$SO_4^{2-}+Cl^-$
$Ca^{2+}+Mg^{2+}$
Mg^{2+}
Na^++K^+
HCO_3^-
SO_4^{2-}
Ca^{2+}
Cl^-

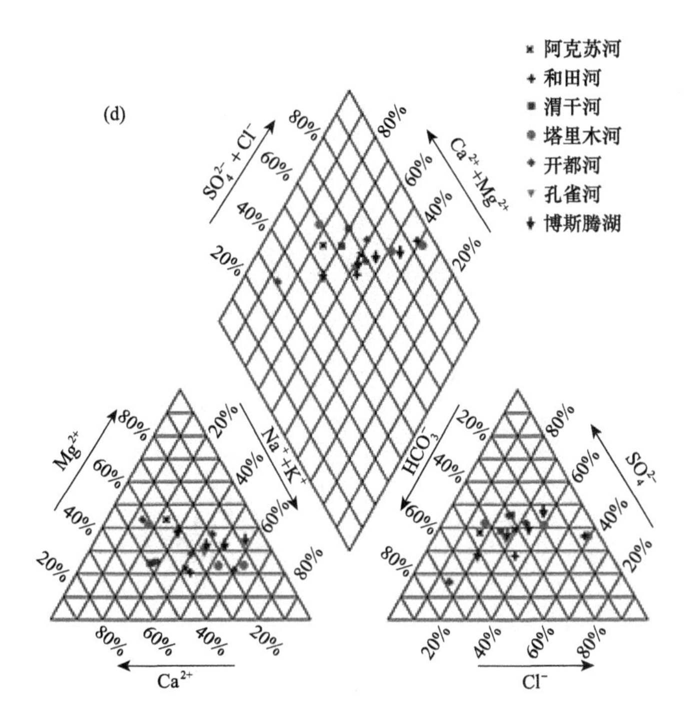

图 2-13　西北内陆区典型流域地表水水化学类型

(a)石羊河流域；(b)黑河流域；(c)疏勒河流域；(d)塔里木河流域

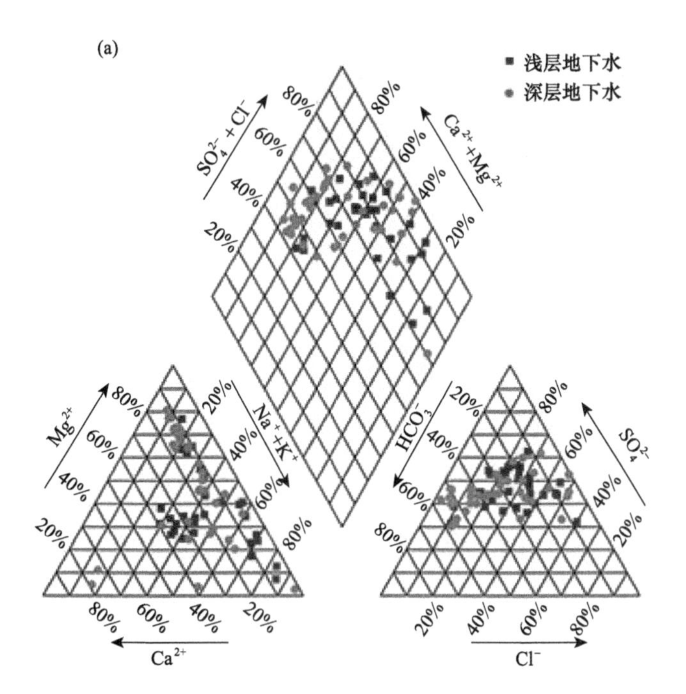

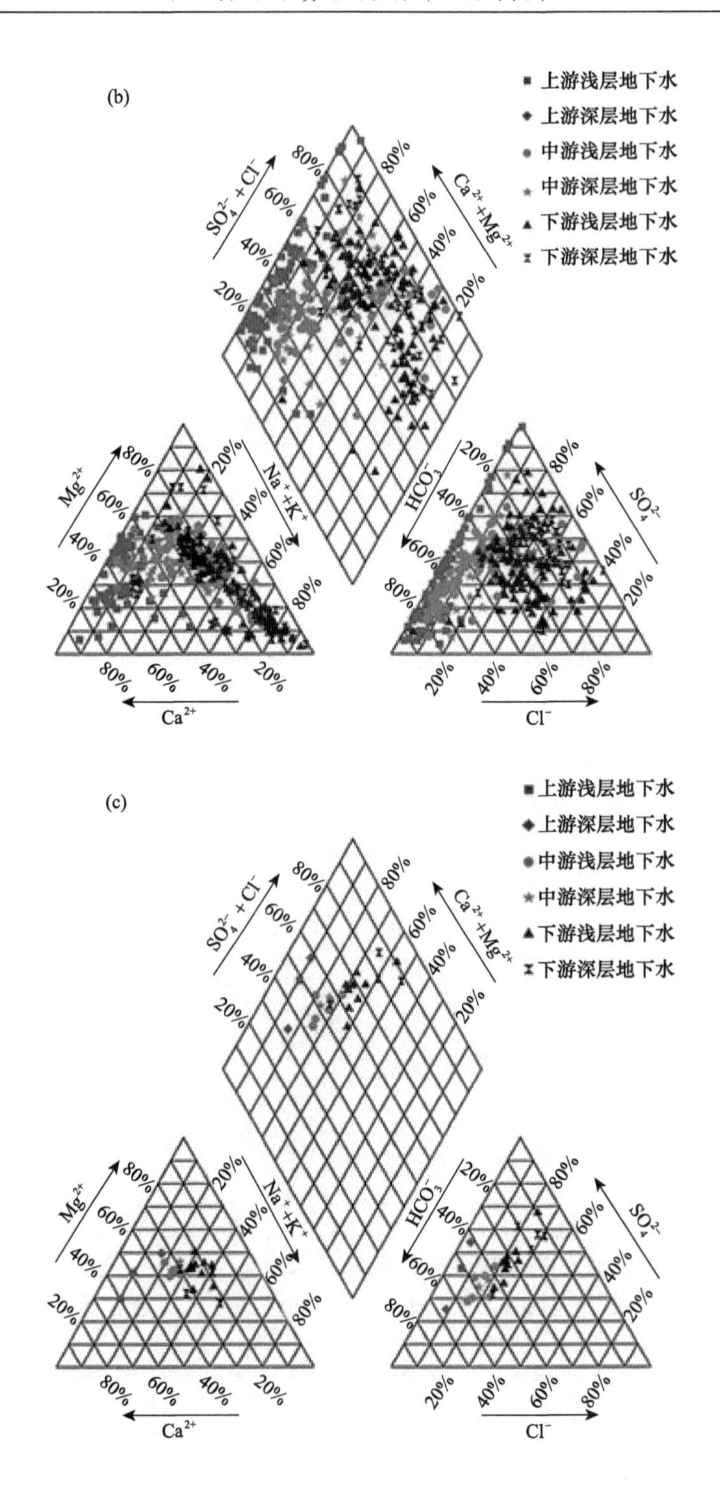
(b)
上游浅层地下水
上游深层地下水
中游浅层地下水
中游深层地下水
下游浅层地下水
下游深层地下水
$SO_4^{2-}+Cl^-$
$Ca^{2+}+Mg^{2+}$
Mg^{2+}
Na^++K^+
HCO_3^-
SO_4^{2-}
Ca^{2+}
Cl^-
80%
60%
40%
20%
(c)
上游浅层地下水
上游深层地下水
中游浅层地下水
中游深层地下水
下游浅层地下水
下游深层地下水
$SO_4^{2-}+Cl^-$
$Ca^{2+}+Mg^{2+}$
Mg^{2+}
Na^++K^+
HCO_3^-
SO_4^{2-}
Ca^{2+}
Cl^-
80%
60%
40%
20%

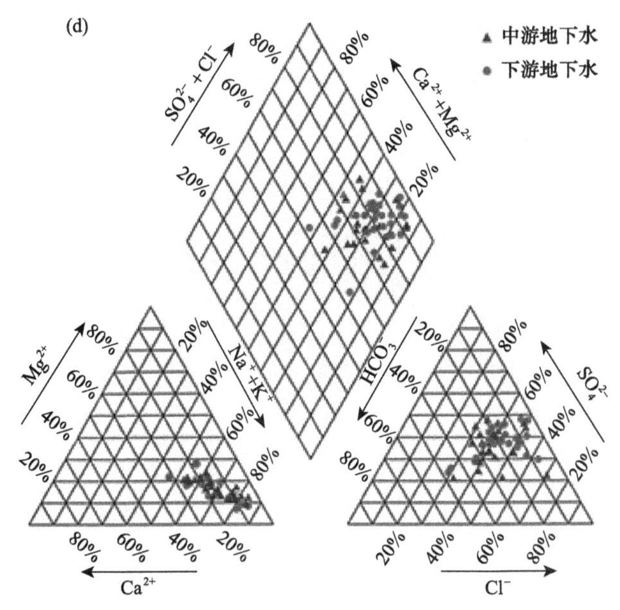

图 2-14　西北内陆区典型流域地下水水化学类型

(a)石羊河流域；(b)黑河流域；(c)疏勒河流域；(d)塔里木河流域

制，下游地表水受岩石风化和蒸发–浓缩作用共同控制[图 2-15(b)]；上中下游的地下水分别从岩石风化和降水控制逐渐过渡到蒸发–浓缩控制[图 2-15(c)]。疏勒河流域地表水和地下水都受到岩石风化作用和蒸发–浓缩影响[图 2-15(d)、(e)]。塔里木河流域地表水主要受岩石风化影响，同时受到蒸发–浓缩影响，中下游地下水全部受蒸发–浓缩控制[图 2-15(f)、(g)]。

西北内陆区典型流域水化学控制因素自东向西由岩石风化作用主导逐渐变化为岩石风化作用与蒸发–浓缩作用共同控制；黑河流域和疏勒河流域自上游至下游，由岩石风化作用控制向蒸发–浓缩作用控制逐渐过渡。说明整体气候自东向西越来越干旱，其中黑河和疏勒河上游至下游的气候也逐渐干旱。

2.3.3　地表水、地下水补给来源

基于黑河和疏勒河流域地表水与地下水中氢、氧稳定同位素比率的测定，结合石羊河和塔里木河流域前人研究结果，揭示内陆河流域地表水、地下水补给来源(Fan et al.，2016；Sun et al.，2016；Zhang et al.，2013；Ma et al.，2010；Zhu et al.，2007)。西北内陆区地表水主要来源于大气降水，且由东向西冰雪融水的补给逐渐增加：冰雪融水对石羊河、黑河、疏勒河和塔里木河流域地表水的补给分别为低于 3.0%(Li et al.，2017)、9.6%(Zhao et al.，2011；贺建桥等，2008)、23.6%(Zhang et al.，2019)和 41.5%(Gao et al.，2010)。石羊

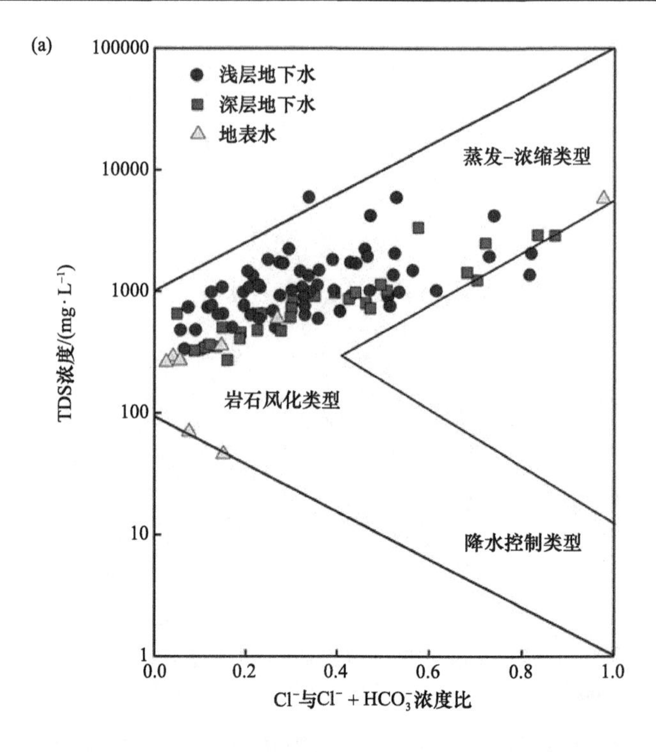
(a)
浅层地下水
深层地下水
地表水
蒸发-浓缩类型
岩石风化类型
降水控制类型
TDS浓度/(mg·L⁻¹)
100000
10000
1000
100
10
1
0.0
0.2
0.4
0.6
0.8
1.0
Cl⁻与Cl⁻ + HCO₃⁻浓度比

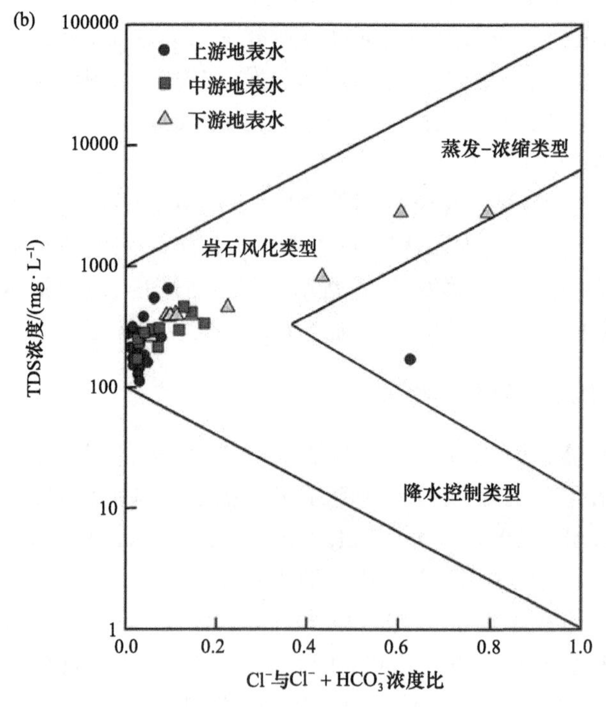
(b)
上游地表水
中游地表水
下游地表水
蒸发-浓缩类型
岩石风化类型
降水控制类型
TDS浓度/(mg·L⁻¹)
100000
10000
1000
100
10
1
0.0
0.2
0.4
0.6
0.8
1.0
Cl⁻与Cl⁻ + HCO₃⁻浓度比

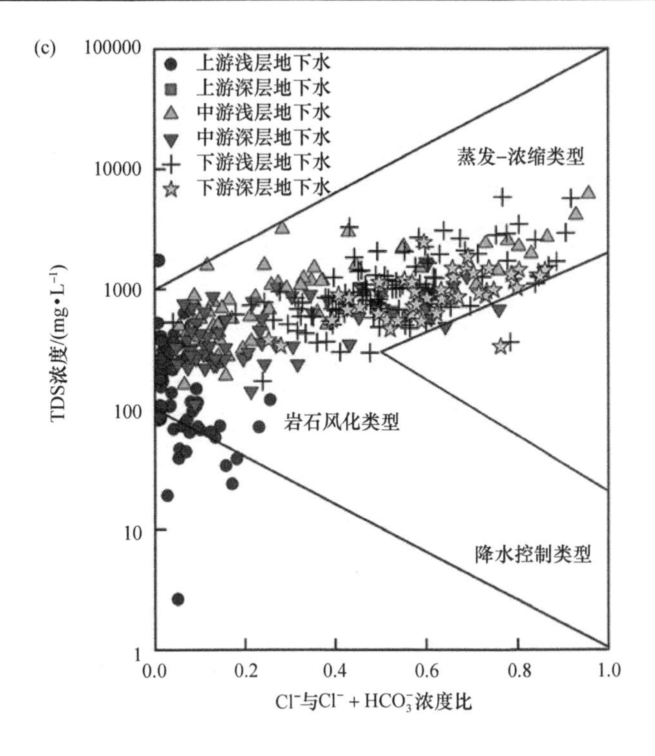
(c)
上游浅层地下水
上游深层地下水
中游浅层地下水
中游深层地下水
下游浅层地下水
下游深层地下水
蒸发–浓缩类型
岩石风化类型
降水控制类型
TDS浓度/(mg·L⁻¹)
100000
10000
1000
100
10
1
0.0
0.2
0.4
0.6
0.8
1.0
Cl⁻与Cl⁻ + HCO₃⁻浓度比

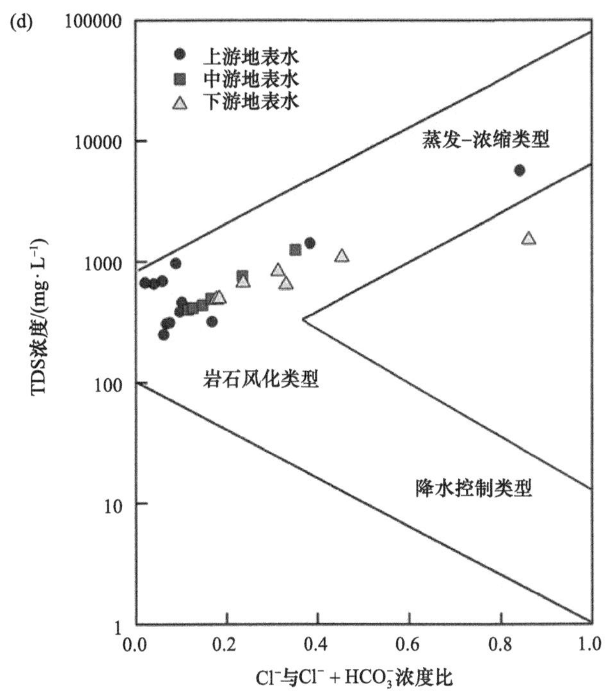
(d)
上游地表水
中游地表水
下游地表水
蒸发–浓缩类型
岩石风化类型
降水控制类型
TDS浓度/(mg·L⁻¹)
100000
10000
1000
100
10
1
0.0
0.2
0.4
0.6
0.8
1.0
Cl⁻与Cl⁻ + HCO₃⁻浓度比

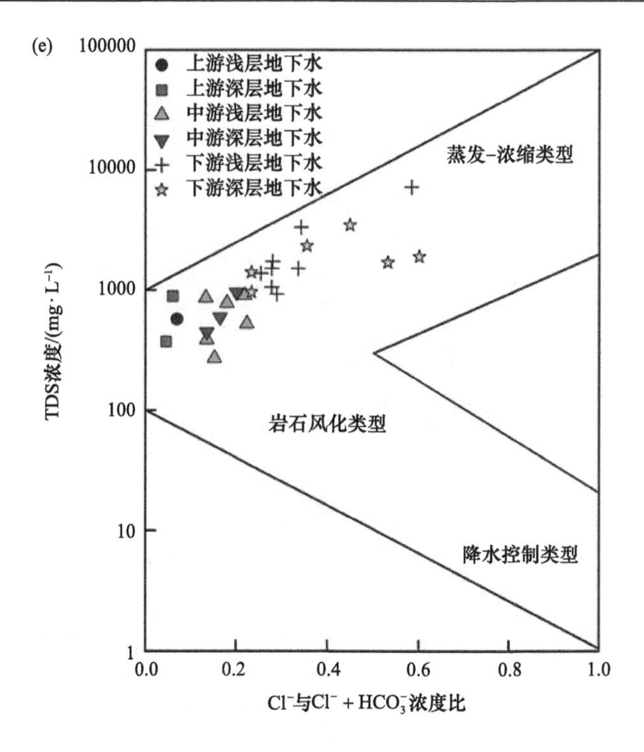
(e)
上游浅层地下水
上游深层地下水
中游浅层地下水
中游深层地下水
下游浅层地下水
下游深层地下水
蒸发-浓缩类型
岩石风化类型
降水控制类型
TDS浓度/(mg·L⁻¹)
Cl⁻与Cl⁻+HCO₃⁻浓度比
100000
10000
1000
100
10
1
0.0
0.2
0.4
0.6
0.8
1.0

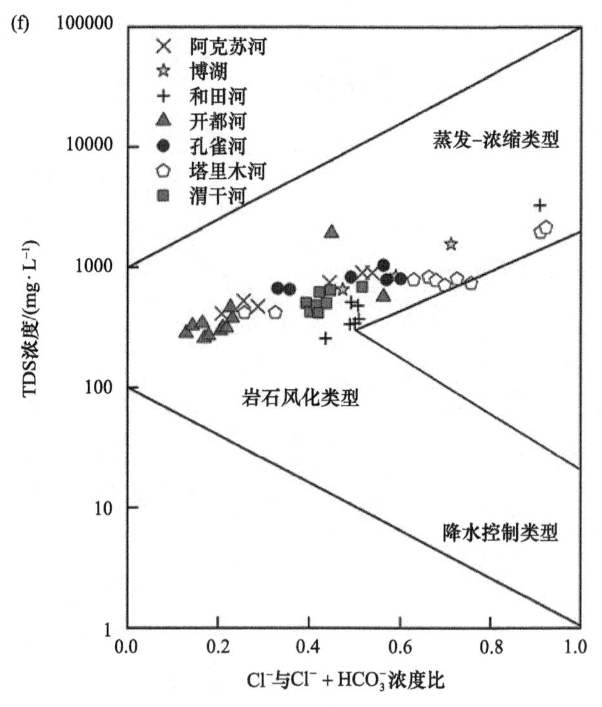
(f)
阿克苏河
博湖
和田河
开都河
孔雀河
塔里木河
渭干河
蒸发-浓缩类型
岩石风化类型
降水控制类型
TDS浓度/(mg·L⁻¹)
Cl⁻与Cl⁻+HCO₃⁻浓度比
100000
10000
1000
100
10
1
0.0
0.2
0.4
0.6
0.8
1.0

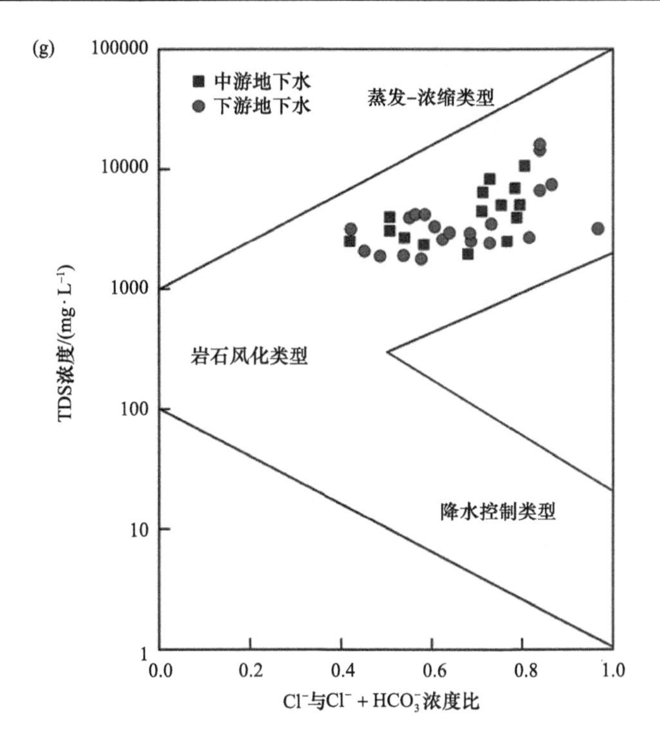

图 2-15　西北内陆区典型流域水化学 Gibbs 分布模式图

(a)石羊河流域地表水和地下水；(b)黑河流域地表水；(c)黑河流域地下水；(d)疏勒河流域地表水；(e)疏勒河流域地下水；(f)塔里木河流域地表水；(g)塔里木河流域地下水

河流域地表水和地下水主要来源于当地大气降水(Zhu et al.，2007)(图 2-16)。黑河流域地表水主要由上游降水补给(图 2-17)。黑河上游地下水的主要补给源为当地大气降水和冰雪融水，中游除上游地下水补给外也有部分降水补给，下游地下水主要补给源为黑河源区降水和地表水、蒙古国和我国巴丹吉林沙漠方向的地下水(图 2-18)。疏勒河流域地表水、地下水均由源区降水补给(图 2-19)。塔里木河流域地表水是地下水的重要补给源(图 2-20)(王文祥等，2013；Zhang et al.，2013)。

2.3.4　地下水年龄

基于西北内陆区典型流域地下水(深层地下水、浅层地下水及泉水)的稳定碳氧同位素组成(^{13}C、^{18}O)和放射性同位素氚(T)和 ^{14}C 研究结果，分析西北内陆区典型流域地下水年龄及更新速率。研究结果表明：石羊河流域武威盆地潜水层地下水 T 含量显示其为年龄较小的现代水，且自山前平原向下游地下水补给能力减弱；承压含水层地下水 ^{14}C 含量自山麓向下游径流方向逐渐

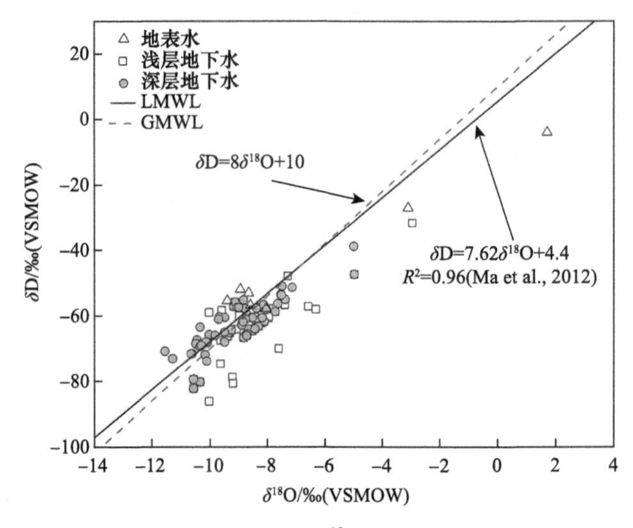

图 2-16　石羊河流域地表水和地下水 δ^{18}O-δD 关系点与当地大气降水线关系

GMWL 表示全球大气降水线(global meteoric water line)

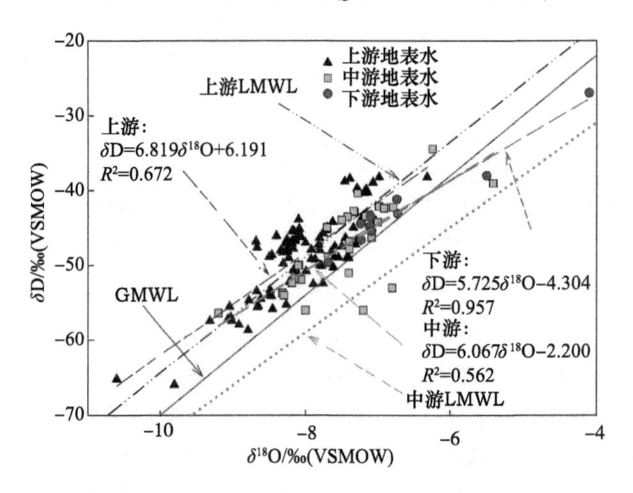

图 2-17　黑河流域地表水 δ^{18}O-δD 关系点与当地大气降水线关系

减少，地下水年龄呈上升趋势(Edmunds et al.，2006)(图 2-21)。黑河上游降水为上游地下水(主要为泉水)、沿黑河干流的浅层地下水和部分深层地下水的主要补给源，且补给速率快，而在远离黑河干流的中下游地下水补给速率慢(Zhao et al.，2018)。结合地下水放射性同位素 T 和 ^{14}C 含量，黑河中下游地下水可分为 3 类：①山前平原的浅层和深层地下水有现代水的补给，地下水滞留时间短，更新速率快；②黑河中下游深层地下水滞留时间长，更新速率慢；③黑河下游浅层地下水和中游浅层、部分深层地下水为古水和现代水的混合水(Zhao et al.，2018)(图 2-22)。疏勒河流域地下水年龄分布范围较大，

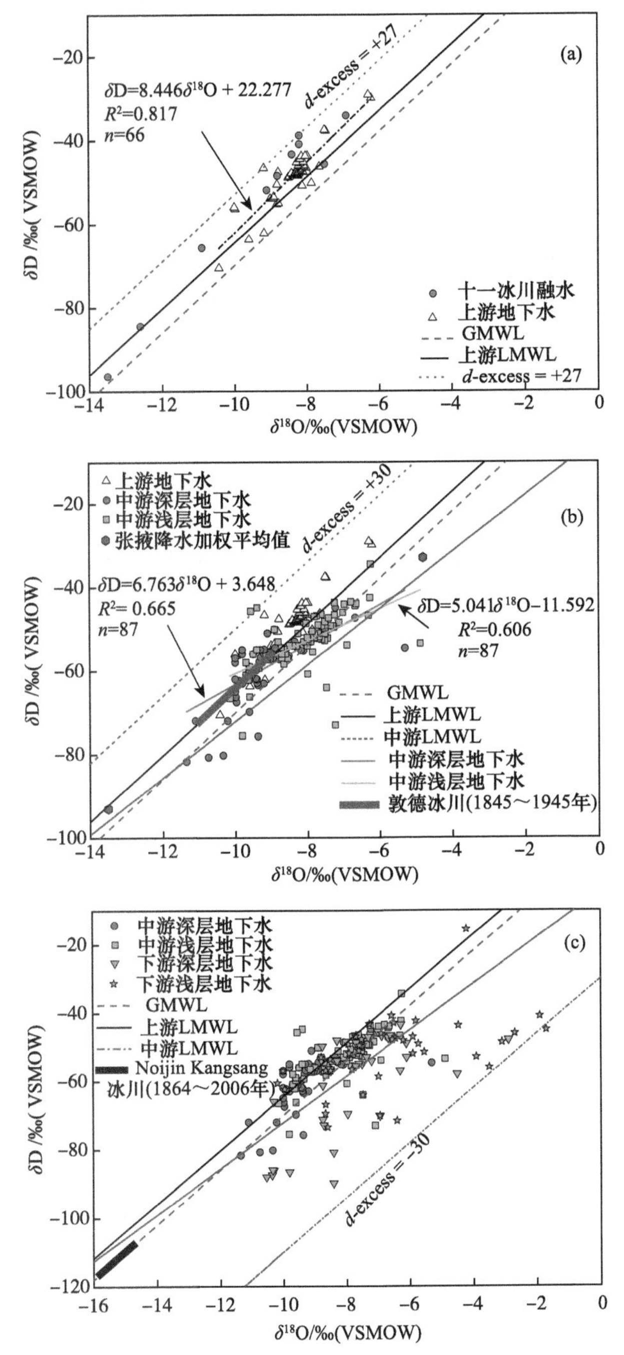

图 2-18　黑河流域地下水 δ^{18}O-δD 关系点与当地大气降水线关系(见彩图)

(a)上游地下水和十一冰川融水；(b)中游地下水和敦德冰川；(c)下游地下水、中游地下水和 Noijin Kangsang 冰川；n 为样点数

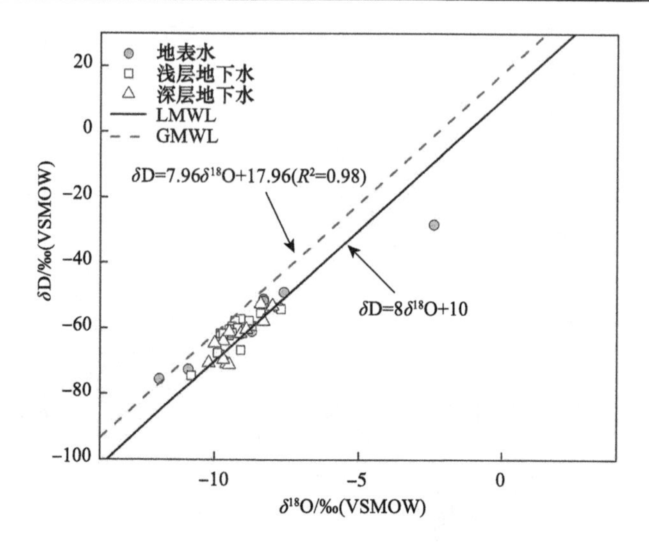

图 2-19　疏勒河流域地表水和地下水 δ^{18}O-δD 关系点与当地大气降水线关系

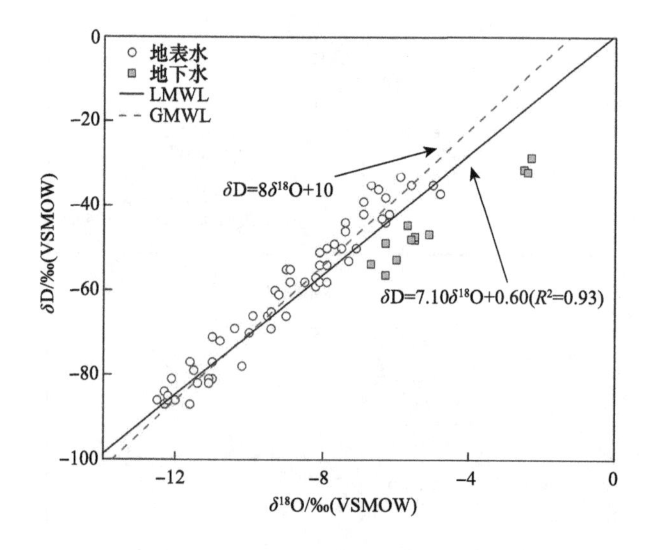

图 2-20　塔里木河流域地表水和地下水 δ^{18}O-δD 关系点与当地大气降水线关系

从现代到数万年，承压水年龄分布在 3000～26000a，深层地下水重同位素贫化，反映了中全新世大暖期暖湿的气候对地下水补给的重要作用。各盆地细土平原区深层潜水年龄从现代到 2000a 不等，说明深层地下水循环交替也比较迟缓，承压水普遍年龄很老，更新能力较差(He et al.，2015；何建华，2013)(图 2-23)。

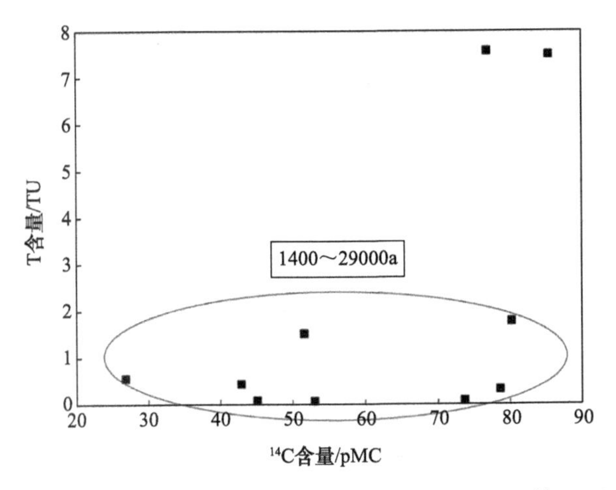

图 2-21　石羊河流域浅水层地下水氚含量分布与承压层地下水 ^{14}C 与氚含量的关系

TU 表示绝对浓度氚单位；pMC 表示现代碳百分比

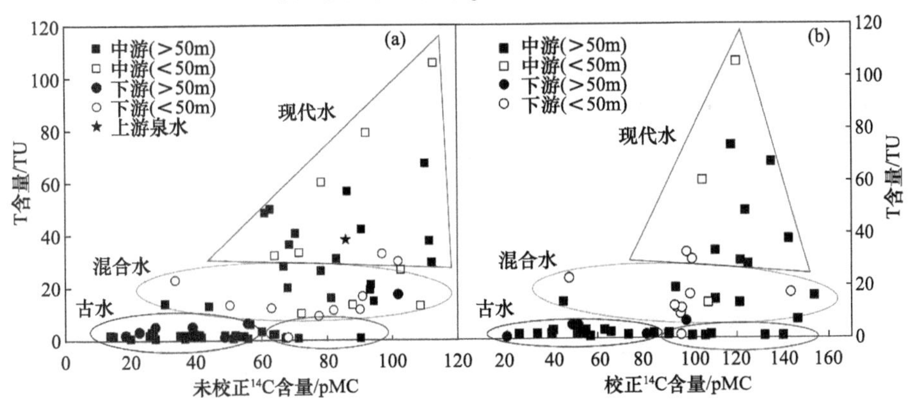

图 2-22　黑河中下游地下水 ^{14}C 含量与 T 含量的关系

(a)^{14}C 未校正结果；(b)^{14}C 校正结果

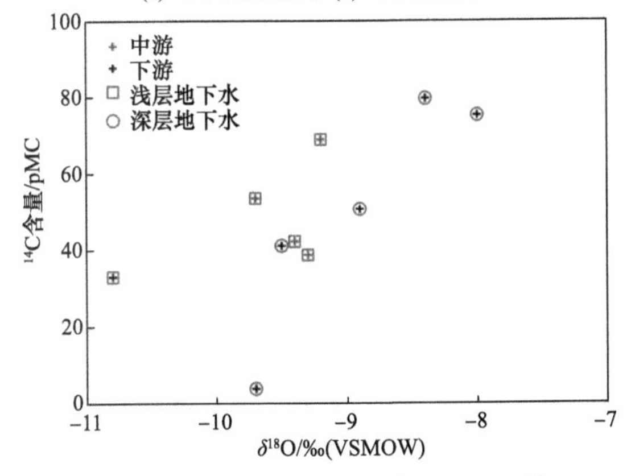

图 2-23　疏勒河流域中下游地下水 ^{14}C 含量与 $\delta^{18}O$ 的关系

2.4　西北内陆区水文过程模拟

2.4.1　内陆河流水体提取的遥感模型

针对西北内陆河流水体水色多变、所处地理环境复杂而导致提取困难的问题，开发包含后验概率的支持向量机(posteriori probalility support vector machine，PPSVM)水体提取模型，通过利用多个对水体敏感的光谱波段及地形指数构建特征集，基于选定的训练样本训练支持向量机分类器，实现河流水体的提取，并通过后验概率定量表达其不确定性。也可通过融合多源数据的方式，进一步降低河流水体提取的不确定性，实现更高精度和更高准确性的提取。

在黑河和疏勒河的典型河段(图 2-24)开展研究，以 Landsat-8 OLI 遥感影像为基本输入数据，使用 FMask 模型标记云和云阴影等不可信像元不参与计算，在对研究区水体样本经过细致的光谱分析之后，选取近红外及短波红外波段等特征集，加入地形指数 HAND (height above nearest drainage)作为补充特征，以尽量消除山体阴影对水体识别的干扰，构建包含后验概率的支持向量机水体提取模型，实现对研究区水体的不确定性提取(图 2-25)。配合 Google Earth 上高分辨率卫星图片的目视解译，获取高分辨率的水体分布作为真实水体分布，对模型提取水体的精度进行验证，发现该模型获得的水体识别后验概率总体上与水体分布一致，概率低的地方主要集中在河流边缘混合像元较多的地方。

通过研究后验概率的分布发现，研究区的水体识别后验概率分布呈明显的双峰分布，大部分像元概率值集中在 0 和 1 两端的区域(图 2-26)，这使该概率分布图相对于传统的水体指数的分布，优选分割阈值更为简单，稳定性更高。图 2-27 展示了从后验概率图、传统的归一化水体指数(NDWI)和改进的归一化水体指数(mNDWI)图中获取最优阈值的过程，可以看到，对于后验概率图，阈值的选取对最终结果的精度影响相对较小，不论阈值选 0.3～0.9 的什么值，Kappa 系数波动非常小，说明其稳定性很高，对阈值的优选过程要求不高。相反，对于传统的归一化水体指数，虽然选择最优阈值时，结果的 Kappa 系数也很大，但是随阈值波动较大，说明对阈值选取的过程非常敏感，稳定性较差。

将得到的二值水体图像与传统归一化水体指数方法得到的水体分布进行对比，可以发现，相较于传统的水体提取方法，PPSVM 方法得到的水体分布结果在精度上有一定的提高，但单从精度数值上看，提高并不显著(图 2-28)。这主要是因为基于传统的指数方法提取水体时，使用参考图像对阈值进行了优化，从而使它们也都具有了较高的精度，但是在一般情况下，高精度的参考图像往往难

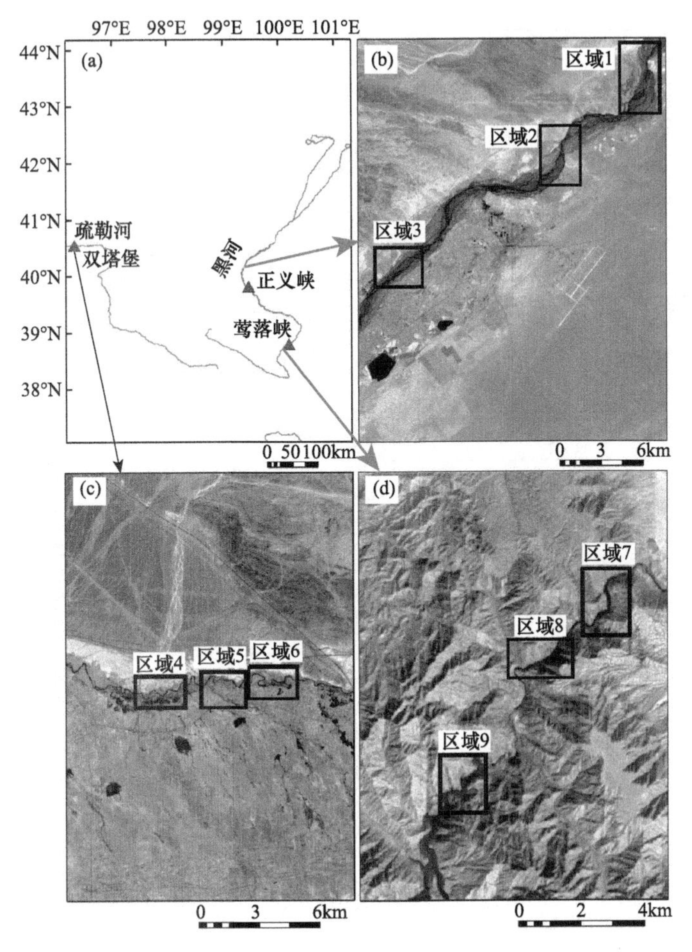

图 2-24　实验研究区概况

(a)实验研究区地理位置；(b)黑河正义峡河段；(c)疏勒河双塔堡河段；(d)黑河莺落峡河段

以获得，这将大大限制传统的水体指数方法。

本节提出的 PPSVM 水体识别模型方法一方面能够定量化水体识别的不确定性，另一方面相对于传统的归一化水体指数方法还具有更高的稳定性。例如，在所选的三个实验区中，黑河莺落峡河段属于黑河上游，高山林立，地形起伏较大，从而导致遥感图像上山体阴影较多，常常干扰水体的判读。由于 PPSVM 模型中加入了地形因子，通过图 2-29 的箱线图可以看到，山体阴影像元的后验概率要远大于提取水体时选择的最优阈值，这意味着错分水体和阴影的概率很小。传统的归一化水体指数方法的最优阈值与阴影的箱体非常接近，说明有很高的概率把山体阴影错分为水体。

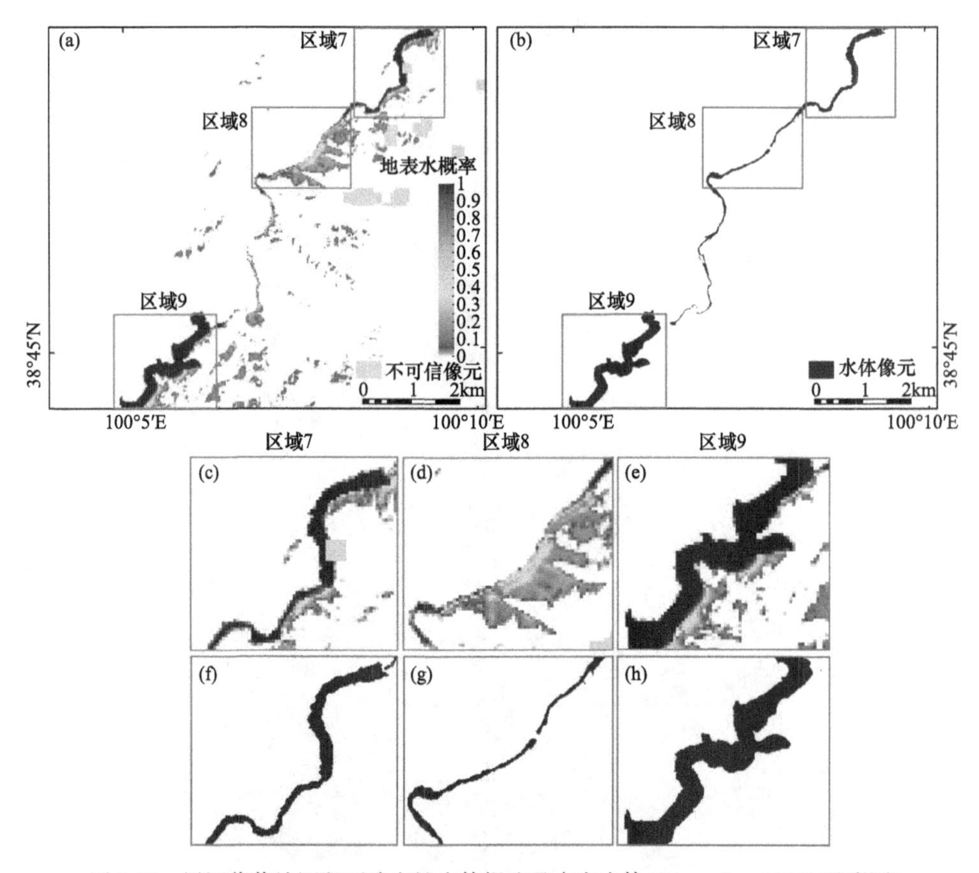

图 2-25　黑河莺落峡河段不确定性水体提取及真实水体(Liu et al.，2020)(见彩图)

(a)不确定性水体提取；(b)真实水体；(c)～(e)区域 7～9 不确定性水体提取；(f)～(h)区域 7～9 真实水体

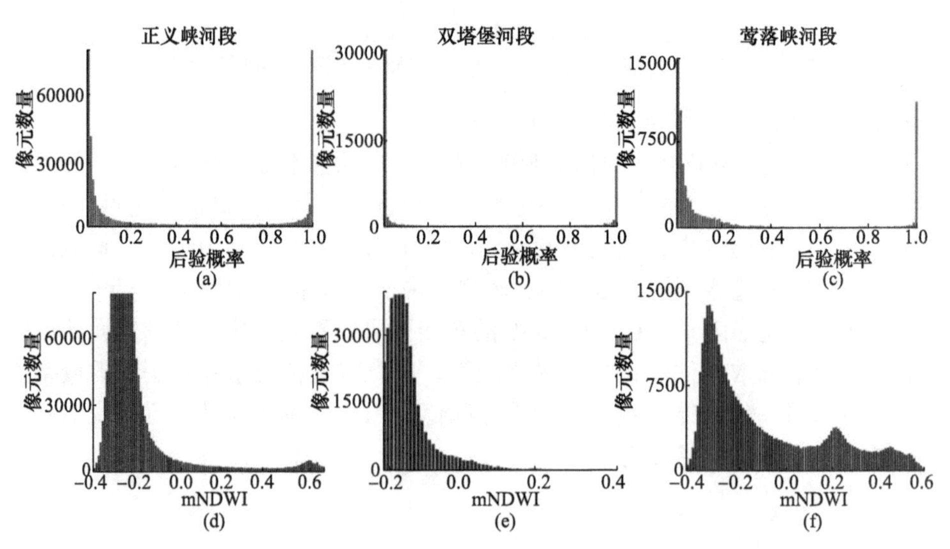

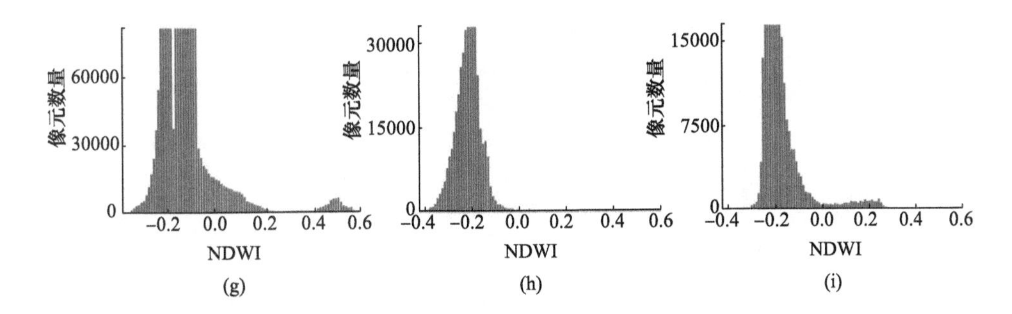

图 2-26　三个研究区的后验概率、改进的归一化水体指数(mNDWI)及归一化水体指数(NDWI)的直方图(Liu et al.，2020)

(a)正义峡河段后验概率分布图；(b)双塔堡河段后验概率分布图；(c)莺落峡河段后验概率分布图；(d)正义峡河段mNDWI 影像直方图；(e)双塔堡河段 mNDWI 影像直方图；(f)莺落峡河段 mNDWI 影像直方图；(g)正义峡河段 NDWI 影像直方图；(h)双塔堡河段 NDWI 影像直方图；(i)莺落峡河段 NDWI 影像直方图

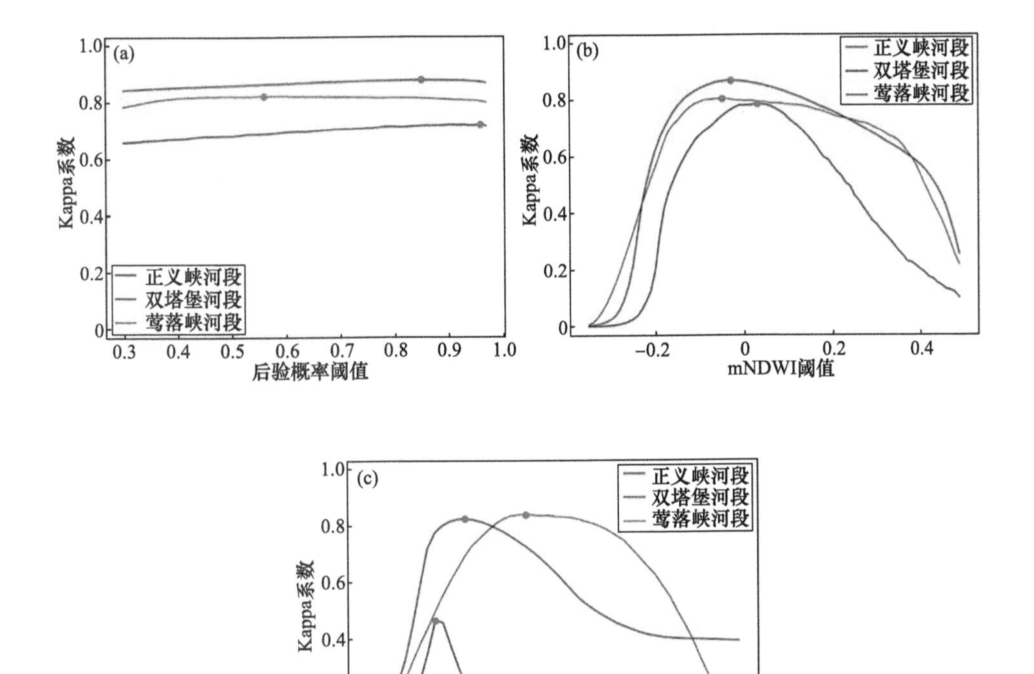

图 2-27　三个研究区使用不同阈值时 Kappa 系数的变化趋势(Liu et al.，2020)(见彩图)

(a)后验概率阈值；(b)mNDWI 阈值；(c)NDWI 阈值；最优阈值用圆点标出

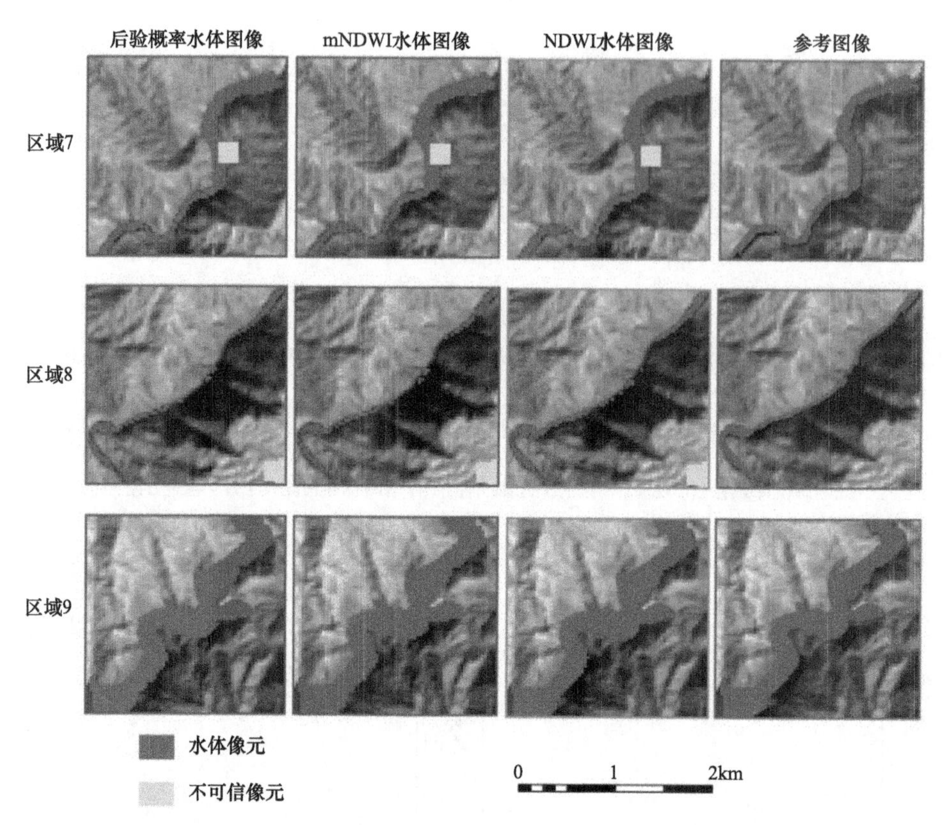

图 2-28　黑河莺落峡河段通过后验概率、mNDWI 和 NDWI 获得的二值水体图像及参考图像 (Liu et al.，2020)

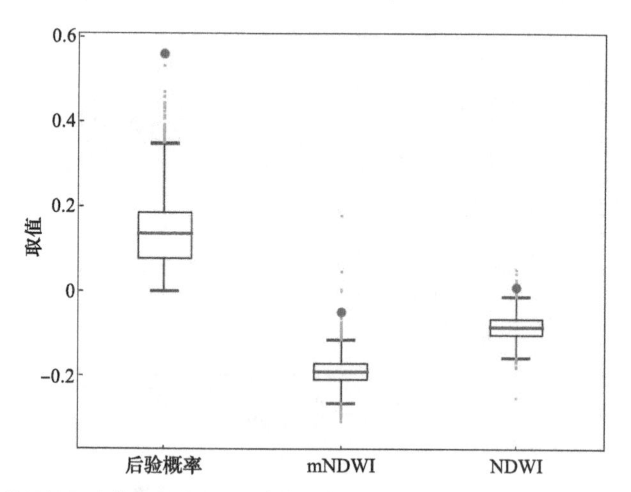

图 2-29　黑河莺落峡河段山体阴影像元后验概率、mNDWI 和 NDWI 的分布情况(Liu et al.，2020)

圆点表示最佳阈值

2.4.2　蒸散发量估算模型对比与改进

基于青藏高原 5 个观测站 2010～2014 年生长季的涡动相关观测数据，比较 Penman-Monteith(PM)、Priestley-Taylor(PT)、Hargreaves-Samani(HS)、Mahringer(MG) 四种算法估算高寒草地蒸散发量的适用性(图 2-30)。结果表明，PT 法的效果最佳，决定系数介于 0.76～0.94，根方差在 0.41～0.62mm·d^{-1}；其次是 PM 法；HS 法的结果也还可以接受，R^2 为 0.46。PT 法所需数据较少，方法比较简单，最为适合估算高原的草地蒸散发。PM 法所需数据较多，在数据能够满足要求时也可以获得较高的精度。HS 法在数据非常有限时也可以使用(Chang et al.，2017)。

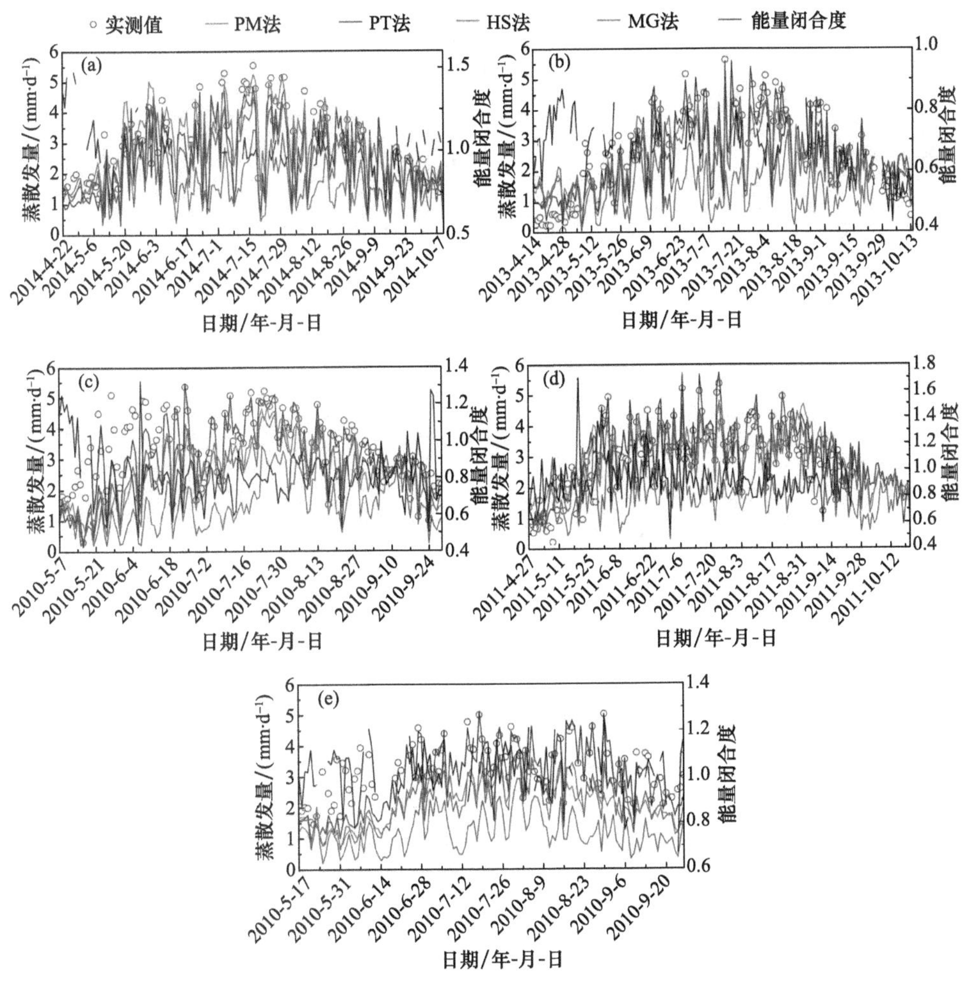

图 2-30　不同方法估算的生长季蒸散发量对比(Chang et al.，2017)(见彩图)

(a)阿柔站；(b)葫芦沟站；(c)苏里站；(d)那曲站；(e)唐古拉站

针对国际上流行的 MOD16 算法对内陆河上游山区草地蒸散发量模拟误差大的问题，改进土壤蒸发和植被蒸腾的相关算法，显著提高对草地蒸散发量的估算精度(图 2-31)。在 MOD16 算法中，土壤表面阻抗是气温和饱和水汽压的函数，但忽略了不同土壤质地类型土壤水分的差异。在植被蒸腾过程中，空气动力学阻抗是对流和辐射热传输的共同作用，与气温有关，但忽略了风速的影响。冠层表面阻抗是与气温、植被水分有关的函数，本算法加入了风速和土壤水分限制因子对植被蒸腾的影响。改进后的算法明显提高了对草地蒸散发量的估算精度(Chang et al.，2018)。

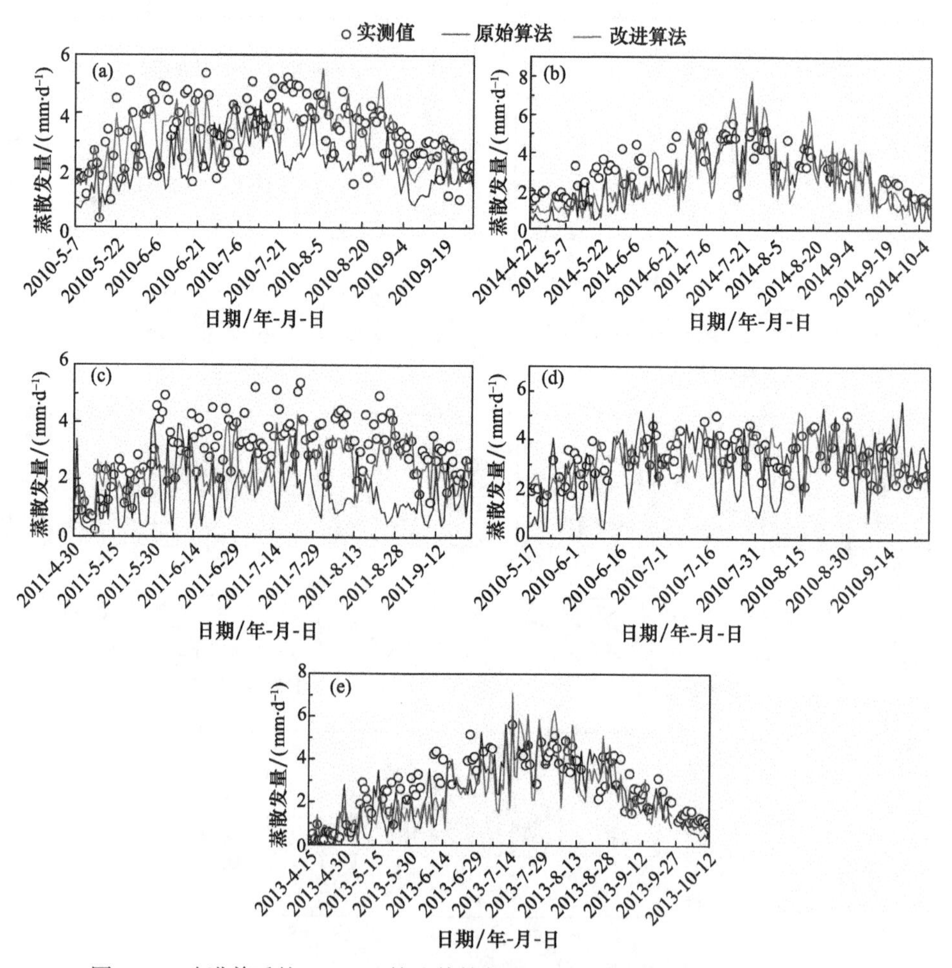

图 2-31　改进前后的 MOD16 算法估算与涡动观测的蒸散发量对比(见彩图)

(a)苏里站；(b)阿柔站；(c)那曲站；(d)唐古拉站；(e)葫芦沟站

2.4.3　冰川补给型山区流域径流过程模拟

冰川是全球气候变化的敏感指示器。受气候变化影响，世界上绝大部分山区的冰川处于加速退缩中，导致冰川补给型流域水文过程发生显著变化，对未来生态与环境安全、社会经济发展产生较大影响。大部分高寒山区流域山高坡陡、地形复杂，难以到达且缺少观测资料，致使许多冰川补给型流域水文过程、冰川径流变化研究较薄弱。水文模型通过一系列嵌套方程来求解水量平衡，模拟水量平衡成分的时间和空间变化。结合地理信息系统(geographic information system，GIS)、遥感等技术，对流域下垫面进行离散化，并通过合理的参数化方案刻画流域水文过程，是当前研究大尺度冰川补给型流域水文过程和冰川径流变化的有效方法。

基于著名分布式水文模型——SWAT 模型，以我国西北内陆区典型大尺度冰川补给型流域——叶尔羌河流域山区为研究区，对叶尔羌河流域出山径流过程和冰川消融过程进行模拟与分析。针对研究区特殊的水文过程和 SWAT 模型的缺陷，将基于增强的温度指数法的冰川消融算法模块化，并与 SWAT 模型耦合，构建能够模拟冰川补给型流域水文过程的分布式水文模型。

对构建的水文模型进行校准与验证，结果表明模型校准期(1965～1988 年)纳什系数 NSE 为 0.86，均方根误差与实测值标准差的比值 RSR 为 0.38，偏差百分比 PBIAS 为−4.27，R^2 为 0.87；模型验证期 NSE 为 0.82，RSR 为 0.42，PBIAS 为 2.38，R^2 为 0.87。评价结果表明，校准期与验证期模拟效果均为“优”，说明构建的模型能够很好地模拟研究区的水文过程。模拟结果及模型评价结果如图 2-32、图 2-33 和表 2-4、表 2-5 所示。

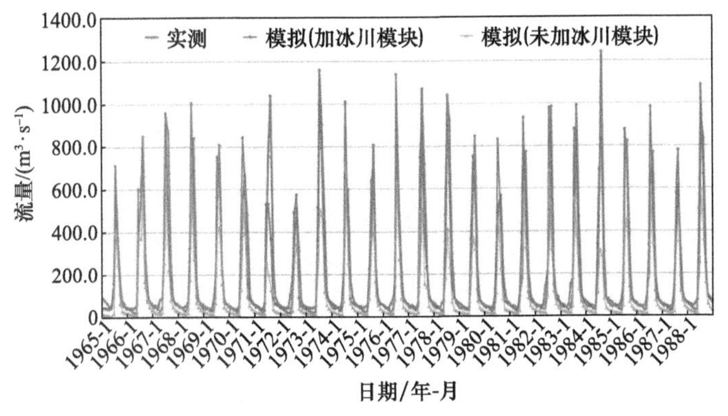

图 2-32　校准期叶尔羌河月平均流量模拟结果(见彩图)

校准期 1965 年 1 月～1988 年 12 月，卡群水文站以上区域

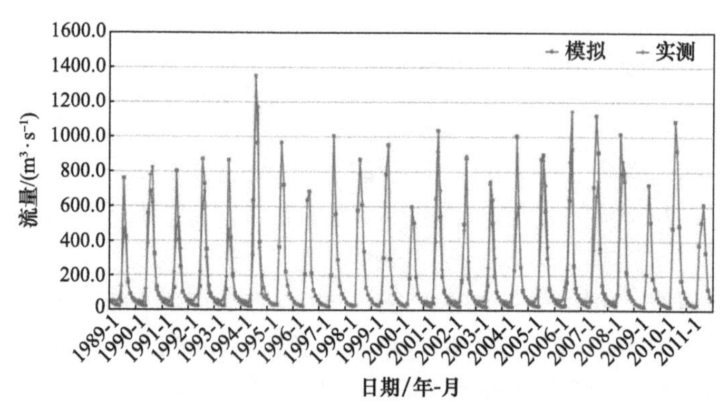

图 2-33 验证期叶尔羌河月平均流量模拟结果（见彩图）

验证期 1989 年 1 月～2011 年 12 月，卡群水文站以上区域

表 2-4 校准期叶尔羌河月尺度模拟结果评价

情景	NSE	RSR	PBIAS	R^2
未加冰川模块	0.51	0.70	−48.32	0.72
加冰川模块	0.86	0.38	−4.27	0.87

表 2-5 验证期叶尔羌河月尺度模拟结果评价

情景	NSE	RSR	PBIAS	R^2
未加冰川模块	0.59	0.64	−41.20	0.73
加冰川模块	0.82	0.42	2.38	0.87

对叶尔羌河流域水文过程和冰川消融过程进行模拟，结果表明校准期(1965～1988 年)与验证期(1989～2011 年)内，叶尔羌河上游山区冰川区多年平均径流量为 34.60 亿 m^3 和 35.97 亿 m^3，分别占出山总径流量的 52.9%、50.4%。两个时段内冰川区径流深均呈上升趋势，上升速率分别为 5.79mm · a^{-1}、3.41mm · a^{-1}。进一步分析表明：整个模拟时段(1965～2011 年)内，模拟的总径流量与冰川区径流量均呈微弱的增加趋势，总径流量以 0.311 亿 $m^3 \cdot a^{-1}$ 的速率递增，冰川区径流量以 0.109 亿 $m^3 \cdot a^{-1}$ 的速率递增，但是模拟时段内冰川区径流量对总径流量的贡献率呈微弱的下降趋势，以 0.046% · a^{-1} 的速率递减，如图 2-34～图 2-36 所示。

对叶尔羌河径流过程和冰川径流量变化进行时空分析，结果表明研究区内水文过程主要发生在 6～9 月，产流量占全年产流量的 80.0%；模拟的冰川区产流也主要发生在 6～9 月，产流量占冰川区年产流量的 85.4%。多年月平均计算结果显示，各月冰川区径流量对当月总径流量的贡献率 10 月至次年 5 月持续降低，5～10 月持续升高，4～5 月冰川区径流量对总径流量的贡献率达到全年最低，如图 2-37 和图 2-38 所示。

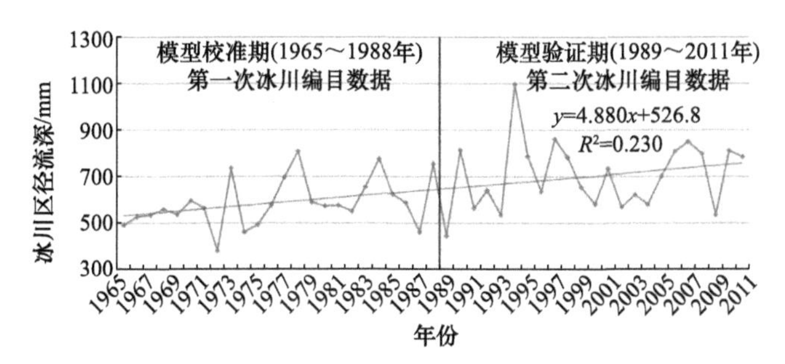

图 2-34　叶尔羌河上游山区冰川区径流深(1965～2011 年)

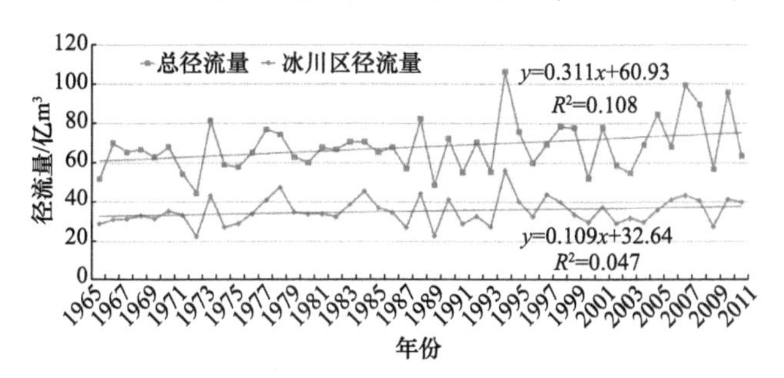

图 2-35　叶尔羌河上游山区逐年总径流量与冰川区径流量(模拟)

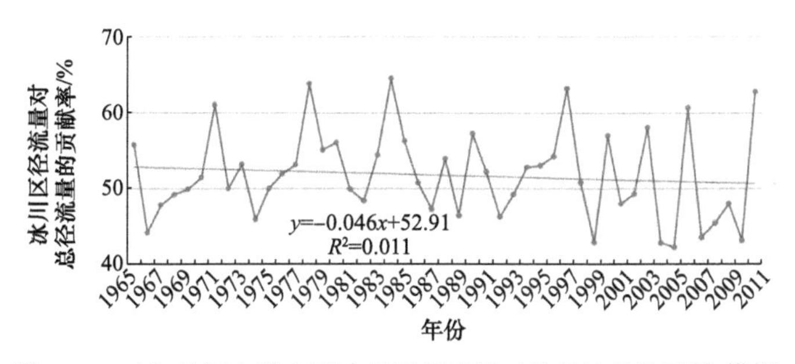

图 2-36　叶尔羌河上游山区冰川区径流量对总径流量的贡献(模拟)

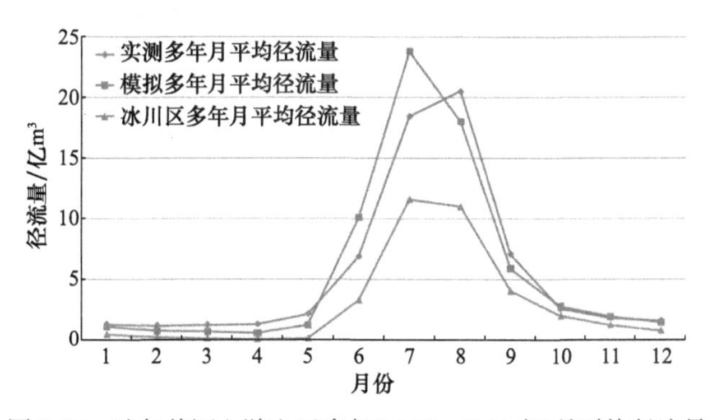

图 2-37　叶尔羌河上游山区多年(1965～2011 年)月平均径流量

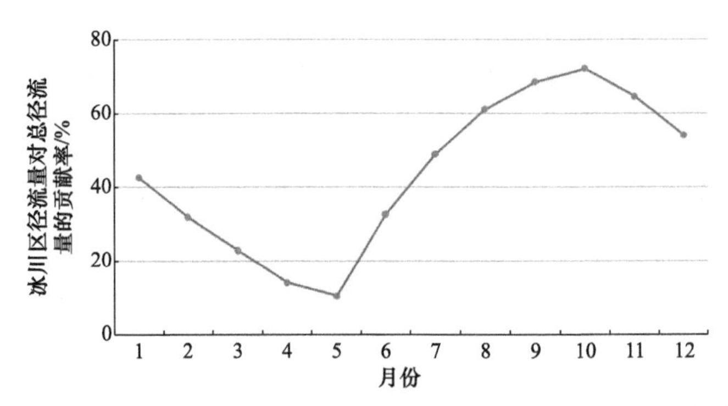

图 2-38　叶尔羌河上游山区各月冰川区径流量对总径流量的贡献率

将研究区按海拔分为 4000m 以下区域、4000～5000m 区域和 5000m 以上区域。经计算，5000m 以上区域面积占研究区总面积的 34.7%，多年(1965～2011年)平均产流量占总产流量的 70.51%；4000～5000m 区域面积占研究区总面积的35.1%，多年平均产流量占总产流量的 26.15%；4000m 以下区域面积占研究区总面积的 30.2%，几乎不产流，仅占 3.34%(图 2-39 和图 2-40)。

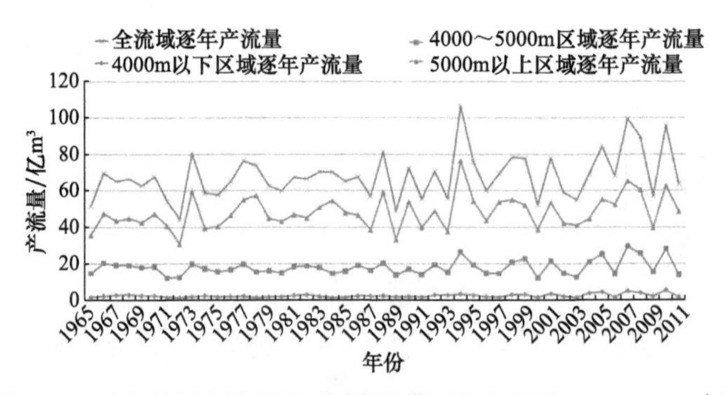

图 2-39　叶尔羌河上游山区不同海拔带逐年产流量(1965～2011 年)

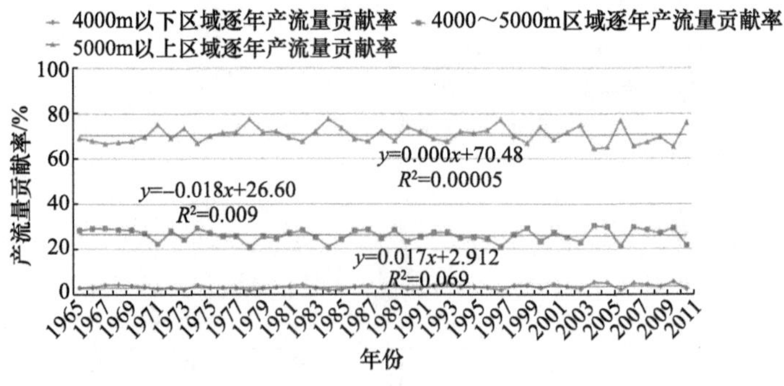

图 2-40　叶尔羌河上游山区不同海拔带逐年产流量贡献率(1965～2011 年)

以上研究结果表明，耦合冰川模块的 SWAT 模型能够用于我国西北内陆区冰川补给型流域的出山径流过程。

2.4.4　疏勒河径流变化模拟及未来变化模拟

在包含积雪积消过程和冻土冻融过程的大尺度可变渗透能力(variable infiltration capacity，VIC)水文模型的框架上，提出次网格化的冰川消融(度日因子)及动态变化(面积–体积)耦合方案，为国内外在流域/区域尺度上将遥感获得的冰川变化与水文模型耦合提供成功范例。

利用疏勒河山区和青藏高原 5 条大河 2000 条冰川的多期变化资料和径流资料，对 VIC-CAS 模型进行率定和检验，与遥感获得的不同级别冰川变化资料(Zhang et al.，2018)进行对比，表明模拟的冰川变化具有很高的精度(图 2-41)。特别是对于大冰川具有很好的效果，可以对冰川融水和径流过程进行准确模拟(图 2-42)。结果表明，1971～2011 年疏勒河流域冰川融水对径流的贡献率呈持续增加的趋势，冰川融水对径流的平均贡献率为 23.6%。

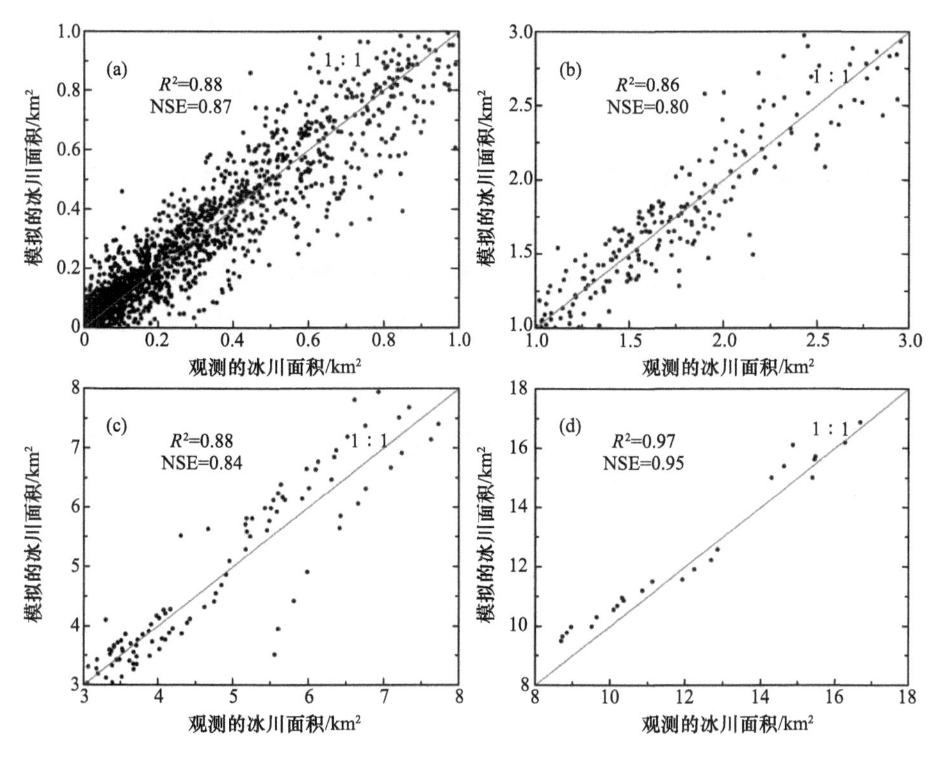

图 2-41　疏勒河上游山区流域不同等级冰川面积观测值与模拟值对比

(Zhang et al.，2019)

(a)$S < 1\text{km}^2$；(b)$1 \leqslant S < 3\text{km}^2$；(c)$3 \leqslant S < 8\text{km}^2$；(d)$S > 8\ \text{km}^2$；$S$ 为冰川面积

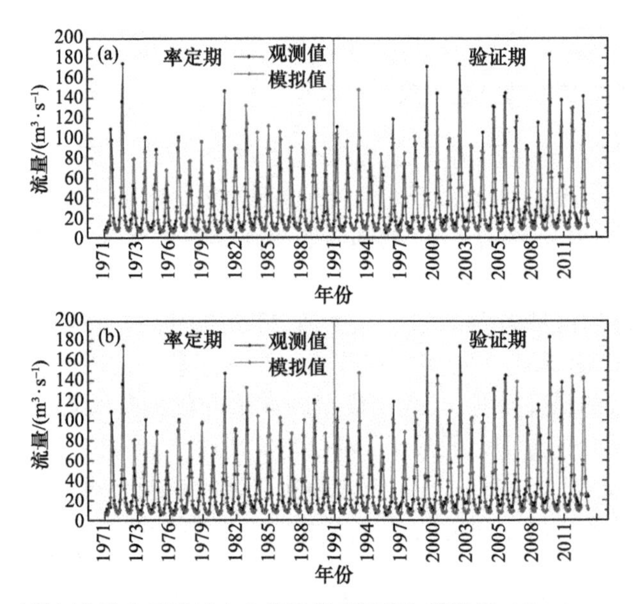

图 2-42　疏勒河上游山区流域出山径流量观测值与模拟值对比(Zhang et al.，2019)

(a)使用 20 世纪 70 年代和 2006～2010 年的冰川面积，采用动态冰川面积方案(方案 1)；(b)仅使用 20 世纪 70 年代的冰川面积，采用静态冰川面积方案(方案 2)

2.4.5 西北主要内陆河未来径流变化预估

采用政府间气候变化专门委员会(Intergovernmental Panel on Climate Change，IPCC)GCM 气候情景预估数据，通过降尺度等手段，将其作为水文模型的输入值预估未来的径流变化，这种方法现阶段广泛用于流域径流预估。目前参与 IPCC CMIP5 计划的 GCM 模式有 40 多个，众多气候模式能够反映我国西部寒区流域未来气温和降水变化平均状况，且能较好地模拟历史气象要素的气候模式。对气候模式输出的未来气候情景数据进行统计降尺度(Delta 方法)后，驱动 VIC-CAS 或 CBHM 模型(Zhao et al.，2019)预估我国西部典型寒区流域未来径流的可能变化。

在 RCP2.6 排放情景下，天山南北坡不同冰川补给率的 4 个流域年平均气温在 2061～2070 年前后达到峰值，2061～2070 年年平均气温相对于对照期(1971～2013 年)平均升高 1.56℃，随后气温有所下降，2091～2100 年年平均气温相对于对照期升高 1.22℃，天山南坡的温升略高于北坡；未来年降水量总体呈现增加趋势，2061～2070 年以后年降水量增加趋势不明显，21 世纪末的年降水量相比对照期，天山北坡增加 21.4%，天山南坡增加 13.1%。在 RCP4.5 排放情景下，年平均气温持续升高，相比对照期，21 世纪末天山山区平均温升为 2.55℃，天山南坡的温升略高于北坡，天山北坡年降水量增加 19.5%，天山南坡年降水量则减少

8.1%(图 2-43)(陈仁升等，2019)。

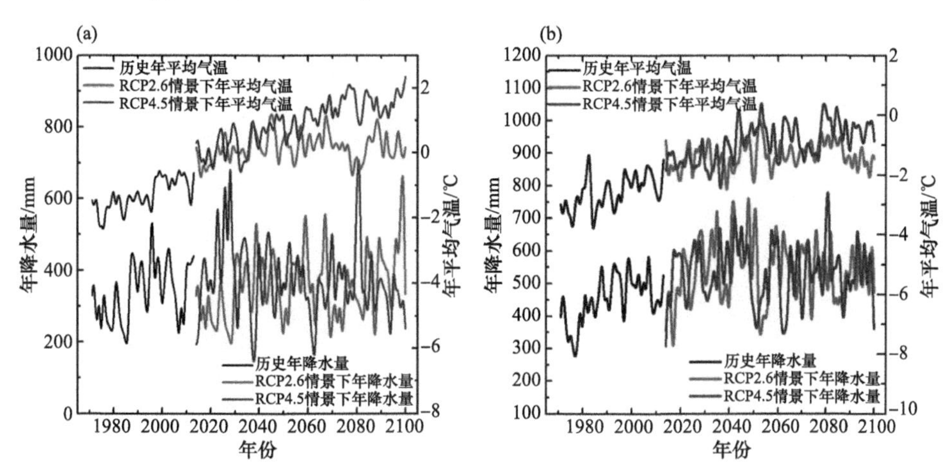

图 2-43　天山南北坡年平均气温与年降水量预估结果(陈仁升等，2019)(见彩图)
(a)天山南坡；(b)天山北坡

由于气温升高，冰川继续退缩，相比 2007 年，21 世纪 90 年代 RCP2.6 和 RCP4.5 两个情景下，库车河(KC)冰川面积分别减少约 30.0%和 40.5%，木札特河(MZT)冰川面积分别减少约 19.1%和 37.8%，呼图壁河(HTB)冰川面积分别减少约 26.7%和 32.3%，玛纳斯河(MANS)冰川面积分别减少约 25.4%和 36.0%(图 2-44 和表 2-6)(陈仁升等，2019)。

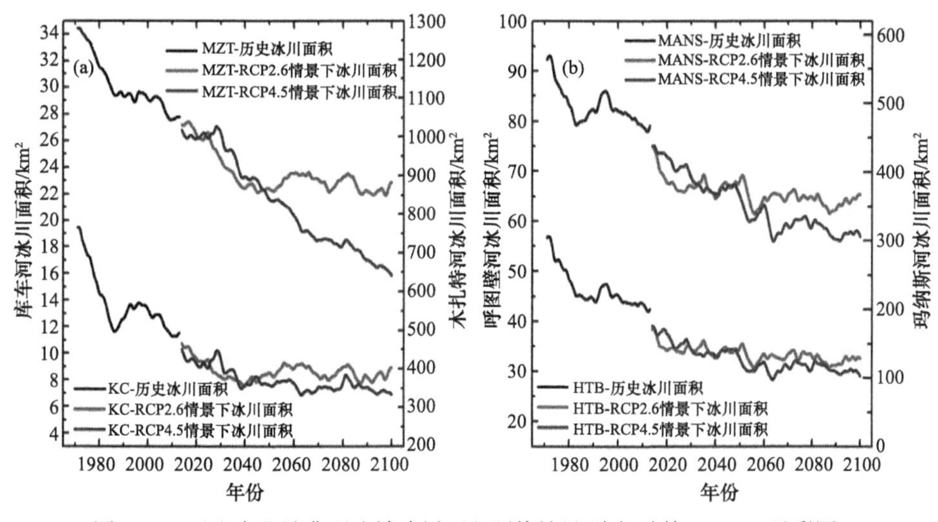

图 2-44　天山南北坡典型流域冰川面积预估结果(陈仁升等，2019)(见彩图)
(a)天山南坡；(b)天山北坡

表 2-6　天山山区典型流域冰川面积、冰川径流量及总径流量相比对照期的变化
(陈仁升等，2019)

情景	流域	冰川面积变化/%	冰川径流量变化/%	总径流量变化/%
21 世纪 50 年代-RCP2.6	库车河	−26.2	−33.5	+58.9
	木札特河	−17.0	−22.1	+12.9
	呼图壁河	−25.9	−27.0	+5.0
	玛纳斯河	−25.2	−2.3	+22.0
21 世纪 90 年代-RCP2.6	库车河	−30.0	−49.5	+32.4
	木札特河	−19.1	−30.0	−2.9
	呼图壁河	−26.7	−36.9	+5.0
	玛纳斯河	−25.4	−22.0	+29.4
21 世纪 50 年代-RCP4.5	库车河	−34.2	−46.1	+40.0
	木札特河	−22.7	−13.5	+8.5
	呼图壁河	−30.2	−37.3	−4.0
	玛纳斯河	−29.6	−12.1	+18.6
21 世纪 90 年代-RCP4.5	库车河	−40.5	−54.1	−0.3
	木札特河	−37.8	−33.4	−11.2
	呼图壁河	−32.3	−38.7	−8.9
	玛纳斯河	−36.0	−25.0	+19.7
2℃温升阈值	库车河	−33.4	−38.8	−8.5
	木札特河	−13.6	+9.8	+13.6
	呼图壁河	−24.1	−18.9	+19.2
	玛纳斯河	−22.7	+5.2	+35.3

由于冰川面积减少，天山北坡的呼图壁河冰川径流量于 2005～2015 年开始下降，玛纳斯河冰川径流量于 2040～2050 年开始下降；天山南坡的库车河冰川径流量的拐点不明显，木札特河冰川径流量于 2030～2040 年开始下降(图 2-45)(陈仁升等，2019)。

尽管天山山区降水量均呈现增加趋势，但由于流域冰川径流量的贡献率差异及变化，天山南北坡四条河流的径流量变化趋势有所不同。相比对照期，21 世纪 90 年代两个情景下(RCP2.6 和 RCP4.5)，库车河总径流量分别增加 32.4%和减少 0.3%；木札特河总径流量分别减少 2.9%和 11.2%；呼图壁河总径流量分别增加

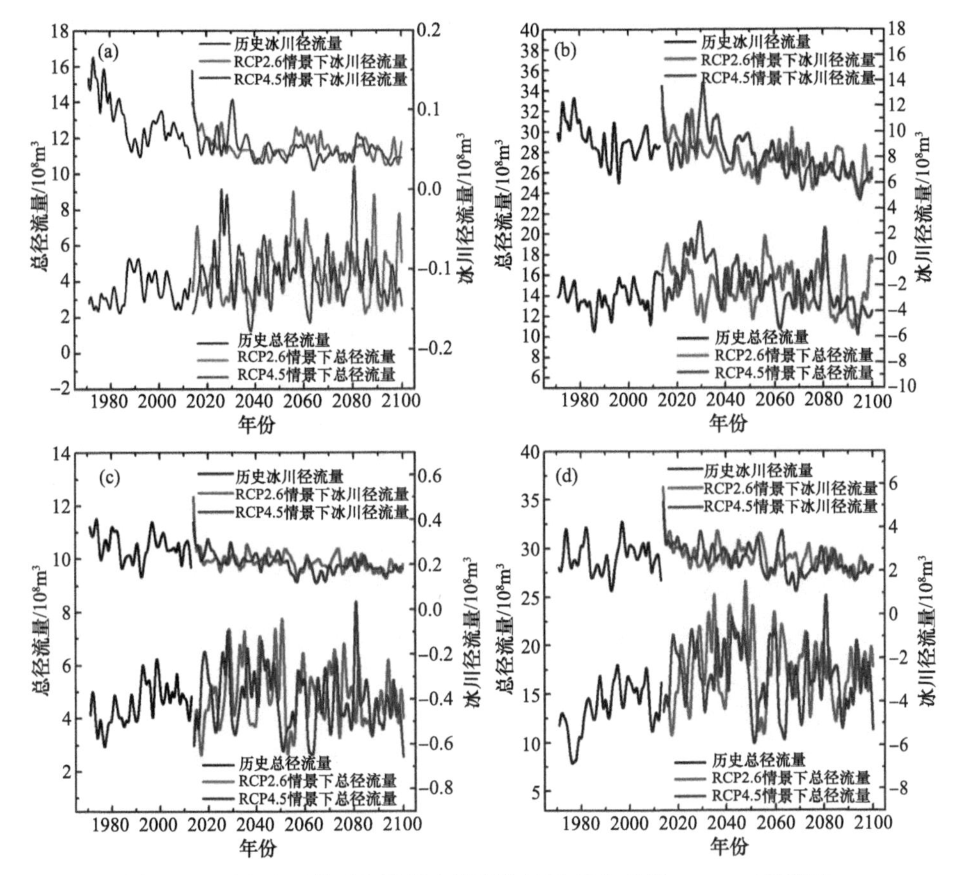

图 2-45 天山山区典型流域径流量预估结果(陈仁升等，2019) (见彩图)

(a)库车河；(b)木札特河；(c)呼图壁河；(d)玛纳斯河

5.0%和减少 8.9%；玛纳斯河总径流量分别增加 29.4%和 19.7%(图 2-45 和表 2-6) (陈仁升等，2019)。

在 RCP2.6 排放情景下，黑河流域年平均气温 2061～2070 年峰值相对于对照期(1971～2013 年)升高了约 1.41℃，21 世纪末温升约为 1.4℃，年降水量减少 2.8%。在 RCP4.5 排放情景下，气温持续升高，相比对照期，21 世纪末黑河流域温升约为 2.5℃，年降水量增加约 8.5%[图 2-46(a)]。

在 RCP2.6 排放情景下，疏勒河流域年平均气温 2061～2070 年峰值相对于对照期(1971～2013 年)升高了 1.9℃，到 21 世纪末(2091～2100 年)温升约为 1.6℃，年降水量增加 12.5%。在 RCP4.5 排放情景下，气温持续升高，相比对照期，21 世纪末疏勒河流域温升约为 3.0℃，年降水量增加约 9.8%[图 2-46(b)]。

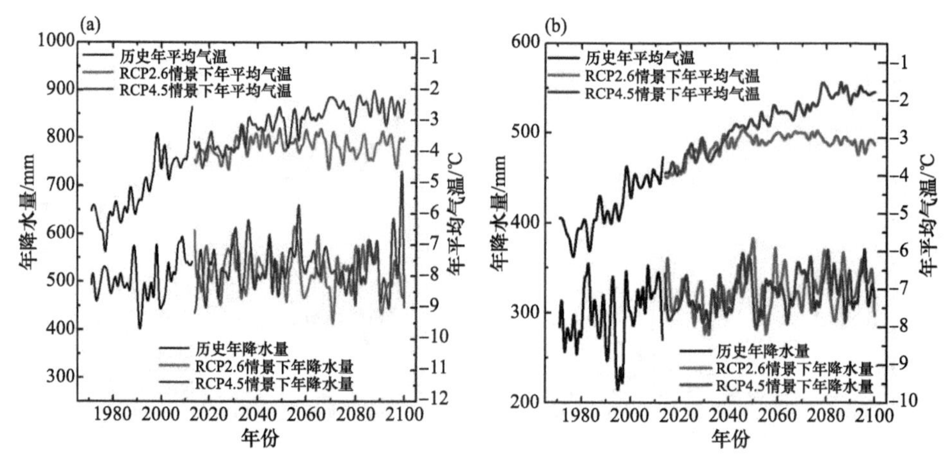

图 2-46　祁连山典型流域年平均气温和年降水量的未来可能变化

(陈仁升等，2019) (见彩图)

(a)黑河；(b)疏勒河

由于气温升高，冰川继续萎缩，在 RCP2.6 和 RCP4.5 情景下，黑河流域冰川将分别于 2030 年和 2050 年前后消失殆尽。由相对较大冰川组成的疏勒河流域，冰川萎缩速度相对较慢，21 世纪 90 年代 RCP2.6 和 RCP4.5 两种情景下，冰川面积分别减少约 74.7%和 86.9%(图 2-47 和表 2-7)。由于冰川面积减小，两流域的冰川径流量均于 2015～2025 年开始全面减少。由于疏勒河流域降水量增加明显，总径流量呈现一定的增加趋势，21 世纪 90 年代 RCP2.6 和 RCP4.5 情景下分别增加 23.4%和 6.8%(陈仁升等，2019)。

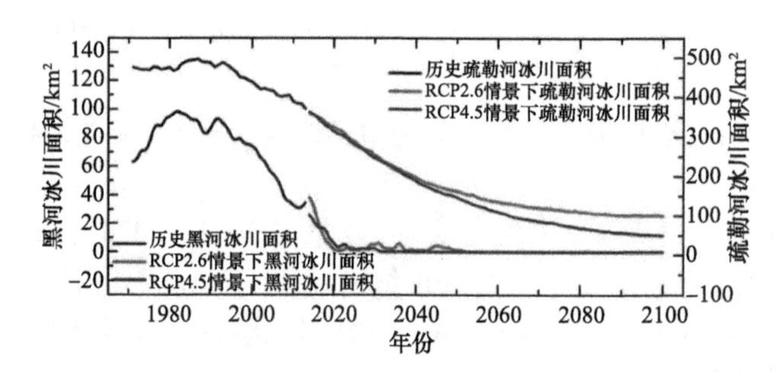

图 2-47　祁连山典型流域冰川面积预估结果(陈仁升等，2019)(见彩图)

表 2-7　黑河和疏勒河流域冰川面积、冰川径流量及总径流量相比对照期的变化

(陈仁升等，2019)

情景	流域	冰川面积变化/%	冰川径流量变化/%	总径流量变化/%
21 世纪 50 年代-RCP2.6	黑河	−100.0	−100.0	−1.6
	疏勒河	−63.2	−52.7	+21.0

续表

情景	流域	冰川面积变化/%	冰川径流量变化/%	总径流量变化/%
21 世纪 90 年代-RCP2.6	黑河	−100.0	−100.0	−3.5
	疏勒河	−74.7	−75.2	+23.4
21 世纪 50 年代-RCP4.5	黑河	−100.0	−100.0	−3.4
	疏勒河	−68.6	−52.3	+16.9
21 世纪 90 年代-RCP4.5	黑河	−100.0	−100.0	−3.4
	疏勒河	−86.9	−84.0	+6.8
2℃温升阈值	黑河	−100.0	−100.0	−5.6
	疏勒河	−46.6	−22.2	+25.1

总体来看，在全球温升 2℃的阈值下，黑河流域冰川完全消失，降水量增加较少，流域径流量会有所减少，但幅度不大。尽管疏勒河冰川径流量也呈现减少趋势，但由于降水量的增加，流域总径流量会有较大幅度的增加(图 2-48)(杨建平等，2021；陈仁升等，2019)。

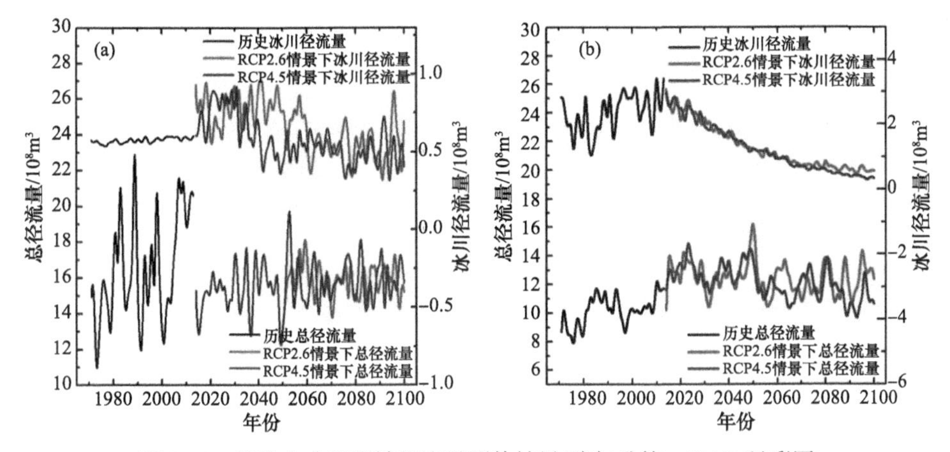

图 2-48　祁连山典型流域径流量预估结果(陈仁升等，2019)(见彩图)

(a)黑河；(b)疏勒河

参考文献

陈仁升，张世强，阳勇，等, 2019. 冰冻圈变化对中国西部寒区径流的影响[M]. 北京：科学出版社.

何建华, 2013. 疏勒河流域地下水 ^{14}C 年龄校正[D]. 兰州：兰州大学.

贺建桥，宋高举，蒋熹，等, 2008. 2006 年黑河水系典型流域冰川融水径流与出山径流的关系[J]. 中国沙漠，28(6): 1186-1189.

黄建平，冉津江，季明霞, 2014. 中国干旱半干旱区洪涝灾害的初步分析[J]. 气象学报, 72(6): 1096-1107.

焦伟, 陈亚宁, 李稚, 等, 2017. 基于多种回归分析方法的西北干旱区植被 NPP 遥感反演研究[J]. 资源科学, 39(3): 545-556.

刘启航, 黄昌, 2020. 西北内陆区水量平衡要素时空分析[J]. 资源科学, 42(6): 1175-1187.

刘时银, 姚晓军, 郭万钦, 等, 2015. 基于第二次冰川编目的中国冰川现状[J]. 地理学报, 70(1): 3-16.

施雅风, 2005. 简明中国冰川目录[M]. 上海: 上海科学普及出版社.

王宁练, 贺建桥, 蒲健辰, 等, 2010. 近 50 年来祁连山七一冰川平衡线高度变化研究[J]. 科学通报, 55(32): 3107-3115.

王宁练, 姚檀栋, 徐柏青, 等, 2019. 全球变暖背景下青藏高原及周边地区冰川变化的时空格局与趋势及影响[J]. 中国科学院院刊, 34(11): 1220-1232.

王文祥, 王瑞久, 李文鹏, 等, 2013. 塔里木河盆地河水氢氧同位素与水化学特征分析[J]. 水文地质工程地质, 40(4): 29-35.

肖捷颖, 赵品, 李卫红, 2016. 塔里木河流域地表水水化学空间特征及控制因素研究[J]. 干旱区地理, 39(1): 33-40.

杨建平, 哈琳, 康韵婕, 等, 2021. “美丽冰冻圈”融入区域发展的途径与模式[J]. 地理学报, 76(10): 2379-2390.

叶万花, 王飞腾, 李忠勤, 等, 2016. 高亚洲定位监测冰川平衡线高度时空分布特征研究[J]. 冰川冻土, 38(6): 1459-1469.

朱海勇, 陈永金, 刘加珍, 等, 2013. 塔里木河中下游地下水化学及其演变特征分析[J]. 干旱区地理, 36(1): 8-18.

CHANG Y, QIN D, DING Y, et al., 2018. A modified MOD16 algorithm to estimate evapotranspiration over alpine meadow on the Tibetan Plateau, China[J]. Journal of Hydrology, 561: 16-30.

CHANG Y, WANG J, QIN D, et al., 2017. Methodological comparison of alpine meadow evapotranspiration on the Tibetan Plateau, China[J]. PLoS One, 12(12): e0189059.

EDMUNDS W M, MA J, AESCHBACH-HERTIG W, et al., 2006. Groundwater recharge history and hydrogeochemical evolution in the Minqin Basin, North West China[J]. Applied Geochemistry, 21(12): 2148-2170.

FAN Y T, CHEN Y N, HE Q, et al., 2016. Isotopic characterization of river waters and water source identification in an inland river, Central Asia[J]. Water, 8(7): 286.

GAO X, YE B S, ZHANG S Q, et al., 2010. Variation of glacier melting water in Tarim River Basin and its influence on runoff from 1961 to 2006[J]. Scientia Sinica Terrae, 40(5): 654-665.

HE J, MA J, ZHAO W, et al., 2015. Groundwater evolution and recharge determination of the Quaternary aquifer in the Shule River basin, Northwest China[J]. Hydrogeology Journal, 23(8): 1745-1759.

LI Z X, LI Y G, FENG Q, et al., 2017. Contribution from cryosphere meltwater to runoff and its influence in Shiyang River Basin[J]. Quaternary Sciences, 37(5): 1045-1054.

LIU Q, HUANG C, SHI Z, et al., 2020. Probabilistic river water mapping from Landsat-8 using the support vector machine method[J]. Remote Sensing, 12: 1374.

MA J Z, PAN F, CHEN L H, et al., 2010. Isotopic and geochemical evidence of recharge sources and water quality in the Quaternary aquifer beneath Jinchang city, NW China[J]. Applied Geochemistry, 25(7): 996-1007.

MA J Z, ZHANG P, ZHU G F, et al., 2012. The composition and distribution of chemicals and isotopes in precipitation in the Shiyang River system, northwestern China[J]. Journal of Hydrology, 436-437: 92-101.

SUN C, LI X, CHEN Y, et al., 2016. Spatial and temporal characteristics of stable isotopes in the Tarim River Basin[J]. Isotopes in Environmental and Health Studies, 52(3): 281-297.

ZHANG X, LI H, ZHANG Z, et al., 2018. Recent glacier mass balance and area changes from DEMs and Landsat images in Upper Reach of Shule River Basin, northeastern edge of Tibetan Plateau during 2000 to 2015[J]. Water, 10(6): 796.

ZHANG Y, SHEN Y, CHEN Y, et al., 2013. Spatial characteristics of surface water and groundwater using water stable isotope in the Tarim River Basin, northwestern China[J]. Ecohydrology, 6(6): 1031-1039.

ZHANG Z H, DENG S F, ZHAO Q D, et al., 2019. Projected glacier meltwater and river run-off changes in the Upper Reach of the Shule River Basin, north-eastern edge of the Tibetan Plateau[J]. Hydrological Processes, 33(7): 1059-1074.

ZHAO L, YIN L, XIAO H, et al., 2011. Isotopic evidence for the moisture origin and composition of surface runoff in the headwaters of the Heihe River basin[J]. Chinese Science Bulletin, 56(4-5): 406-415.

ZHAO L J, EASTOE C J, LIU X H, et al., 2018. Origin and residence time of groundwater based on stable and radioactive isotopes in the Heihe River Basin, northwestern China[J]. Journal of Hydrology: Regional Studies, 18: 31-49.

ZHAO Q, DING Y, WANG J, et al., 2019. Projecting climate change impacts on hydrological processes on the Tibetan Plateau with model calibration against the Glacier Inventory Data and observed streamflow[J]. Journal of Hydrology, 573: 60-81.

ZHU G F, LI Z Z, SU Y H, et al., 2007. Hydrogeochemical and isotope evidence of groundwater evolution and recharge in Minqin Basin, Northwest China[J]. Journal of Hydrology, 333(2-4): 239-251.

第 3 章　西北内陆区空中水资源开发利用技术

西北内陆区覆盖新疆大部、青海西北部、甘肃北部和内蒙古西部，资源丰富，远离海洋，受海洋气流影响较小，大部分土地较为干旱，缺乏完整水系，流沙严重，生态环境极其脆弱，是典型的干旱半干旱气候地区。近年来，随着国家“一带一路”倡议的提出，西北内陆区经济飞速发展。与此同时，人口增长产生的水资源紧张问题日益凸显。在现有常规水资源开发问题难以根治的情况下，合理开发西北内陆区以“空中水”为代表的非常规水资源，实现水资源“开源”，能够为常规水资源开发体系提供补充和支撑，为西北内陆区社会稳定与经济繁荣开辟新的水源，对新形势下的生态文明建设具有重要支撑作用。

本章围绕空中水资源转化特征和“量有多少”“如何开发”等问题展开论述，提出空中水资源转化基本理论、空中水资源开发潜力评估方法及空中与地表水资源联合利用模式，旨在解决西北内陆区空中水资源高效开发利用中的关键问题，为西北内陆区水资源开发的“开源”新途径奠定基础，以便从水资源形成及配置角度为西北内陆区水资源提供“新增量”，保障适宜区的区域水资源安全。

3.1　空中水资源形成、迁移及转化基本理论

3.1.1　空中水资源基本概念及力学描述

大气流动中存在着流动状态不连续的区域,因而形成特殊的自由边界层流动，当两个性质不同的气团相遇，它们之间接触面的法向特征几何尺度远小于大气环流的几何尺度，在垂直于接触面的方向必然会存在非常大的流场梯度。因此，从流体流动的力学抽象角度，空中水资源富集区的力学实质是对流层中具有不同动力学、热力学特征的气团相遇发展而成的特殊边界层。该特殊边界层使得大气中水被其特殊的边界层动力学和热力学机制形成的次生环流锁定，且具备使其中水汽发生相变转化为云和降水的动力学和热力学条件，因而此特殊边界层中水汽的降水潜力更大。基于传统水资源定义中有效性及可控性两个基准，将此特殊边界中具备凝结产生降水能力的水汽定义为空中水资源，此特殊边界则为空中水资源富集区。

当用数学方程来描述接触面时，空中水资源富集区被抽象为大气环流中以波的形式传播的不连续面，即特征面。因此，可基于偏微分方程建立关于大气动力学方程的特征曲面描述方程，从而定义空中水资源富集区(Wang et al., 2018a)。

大气流动是典型的多相流，大气流动中的物质可以分为连续相(由空气和水汽构成)和离散相(包括液滴和冰晶等)。大气流动作为一个多组分、多相的复杂系统，会显著地受到相间差异、相变及其对应的动力学、热力学过程影响。在描述大气流动时，每一相的流动状态变量可以表示为$\boldsymbol{U}_k=\left(\rho_k,u_k,p_k,E_k\right)$，其中$\rho_k$、$u_k$、$p_k$、$E_k$分别为各相流体的相密度、速度、压强、能量(包括动能和内能)，k表示各相，那么描述多相流流动的控制方程可写为(Drew and Passman，1999)

$$A_k\frac{\partial \boldsymbol{U}_k}{\partial t}+B_k\nabla_X\boldsymbol{U}_k=\boldsymbol{F}_k \tag{3-1}$$

式中，A_k和$B_k=\left(B_{kx},B_{ky},B_{kz}\right)$为系数；$\nabla_X=\left(\partial/\partial x,\partial/\partial y,\partial/\partial z\right)$，为梯度算子；$\boldsymbol{F}_k$为源项，源项是状态变量$\boldsymbol{U}_k$的函数，雅可比矩阵$\partial\boldsymbol{F}_k/\partial\boldsymbol{U}_k$假设存在并且可逆；$t$为时间。式(3-1)将大气环流中的耗散过程包括在源项之中，当考虑多相的地球物理流体时，源项包含的物理过程会影响大尺度的环流，并且对流动造成长时间的记忆效应。例如，科里奥利（Coriolis）效应是罗斯贝波形成的关键性因素(Holton and Hakim，2014)，水汽凝结等相变会在暴雨过程中释放大量的潜热，从而影响整个系统的发展。

对式(3-1)求时间导数，可以得到

$$A_k\frac{\partial^2\boldsymbol{U}_k}{\partial t^2}+B_k\nabla_X\frac{\partial\boldsymbol{U}_k}{\partial t}=\frac{\partial\boldsymbol{F}_k}{\partial t}-\frac{\partial A_k}{\partial t}\frac{\partial\boldsymbol{U}_k}{\partial t}-\frac{\partial B_k}{\partial t}\nabla_X\boldsymbol{U}_k \tag{3-2}$$

对式(3-1)求空间导数，可以得到

$$A_k\nabla_X\frac{\partial\boldsymbol{U}_k}{\partial t}+B_k\nabla_X^2\boldsymbol{U}_k=\nabla_X\boldsymbol{F}_k-\nabla_X A_k\frac{\partial\boldsymbol{U}_k}{\partial t}-\nabla_X B_k\nabla_X\boldsymbol{U}_k \tag{3-3}$$

结合式(3-2)与式(3-3)，将大气的多相流控制方程经过一系列的变换，可以得到如下表达式：

$$\frac{\partial\boldsymbol{U}_k}{\partial t}+C_k\nabla_X\boldsymbol{U}_k=J_k^{-1}\left[\frac{\partial^2}{\partial t^2}-\left(E_k\nabla_X\right)^2\right]\boldsymbol{U}_k+N_k \tag{3-4}$$

式中，$C_k=-J_k^{-1}E_kJ_k$；$J_k=A_k^{-1}\nabla_{U_k}\boldsymbol{F}_k$；$E_k=A_k^{-1}B_k$；$N_k$为非线性项，具体为

$$N_k=J_k^{-1}A_k^{-1}\left(\frac{\partial A_k}{\partial t}\frac{\partial\boldsymbol{U}_k}{\partial t}+\frac{\partial B_k}{\partial t}\nabla_X\boldsymbol{U}_k\right)-J_k^{-1}A_k^{-1}B_kA_k\left(\nabla_X A_k\frac{\partial\boldsymbol{U}_k}{\partial t}+\nabla_X B_k\nabla_X\boldsymbol{U}_k\right) \tag{3-5}$$

多相流动的控制方程在经过数学变换之后，可以得到如式(3-4)所示的一组二阶偏微分方程，其中新加入了源项的导数，从而使得式(3-4)能够考虑源项引发的记忆效应。

偏微分方程系统的特征曲面是一个超曲面，该超曲面的特征是在其上状态变量的导数不存在(Hilber and Courant，1989)。这一特征与空中水资源富集区的力学抽象是一致的，即两个不同气团接触时发展成流场梯度极大的不连续面。因此，一旦识别出大气流动中的特征曲面，就能得到空中水资源富集区的数学描述。

若认为 $\Phi=\Phi(\boldsymbol{X},t)$ 为不同性质气团相遇形成的边界面，令 $\partial/\partial t=\partial\Phi/\partial t\partial/\partial\Phi$ 和 $\nabla_{\boldsymbol{X}}=\nabla_{\boldsymbol{X}}\Phi\nabla_{\Phi}$，描述大气流动的控制方程可以写成如下形式：

$$C[\Phi]\nabla_{\Phi}\boldsymbol{U}_k=E[\Phi]\nabla_{\Phi}^2\boldsymbol{U}_k+N[\Phi] \tag{3-6}$$

其中，

$$C[\Phi]=\frac{\partial\Phi}{\partial t}+C_k\nabla_{\boldsymbol{X}}\Phi \tag{3-7}$$

$$E[\Phi]=J_k^{-1}\left[\left(\frac{\partial\Phi}{\partial t}\right)^2-(E_k\nabla_{\boldsymbol{X}}\Phi)^2\right] \tag{3-8}$$

$\nabla_{\Phi}\boldsymbol{U}_k$ 为垂直于特征曲面 $\Phi=\Phi(\boldsymbol{X},t)$ 的导数。该方程说明了接触面上的流动主要由 $C[\Phi]$ 代表的波动传播和 $E[\Phi]$ 代表的扩散效应这两种不同的机制控制。

如果将研究的关注点放在大气运动中的大尺度过程，大气流动的特征尺度远大于两个不同气团接触时产生边界层的特征尺度，那么耗散项可以忽略。在这种情况下，两个不同气团的接触面是一个法向导数不存在的特征曲面，根据特征理论可以得到(Hilber and Courant，1989)

$$F(\Phi_t,\nabla_{\boldsymbol{X}}\Phi)=\left|C[\Phi]\right|=\left|\frac{\partial\Phi}{\partial t}+C_k\nabla_{\boldsymbol{X}}\Phi\right|=0 \tag{3-9}$$

式(3-9)是式(3-6)的特征函数，描述了特征曲面随时间和空间的演化规律。由式(3-9)可知，$F(\Phi_t,\nabla_{\boldsymbol{X}}\Phi)$ 是一阶微分方程。利用一阶偏微分方程的特征方法，可得到(Hilber and Courant，1989)

$$\begin{cases}\dfrac{\mathrm{d}\boldsymbol{X}}{\mathrm{d}t}=\dfrac{\partial F}{\partial\boldsymbol{n}}\\[2mm]\dfrac{\mathrm{d}\boldsymbol{n}}{\mathrm{d}t}=-\dfrac{\partial F}{\partial\boldsymbol{X}}-\boldsymbol{n}\dfrac{\partial F}{\partial\Phi}\\[2mm]\dfrac{\mathrm{d}\Phi}{\mathrm{d}t}=\boldsymbol{n}\cdot\dfrac{\partial F}{\partial\boldsymbol{n}}\end{cases} \tag{3-10}$$

式中，$\boldsymbol{n}=\nabla_{X}\Phi$。式(3-9)和式(3-10)给出了空中水资源富集区随时间和空间演化的系统描述，基于偏微分方程的特征理论，可以将空中水资源富集区视为大气流动中的一种波，同时再次印证了空中水资源富集区是自然界中一种特殊的边界层流动。

为了研究式(3-9)所描述的波动，将式(3-4)等号右端的高阶项做波前展开(Whitham，1974)，即令

$$\frac{\partial}{\partial t}\simeq -C_{k}\nabla_{X} \tag{3-11}$$

并代入式(3-4)的右端项，在波前可以得到如下公式：

$$\frac{\partial \boldsymbol{U}_{k}}{\partial t}+C_{k}\nabla_{X}\boldsymbol{U}_{k}=D_{k}\nabla_{X}^{2}\boldsymbol{U}_{k}+N_{k} \tag{3-12}$$

式(3-12)中右边的扩散算子可定义为

$$D_{k}\nabla_{X}^{2}=J_{k}^{-1}\left[\left(C_{k}\nabla_{X}\right)^{2}-\left(E_{k}\nabla_{X}\right)^{2}\right] \tag{3-13}$$

式(3-13)为边界层流动特征曲面的控制方程，即空中水资源富集区的控制方程，这是一个典型的对流扩散方程。从式(3-12)和式(3-13)可以看出，对流项被表达式 $C_{k}=-J_{k}^{-1}E_{k}J_{k}$ 定义的相间交换显著影响，相比于对流项，耗散是高阶的波动(如声波)传播导致的。

3.1.2　空中水资源形成机理

为了更清晰直观地对式(3-9)和式(3-10)进行数学描述，建立可以阐释空中水资源富集区机制的大气流动浅水模型。研究主要以大气流动中的水汽传输过程为着眼点，首先建立大气中水汽的质量守恒公式：

$$\frac{\partial \alpha h}{\partial t}+\nabla_{h}\cdot \alpha h u_{\alpha}=0 \tag{3-14}$$

式中，α 为水汽含量(常用比湿表示)；h 为大气层高度；u_{α} 为大气的运动速度。

大气流动浅水模型中，水汽动量守恒公式如下(不考虑相变对动量交换的影响)：

$$\frac{\partial \alpha h u_{\alpha}}{\partial t}+\nabla_{h}\cdot \alpha h u_{\alpha}u_{\alpha}+g\nabla_{h}\frac{1}{2}\alpha h^{2}+\alpha h f k\times u_{\alpha}=0 \tag{3-15}$$

式中，f 为科里奥利系数；g 为重力加速度。

根据式(3-13)，式(3-14)和式(3-15)可以转化为矩阵形式，定义 $\boldsymbol{U}=(h,u_{\alpha},v_{\alpha})^{\mathrm{T}}$，$\boldsymbol{F}=(-\Omega,fv_{\alpha},-fu_{\alpha})^{\mathrm{T}}$，其中 $\Omega=\alpha^{-1}h\mathrm{d}\alpha/\mathrm{d}t$，为相变率。对流/扩散算子可表示为

$$C_\alpha \nabla_h = \begin{pmatrix} -u_\alpha + \dfrac{g\Omega_v}{f} & \dfrac{g\Omega_u\Omega_v}{f\Omega_h} & \dfrac{-f^2h + g\Omega_v^2}{f\Omega_h} \\ 0 & -u_\alpha & 0 \\ -\dfrac{g\Omega_h}{f} & -\dfrac{g\Omega_u}{f} & -u_\alpha - \dfrac{g\Omega_v}{f} \end{pmatrix} + \frac{\partial}{\partial x}\begin{pmatrix} -v_\alpha - \dfrac{g\Omega_u}{f} & \dfrac{f^2h - g\Omega_u^2}{f\Omega_h} & -\dfrac{g\Omega_u\Omega_v}{f\Omega_h} \\ \dfrac{g\Omega_h}{f} & -v_\alpha + \dfrac{g\Omega_u}{f} & \dfrac{g\Omega_v}{f} \\ 0 & 0 & -v_\alpha \end{pmatrix}\frac{\partial}{\partial y} \tag{3-16}$$

$$D_\alpha \nabla_X = \begin{bmatrix} \dfrac{g(2u_\alpha\Omega_h^2\Omega_u - M_1)}{f^2\Omega_h^2} & \dfrac{gh\Omega_h^2\Omega_u - 2u_\alpha\Omega_h G_1 + g\Omega_u(f^2h - \Omega_v H_1)}{f^2\Omega_h^2} & \dfrac{g\Omega_h\Omega_u L_1 + G_2 H_1}{f^2\Omega_h^2} \\ -\dfrac{g(2u_\alpha\Omega_h + g\Omega_u)}{f^2} & -\dfrac{g(h\Omega_h + 2u_\alpha\Omega_u)}{f^2} & -\dfrac{gL_1}{f^2} \\ \dfrac{g(-2fu_\alpha + g\Omega_v)}{f^2} & \dfrac{g(-fh\Omega_h + g\Omega_u\Omega_v)}{f^2\Omega_h} & \dfrac{-gG_2}{f^2\Omega_h} \end{bmatrix}\frac{\partial^2}{\partial x^2} + \begin{bmatrix} \dfrac{g(2u_\alpha\Omega_h^2\Omega_v + M_1)}{f^2\Omega_h^2} & \dfrac{gh\Omega_h\Omega_v L_2 + G_1H_2}{f^2\Omega_h^2} & \dfrac{gh\Omega_h^2\Omega_u - 2v_\alpha\Omega_h G_2 + g\Omega_v(f^2h - \Omega_u H_2)}{f^2\Omega_h^2} \\ \dfrac{g(2fv_\alpha + g\Omega_u)}{f^2} & \dfrac{-gG_1}{f^2\Omega_h} & \dfrac{g(fh\Omega_h + g\Omega_u\Omega_v)}{f^2\Omega_h} \\ -\dfrac{g(2v_\alpha\Omega_h + g\Omega_v)}{f^2} & -\dfrac{gL_2}{f^2} & -\dfrac{g(h\Omega_h + 2v_\alpha\Omega_v)}{f^2} \end{bmatrix}\frac{\partial^2}{\partial y^2} \tag{3-17}$$

式中，

$$\begin{cases} M_1 = fg\Omega_u\Omega_v - g\Omega_h\left(\Omega_u^2 - \Omega_v^2\right) \\ G_1 = f^2h - g\Omega_u^2，\ G_2 = f^2h - g\Omega_v^2 \\ H_1 = 2fu_\alpha + g\Omega_v，\ H_2 = -2fv_\alpha + g\Omega_u \\ L_1 = fh + 2u_\alpha\Omega_v，\ L_2 = -fh + 2v_\alpha\Omega_u \\ \Omega_h = \partial\Omega/\partial h，\ \Omega_u = \partial\Omega/\partial u_\alpha，\ \Omega_v = \partial\Omega/\partial v_\alpha \end{cases} \tag{3-18}$$

在计算扩散算子的过程中，为了简化运算，忽略在 x、y 方向的交叉导数项。相应地，浅水模式下的空中水资源富集区特征系统公式为

$$F\left(\Phi_t, \nabla_X\Phi\right) = \left|\frac{\partial\Phi}{\partial t} + C_\alpha\nabla_h\Phi\right|$$

$$=\left(\frac{\partial \Phi}{\partial t}+u_{\alpha}\frac{\partial \Phi}{\partial x}+v_{\alpha}\frac{\partial \Phi}{\partial y}\right)\left\{\left(\frac{\partial \Phi}{\partial t}+u_{\alpha}\frac{\partial \Phi}{\partial x}+v_{\alpha}\frac{\partial \Phi}{\partial y}\right)^{2}-gh\left[\left(\frac{\partial \Phi}{\partial x}\right)^{2}+\left(\frac{\partial \Phi}{\partial y}\right)^{2}\right]\right\} \tag{3-19}$$

式(3-19)表明，在应用大气流动的浅水模式推导空中水资源富集区特征系统时，特征曲面会退化为特征线。进一步来讲，基于偏微分方程的特征理论，扰动效应会以蒙日锥形式传播，其速度为$\sqrt{gh}$ (Hilber and Courant，1989)。表明当采用大气流动浅水模型描述时，空中水资源富集区是一种特殊形式的重力波。

由于特征曲面上边界层流动的特殊动力学机制，特征曲面(如空中水资源富集区)将随扩散算子$D_{\alpha}\nabla_{h}^{2}=J_{\alpha}^{-1}\left[(C_{\alpha}\nabla_{h})^{2}-\left(E_{\alpha}\nabla_{h})^{2}\right)\right]$变化而表现出沿程耗散或增强的效应。当$D_{\alpha}\nabla_{h}^{2}$为正定时，空中水资源富集区的传播会表现出沿程扩散，当$D_{\alpha}\nabla_{h}^{2}$为负定时，特征曲面上的波动会增强，空中水资源富集区的传播会沿程增强。因此，$D_{\alpha}\nabla_{h}^{2}$可以作为大气流动中扰动是否通过重力波形式发展为空中水资源富集区的评判指标。

理想情况下，假设忽略所有的非线性项，流动为稳态发展，即$u_{\alpha}=0$，边界层流动的控制方程可简化为

$$\frac{\partial \tilde{h}}{\partial t}+C_{\alpha}\nabla_{h}\tilde{h}=D_{\alpha}\nabla_{h}^{2}\tilde{h} \tag{3-20}$$

式中，$\tilde{h}$为关于大气层高度的扰动项；

$$C_{\alpha}\nabla_{h}=\frac{g\Omega_{v}}{f}\frac{\partial}{\partial x}-\frac{g\Omega_{u}}{f}\frac{\partial}{\partial y} \tag{3-21}$$

$$D_{\alpha}\nabla_{h}^{2}=-\frac{g^{2}\left[f\Omega_{u}\Omega_{v}-\Omega_{h}\left(\Omega_{u}^{2}-\Omega_{v}^{2}\right)\right]}{f^{2}\Omega_{h}^{2}}\left(\frac{\partial^{2}}{\partial x^{2}}-\frac{\partial^{2}}{\partial y^{2}}\right) \tag{3-22}$$

式(3-20)表明，对于水汽富集区而言，其厚度的扰动发展受到相变和科里奥利力的共同作用。从式(3-22)可知，在静态情况下，大气层高度的扰动在一个方向上耗散时，必然会在垂直方向上反耗散，即点扰动会发展为条带扰动。这是空中水资源富集区发展的主要原因，即正向耗散从一个方向扩散质量的同时，其垂直方向质量反耗散增强，从而形成条带结构。

3.1.3　空中水资源富集区识别

空中水资源富集区可通过求解空中水资源富集区特征曲面和控制方程得到，但特征曲面和控制方程的复杂程度使得求解过程较为烦琐。鉴于此，根据空中水资源富集区存在显著水汽辐合抬升运动的典型特征，发展形成了如下所述的空中

水资源富集区识别方法。

底面积为单位面积的整层大气中水汽的质量守恒方程为

$$\frac{\partial W}{\partial t}+\nabla_h\cdot\vec{J}=-P+E \tag{3-23}$$

式中，W 为整层大气的水汽量；$\vec{J}$ 为整层大气的水汽通量；P 为降水量，E 为蒸发量。水汽通量可以分解为有旋分量($\nabla_H\Psi$)和有势分量($\nabla_H\Phi$)：

$$\vec{J}=-\nabla_h\Phi+\vec{k}\times\nabla_h\Psi \tag{3-24}$$

式中，Φ 和 Ψ 分别为水汽通量的势函数和流函数；$-\nabla_h=\frac{\partial}{\partial x}\vec{i}+\frac{\partial}{\partial y}\vec{j}$，为水平梯度算子，$\vec{i}$ 、$\vec{j}$ 为水平方向的单位向量；$\vec{k}$ 为垂向的单位向量。对式（3-24）做梯度运算：

$$\nabla_h^2\Phi=-\nabla_h\vec{J} \tag{3-25}$$

将式(3-25)代入式(3-23)，可得

$$\frac{\partial W}{\partial t}-\nabla_h^2\Phi=-P+E \tag{3-26}$$

当时间尺度较大时，$\partial W/\partial t$ 相对于式(3-26)中其他项为小量，水汽量的时变项对整层水汽量变化的贡献微于水汽平流、降水量和蒸发量。因此，式(3-25)和式(3-26)显示了 Φ 、$\vec{J}$ 与降水量和蒸发量之间的密切关系：当 $\nabla_h\vec{J}<0$ 时，整层水汽辐合，Φ 处于低值区，同时降水量大于蒸发量；反之，当 $\nabla_h\vec{J}>0$ 时，整层水汽辐散，Φ 处于峰值附近，同时降水量小于蒸发量。如果将势函数 Φ 看作反映大气中驱动水汽流动的“高程”，则势能高处水汽转化为降水的潜力更大，与上述空中水资源富集区的特性相符。基于此，将 $\nabla_h\vec{J}<0$ 作为空中水资源富集区出现的信号 S，用于识别空中水资源富集区。

$$S=\begin{cases}1, & \nabla_h\vec{J}<0\\ 0, & \nabla_h\vec{J}>0\end{cases} \tag{3-27}$$

与此同时，空中水资源富集区的垂向位置也是影响空中水资源开发难易程度的重要因素。对于底面积为单位面积的处于高度 z_1 和 z_2 之间的大气，其水汽质量守恒方程为

$$\frac{\partial \alpha h_{z_1-z_2}}{\partial t}+\nabla_h\cdot\overrightarrow{J_{z_1-z_2}}=Q_{z_1-z_2} \tag{3-28}$$

式中，α 为水汽含量(常用比湿表示)；$h_{z_1-z_2}$ 、$J_{z_1-z_2}$ 、$Q_{z_1-z_2}$ 分别为单层大气厚度、水汽通量和水汽的源汇项。同样地，水汽通量 $J_{z_1-z_2}$ 可以分解为

$$\overrightarrow{J_{z_1-z_2}} = -\nabla_H \phi_{z_1-z_2} + \vec{k} \times \nabla_h \varphi_{z_1-z_2} \tag{3-29}$$

式中，$\phi_{z_1-z_2}$ 和 $\varphi_{z_1-z_2}$ 分别为势函数和流函数。同样地，势函数与水汽通量满足：

$$\nabla_h^2 \phi_{z_1-z_2} = -\nabla_h \overrightarrow{J_{z_1-z_2}} \tag{3-30}$$

当 $\nabla_h \overrightarrow{J_{z_1-z_2}} < 0$ 时，单层大气水汽处于辐合状态，势函数 $\phi_{z_1-z_2}$ 处于低值区附近；反之，当 $\nabla_h \overrightarrow{J_{z_1-z_2}} > 0$ 时，处于辐散状态，势函数 $\phi_{z_1-z_2}$ 处于峰值区附近。同样地，将水汽通量的势函数 $\phi_{z_1-z_2}$ 看作反映单层大气上驱动流动的高低不平的“高程”，则可以之为基础提取空中水资源富集区出现信号，即水汽辐合区，并计算空中水资源富集区的出现频率及高度：

$$E_{z_1-z_2} = \begin{cases} 1, & \nabla_h \overrightarrow{J_{z_1-z_2}} < 0 \\ 0, & \nabla_h \overrightarrow{J_{z_1-z_2}} > 0 \end{cases} \tag{3-31}$$

$$F_{z_1-z_2} = \frac{\int_{t_1}^{t_2} E_{z_1-z_2} \mathrm{d}t}{t_2 - t_1} \tag{3-32}$$

$$H = -\frac{1}{p_z - p_0} \int_{p_z}^{p_0} p E_{z_1-z_2} \mathrm{d}p \tag{3-33}$$

其中，$E_{z_1-z_2}$ 为单层大气空中水资源富集区的出现信号；$F_{z_1-z_2}$ 为 $t_2 - t_1$ 时间段内单层大气空中水资源富集区频率，当 z_1 和 z_2 分别为大气顶层和底层时，可得整层大气的空中水资源富集区信号 E 及其频率 F；H 为底面积为单位面积的整层大气的空中水资源富集区平均分布高度，以压强表示，H 越大表明富集区的分布高度越低，越接近地面，由水汽辐合并凝结形成的降水到达地面的路径越短，沿程再蒸发造成的损失越小，更有利于降水降落至地面，且空中水资源开发作业所需的有效作业高度越小，开发难度越低。

将空中水资源富集区识别方法应用于西北内陆区所属区域，识别得到 1979～2017 年逐日空中水资源富集区，按年份、季节分别统计得到各区域空中水资源富集区出现的频率，并按西北内陆区二级分区进行统计，得到各分区的区域平均空中水资源富集区出现频率，分别按年和季节统计其多年均值，结果如表 3-1 所示。

表 3-1　西北内陆区空中水资源富集区频率多年均值

二级分区	春季	夏季	秋季	冬季	全年
河西内陆河	0.23	0.27	0.17	0.19	0.22
青海湖水系	0.13	0.28	0.06	0.05	0.13

续表

二级分区	春季	夏季	秋季	冬季	全年
柴达木盆地	0.43	0.50	0.37	0.39	0.42
吐哈盆地小河	0.10	0.21	0.11	0.12	0.14
古尔班通古特荒漠区	0.27	0.29	0.28	0.23	0.26
天山北麓诸河	0.29	0.31	0.29	0.21	0.27
塔里木河源流	0.41	0.47	0.33	0.25	0.37
昆仑山北麓小河	0.34	0.32	0.18	0.26	0.28
塔里木河干流	0.62	0.56	0.51	0.57	0.56
塔里木盆地荒漠区	0.75	0.65	0.60	0.59	0.64
阿尔泰山南麓诸河	0.11	0.12	0.21	0.21	0.16

春季,塔里木盆地荒漠区和塔里木河干流空中水资源富集区频率可超过 0.60，青海湖水系、阿尔泰山南麓诸河和吐哈盆地小河频率较低，均低于 0.20。夏季，塔里木盆地荒漠区和塔里木河干流空中水资源富集区频率仍较高，均超过 0.50，阿尔泰山南麓诸河的频率低于 0.20。秋季，塔里木盆地荒漠区和塔里木河干流空中水资源富集区频率依旧保持较高频率，均超过 0.50，青海湖水系的频率降至 0.06。冬季，塔里木盆地荒漠区和塔里木河干流空中水资源富集区频率仍超过 0.50，处于较高水平，其余分区的频率处于较低状态。空中水资源富集区的多年平均频率表明，塔里木盆地荒漠区和塔里木河干流是空中水资源富集区频率最高的两个二级分区。

传统方法计算降水转化率时多采用整层降水量与水汽值，而具体开展增雨试验时空中水汽含量与水汽辐合带离地面的高度都会影响降水效率。空中水汽发生降水过程是由于周围水汽辐合并抬升后遇冷降落，不同高度层降水转化率不同，那么在一个特定的地区，必然有某一高度层具有最有利的水汽输送、抬升凝结和垂直运动条件，这一高度层为空中水资源富集区高度，或有效降水转化层(简称“有效层”)。采用 1979～2017 年 ECMWF-ERA_Interim 的 17 层(100～1000hPa)大气比湿及风速数据，分析西北内陆区不同区域空中不同高度层水汽含量及水汽通量散度，以此确定各区域的空中水资源富集区高度(有效降水转化层)。同样地，对空中水资源富集区高度进行季节、年和区域平均，得到西北内陆区二级分区的季节和年空中水资源富集区高度的多年区域均值，结果如表 3-2 所示。

表 3-2　西北内陆区各季节及年平均空中水资源富集区高度多年均值　(单位：hPa)

二级分区	春季	夏季	秋季	冬季	全年
河西内陆河	420.97	406.08	460.94	435.33	430.83
青海湖水系	452.32	335.86	499.40	539.93	456.88
柴达木盆地	288.13	264.07	331.05	295.59	294.71
吐哈盆地小河	608.55	523.25	617.19	630.19	594.79
古尔班通古特荒漠区	456.90	372.10	476.90	523.87	457.44
天山北麓诸河	484.74	428.65	500.75	548.48	490.65
塔里木河源流	378.50	312.90	402.72	432.08	381.55
昆仑山北麓小河	301.31	314.91	390.64	327.28	333.53
塔里木河干流	351.79	346.34	371.53	348.19	354.46
塔里木盆地荒漠区	322.29	309.75	339.80	356.77	332.15
阿尔泰山南麓诸河	561.14	554.61	495.41	490.22	525.35

四个季节中，空中水资源富集区位置最低处(以压强表示的富集区高度最大值)均位于吐哈盆地小河，超过 500hPa，阿尔泰山南麓诸河的富集区高度也接近 500hPa。柴达木盆地、昆仑山北麓小河和塔里木盆地荒漠区的富集区位置较高，均在 300hPa 左右。

将西北内陆区二级分区的空中水资源富集区分布频率与高度进行归一化处理，并进行综合加权，可得西北内陆区二级分区空中水资源富集区作业适宜区评分，如表 3-3 所示。

表 3-3　西北内陆区空中水资源富集区作业适宜区评分

二级分区	春季	夏季	秋季	冬季	全年
河西内陆河	0.23	0.27	0.17	0.19	0.22
青海湖水系	0.13	0.28	0.06	0.05	0.13
柴达木盆地	0.43	0.50	0.37	0.39	0.42
吐哈盆地小河	0.10	0.21	0.11	0.12	0.14
古尔班通古特荒漠区	0.27	0.29	0.28	0.23	0.26
天山北麓诸河	0.29	0.31	0.29	0.21	0.27
塔里木河源流	0.41	0.47	0.33	0.25	0.37
昆仑山北麓小河	0.34	0.32	0.18	0.26	0.28
塔里木河干流	0.62	0.56	0.51	0.57	0.56

续表

二级分区	春季	夏季	秋季	冬季	全年
塔里木盆地荒漠区	0.75	0.65	0.60	0.59	0.64
阿尔泰山南麓诸河	0.11	0.12	0.21	0.21	0.16

结果表明，对一个分区的各季节而言，夏季是较为适宜作业的季节，塔里木盆地荒漠区和塔里木河干流评分均超过 0.50，柴达木盆地和塔里木河源流的评分也达到 0.40 以上。即综合空中水资源富集区频率、高度及季节因素，上述四个二级分区较为适合开展空中水资源开发作业。此外，通过分析栅格尺度的西北内陆区空中水资源富集区的分布频率及高度，发现青海湖水系也存在较为适宜的空中水资源富集区作业区。

3.1.4　空中水资源转化特征分区

水资源问题是制约西北内陆区经济社会发展的重要因素，深入了解西北内陆区的水循环及水文过程，特别是空中水向降水转化的过程，有助于从资源转化角度拓展空中水资源形成、迁移和转化理论，为区域水资源利用保护方针和政策的制订及进一步完善提供理论支撑。

作为水文循环大气分支的主要部分，空中水的输送过程将蒸发的水分输送至其他地区，在适宜位置转化为降水降落至地表(Zhang et al.，2020，2019)，这也是空中水的资源化全过程(李家叶等，2018；王光谦等，2016)。西北内陆区覆盖空间面积较大，区域内部位置降水的水汽来源存在显著差异，空中水的转化特征存在不同。已有的基于水汽源追踪技术的区域空中水转化分析方法，多将西北内陆区视作统一整体(Guo et al.，2019；Wang et al.，2018b；Hua et al.，2017；Zhao et al.，2016；Drumond et al.，2011)，尚未充分考虑研究区域的覆盖面积增大后不同子区域空中水转化的空间变异特性，即区域内部不同子区域空中水转化特征及差异尚缺乏系统研究。此外，目前用于研究空中水转化特征的水汽源追踪模型的计算结果有明显差异，不同模型在西北内陆区计算结果的一致性有待进一步检验。

鉴于此，采用在世界范围内广泛采用的三种水汽源追踪模型，即动态回收模型(dynamic recycling model)(Martinez and Dominguez，2014；Dominguez et al.，2006)、水核算模型(water accounting model)(van Der Ent et al.，2013，2010)、拉格朗日水量平衡模型(Sodemann and Stohl，2009)。对西北内陆区整个区域夏季的空中水转化过程进行详细分析，将整个西北内陆区划分为具有不同空中水转化特征的分区，对以西北内陆区为代表的空间跨度较大区域的空中水转化空间变异特性进行可靠解析。后续基于空中水资源开发技术，可根据不同分区的空中水转化特征，匹配相应的作业方案，进一步为西北内陆区不同区域的空中水资源开发提供理论支撑。

研究的基本思路：采用降水分位数对研究区域各栅格的降水等级进行划分；分别利用动态回收模型、水核算模型和拉格朗日水量平衡模型对各栅格不同降水等级的水汽源进行追踪，形成三套栅格尺度不同降水等级下的水汽源空间分布数据集；利用聚类算法对水汽源空间分布数据集进行聚类分析，将研究区域各栅格划分为不同类别，从而得到研究区域空中水转化的各特征分区；对各特征分区的水汽源分布特征展开分析，最终得到不同特征分区的空中水转化空间结构特征。各环节的具体方法如下。

(1) 西北内陆区降水事件等级划分及筛选。确定合适的栅格空间尺度，根据西北内陆区空间范围确定研究栅格；选取合适的栅格尺度日降水数据集，提取得到各研究栅格的日降水序列；分别计算各研究栅格日降水序列的分位数，确定各栅格日降水等级划分阈值；根据阈值划分得到各研究栅格不同等级的降水事件。

(2) 西北内陆区降水事件水汽源追踪。选取栅格尺度的大气三维变量、大气垂直积分通量、地表变量数据集用于驱动动态回收模型、水核算模型、拉格朗日水量平衡模型；根据各研究栅格的降水事件日期确定模型的初始模拟日期，分别采用三种模型追踪各研究栅格降水事件的水汽源分布，得到研究栅格的水汽源空间分布数据集。

(3) 水汽源空间分布数据集聚类分析。以各研究栅格为样本，以全球各栅格为特征变量，将水汽源空间分布数据集转换为二维水汽源数据矩阵；采用合适的聚类算法(如 k 均值方法、层次聚类、谱聚类等，本节以 k 均值方法为例)对二维水汽源数据矩阵进行聚类分析，得到研究栅格分类结果，划归为同一类别的研究栅格，即组成一个特征分区。

(4) 特征分区空中水转化特征分析。基于特征分区结果及二维水汽源数据矩阵，提取各特征分区的中心特征，即各特征分区的平均水汽源空间分布；根据全球地理分区对各特征分区的水汽源空间分布进行空间统计分析，得到各特征分区的空间结构。

(5) 可靠性分析。根据三种水汽源模型得到的特征分区划分结果及各特征分区的空中水转化结构特征，对三种模型的计算结果展开定性及定量比较，并对模型假设(如动态回收模型的垂直积分假设)和相关参量(如蒸发参量)进行验证，评估三种模型的结果可靠性。

特征分区方法的技术路线如图 3-1 所示。

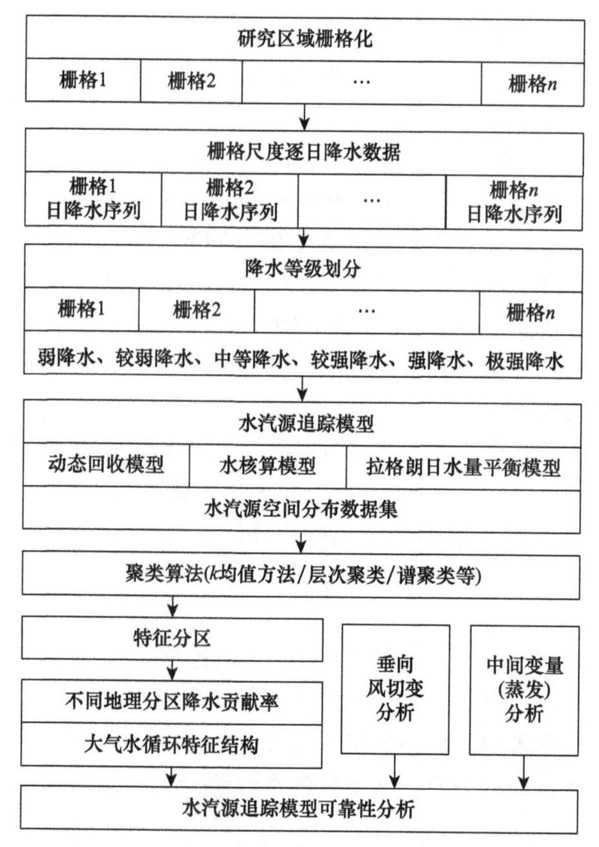

图 3-1　空中水转化特征分区方法的技术路线

采用空中水转化特征分区方法对西北内陆区二级分区进行空中水转化特征分区划分。选取欧洲中期天气预报中心 ERA-Interim 再分析数据集的 1979～2015 年 1.5°逐日降水数据集，以 1.5°作为研究栅格的空间分辨率，得到位于西北内陆区的 104 个研究栅格；提取各研究栅格夏季(6～8 月)逐日降水序列，计算各栅格逐日降水序列的第 25、50、75、85、95 分位数，分别将处于第 25 分位数以下、第 25～50 分位数、第 50～75 分位数、第 75～85 分位数、第 85～95 分位数和超过第 95 分位数的降水定义为弱降水、较弱降水、中等降水、较强降水、强降水和极强降水。

三种水汽源追踪模型所需输入数据包括大气整层水汽量和通量、蒸发量和降水量、大气基本状态量(纬向/经向/垂向风速和比湿)、地表压强、2m 温度，10m 纬向/经向风速等。此外，使用逐日站点降水及亚洲降水–高分辨率水资源评估综合观测数据项目(APHRODITE)的 0.25°×0.25°降水数据，检验 ERA-Interim 数据集降水数据的精度。结果表明，ERA-Interim 计算的山区降水量偏高，但能够正确反映西北内陆区降水的空间分布特征，且不同区域的降水序列相关系数较大，能够有效反映出西北内陆区降水的时间变化特征。

以单个研究栅格为水汽释放点，以该栅格的中等降水、较强降水、强降水和极强降水日期为水汽源追踪粒子释放日期，分别利用动态回收模型、水核算模型、拉格朗日水量平衡模型对该栅格四种降水等级的日降水水汽源进行追踪。当追踪所得水汽源能够提供该栅格 90%的日降水量时，单次模拟终止。以动态回收模型为例，该模型最终能够输出每个降水等级的水汽源空间分布，单次模拟的输入水汽源空间分布以 1.5°×1.5°的全球栅格矩阵(107 行，240 列，覆盖所有经度范围，纬度为南纬 70°至北纬 70°)表示。以 104 个研究栅格为释放点，利用三种水汽源追踪模型分别进行模拟，最终得到每个降水等级下的水汽源空间分布数据集(数据集维度为 104×107×240)，即共有 4(四个降水等级)×3(三种水汽源追踪模型)个维度为 104×107×240 的水汽源空间分布数据集。

以研究栅格为样本，以全球栅格位置为变量，将 104×107×240 的水汽源空间分布数据集重新排列为 104×25680 的二维水汽源数据矩阵，采用 k 均值方法对该二维水汽源数据矩阵进行聚类分析。将 104 个研究栅格分为不同类别，划归为同一类别的研究栅格即组成一个特征分区。分别对四种降水等级下三种水汽源追踪模型的模拟结果进行聚类分析，基于误差平方和和多次聚类模拟的结果稳定性确定分类数。利用二维水汽源数据矩阵和特征分区聚类结果，计算得到各特征分区的中心特征，即各特征分区的平均水汽源空间分布。统计得到位于西北内陆区、青藏高原、欧亚大陆、我国东部、印度次大陆、阿拉伯海、孟加拉湾、印度洋等地区的水汽源地对特征分区特定降水等级的降水贡献率，可得各特征分区不同降水等级下空中水转化的空间结构特征。

三种模型都表明，根据水汽源的空间分布，西北内陆区可划分为四到五个子区域，但三者的具体分区有所不同。水核算模型和动态回收模型的北部分区相较于拉格朗日水量平衡模型更大，拉格朗日水量平衡模型的东南分区之一(青海湖–河西分区，即青河分区)更加西扩；水核算模型将西北内陆区东南部划分为一个分区，而动态回收模型和拉格朗日水量平衡模型将其划分为柴达木盆地西部(柴西分区)和青河两个分区；水核算模型和动态回收模型将西北内陆区最南端单独划分为一个子区域，而拉格朗日水量平衡模型将西北内陆区西南部划分为塔里木河源区和塔里木荒漠区东西两个分区。三种模型在北部分区和西部分区表现相似，欧亚大陆均为水汽的主要提供者，西北内陆区本身次之。水核算模型和动态回收模型在南端分区的结果也较为相似，相比于北部和西部分区，印度次大陆对南端分区的贡献较为显著，超越了西北内陆区本身，成为第二大水汽源提供者。三种模型在西北内陆区东南部的结果差异较为显著，对首要水汽提供区域的识别存在明显分歧：水核算模型显示为欧亚大陆，动态回收模型显示为青藏高原，拉格朗日水量平衡模型则是西北内陆区本身。由此也反映出，相较于其他分区，西北内陆区东南部的水汽形势更加复杂，且东南部为空中水资源作业高潜力区。因此，该地区的空中水循环仍需进一步研究，明确空中水资源输送路径及不同路径对该地区的贡献度，以期为该地区的空中水资源开发提供理论支撑。

综合三种模型的计算结果，西北内陆区空中水资源转化特征分区及空间结构特征如图 3-2 所示。对比三种水汽源模型得到的特征分区划分结果及各地理区域对同一特征分区的降水贡献率，并计算研究区域及其周边范围的水汽通量垂向风切变因子，以衡量垂向风切变对动态回收模型模拟结果的影响；同时，计算拉格朗日水量平衡模型的整层积分水汽吸收量，即拉格朗日观点下与研究区域有关的蒸发量，以衡量拉格朗日水量平衡模型对蒸发的刻画程度。综合对比分析结果及风切变和蒸发分析结果，评估三种模型计算结果的可靠性和可信度。结果表明，相较于其他分区，西北内陆区东南分区空中水转化的空间结构更加复杂，三种模型在西北内陆区东南分区的计算结果差异较为显著。受垂直风切变影响，动态回收模型无法反映我国东部对东南分区的降水贡献。

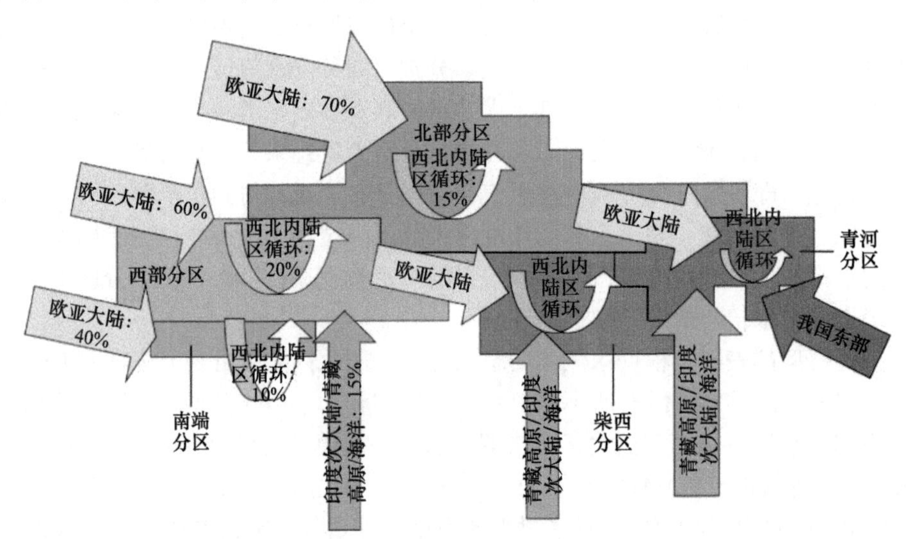

图 3-2　西北内陆区空中水资源转化特征分区及空间结构特征(水汽源结构)

3.2　空中水资源开发潜力评估

3.2.1　空中水资源开发潜力评估方法

根据 3.1 节介绍的西北内陆区空中水资源富集区，可以计算西北内陆区历史条件下(1979～2017 年)人工影响工程实施后空中水资源富集区的理论降水可增量，以及落地后产生的理论径流可增量。

李家叶等(2018)和王光谦等(2016)分析了 1979～2016 年全球多年平均空中水资源富集区的出现频率，发现 1979～2016 年空中水资源富集区出现频率的最高值位于赤道地区，呈条带状分布，大致与热带辐合区重合；印度北部及云南大部，多年平均空中水资源富集区出现频率居中；太平洋北岸、南极极地沿岸地区，多年平均空中水资源富集区出现频率较低。我国西南地区(四川中部、西藏南部)为空中水资源富集区出现频率高值区，其值达到 0.16 以上。进一步结合降水数据时空分布情况可知，空中水资源富集区降水量普遍较大，空中水资源富集区出现频率与全球降水有较好的相关性。基于此，提出空中水资源潜力评估方法。

整层大气总水汽量(简称“总水汽量”，也指后文“可降水量”)的计算公式为

$$W = -\frac{1}{\rho g}\int_{p_S}^{p_0} q\mathrm{d}p \tag{3-34}$$

式中，W 为单位面积上总水汽量转换为等效液态水柱的高度，mm；p、p_0、p_S 分别为等压面气压、气柱顶气压和地表气压，hPa，由于 100hPa 以上的水汽含量很少，因此取 p_0 =100hPa；q 为比湿，$\mathrm{kg \cdot kg^{-1}}$；$g$ 为重力加速度，$\mathrm{m \cdot s^{-2}}$；ρ 为液态水的密度，$\mathrm{kg \cdot m^{-3}}$。

根据空中水资源(或空中水资源富集区可降水)的定义，空中水资源量化表达如式(3-35)，即地面到大气顶层单位大气柱中具有转化为降水潜力的总水汽量的总和：

$$W_S = -\frac{1}{\rho g}\int_{p_S}^{p_0} q \cdot S\mathrm{d}p \tag{3-35}$$

式中，W_S 为单位面积上整层大气的空中水资源量转换为等效液态水柱的高度，mm；S 为空中水资源富集带识别信号。

空中水资源转化效率(降水转化率)为时间 t 内降水量与空中水资源量的比值：

$$\mathrm{CE} = \frac{\int_0^t \dot{P}}{\int_0^t W_S} \cdot 10 \tag{3-36}$$

式中，CE 为时间 t 内平均降水转化率，%；$\int_0^t \dot{P}$ 为时间 t 内累计降水量，mm；$\int_0^t W_S$ 为时间 t 内累计空中水资源量。

人工增雨措施可以增大空中水资源转化效率，增加的降水量称为理论降水可增量：

$$\Delta P = \int_0^t \dot{P} \cdot S \cdot \Delta\mathrm{CE} \tag{3-37}$$

式中，ΔP 为时间 t 内单位面积上的理论降水可增量，mm；ΔCE 为降水可增加百分数，西北内陆区平均为 8%，据此计算该区域理论降水可增量。

理论降水可增量形成的地表径流量称为理论径流可增量，假设新增降水不改变西北内陆区的产汇流条件，则可根据历史条件下的产流系数得到历史条件下的理论径流可增量。

3.2.2 西北内陆区历史空中水资源开发潜力评估

西北内陆区历史条件下空中水资源开发潜力评估以二级分区为单元汇总给出，各二级分区与三级分区的对应关系如表 3-4 所示。

表 3-4 西北内陆区二级分区与三级分区对应表

二级分区	三级分区
河西内陆河	石羊河
	黑河
	疏勒河
	河西荒漠区
青海湖水系	青海湖水系
柴达木盆地	柴达木盆地东部
	柴达木盆地西部
吐哈盆地小河	巴伊盆地
	哈密盆地
	吐鲁番盆地
古尔班通古特荒漠区	古尔班通古特荒漠区
天山北麓诸河	东段诸河
	中段诸河
	艾比湖水系
塔里木河源流	和田河
	叶尔羌河
	喀什噶尔河
	阿克苏河
	渭干河
	开都–孔雀河

续表

二级分区	三级分区
昆仑山北麓小河	克里雅河诸小河
	车尔臣河诸小河
塔里木河干流	塔里木河干流
塔里木盆地荒漠区	塔克拉玛干沙漠
	库木塔格沙漠
阿尔泰山南麓诸河	吉木乃诸小河
	乌伦古河

1. 历史条件下可降水量时空变化规律

如 3.1 节[式(3-33)及其前后文]所述，地面以上大气柱中的水汽总含量称为可降水量，表征降水的潜力。由于可降水量是一个瞬时量，本小节计算时取各季节多年平均可降水量来表示，单位为 mm。

根据欧洲中期天气预报中心(European Centre for Medium-Range Weather Forecasts，ECMWF)再分析数据集 ERA-Interim，西北内陆区历史条件下(1979～2017 年)各季节多年平均可降水量如表 3-5 所示，结果采用区域平均、时间平均后的数值表述。可降水量的空间分布随季节变化不大，在数值上呈现夏季最大、春秋居中、冬季最小的特征。春季，西北内陆区全区多年平均可降水量为 6.67mm；存在四个高值区，分别为塔里木河干流、塔里木盆地荒漠区、古尔班通古特荒漠区和天山北麓诸河，其区域多年平均可降水量分别为 9.07mm、8.73mm、8.56mm 和 8.51mm；可降水量居中的为塔里木河源流、阿尔泰山南麓诸河和吐哈盆地小河，其区域多年平均可降水量分别为 6.91mm、6.83mm 和 6.82mm；可降水量最低的是青海湖水系和柴达木盆地，区域多年平均可降水量在 4.00mm 以下。夏季，由于季风影响，全区多年平均可降水量均有所增加，区域平均值达到 15.17mm，上述四个高值区的夏季多年平均可降水量在 17.62～19.13mm；可降水量最低的是青海北部及祁连山地区，青海湖水系和柴达木盆地的多年平均可降水量分别为 9.96mm 和 9.42mm。秋季，西北内陆区全区多年平均可降水量为 7.43mm，最高值和最低值仍分别位于塔里木河干流(10.05mm)和柴达木盆地(4.14mm)。冬季，可降水量全区都较少，西北内陆区平均值仅为 3.39mm；塔里木盆地大部、准噶尔盆地多年平均可降水量在 4.50～6.00mm，其余地区多在 3.50mm 以下。

综合来看，各季节除柴达木盆地外，可降水量的分布规律为高海拔地区较小，低海拔地区较大。柴达木盆地四周为阿尔金山、祁连山、昆仑山所环绕，来自海洋的水汽难以深入，四季的可降水量都极低。

表 3-5　历史条件下各季节多年平均可降水量　(单位：mm)

二级分区	春季	夏季	秋季	冬季	全年
河西内陆河	5.92	15.87	7.41	3.01	8.05
青海湖水系	3.55	9.96	4.23	1.43	4.79
柴达木盆地	3.52	9.42	4.14	1.69	4.69
吐哈盆地小河	6.82	15.55	7.67	3.50	8.39
古尔班通古特荒漠区	8.56	18.64	9.41	4.42	10.26
天山北麓诸河	8.51	17.62	9.06	4.10	9.82
塔里木河源流	6.91	14.50	7.36	3.41	8.05
昆仑山北麓小河	4.95	11.56	5.25	2.61	6.09
塔里木河干流	9.07	19.13	10.05	4.94	10.80
塔里木盆地荒漠区	8.73	18.88	9.48	4.72	10.45
阿尔泰山南麓诸河	6.83	15.77	7.64	3.50	8.43
西北内陆区	6.67	15.17	7.43	3.39	8.17

注：表中数据为区域及时间的平均值。

2. 历史条件下日降水量时空变化规律

为了解西北内陆区历史降水量年内时空变化规律，计算 1979～2017 年西北内陆区各季节多年平均降水量。为了更为直观地展示降水量与可降水量在数值上的相对大小，结果采用日降水量表述，单位为 $mm \cdot d^{-1}$。

根据 ERA-Interim 再分析数据，西北内陆区历史条件下(1979～2017 年)各季节多年平均日降水量如表 3-6 所示，结果采用区域平均、时间平均后的数值表述。与可降水量类似，日降水量整体上也呈现出夏季最高、春秋次之、冬季最低的特征，不同的是，日降水量的空间分布随季节发生变化。春季，西北内陆区多年平均日降水量为 $0.38mm \cdot d^{-1}$；存在两个高值区，分别为天山北麓诸河($0.75mm \cdot d^{-1}$)和青海湖水系($0.74mm \cdot d^{-1}$)；日降水量居中的为阿尔泰山南麓诸河、古尔班通古特荒漠区和吐哈盆地小河，其区域多年平均日降水量分别为 $0.54mm \cdot d^{-1}$、$0.53mm \cdot d^{-1}$ 和 $0.40mm \cdot d^{-1}$；日降水量最低的是塔里木河干流、昆仑山北麓小河和塔里木盆地荒漠区，其区域多年平均日降水量分别为 $0.11mm \cdot d^{-1}$、$0.10mm \cdot d^{-1}$ 和 $0.10mm \cdot d^{-1}$。夏季，季风在带来丰沛水汽的同时，还赋予了气团辐合抬升形成降水的动力条件，因此夏季西北内陆区的日降水量较其他季节显著增加，区域平均值达到 $1.11mm \cdot d^{-1}$；青海湖水系($3.32mm \cdot d^{-1}$)的多年平均日降水量超越天山北麓诸河($1.34mm \cdot d^{-1}$)，成为夏季日降水量的最高值区；居中的是柴达木盆地和塔里木河源流，多年平均日降水量在 1.10～$1.20mm \cdot d^{-1}$；塔里木河干流和塔里木盆地荒漠区仍然是日降水量低值区，多年平均日降水量均在 0.40mm · d^{-1} 之下。秋季，西北内陆区日降水量的高值区仍然为青海湖水系，但多年平均日降水量回落至 0.85mm · d^{-1}，阿尔泰山南麓诸河次之(0.63mm · d^{-1})，天山北麓诸河位于第三(0.57mm · d^{-1})；秋季日降水量居中的是吐哈盆地小河、塔里木河源流、柴达木盆地和河西内陆河，多年平均日降水量在 0.24～0.35mm · d^{-1}，日降水量最低的是塔里木盆地大部地区，多年平均日降水量在 0.10mm · d^{-1} 以下。冬季，日降水量全区都有所减少，阿尔泰山南麓诸河、天山北麓诸河和古尔班通古特荒漠区的多年平均日降水量分别为 0.37mm · d^{-1}、0.25mm · d^{-1} 和 0.24mm · d^{-1}，其余二级分区的多年平均日降水量均在 0.10mm · d^{-1} 之下。

表 3-6　历史条件下各季节多年平均日降水量　(单位：mm · d^{-1})

二级分区	春季	夏季	秋季	冬季	全年
河西内陆河	0.23	0.88	0.24	0.04	0.35
青海湖水系	0.74	3.32	0.85	0.06	1.24
柴达木盆地	0.29	1.18	0.27	0.05	0.45
吐哈盆地小河	0.40	1.00	0.35	0.09	0.46
古尔班通古特荒漠区	0.53	0.94	0.51	0.24	0.55
天山北麓诸河	0.75	1.34	0.57	0.25	0.73
塔里木河源流	0.37	1.12	0.28	0.07	0.46
昆仑山北麓小河	0.10	0.67	0.10	0.02	0.22
塔里木河干流	0.11	0.38	0.09	0.03	0.15
塔里木盆地荒漠区	0.10	0.33	0.07	0.02	0.13
阿尔泰山南麓诸河	0.54	1.08	0.63	0.37	0.65
平均	0.38	1.11	0.36	0.11	0.49

注：表中数据为区域及时间的平均值。

历史条件下，就空间分布而言，西北内陆区的日降水量与可降水量有一定的相似性，但也有迥异之处，尤以青海湖水系、塔里木河干流及塔里木盆地荒漠区最为明显。由表 3-5 可知，不论哪个季节，青海湖水系的可降水量均处于二级区排位的末端，但其日降水量位居前列，夏、秋二季更是名列首位(表 3-6)；塔里木河干流及塔里木盆地荒漠区则呈现出相反的规律，即可降水量充沛但日降水量稀缺。由此可见，历史条件下，西北内陆区不同地区的降水转化率差异较大，需要进一步研究。

3. 历史条件下降水转化率时空变化规律

降水转化率是描述水汽、云和地面降水平衡的物理参数，是开展人工影响降水的重要指标。将地面日降水量和空中可降水量的比值看作降水转化率，采用区域平均、时间平均后的数值表述，单位为% · d^{-1}，结果如图 3-3 所示。

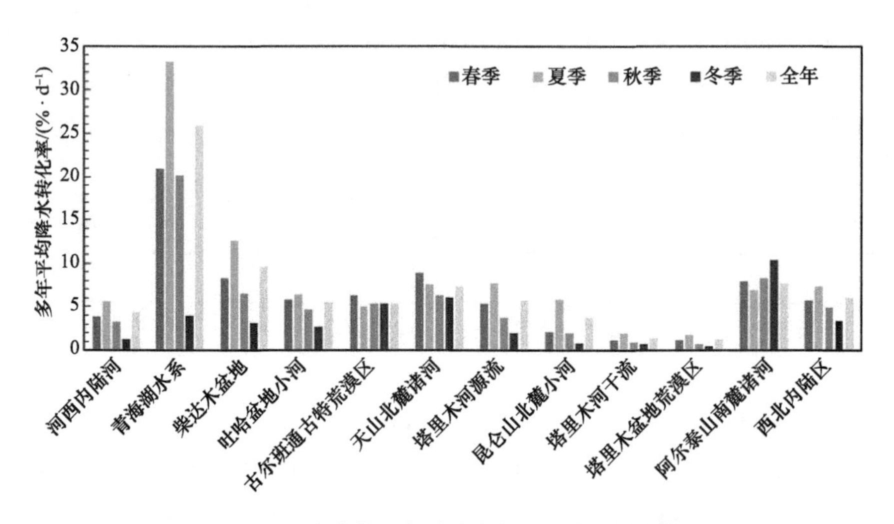

图 3-3　历史条件下各季节多年平均降水转化率

由图 3-3 可知，历史条件下，西北内陆区夏季降水转化率(7.32% · d^{-1})高于春(5.67% · d^{-1})、秋(4.86% · d^{-1})二季，冬季降水转化率最低(3.30% · d^{-1})。就空间分布而言，春、夏、秋三季较为类似；青海湖水系由于地势较高、大气柱较短，可降水量较少，但其降水转化率很高，春(20.89% · d^{-1})、夏(33.29% · d^{-1})、秋(20.16% · d^{-1})三季均明显高于其他二级区；冬季，降水转化率最高值区北移至阿尔泰山南麓诸河(10.44% · d^{-1})。青海湖水系与阿尔泰山南麓诸河分别位于西北内陆区的最北部与最南端，可见，历史条件下西北内陆区的降水转化率高值区总是位于其边界处。相反，塔里木盆地荒漠区、塔里木河干流和河西内陆河的降水转化率较低，其全年均值分别为 1.24% · d^{-1}、1.42% · d^{-1} 和 4.31% · d^{-1}。这三个区域位于西北内陆区内部，且地势较低，一方面导致气柱长而可降水量较多，另一方面导致空中水汽凝结成为液体后再蒸发的概率较大。历史条件下，降水转化率居中的为塔里木河源流、吐哈盆地小河和古尔班通古特荒漠区，其全年均值分别为 5.68% · d^{-1}、5.51% · d^{-1} 和 5.40% · d^{-1}。

总体分析可知，西北内陆区天山山脉及其以北的大部地区降水转化率春、夏、秋、冬四季先增加后减小，夏季最大，冬季最小。降水转化率变化与日降水量变化类似，但不完全相同。

4. 历史条件下空中水资源富集区作业实施后理论降水可增量时空分布规律

历史条件下，西北内陆区空中水资源富集区作业实施后，各季节多年平均理论降水可增量如表 3-7 所示。由于理论降水可增量最终将应用于人类生产生活用水规划，为便于水资源统一调度调配，理论降水可增量采用区域及时间的总和值。

表 3-7　历史条件下空中水资源富集区作业实施后各季节多年平均理论降水可增量 (单位：亿 m³)

二级分区	春季	夏季	秋季	冬季	全年
河西内陆河	2.44	12.73	2.28	0.43	17.88
青海湖水系	0.74	5.32	0.72	0.04	6.82
柴达木盆地	2.60	13.41	2.21	0.52	18.74
吐哈盆地小河	0.51	3.08	0.51	0.12	4.22
古尔班通古特荒漠区	1.07	2.67	1.06	0.41	5.21
天山北麓诸河	2.44	6.08	2.01	0.74	11.27
塔里木河源流	4.56	19.39	3.15	0.74	27.84
昆仑山北麓小河	0.74	4.85	0.57	0.13	6.29
塔里木河干流	0.15	0.55	0.12	0.04	0.86
塔里木盆地荒漠区	1.43	5.40	0.98	0.28	8.09
阿尔泰山南麓诸河	0.22	0.59	0.44	0.27	1.52
西北内陆区	16.9	74.07	14.05	3.72	108.74

注：表中数据为区域及时间的总和。

由表 3-7 可知：①春季，塔里木河源流历史条件下理论降水可增量最多，为 4.56 亿 m³，其次为柴达木盆地区、河西内陆河、天山北麓诸河，分别为 2.60 亿 m³、2.44 亿 m³ 和 2.44 亿 m³；②夏季，理论降水可增量最多的区域为塔里木河源流，为 19.39 亿 m³，柴达木盆地为 13.41 亿 m³，河西内陆河为 12.73 亿 m³；③秋季，理论降水可增量较多的仍然是塔里木河源流(3.15 亿 m³)、河西内陆河(2.28 亿 m³)、柴达木盆地(2.21m³)；④冬季，理论降水可增量较多的区域为天山北麓诸河和塔里木河源流，区域多年平均理论降水可增量均为 0.74 亿 m³。历史条件下，各季节理论降水可增量的空间分布差异不大。

整体来讲，历史条件下，西北内陆区空中水资源富集区作业实施后多年平均理论降水可增量为 108.74 亿 m³。从时间尺度，理论降水可增量的年内分布主要集中在夏季，为 74.07 亿 m³，约占全年平均值的 68.12%；从空间尺度，塔里木河源流区、柴达木盆地和河西内陆河为主要的理论降水可增加区，其中塔里木河源流多年平均理论降水可增量为 27.84 亿 m³，占西北内陆区全区理论降水可增量的

25.60%，柴达木盆地理论降水可增量为 18.74 亿 m^3，占全区的 17.23%，河西内陆河理论降水可增量为 17.88 亿 m^3，占全区的 16.44%。

5. 历史条件下空中水资源富集区作业实施后理论径流可增量时空分布规律

历史条件下，西北内陆区空中水资源富集区作业实施后，各季节多年平均理论径流可增量如表 3-8 所示，与理论降水可增量类似，理论径流可增量同样采用区域及时间的总和值，单位为亿 m^3。

表 3-8　历史条件下空中水资源富集区作业实施后各季节多年平均理论径流可增量 (单位：亿 m^3)

二级分区	春季	夏季	秋季	冬季	全年
河西内陆河	0.47	2.60	0.42	0.06	3.55
青海湖水系	0.19	1.40	0.18	0.01	1.78
柴达木盆地	0.32	1.73	0.29	0.06	2.40
吐哈盆地小河	0.12	0.78	0.12	0.02	1.04
古尔班通古特荒漠区	0.02	0.06	0.03	0.01	0.12
天山北麓诸河	0.46	1.45	0.36	0.12	2.39
塔里木河源流	1.45	6.86	1.01	0.26	9.58
昆仑山北麓小河	0.23	1.55	0.18	0.03	1.99
塔里木河干流	0.01	0.04	0.01	0.00	0.06
塔里木盆地荒漠区	0.14	0.52	0.09	0.03	0.78
阿尔泰山南麓诸河	0.01	0.10	0.04	0.02	0.17
西北内陆区	3.42	17.09	2.73	0.62	23.86

注：表中数据为区域及时间的总和。

由表 3-8 可知：①春季，塔里木河源流理论径流可增量最多，为 1.45 亿 m^3，其次是河西内陆河，为 0.47 亿 m^3；②夏季，理论径流可增量最多的地区仍为塔里木河源流，为 6.86 亿 m^3，其次同样是河西内陆河，为 2.60 亿 m^3；③秋季，理论径流可增量最多的区域依然为塔里木河源流，为 1.01 亿 m^3，河西内陆河为 0.42 亿 m^3；④冬季，理论径流可增量最多的区域为塔里木河源流，为 0.26 亿 m^3，天山北麓诸河为 0.12 亿 m^3。由此可见，各季节理论径流可增量的空间分布差异不大。

整体来讲，历史条件下，西北内陆区空中水资源富集区作业实施后多年平均理论径流可增量为 23.86 亿 m^3。从时间尺度，年内分布主要集中在夏季，为 17.09 亿 m^3，占全年平均的 71.62%；从空间尺度，塔里木河源流和河西内陆河为主要的理论径流可增加区，其中塔里木河源流理论径流可增量为 9.58 亿 m^3，占西北内陆区全区的 40.15%，河西内陆河理论径流可增量 3.55 亿 m^3，占全区的 14.88%。

3.2.3　西北内陆区未来空中水资源开发潜力评估

利用国际耦合模式比较计划第五阶段(CMIP5)中的新一代典型浓度排放路径情景(RCP4.5，2100 年单位面积辐射强迫为 4.5 $W \cdot m^{-2}$)下九种模式的输出结果，根据前文所述的空中水资源富集区频率提取、富集区高度计算方法，确定空中水资源富集区作业适宜区(分布与历史情况差异较小)，以此计算未来情景(RCP4.5)下西北内陆区各个分区的可降水量、日降水量、降水转化率、理论降水可增量及落地后的理论径流可增量等。

四类 RCP 中(用单位面积辐射强迫来表示未来百年稳定浓度的新情景，包括 RCP2.6、RCP4.5、RCP6.0 和 RCP8.5)，RCP4.5 提交数据最多，对应的气候变化最具代表性，在未来发生可能最大。因此，西北内陆区未来情景空中水资源分析选取 RCP4.5 情景下降水模拟能力较好的九种模式的模拟结果(后文简称 CMIP5- RCP4.5)，17 个等压面(100hPa、200hPa、300hPa、350hPa、400hPa、450hPa、500hPa、550hPa、600hPa、650hPa、700hPa、750hPa、800hPa、850hPa、900hPa、950hPa、1000hPa)上的纬向风、经向风、垂直速度、比湿及地表气压，具体信息如表 3-9 所示。

表 3-9　CMIP5 中 RCP4.5 情景下九种气候模式信息

编号	模式名称	所属国家	所属机构缩写	大气资料水平分辨率(经向×纬向)
1	ACCESS1.0	澳大利亚	CSIRO-BOM	192×145
2	BCC-CSM1-1	中国	BCC	128×64
3	CanESM2	加拿大	CCCma	128×64
4	CSIRO-Mk3.6.0	澳大利亚	CSIRO-QCCCE	192×96
5	FGOALS-g2	中国	LASG-CESS	128×60
6	GFDL-ESM2M	美国	NOAA GFDL	144×90
7	HadGEM2-ES	英国	MOHC	192×145
8	IPSL-CM5A-MR	法国	IPSL	144×143
9	MIROC-ESM-CHEM	日本	MIROC	128×64

为降低模式输出数据误差，利用等距离累积概率函数映射法对 CMIP5-RCP4.5 数据进行偏差校正，其主要思想是相同分位数上未来与历史时段中模型与实测数据的偏差不变(王光谦等，2020)。由于气候模式之间动力框架、物理过程、生物地球化学过程、参数化方案及时空分辨率等方面存在差别，对相同条件下的响应不同，具体表现为相同数值试验的模式结果之间存在差异。在 RCP4.5 情景

下，所有模式模拟的西北内陆区日降水量、可降水量均呈上升趋势。虽然不同模式输出结果的上升幅度不尽相同，但大多数结果分布在多模式集合平均值附近。日降水量和可降水量的多模式逐年标准差基本稳定，尽管可降水量的多模式逐年标准差随时间增加而略有增大，但较上升幅度而言仍是一个小量。这表明西北内陆区的日降水量、可降水量的上升趋势在各模式中具有较好的一致性。从量级及线性趋势来看，西北内陆区的日降水量、可降水量及降水转化率的模式等权重集合平均结果要优于大多数单个模式的模拟性能，因此采用多模式等权重平均结果计算 RCP4.5 情景下的空中水资源状况及潜力分析。

1. 未来情景下可降水量时空分布规律

如前文所述，可降水量是一个瞬时量，未来情景下依然采用各季节多年平均可降水量来表示，单位为 mm，结果如表 3-10 所示，采用区域及时间的平均值表述。

表 3-10　未来情景下各季节多年平均可降水量　　(单位：mm)

二级分区	春季	夏季	秋季	冬季	全年
河西内陆河	6.98	18.13	8.49	3.57	9.29
青海湖水系	4.33	11.59	5.06	1.76	5.68
柴达木盆地	4.25	10.96	4.83	1.99	5.51
吐哈盆地小河	7.95	17.79	8.84	4.19	9.69
古尔班通古特荒漠区	9.77	20.93	10.67	5.21	11.64
天山北麓诸河	9.72	19.76	10.31	4.88	11.17
塔里木河源流	7.96	16.35	8.29	3.95	9.14
昆仑山北麓小河	5.94	13.28	6.09	3.07	7.09
塔里木河干流	10.41	21.55	11.22	5.71	12.22
塔里木盆地荒漠区	10.08	21.18	10.63	5.44	11.83
阿尔泰山南麓诸河	7.96	17.96	8.80	4.15	9.72
西北内陆区	7.76	17.23	8.48	3.99	9.36

注：表中数据为区域及时间的平均值。

根据 CMIP5-RCP4.5 多模式平均数据，西北内陆区未来情景下(2021～2080 年)各季节多年平均可降水量在空间分布上与历史条件下(1979～2017 年)分布相似，但数值上较历史条件下有所增加，全年均值由 8.17mm 增至 9.36mm。具体来说，未来情景下，春季西北内陆区的多年平均可降水量为 7.76mm，高值区分布于塔里木河干流、塔里木盆地荒漠区、古尔班通古特荒漠区和天山北麓诸河，其区域多年平均可降水量分别为 10.41mm、10.08mm、9.77mm 和 9.72mm；低值区位于青海湖水系和柴达木盆地，区域多年平均可降水量分别为 4.33mm 和 4.25mm；其他地区为可降水量中值区，区域多年平均可降水量在 5.94～7.96mm。夏季，西北内陆区多年平均可降水量的空间分布与春季基本类似，但整个区域均值增加了一倍有余，上述四个春季高值区仍拥有较为丰沛的可降水，高值区多年平均可降水量为 19.76～21.55mm；即便是可降水量低值区(青海湖水系与柴达木盆地)，多年平均可降水量也超过 10.00mm。秋季，西北内陆区的可降水量在空间分布上与春季类似，但数值上略有增加，平均值为 8.48mm。冬季，西北内陆区可降水量整体偏少，平均值仅有 3.99mm，但高值区(塔里木河干流、塔里木盆地荒漠区和古尔班通古特荒漠区)的多年平均可降水量仍可达到 5.00mm 以上。

2. 未来情景下日降水量时空分布规律

如前文所述，采用区域和时间平均的日降水量评估未来情景下西北内陆区的降水时空分布规律，单位为 $mm \cdot d^{-1}$，结果如表 3-11 所示。根据 CMIP5-RCP4.5 多模式平均数据，西北内陆区未来情景下的日降水量与历史条件下在空间分布上类似，但数值上略有增加，全年均值从 $0.49mm \cdot d^{-1}$ 增至 $0.55mm \cdot d^{-1}$。从季节上看，夏季为西北内陆区的主要降水季节，季节多年平均日降水量为 $1.16mm \cdot d^{-1}$；春秋二季次之，季节多年平均日降水量分别为 $0.49mm \cdot d^{-1}$ 和 $0.39mm \cdot d^{-1}$；冬季最少，季节多年平均日降水量仅达到夏季的 15%左右($0.17mm \cdot d^{-1}$)。从空间上看，春、夏、秋三季，降水最为丰沛的地区为均为青海湖水系，三个季节的多年平均日降水量分别为 $0.93mm \cdot d^{-1}$、$3.33mm \cdot d^{-1}$ 和 $0.97mm \cdot d^{-1}$，天山北麓诸河与阿尔泰山南麓诸河次之；冬季，阿尔泰山南麓诸河日降水量最大，区域均值为 $0.40mm \cdot d^{-1}$。未来情景下西北内陆区的日降水量低值区在四个季节均位于昆仑山北麓小河、塔里木河干流和塔里木盆地荒漠区三个区域，除夏季外，此三个区域的多年平均日降水量不超过 $0.30mm \cdot d^{-1}$。其余二级分区为日降水量的中值区，全年区域均值在 0.41～$0.60mm \cdot d^{-1}$ 浮动，大小随季节变化而略有改变。

表 3-11　未来情景下各季节多年平均日降水量　(单位：$mm \cdot d^{-1}$)

二级分区	春季	夏季	秋季	冬季	全年
河西内陆河	0.32	0.95	0.29	0.08	0.41
青海湖水系	0.93	3.33	0.97	0.12	1.34
柴达木盆地	0.48	1.39	0.32	0.12	0.57
吐哈盆地小河	0.42	1.03	0.36	0.11	0.48
古尔班通古特荒漠区	0.58	0.99	0.54	0.28	0.60

续表

二级分区	春季	夏季	秋季	冬季	全年
天山北麓诸河	0.79	1.32	0.58	0.29	0.74
塔里木河源流	0.51	1.04	0.26	0.14	0.49
昆仑山北麓小河	0.29	0.78	0.12	0.11	0.32
塔里木河干流	0.20	0.48	0.10	0.09	0.22
塔里木盆地荒漠区	0.25	0.36	0.09	0.09	0.20
阿尔泰山南麓诸河	0.61	1.13	0.68	0.40	0.70
西北内陆区	0.49	1.16	0.39	0.17	0.55

注：表中数据为区域及时间的平均值。

3. 未来情景下降水转化率时空分布规律

如前文所述，降水转化率用日降水量与可降水量计算得到，单位为%·d^{-1}，取区域和时间的均值，结果如图 3-4 所示。与历史条件相比，未来情景下的西北内陆区降水转化率在分布上变化不大，但数值上的相对大小随季节而改变：春、冬二季未来情景下降水转化率更高，而夏、秋二季历史条件下降水转化率更高。

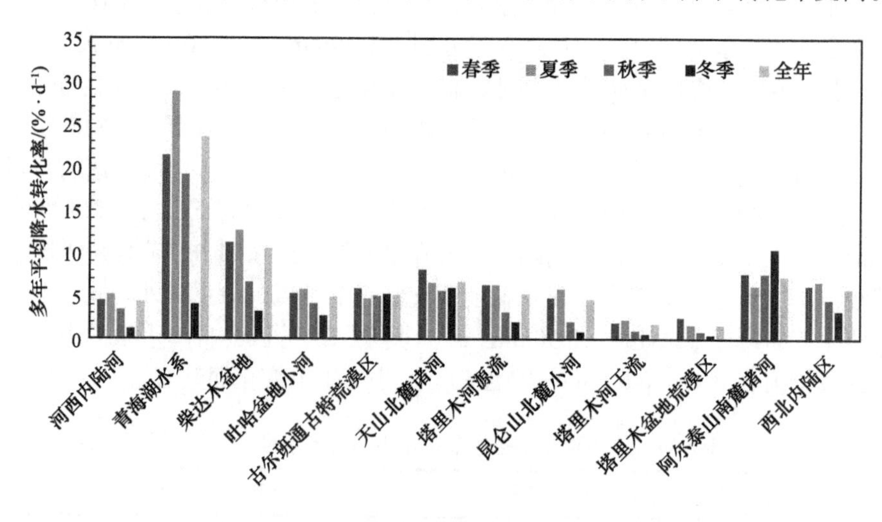

图 3-4　未来情景下各季节多年平均降水转化率

春季，西北内陆区降水转化率高值区为青海湖水系、柴达木盆地和天山北麓诸河，降水转化率分别为 21.41% · d^{-1}、11.23% · d^{-1} 和 8.16% · d^{-1}；中值区位于塔里木河源流、古尔班通古特荒漠区和吐哈盆地小河，区域均值分别为 6.40% · d^{-1}、5.92% · d^{-1} 和 5.32% · d^{-1}；低值区位于河西内陆河、塔里木盆地荒漠区和塔里木河干流，区域均值均低于 5%·d^{-1}。夏季，降水转化率高值区仍然在青海湖水系，且降水转化率有所增大，区域均值达到 28.75%·d^{-1}；柴达木盆地区域均值达到 12.64%·d^{-1}；天山北麓诸河、阿尔泰山南麓诸河的塔里木河源流等区域多年平均降水转化率有所减小，其他区域与春季较为接近。秋季，西北内陆区降水转化率分布与春季接近，但高值区有所减少。冬季，各分区降水转化率有所降低，区域均值降至 4.13%·d^{-1}。总体分析可知，西北内陆区降水转化率整体呈现春、夏、秋、冬四季先增大后减小的趋势，夏季最高，冬季最低。

4. 未来情景下空中水资源富集区作业实施后理论降水可增量时空分布规律

计算西北内陆区未来情景下空中水资源富集区作业实施后各季节多年平均理论降水可增量，结果如表 3-12 所示。春季，塔里木河源流未来理论降水可增量最大，为 7.47 亿 m^3，其次是柴达木盆地，为 4.79 亿 m^3；夏季，未来理论降水可增量较大的区域为塔里木河源流，为 17.98 亿 m^3，柴达木盆地为 15.83 亿 m^3，河西内陆河为 13.38 亿 m^3；秋季，未来理论降水可增量较大的区域为塔里木河源流(3.21 亿 m^3)、河西内陆河(2.88 亿 m^3)；冬季，未来理论降水可增量较大的区域为塔里木河源流(1.73 亿 m^3)、柴达木盆地(1.24 亿 m^3)。各季节未来多年平均理论降水可增量分布存在一定的差异。

表 3-12　未来情景下空中水资源富集区作业实施后各季节多年平均理论降水可增量

(单位：亿 m^3)

二级分区	春季	夏季	秋季	冬季	全年
河西内陆河	3.76	13.38	2.88	0.99	21.01
青海湖水系	1.03	5.20	0.89	0.10	7.22
柴达木盆地	4.79	15.83	2.77	1.24	24.63
吐哈盆地小河	0.69	3.27	0.63	0.22	4.81
古尔班通古特荒漠区	1.32	2.85	1.29	0.64	6.10
天山北麓诸河	2.86	5.87	2.21	1.05	11.99
塔里木河源流	7.47	17.98	3.21	1.73	30.39
昆仑山北麓小河	2.22	5.98	0.72	0.77	9.69
塔里木河干流	0.30	0.69	0.14	0.13	1.26
塔里木盆地荒漠区	3.95	6.11	1.38	1.30	12.74
阿尔泰山南麓诸河	0.31	0.67	0.55	0.36	1.89
西北内陆区	28.7	77.83	16.67	8.53	131.73

注：表中数据为区域及时间的总和。

整体来讲，西北内陆区未来情景下空中水资源富集区作业实施后多年平均理论降水可增量为 131.73 亿 m^3。从时间尺度，未来理论降水可增量的年内分布主要集中在夏季，为 77.83 亿 m^3，占全年平均值的 59.08%；从空间尺度，塔里木河源流、柴达木盆地和河西内陆河为主要的降水增加区，其中塔里木河源流未来多年平均理论降水可增量为 30.39 亿 m^3，占西北内陆区全区未来多年平均理论降水可增量的 23.07%，柴达木盆地未来多年平均理论降水可增量为 24.63 亿 m^3，占全区多年平均理论降水可增量的 18.70%，河西内陆河未来多年平均理论降水可增量为 21.01 亿 m^3，占全区的 15.95%。

5. 未来情景下空中水资源富集区作业实施后理论径流可增量时空分布规律

计算西北内陆区未来情景下空中水资源富集区作业实施后各季节多年平均理论径流可增量，结果如表 3-13 所示。①春季，塔里木河源流未来多年平均理论径流可增量最大，为 2.37 亿 m^3，其次为河西内陆河，未来多年平均理论径流可增量为 0.68 亿 m^3；②夏季，未来多年平均理论径流可增量较大的区域为塔里木河源流(6.33 亿 m^3)、河西内陆河(2.70 亿 m^3)；③秋季，未来多年平均理论径流可增量较大的区域为塔里木河源流(1.03 亿 m^3)、河西内陆河(0.55 亿 m^3)；④冬季，未来多年平均理论径流可增量较大的区域为塔里木河源流(0.64 亿 m^3)、昆仑山北麓小河(0.23 亿 m^3)。各季节未来理论径流可增量的主要分布地区存在一定的差异。

表 3-13　未来情景下空中水资源富集区作业实施后各季节多年平均理论径流可增量

(单位：亿 m^3)

二级分区	春季	夏季	秋季	冬季	全年
河西内陆河	0.68	2.70	0.55	0.14	4.07
青海湖水系	0.26	1.36	0.23	0.03	1.88
柴达木盆地	0.63	2.12	0.38	0.16	3.29
吐哈盆地小河	0.16	0.81	0.14	0.04	1.15
古尔班通古特荒漠区	0.03	0.06	0.03	0.02	0.14
天山北麓诸河	0.54	1.40	0.43	0.18	2.55
塔里木河源流	2.37	6.33	1.03	0.64	10.37
昆仑山北麓小河	0.67	1.83	0.21	0.23	2.94
塔里木河干流	0.03	0.06	0.01	0.01	0.11
塔里木盆地荒漠区	0.41	0.63	0.14	0.15	1.33
阿尔泰山南麓诸河	0.02	0.10	0.05	0.03	0.20
西北内陆区	5.80	17.40	3.20	1.63	28.03

注：表中数据为区域及时间的总和。

整体来讲，未来情景下空中水资源富集区作业实施后多年平均理论径流可增量为28.03亿m^3。从时间尺度，西北内陆区未来空中水资源富集区作业实施理论径流可增量的年内分布主要集中在夏季，为17.40亿m^3，占全年平均理论径流可增量的62.08%；从空间尺度，塔里木河源流和河西内陆河为主要的径流增加区，其中塔里木河源流未来多年平均理论径流可增量为10.37亿m^3，占全区理论径流可增量的37.00%，河西内陆河未来多年平均理论径流可增量为4.07亿m^3，占全区的14.52%。

本节基于空中水资源形成、迁移和转化基本理论，提出了空中水资源评估方法。该方法依托空中水资源富集区提出了有效水汽量的概念，提出降水潜力和有效降水转化率指标，用于衡量有效水汽及其降水效率和降水潜力；基于有效水汽量、空中水资源富集区、有效降水转化率和增雨效率，提出理论可开发空中水资源量的计算方法，对西北内陆区历史条件及未来情景下实施空中水资源开发作业理论降水可增量和径流可增量进行了详细分析，以评估西北内陆区各区域的空中水资源开发潜力。结果表明：历史条件下，西北内陆区实施空中水资源作业后，多年平均理论降水可增量为108.74亿m^3,多年平均理论径流可增量为23.86亿m^3，塔里木河源流具有较高可开发潜力(多年平均理论降水可增量为27.84亿m^3,多年平均理论径流可增量为9.58亿m^3)；未来典型情景(RCP4.5)下，西北内陆区实施空中水资源作业后，多年平均理论降水可增量为131.73亿m^3，多年平均理论径流可增量为28.03亿m^3,塔里木河源流具有较高可开发潜力(多年平均理论降水可增量为30.39亿m^3，多年平均理论径流可增量为10.37亿m^3)。

3.3　空中与地表水资源联合利用模式及关键技术

本节从空中水资源基本理论和评估方法出发,围绕西北内陆区空中–地表水资源的联合调控需求，从空–地耦合角度将空中降水转化率、地表产流效率和地面工程调控效率综合纳入空中水资源利用模式，充分考虑水资源迁移、转化和利用全过程，旨在探索西北内陆区空中水资源转化与高效利用的综合解决方案。

3.3.1　基于空–地耦合利用的空中水资源开发评估方法

本小节依托空中水资源形成、迁移及转化基本理论和空中水资源开发潜力评估方法，结合西北内陆区产流情况和地面工程调控能力的系统评估，提出基于空–地耦合利用的空中水资源开发模式。该评估方法基本示意图见图3-5，其核心原理是综合空中降水转化率、流域产汇流能力和地面工程调控能力进行系统评估，给出“空中水资源→降水→径流→调控工程”全链条，以在水资源使用效率较高的相应区域开展空中水资源开发利用作业，确保空中水资源的高效开发利用。

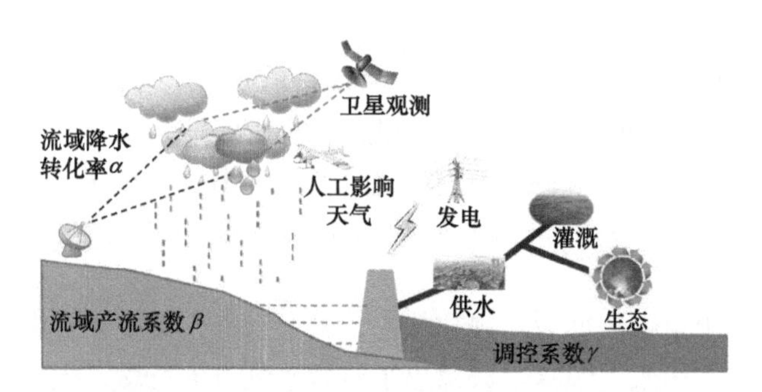

图 3-5　基于空–地耦合利用的空中水资源开发评估方法示意图

基于空–地耦合利用的空中水资源开发评估方法技术路线如图 3-6 所示，具体技术方案如下。

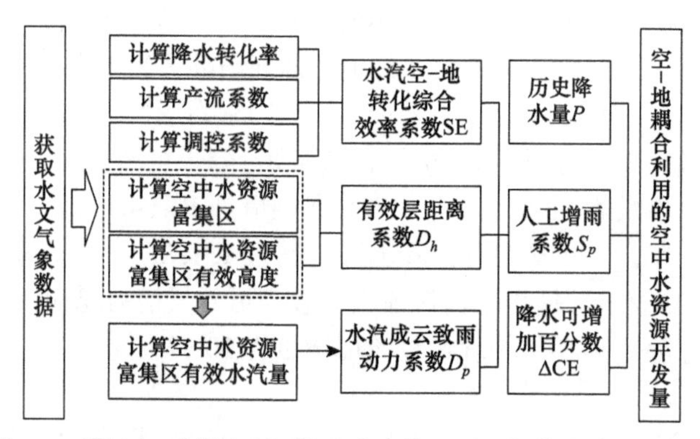

图 3-6　基于空–地耦合利用的空中水资源开发评估方法技术路线

(1) 收集并分析流域历史每日降水数据和可降水量、大气各气压层比湿、纬向风速和经向风速，同时收集流域各控制站点径流数据、水库分布信息及库容数据。

(2) 根据历史降水数据，统计出历史降水旱年和涝年；利用欧洲中期天气预报中心(ECMWF)提供的每日 ERA-Interim 再分析数据中的空中 20 层(1000～300hPa)大气水汽通量数据，分别计算不同分区旱年和涝年空中水资源富集区，最终确定不同地区空中水资源富集区有效降水转化层；将各分区有效降水转化层高度减去地面高层，得到有效层离地距离，有效层离地距离越近，人工增雨效果越好。

(3) 基于空中水形成、迁移及转化基本理论，根据空中水资源富集区有效层范围，利用历史多年每日比湿、纬向风速和经向风速，计算出该有效层内的空中水资源富集区发生频率。该值表示水汽的辐合状态，频率越小其发生降水概率越低。同时，有效水汽量代表富集区内可转化降水的最大水汽量，利用 Sigmoid 函数将富集区及其内的有效水汽量进行归一化加权，表征空中水汽成云致雨的动力系数。

(4) 基于空中水资源开发潜力评估方法计算各区域降水转化率，利用流域各分区降水及出流数据计算产流系数，利用流域各分区径流及水库库容数据计算出各分区调控系数，利用 Min-Max 标准化方法对降水转化率、产流系数及调控系数进行归一化，并进行加权，得到水汽空–地转化综合效率系数；

(5) 将以上步骤得到的水汽空–地转化综合效率系数、有效层离地距离及降雨动力系数进行加权，结合历史人工增雨试验结果，得到流域人工增雨作业的增雨潜力系数。

3.3.2　西北内陆区空–地耦合的空中水资源开发评估

本小节以西北内陆区 27 个三级分区为基本单元，给出较小尺度下各流域空–地耦合的空中水资源开发模式评估。水汽通量数据采用欧洲中期天气预报中心(ECMWF)的 ERA-Interim 分辨率为 0.75°×0.75°的数据集，降水数据采用 1961～2016 年我国地面降水月值 0.5°×0.5°格点数据集，采用西北内陆区各分区控制站点径流量及水库库容。

根据空中水资源开发潜力评估方法，计算各分区的有效水汽量 IWVv 、降水转化率 α 、各分区的产流系数 β 及调控系数 γ：

$$\beta = \frac{R}{P} \tag{3-38}$$

$$\gamma = \frac{U}{R_{ab}} = \frac{U}{R_{up} + R} \tag{3-39}$$

式中，流域产流系数 β 等于径流量 R 除以全流域降水量 P；调控系数 γ 为工程库容与河段可利用水资源量之比；U 为河道沿程水利工程的库容；R_{ab} 为各段可利用水资源量；R_{up} 为区间上游来水量；R 为区间天然河川径流量。α 、β 、γ 的取值范围为(0，1)。

对西北内陆区的产流情况进行评估，计算各个分区的多年平均产流深，得到西北内陆区年产流空间分布。结果表明，全区产流深较小，大部分地区产流深在 30mm 以下，其中塔克拉玛干沙漠、古尔班通古特荒漠、库木塔格沙漠和柴达木盆地产流深小于 5mm。天山山脉、祁连山及新疆地区南边界所属昆仑山地区产流深相对较大，达到 60mm 以上，其中阿克苏河和渭干河靠近边界小部分地区产流深最大达到 800mm，远超过降水量，其产流主要来自高山融雪。此外，各水资源划区产流系数统计结果表明，西北内陆区主要产流区分布在山脉地带的高海拔地区，水汽被高山阻挡，形成地形雨降落从而产流。

西北内陆产流由降水、冰川融雪及地下水组成，计算降水–产流系数，需要扣除冰川融雪产流部分。扣除冰川融雪的产流深除以地区降水量可算出地区产流系数，西北内陆区全区平均产流系数较小，沙漠区总体在 5%以下，天山山脉地区产流系数在 17%～69%，祁连山地区主要在 5%～29%，新疆南边界昆仑山地区产流系数普遍较大，在 29%以上。天山山脉、昆仑山脉与祁连山山脉海拔高，夏季降水降落在高山冻融地区，直接产生径流。

表 3-14 为西北内陆区产流系数统计结果。结果表明，产流深较大的区域为青海湖水系、渭干河、叶尔羌河及中段诸河，超过 90mm。哈密盆地、和田河、车尔臣诸河小河、克利雅河诸小河、中段诸河、渭干河、喀什噶尔河及叶尔羌河冰川融雪占比超过 50%。由降水–产流系数可知，和田河和叶尔羌河的降水–产流系数较高，超过 35%；接下来是青海湖水系、克利亚河诸小河、艾比湖水系、开都–孔雀河和石羊河，降水–产流系数超过 20%；降水–产流系数较低的是古尔班通古特荒漠区、车尔臣河诸小河、柴达木盆地东部、库木塔格沙漠、塔克拉玛干沙漠和塔里木河干流，不大于 10%。

表 3-14　西北内陆区产流系数统计结果

水资源三级区	产流深/mm	产流深(扣除冰川融雪)/mm	降水量/mm	降水–产流系数/%
古尔班通古特荒漠区	0.39	0.39	199.37	0.00
巴伊盆地	17.55	17.43	123.21	14.14
哈密盆地	34.31	30.40	157.16	19.34
疏勒河	23.46	16.19	124.98	12.95
黑河	32.56	31.26	114.32	27.34
阿克苏河	77.42	42.58	280.37	15.19
河西荒漠区	16.36	14.23	114.50	12.43
和田河	73.57	29.72	84.31	35.25
车尔臣河诸小河	21.44	6.43	81.46	7.90
柴达木盆地东部	33.03	24.44	267.52	9.14
克里雅河诸小河	41.33	20.55	76.84	26.74
吉木乃诸小河	26.70	25.74	195.35	13.18
中段诸河	94.20	38.28	248.85	15.38
艾比湖水系	78.66	66.63	288.21	23.12
东段诸河	63.02	33.43	216.85	15.41
开都–孔雀河	54.73	47.45	171.45	27.68
库木塔格沙漠	0.04	0.04	38.40	0.00
渭干河	100.25	48.42	249.87	19.38
塔克拉玛干沙漠	0.05	0.05	49.59	0.00

续表

水资源三级区	产流深/mm	产流深(扣除冰川融雪)/mm	降水量/mm	降水–产流系数/%
喀什噶尔河	66.55	26.62	168.44	15.80
叶尔羌河	99.57	39.63	108.80	36.42
石羊河	61.64	44.38	180.69	24.56
柴达木盆地西部	21.45	18.81	119.97	15.68
青海湖水系	133.55	133.02	446.40	29.80
乌伦古河	53.00	51.09	253.51	20.15
塔里木河干流	1.59	1.59	53.40	0.03
吐鲁番盆地	53.11	47.06	252.24	18.66

为分析西北内陆区下垫面水利枢纽对空中水资源降落地面后的调控能力，本小节对西北内陆区区域调控系数进行推算。西北内陆区大中型水库信息显示，流域水库主要分布在产流较多的区域，塔里木河干流地区由于汇流量大，建设了三个水库。西北内陆区已建水库总库容最大的是叶尔羌河划区，总库容达到 48.21 亿 m^3，阿克苏河划区总库容为 20.83 亿 m^3，古尔班通古特荒漠区、巴伊盆地、哈密盆地、河西荒漠区、克里雅河诸小河、吉木乃诸小河、东段诸河、库木塔格沙漠、塔克拉玛干沙漠、青海湖水系和吐鲁番盆地库容为 0。在此基础上，统计各划区汇流量与库容，推算各区调控系数，结果见表 3-15。塔里木河全年产流深低于 1mm，但叶尔羌河、渭干河、阿克苏河和和田河汇流进入塔里木河干流，故计算时将该地区径流深替代为产流深。比较各划区水库库容与汇流量可知，各划区调控系数较大的为乌伦古河、叶尔羌河和阿克苏河，分别为 65.49%、59.20%和 55.22%。青海湖水系、黑河、疏勒河、中段诸河、艾比湖水系和开都–孔雀河汇流量大但水库库容小，调控系数小。

表 3-15　西北内陆区调控系数分析

水资源三级区	库容/亿 m^3	汇流量/亿 m^3	调控系数/%
古尔班通古特荒漠区	0.00	4.29	0.00
巴伊盆地	0.00	9.96	0.00
哈密盆地	0.00	9.98	0.00
疏勒河	2.69	29.20	9.21
黑河	1.28	49.48	2.59
阿克苏河	20.83	37.72	55.22

续表

水资源三级区	库容/亿 m^3	汇流量/亿 m^3	调控系数/%
河西荒漠区	0.00	24.87	0.00
和田河	10.40	65.21	15.95
车尔臣河诸小河	1.27	30.72	4.13
柴达木盆地东部	2.87	25.71	11.16
克里雅河诸小河	0.00	26.46	0.00
吉木乃诸小河	0.00	1.87	0.00
中段诸河	4.09	74.86	5.46
艾比湖水系	0.10	39.62	0.25
东段诸河	0.00	11.19	0.00
开都–孔雀河	3.48	57.14	6.09
库木塔格沙漠	0.00	7.09	0.00
渭干河	6.40	43.19	14.82
塔克拉玛干沙漠	0.00	8.31	0.00
喀什噶尔河	10.06	45.79	21.97
叶尔羌河	48.21	81.43	59.20
石羊河	3.10	25.58	12.11
柴达木盆地西部	8.86	42.26	20.97
青海湖水系	0.00	63.03	0.00
乌伦古河	8.89	13.57	65.49
塔里木河干流	4.27	43.58	9.81
吐鲁番盆地	0.00	19.70	0.00

为了进行西北内陆区水汽空–地转化综合效率的推算，首先对各分区的水资源及其调控情况进行统计，将空中可降水量、降水转化率、产流系数及调控系数进行归一化。由结果可知，塔克拉玛干沙漠和古尔班通古特荒漠区可降水量大，降水少，产流系数、调控系数几乎为 0。塔里木河干流由开都–孔雀河(含博斯腾湖)、阿克苏河、叶尔羌河、和田河汇入，水资源量大，故调控系数不为 0。乌伦古河、开都–孔雀河、渭干河、阿克苏河、喀什噶尔河、叶尔羌河和和田河水汽居中，春季、夏季有冰川冻融来水，洪量较大，为防洪、发电及灌溉，河道上建有不同量级水利枢纽，调节能力较强。柴达木盆地位于阿尔金山山脉、昆仑山与祁连山山脉中间，巴音河、那棱格勒河和格尔木河水能丰富，建有相应水利枢纽。疏勒河、

石羊河发源于祁连山山脉，雨水及融雪补给充分，同时沿河建有不同水利枢纽，产流系数和调控系数较为均匀。

将各划区可降水量及各项系数进行归一化后逐项累加，可初步综合评估空-地水资源转化调控能力，计算结果见表 3-16。结果表明，由于人工影响天气工程技术可提高降水转化率，考虑可降水量、产流系数及调控系数时，阿克苏河、叶尔羌河和乌伦古河是理想的人工影响天气试验开展场所。根据现有气候条件，不考虑下垫面调控能力，艾比湖水系和青海湖水系空-地水转化综合效率最高；现有气候条件下，叶尔羌河、阿克苏河和乌伦古河空-地水转化综合效率较高，且水汽落地后地面调控能力强。

表 3-16　西北内陆区可降水量、降水转化率、产流系数及调控系数综合分析

水资源三级区	可降水量 P_w /(mm·d^{-1})	降水转化率 α	产流系数 β	调控系数 γ	(P_w, β, γ) 归一化累加	(P_w,α,β) 归一化累加	(P_w, α, β, γ) 归一化累加
古尔班通古特荒漠区	9.86	7.27	0.00	0.00	0.88	1.10	1.10
巴伊盆地	7.54	5.20	14.14	0.00	0.84	0.99	0.99
哈密盆地	8.14	6.53	19.34	0.00	1.09	1.29	1.29
疏勒河	6.35	7.65	12.95	9.21	0.75	0.85	0.99
黑河	7.76	5.51	27.34	2.59	1.30	1.43	1.47
阿克苏河	9.36	13.05	15.19	55.22	2.01	1.60	2.44
河西荒漠区	9.07	3.99	12.43	0.00	1.04	1.15	1.15
和田河	7.40	4.60	35.25	15.95	1.68	1.57	1.81
车尔臣河诸小河	5.84	4.35	7.90	4.13	0.44	0.50	0.56
柴达木盆地东部	4.79	18.97	9.14	11.16	0.42	0.89	1.06
克里雅河诸小河	6.87	3.50	26.74	0.00	1.10	1.19	1.19
吉木乃诸小河	9.55	7.33	13.18	0.00	1.14	1.37	1.37
中段诸河	9.96	10.07	15.38	5.46	1.35	1.60	1.68
艾比湖水系	10.36	10.94	23.12	0.25	1.57	1.92	1.92
东段诸河	8.98	9.06	15.41	0.00	1.11	1.40	1.40
开都-孔雀河	8.76	6.48	27.68	6.09	1.53	1.63	1.73
库木塔格沙漠	8.53	1.34	0.00	0.00	0.97	0.98	0.98
渭干河	9.56	9.08	19.38	14.82	1.55	1.61	1.84
塔克拉玛干沙漠	10.64	1.45	0.00	0.00	1.05	1.06	1.06
喀什噶尔河	8.27	9.25	15.80	21.97	1.34	1.30	1.64

续表

水资源三级区	可降水量 P_w /(mm·d^{-1})	降水转化率 α	产流系数 β	调控系数 γ	(P_w, β, γ) 归一化累加	(P_w,α,β) 归一化累加	$(P_w, \alpha, \beta, \gamma)$ 归一化累加
叶尔羌河	7.26	6.75	36.42	59.20	2.35	1.66	2.56
石羊河	8.84	7.61	24.56	12.11	1.54	1.60	1.78
柴达木盆地西部	4.75	8.61	15.68	20.97	0.75	0.70	1.02
青海湖水系	5.23	28.88	29.80	0.00	0.92	1.92	1.92
乌伦古河	7.98	11.42	20.15	65.49	2.09	1.46	2.46
塔里木河干流	10.31	1.54	0.03	9.81	1.14	1.01	1.16
吐鲁番盆地	9.30	10.33	18.66	0.00	1.26	1.59	1.59

利用 Min-Max 标准化方法对三个系数分别进行归一化处理，并进行加权，得到水汽空–地转化综合效率系数SE，SE 由三个系数加权得到：

$$\mathrm{SE} = a \cdot \alpha + b \cdot \beta + c \cdot \gamma \tag{3-40}$$

$$a + b + c = 1 \tag{3-41}$$

根据历史降水数据，统计研究区各分区历史降水旱年和涝年，涝年 $P_i > (P + 1.17\sigma)$，旱年 $P_i < (P - 1.17\sigma)$，P_i 为逐年降水量，σ 为标准差。计算西北内陆不同分区旱年和涝年空中 1000～300hPa 大气各层的逐层水汽收支及水汽通量散度，根据空中水资源富集区识别方法，各层水汽收支为正且水汽通量散度为负的层为空中有效层，进而得到该有效层对应平均高程，有效层与地面高程之差则为有效层离地距离。

基于空中水资源形成、迁移及转化基本理论，计算得到水汽势函数 ϕ，将其看作是反映天空中驱动流动的高低不平的“高程”，从而提取水汽辐合区，即空中水资源富集区。利用历史多年每日比湿、纬向风速和经向风速数据，计算出该有效层内的每日空中水资源富集区，统计多年平均空中水资源富集区发生天数，利用 Min-Max 标准化方法对该值进行归一化。富集区发生频率用 H_p 表示，有效水汽量数据也进行归一化，表示为 W_p。由于以上两个因子与降水量的关系不是线性关系，利用 Sigmoid 函数将两个因子进行转化后加权，得到空中水汽成云致雨的动力系数，用 D_p 表示。原始的 Sigmoid 函数 $S(x)$ 中 x 取值是无限值，当 x 取值在 [−6, 6]时，S 值接近 1，因此将 Sigmoid 函数进行变换可得到函数 $F(x)$，进而根据以下公式算出 D_p，其中 $a + b = 1$。

$$S(x) = \frac{1}{1 + \mathrm{e}^{-x}} \tag{3-42}$$

$$F(x)=\frac{1}{1+e^{-12(x-0.5)}} \tag{3-43}$$

$$D_p=a\times F(H_p)+b\times F(W_p) \tag{3-44}$$

根据上述步骤，可以得到水汽空-地转化综合效率系数SE、有效层距离系数D_h、空中水汽成云致雨的动力系数D_p，将三个作用系数进行加权即得到空中水资源评估方法中的人工增雨系数S_p。进一步根据西北内陆区增雨示范区降水可增加百分数ΔCE (约 8%)，结合历史降水时空分布，则可计算出各分区通过空中水资源开发并考虑地面产流情况和地面工程调控能力的空中水资源开发量ΔP，$a+b+c=1$，各值可根据实际作业人工偏好选取。

$$S_p=a\cdot \mathrm{SE}+b\cdot D_h+c\cdot D_p \tag{3-45}$$

$$\Delta P=P\times S_p\times \Delta \mathrm{CE} \tag{3-46}$$

参考文献

李家叶, 李铁键, 王光谦, 等, 2018. 空中水资源及其降水转化分析[J]. 科学通报, 63(26): 2785-2796.

王光谦, 李铁键, 李家叶, 等, 2016. 黄河流域源区与上中游空中水资源特征分析[J]. 人民黄河, 38(10): 79-82.

王光谦, 钟德钰, 吴保生, 2020. 黄河泥沙未来变化趋势[J]. 中国水利, (1): 9-12, 32.

DOMINGUEZ F, KUMAR P, LIANG X Z, et al., 2006. Impact of atmospheric moisture storage on precipitation recycling[J]. Journal of Climate, 19(8): 1513-1530.

DREW D A, PASSMAN S L, 1999. Theory of Multicomponent Fluids[M]. Berlin: Springer.

DRUMOND A, NIETO R, GIMENO L, 2011. Sources of moisture for China and their variations during drier and wetter conditions in 2000—2004: A Lagrangian approach[J]. Climate Research, 50(2-3): 215-225.

GUO L, VAN DER ENT R J, KLINGAMAN N P, et al., 2019. Moisture sources for East Asian precipitation: Mean seasonal cycle and interannual variability[J]. Journal of Hydrometeorology, 20(4): 657-672.

HILBER R, COURANT D, 1989. Method of Mathematical Physics: Vol. 2[M]. Weinheim: Wiley-VCH.

HOLTON J R, HAKIM G J, 2014. An Introduction to Dynamic Meteorology[M]. New York: Elsevier Academic Press.

HUA L, ZHONG L, MA Z, 2017. Decadal transition of moisture sources and transport in northwestern China during summer from 1982 to 2010[J]. Journal of Geophysical Research: Atmospheres, 122(23): 12522-12540.

MARTINEZ J A, DOMINGUEZ F, 2014. Sources of atmospheric moisture for the La Plata River basin[J]. Journal of Climate, 27(17): 6737-6753.

SODEMANN H, STOHL A, 2009. Asymmetries in the moisture origin of Antarctic precipitation [J]. Geophysical Research Letters, 36(22): L22803.

VAN DER ENT R J, SAVENIJE H H G, SCHAEFLI B, et al., 2010. Origin and fate of atmospheric moisture over continents[J]. Water Resources Research, 46(9): w09525.

VAN DER ENT R J, TUINENBURG O A, KNOCHE H R, et al., 2013. Should we use a simple or complex model for moisture recycling and atmospheric moisture tracking?[J]. Hydrology and Earth System Sciences, 17(12): 4869-4884.

WANG G, ZHONG D, LI T, et al., 2018a. Study on sky rivers: Concept, theory, and implications[J]. Journal of Hydro-environment Research, 21: 109-117.

WANG N, ZENG X M, ZHENG Y, et al., 2018b. The atmospheric moisture residence time and reference time for moisture tracking over China[J]. Journal of Hydrometeorology, 19(7): 1131-1147.

WHITHAM G B, 1974. Linear and Nonlinear Waves[M]. New York: John Wiley & Sons.

ZHANG Y, HUANG W, ZHANG M, et al., 2020. Atmospheric basins: Identification of quasi- independent spatial patterns in the global atmospheric hydrological cycle via a complex network approach[J]. Journal of Geophysical Research: Atmospheres, 125(22): e2020JD032796.

ZHANG Y, HUANG W, ZHONG D, 2019. Major moisture pathways and their importance to rainy season precipitation over the Sanjiangyuan region of the Tibetan Plateau[J]. Journal of Climate, 32(20): 6837-6857.

ZHAO T, ZHAO J, HU H, et al., 2016. Source of atmospheric moisture and precipitation over China's major river basins[J]. Frontiers of Earth Science, 10(1): 159-170.

第 4 章　西北内陆区多水源开发利用关键技术

较难转化或不能直接取用但可被开发利用的水资源有高山冰川、深层地下水、沙漠地下水、湖泊洼地蓄水、空中水汽、河流洪水和雨洪、微咸水、污水再生水等。它们要么蓄存年代长久、更新周期较长，要么开采成本高、技术难度较大。本章主要介绍微咸水、矿井疏干水、再生水等非常规水资源开发利用技术及潜力。

4.1　西北内陆区微咸水开发利用潜力

4.1.1　我国微咸水的分布与特性

我国陆地分布着大量的咸水和微咸水资源，包括北起辽东半岛，南至广东、广西的滨海地带，淮河、秦岭、巴颜喀拉山由东向西一线，西至喜马拉雅山沿线以北的干旱、半干旱、半湿润地区的大部分低平区域，主要分布在易发生干旱的华北、西北及各省份滨海地带(姜俊超，2007；刘友兆和付光辉，2004)。

根据 2003 年我国地下水资源评价结果，全国地下微咸水天然资源为 277 亿 m^3，地下咸水天然资源为 121 亿 m^3，可开采量为 130 亿 m^3，绝大部分在地下 10～100m 处，宜于开采利用。矿化度 1～3$g \cdot L^{-1}$ 的微咸水分布区主要包括河北、山东、江苏、宁夏、新疆、内蒙古、甘肃、山西、陕西和吉林等省(自治区、直辖市)的部分地区。地下微咸水分布区的面积约为 53.92 万 km^2。矿化度大于 5$g \cdot L^{-1}$ 的咸水和矿化度 3～5$g \cdot L^{-1}$ 的微咸水分布区主要包括新疆、宁夏、内蒙古、青海、甘肃、天津、河北、山东、辽宁、上海、江苏、广东等省(自治区、直辖市)的部分地区，分布区面积约为 84.73 万 km^2；可开采资源量为每年 54.46 亿 m^3，占全国地下水可开采资源总量的 1.46%。

4.1.2　西北内陆区微咸水的分布与特性

盆地与山区相邻的平原地带称为山前平原，贮水条件良好，是西北干旱区最重要的贮水区。近山麓地带第四纪沉积物巨厚，潜水含水层的水位埋深几十米至百余米；平原中心水位埋藏浅，甚至溢出地表，形成泉水溢出带，形成干旱带特有的山前自流斜地。

微咸水资源主要分布区域：①新疆塔里木盆地和田河流域低山丘陵区(矿化度为 2～3g · L^{-1})；②宁夏贺兰山北部、银川平原中部、腾格里沙漠、盐池北部、牛首山、青龙山、大罗山、南西华山、月亮山及六盘山边的隆德—固原一带、彭阳、孟塬等地区(矿化度为 1～3g · L^{-1}，部分地区小于 1g · L^{-1})；③陕西关中的乾县、礼泉，泾河以东、渭河以北的富平、蒲城、澄城，大荔及陕北延安以北的黄土梁峁区；④准噶尔盆地阿勒泰、塔城及木垒—北塔山以东的低山丘陵区、天山北麓冲洪积平原中下游及沙漠区边缘的承压水和深层承压水区(矿化度为 0.8～1.5g · L^{-1})；⑤宁夏窨堡—盐池一带、南部海原、西吉、彭阳等地(矿化度为 1～3g · L^{-1})。

咸水资源主要分布区域：①准噶尔盆地、塔里木盆地、柴达木盆地三大盆地的中心地带，以及阿拉善高原北部、宁南和甘肃中南部，包括新疆和田、阿勒泰、塔城、木垒、北塔山、巴里坤地区的丘陵残丘区(矿化度大于 2g · L^{-1})(汪珊等，2004)；②宁夏陶乐、同心、王乐井、惠安—麻黄山及三合镇—田家坪一带(矿化度为 3～5g · L^{-1} 或大于 5g · L^{-1})；③陕西定边及吴起、子长的局部(氟、氯化物、硫酸盐超标，矿化度为 1～5g · L^{-1} 或大于 5g · L^{-1})；④内蒙古阿拉善高原和北部高平原的中西部，固阳盆地、乌拉特中旗海流图盆地的局部地段(矿化度大于 5g · L^{-1})；⑤青海柴达木盆地中心地带(矿化度大于 1g · L^{-1} 的咸水、卤水及油田水)。

4.1.3　西北内陆区微咸水开发潜力分析

西北内陆区微咸水天然补给量共 80.19 亿 m^3·a^{-1}，数量相当可观。如表 4-1 所示，新疆微咸水天然补给量为 46.21 亿 m^3 · a^{-1}，甘肃为 24.32 亿 m^3 · a^{-1}，内蒙古(西部)为 9.66 亿 m^3 · a^{-1}。新疆和甘肃的微咸水天然补给量分别占西北内陆区微咸水天然补给量的 57.6%和 30.33%，补给量较大，若能将这部分微咸水资源进行开发，将对西北内陆区微咸水利用和缓解淡水资源紧张具有十分重要的作用和意义。

表 4-1　西北内陆区微咸水数据

区域	天然补给量/(亿 m^3 · a^{-1})		可开采量/(亿 m^3 · a^{-1})		现状开采量/(亿 m^3 · a^{-1})		开采程度/%	
	矿化度 <1g · L^{-1}	矿化度 1～5g · L^{-1}	矿化度 <1g · L^{-1}	矿化度 1～5g · L^{-1}	矿化度 <1g · L^{-1}	矿化度 1～5g · L^{-1}	矿化度 <1g · L^{-1}	矿化度 1～5g · L^{-1}
新疆	629.55	46.21	234.87	17.24	51.35	2.62	21.90	15.20
内蒙古(西部)	87.84	9.66	46.72	5.14	18.22	1.73	39.00	33.70
甘肃	108.47	24.32	42.34	9.49	18.21	8.01	43.00	84.40
青海	265.82	—	98.29	—	5.40	—	5.50	—
西北内陆区	1091.68	80.19	422.22	31.87	93.18	12.36	22.07	38.78

据资料分析，青海地下水化学成分的区域性变化一般受控于地貌景观的分带性。东部地区的中高山地带，潜水均属重碳酸盐型和重碳酸盐-硫酸盐型钙、镁和钙镁水，矿化度小于 $0.5g \cdot L^{-1}$，pH 多在 7.5～9.0，属弱碱性水；低山丘陵地带，矿化度大多不超过 $1g \cdot L^{-1}$；河谷平原地带，第四纪冲洪积层潜水属溶滤成因，受山区基岩裂隙水、降水及河水补给，大多属于重碳酸盐型和重碳酸盐-硫酸盐钠钙型水。青东地区，大多以河谷潜水为供水水源，矿化度大多小于 $1g \cdot L^{-1}$，水化学指标大多符合标准要求。柴达木盆地属封闭型盆地，环绕盆地呈现明显的水化学分带性。一般戈壁带巨厚层潜水补给径流条件好，水化学为初期矿化阶段，矿化度小于 $0.5g \cdot L^{-1}$；细土带下部，地下水变为微咸水至咸水，水化学类型演变为氯化物硫酸盐钠镁型水和氯化物钠型水。可以发现，青海微咸水资源量较少。

西北内陆区微咸水天然补给量共 80.19 亿 $m^3 \cdot a^{-1}$，可开采量为 31.87 亿 $m^3 \cdot a^{-1}$，现状开采量为 12.36 亿 $m^3 \cdot a^{-1}$，其中新疆微咸水天然补给量和可开采量最高，但现状开采量较低，具有很大的开发潜力。总的开采程度为 38.78%，微咸水储量较大的新疆开采程度仅为 15.20%，内蒙古(西部)为 33.70%，甘肃为 84.40%，可以看出微咸水具有非常大的利用潜力。同时，合理利用微咸水进行灌溉，对安全有效利用微咸水、合理开发微咸水资源、修复退化的生态植被、推动地区“沙产业”经济良性发展、提高植树造林的积极性、确保农作物及周围环境的生态安全、促进农业可持续发展、实现农业节水、解决水资源危机、维持绿洲生态与社会和谐发展，具有非常重要的意义。

西北内陆区微咸水现状开采量共 12.36 亿 $m^3 \cdot a^{-1}$，其中甘肃现状开采量最高，为 8.01 亿 $m^3 \cdot a^{-1}$，占西北内陆区微咸水现状开采量的 60.9%，新疆现状开采量为 2.62 亿 $m^3 \cdot a^{-1}$，内蒙古(西部)现状开采量为 1.73 亿 $m^3 \cdot a^{-1}$。如图 4-1 所示，西北内陆区微咸水开发程度不高，现状开采量小，微咸水开发利用具有非常大的潜力。

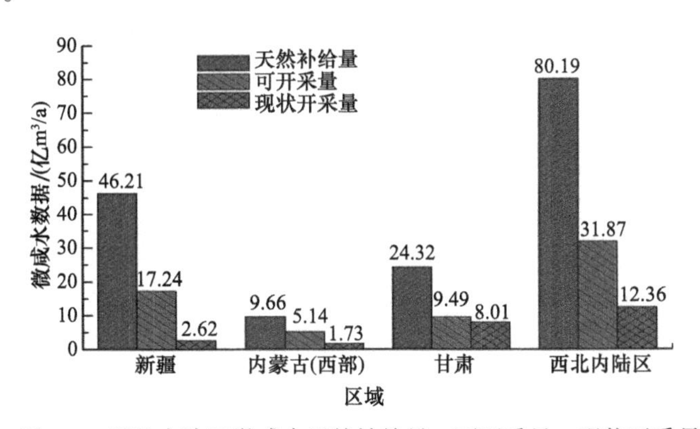

图 4-1　西北内陆区微咸水天然补给量、可开采量、现状开采量

4.1.4 西北内陆区微咸水高效利用技术

采用理论分析与试验数据监测相结合的方法，通过测坑实验，设计 5 种不同矿化度水膜下滴灌处理，观测土壤水分、土壤电导率、土壤八大离子、土壤 pH 以及棉花和梭梭的生长生理指标，利用理论和相关软件等分析微咸水和咸水膜下滴灌技术条件下土壤的理化性质、土壤水分和盐分运移规律，以及棉花和梭梭的生长变化规律，并对微咸水和咸水膜下滴灌技术条件下的土壤环境和棉花产量进行分析(王泽林，2020)。

1. 试验区概况

试验地点位于新疆维吾尔自治区石河子市石河子大学的现代节水灌溉兵团重点实验的实验站，试验时间为 2018 年和 2019 年，试验区位于欧亚大陆腹地，远离海洋，属于典型的大陆性气候，东经 85°59′12″～86°08′13″，北纬 44°15′43″～44°19′13″，平均海拔 400m 左右，属天山北坡玛纳斯河流域绿洲平原区。该地区干旱少雨，水资源匮乏，年降水量 125.0～207.7mm，年蒸发量 1000～1500mm，干旱指数 15～25，地下水埋藏比较深，达 9m。同时，该地区光热资源优越，年均气温 7.9～8.7℃，高于 0℃的积温为 4023～4118℃，全年日照 2721～2818h，无霜期 168～171d(王泽林，2020；王泽林等，2019)。

2. 供试植物

试验中的研究植被为经济作物(棉花)和荒漠植物(梭梭)。梭梭属于(超)旱生植物，是典型的荒漠植物，具有耐旱、耐盐碱的特性，在绿洲荒漠过渡带上分布较广，为北疆地区主要的灌木树种；棉花是锦葵科棉属植物的棉籽纤维，原产于亚热带，植株灌木状，在热带地区栽培可长到 6m 高，一般为 1～2m。

3. 实验设计

采用测坑进行试验，棉花和梭梭各 15 个测坑。梭梭的测坑规格为 2m×2m×2m，棉花的测坑规格为 2m×3m×2m，底部设 30cm 反滤层，四周侧壁进行防渗处理。

梭梭的供试土壤为砂土，棉花的供试土壤为中壤土，土壤平均容重为 $1.46g \cdot cm^{-3}$，田间持水率为 19.13%(质量含水率)，灌水方式为滴灌，潜水泵加压，滴头流量为 $7.9～10.5L \cdot h^{-1}$。滴头布置于距作物基径约 5cm 处。灌溉水质为微咸水，根据准噶尔南缘莫索湾灌区地下水的主要组成成分人工配制而成，所用化学药品 $NaHCO_3$、Na_2SO_4、NaCl、$CaCl_2$、$MgCl_2$ 的质量比为 1∶7∶8∶1∶1(王泽林等，2019；陈书飞，2011)。

两种植物主要进行盐分处理实验，测坑梭梭设 5 个盐分处理，SA、SB、SC、

SD、SE，矿化度分别为 $1g\cdot L^{-1}$、$3g\cdot L^{-1}$、$6g\cdot L^{-1}$、$9g\cdot L^{-1}$、$12g\cdot L^{-1}$；测坑棉花设 5 个盐分处理，MA、MB、MC、MD、ME，矿化度分别为 $1g\cdot L^{-1}$、$3g\cdot L^{-1}$、$6g\cdot L^{-1}$、$9g\cdot L^{-1}$、$12g\cdot L^{-1}$。棉花的灌水下限为相对田间持水率的 35%～45%，梭梭的灌水下限为相对田间持水率的 30%～40%，两种植物的灌水上限都为相对田间持水率的 80%。以上每个处理设 2 个重复(王泽林等，2019)。膜下滴灌梭梭和棉花的种植模式分别如图 4-2 和图 4-3 所示。棉花灌水定额设计为 $320m^3$/亩，梭梭灌水定额为 $23m^3$/亩。棉花灌水设计：每次灌水前后取土测盐分和水分，棉花在 4 月 16 日左右播种；苗期到蕾期(4 月底至 6 月中旬)灌 1 次淡水；蕾期到花铃期(6 月 10 日至 7 月 1 日左右)每 8d 灌一次水，灌 3 次，开始灌不同矿化度的(微)咸水；花铃期到吐絮期(7 月 1 日至 8 月 20 日左右)每 7d 灌一次水，灌 7 次，灌不同矿化度的(微)咸水；吐絮期到收获期(8 月 20 日至收获)停止灌水；共灌水 11 次。梭梭灌水设计：梭梭在 3 月 29 日播种，每 15d 灌一次水，每次灌水前后取土测盐分和水分。棉花生长各阶段的定义：苗期(SS)是指棉花形成完整的冠表面积，出苗到现蕾这段时间；蕾期(FS)指现蕾到开花这段时间；花铃期(BS)是指花铃发育、开花到吐絮这段时间；吐絮期(BOS)指吐絮到收花结束这段时间(王泽林，2020)。

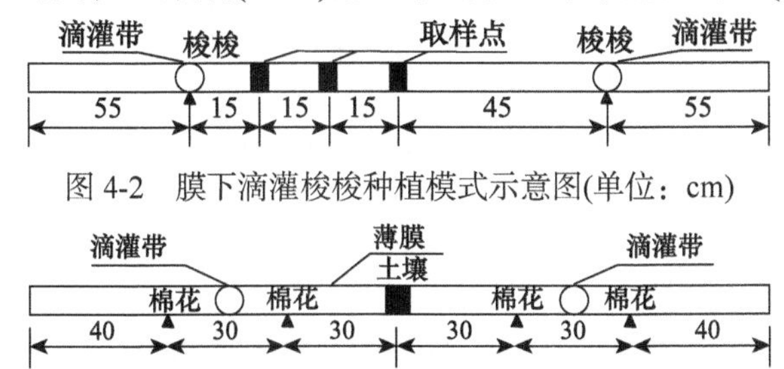

图 4-2　膜下滴灌梭梭种植模式示意图(单位：cm)

图 4-3　膜下滴灌棉花种植模式示意图(单位：cm)

为分析不同矿化度(微)咸水灌溉条件下供试植物的生长情况及外部形态的变化，分别对植物的株高、冠幅、新枝长度和植株粗度进行测定。株高、冠幅采用铁卷尺进行测量，一个星期测定一次。株高从土壤表面距主茎最近的地方开始测量，直到植株的顶部。冠幅是侧枝在两个垂直方向上的最大伸展开度。梭梭的新枝长度、植株粗度分别指植株生长高度 30cm 以上的新枝长度、植株粗度。

采用烘干称重法测土壤含水率。取样的土用铝盒装好并放入烘箱烘干，将烘干的土样取出并磨碎，磨碎的土样用 5mm 的土壤分级筛筛分，按土水体积比为 5∶1 的比例混合并振荡均匀后过滤，最后用 DDS-11A 电导率仪测土壤电导率(electrical conductivity，EC)。用酸度计、玻璃电极和 pH 复合电极测定土壤 pH。CO_3^{2-} 和 HCO_3^- 浓度、Cl^- 浓度、SO_4^{2-} 浓度分别用双指示剂–中和滴定法、硝酸银滴定法、EDTA 间接络合滴定法测定；Na^+ 和 K^+ 浓度、Ca^{2+} 和 Mg^{2+} 浓度分别采用火焰光度法、EDTA 滴定法测定。以上测定均重复 3 次，取平均值(王泽林，2020)。

棉花叶片光合数据：分别于棉花蕾期、花铃期、吐絮期用全自动便携式光合仪测定棉花的蒸腾速率(T_r)、净光合速率(P_n)、胞间 CO_2 浓度(C_i)和气孔导度(G_s)等光合数据，测定时间为 10:00～18:00，时间间隔为 2h，各处理连续测量 3 株。

棉花叶片荧光参数数据：在棉花蕾期、花铃期、吐絮期采用便携式调制叶绿素荧光仪测量。棉花叶片最小荧光产量(F_0)和最大荧光产量(F_m)选在凌晨 4:00 测量。之后以自然光为光化光，测定各时间段的实际荧光产量及光适应下的最大荧光产量，叶绿素荧光仪自动计算最大光化学效率和 PSⅡ潜在活性。每个处理选取 3 株有代表性的棉花，每株选取上、中、下 3 片成熟的叶子进行测定，并取平均值(王泽林，2020)。

棉花主根系长和叶面积指数(leaf area index，LAI)：棉花主根系长是棉花主根系尖端到棉花根颈部的距离；叶面积指数为单位土地面积上的植物叶片总面积。选取长势均匀一致的植株，用直尺测量叶片长和宽，采用长宽修正系数(0.75)计算叶面积指数。生育期内棉花叶面积指数(LAI)由式(4-1)进行计算：

$$\mathrm{LAI} = \mathrm{LA} \times D \tag{4-1}$$

式中，LA 为单株绿色叶片总面积(m^2/株)，单片叶面积由长宽乘积法估算，即最大叶宽和叶脉长的乘积再乘以修正系数 0.75；D 为实际棉花种植密度(株 · m^{-2})。

棉花生长指标的生长量：用不同矿化度处理前后棉花生长指标的生长量(MG)表示(微)咸水滴灌技术条件下不同矿化度处理对棉花生长的影响，计算公式为

$$\mathrm{MG} = \left(\sum_{i=1}^{n} M_{\mathrm{end},i} - M_{\mathrm{start},i} \right) \Big/ n \tag{4-2}$$

式中，n 为该处理对应的测坑数量；$M_{\mathrm{start},i}$ 和 $M_{\mathrm{end},i}$ 分别为该处理的第 i 个测坑开始和结束的生长指标测量值(王泽林，2020)。

棉花干物质量及产量：在棉花生育期结束的时候，测量各个测坑棉花根、茎、叶的干物质量。每个测坑选 3 株代表性棉花，从地里拔出，将棉花按照根、茎、叶分解，并分别于 75℃烘干至恒重，随后用电子天平进行称量，精确到 0.01g。棉花采收前进行产量的测定，统计各处理的棉花播种面积和收获量，计算单位面积棉花产量(王泽林，2020)。

4.1.5　微咸水滴灌棉花对土壤理化性状的影响规律

1. 微咸水滴灌棉花对土壤含水率的影响

土壤水分是影响棉花生理生长的重要因素，土壤水分的动态变化影响着棉花的正常生长，土壤的水分越充足，就越有利于棉花的生理生长，外在环境的日照辐射、水分蒸发、自然降雨和人为灌溉方式等都会对棉花的生理生长产生重要的影响。图 4-4 为不同矿化度处理下不同土层的土壤含水率(A：矿化度 1g · L^{-1}；B：矿化度 3g · L^{-1}；C：矿化度 6g · L^{-1}；D：矿化度 9g · L^{-1}；E：矿化度 12g · L^{-1})(王泽林，2020)。

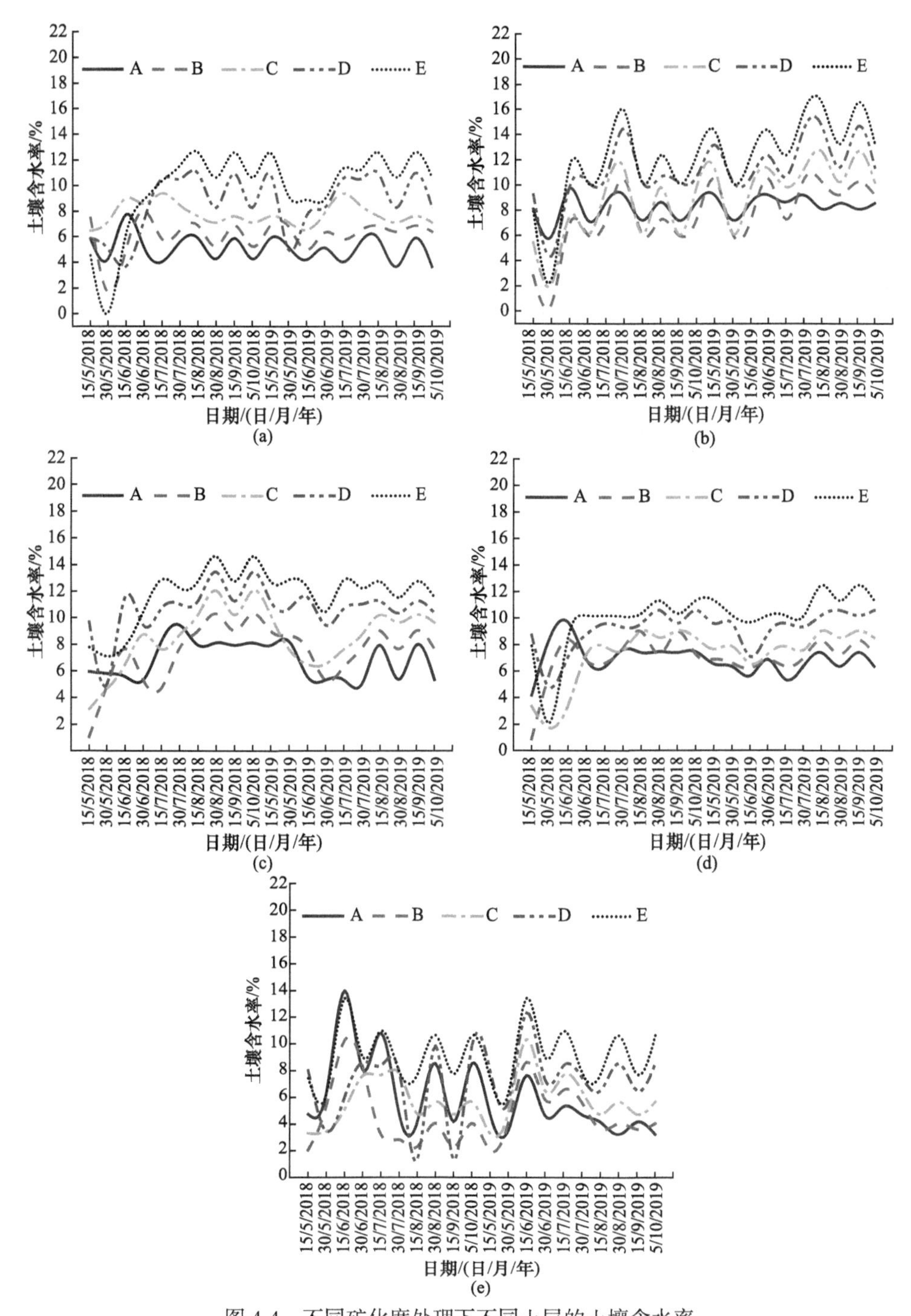

图4-4　不同矿化度处理下不同土层的土壤含水率

(a)土层深度0～20cm; (b)土层深度20～40cm; (c)土层深度40～60cm; (d)土层深度60～80cm; (e)土层深度80～100cm

从图 4-4 可以看出，棉花 0～100cm 土层土壤含水率呈现不同程度的波动，降水和人为灌溉方式是土壤水分变化的直接因素。0～20cm 土层土壤含水率波动主要是灌水后强烈的棵间蒸发导致的，由于棉花都是幼苗，冠层覆盖度小，土面蒸发强度大，水分剧烈变化。在 20～80cm 土层，棉花耗水剧烈，水分变化突出，说明棉花根系分布主要在这一土层，灌水湿润层应该在土层深度 80cm 之内。由于中壤土容易渗漏，考虑灌溉到 100cm 左右的土层比较符合实际需要，这样既可满足棉花的正常需水，又能使得水分充分合理利用。不同处理下棉花的土壤含水率随时间变化过程基本一致，棉花生长中后期土壤含水率随矿化度的增大呈增加趋势，含水率大小顺序为 E>D>C>A>B。可见，在不同矿化度处理下，C、D、E 处理对棉花根系吸水的影响较为严重，导致部分水留在土壤中不能被吸收利用，B 处理反而有利于棉花吸收土壤水分。原因是微咸水和咸水灌溉带入的盐分使土壤水势降低，对棉花造成盐分胁迫，影响棉花对土壤水分的吸收(王泽林等，2019)。由图 4-4 可知，土壤表层(0～20cm)含水率低，中间层(20～80cm)含水率较高，底层(80～100cm)含水率较低。原因是日照强烈，蒸发强度大，土壤水分散失速度较快，表层土壤保水性差，水分易于蒸发和入渗；中间土壤为壤土层，灌溉的水多存储于中间层，保水性好；底层土壤为中壤土层，在棉花生育期内只有灌溉量较大时灌溉水才能补给到该层，该层土壤含水率略低于中间层。研究结果表明，当矿化度小于 $6g\cdot L^{-1}$ 时，土壤积累的盐分不会对棉花吸收水分产生严重影响，同时适宜的含水率应在 10%～20%(王泽林，2020)。

2. 微咸水滴灌棉花对土壤电导率的影响

土壤电导率是土壤中水溶性盐的指标，与土壤全盐含量相比，土壤电导率更准确。2018 年和 2019 年不同矿化度处理条件下棉花生育期内土壤电导率见图 4-5，灌溉微咸水和咸水会导致土壤盐分积累，特别是表层 0～20cm 土壤最为明显，土壤的含盐度较高，土壤电导率(EC)为 0.30～$2.1mS\cdot cm^{-1}$，接近或超过 $1.5mS\cdot cm^{-1}$ 的比较普遍(王泽林，2020)。

棉花蕾期，不同处理使得土壤电导率在 0～100cm 土层随深度增加呈单峰曲线型变化。2018 年棉花蕾期，A、B、C、D、E 处理的 0～20cm 土层土壤电导率分别为 $0.91mS\cdot cm^{-1}$、$1.52mS\cdot cm^{-1}$、$1.68mS\cdot cm^{-1}$、$1.75mS\cdot cm^{-1}$、$1.93mS\cdot cm^{-1}$；60～80cm 土层土壤电导率最小。2019 年棉花蕾期，A、B、C、D、E 处理的 0～20cm 土层土壤电导率分别为 $1.30mS\cdot cm^{-1}$、$1.65mS\cdot cm^{-1}$、$1.76mS\cdot cm^{-1}$、$1.85mS\cdot cm^{-1}$、$1.98mS\cdot cm^{-1}$；60～80cm 土层各处理下土壤电导率较小。可以看出，在(微)咸水滴灌作用下，各处理造成 0～20cm 土层发生积盐现象，60～80cm 土层发生脱盐现象。

2018 年棉花花铃期，0～20cm 土层土壤电导率最大，A、B、C、D 和 E 处理分别为 1.32mS · cm^{-1}、1.60mS · cm^{-1}、1.98mS · cm^{-1}、2.11mS · cm^{-1}和 2.21mS · cm^{-1}；60～80cm 土层土壤电导率较小。2019 年棉花花铃期，0～20cm 土层土壤电导率最大，分别为 1.23mS · cm^{-1}、1.52mS · cm^{-1}、1.45mS · cm^{-1}、1.65mS · cm^{-1}和 1.86mS · cm^{-1}；60～80cm 土层土壤电导率最小。从 2018 年和 2019 年棉花花铃期

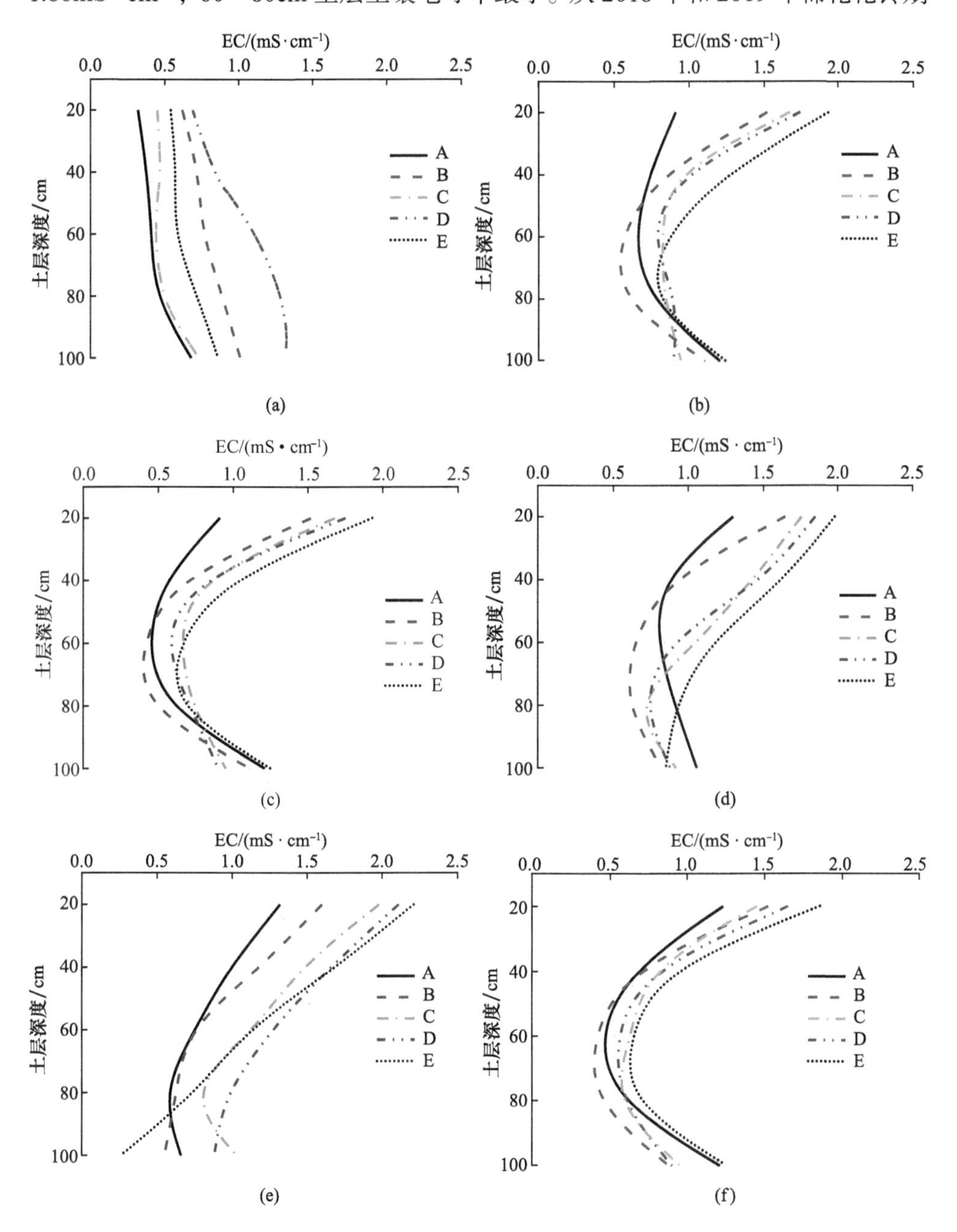

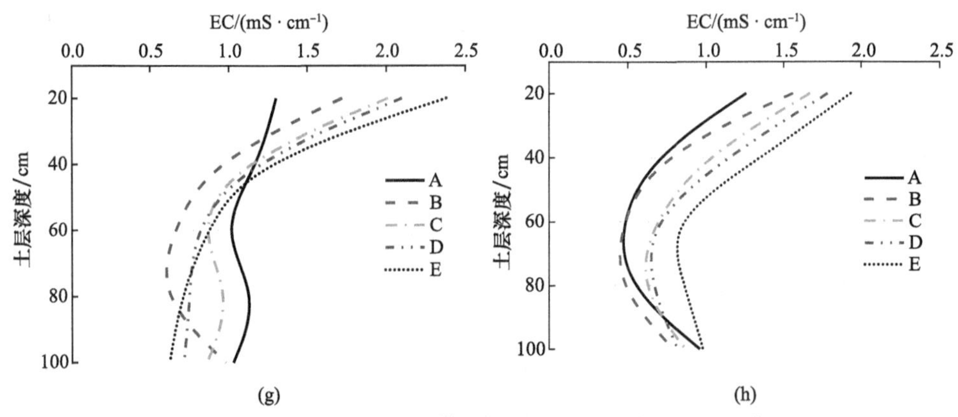

图 4-5 不同矿化度处理条件下棉花不同生育期的电导率

(a)苗期–2018；(b)苗期–2019：(c)蕾期–2018；(d)蕾期–2019；(e)花铃期–2018；(f)花铃期–2019；(g)吐絮期–2018；(h)吐絮期–2019

不同矿化度处理条件下的土壤电导率变化曲线可以看出，矿化度越大，土壤电导率越大，土壤中的盐分越多；处理后土壤电导率在 0～80cm 土层基本随深度的增加先减小后增大(王泽林，2020)。

2018 年棉花吐絮期，A、B、C、D 和 E 处理下 0～20cm 土层土壤电导率分别为 1.30mS · cm^{-1}、1.72mS · cm^{-1}、2.01mS · cm^{-1}、2.1mS · cm^{-1} 和 2.38mS · cm^{-1}；2019 年棉花吐絮期，A、B、C、D 和 E 处理下 0～20cm 土层土壤电导率分别为 1.26 mS·cm^{-1}、1.56 mS·cm^{-1}、1.67 mS·cm^{-1}、1.78mS·cm^{-1} 和 1.93mS·cm^{-1}。研究结果表明，棉花吐絮期处理后的土壤电导率较苗期、蕾期和花铃期有所增加；处理后 0～20cm 土层土壤电导率最大，60～80cm 土层土壤电导率最小；从整个生育期来看，处理后 80～100cm 土层土壤电导率变化不明显；在不同矿化度滴灌条件下，0～20cm 土层土壤积盐较大，20～100cm 土层土壤积盐较小。

3. 微咸水滴灌棉花对土壤八大离子的影响

灌溉在增加土壤含水率的同时，也促进了土壤中盐分的运移和变化，从而影响土壤溶液中离子与土壤胶体复合体吸附的离子反应，引起土壤盐分离子组成的变化。不同处理后棉花生育期 0～20cm 土层土壤离子含量变化如图 4-6 所示。试验表明，0～20cm 土层，棉花在 1g · L^{-1} 微咸水灌溉后，土壤中 SO_4^{2-}、HCO_3^-、CO_3^{2-}、Ca^{2+}、K^+、Na^+含量较高。在 3g · L^{-1} 微咸水灌溉后，土壤离子含量在生育期呈增加趋势，SO_4^{2-}、HCO_3^-、CO_3^{2-}、Ca^{2+}、K^+、Na^+含量较高，在棉花吐絮期达到最高值。在 6g · L^{-1} 咸水灌溉后，土壤中 SO_4^{2-}、HCO_3^-、Ca^{2+}、K^+、Na^+含量较高，在整个生育期比较稳定。在 9g · L^{-1} 咸水灌溉后，土壤中 SO_4^{2-}、HCO_3^-、Ca^{2+}、K^+、Na^+含量较高，在整个生育期土壤离子含量比较稳定。在 12g · L^{-1} 咸水灌溉后，土壤中 SO_4^{2-} 、HCO_3^- 、Cl^-、Ca^{2+}、Na^+含量较高。不同矿化度处理后 0～20cm 土层土壤中 SO_4^{2-} 、Ca^{2+}和 Cl^-含量较高；0～20cm 土层土壤中 HCO_3^- 和 Mg^{2+}含量比较稳定；SO_4^{2-} 含量随不同矿化度处理变化较大，在整个生育期，棉花土壤中的 SO_4^{2-} 含量最高；矿化度越高，土壤中 SO_4^{2-} 、Ca^{2+}、K^+、Na^+和 Cl^-含量越高；离子含量积累到一定程度将导致土壤的碱化，从而影响土壤的入渗和传导能力，影响棉花的正常生长，最终导致棉花的产量下降(王泽林，2020)。

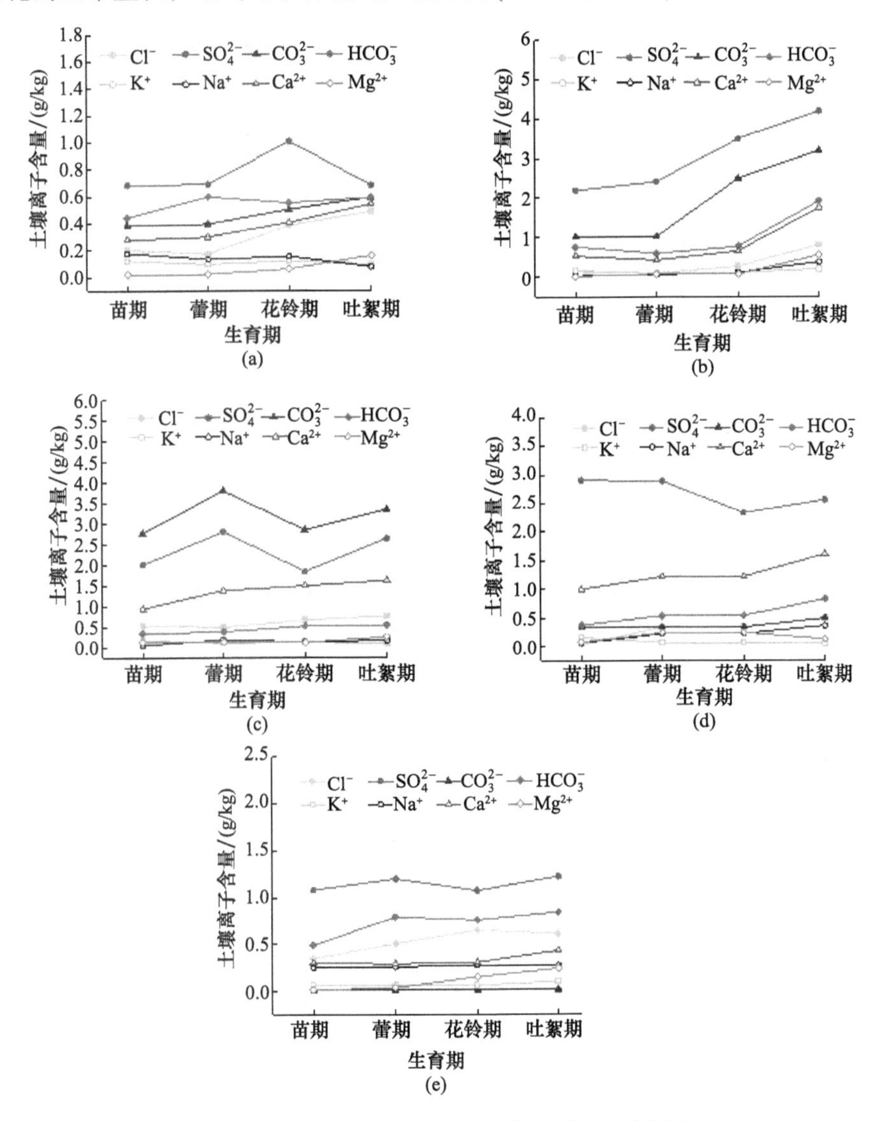

图 4-6　棉花不同处理后 0～20cm 土层土壤离子含量变化

(a)矿化度为 $1g \cdot L^{-1}$；(b)矿化度为 $3g \cdot L^{-1}$；(c)矿化度为 $6g \cdot L^{-1}$；(d)矿化度为 $9g \cdot L^{-1}$；(e)矿化度为 $12g \cdot L^{-1}$

4. 微咸水滴灌棉花对土壤 pH 的影响

不同矿化度处理后棉花生育期土壤 pH 变化如图 4-7 所示。在整个棉花生育期内，土壤 pH 基本呈单峰曲线型变化，在蕾期达到最大值，$1g \cdot L^{-1}$、$3g \cdot L^{-1}$、$6g \cdot L^{-1}$、$9g \cdot L^{-1}$和 $12g \cdot L^{-1}$ 处理后土壤 pH 分别为 8.44、8.57、8.85、8.93 和 8.95。可能是灌水增加导致盐分随灌水移动，微咸水中的 Na^{+}主要富集在滴头附近，Mg^{2+}和 Ca^{2+}被优先淋洗到湿润体边缘，一系列的化学反应改良了远离滴头边缘土壤的碱性，使得碱度在花铃期和吐絮期明显降低。棉花蕾期、花铃期和吐絮期的土壤 pH 在 3～$12g \cdot L^{-1}$ 随矿化度的增大而增大。原因是随着灌水矿化度的增加，土壤中 HCO_3^- 含量增加，引起土壤 pH 增大(王泽林，2020；王泽林等，2019)。

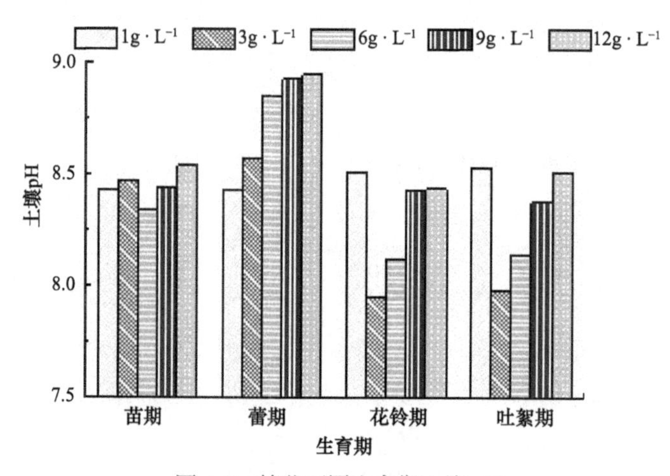

图 4-7　棉花不同生育期土壤 pH

5. 微咸水滴灌棉花对土壤溶液水化学特征的影响

结合一个地区的水文地质条件，可以分析地下水化学的演变规律。如图 4-8 所示，不同矿化度处理后土壤溶液中的离子含量主要集中分布在菱形上方，表示强酸超过弱酸；不同矿化度处理后土壤溶液中均以 Ca^{2+}、Mg^{2+}、Cl^-、HCO_3^-、SO_4^{2-}含量较高，主要阴离子含量大小顺序均为 $SO_4^{2-} > Cl^- > HCO_3^- > CO_3^{2-}$，阳离子含量大小顺序均为 $Ca^{2+} > Mg^{2+} > K^+ > Na^+$；$1g \cdot L^{-1}$ 处理后土壤溶液水化学类型以 SO_4^{2-}-Ca^{2+}型为主，$3g \cdot L^{-1}$ 处理后土壤溶液水化学类型以 $SO_4^{2-} \cdot HCO_3^-$-$Ca^{2+} \cdot K^+$型为主，$6g \cdot L^{-1}$ 处理后土壤溶液水化学类型以 $SO_4^{2-} \cdot HCO_3^-$-$Ca^{2+} \cdot Mg^{2+}$型为主，$9g \cdot L^{-1}$ 处理后土壤溶液水化学类型以 $SO_4^{2-} \cdot HCO_3^-$-$K^+ \cdot Mg^{2+}$型为主，$12g \cdot L^{-1}$ 处理后土壤溶液水化学类型以 $SO_4^{2-} \cdot Cl^-$-$Ca^{2+} \cdot K^+$型为主。通过 Piper 三线图可以了解不同矿化度处理后土壤溶液水化学的主要离子组成及演化特征。研究区内不同矿化度处理后主要土壤溶液水化学类型分布较集中，阳离子类型以 Ca^{2+}为主，阴离子类型以SO_4^{2-}、Cl^-、HCO_3^-为主。随着灌水矿化度的增大，阳离子类型由 Ca^{2+}逐渐向 Mg^{2+}和 K^+变化，阴离子类型由SO_4^{2-}和HCO_3^-逐渐向 Cl^-变化，水化学类型由 $SO_4^{2-}\cdot HCO_3^-$-$Ca^{2+}\cdot K^+$型逐渐向$SO_4^{2-}\cdot Cl^-$-$Ca^{2+}\cdot K^+$型演化(王泽林，2020；王泽林等，2019)。

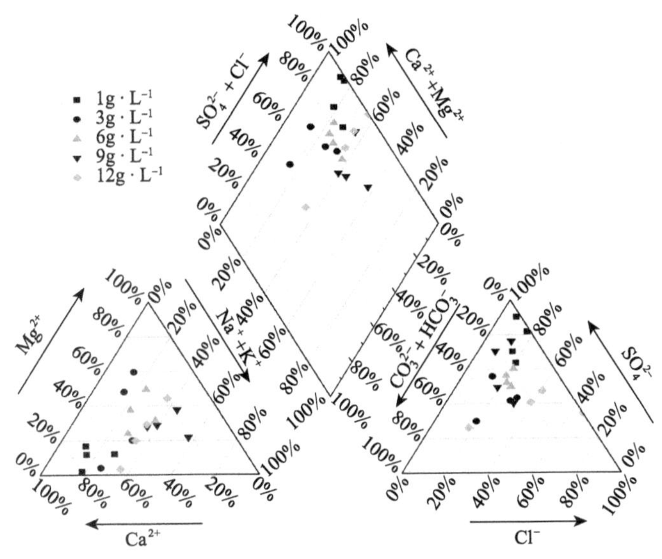

图 4-8　不同矿化度处理后土壤溶液 Piper 三线图(棉花)

4.1.6　微咸水滴灌对棉花生理生长的影响

1. 微咸水滴灌对棉花净光合速率和蒸腾速率的影响

微咸水和咸水灌溉后，在棉花各生育期典型日 10:00～18:00 的 5 个时间(分别为 10:00、12:00、14:00、16:00、18:00)测定棉花叶片的净光合速率(net photosynthetic rate，P_n)和蒸腾速率(transpiration rate，T_r)并计算平均值。图 4-9 为不同矿化度处理条件下棉花净光合速率和蒸腾速率的变化，两者都随着矿化度的增加明显降低。

在 2018 年棉花苗期，B 处理与 A 处理相比，净光合速率升高了 6.2%，蒸腾速率升高了 2.9%；C 处理与 B 处理相比，净光合速率降低了 4.7%，蒸腾速率降低了 7.1%；D 处理与 B 处理相比，净光合速率升高了 2.5%；E 处理与 B 处理相比，净光合速率降低了 4.0%，蒸腾速率降低了 19.0%。在棉花 2018 年蕾期，B 处理与 A 处理相比，净光合速率升高了 8.2%，蒸腾速率升高了 5.1%；C 处理、

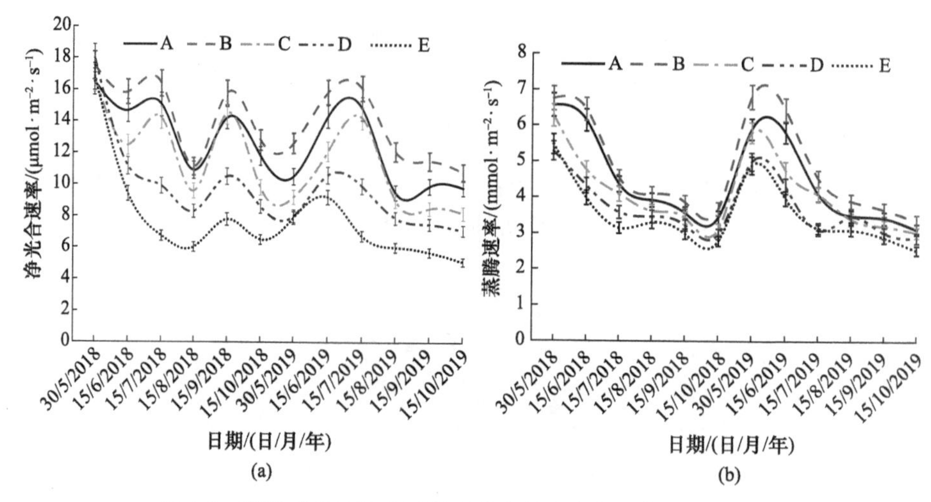

图 4-9　不同矿化度处理条件下棉花的净光合速率和蒸腾速率

(a)净光合速率；(b)蒸腾速率

D 处理、E 处理与 B 处理相比，净光合速率分别降低了 21.2%、29.7%、40.7%，蒸腾速率分别降低了 26.0%、33.0%、38.3%。在 2018 年棉花花铃期，B 处理与 A 处理相比，净光合速率升高了 9.0%，蒸腾速率升高了 4.0%；C 处理、D 处理、E 处理与 B 处理相比，净光合速率分别降低了 13.4%、39.7%、58.9%，蒸腾速率分别降低了 9.9%、21.1%和 30.6%。在 2018 年棉花吐絮期，B 处理与 A 处理相比，净光合速率升高了 11.3%，蒸腾速率升高了 8.4%；C 处理、D 处理、E 处理与 B 处理相比，净光合速率分别降低了 8.2%、33.5%、50.6%，蒸腾速率分别降低了 11.1%、16.3%和 22.8%(王泽林，2020)。

在 2019 年棉花苗期，B 处理与 A 处理相比，净光合速率升高了 20.0%，蒸腾速率升高了 15.3%；C 处理、D 处理、E 处理与 B 处理相比，净光合速率分别降低了 26.9%、36.5%、37.3%，蒸腾速率分别降低了 14.7%、26.5%、27.9%。在 2019 年棉花蕾期，B 处理与 A 处理相比，净光合速率升高了 10.9%，蒸腾速率升高了 11.1%；C 处理、D 处理、E 处理与 B 处理相比，净光合速率分别降低了 23.7%、33.2%、42.0%，蒸腾速率分别降低了 26.0%、32.9%、38.3%。在 2019 年棉花花铃期，B 处理与 A 处理相比，净光合速率升高了 8.8%，蒸腾速率升高了 10.6%；C 处理、D 处理、E 处理与 B 处理相比，净光合速率分别降低了 11.7%、38.5%、58.1%，蒸腾速率分别降低了 9.9%、31.7%、30.5%。在 2019 年棉花吐絮期，B 处理与 A 处理相比，净光合速率升高了 16.1%，蒸腾速率升高了 7.0%；C 处理、D 处理、E 处理与 B 处理相比，净光合速率分别降低了 26.1%、34.8%、50.4%，蒸腾速率分别降低了 12.5%、17.7%、21.5%(王泽林，2020)。

不同矿化度的水灌溉会引起土壤盐分胁迫，降低棉花净光合速率、蒸腾速率。原因是(微)咸水灌溉引起的盐分胁迫增大土壤溶液的渗透势，降低土壤水分利用的有效性，导致棉花根系的细胞质膜受损，增大棉花叶片的水势梯度，引起细胞渗透胁迫，使棉花对养分和水分吸收受阻，棉花叶片表面的气孔开度降低，CO_2进入叶肉细胞的速率下降，从而导致光合作用减弱(王泽林，2020)。

2. 微咸水滴灌对棉花气孔导度和胞间 CO_2 浓度的影响

气孔导度(stomatal conductance，G_s)和胞间 CO_2 浓度(carbon dioxide concentration，C_i)对棉花叶片的光合作用影响较大。图 4-10 为不同矿化度处理条件下棉花的气孔导度和胞间 CO_2 浓度。可以看出，棉花气孔导度随着矿化度的增加而降低，A 处理、B 处理的棉花气孔导度较大。胞间 CO_2 浓度随着矿化度的增加而增加，在整个生育期呈单峰曲线变化趋势，在花铃期达到最大值(王泽林，2020)。

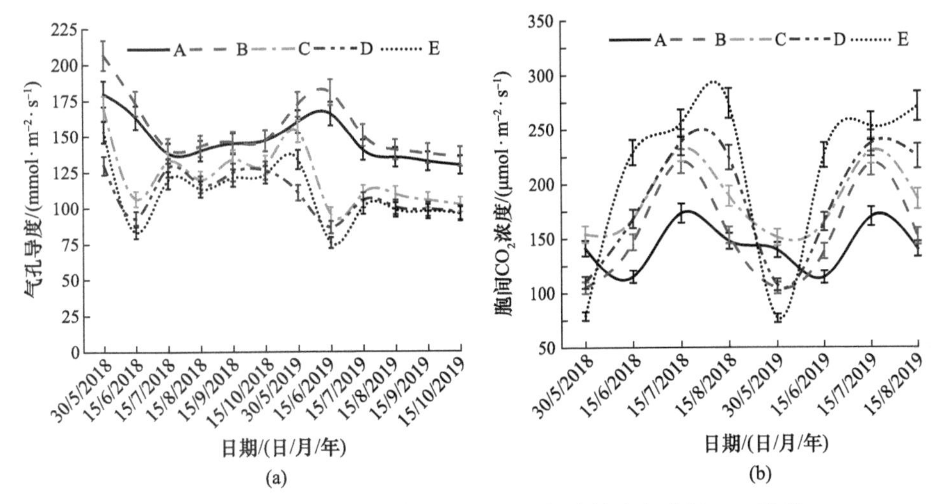

图 4-10　不同矿化度处理条件下棉花的气孔导度和胞间 CO_2 浓度

(a)气孔导度；(b)胞间 CO_2 浓度

在 2018 年棉花的苗期，B 处理与 A 处理相比，气孔导度升高了 14.8%，胞间 CO_2 浓度降低了 25.7%。C 处理与 B 处理相比，气孔导度降低了 17.7%，胞间 CO_2 浓度升高了 46.9%。D 处理与 B 处理相比，气孔导度降低了 37.1%，胞间 CO_2 浓度升高了 4.4%。E 处理与 B 处理相比，气孔导度降低了 25.8%，胞间 CO_2 浓度降低了 24.8%。在 2018 年棉花的蕾期，B 处理与 A 处理相比，气孔导度升高了 6.1%，胞间 CO_2 浓度升高了 27.8%。C 处理、D 处理、E 处理与 B 处理相比，气孔导度分别降低了 38.5%、46.2%、51.9%，胞间 CO_2 浓度分别升高了 14.5%、14.5%、55.8%。在 2018 年棉花的花铃期，B 处理与 A 处理相比，气孔导度升高了 2.4%，

胞间 CO_2 浓度升高了 27.5%。C 处理、D 处理、E 处理与 B 处理相比，气孔导度分别降低了 16.3%、18.6%、20.9%。在 2018 年棉花的吐絮期，B 处理与 A 处理相比，气孔导度升高了 0.7%，胞间 CO_2 浓度升高了 3.8%。C 处理、D 处理、E 处理与 B 处理相比，气孔导度分别降低了 8.2%、14.4%、17.1%，胞间 CO_2 浓度分别升高了 23.3%、46.3%、78.9%(王泽林，2020)。

在 2019 年棉花的苗期，B 处理与 A 处理相比，气孔导度升高了 7.6%，胞间 CO_2 浓度降低了 25.1%。C 处理与 B 处理相比，气孔导度降低了 10.9%，胞间 CO_2 浓度升高了 44.8%。D 处理与 B 处理相比，气孔导度降低了 35.8%，胞间 CO_2 浓度升高了 2.8%。E 处理与 B 处理相比，气孔导度降低了 22.4%，胞间 CO_2 浓度降低了 26.5%。在 2019 年棉花的蕾期，B 处理与 A 处理相比，气孔导度升高了 9.1% ，胞间 CO_2 浓度升高了 21.2%。C 处理、D 处理、E 处理与 B 处理相比，气孔导度分别降低了 47.0%、52.0%、58.2%，胞间 CO_2 浓度分别升高了 19.3%、19.2%、63.4%。在 2019 年棉花的花铃期，B 处理与 A 处理相比，气孔导度升高了 3.9% ，胞间 CO_2 浓度升高了 28.6%。C 处理、D 处理、E 处理与 B 处理相比，气孔导度分别降低了 22.1%、28.5%、29.8%，胞间 CO_2 浓度分别升高了 5.3%、8.5%、15.7%。在 2019 年棉花的吐絮期，B 处理与 A 处理相比，气孔导度升高了 4.1%，胞间 CO_2 浓度升高了 8.1%。C 处理、D 处理、E 处理与 B 处理相比，气孔导度分别降低了 23.5%、28.2%、29.3%，胞间 CO_2 浓度分别升高了 22.6%、48.3%、78.5%(王泽林，2020；王泽林等，2019)。

在不同矿化度水灌溉处理下，棉花胞间 CO_2 浓度增加。原因是棉花从土壤中吸收的盐离子在体内积累，叶绿体结构遭到破坏，叶肉细胞光合活性下降，胞间 CO_2 浓度增加。

3. 微咸水滴灌对棉花初始荧光和最大荧光的影响

图 4-11 为不同矿化度处理条件下棉花初始荧光和最大荧光的变化规律。在 2018 年棉花的蕾期，B 处理与 A 处理相比，初始荧光升高了 1.2%，最大荧光降低了 6.0%。C 处理、D 处理、E 处理与 B 处理相比，初始荧光分别升高了 2.7%、19.9%、29.1%，最大荧光分别降低了 5.3%、7.8%、11.1%。在 2018 年棉花的花铃期，B 处理与 A 处理相比，初始荧光升高了 3.9%。最大荧光降低了 4.4%。C 处理、D 处理、E 处理与 B 处理相比，初始荧光分别升高了 6.3%、9.0%、14.0%，最大荧光分别降低了 10.9%、12.2%、15.5%。在 2018 年棉花的吐絮期，B 处理与 A 处理相比，初始荧光升高了 2.4%，最大荧光降低了 9.8%。C 处理、D 处理、E 处理与 B 处理相比，初始荧光分别升高了 2.8%、5.8%、9.5%，最大荧光分别降低了 10.5%、24.5%、30.8%(王泽林，2020)。

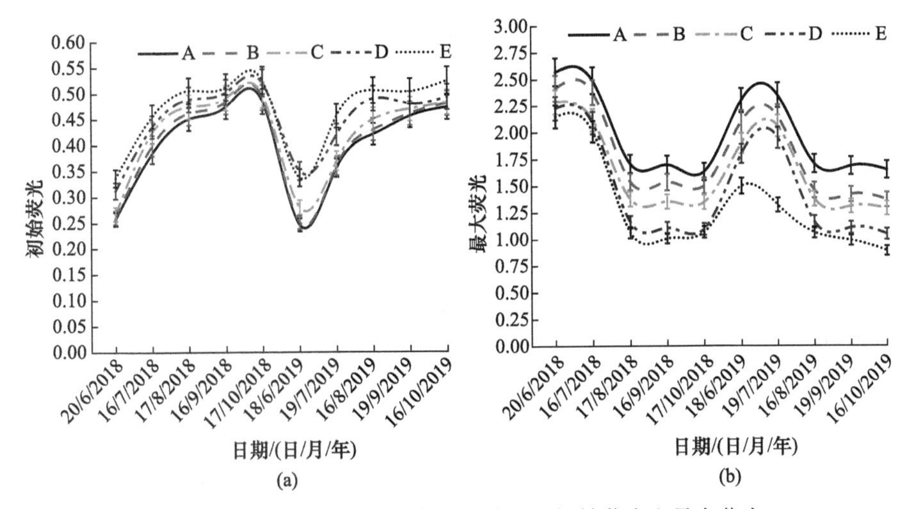

图 4-11　不同矿化度处理条件下棉花的初始荧光和最大荧光

(a)初始荧光；(b)最大荧光

在 2019 年棉花的蕾期，B 处理与 A 处理相比，初始荧光升高了 2.0%，最大荧光降低了 8.7%。C 处理、D 处理、E 处理与 B 处理相比，初始荧光分别升高了 11.6%、39.4%、34.3%，最大荧光分别降低了 9.5%、14.3%、28.6%。在 2019 年棉花的花铃期，B 处理与 A 处理相比，初始荧光升高了 1.1%，最大荧光降低了 8.5%。C 处理、D 处理、E 处理与 B 处理相比，初始荧光分别升高了 2.8%、16.7%、26.7%，最大荧光分别降低了 4.2%、9.3%、38.6%。在 2019 年棉花的吐絮期，B 处理与 A 处理相比，初始荧光升高了 2.1%，最大荧光降低了 14.5%。C 处理、D 处理、E 处理与 B 处理相比，初始荧光分别升高了 4.7%、13.9%、17.7%。最大荧光分别降低了 5.5%、20.4%、27.1%(王泽林，2020)。

在棉花各个生育期，棉花的最大荧光、光系统 PSⅡ的潜在活性(F_v/F_0)、最大光化学效率(F_v/F_m)，都随着灌水矿化度的增加而逐渐降低，初始荧光随着矿化度的增加而增加。微咸水和咸水灌溉后由于水分和盐分胁迫，各处理初始荧光开始上升直至吐絮期。12g · L^{-1} 处理时，初始荧光在各生育期最大。随着根区水分和盐分向下运移，矿化度越小，初始荧光越小，最大荧光随着矿化度的增加而降低，在吐絮期达到最小值(王泽林，2020)。

4. 微咸水滴灌对棉花株高、主根系长和叶面积指数生长量的影响

图 4-12 为不同矿化度处理条件下棉花的生长量。可以看出，2018 年棉花生长量都随着矿化度的增加而降低。B 处理与 A 处理相比，株高生长量 MG_H 升高了 3.9%，主根系长生长量 MG_{root} 升高了 45.3%，叶面积指数生长量 MG_{LAI} 升高了 1.2%。C 处理、D 处理、E 处理与 B 处理相比，株高生长量 MG_H 分别降低了

16.4%、23.3%、32.7%，主根系长生长量 MG_{root} 分别降低了 25.8%、44.1%、53.8%，叶面积指数生长量 MG_{LAI} 分别降低了 25.2%、32.9%、65.1%(王泽林，2020)。

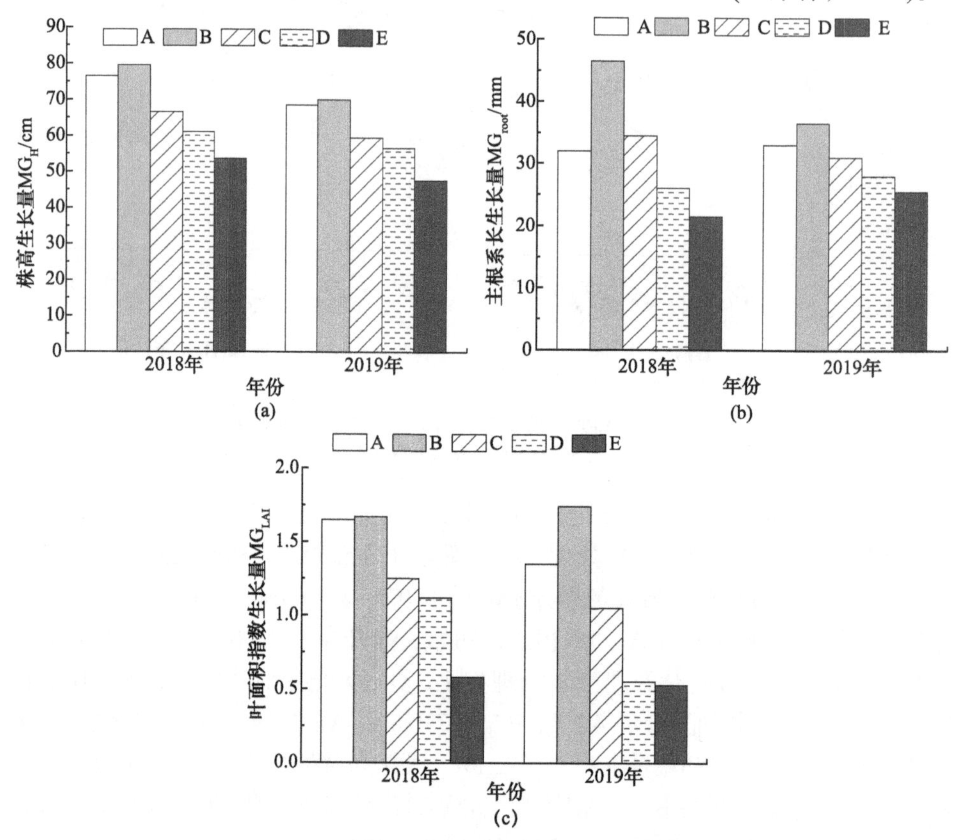

图 4-12　不同矿化度处理条件下棉花的生长量

(a)棉花株高生长量；(b)棉花主根系长生长量；(c)棉花叶面积指数生长量

2019 年，B 处理与 A 处理相比，株高生长量 MG_H 升高了 2.2%，主根系长生长量 MG_{root} 升高了 10.6%，叶面积指数生长量 MG_{LAI} 升高了 29.2%。C 处理、D 处理、E 处理与 B 处理相比，株高生长量 MG_H 分别降低了 15.0%、19.3%、32.1%，主根系长生长量 MG_{root} 分别降低了 15.1%、23.3%、30.1%，叶面积指数生长量 MG_{LAI} 分别降低了 39.7%、68.2%、69.6%。

在两年中，不同矿化度处理对株高生长量 MG_H、主根系长生长量 MG_{root} 和叶面积指数生长量 MG_{LAI} 的影响基本一致，表现为随着灌水矿化度的增大，棉花株高生长量 MG_H、主根系长生长量 MG_{root} 和叶面积指数生长量 MG_{LAI} 减小(王泽林，2020)。

5. 微咸水滴灌对棉花根、茎和叶干物质量的影响

图 4-13 表示不同矿化度处理条件下棉花干物质量的变化。在 2018 年，棉花

干物质量随着矿化度的增加而降低。B 处理与 A 处理相比，棉花根干物质量升高了 10.1%，茎干物质量升高了 5.8%，叶干物质量升高了 1.7%。C 处理、D 处理、E 处理与 B 处理相比，棉花根干物质量分别降低了 13.8%、15.2%、24.7%，茎干物质量分别降低了 21%、28.6%、47.3%，叶干物质量分别降低了 10.5%、25.7%、9.0%。

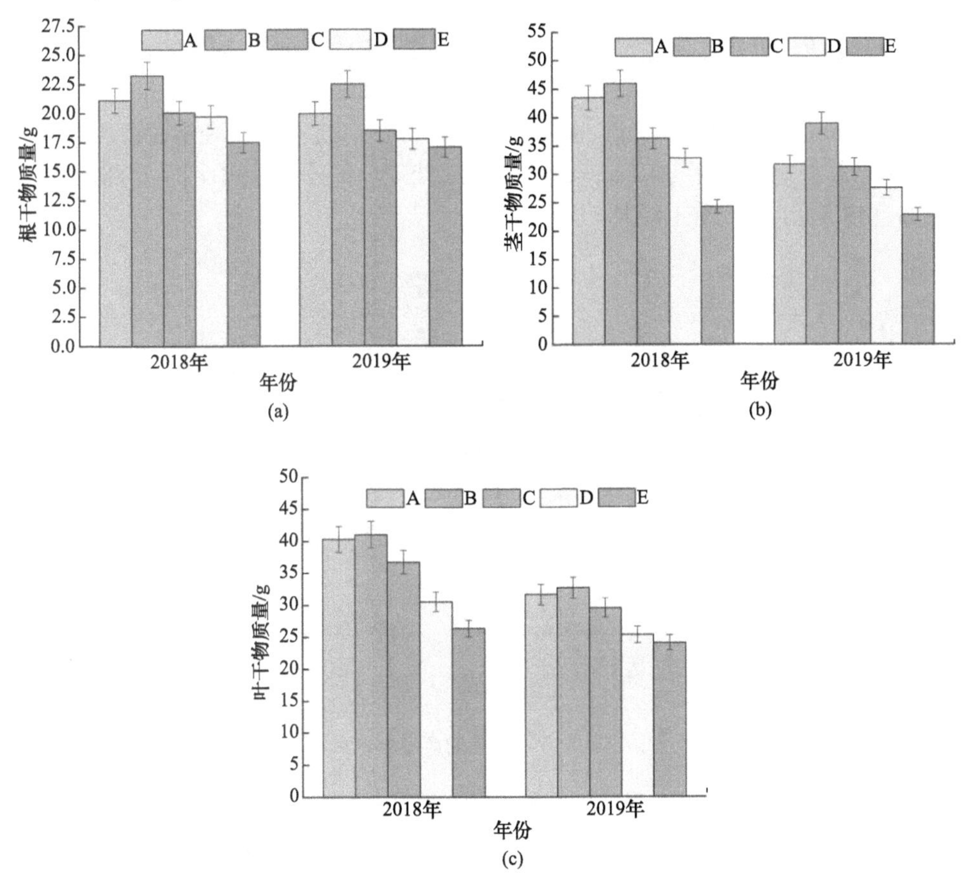

图 4-13　不同矿化度处理条件下棉花的干物质量(见彩图)

(a)棉花的根干物质量；(b)棉花的茎干物质量；(c)棉花的叶干物质量

在 2019 年，棉花干物质量随着矿化度的增加而降低。B 处理与 A 处理相比，棉花根干物质量升高了 12.7%，茎干物质量升高了 22.9%，叶干物质量升高了 3.2%。C 处理、D 处理、E 处理与 B 处理相比，棉花根干物质量分别降低了 17.8%、20.9%、24.2%，茎干物质量分别降低了 19.8%、29.3%、41.3%，叶干物质量分别降低了 9.5%、22.4%、26.3%。矿化度大于 $6g \cdot L^{-1}$ 会抑制棉花叶片的伸展，导致随着矿化度的增大，棉花根、茎、叶干物质量均减小(王泽林，2020)。

6. 微咸水滴灌对棉花产量及水分利用效率的影响

图 4-14 为不同矿化度处理条件下棉花产量和水分利用效率(water use efficiency，WUE 的变化。2018 年，A、B、C、D 和 E 处理下棉花产量分别为 2688.0kg · hm^{-2} 、 3039.9kg · hm^{-2} 、 2500.0kg · hm^{-2} 、 1884.3kg · hm^{-2} 和 1348.9kg · hm^{-2}。其中 B 处理棉花产量最大，B 处理比 A 处理提高了 13.1%，C 处理、D 处理、E 处理分别比 B 处理降低了 17.8%、38.0%、55.6%。2019 年，A、B、C、D 和 E 处理下棉花产量分别为 2416.8kg · hm^{-2}、2998.5kg · hm^{-2}、2247.3kg · hm^{-2}、1694.1kg · hm^{-2} 和 1199.4kg · hm^{-2}。其中 B 处理棉花产量最大，B 处理比 A 处理提高了 24.1%，C 处理、D 处理、E 处理分别比 B 处理降低了 25.1%、43.5%、60.0%(王泽林，2020)。

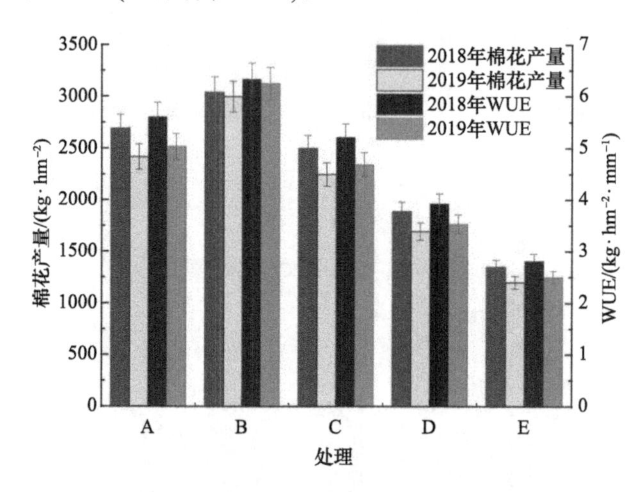

图 4-14　不同矿化度处理条件下棉花的产量和水分利用效率(见彩图)

2018 年，A、B、C、D、E 处理下棉花水分利用效率分别为 5.6kg · hm^{-2} · mm^{-1}、6.3kg · hm^{-2} · mm^{-1}、5.2kg · hm^{-2} · mm^{-1}、3.9kg · hm^{-2} · mm^{-1}、2.8kg · hm^{-2} · mm^{-1}。其中，B 处理棉花水分利用效率最大，B 处理比 A 处理提高了 12.5%；微咸水灌溉条件下，B 处理比 A 处理灌溉节省 12.5%的灌水量；C 处理、D 处理、E 处理分别比 B 处理降低了 17.5%、38.1%、55.6%。B 处理比 C 处理、D 处理、E 处理分别节省 17.5%、38.1%、55.6%的灌水量。2019 年，A、B、C、D、E 处理下棉花水分利用效率分别为 5.0kg · hm^{-2} · mm^{-1}、6.2kg · hm^{-2} · mm^{-1}、4.7kg · hm^{-2} · mm^{-1}、3.5kg · hm^{-2} · mm^{-1} 和 2.5kg · hm^{-2} · mm^{-1}。其中，B 处理棉花水分利用效率最大，B 处理比 A 处理提高了 24%；微咸水灌溉条件下，B 处理比 A 处理灌溉节省 24%的灌水量；C 处理、D 处理、E 处理分别比 B 处理降低了 25.1%、43.1%、58.7%，B 处理比 C 处理、D 处理、E 处理灌溉节省 25.1%、43.1%、58.7%的灌水量(王泽林，2020)。

棉花产量随灌水矿化度的增加而减小，A、B 和 C 处理的棉花产量较高，矿化度大于 $9g \cdot L^{-1}$ 时，棉花产量明显受到影响；棉花水分利用效率随灌水矿化度的增加而减小，A、B 和 C 处理的棉花水分利用效率较大，矿化度大于 $9g \cdot L^{-1}$ 时，棉花水分利用效率明显受到影响，$1 \sim 6g \cdot L^{-1}$ 棉花水分利用效率明显增大。B 处理的水分利用效率最大，B 处理比 C 处理、D 处理、E 处理的水分利用效率提高 20%～60%，(微)咸水膜下滴灌条件下，B 处理比 C 处理、D 处理、E 处理膜下滴灌节省 20%～60%的灌水量。$1 \sim 6g \cdot L^{-1}$ 膜下滴灌条件下，在保持棉花产量不降低的情况下幅度节水，显著提高水分利用效率；矿化度大于 $9g \cdot L^{-1}$ 时，棉花水分利用效率明显受到影响，$1 \sim 6g \cdot L^{-1}$ 棉花水分利用效率明显增加，随灌水矿化度提高而上升。主要因为吐絮期棉花停止生长，棉花耗水主要取决于地面蒸发强度和土壤中所含的水分多少，而高矿化度水滴灌时，土壤中的盐分较多，土壤水势较小(王泽林，2020)。

7. 微咸水滴灌梭梭对土壤理化性状的影响规律

1) 微咸水滴灌梭梭对土壤含水率的影响

土壤的水分运移是水分在土壤中循环的重要过程，影响着荒漠植被的生长状况，外在环境的降水、太阳辐射和灌溉等都会对土壤的水分产生影响。不同矿化度(微)咸水处理下梭梭生育期的土壤含水率如图 4-15 所示，可知(微)咸水灌溉梭梭土壤水分具有明显的分层现象。

在表层(0～20cm 土层)土壤中，土壤含水率有着明显的波动。主要是因为表层土壤接近地表，受灌溉、蒸发、降水等因素影响，含水率变化剧烈。深层 (80～100cm)土壤中，由于积盐量较大，盐分胁迫影响植物根系吸水，土壤含水率缓慢降低，但波动性不大，深层土壤很难受外界因素影响，含水率相对稳定(刘赛华等，2020)。从图 4-18(a)、(b)、(c)、(d)不同矿化度处理下不

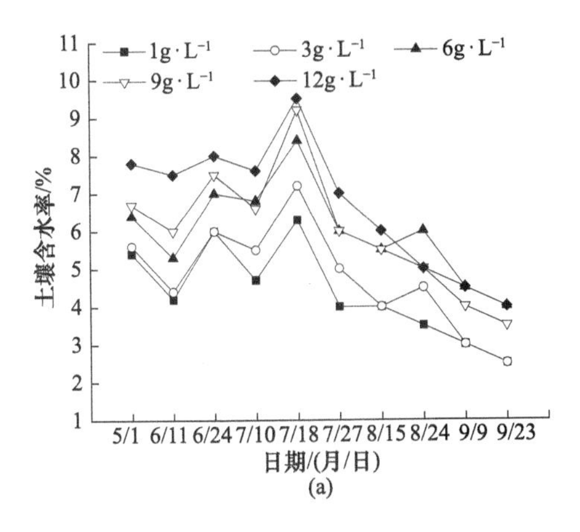

(a)

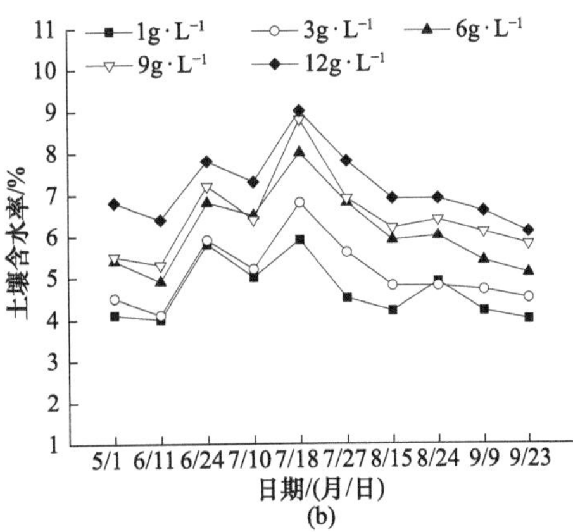

(b)

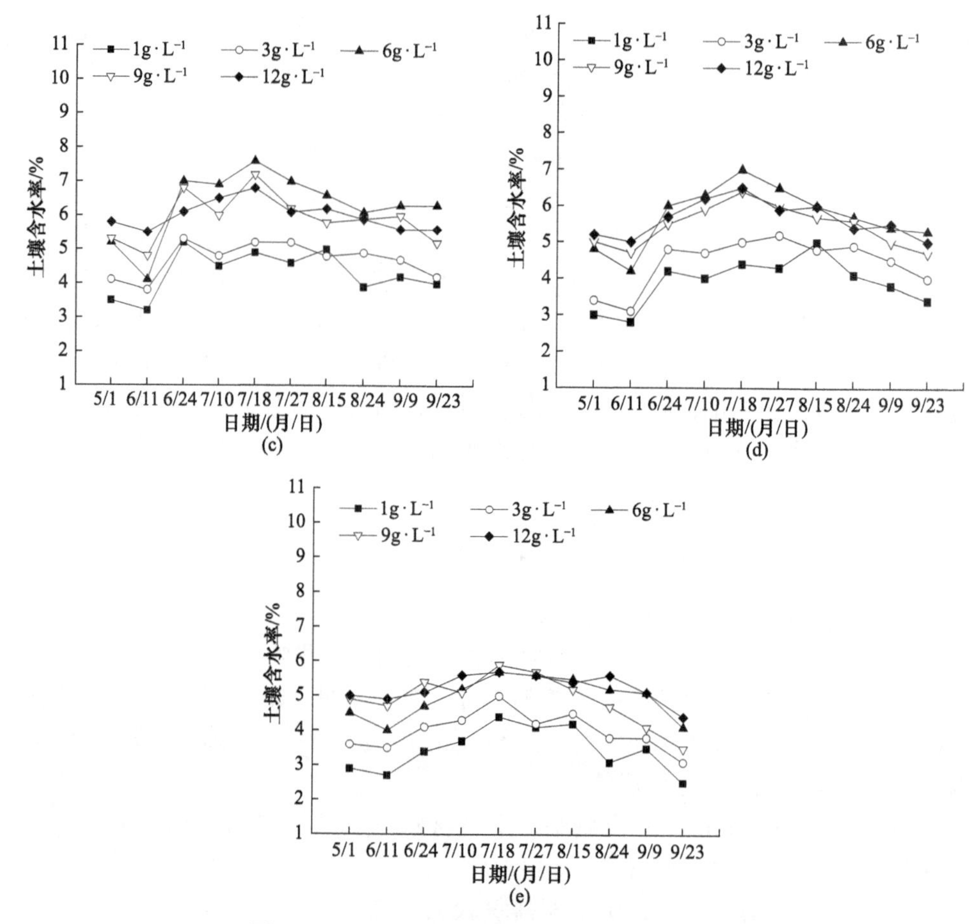

图 4-15　不同矿化度(微)咸水处理下土壤含水率

(a)不同矿化度处理下梭梭 0～20cm 土层水分动态变化；(b)不同矿化度处理下梭梭 20～40cm 土层水分动态变化；(c)不同矿化度处理下梭梭 40～60cm 土层水分动态变化；(d)不同矿化度处理下梭梭 60～80cm 土层水分动态变化；(e)不同矿化度处理下梭梭 80～100cm 土层水分动态变化

同深度土壤含水率的变化过程可以看出，5 月份灌水后，不同矿化度处理的土壤含水率没有明显的波动，主要是因为气温较低(2 个月的月均温度为 20.9℃)，蒸发不够强烈，受降水影响有一定的波动；7 月中旬土壤含水率是夏秋季的最高值，主要是受降水的影响；在 7 月份后，由于气温强烈的蒸发作用推动，植被需水量急剧上升，水分的总消耗量增加，土壤含水率一直为降低趋势。表层土壤矿化度为 $12g \cdot L^{-1}$ 比 $1g \cdot L^{-1}$、$3g \cdot L^{-1}$、$6g \cdot L^{-1}$、$9g \cdot L^{-1}$ 时平均含水率分别高出 3.2%、2.3%、1.1%、0.3%，含水率是随着矿化度增大而增大的；$9g \cdot L^{-1}$、$12g \cdot L^{-1}$ 高矿化度咸水灌溉处理时，土壤中盐分的积累多，土壤结构受到一定程度的破坏，对梭梭造成盐分胁迫，从而影响梭梭对土壤水分的吸收及土壤的持水能力。

2) 微咸水滴灌梭梭对土壤盐分的影响

土壤的含盐量会直接影响梭梭的成活及生长状况。在试验条件下，降水量和灌溉水的矿化度会影响梭梭主根区的含盐量，含盐量过高会引起根系盐胁迫，影响梭梭对水分的有效利用。由图 4-16 可知，梭梭成长阶段 $1g \cdot L^{-1}$、$3g \cdot L^{-1}$、$6g \cdot L^{-1}$、$9g \cdot L^{-1}$、$12g \cdot L^{-1}$ 不同矿化度(微)咸水灌溉后不同土层(0～20cm、20～40cm、40～60cm、60～80cm 和 80～100cm)含盐量的变化趋势相似。在 5、6 月份，初期灌水量少，带入土壤中的盐分较少，而且由于降水对土壤盐分的淋洗，土壤中的含盐量下降；进入 7 月，正是干旱地区最热的季节，干旱少雨，经过大量的咸水灌溉，土壤盐分缺乏淡水淋洗，土壤盐分的积累日益增多。(微)咸水灌溉后土壤表层含盐量随着灌溉水矿化度的增加而增加。在 20～60cm 土层中，矿化度为 $3g \cdot L^{-1}$、$6g \cdot L^{-1}$ 微咸水进行滴灌时，5～6 月含盐量逐渐下降，说明在梭梭生长期未出现盐分积累，甚至还有脱盐现象。随着不断累积灌溉，积盐现象逐步显现出来，在 60～80cm 土层，在整个生育期 $9g \cdot L^{-1}$、$12g \cdot L^{-1}$ 咸水灌溉后土壤内均积盐，最高含盐量分别比 $6g \cdot L^{-1}$ 咸水灌溉情况下高出 $1.4g \cdot kg^{-1}$、$2.1g \cdot kg^{-1}$(刘赛华等，2020)。80～100cm 土层相比于 60～80cm 土层，$9g \cdot L^{-1}$、$12g \cdot L^{-1}$ 咸水灌溉土壤后，土壤含盐量分别减少 $1.6g \cdot kg^{-1}$、$1.8g \cdot kg^{-1}$。高矿化度咸水滴灌条件下入渗范围有限，含盐量在 60～80cm 维持较大值。

3) 微咸水滴灌梭梭对土壤电导率的影响

由图 4-17 可知，随矿化度增加，电导率(用土壤含盐量表示)越大，电导率在土层深度为 20～60cm 时变化显著，盐分在不断的下移，矿化度越高电导率的变化幅度越小。矿化度为 $12g \cdot L^{-1}$ 咸水滴灌后，在深度 100cm、水平距离 45cm 处含盐量比在水平距离 30cm 含盐量高，随着水平距离的增加，含盐量逐渐增大，距滴头由

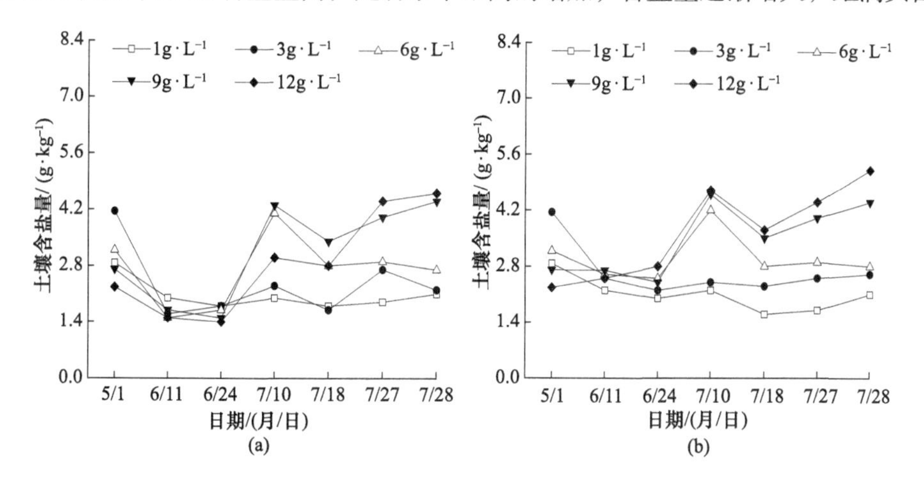

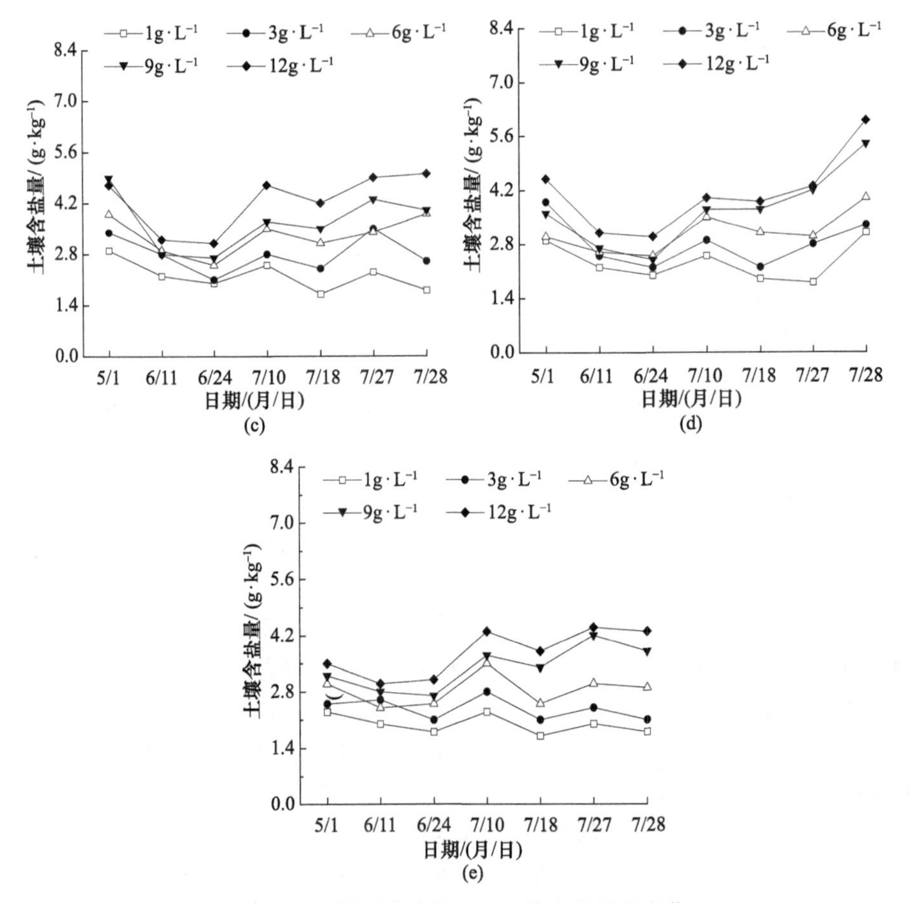

图 4-16　不同矿化度处理下土壤含盐量的变化

(a)不同矿化度处理下梭梭 0～20cm 土层盐分动态变化；(b)不同矿化度处理下梭梭 20～40cm 土层盐分动态变化；(c)不同矿化度处理下梭梭 40～60cm 土层盐分动态变化；(d)不同矿化度处理下梭梭 60～80cm 土层盐分动态变化；(e)不同矿化度处理下梭梭 80～100cm 土层盐分动态变化

远及近，积盐大小排序为 45cm>30cm>15cm，说明滴灌技术具有一定的“驱盐”作用。当矿化度超过 $6g \cdot L^{-1}$ 时，滴头下的盐分累积率高于边缘，说明滴头下的盐浓度过高，不易扩散到边缘区域。高矿化度咸水灌溉造成土壤盐分严重积累，若没有排盐和脱盐措施，盐分积累将对梭梭生长有很大的影响。

4) 微咸水滴灌梭梭对土壤八大离子的影响

离子毒害主要是由于植物摄取了过量的 Na^+、Cl^-、K^+等离子，土壤中的 Na^+含量是反映土壤盐分的重要指标(贡璐等，2015；麦麦提吐尔逊·艾则孜等，2015；徐珊等，2015)。不同矿化度处理后梭梭土壤中八大离子的含量如图 4-18 所示。在土壤表层(0～20cm)，不同矿化度处理下，土壤阳离子中 K^+、Na^+含量最高，阴离子中 SO_4^{2-} 含量最高，HCO_3^-含量最低(刘赛华等，2020)。$1g \cdot L^{-1}$

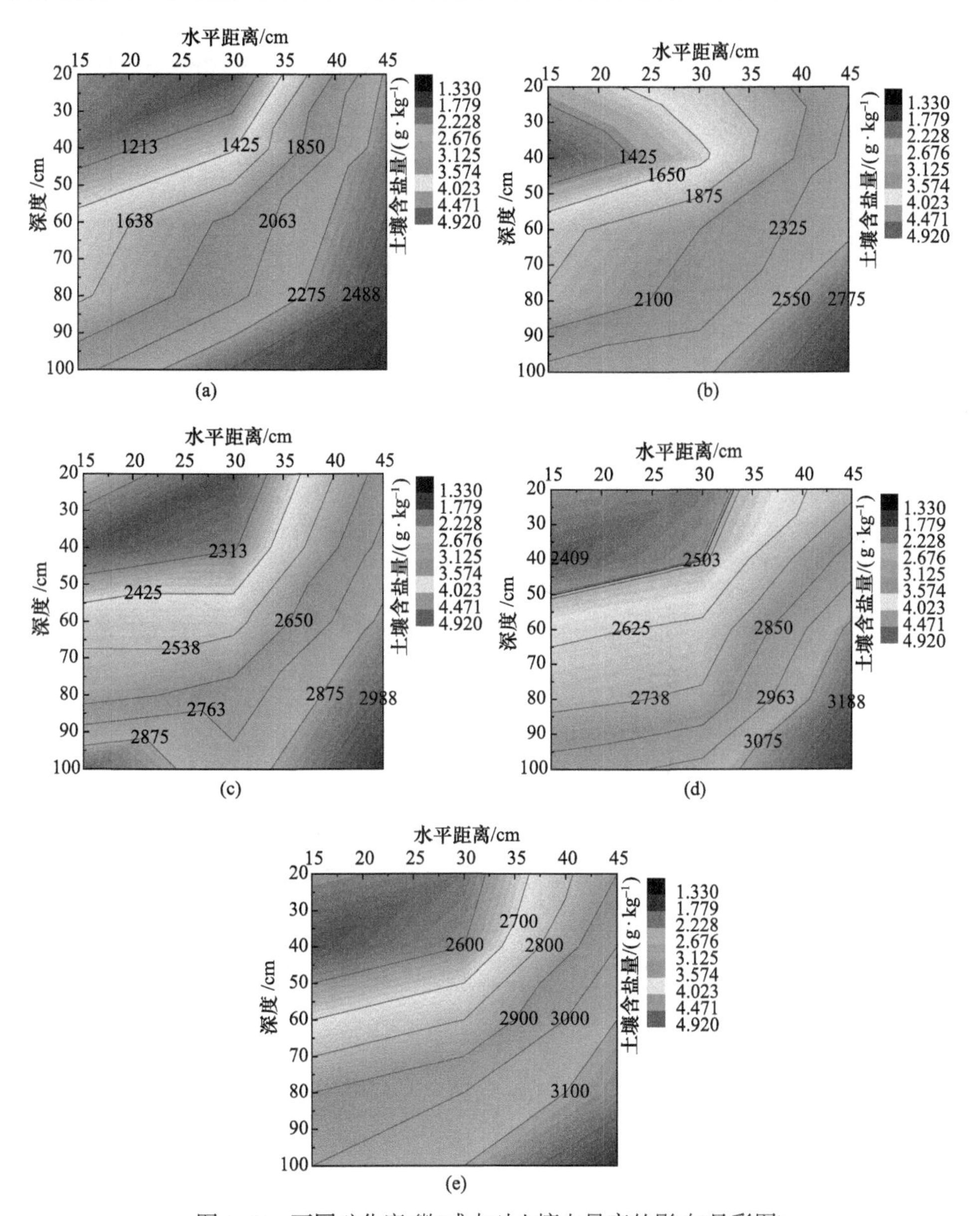

图 4-17　不同矿化度(微)咸水对土壤电导率的影响(见彩图)

(a)矿化度为 $1g\cdot L^{-1}$；(b)矿化度为 $3g\cdot L^{-1}$；(c)矿化度为 $6g\cdot L^{-1}$；(d)矿化度为 $9g\cdot L^{-1}$；(e)矿化度为 $12g\cdot L^{-1}$

微咸水灌溉下，土壤中 SO_4^{2-}、HCO_3^-、Cl^-、Ca^{2+}、K^++Na^+平均含量分别为 0.53%、0.02%、0.11%、0.09%、0.15%；$3g\cdot L^{-1}$ 微咸水灌溉下，SO_4^{2-}、HCO_3^-、Cl^-、Ca^{2+}、K^++Na^+平均含量分别为 0.58%、0.02%、0.18%、0.10%、0.19%；$6g\cdot L^{-1}$ 咸水处理下，SO_4^{2-}、HCO_3^-、Cl^-、Ca^{2+}、K^++Na^+平均含量分别为 0.72%、0.02%、

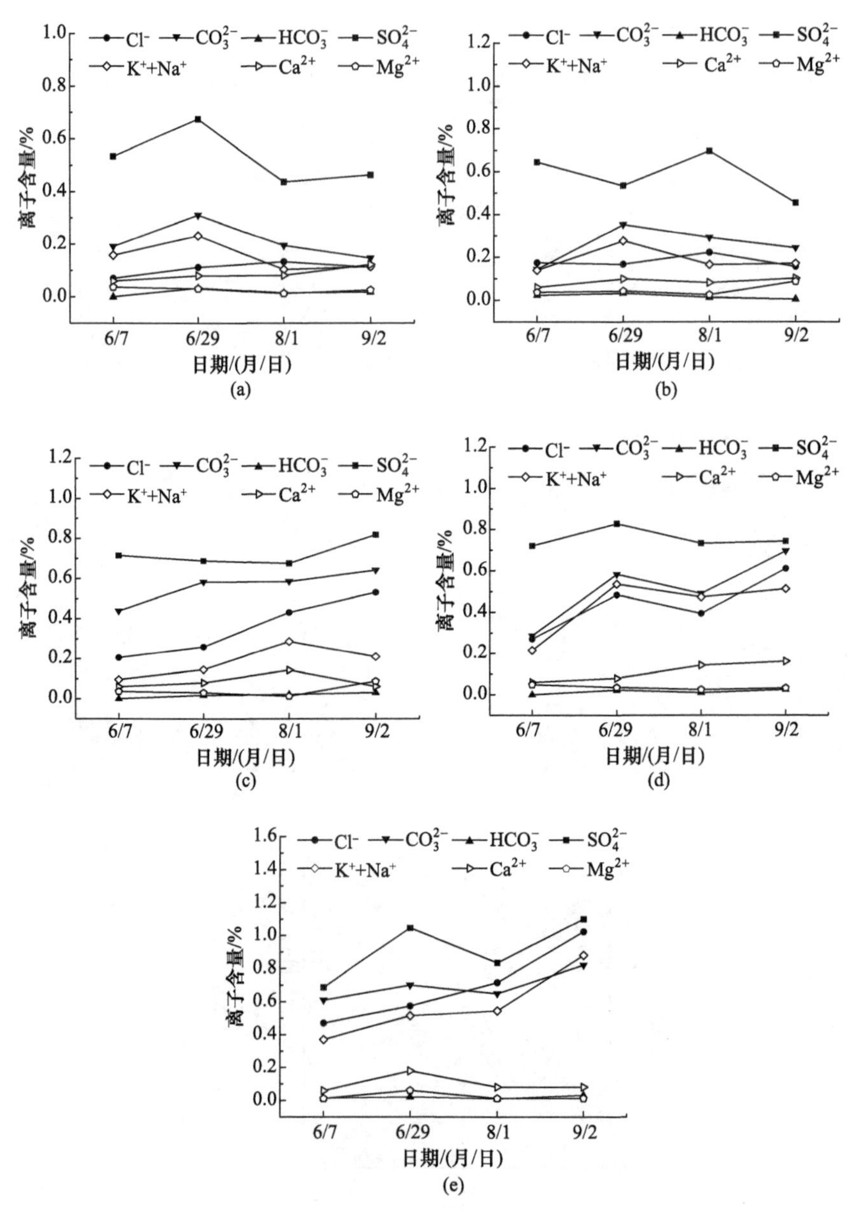

图 4-18 不同矿化度处理下 0～20cm 土层梭梭土壤离子含量变化

(a)矿化度为 1g · L^{-1}；(b)矿化度为 3g · L^{-1}；(c)矿化度为 6g · L^{-1}；(d)矿化度为 9g · L^{-1}；(e)矿化度为 12g · L^{-1}

0.36%、0.10%、0.22%；9g · L^{-1} 咸水处理下，SO_4^{2-}、HCO_3^-、Cl^-、Ca^{2+}、K^++Na^+ 平均含量分别为 0.74%、0.02%、0.44%、0.11%、0.44%；12g · L^{-1} 咸水处理下，SO_4^{2-}、HCO_3^-、Cl^-、Ca^{2+}、K^++Na^+平均含量分别为 0.76%、0.02%、0.70%、0.12%、

0.58%。离子在咸水中的分布及含量变化关系的分析研究表明，SO_4^{2-}、Cl^-、K^++Na^+对咸水化学组成起主导作用，SO_4^{2-}、Cl^-、K^++Na^+含量的变化随矿化度增加显著增加，其他离子含量的变化不明显；由于灌溉水矿化度越大，带入土壤中的盐分越多，SO_4^{2-}、Cl^-、K^++Na^+的含量就越大，土壤碱性越强，对植物生长影响程度越大。

5) 微咸水滴灌梭梭对土壤溶液水化学特征的影响

微咸水滴灌梭梭对土壤溶液水化学特征的影响如图 4-19 所示。不同矿化度(微)咸水灌溉梭梭后，土壤溶液主要集中分布在大菱形上方的小菱形周围，表示强酸超过弱酸；不同矿化度(微)咸水灌溉下土壤溶液中均以 Ca^{2+}、Mg^{2+}、Na^+、Cl^-、SO_4^{2-}含量较高，主要阴离子浓度关系均为 $SO_4^{2-} > Cl^- > HCO_3^- > CO_3^{2-}$，阳离子浓度关系均为 $Ca^{2+} > Na^+ > Mg^{2+} > K^+$；$1g \cdot L^{-1}$ 微咸水灌溉下土壤溶液水化学类型以 SO_4^{2-}-Ca^{2+}型为主，$3g \cdot L^{-1}$ 微咸水灌溉下土壤溶液水化学类型以 SO_4^{2-}-$Ca^{2+} \cdot Mg^{2+}$型为主，$6g \cdot L^{-1}$ 咸水灌溉下土壤溶液水化学类型以 SO_4^{2-}-$Ca^{2+} \cdot Na^+$型为主，$9g \cdot L^{-1}$ 咸水灌溉下土壤溶液水化学类型以 $SO_4^{2-} \cdot Cl^-$-$Ca^{2+} \cdot Na^+$型为主，$12g \cdot L^{-1}$ 咸水灌溉下土壤溶液水化学类型以 $SO_4^{2-} \cdot Cl^-$-Na^+型为主。研究区内不同矿化度处理下土壤溶液水化学类型分布较集中，阳离子类型以 Ca^{2+}和 Na^++K^+为主，阴离子类型以 SO_4^{2-}和 Cl^-为主；随着矿化度的增大，阳离子由 Ca^{2+}逐渐向 Na^+变化，阴离子由 SO_4^{2-}逐渐向 Cl^-变化，水化学类型由 SO_4^{2-}- $Ca^{2+} \cdot Mg^{2+}$型逐渐向 $SO_4^{2-} \cdot Cl^-$-Na^+型演化。

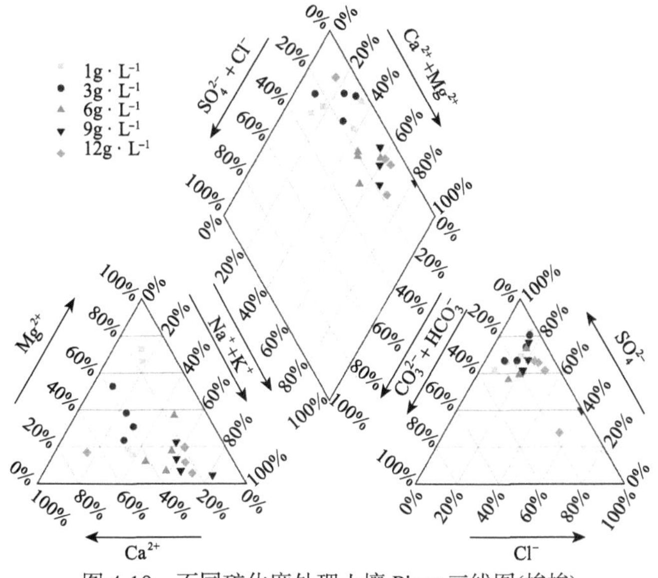

图 4-19　不同矿化度处理土壤 Piper 三线图(梭梭)

4.2 西北内陆区矿井疏干水开发利用潜力

4.2.1 矿井疏干水的分布与特性

根据国家能源局统计，研究区含煤面积约为 21 万 km^2，煤炭资源保有储量为 4.035×10^{11}t。生产井和在建井保有储量为 752.24 亿 t，尚未利用的精查储量为 187.69 亿 t，可供进一步勘探的详查储量为 510.51 亿 t，普查和找煤储量为 2.551×10^{11}。我国每采 1t 煤炭，平均排放矿井水 2.1m^3，其中研究区平均排放矿井水 0.984$m^3 \cdot t^{-1}$，全国矿井水利用率 26.2%左右。经计算，甘肃矿井水总储量约为 90.86 亿 t，青海矿井水总储量约为 44.0 亿 t，内蒙古矿井水总储量约为 12054 亿 t，新疆矿井水总储量约为 936.90 亿 t。

矿井疏干水的水质优良，矿区煤层开采主要含水层有烧变岩潜水含水层、基岩裂(孔)隙潜水含水层、松散层潜水含水层、奥陶纪灰岩裂隙(溶洞)承压含水层。矿井疏干水主要来源于这些含水层中的水和极少量的井下生产废水，因此矿井疏干水水质与当地地下水质特征基本一致，水质是比较好的。大多数矿井疏干水中以煤粉、岩粉为主的悬浮物较多，其他指标均正常，悬浮物主要为无机物，不同于生活污水(悬浮物主要为有机物)，因此处理起来相对比较容易。对于矿化度高、酸度大的矿井疏干水，都可以用相应的水处理技术将其处理成适合生产生活的用水。矿井疏干水作为水资源开发是可行的，也是必要的(袁航，2009；袁航等，2008)。

煤矿矿井疏干水中含有各种各样的污染物。矿井疏干水中普遍含有由煤粉和岩粉形成的悬浮物(含量多在 500$mg \cdot L^{-1}$以下)及硫酸盐、重碳酸盐、氯化物等可溶性无机盐类(含量多在 1000$mg \cdot L^{-1}$以上)，还含有一定的石油成分，化学需氧量(chemical oxygen demand，COD)多在 10$mg \cdot L^{-1}$以上，而一般地下水仅为 2～5$mg \cdot L^{-1}$。矿井疏干水浑浊、色度明显、硬度大，总硬度一般多在 30 个德国度(1 德国度=10mgCaO/L)以上，属极硬水范畴。一些矿井疏干水中还含有有毒物质及放射性元素等。研究区内矿井疏干水主要是含悬浮物矿井疏干水、高矿化度矿井疏干水、含氟有害物质矿井疏干水(李秉朝和赵环，2013)。

4.2.2 西北内陆区矿井疏干水开发潜力分析与开发利用技术

根据调查，研究区矿井水涌水量为 4.94 亿 $m^3 \cdot a^{-1}$，其中新疆矿井水涌水量为 0.57 亿 $m^3 \cdot a^{-1}$，甘肃为 1.88 亿 $m^3 \cdot a^{-1}$，青海为 0.96 亿 $m^3 \cdot a^{-1}$，内蒙古为 1.53 亿 $m^3 \cdot a^{-1}$，如图 4-20 所示。

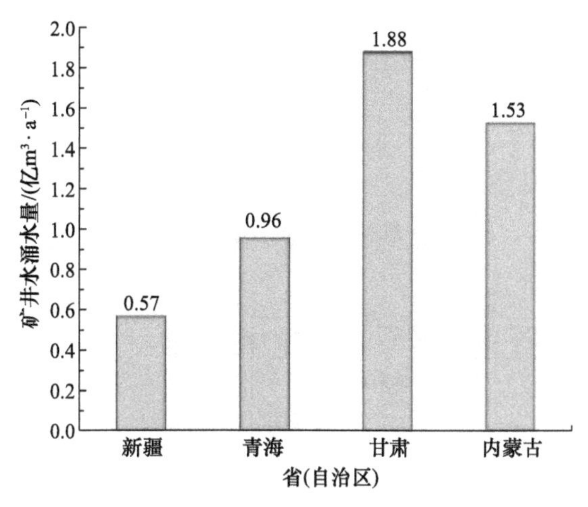

图 4-20　西北内陆区矿井水涌水量

就煤炭行业而言，西北内陆区矿产资源非常丰富，但不少矿区生活用水十分紧缺。与其形成鲜明对照的是我国煤矿每年外排矿井疏干水约 42 亿 m^3，利用率却不足 26%。我国矿区严重缺水，矿井疏干水水量丰富，利用潜力大，前景广阔，但利用量少，同时大量的矿井疏干水排放造成了严重的环境问题。如果重视水资源的重复利用和保护，尚可维持生态环境状况。

矿井疏干水处理过程如图 4-21 所示。煤矿井疏干水的利用率仍然很低，平均仅为 22%。由于各煤矿水资源紧张，许多矿区进行了不同程度的综合利用工作。截至 2016 年，煤矿矿井疏干水净化后供生活饮用的水量已达 50 万 $m^3 \cdot d^{-1}$ 以上，净水工艺及方式一般能做到因地制宜。当原水悬浮物含量高时，增加预沉池；水中粗颗粒物多时，设沉淀池；水的 pH 较低时，要增加中和设备；有的煤矿还采用澄清池代替混合、反应和沉淀池等。目前，针对不同成分污染的矿井疏干水，采用不同处理技术，研制了抑制铁氧化细菌活性的表面活性剂来抑制铁氧化细菌的生长，采用人工湿地法等处理酸性矿井疏干水。此外，矿井疏干水处理采用的技术一般有液分离技术、中和法、氧化处理、还原法、离子交换法等，但处理成本比较高，且出水未达到饮用水的卫生标准。预处理主要是使矿井疏干水通过格栅去除污水中较大的污染物，一般分为粗格栅和细格栅；通过隔油池去除矿井疏干水中的油污，其主要来源是综合机械化的液压系统、机器和机械的润滑系统和冷却系统；调节沉淀池来调节水质水量，沉淀池一般采用平流式沉淀池、斜管(板)沉淀池，处理能耗小，但处理设施占地面积大。预处理是后期处理的有效保证(李秉朝和赵环，2013)。

混凝是去除悬浮物杂质最关键的工序。矿井疏干水中普遍含有由煤粉和岩粉形成的悬浮物(粒径为 10～50μm)，通常采用混凝剂有效地去除矿井疏干水中的悬浮物，

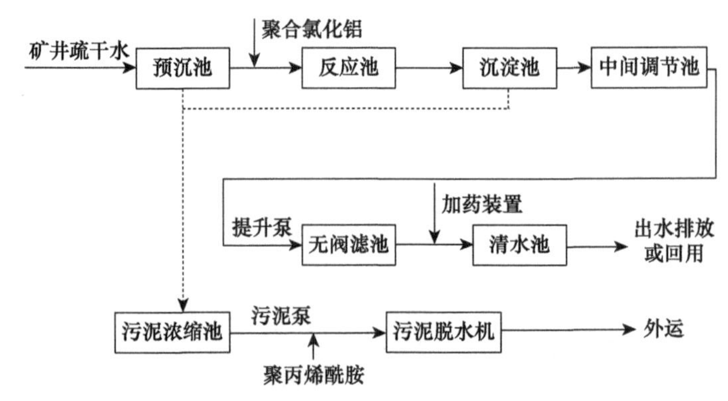

图 4-21　矿井疏干水处理过程

同时还能适当地降低色度、硬度、细菌总数等。选择混凝剂的原则是能够产生大、重、强的矾花，净水效果好，对水质没有不良影响，价格便宜。聚合氯化铝(PAC)是目前矿井疏干水混凝处理中应用最多和效果较好的一种混凝剂。原水加混凝剂后，经过混合作用，水中胶体杂质凝聚成较大矾花颗粒，在沉淀池中去除(李秉朝和赵环，2013)。

过滤是保证悬浮物出水水质的关键工序，矿井疏干水处理常用的过滤池主要有无阀滤池和普通快滤池。矿井疏干水经混凝沉淀后，水中还含有较小颗粒的悬浮物(粒径一般小于 5μm)和胶体，利用砂滤设备将悬浮颗粒和胶体截留在滤料的表面和内部空隙中。这是混凝沉淀装置的后处理过程，同时也是深度处理的预处理。

矿井疏干水净化处理后要作为生活用水，必须经过深度处理。研究区内矿井疏干水水质略有差异，因此要根据水质情况采取相应的深度处理工艺。对于含硫化物的矿井疏干水，必须控制水中硫化物的含量。废水中硫化物的去除有很多方法，主要有曝气吹脱法、化学沉淀法、生物处理法、氧化法。对于含氟有害物质的矿井疏干水，目前应用较多的是活性氧化铝法除氟。对于高矿化度矿井疏干水，含盐量小于 $500mg \cdot L^{-1}$ 时，从淡化和脱盐的角度上看，可采用化学淡化法(如离子交换法)；含盐量在 500～$3000mg \cdot L^{-1}$ 的矿井疏干水，从技术经济考虑，可采用膜分离法(如电渗析、反渗透)处理；含盐量超过 $3000mg \cdot L^{-1}$ 的矿井疏干水，采用热法淡化(蒸馏法)较为合理经济(李秉朝和赵环，2013)。

矿井疏干水经净化、深度处理后，细菌、病毒、有机物及臭味等并不能较好地得到去除，必须经过消毒处理，消毒的目的在于杀灭水中的有害病原微生物(病原菌、病毒等)，防止水致传染病的危害。可采用二氧化氯发生器生产 ClO_2 消毒，处理成本较低，广泛适用于连续性、日常性的消毒场合。ClO_2 无毒、高效，杀菌能力是 Cl_2 的 5 倍以上，是对人体无害的绿色消毒剂(李秉朝和赵环，2013)。

矿井疏干水既是一种具有行业特点的污染源，又是一种宝贵的水资源，未经处理直接排放，会造成大量水资源的浪费，并且污染环境。将其开发利用，不仅可减少废水排放量，免交排污费，还节省大量自来水，节约资源费和电费等诸多开销，为矿区创造明显的经济效益。矿井疏干水开发利用开辟了新水源，减少淡水的开采量；实现“优质水优用，差质水差用”的原则，可解决矿区乃至西北地区的用水难题，缓解城市供水压力，也使矿井疏干水的利用更加经济合理；矿井疏干水开发利用将会减轻其对地表水系的污染，堵住污染源，保护和美化矿区环境，保护地表水资源。因此，矿井疏干水的资源化是解决煤矿缺水和矿井疏干水污染环境的最佳选择，可以达到社会效益、环境效益和经济效益三方面效益的统一(陈洪彪和吴庆深，2005；肖利萍等，2003)。

4.2.3 矿井疏干水试验方法

对西北内陆区矿井疏干水水质进行检测，以巴里坤银鑫矿业投资有限公司黑眼泉煤矿矿井疏干水为例，检测结果见表 4-2。

表 4-2 黑眼泉煤矿矿井疏干水水质检测结果

指标	单位	检测结果
pH	量纲为 1	7.58
矿化度	量纲为 1	4326.00
K^+浓度	$mg \cdot L^{-1}$	2.84
Na^+浓度	$mg \cdot L^{-1}$	785.00
Ca^{2+}浓度	$mg \cdot L^{-1}$	404.00
Mg^{2+}浓度	$mg \cdot L^{-1}$	192.00
Cl^-浓度	$mg \cdot L^{-1}$	929.00
NO_2^- 浓度	$mg \cdot L^{-1}$	0.02
NO_3^- 浓度	$mg \cdot L^{-1}$	10.30
SO_4^{2-} 浓度	$mg \cdot L^{-1}$	1588.00
耗氧量	$mg \cdot L^{-1}$	1.25
Al^{3+}浓度	$\mu g \cdot L^{-1}$	2.55
Fe^{3+}浓度	$\mu g \cdot L^{-1}$	5.50

由表 4-2 可知，西北内陆区矿井疏干水为高矿化度矿井疏干水(高矿化度矿井疏干水中的总无机盐含量大于 1000mg·L^{-1})。处理高矿化度矿井疏干水的关键环节

就是除盐，通常在除盐之前要先对矿井疏干水进行常规的工艺处理。主要方法有蒸馏、使用药剂、离子交换和膜处理，目前使用最多的是膜处理法，但由于经济或技术上的原因，膜处理法在应用中存在成本高、清理不方便等问题。随着技术的发展，一些新的材料被应用于矿井疏干水处理领域，并取得了良好的处理效果。因此，可以考虑采用黏土矿物、粉煤灰、褐煤、石英砂、锰砂、沸石等传统滤料改性吸附材料处理矿井疏干水。

4.2.4 电絮凝方法去除矿井疏干水中硫酸盐的实验设计

近几十年，人们一直在研究既能提高矿井疏干水中污染物的去除效率，减少化学药品使用，又能减少污泥的体积，使工艺水的循环利用和分流的污水分别得到更好处理的方法。电絮凝方法可以满足以上要求。

电絮凝方法是用于废水处理的电化学方法之一，基于施加电流来去除溶液中悬浮、乳化或溶解的污染物。电絮凝反应器的最简单构造是具有一个阳极和一个阴极的电解池(图 4-22)。阳极向系统提供金属离子，阴极释放氢气。在电絮凝过程中，金属离子从电极上溶解，从而原位产生絮凝剂。

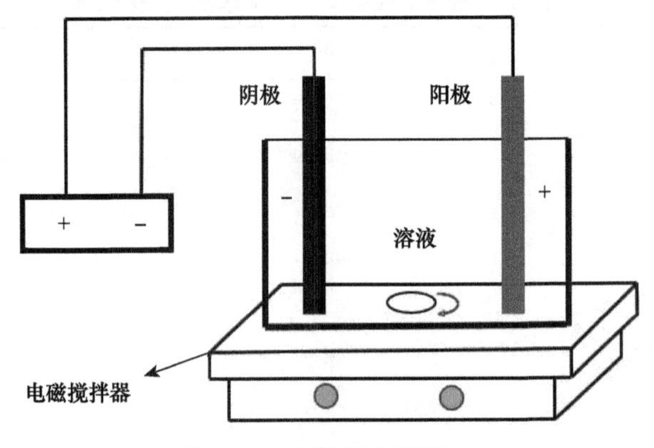

图 4-22　电絮凝装置图

电絮凝方法的优点：①设备简单，易于操作，有足够的操作时间来处理运行中遇到的大多数问题；②经电絮凝处理后的废水是清澈、无色和无臭的；③电絮凝形成的污泥主要由金属氧化物/氢氧化物组成，易于沉降和脱水，是一种低污泥生产技术；④与化学处理相比，电絮凝方法具有避免在处理过程中添加有害阴离子、在更大的 pH 范围内操作和絮凝物更稳定的优势；⑤电絮凝工艺避免了化学物质的使用，因此不存在中和原有化学物质的问题，也不存在废水化学混凝时加入高浓度化学物质造成二次污染的可能性；⑥与其他化学方法相比，在电絮凝过程中产生的废水中总溶解固体(total dissolved solids，TDS)含量较低，从而降低了进一步回收水的成本。

电极或导电金属板可以由相同或不同的材料制成，并且可以以单极或双极模式布置。电絮凝过程中常用的电极材料是铁或铝，也可以选用钛。在电絮凝过程中，通常需要添加电解质以保证溶液中电絮凝的正常运行。根据前期的调查发现，矿井疏干水中有大量的无机离子，因此可以根据实际情况，适当加一些电解质即可。

由于矿井疏干水中硫酸根离子浓度最高，将硫酸根离子作为主要去除对象，在电絮凝实验中进行降解。通过控制外加电流、初始 pH 和溶液中的初始硫酸盐浓度，研究用电絮凝法处理富含硫酸盐水的适用性。

1) 外加电流、初始 pH 和初始硫酸盐浓度的影响

在不同的外加电流、初始 pH 和初始硫酸盐浓度下，用铁电极进行电絮凝试验，硫酸盐去除率和溶液最终 pH 如表 4-3 所示。在外加电流为 1A、2A 和 3A 时，最大去除率分别为 16.34%、38.89%和 54.49%，也受初始硫酸盐浓度的影响。对于铁电极，在较大电流下去除效果较好，这是因为阳极表面的铁离子释放得更强烈，从而形成了更多的不溶性铁析出物。在电解液中可能存在的硫酸盐沉淀有 Fe_3O_4、αFeO(OH)、γFeO(OH)、$FeSO_4(OH)$和带正电的氢氧化铁。由于硫酸盐更有效地包裹在氧化物和氢氧化物中，并可能被过量的带正电荷的铁离子中和，因此可能出现更高的去除率。结果表明，不同初始硫酸盐浓度下，外加电流是影响铁电极去除率的主要因素。因此，无论初始硫酸盐浓度和初始 pH 如何变化，硫酸盐去除率都在 3A 时达到最高。电流为 3A 条件下，初始硫酸盐浓度为 $1000mg \cdot L^{-1}$、$2000mg \cdot L^{-1}$ 和 $3000mg \cdot L^{-1}$ 时溶液的最高去除率分别为 54.49%(pH=10)、40.36% (pH=10)和 51.57%(pH=4)。根据去除率的差异，可以得出结论，其他操作参数，如初始 pH 和初始硫酸盐浓度，都会影响电絮凝处理高浓度硫酸盐溶液的性能。

表 4-3　1A、2A、3A 电流条件下硫酸盐去除率和最终 pH(铁电极)

初始 pH	初始硫酸盐浓度/($mg \cdot L^{-1}$)	外加电流					
		1A		2A		3A	
		去除率/%	最终 pH	去除率/%	最终 pH	去除率/%	最终 pH
4	1000	7.23	11.30	10.24	11.70	24.31	10.60
7		10.16	11.30	29.78	11.70	28.79	11.20
10		10.78	11.30	38.89	11.80	54.49	11.80
4	2000	16.34	11.89	25.54	12.00	21.56	12.00
7		2.36	11.00	35.62	12.00	31.21	12.00
10		10.52	11.60	37.97	12.20	40.36	12.00
4	3000	1.14	11.00	24.54	12.20	51.57	12.40
7		2.74	11.20	33.12	12.20	27.61	10.00
10		2.96	11.20	27.03	12.10	43.08	12.30

2) 电极的选择

电絮凝过程中电极材料的种类是影响处理效果的重要因素，不同的电极材料具有不同的阳极反应过程，金属阳离子的溶出量也不同，进而影响絮体的种类、结构及絮体的产生量。以铁板和铝板为例：电絮凝过程中铁阳极产生的铁离子水解形成的氢氧化物絮体粒径小，沉淀密实且沉降快，但铁板更易腐蚀；铝阳极释放的铝离子水解后产生的絮体颗粒大，沉淀松散，沉降缓慢不利于后处理。因此，分别采用铁阳极和铝阳极对矿井疏干水进行处理，并对比研究其处理效果的差异(汤青，2016)。

表 4-4　3A、5.3A 电流条件下硫酸盐去除率和最终 pH(铝电极)

初始 pH	初始硫酸盐浓度/(mg · L^{-1})	外加电流			
		3 A		5.3 A	
		去除率/%	最终 pH	去除率/%	最终 pH
4	1000	7. 78	10.00	1.30	11.70
10		8. 23	10.60	10.63	10.80
4	3000	3.56	10.00	2.50	10.20
10		4.96	10.00	1.26	10.40

对比表 4-3 和表 4-4 可知，铁电极的去除率更高，可达 54%，而铝电极的最高去除率为 10.63%。硫酸盐去除率低的原因可能是溶液的最终 pH 在 10 左右。当 pH 大于 9 时，形成的铝沉淀减少，预计会形成带负电的羟铝离子，使得带负电的硫酸盐不能发生电荷中和。在 pH 大于 10 的情况下，使用铝电极去除硫酸盐的效果较差。

结果表明，硫酸盐的去除是一个电流依赖性过程，外加电流的增大有利于污染物的去除。在较大的硫酸盐浓度下，污染物的去除仍然是具有挑战性的。铁电极的去除率最高。在大多数实验条件下，硫酸盐的去除率是中等的。这很可能是因为硫酸铁和硫酸铝具有良好溶解性，在碱性条件下的电絮凝操作和溶液中有硫酸盐存在时电极可能钝化。据此推测，硫酸盐的去除是由于它吸附在铁氧化物和氢氧化物上，以及带正电的铁羟基配合物对离子电荷的中和作用。可以认为电絮凝是一种合适的去除硫酸盐的辅助工艺，同时处理其他化合物，但不是主要的硫酸盐处理工艺。除了进行系统的研究外，为了保证电絮凝去除硫酸盐的适宜性，还应该对真实的矿井疏干水进行处理。适度的硫酸盐去除有可能实现工业水的再利用和再循环，并将矿井疏干水对环境的影响降至最低。

4.3　西北内陆区再生水综合利用技术

4.3.1　西北内陆区再生水利用现状分析

西北内陆区地处丝绸之路经济带核心区，也是生态安全格局的重点区域，西北内陆区经济社会发展与生态环境稳定的水资源安全保障问题突出(冯起等，2019；张平军，2010；王世金等，2008)。在有限的水资源条件下，再生水在缓解城市供水压力、弥补经济社会用水挤占的生态用水量、维持生态安全方面有显著作用，逐渐受到重视。根据《2016 年中国水资源公报》，2016 年西北诸河区的水资源总量为 1619.8 亿 m^3，供水总量为 677 亿 m^3，其中非常规水资源(主要是再生水)供水量为 2.4 亿 m^3，仅占供水总量的 0.35%。

1. 现状污水处理量和再生水利用量

通过对《2016 年城市建设统计年鉴》中西北内陆区各市级行政区污水处理和再生水回用的数据进行汇总分析，得到年污水处理量和再生水利用量。

西北内陆区各地污水年处理量大部分在 500 万 m^3 以下，新疆首府乌鲁木齐为污水处理量最大的城市，达到 10000 万 m^3 以上，其次是新疆的克拉玛依、库尔勒、昌吉等地，以及甘肃武威和青海海西，污水处理量较大，可以达到 1000 万 m^3 以上(王玮婕，2020)。

西北内陆区各地再生水年利用量的分布与污水处理量分布基本一致，整体偏少，再生水利用量最大的乌鲁木齐市也未达到 500 万 m^3，仅占污水处理量的 5%左右(2016 年全国平均再生水利用率为 7.8%)，大部分地区更是没有再生水回用。对于西北内陆区干旱缺水的现状来说，再生水是未来水资源结构的重要部分，有很大的利用潜力。

2. 再生水综合利用水平评价

首先构建适用于西北内陆区再生水综合利用水平的评价指标体系，然后利用层次分析法对各市级行政区进行加权打分，从而对西北内陆区再生水利用综合状况进行评价。评价指标体系和权重见表 4-5。

表 4-5　再生水综合利用水平评价指标和权重

二级指标	三级指标	四级指标	单位	权重
再生水供给能力	污水排放量	单位面积水资源总量	万 $m^3 \cdot km^{-2}$	0.0778
		水资源开发利用程度	%	0.0276
	污水排放量	污水收集率	%	0.0146

续表

二级指标	三级指标	四级指标	单位	权重
再生水供给能力	基础设施建设	管网覆盖率	%	0.0125
		污水处理厂/再生水厂密度	座·万 km^{-2}	0.0501
	技术条件	污水二级处理率	%	0.0074
		深度处理技术覆盖率	%	0.0369
	经济条件	地方 GDP(人均)	亿元	0.0038
		再生水方面的投资占地方财政支出的比例	%	0.0192
再生水需求程度	再生水需求量	人口自然增长率	%	0.0658
		工业产值增长率	%	0.0288
		绿化林草面积增长率	%	0.0126
	用户接受程度	出水满足一级 A 标准的比例	%	0.0377
		再生水价格与自来水价格的差值	元·m^{-3}	0.1975
		再生水知识宣传教育普及率	%	0.0863
	政策条件	规划使用再生水比例	%	0.0536
		政策实施完成度	%	0.2678

综合评价得分计算的具体步骤如下。

(1) 对各行政区指标数据进行归一化处理：

$$X. = \frac{X - X_{\min}}{X_{\max} - X_{\min}} \tag{4-3}$$

式中，$X.$ 为归一化后的数据；X 为原始数据；$X_{\min}$ 是一组数中的最小值；$X_{\max}$ 是一组数中的最大值。

(2) 计算各行政区再生水利用水平评估得分：

$$\text{Score} = \sum_{i=1}^{17} \omega_i \times X_i \tag{4-4}$$

式中，Score 为某一区域得分；17 为指标数量；ω_i 为指标权重；X_i 是对应归一化后的数据。

收集西北内陆区各市级行政区对应的评价指标数据，部分地区以所在省数据代替。评价得分从 0.36(青海玉树)到 0.94(新疆乌鲁木齐)，西北内陆区普遍为 0.4～0.5。新疆乌鲁木齐、克拉玛依和昌吉，甘肃武威、张掖的再生水利用水平较高，评价得分在 0.6 以上。其他地区由于地理原因及经济、技术水平较落后，暂时没有发展再生水的良好条件。

4.3.2　西北内陆区再生水利用潜力评估

再生水利用潜力是指城市各行业用水中可用再生水替代原水或自来水的水量，广义上讲，只要再生水水质达到相应类别用水水质标准均可回用。实际中，需要考虑规划期内再生水设施可以提供的供水量及去除运输损失后用户可接受的水量。从地域分布上看，我国再生水利用率和利用潜力较大的地区主要分布在东北、东南沿海和华北地区。这些地区往往具有较大的污水排放量、较高的水价，水资源相对短缺，经济承受力高；从技术水平上看，发达地区的污水处理能力和处理效果较好。

1. 潜力评估的技术路线

再生水作为城市水资源供水系统的一部分，存在于整个城市水资源供需关系之中，涉及一系列关于社会认知、经济支持、环境约束、管理规范等方面的因素，这些因素还存在着复杂的、相互影响的动态关系。通过建立动态系统的数学模型并分析相应的动态系统，进行再生水供需情况的预测，通过改变系统参数观察预测结果变化，为开发更大的再生水利用潜力提出针对性建议，技术路线见图 4-23。

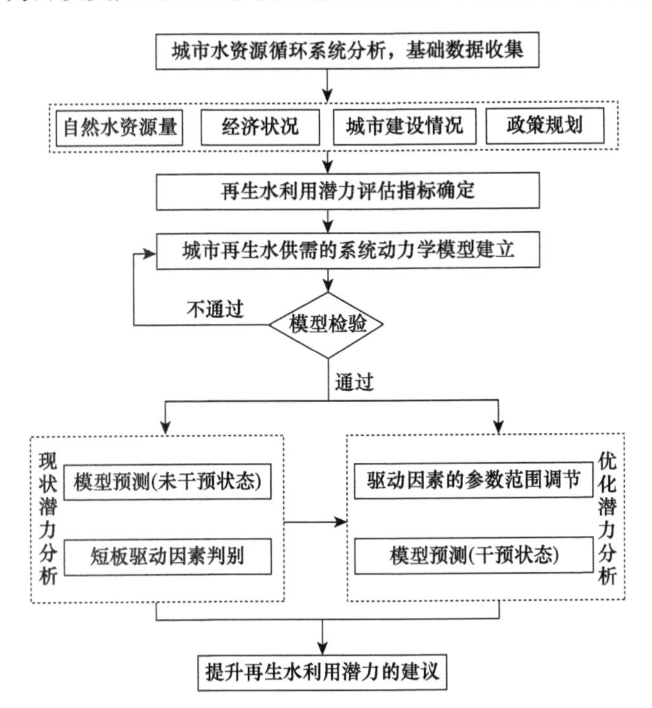

图 4-23　西北内陆区再生水利用潜力评估技术路线

2. 系统动力学模型的建立

传统水资源系统与污水再生回用系统的主要差别在于供水方式的增加，即自来水用户的排水在一定程度处理之后可作为另一种水源加入供水系统中，达到水资源循环利用的状态。系统框架基于城市水系统的供给和需求，通过对再生水供需和各个变量相互关系的分析，绘制再生水供需系统流程，如图 4-24 所示。

自来水供应取决于淡水资源总量和水资源开发程度。城市需水量包括城市生态用水需求量、生活用水需求量、市政杂用水需求量和工业用水需求量。生活用水需求量与城市人口数和人均综合用水定额有关；工业用水需求量取决于工业产值、单位工业产值用水量和重复利用率；生态用水需求量是在一定区域内能够满足一定目标条件，维持植被稳定生长、河流流量稳定，促进生态系统健康运行所需的最小水量；市政杂用水需求量包括绿化、道路浇洒、洗车、消防等用水需求量，这一部分的用水需求量均使用单位用水定额与面积或数量的乘积进行计算。

再生水的供需系统中，供给来源主要是城市污水处理厂二级处理的出水；需求方除饮用和对水质要求高的工业之外，与传统水资源需求相同。决定再生水需求的重要因素是用户的接受程度，该接受程度一方面来自自来水价格与再生水价格的差值，另一方面是居民的环保意识及再生水水质的稳定性。与传统水资源类似，再生水的供需差额也会在一定程度上影响各行业的发展和对再生水项目的投资。

3. 评估指标的确定

城市再生水的实际利用量除受到再生水供给量、再生水需求量的影响，还需考虑再生水供水基础设施建设程度。为了更加直观地表现再生水供需平衡变化和实际利用率，构建再生水供需平衡 (recycled water balance，RWB)指数和再生水利用效率(recycled water use efficiency，RWUE)指数作为评价再生水综合利用潜力的指标，指标构成和计算式如下：

$$\mathrm{RWU} = \min(\mathrm{RWD}, \mathrm{RWS}) \times \mathrm{LI} \tag{4-5}$$

$$\mathrm{RWB} = \mathrm{RWD}/\mathrm{RWS} \tag{4-6}$$

$$\mathrm{RWUE} = \frac{\mathrm{RWU}}{\mathrm{RWS}} \tag{4-7}$$

式中，RWU (recycled water usage)、RWS (recycled water supply) 和 RWD (recycled water demand)分别为再生水利用量、再生水供给量和再生水需求量；LI 为再生水供水基础设施建成比例；RWB 为再生水供需平衡指数；RWUE 为再生水利用效率指数。

RWB 和 RWUE 应满足此规则：再生水供需平衡指数越接近 1，表示再生水

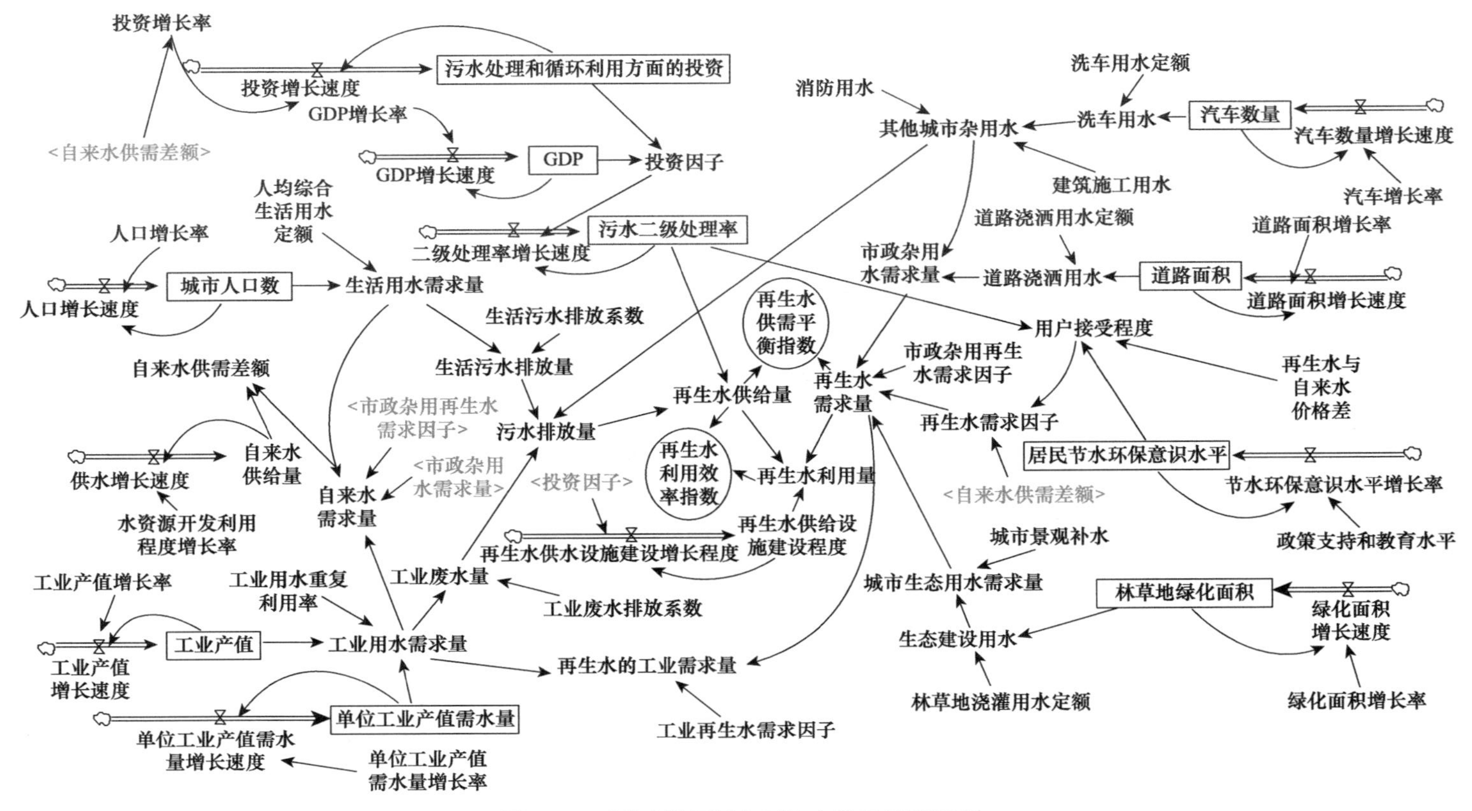

图4-24　西北内陆区城市再生水供需系统流程

供需状况越接近平衡状态，小于 1 表示供大于求，大于 1 时表示供不应求；再生水利用效率指数最大值为 1，此时也是最优值，表示再生水得到了最大程度的有效利用。为了维持城市水资源的可持续利用，应通过改变其他相关指标值，使再生水供需平衡指数和再生水利用效率指数达到最佳值(王玮婕，2020)。

4. 典型城市再生水利用潜力评估

利用西北内陆区再生水供需的系统动力学模型，以 2016 年统计数据为初始值,初始变量的控制参数根据 2012～2016 年统计数据的平均变化率或者根据经验值确定，相关用水定额核算参考《城市综合用水量标准》(SL 367—2006)，对未来十年西北内陆区典型城市乌鲁木齐市的再生水供需状况和实际利用量进行预测，结果见图 4-25。

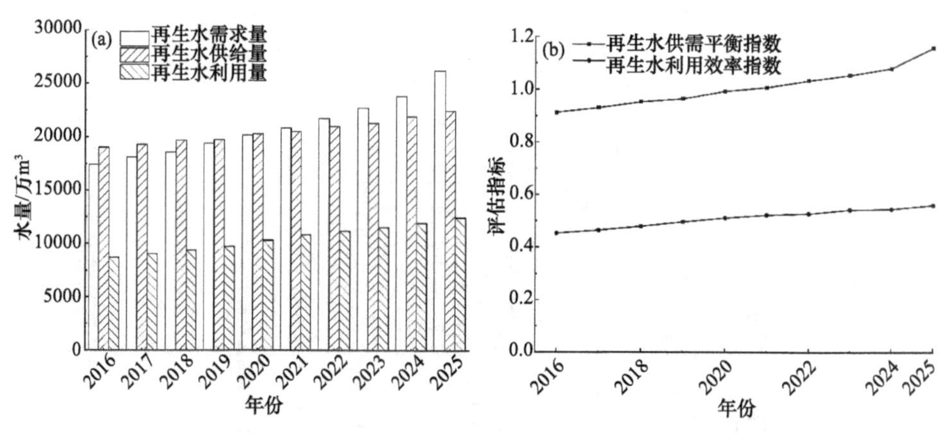

图 4-25　未干预条件下乌鲁木齐市再生水利用潜力预测

(a)未干预条件下乌鲁木齐市再生水水量预测；(b)未干预条件下乌鲁木齐市再生水利用潜力评估指标预测

在通过历史数据确定指标参数的模拟情况下，乌鲁木齐市再生水需求量增长速度明显大于供给量；供需平衡指数在 2020 年在达到 1 之后持续增大，在 2025 年增大至 1.2 左右，即再生水从目前供大于求的状况转变为供不应求，并在 2020 年之后供不应求逐渐加剧；再生水利用效率指数在 2016～2025 年这十年间持续缓慢增长，约从 0.46 增长到 0.58(王玮婕，2020)。

在预测年份区间内，乌鲁木齐市再生水需求量的增长速度略大于供给量的增长速度，供需关系从供大于求逐渐转变成供不应求，而再生水利用效率未来十年增长 10%左右。究其原因，一方面，乌鲁木齐市自然水资源供给量不足，居民生活用水和高端工业用水所需的自来水供不应求，一定程度上促进了城市对高品质再生水的需求，同时以城市污水处理厂中水为源水的再生水供应增长缓慢，再生水将面临供不应求的状况；另一方面，乌鲁木齐市大力发展城区内的生态工程，进行大面积绿化、防护林种植及城市河湖景观建设，需要大量水源补给，对再生水的需求量巨大。再生水利用方面，供水管网建设存在大量资金缺口，关键供水节点和供水途径规划尚未完全形成，所以再生水利用效率低下。

为了使再生水供需平衡指数和再生水利用效率指数都能趋近或保持在最高水平，拟调整相关参数提高再生水供给量和利用量增长速度，主要干预计划如下。

(1)加大节水力度：提高水资源重复利用率，适当减少城市各行业用水定额，从而降低常规水和再生水需求量的增长。

(2)提高再生水利用量：增加污水处理和再生水配置管网建设投资，以进一步完善再生水利用的相关基础设施建设，使符合标准的再生水能得到有效利用(王玮婕，2020)。对相关参数进行调整后，模型预测结果见图 4-26。

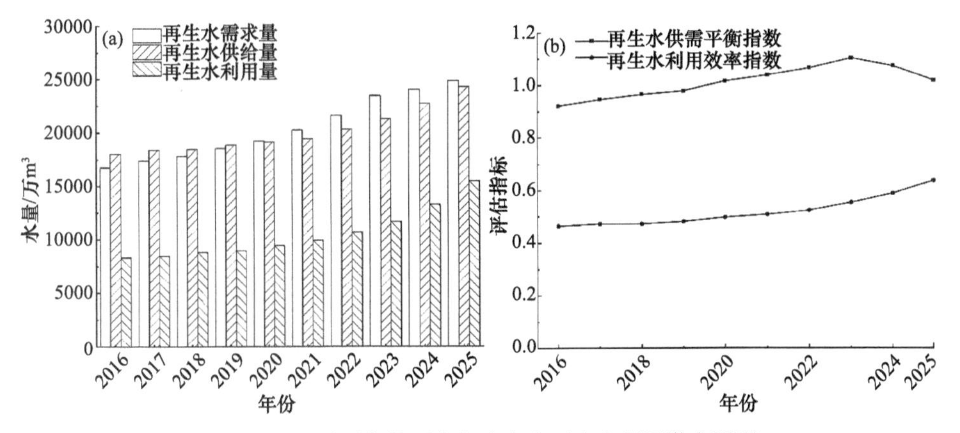

图 4-26　干预条件下乌鲁木齐市再生水利用潜力预测

(a)干预条件下乌鲁木齐市再生水水量预测；(b)干预条件下乌鲁木齐市再生水利用潜力评估指标预测

再生水供需方面，与现状条件预测结果的不同点在于干预后的乌鲁木齐市再生水需求量增速大于再生水供给量，直到 2023 年，再生水需求量增长速度开始降低，再生水供需平衡指数再次逐渐回到 1 左右。其原因在于节水措施减缓用水需求增长，并且在 2023 年，用户接受程度达到 100%(最大值)。参数调整后的再生水利用效率指数在模拟年份区间中持续增长，到 2025 年增长到 0.7 左右，较未干预预测结果有明显提高(王玮婕，2020)。

4.3.3　西北内陆区再生水利用技术适用性分析

我国再生水利用起步晚、处理设施匮乏，导致再生水处理率和利用率低下。加快我国再生水处理、利用系统建设，改善水环境污染和水资源窘状状况已迫在眉睫。

通过对再生水处理技术现状的调查，并总结分析再生水利用技术工艺特点，在得到运行数据资料的基础上，对再生水处理技术工艺进行综合评价，为我国确定适合的再生水处理技术提供一定的指导，同时结合实际情况进行分析优化，得到不同情景下的再生水处理技术工艺,对我国再生水回用设施建设具有积极意义，有助于改善和缓解我国水环境污染和短缺的现状。

1. 西北内陆区再生水利用技术适用性

(1) 通过查找资料了解国内外再生水工艺的发展历程与现状，比较国内外再生水工艺的差距，对目前流行的再生水工艺的特点进行总结。

(2) 了解和比较技术的基本原理和优缺点，对其进行客观的分析，结合地区已有技术，进行技术方案的初选。

(3) 通过多目标决策的基本理论和方法，以及再生水处理技术工艺的特点，建立一套较为完整的评价指标体系；根据对比决策方法，建立多目标决策评价模型。

(4) 通过评价确定合适的技术工艺，结合具体情况进行方案优选。

西北内陆区再生水利用技术适用性分析流程见图 4-27。

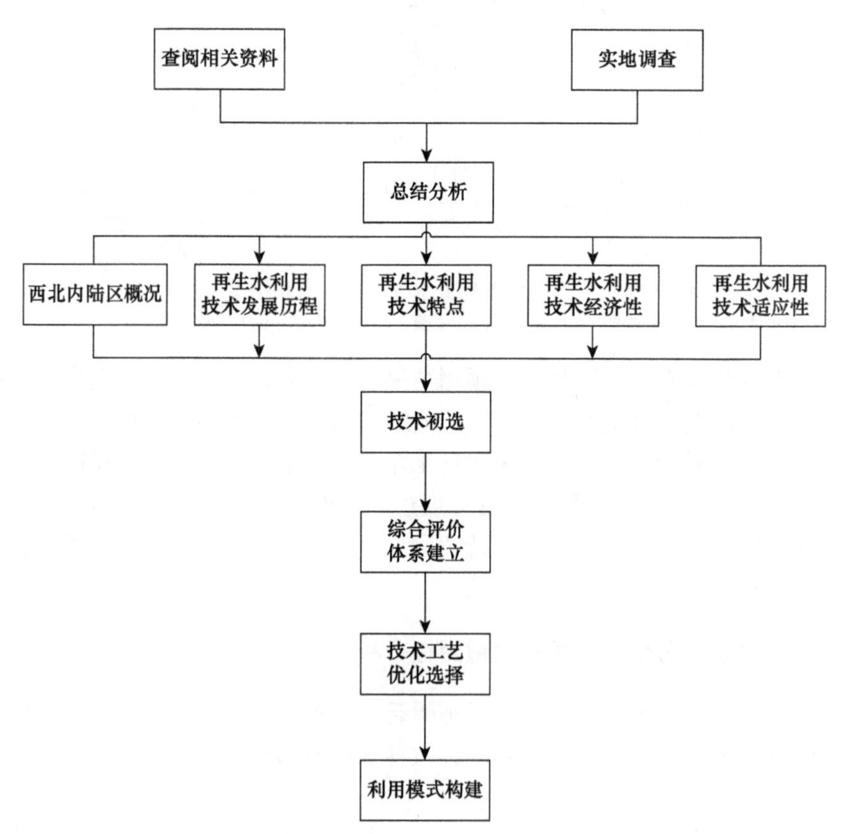

图 4-27　西北内陆区再生水利用技术适用性分析流程

2. 再生水处理技术优劣性分析

城市污水处理方法按照处理过程可以分为物理处理法、化学处理法和生物处理法三类。现代污水处理工艺可以分为一级、二级和三级处理工艺。一级污水处理主要去除污水中的悬浮固体污染物质，物理处理法大部分只能达到一级处理要求。二级污水处理主要去除污水中呈胶体和溶解状态的有机污染物，主要采用生物处理法。三级污水处理即再生水处理工艺，在一级、二级处理后进一步去除难以降解的有机物、氮、磷等能够导致水体富营养化的可溶性有机物等(张书晴，2018；杨英杰，2013)。

1) 混凝沉淀过滤及其改进工艺

混凝沉淀过滤工艺对氨氮、总氮等营养盐类指标基本无去除，对金属、无机盐类指标去除效果不明显，出水水质随进水水质的变化相应变化。在进水铁、锰等浓度较高的情况下，混凝沉淀过滤工艺通过吸附、截留等功能对铁、锰有部分去除效果，起到消减峰值的作用。对于总磷，少量的去除作用主要是由于滤池对悬浮物截留产生的影响，在来水总磷浓度较高的情况下，可通过增大混凝剂的投加量或者辅助以铁盐、石灰等除磷化学药剂，保证出水总磷浓度的稳定。混凝沉淀过滤本身对色度去除效果不明显，但在增加臭氧等后续脱色工艺后，能够保证出水水质稳定达标。对于微生物及卫生学指标，可以通过调整消毒药剂的投加量及不同消毒方式的组合，保证出水水质的稳定。

从应用来看，采用该工艺的项目比较多，出水多用于工业，特别是火电厂的循环冷却水，这与部分地区工业用水价格制订的经济杠杆调节有很大关系。其次是景观用水，由于部分地区生态景观缺水严重，该工艺处理的出水水质稳定、费用较低，因此有很大的使用前景。早在 20 世纪 80 年代，混凝沉淀过滤技术就开始在日本东京使用。美国加利福尼亚州、得克萨斯州也采用了混凝沉淀过滤工艺。我国采用混凝沉淀过滤工艺的污水处理厂和再生水厂有青岛市海泊河污水处理厂、深圳市西丽再生水厂、北京市高碑店污水处理厂和方庄再生水厂、天津市咸阳路再生水厂和纪庄子再生水厂等(杨英杰，2013)。

2) 生物处理技术

生物处理技术在再生水利用领域的应用已非常广泛，工作原理主要是利用微生物进一步降解污水处理厂出水中残余的有机污染物，同时降低水中氨氮和磷的浓度，达到净化水质的目的。目前，再生水利用方面的生物处理技术主要集中在生物膜法工艺。因为生物膜法工艺的微生物固定生长于载体之上，其生物浓度不受固液分离效果的限制，工艺系统中微生物浓度很高，所以系统的有机污染物负荷很低，能够适用于处理生化性能较差的污水处理厂出水。同时，由于生物膜内部微生物种类繁多，生态系统形式结构稳定，且局部有许多兼氧和厌氧的微环境，适合脱氮除磷细菌的生长，因此生物膜工艺对源水中的氮、磷也具有一定的去除效果。生物膜法工艺包括生物滤池、生物转盘、生物接触氧化、曝气生物滤池等，具有运行稳定可靠、抗冲击负荷、能耗低、运行管理方便等诸多优势，其中曝气生物滤池是较为流行的、具有典型代表性的再生水处理工艺(任俊超，2015)。

曝气生物滤池在实际中存其固有的缺点：①对进入滤池的水质要求高，要求进入滤池的水质较好，特别是对悬浮物要求高；②虽然提高了充氧效率，但由于生物滤池数量多，鼓风机一对一使用，能耗仍较大。

3) 膜处理技术

随着膜处理技术的日趋成熟和投资成本的逐年下降，为了达到日益严格的水质标准的要求并节约水厂建设用地，美国、法国、英国、日本等许多国家相继采用膜工艺取代传统的水处理工艺，设立了微滤、超滤和纳滤处理的水厂。近十几年来，膜分离技术在水处理领域已取得了重要突破，可能成为二十一世纪中期最有发展前途的高科技技术之一(任俊超，2015；杨英杰，2013)。

膜处理技术的出水水质远远优于其他常规物理处理技术,因此逐渐成为给水、污水处理及再生水利用领域的研究热点。膜分离技术以选择性透过膜为分离介质，通过在原料侧施加温度梯度、浓度梯度、电位梯度、压力梯度等推动力，使物质得到分离或提纯。不同膜分离过程的分离体系和使用范围不同。混凝沉淀过滤工艺对于水中总硬度、总碱度、细菌病毒、铁、锰及各种盐类离子没有明显的去除效果，如果生产工业生产用水，如电子类、锅炉补给水等高要求的再生水，从目前国内外应用来看，需要采用“膜法”工艺，其产品水具有浊度低、细菌病毒少、含盐量低、电导率低等特点。膜产品和分类以孔径划分，可分为微滤膜、超滤膜、纳滤膜及反渗透膜。微滤膜主要用来去除悬浮颗粒物，包括微粒、胶体和细菌等；超滤膜能完全去除细菌和原生动物孢囊，并进一步去除病毒；纳滤膜和反渗透膜可以截留更小的颗粒，包括分子和离子形式的物质。

微滤和超滤处理出水可以作为景观用水、城市杂用水等，也可以作为反渗透和纳滤的预处理，若作为反渗透的预处理，可以提高反渗透膜的寿命。

4) 膜生物反应器

膜生物反应器(membrane bioreactor, MBR)是将膜分离技术与生化处理技术结合的一种新型污水处理工艺，利用膜微孔截留的作用，将好氧或厌氧系统的活性污泥截留在反应器中，通过提高活性污泥浓度、延长泥龄，来提高对 COD、BOD_5(生化需氧量)等有机污染物的降解效率，达到出水标准。同时，利用膜的过滤出水，提高出水的澄清度，还可省却二沉池，减少系统占地面积。

MBR 主要用于市政污水、工业废水及受污染地表水的处理。在万吨级以上的大型 MBR 工程中，截至 2014 年，市政污水占总处理规模的 74%，工业废水和受污染地表水分别占 18%和 8%(杨英杰，2013)。据统计，截至 2017 年，我国万吨级以上的 MBR 市政污水处理厂有 200 多座，2019 年底我国投入运行的 MBR 系统累计处理能力高达 1600 万 t/日，随着提标改造的不断深入，这个数字仍在迅速增长。MBR 具有出水水质优、占地少、易于实现自动控制等许多常规工艺无法比拟的优势，在污水处理与回用事业中的作用越来越大，并具有非常广阔的应用前景。

与传统生化水处理技术相比，MBR 具有处理效率高、处理出水水质良好、污泥浓度高、装置容积负荷大、占地省、有利于各类微生物截留、污染物去除能力强、剩余污泥产生量低、易于实现自动控制、操作管理方便等优点(杨英杰，2013；袁志容和赵敏，2005)。MBR 应用于市政污水处理项目中普遍存在以下 4 点问题：①MBR 运行费用相对其他同类出水标准的工艺高；②目前运行的 MBR 项目基本采用相对恒通量运行，但是存在不同程度的膜污染引起的通量衰减问题；③MBR 项目设计中，没有统一的设计标准指导，各厂家根据自己的工程项目数据库指导工程项目设计，给客户在更换膜组器时造成了不便；④MBR 市政污水处理项目中，前处理非常关键，直接影响后续 MBR 工艺段的运行费用。

MBR 对于病原菌消毒的稳定性与常规工艺存在一定差别。另外，对于内分泌干扰物质的去除有一定的优势。因此，评价某项技术时，不仅应着眼于现在的标准，更应着眼于水质的发展、水环境及人类健康。从这些角度来说，MBR 具备一定的潜力。

3. 技术适用性分析

再生水技术选择评价不仅仅取决于技术本身的适用性，也需要与地区状况相结合，综合各方面的因素全面地进行技术工艺评价。

1) 社会经济指标

社会经济的发展水平对再生水处理工艺的选择具有较大影响，主要体现在以下两个方面。

(1) 从时间上看，我国早期的再生水处理工艺主要选用吨水投资较小的混凝沉淀过滤工艺。

(2) 从空间上看，我国西部经济不发达地区的再生水处理工艺多采用投资成本较小的混凝沉淀过滤工艺；我国东部经济发达地区开展城市污水回用较早的城市，存在多种再生水工程，并且在工艺选择上逐步形成了以生物处理工艺为主、以膜工艺为辅的多种工艺并存格局；我国东部经济发达地区开展再生水利用较晚的城市，一开始就采用了以生物处理工艺为主、以膜工艺为辅的工艺格局。另外，经济发达地区有雄厚的经济实力，但是土地价格日益提高，所以选择运行成本高的再生水处理工艺而不愿选择占地规模大的工艺，当规模较大时，这种在土地投资和运行成本之间的衡量可能是影响再生水处理工艺选择的关键所在。

因此，应该以城市人均 GDP、土地价值等社会经济指标作为再生水处理工艺选择考虑的指标。

2) 投资及运行成本

选择再生水处理工艺时，在满足用水水质要求的前提下，投资和运行成本是必须考虑的经济指标。投资主要包括土地投入、设备材料投入、设计建设投入等，运行成本主要包括物耗、能耗、人力成本、设备折旧等方面。

混凝沉淀过滤技术的设备投资较低，运行管理简单，运行成本也相对较低，但其占地规模相对较大，如果用于大规模的再生水工程，会导致土地成本较高。因此，目前在经济发达地区多适用于中小规模的再生水工程。生物处理技术要求有较高的运行管理技术水平，其中，曝气生物滤池技术在单位土地面积上能够有更大的处理规模，生物处理技术的运行成本一般高于混凝曝气沉淀技术。目前，生物处理技术逐渐成为我国再生水处理技术的主流技术。

膜处理技术的占地面积较小，但其运行成本和设备投资较高，经济不发达地区一般难以承受。因此，目前膜处理技术一般用于较小规模的再生水回用工程，并且用户对水质要求较高。

3) 利用途径

(1) 农业方面，目前我国主要采用的工艺是混凝过滤沉淀老三段处理工艺，深度处理后出水虽然能用于农业灌溉，但会对土壤和农作物造成一定的影响。

(2) 工业、城市非饮用水和景观用水方面，在采用混凝过滤沉淀老三段工艺的基础上，出现了如机械加速搅拌、生物活性炭滤池等较先进的工艺类型，在一定程度上提高了出水水质，但缺乏针对不同工业利用的专门处理工艺。

(3) 生态用水方面，我国采用曝气生物滤池、滤布滤池和生物活性炭滤池等生产工艺，使出水水质显著提高。

(4) 饮用水源地补充水或直接回用于饮用水厂方面，目前我国暂无相关技术工艺使用。

4. 再生水处理技术工艺方案选择和评价

1) 评价方法的选择

再生水处理技术工艺方案评价方法的选择涉及的影响因素包括技术因素、经济因素、社会因素、环境因素等多个方面，这些影响因素是相互作用、相互联系的一个复杂系统。目前，国内外有关理论和方法，如层次分析法、物元分析法、灰色关联分析法、主成分分析法、模糊综合评判法等对再生水处理技术工艺方案评价方法的选择起到了积极的作用。

根据再生水处理技术工艺方案评价方法的选择问题的特点，再生水处理工艺方案评价指标之间存在相互联系、相互制约的关系，评价指标本身的复杂交错性质决定了在方案比选过程中需要考虑各评价指标之间的关联程度。灰色关联分析可定量比较或描述系统之间或系统中各因素之间在发展过程中随时间相对变化的情况，衡量各评价指标之间关联性大小。因此，本小节选用灰色关联分析法来综合评价再生水处理技术工艺方案。一方面能够解决评价指标之间相互关联的问题，分清楚哪些是主导因素，哪些是制约因素；另一方面能够在很大程度上克服决策者的主观性和随意性，确保最终结果的客观性和科学性。同时，为解决灰色关联分析在定量过程中可能出现不同程度的信息丢失问题，本小节通过模糊隶属度来对定性指标进行分级定量化，保证不会出现评价指标的信息丢失问题。

2) 建立评价指标体系

结合不同再生水处理技术工艺特点，尽可能全面综合地考虑各因素和信息，建立科学的、客观的、全面的评价指标体系。

构建指标体系时，应遵循以下原则。①系统性原则：各评价指标需要形成一个相互联系、相互制约的系统。②典型性原则：务必确保各评价指标具有一定的典型代表性。③动态性原则：各评价指标的选择需要考虑综合效益的特点，同时应该收集一定时间尺度的指标。④简明科学性原则：各评价指标的选择必须以科学性为原则，能客观全面反映出各指标之间的真实关系，能客观真实反映各地区环境、经济、社会发展的特点和状况。⑤可比、可操作和可量化原则：指标选择上，特别注意在总体范围内的一致性，指标体系的构建是为区域政策制订和科学管理服务的，指标选取的计算量度和计算方法必须一致统一，各指标尽量简单明了、微观性强、便于收集，各指标应具有很强的现实可操作性和可比性；选择指标时也要考虑能否进行定量处理，以便于进行数学计算和分析(韩青，2013)。⑥综合性原则：在相应的评价层次上，全面考虑影响环境、经济、社会的诸多因素，并进行综合分析和评价。

目前，再生水处理技术工艺方案评价系统还未形成完善的经济技术比较指标体系。根据污水厂工艺的特点，处理技术工艺方案的评价指标要素包括经济指标、技术指标、管理指标、资源与环境指标，如表 4-6 所示。

表 4-6　再生水处理技术工艺方案评价指标

序号	指标要素	评价指标	单位
1	经济指标	基建投资	万元
2		运行费用	元·m^{-3}
3	技术指标	悬浮物去除率	%
4		COD 去除率	%

续表

序号	指标要素	评价指标	单位
5	技术指标	BOD 去除率	%
6		氨氮去除率	%
7		总磷去除率	%
8		出水稳定性	%
9	管理指标	运行管理难易程度	—
10	资源与环境指标	污泥产生量	t
11		占地面积	%

(1) 经济指标。工艺方案直接影响其费用，经济指标主要包括基建投资和运行费用。其中，基建投资包括土建费用、设备费用、安装费用、土地费用、运输费用；运行费用包括药剂费、电力费用、人工费、维护费、管理费。主要根据《市政工程投资估算指标：第三册 给水工程》(HGZ 47-103—2007)、《给水排水设计手册：第 10 册 技术经济(第 10 册)》等相关定额标准。

(2) 技术指标。处理技术的基本功能是保证出水水质达到相应的标准，首先要保证工艺方案达到相应的污水排放标准。技术指标主要包括悬浮物去除率、COD 去除率、BOD 去除率、氨氮去除率、总磷去除率、出水稳定性，指标值如表 4-7 所示。

表 4-7　再生水处理技术工艺方案评价指标值

评价指标	混凝沉淀过滤	双膜工艺	MBR	超滤	曝气生物滤池
基建投资/万元	1500.0	8900.0	4400.0	1946.0	1935.0
运行费用/(元 · m^{-3})	0.9	402.0	1.6	1.0	1.3
COD 去除率/%	21.0	98.0	96.0	32.0	45.0
BOD 去除率/%	11.0	98.0	92.0	26.0	58.0
悬浮物去除率/%	97.0	100.0	99.0	99.0	58.0
总磷去除率/%	18.0	32.0	92.0	29.0	81.0
氨氮去除率/%	6.0	30.0	97.0	26.0	81.0
出水稳定性/%	0.9	0.7	0.6	0.7	0.7
占地面积/%	0.6	0.7	0.8	0.9	0.7
运行管理难易程度	0.9	0.5	0.6	0.7	0.7

(3) 管理指标。运营的好坏与工作人员操作技术、熟练程度和当地居民有着

密不可分的联系，因此管理指标主要为运行管理难易程度。运行管理难易程度为定性指标，对定性指标采用模糊数学中的隶属度(0～1)来表示，本书采用优、良、中、差、劣 5 级划分法，对应的隶属度分别为 0.9、0.7、0.5、0.3、0.1。

(4) 资源与环境指标。近年来，国内外研究人员开始研究水处理在全球变暖、臭氧消耗等方面产生的环境污染，然而这方面的相关数据相当缺乏，从评价过程的可操作性考虑，暂时不考虑将其作为评价指标。在本书中，工艺的能源和资源消耗已经体现在经济指标中，在环境指标中没有必要考虑，其中资源消耗包括药耗和占地面积，经济指标中只考虑了药耗，因此资源与环境指标主要为占地面积(直接资源物耗)。

3) 评价指标的权重确定

对于再生水处理技术工艺信息载体的判断矩阵，采用熵值法对所获取系统信息的效用值确定指标权重，尽量消除人为因素干扰，使最终评价结果更符合实际、更科学。再生水水处理技术工艺评价指标权重如表 4-8。

表 4-8　再生水处理技术工艺评价指标权重

评价指标	混凝沉淀过滤	双膜工艺	MBR	超滤	曝气生物滤池	熵值	权重
基建投资/万元	1500.0	8900.0	4400.0	1946.0	1935.0	0.8509	0.0657
运行费用/(元 · m^{-3})	0.9	402.0	1.6	1.0	1.3	0.8614	0.0633
COD 去除率/%	21.0	98.0	96.0	32.0	45.0	0.7220	0.1497
BOD 去除率/%	11.0	98.0	92.0	26.0	58.0	0.7691	0.1326
悬浮物去除率/%	97.0	100.0	99.0	99.0	58.0	0.8611	0.0623
总磷去除率/%	18.0	32.0	92.0	29.0	81.0	0.6955	0.1365
氨氮去除率/%	6.0	30.0	97.0	26.0	81.0	0.7468	0.1135
出水稳定性/%	0.9	0.7	0.6	0.7	0.7	0.7720	0.1022
占地面积/%	0.6	0.7	0.8	0.9	0.7	0.8207	0.0804
运行管理难易程度	0.9	0.5	0.6	0.7	0.7	0.7910	0.0937

4) 再生水厂处理技术工艺方案选择

通过确定各工艺方案的各评价指标值的权重确定，可以根据灰色关联分析法计算各方案各层指标的关联系数，根据指标的大小排出方案的优劣，得出最优的再生水处理技术工艺方案。

4.3.4　面向生态的西北内陆区再生水综合利用模式

快速的工业化和城市化导致严重的环境污染排放和生态退化，导致淡水资源的供应减少。随着污水处理技术的发展，再生水将成为未来水资源的重要组成部分。现已被广泛用于工业、农业、园林绿化，甚至饮用水再利用，具体回用途径见表 4-9。

表 4-9　再生水回用途径总结

序号	回用途径	范围	示例
1	农、林、牧、渔业用水	农业灌溉	种子与育种、粮食与饲料作物、经济作物
		造林育苗	种子、苗木、苗圃、观赏植物
		畜牧养殖	畜牧、家禽、家畜
		水产养殖	淡水养殖
2	城市杂用水	城市绿化	公共绿地、住宅小区绿化
		冲厕	厕所便器冲洗
		道路冲洗	城市道路冲洗及喷洒
		车辆冲洗	各种车辆冲洗
		建筑施工	施工场地清扫、浇洒、混凝土制备与养护、建筑物冲洗
		消防	消火栓、消防水炮
3	工业用水	冷却用水	直流式冷却水、循环式冷却水
		洗涤用水	冲渣、冲灰、消烟除尘、清洗
		锅炉用水	中压、低压锅炉
		工艺用水	溶料、水浴、蒸煮、漂洗、水力开采、水力输送、稀释、搅拌、选矿、油田回注
		产品用水	浆料、化工制剂、涂料
4	环境用水	娱乐性景观环境用水	娱乐性景观河道、景观湖泊及水景
		观赏性景观环境用水	观赏性景观河道、景观湖泊及水景
		湿地环境用水	恢复自然湿地、营造人工湿地
5	补充水源	补充地表水	河流、湖泊
		补充地下水	水源补给、防止海水入侵、防止地面沉降

再生水与自然水源不同，虽然经过处理，但是处理级别不同，水中有害物质的含量也各不相同。不同区域的水文地质条件、不同的土壤和作物类型、不同的河道功能，受再生水影响均不相同，而且不同回用对象对再生水水质要求也不同，这就要求根据不同的实际情况选用不同级别的再生水(张光连，2005)。这样既避免盲目发展高标准再生水，造成浪费，又减少了对环境的危害风险。再生水在城

市生态系统中起着至关重要的作用。城市湿地在世界范围内被广泛用于改善水质，城市绿地可以大大缓解热岛效应，有效减少冬季烟雾。城市景观用水对于维持城市水体的状况、为当地居民提供更好的生活环境至关重要。因此，再生水被认为是城市景观水的重要潜在替代来源。

1. 再生水利用模式探讨

1) 小尺度企业和居民区利用模式

小尺度企业和居民区利用模式是从企业和社区自身出发对水资源的有效利用，主要通过再生水回用措施实现减量化和资源化。工业废水、厂区生活污水和小区生活污水作为回用系统的原水，进行原位处理后满足工业用水或生活杂用水要求，有效促进企业水资源节约和利用效率，降低企业生产成本、改善自然环境(任杰等，2014)。

2) 中尺度工业园区梯级和城市集中处理利用模式

工业园区再生水利用以工业园区为依托，企业间再生水梯级利用，将一个企业自己多余再生水用于另一企业，即再生水在企业之间循环。将再生水利用从企业“自产自用”向“自产他用”发展，以供生产、生活、生态等多样化用水形式需要，进而形成园区内的水资源梯级利用网络。国家鼓励进行水的分类利用和循环使用，应当积极发展串联用水系统和循环用水系统，以提高水的重复利用率。开展集中处理回用，应依托污水集中处理设施，建设再生水回用配套设施，推进再生水在绿化、道路洒水、生态景观等方面的应用，实现水资源的循环利用和节约利用(任杰等，2014)。

3) 大尺度社会利用模式

社会大循环利用模式主要是将工业园区和居民区的污水进行处理，统一利用。以污水综合利用为依托，融入海绵城市建设理念，在工业、农业、城市绿化、市政环卫、生态景观及公共建筑生活杂用水等满足要求的前提下优先使用再生水。在社会系统内部将再生水输送到城市湿地公园，在实现零排放的同时，替代了原本市政供水的使用，具有良好的经济效益、生态效益和社会效益。通过水景绿化系统的构建，促进生态的修复，增强生物多样性，促进区域社会经济，提高水资源的利用效率，可为市民提供一个安全可靠的生态环境，满足基本水景观需求。再生水城市内循环利用模式见图 4-28。

2. 面向生态的再生水循环利用模式

与常规水源不同，城市生活污水经过处理作为再生水供水时，由于处理方法不同，中水中的污染物质去除程度存在差异。另外，不同区域的土壤类型、植物

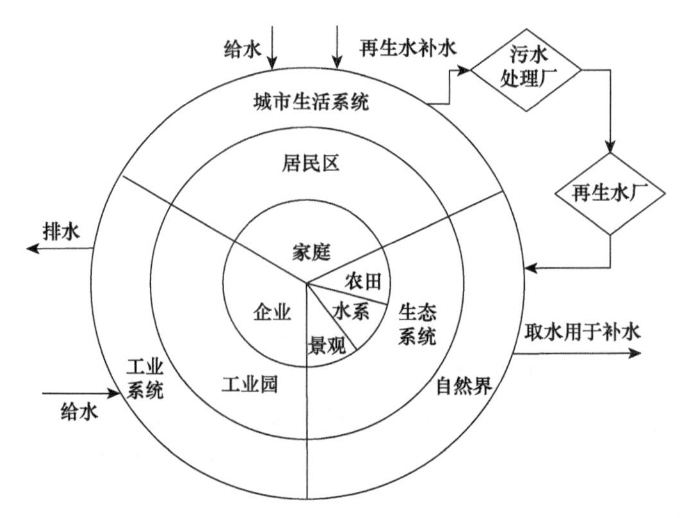

图 4-28　再生水城市内循环利用模式

种类、降雨径流特点、河流湖泊的环境承载能力不同，而且对同一个城市而言，不同用户对水质要求也存在差异。这就要求政策制定者根据现实情况，进行再生水的分质供水，或者通过处理厂的技术升级使再生水出水满足大多用户需求的水质。这样既避免了地方盲目规划发展高标准再生水，造成技术浪费，又可以减少低质量中水排放对生态环境造成危害。

经过污水处理厂处理,人工强化系统的污水回用是传统意义上的再生水利用，基本特征是污水处理厂出水进行直接利用，利用途径是单一的，且所有再生水仅进行一次利用，除了没有形成循环结构，还存在自然属性欠缺和不同用户间配置不合理导致的利用效率不高的问题。再生水水质和安全性受到质疑，用户接受程度不高，且不同用户之间往往不存在联系，输配水管线建设难度大(王玮婕，2020)。

需要指出的是，城市生态系统对于维持城市空气和水质状况并为当地居民提供更好的生活环境有重要意义。其中，自然湿地和人工湿地在世界范围内被广泛用于改善水质；城市绿地可以大大缓解热岛效应，有效减少冬季烟雾。城市景观生态补水不直接接触人体，对水质要求相对不高，因此再生水被认为是城市景观水的重要潜在替代来源。经过二级处理的再生水水质可以满足城市景观用水要求，并且可以通过城市景观带进一步净化，从而保证再生水进入天然河流的安全性。国外早在 20 世纪 30 年代就开始将城市污水处理厂出水作为人工河湖观赏用水。新加坡、美国、澳大利亚和日本等国开展污水再生利用较早，美国旧金山首次将污水处理厂出水作为公园内的湖泊观赏用水补给水源，在之后的十五年，工程回用于公园湖泊和人工景观的再生水量已替代了公园四分之一的常规水补水量。美国的成功案例给世界各国提供了再生水景观生态回用的范例，再生水回用于城市河湖景观的方式得到了进一步发展和推广。随着污水处理技术的提高，再生水更多地用于低质工业用水、市政杂用，甚至在部分国家作为生活用水的部分替代水源，为缓解城市水资源供需矛盾和维持生态系统稳定做出了突出贡献。

西北内陆区自然水资源缺乏，生态环境脆弱，在生态建设方面对再生水需求量较大，考虑构建灰色处理和协同运行的回用系统。该系统以人工水生态调控媒介为核心，融合工业企业、家庭生活和市政公共杂用的水循环利用，构成区域水资源的生态循环模式：在城镇污水处理厂排放达标的基础上，选择不同再生处理工艺以满足不同水功能区要求和主要用户水质；为提高居民接受程度，将经过工程措施处理得到的再生水排入区域内人工调控的水生态系统(人工湿地、氧化塘、河湖景观水系等)，将经过水生生态系统自净的生态再生水用于非饮用生活用水、工业冷却用水和市政杂用(城市绿化林草、道路浇洒、消防、建筑施工等)等。与传统回用模式不同的是，生态回用模式将使用再生水的生态景观作为再生水调控中心，在优化配置水资源的同时，借助生态和自然的净化能力，实现水质净化，生态回用模式示意图见图 4-29(王玮婕，2020)。

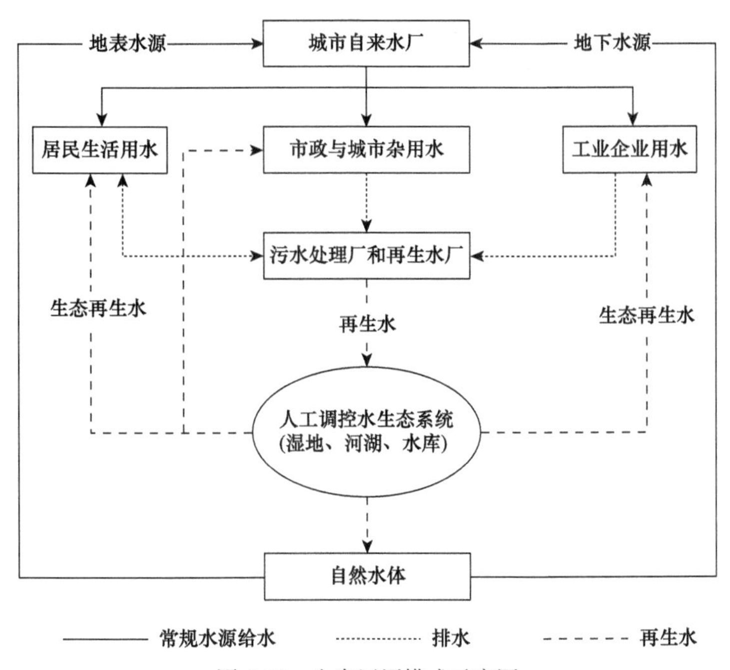

图 4-29　生态回用模式示意图

再生水的生态循环再生利用方式保障了生态用水，然后通过河流水体净化(再生水的生态再生)，提高了水质安全性和公众观感；后续根据用户需求进行分质分量供水，提高了再生水利用效率，节省水处理成本。该模式以与常规水源相反的阶梯式供水方式，兼顾各潜在用户，平衡了生态、市政、工业和生活用水水量需求。运用该生态循环的再生水利用模式，再生水利用量和利用率在理论上达到最优水平，是较为理想的水资源循环利用模式。

3. 再生水利用优化配置的多阶段多目标规划模型构建

以人工水生态调控媒介为核心的城市再生水循环利用模式中，大多城市的排水和污水处理工程已经建设得相对完善。因此，本书再生水利用的优化配置研究目标为再生水的供水和配水过程，划分为三个阶段，如图 4-30 所示。

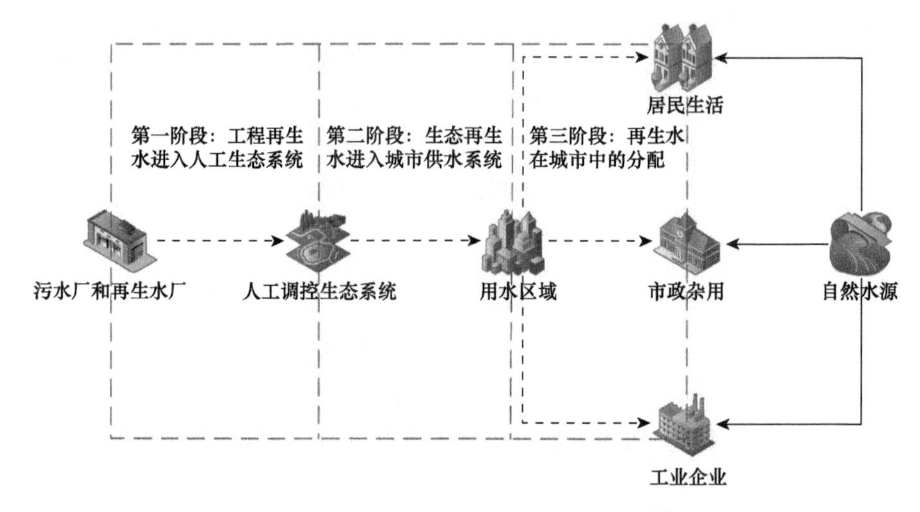

图 4-30　基于生态调控的再生水多阶段输配水示意图(见彩图)

第一阶段。该阶段工程再生水不直接进行回用，而是全部被输送到河湖、湿地、水库等人工生态调控系统。此时需要考虑污水处理厂的处理规模，核算可供给到人工生态系统的出水量；另外，需要考虑人工河湖的最大容量和维持其生态系统稳定所需的最小水量。本阶段输水的目标是在满足水量约束的条件下，优化输水路径，使得输水成本(管网建设投资费用)最小。

第二阶段。第二阶段是将经过人工河湖净化的生态再生水输送至城市供水系统，输水路径与第一阶段类似，也需要以输水成本最小为目标进行优化。在这一阶段，可供给的生态再生水水量为第一阶段水厂的输出量减去人工河湖自我调节的需水量。第二阶段输水量与第三阶段城市对再生水的需求量有关：当总需求量大于可供给量时，目标是在输水成本最小的情况下将尽量多的生态再生水进行有效利用；当可供给量大于需求量时，优化目标是在满足再生水总需求量的情况下，使输水成本最小，此时为满足再生水优先供给城市，可增加一个虚拟用水区域，使该用户用水成本显著大于供给其他用户的单位成本，从而只有再生水利用率最大才能保证输水成本最小。

第三阶段。第三阶段为再生水在城市中的分配，即各用水区域不同用户的再生水需求量和用水量核算。居民生活、城市杂用和工业生产过程对再生水的需求比例不同，需求量和用户对再生水的接受程度相关，在水质稳定时，主要受再生水水价影响，因此再生水需求量为再生水价格的函数。

区域内各用户再生水用量为可供给量和最大需求量中的较小值，本书通过价格函数影响用户对再生水的接受程度，从而控制再生水需求量。在第三阶段，由于区域范围小，不考虑输水成本，而是将再生水和自来水的价格收益最大化作为配水优化目标。不同用户对价格变化的敏感程度不同，因此最终可求得不同用途的再生水最优价格和配水量(王玮婕，2020)。

4. 典型城市的再生水生态利用优化配置

乌鲁木齐市是我国“一带一路”倡议和丝绸之路经济带核心区的主要城市，进入了全面推进城市现代化、国际化、生态化、人文化的重要历史阶段。乌鲁木齐市是世界上距离海岸线最远的城市，属温带大陆性干旱气候，全年降水少，日照强烈。东、南、西三面环山，北部是平原，山地面积占总面积的 60%以上。作为西北内陆区具有鲜明特色的典型城市，乌鲁木齐市面临资源性缺水、地下水超采、生态环境脆弱等突出问题，加强水资源综合利用是支撑城市可持续发展的必备条件。

乌鲁木齐市南部的天山融雪是当地居民生活和工业企业用水的主要水源，由于城市地理位置和气候变化的影响，2000 年以来，乌鲁木齐市面临着日益严重的水资源短缺问题。基于此，以地下盐碱水和再生水为主的替代性水源得到越来越多的使用，这些水源的优化配置对支持城市经济和社会的可持续发展起到至关重要的作用。基于《乌鲁木齐市再生水综合利用规划——蓝绿网络系统规划》(uhdz.gov.cn/info/5254/33396.htm)，乌鲁木齐市政府和相关部门重视再生水的回用，对再生水综合利用及城市内部水系、景观和绿化系统作出了相关要求和规划，但其中缺乏细致的运输路径规划和成本收益优化，同时供需水水量配置较为模糊，因此各规划项目实施困难。乌鲁木齐市开展试点研究，参照《乌鲁木齐市再生水综合利用规划——蓝绿网络系统规划》，对乌鲁木齐市主城区再生水的生态回用和供水分配作出可行规划，为西北内陆区相似城市的再生水项目实施提供参考方案(王玮婕，2020)。

1) 案例优化计算

根据《乌鲁木齐市城市总体规划(2014—2020 年)》的城市发展格局与规模，为协调区域水资源承载能力与城市跨越式发展之间的供需关系，全市被分为 12 个子区域，核算乌鲁木齐市中心城区 12 个子区域水质达标污水处理厂 2020 年的预测供水量，预测结果见表 4-10。

表 4-10 乌鲁木齐市各子区域工程再生水供水能力预测(2020 年) (单位：万 m^3)

区域	1	2	3	4	5	6	7	8	9	10	11	12	合计
供水量	14580	3600	1815	90	0	1258	210	2700	0	0	1080	0	25333

由表 4-10 可知，在 12 个子区域中，区域 1 的再生水供水量最大，是城市工程再生水的主要来源，约占 3/5；区域 5、9、10 和 12 再生水供水量为 0，表明暂无再生水厂，该区域再生水的利用需依靠其他区域供水。

乌鲁木齐市内有许多山川、河道、公园，自然生态环境良好，当前的水系已基本贯通，有利于再生水进行城市内的景观绿化补水。乌鲁木齐市地势南高北低，自然水系由南部山区经过城市向北部，由于水量较少，上游乌拉泊水库主要保证城市供水，无多余水量向下游渠系下泄，致使大部分渠道无水可流，主城区现状河道和渠道大多处于干涸状态，难以满足绿化灌溉及营造景观需求。因此，乌鲁木齐市在进行再生水回用时，应率先满足城区内的生态需求(王玮婕，2020)。

根据《乌鲁木齐市再生水综合利用规划——蓝绿网络系统规划》，对 2020 年乌鲁木齐市各子区域人工调控的景观河湖和再生水水库分布、容量和维持自身生态系统稳定的需水量进行统计，结果见表 4-11。

表 4-11 乌鲁木齐市各子区域人工调控生态水系统需水量和容量(2020 年) (单位：万 m^3)

区域	1	2	3	4	5	6	7	8	9	10	11	12	合计
需水量	665	338	196	164	100	141	357	237	127	180	240	360	3105
容量	3060	1440	1350	918	412	1980	3760	1350	589	944	2686	7180	25669

由于水质差异，再生水输水管网需要独立于常规水源建设。一般情况下，单位再生水的输水成本仅与运输距离相关，距离越远，成本越高。另外，乌鲁木齐市污水处理厂多分布于城市北部，为了使再生水得到有效利用，需要建设扬水工程以满足再生水输送。因此，在进行输水成本核算过程中，使用不同区域之间距离的不同地形高程带来的基础设施建设难度，确定单位输水成本。

计算再生水单位输水成本时，设定需扬水的输水管线单位输水成本为 0.7 元 · $(m^3 \cdot 100m)^{-1}$，不需扬水的输水管线单位输水成本为 0.3 元 · $(m^3 \cdot 100m)^{-1}$(王玮婕，2020)。经核算，区域间调水的成本矩阵如表 4-12 所示。

表 4-12 乌鲁木齐市各子区域再生水输送成本矩阵 (单位：元 · m^{-3})

区域	1	2	3	4	5	6	7	8	9	10	11	12
1	13.5	27.0	63.0	94.5	63.0	63.0	126.0	157.5	157.5	157.5	157.5	27.0
2	63.0	13.5	126.0	157.5	94.5	63.0	189.0	189.0	157.5	157.5	126.0	27.0

续表

区域	1	2	3	4	5	6	7	8	9	10	11	12
3	27.0	54.0	13.5	63.0	94.5	126.0	63.0	126.0.	126.0	157.5	189.0	40.5
4	40.5	67.5	27.0	13.5	27.0	40.5	27.0	63.0	94.5	126.0	157.5	67.5
5	27.0	40.5	40.5	27.0	13.5	27.0	94.5	126.0	94.5	126.0	126.0.	54.0
6	27.0	27.0	54.0	94.5	27.0	13.5	54.0	126.0	94.5	94.5	63.0	40.5
7	54.0	81.0	27.0	27.0	40.5	54.0	13.5	63.0.	94.5	126.0	157.5	67.5
8	67.5	81.0	54.0	27.0	54.0	54.0	27.0	13.5	27.0	40.5	54.0	81.0
9	67.5	67.5	54.0	40.5	40.5	40.5	40.5	27.0	13.5	27.0	40.5	67.5
10	67.5	67.5	67.5	54.0	54.0	40.5	54.0	40.5	27.0	13.5	27.0	67.5
11	67.5	54.0	81.0	67.5	54.0	27.0	67.5	54.0	40.5	27.0	13.5	54.0
12	27.0	27.0	40.5	67.5	54.0	40.5	67.5	81.0	67.5	67.5	54.0	13.5

拟定乌鲁木齐市再生水用户为生活用水、市政杂用水和工业用水。其中，生活用水包含饮用、洗漱等直接接触人体的用水和冲厕等非人体直接接触用水；市政杂用水主要是绿化、道路浇洒、洗车、消防等用水；工业用水包含循环冷却水和工艺用水等。根据相关用水规划，对乌鲁木齐市 2020 年各子区域用户需水量进行核算，结果见表 4-13。

表 4-13　乌鲁木齐市各子区域用户需水量预测(2020 年)　(单位：万 m^3)

用户	1	2	3	4	5	6	7	8	9	10	11	12	合计
生活用水	3255	1172	1503	885	901	943	954	954	1156	1060	1060	876	14719
市政杂用水	2395	1052	1154	754	903	1119	1113	312	461	765	1776	1620	13424
工业用水	3335	8753	8393	600	1455	1391	600	725	1800	1950	1980	460	31442

根据不同用途再生水水质要求和乌鲁木齐市规划建设提升的污水处理工艺可达到的再生水水质标准，居民生活用水、市政杂用水和工业用水的再生水比例为 0.3∶1∶0.5，代入模型计算(王玮婕，2020)。

2) 案例优化结果

使用 Lingo 软件计算 2020 年乌鲁木齐市 12 个子区域再生水优化配置方案，得到如下多目标非线性规划的结果。

第一、第二阶段输水路径优化结果：工程再生水输送至人工生态系统的路径水量优化和生态再生水输送至城市各子区域供水管网的路径水量优化。这两个阶段的最小输水成本总和为 152.95 亿元(王玮婕，2020)，具体输水线路优化结果见表 4-14、表 4-15。

表 4-14　工程再生水运输过程优化结果　　(单位：万 m^3)

区域	B_1	B_2	B_3	B_4	B_5	B_6	B_7	B_8	B_9	B_{10}	B_{11}	B_{12}	合计
A_1	3060	0	1350	918	412	1980	0	0	0	0	0	6860	14580
A_2	0	1440	0	0	0	0	0	0	0	0	1840	320	3600
A_3	0	0	0	0	0	0	1815	0	0	0	0	0	1815
A_4	0	0	0	0	0	0	90	0	0	0	0	0	90
A_6	0	0	0	0	0	0	1258	0	0	0	0	0	1258
A_7	0	0	0	0	0	0	210	0	0	0	0	0	210
A_8	0	0	0	0	0	0	51	1350	589	710	0	0	2700
A_{11}	0	0	0	0	0	0	0	0	0	234	846	0	1080
合计	3060	1440	1350	918	412	1980	3424	1350	589	944	2686	7180	25333

注：A 表示工程再生水供水子区域；B 表示接收工程再生水的生态子区域。

表 4-15　生态再生水运输过程优化结果　　(单位：万 m^3)

区域	S_1	S_2	S_3	S_4	S_5	S_6	S_7	S_8	S_9	S_{10}	S_{11}	S_{12}	合计
B_1	2395	0	0	0	0	0	0	0	0	0	0	0	2395
B_2	0	1102	0	0	0	0	0	0	0	0	0	0	1102
B_3	0	0	1154	0	0	0	0	0	0	0	0	0	1154
B_4	0	0	0	754	0	0	0	0	0	0	0	0	754
B_5	0	0	0	0	312	0	0	0	0	0	0	0	312
B_6	0	0	0	0	1037	802	0	0	0	0	0	0	1839
B_7	0	0	1392	275	0	0	1400	0	0	0	0	0	3067
B_8	0	0	0	0	0	0	0	624	489	0	0	0	1113
B_9	0	0	0	0	0	0	0	0	462	0	0	0	462
B_{10}	0	0	0	0	0	0	0	0	0	764	0	0	764
B_{11}	0	0	0	0	0	0	0	0	0	115	2331	0	2446
B_{12}	1234	1883	529	0	0	758	0	0	69	458	23	1866	6820
合计	3629	2985	3075	1029	1349	1560	1400	624	1020	1337	2354	1866	22228

注：B 表示生态再生水的供水子区域；S 表示城市用水子区域。

在第一阶段的优化结果中，区域 1 向区域 1、3、4、5、6、12 的人工河湖供水，在子区域中供水量最大；区域 2 向区域 2、11、12 供水；区域 3、4、6、7 的工程再生水均输送至区域 7；区域 8 向区域 7、8、9、10 供水；区域 11 向区域 10 和 11 供水；区域 12 获得工程再生水最多。总供水量与表 4-10 中的再生水供水量核算结果一致，表明所有工程再生水均输送至人工生态系统；除了区域 7 的河湖再生水未达到最大容量外，其余河湖均满载。

在第二阶段生态再生水向用水区域配水过程的优化结果中，除了各个子区域的生态再生水供给区域自用外，区域 6 的生态再生水还输送到了区域 5，区域 7 的生态再生水补充到区域 3、4 的再生水供水系统中，区域 8 的部分生态再生水输送到区域 9，区域 11 的少量生态再生水补充到区域 10，区域 12 为除了区域 4、5、7、8 的子区域供水。生态再生水输水总量与第一阶段输水量去除河道景观维持自身生态稳定的需水量一致，即所有生态再生水均可回用于城市，达到了再生水利用率的最大化。

第三阶段再生水配置优化结果：该阶段为各个子区域的再生水在不同用户的分配水量优化，优化目标是经济效益最大。该阶段自来水和再生水水费总和最大为 17.39 亿元，包括居民生活用水、市政杂用水和工业用水的再生水用水量，优化结果见表 4-16。

表 4-16　子区域各用户再生水分配　(单位：万 m^3)

用户	S_1	S_2	S_3	S_4	S_5	S_6	S_7	S_8	S_9	S_{10}	S_{11}	S_{12}	合计
U_1	576	207	266	157	159	167	169	169	205	188	188	155	2606
U_2	2395	1052	1154	754	903	1119	1113	312	461	765	1776	1620	13424
U_3	658	1726	1655	118	287	274	118	143	355	384	390	91	6199

注：S 表示城市用水子区域；U 表示城市不同再生水用户(U_1 表示居民生活用水，U_2 表示市政杂用水，U_3 表示工业用水)。

再生水优化配置结果中，以绿化和道路浇洒为主的市政杂用水最多，所有区域的市政杂用水均使用再生水。居民生活用水和工业用水的再生水替换自来水比例分别为 17.7%和 19.7%，总量上替代自来水量 37%(王玮婕，2020)。

3) 乌鲁木齐市城区再生水输配水水系规划

城市再生水输送主要依赖于南北方向的多条现存水道，并且管线尽可能连接再生水厂和河湖水库。在规划图中，城市利用生态再生水，需要设计与工程再生水不同的输送管线，由于生态再生水利用时大部分为就近输送，仅考虑距离较远子区域间的调水。

本书提出的规划和线路优化结果表明，景观绿化系统所需的水源来自再生水灌溉绿化后的余水，这与当地规划不谋而合，可以有效提高城市水资源的利用效率。另外，在规划建设和运行的过程中，应当加强宣传教育，使全体市民掌握科学的水源知识，树立再生水是可靠供水水源的观念，增强全社会污水资源化和节水意识。同时，为保证城市再生水回用的安全，相关部门应完善再生水水质监测工作，加强和保护人工生态调节区的生态净化功能，使再生水生态利用稳定落到实处(王玮婕，2020)。

参 考 文 献

陈洪彪, 吴庆深, 2005. 矿井疏干水开发利用可行性研究[J]. 煤炭技术, 2005(6): 100-101.

陈书飞, 2011. 咸水灌溉对胡杨和梭梭水分生理生长及土壤水盐运移规律的研究[D]. 石河子:石河子大学.

冯起, 龙爱华, 王宁练, 等, 2019. 西北内陆区水资源安全保障技术集成与应用[J]. 人民黄河, 41(10): 103-108.

贡璐, 刘曾媛, 塔西甫拉提·特依拜, 2015. 极端干旱区绿洲土壤盐分特征及其影响因素[J]. 干旱区研究, 32(4): 657-662.

韩青, 2013. 乌鲁木齐市生鲜蔬菜质量安全检验机构能力评价研究[D]. 乌鲁木齐: 新疆农业大学.

姜俊超, 2007. 区域水资源储备主要模式研究[D]. 大连: 辽宁师范大学.

李秉朝, 赵环, 2013. 西北部矿区矿井水的处理与综合利用研究[J]. 济宁学院学报, 34(3): 29-32.

刘赛华, 杨广, 张秋英, 等, 2020. 典型荒漠植物梭梭在咸水滴灌条件下土壤水盐运移特性[J]. 灌溉排水学报, 39(1): 52-60.

刘友兆, 付光辉, 2004. 中国微咸水资源化若干问题研究[J]. 地理与地理信息科学, (2): 57-60.

麦麦提吐尔逊 · 艾则孜, 米热古力·艾尼瓦尔, 古丽孜巴·艾尼瓦尔, 等, 2015. 伊犁绿洲土壤盐渍化与浅层地下水水化学特征分析[J]. 干旱地区农业研究, 33(5): 193-200.

任杰, 阎官法, 刘爱荣, 等, 2014. 河南省再生水利用模式研究[J]. 河南科技, 2014(12): 181-182.

任俊超, 2015. 北京工业开发区再生水利用模式及借鉴[D]. 长春: 吉林大学.

汤青, 2016. 电絮凝过程处理染料废水工艺及其机理的研究[D]. 镇江: 江苏科技大学.

汪珊, 孙继朝, 李政红, 2004. 西北地区地下水质量评价[J]. 水文地质工程地质, 2004(4): 96-100.

王世金, 何元庆, 赵成章, 2008. 西北内陆河流域水资源优化配置与可持续利用——以石羊河流域民勤县为例[J]. 水土保持研究, 18(5): 22-25, 29.

王玮婕, 2020. 西北内陆区再生水利用的潜力评估和优化配置探究[D]. 西安: 西北大学.

王泽林, 2020. 非常规水滴灌对土壤理化性质及棉花生理生长影响的试验研究[D]. 石河子:石河子大学.

王泽林, 杨广, 王春霞, 等, 2019. 咸水灌溉对土壤理化性质和棉花产量的影响[J]. 石河子大学学报(自然科学版), 37(6): 700-707.

肖利萍, 梁冰, 狄军帧, 2003. 矿井水资源化可行性研究[J]. 辽宁工程技术大学学报, 2003(6): 862-864.

徐珊, 楚新正, 苏艳, 2015. 艾比湖湿地边缘带土壤盐分离子特征分析[J]. 福建农业学报, 30(10): 965-969.

杨英杰, 2013. 北京市再生水工艺评价及优化研究[D]. 北京: 北京建筑大学.

袁航, 2009. 矿井水处理中絮凝剂优化技术研究[D]. 西安: 西安建筑科技大学.

袁航, 石辉, 2008. 矿井水资源利用的研究进展与展望[J]. 水资源与水工程学报, 19(5): 50-57.

袁志容, 赵敏, 2005. 膜生物反应器技术及膜污染的探讨[J]. 环境科学与管理, 2005(6): 77-79.

张光连, 2005. 北京市再生水综合利用规划研究[D]. 北京: 中国农业大学.

张平军, 2010. 西北内陆干旱区的水资源合理配置及未来问题研究[J]. 甘肃理论学刊, 2010(6): 125-127.

张书晴, 2018. 水污染防治行动计划对温室气体的影响研究[D]. 天津: 天津大学.

第 5 章　西北内陆区保水节水技术集成与应用

西北内陆区最主要的环境问题是高温、缺水、蒸散量大及少雨。在这种情况下，植被很难适应贫瘠的土壤结构与恶劣的气候环境，因此成活率很低。为了推动内陆河流域上中下游地区生态建设的进程，选择合适的抗旱物种是当地生态恢复的重要条件。通过适地适树的原则，规划水资源的利用，通过科学的造林技术手段，保证地区生物多样性(苏丽红，2016)。回顾多年来西北内陆区生态保护和建设的实践，总结正反两方面的经验，可以从中得到不少启示。为进一步恢复西北内陆区破坏的生态和保证丝绸之路经济带生态安全，本章对西北内陆区流域荒漠绿洲的生态保护和恢复技术加以总结，希望对以后的生态建设实践有所裨益。

关于西北内陆区山地水源涵养林功能研究进展、生态系统恢复技术研究进展和祁连山地区生态环境治理工程与技术进展，本书作者团队已于 2019 年出版了《祁连山生态系统保护修复理论与技术》一书，书中详细介绍了祁连山不同植物群落空间分布格局的驱动机制、祁连山植物适应不同环境的性状和生存策略差异性，研发了山区水源涵养林生态保育模式、退化草地修复技术、浅山区造林技术、林草结构优化和水土保持等技术(冯起，2019)。有关以上研究本书不再重复。

5.1　水源涵养区水文调蓄功能提升技术

5.1.1　土壤蓄水性能特征

研究区不同生态系统土壤蓄水性能结果如表 5-1 所示。除耕地外，其余四类生态系统土壤质量含水量都随着土层深度的增加而递减。湿地土壤各土层深度平均质量含水量最大(57.44%)，其次为灌丛(30.47%)、草地(26.76%)、林地(23.31%)，耕地最小(12.28%)；各生态系统土壤各土层深度平均贮水量的大小和质量含水量一致，即湿地(46.16mm) > 灌丛(27.84mm) > 草地(26.63mm) > 林地(18.79mm) > 耕地(14.56mm)。0～50cm 土层深度内各生态系统土壤贮水量变化趋势不同。各生态系统土壤平均饱和蓄水量林地最大(624.90t · hm^{-2})，其次为湿地(613.22t · hm^{-2})、草地(564.80t · hm^{-2})、灌丛(556.17t · hm^{-2})，耕地最小(531.88t · hm^{-2})；除耕地外，其余生态系统土壤饱和蓄水量都呈现自表层开始逐层向下递减的趋势。各生态系统土壤平均毛管蓄水量湿地最大(427.82t · hm^{-2})，其次为灌丛(281.92t · hm^{-2})、草地(250.07t · hm^{-2})、耕地(176.21t · hm^{-2})，林地最小(171.87t · hm^{-2})；0～50cm 土层深度内各生态系统土壤饱和蓄水量变化趋势基本一致，基本表现为随土层的加深而增大。

表 5-1　不同生态系统土壤蓄水性能

生态系统	土层深度/cm	质量含水量/%		贮水量/mm		饱和蓄水量/(t · hm^{-2})		毛管蓄水量/(t · hm^{-2})	
		平均值	标准差	平均值	标准差	平均值	标准差	平均值	标准差
林地(n=77)	0～10	27.69	14.27	17.26	3.30	696.32	80.42	126.05	21.59
	10～20	25.42	12.41	19.13	4.81	649.11	59.75	165.93	6.37
	20～30	22.62	9.31	19.00	4.77	623.03	41.54	173.44	23.20
	30～40	21.95	8.80	20.33	5.46	589.24	23.35	203.23	40.85
	40～50	18.88	7.88	18.24	5.34	566.80	16.92	190.72	38.16
草地(n=226)	0～10	36.17	19.47	27.93	9.07	626.74	62.76	233.79	65.73
	10～20	26.80	11.77	26.02	7.64	573.60	49.17	242.67	74.44
	20～30	26.06	12.13	27.39	9.42	559.24	50.88	259.18	94.27
	30～40	22.78	10.02	26.07	8.01	533.33	51.54	256.62	91.68
	40～50	21.98	9.43	25.74	8.36	531.07	50.39	258.08	97.26
灌丛(n=94)	0～10	43.55	4.58	31.40	1.75	669.27	14.43	253.43	8.07
	10～20	34.42	3.63	30.63	2.63	594.26	21.27	296.63	15.28
	20～30	28.27	4.54	27.54	1.48	550.00	25.25	289.84	33.98
	30～40	23.94	2.44	25.97	0.58	505.59	15.89	297.12	22.13
	40～50	22.16	1.41	23.68	2.29	461.72	59.82	272.58	42.94
湿地(n=12)	0～10	62.03	40.11	44.72	22.62	665.50	92.12	339.75	193.11
	10～20	58.02	38.28	44.90	21.28	641.07	119.47	379.55	218.51
	20～30	59.58	44.83	46.91	20.51	624.61	117.97	421.08	222.65
	30～40	54.15	43.69	47.46	20.50	583.10	139.13	490.75	285.80
	40～50	53.40	48.90	46.81	21.40	551.83	162.26	507.95	298.02
耕地(n=12)	0～10	10.52	2.42	12.97	3.43	530.17	53.89	162.52	55.75
	10～20	11.02	3.23	13.42	4.17	533.02	58.66	166.25	61.56
	20～30	13.59	5.73	15.16	4.44	549.84	70.79	174.93	50.34
	30～40	12.69	4.55	15.25	5.33	537.37	60.59	188.25	73.07
	40～50	13.57	3.88	16.01	5.14	509.00	166.18	189.10	64.31

注：n 为样本数量。

5.1.2　水源涵养量的时空变化规律

研究区水源涵养量空间分布整体呈东南高、西北低的规律。东南部的门源县是整个研究区水源涵养量最大的区域，该区域植被盖度高，主要以林地为主。通过对比发现水源涵养分布与降雨量大小有很大关系。西北部的托勒附近有较大的水源涵养量，中部祁连县的八宝镇附近也为水源涵养量较大地区。研究祁连山南坡 2000～2015 年的水源涵养量变化情况发现，2000～2015 年整个研究区的水源涵养量整体呈增加趋势，增加面积占整个研究区面积的比例为 94.23%；以每 5 年为一个时间段进行分析，发现 2000～2005 年、2006～2010 年、2011～2015 年水源涵养量增加的面积占分别整个研究区面积的 99.49%、22.51%、49.56%，水源涵养量在 2005 年有一个较大的提升；2010～2015 年，水源涵养量增加的面积仅占整个研究区的 22.51%，这可能是因为降雨量是祁连山南坡生态系统水源的主要供给来源(魏星涛，2018)。

5.1.3　主要生态系统水源涵养量时空变化特征

利用土地利用类型数据，分别提取出 2000 年、2005 年、2010 年、2015 年草地、林地、灌丛、湿地、耕地类型，计算不同生态系统的水源涵养量，生态系统面积从大到小依次为草地、灌丛、湿地、耕地和林地。其中，2000～2005 年水源涵养量增长幅度为 2.37 亿 m^3，2005～2010 年增长幅度为 0.76 亿 m^3，2010～2015 年增长幅度为 1.03 亿 m^3。通过 ArcGIS10.0 软件的统计功能分析可知，2000 年草地水源涵养量平均值为 48mm，标准差为 50mm，最大值为 313mm；2005 年草地水源涵养量平均值为 66mm，标准差为 61mm，最大值为 336mm；2010 年草地水源涵养量平均值为 74mm，标准差为 51mm，最大值为 299mm；2015 年草地水源涵养量平均值为 80mm，标准差为 47mm，最大值为 274mm。在祁连山南坡的 5 类生态系统中，草地生态系统面积占比最大，15 年间祁连山南坡草地的面积减少了 1.13%，水源涵养总量 2000～2015 年稳步增长，15 年间水源涵养量共计增长 4.16 亿 m^3。

祁连山南坡灌丛面积 2000～2015 年减少了 0.2%，水源涵养量持续增长，15 年间水源涵养量共计增长 0.80 亿 m^3。其中，2000～2005 年增长量为 0.21 亿 m^3；2005～2010 年增长量低于前 5 年增长量，为 0.11 亿 m^3；2010～2015 年增长量变化最大，为 0.48×亿 m^3。通过统计分析可知，2000 年、2005 年、2010 年、2015 年灌丛水源涵养量平均值、标准差、最大值分别为 49mm、45mm、313mm；55mm、53mm、336mm；59mm、41mm、299mm；75mm、41mm、274mm。

湿地主要分布在研究区的中西部，面积从 2000 年到 2015 年减少了 0.1%。2000～2005 年、2005～2010 年水源涵养量增长量大致相同，分别为 0.36 亿 m^3、0.37 亿 m^3，2010～2015 年湿地的水源涵养量增长较大，为 0.60 亿 m^3。统计分析可知，2000 年、2005 年、2010 年、2015 年湿地水源涵养量平均值、标准差、最大值分别为 30mm、25mm、216mm；53mm、37mm、253mm；75mm、30mm、257mm；80mm、30mm、215mm。

耕地的面积变化主要集中在研究区的东部，2000～2015 年减少了 1.78%。耕地的水源涵养量 2000～2015 年整体有所下降，15 年间水源涵养量共计下降 0.05 亿 m^3。其中，2000～2005 年减少最多，为 0.09 亿 m^3；2005～2010 年减少量次之，为 0.04 亿 m^3；2010～2015 年耕地的水源涵养量有所提升，为 0.08 亿 m^3，但增加量少于减少量，整体呈下降趋势。通过分析可知，2000 年、2005 年、2010 年、2015 年耕地水源涵养量平均值、标准差、最大值分别为 74mm、41mm、302mm；62mm、32mm、323mm；67mm、34mm、297mm；80mm、31mm、263mm。

林地的面积 2000～2015 年增加了 22.32%。祁连山南坡林地的水源涵养量在 2000～2015 年基本无变化，15 年间增长量仅为 0.10 亿 m^3。2000～2005 年林地的水源涵养增长量为 0.02 亿 m^3；2005～2010 年水源涵养量减少了 0.02 亿 m^3；2010～2015 年少量增长，增长量为 0.10 亿 m^3。通过统计分析可知，2000 年、2005 年、2010 年、2015 年林地水源涵养量平均值、标准差、最大值分别为 64mm、53mm、313mm；55mm、49mm、336mm；51mm、47mm、299mm；71mm、39mm、274mm。

总之，2000 年青海省实施退耕还林(草)工程以来，祁连山南坡的林地增长较为显著，相对于 2000 年，2015 年的林地覆盖面积增加了 22.32%。其他生态系统的面积也随之有一定的浮动变化，面积变化对不同生态系统水源涵养能力的影响并不大。五大生态系统 2015 年的水源涵养量均相对于 2000 年有一定比例的增长。在计算不同生态系统水源涵养量时发现，2000 年以来水源涵养量都有不同程度的增加。其中，湿地增加了 160.07%，增长幅度最大；草地增加了 65.52%；灌丛增加了 51.74%；林地增加了 10.95%；耕地生态系统增加了 8.21%。

5.1.4 土壤水源涵养组合模式

本小节提出祁连山最佳水源涵养组合模式，主要通过不同生态系统的保育能力、保水潜力、蓄水潜力这三个方面讨论。首先，水源涵养生态系统主要是以自身的调节能力为出发点，对整个水源涵养过程进行水分提供，那么自身的蓄水潜力就显得尤为重要；其次，在具有较强饱和蓄水潜力的情况下，各生态系统必须有较强的保水潜力才能维持整个生态系统的水源供给涵养功能；最后，必须对具备上述两点的生态系统进行保育，才能具有水源涵养循环功能。基于此，对祁连山南坡不同生态系统土壤保育潜力、保水潜力和蓄水潜力(表 5-2～表 5-4)进行分析，可知不同生态系统中草地和灌丛土壤粒级粗化，土壤发育较其他类型差，最需要保育。草地中需要保育的植被类型是退化草地和沼泽草甸，林地中需要保育的植被类型是祁连圆柏，灌丛中需要保育的植被类型是金露梅灌丛。通过分析不同生态系统土壤保水潜力和蓄水潜力可知，湿地和林地的保水潜力和蓄水潜力都强，林地对应的植被类型是青海云杉；草地保水潜力和蓄水潜力中等，对应的植被类型是沼泽草甸和温性草地；灌丛土壤理想情况下蓄水潜力较强，但是其保水潜力较弱。

表 5-2　不同生态系统土壤保育潜力

生态系统	保育潜力	需要保育的植被类型
草地	强	退化草地、沼泽草甸
林地	中	祁连圆柏
灌丛	强	金露梅灌丛
湿地	弱	—
耕地	弱	—

表 5-3　不同生态系统土壤保水潜力

生态系统	保水潜力	优势保水潜力植被类型
草地	中	沼泽草甸、温性草地
林地	强	青海云杉
灌丛	弱	箭叶锦鸡儿灌丛
湿地	强	—
耕地	弱	—

表 5-4　不同生态系统土壤蓄水潜力

生态系统	蓄水潜力	优势蓄水潜力植被类型
草地	中	沼泽草甸、温性草地
林地	强	青海云杉
灌丛	中	箭叶锦鸡儿灌丛
湿地	强	—
耕地	弱	—

分析不同生态系统土壤物理指标和蓄水能力指标，结合土壤保育潜力、保水潜力和蓄水潜力等诸多方面的考虑，本小节得出提升祁连山南坡水源涵养能力的最优组合，见表 5-5。

表 5-5　不同生态系统水源涵养最优组合

植被组合	水源涵养能力	优势涵养植被类型
林地	强	青海云杉
湿地		—
林地+湿地		青海云杉
林地+草地	中	青海云杉、沼泽草甸、温性草地
湿地+草地		沼泽草甸、温性草地
草地+灌丛		沼泽草甸、温性草地、箭叶锦鸡儿灌丛
林地+草地+灌丛		青海云杉、沼泽草甸、温性草地、箭叶锦鸡儿灌丛
灌丛	弱	—

5.2　山前生态系统水土保持技术

5.2.1　西北内陆区水土流失现状

水土流失主要受自然和人为两大因素影响，自然因素主要包括地形、气候、植被、土壤等，人为因素主要为社会因素，包括农牧业、其他生产建设活动及其他破坏地表植被的活动等。

根据 2011 年第一次全国水利普查的水土流失数据，全国水土流失总面积达到 294.91 万 km^2，其中西北内陆区水土流失面积达 130.69 万 km^2，占全国水土流失总面积的 44.31%，占西北内陆区总面积的 60.36%。西北内陆区风力侵蚀面积 94.05 万 km^2，占本区域水土流失总面积 71.96%，主要发生在荒漠区；冻融侵蚀面积 28.00 万 km^2，占 21.44%，主要发生在高海拔山区；水力侵蚀面积 8.64 万 km^2，占 6.61%，主要发生在高山与绿洲之间的山前地区(表 5-6)。西北内陆区土壤侵蚀以风力侵蚀为主。

表 5-6　西北内陆区不同流域水土流失情况　　(单位：万 km^2)

流域	水土流失面积	水力侵蚀面积	风力侵蚀面积	冻融侵蚀面积
石羊河	2.68	0.56	2.07	0.05
黑河	3.53	0.92	1.91	0.70
疏勒河	8.07	0.07	7.04	0.96

续表

流域	水土流失面积	水力侵蚀面积	风力侵蚀面积	冻融侵蚀面积
青海湖水系	1.90	0.78	0.36	0.76
柴达木盆地	16.00	0.28	9.98	5.74
准噶尔盆地	17.21	0.74	16.45	0.02
天山北麓诸河	11.57	1.80	9.16	0.61
塔里木河流域	69.73	3.49	47.08	19.16
西北内陆区	130.69	8.64	94.05	28.00

西北内陆区土壤侵蚀强度分为微度、轻度、中度、强烈、极强烈、剧烈。轻度侵蚀面积为 65.31 万 km^2，中度侵蚀面积为 22.11 万 km^2，强烈侵蚀面积为 13.30 万 km^2，极强烈侵蚀面积为 12.51 万 km^2，剧烈侵蚀面积为 17.46 万 km^2，区域内以轻度侵蚀为主(表 5-7)。

表 5-7　西北内陆区不同土壤侵蚀强度水土流失面积　　(单位：万 km^2)

流域	水土流失面积	轻度	中度	强烈	极强烈	剧烈
石羊河	2.68	0.91	0.26	0.18	0.46	0.87
黑河	3.53	0.92	0.84	0.60	0.39	0.78
疏勒河	8.07	2.10	0.65	0.44	2.25	2.63
青海湖水系	1.90	1.18	0.51	0.11	0.08	0.02
柴达木盆地	16.00	7.89	3.49	2.26	1.70	0.66
准噶尔盆地	17.21	3.72	1.01	2.49	3.27	6.72
天山北麓诸河	11.57	5.56	1.84	1.03	2.08	1.06
塔里木河流域	69.73	43.03	13.51	6.19	2.28	4.72
西北内陆区	130.69	65.31	22.11	13.30	12.51	17.46

西北内陆区水土流失重点预防区包括祁连山—黑河、阿尔金山、塔里木河、天山北坡、阿勒泰山五个国家级水土流失重点预防区。根据 2011 年全国水利普查的水土流失面积，将 2018 年水利部全国水土流失动态监测结果与之对比，西北内陆区水土流失重点预防区水土流失面积减少了 34579.00km^2，其中天山北坡重点预防区水土流失面积减少了 20296.00km^2，面积减少最多；轻度侵蚀和强烈及以上侵蚀面积都略有降低，中度侵蚀面积略有增加(表 5-8)。

表 5-8　西北内陆区各水土流失重点预防区水土流失变化情况

重点预防区		轻度	中度	强烈及以上	合计
祁连山—黑河	2018 年面积/km²	13660.00	10441.00	76417.00	100518.00
	2011 年面积/km²	10454.00	11621.00	81885.00	103960.00
	变化量/km²	3206.00	−1180.00	−5468.00	−3442.00
	变化率/%	30.67	−10.15	−6.68	−3.31
阿尔金山	2018 年面积/km²	42738.00	58099.00	60246.00	161083.00
	2011 年面积/km²	61067.00	21787.00	79313.00	162167.00
	变化量/km²	−18329.00	36312.00	−19067.00	−1084.00
	变化率/%	−30.01	166.67	−24.04	−0.67
塔里木河	2018 年面积/km²	154540.00	51401.00	780.00	206721.00
	2011 年面积/km²	151620.00	62292.00	173.00	214085.00
	变化量/km²	2920.00	−10891.00	607.00	−7364.00
	变化率/%	1.93	−17.48	350.87	−3.44
天山北坡	2018 年面积/km²	101520.00	23777.00	69579.00	194876.00
	2011 年面积/km²	77649.00	28564.00	108959.00	215172.00
	变化量/km²	23871.00	−4787.00	−39380.00	−20296.00
	变化率/%	30.74	−16.76	−36.14	−9.43
阿勒泰山	2018 年面积/km²	21720.00	20283.00	9341.00	51344.00
	2011 年面积/km²	35183.00	1316.00	17238.00	53737.00
	变化量/km²	−13463.00	18967.00	−7897.00	−2393.00
	变化率/%	−38.27	1441.26	−45.81	−4.45
西北内陆区	2018 年面积/km²	334178.00	164001.00	216363.00	714542.00
	2011 年面积/km²	335973.00	125580.00	287568.00	749121.00
	变化量/km²	−1795.00	38421.00	−71205.00	−34579.00
	变化率/%	−0.53	30.59	−24.76	−4.62

5.2.2　山前生态系统退耕还林(草)保护技术

1. 退耕还林(草)地抚育管理保护技术

退耕还林(草)地需要正常维护管理才能发挥长久效益，对林草地采取松土、除草、采伐等抚育措施，满足林木生长所需，提高森林、草地生产力，保持水土。

(1) 松土除草。松土和除草工作是林地抚育管理过程中最关键和最基础的。为保证土壤中水分，提高土壤的好水性，需要对林地进行松土，提高有机质分解速度。除草主要针对一些经济林、用材林等，避免与苗木竞争土壤养分，提高苗木生产力。除草方式包括人工除草和化学除草。

(2) 抚育采伐。抚育采伐幼中龄林。抚育是指幼林郁闭成林密度达到一定程度，林分稳定以后到近成熟林以前这段时间，为了给保留木创造良好的生长环境，调整林分组成，促进林木生长，提高林分质量，改善林分卫生状况，建立适宜的林分结构，发挥林地多种效能(郭慧斌，2013)。

(3) 透光抚育。造林初期由于林分密度较大，幼林生长至幼中龄林，林木受光照不足。通过伐除过密和质量差的林木，可降低林分密度，调整林分组成，提高光照面积，使林木可以更好地生长。

(4) 低价值林改造。改造时着重林地管理，清除杂草，松土、培土，保证苗木正常生长。对于一些生长不良的苗木，无其他补救方法时应及时伐除。对于林木密度过低的林地，长期不郁闭，林木难以抵抗不良环境条件与杂草灌木的欺压，应加以补植，提高造林密度。

2. 退耕还林(草)地封育保护技术

封山育林(草)通过对生态脆弱地带采取架设围栏等工程措施，加强保护，防止人为干扰和牲畜践踏，逐步逆转水土流失、土地荒漠化趋势，减轻土地的人为压力，提高草类盖度和土壤肥力，可为今后施行乔灌草营建技术创造有利条件(王学福和郭生祥，2014)。

(1) 封育条件。需要封育地类一般为坡角大于35°不宜采取其他治理措施的荒山荒坡、暂时不考虑人工造林的地类、人工造林后为防止人为和牲畜等破坏的地类，采取封育治理措施进行自然生态修复。

(2) 封育方式。封育方式包括全封禁、半封禁。本书研究区是传统的农牧区，土地生产力低下，长期以来，农业生产广种薄收，开垦荒地、破坏性放牧等不合理的农事活动对植被造成了严重破坏，林草地水源涵养能力大大降低。通过封育保护植被，涵养水源，增强封育区生态修复能力。封育期间，禁止采伐、砍柴、放牧、割草及其他一切不利于植物生长繁育的人为活动。

(3) 封育措施。封育措施一般为围栏防护，围栏采用工程围栏。①网围栏：网丝为刺丝，由12＃铅丝制作而成，网围栏由6根刺丝组成，其中4根为纬线，2根斜拉以固定4条纬线，最下面一条纬线距地面20cm，上面各条间距30cm；立柱规格为12cm×12cm×200cm，内配4根ϕ8mm的钢筋，箍筋为8＃铅丝，间距 30cm；预制时按围栏线间距设置绑结扣，材料为 8 # 铅线，外露 5cm；立柱安装间距为 5～8m，埋深一般为 80cm；地形起伏较大时，适当缩短间距，在拐角处加两根支撑杆。②标志：在封育区设立显著的标志牌和宣传牌，标语碑一般采用砌砖结构，外部用砂浆抹面。

(4) 管护宣传。①明确封育范围，竖立明显的宣传牌，标明“封禁管理区”字样。②固定专人看管，依据地方政府制订的封育制度、乡规民约及各项规章制度，配合县、乡水土保持预防监督站执法部门管理。③加强宣传教育，在学校、农贸市场等人流集中的地区，集中进行宣传，并印制年画、日历等宣传资料，让当地人广泛了解封育治理知识。

5.2.3 山前生态系统水土保持造林优化配置技术

1. 坡地集水技术

(1) 鱼鳞坑整地技术。在山坡上挖近似半月形坑穴，坑穴间呈“品”字形排列，坑宽(横)0.6～1.0m，坑长(纵)0.6m，坑深 0.6m，坑距 2.0m。挖坑时先将表土堆放在坑的上方，将生土堆放在坑的下方，按要求规格挖好坑后，再将熟土回垫入坑内，坑下沿用生土围成高 0.20～0.25m 的半环状土埂，在坑的上方左右两角斜开一道小沟，以便引蓄更多的雨水(图 5-1、图 5-2)。鱼鳞坑适用于中缓坡和坡面破碎、土层较薄的地类。

(2) 山地水平阶整地技术。每个水平阶长 1.5m，宽 0.6～1.5m，深 0.6m，在水平阶外围下方加埂聚水，埂高 0.2m。水平阶之间间隔 1.5m，行距 4.0m，呈“品”字形排列。水平阶根据地形顺坡开挖，顺坡加埂，以达到最佳聚集雨(雪)水的效果，见图 5-3 和图 5-4。山地水平阶适宜于坡度较大的坡面，可以栽植乔木和灌木(李元鸿和刘希芹，2015)。

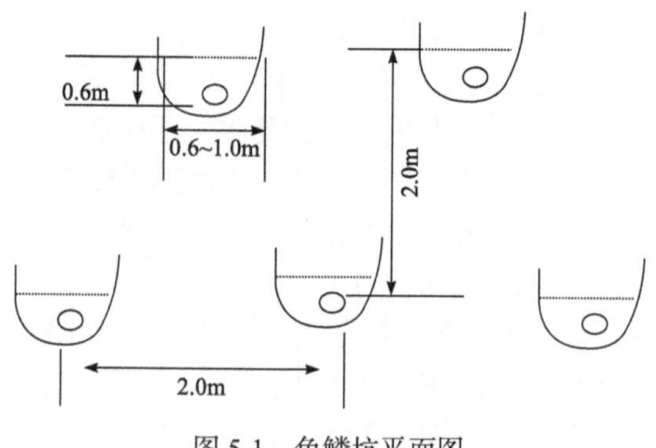

图 5-1 鱼鳞坑平面图

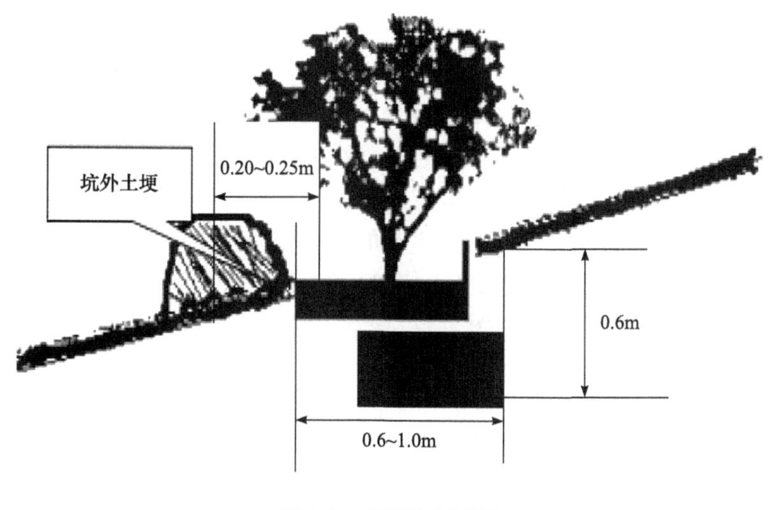

图 5-2　鱼鳞坑剖面图

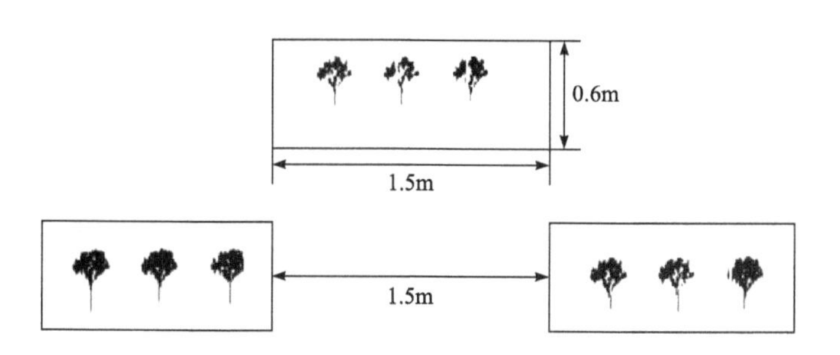

图 5-3　山地水平阶平面图

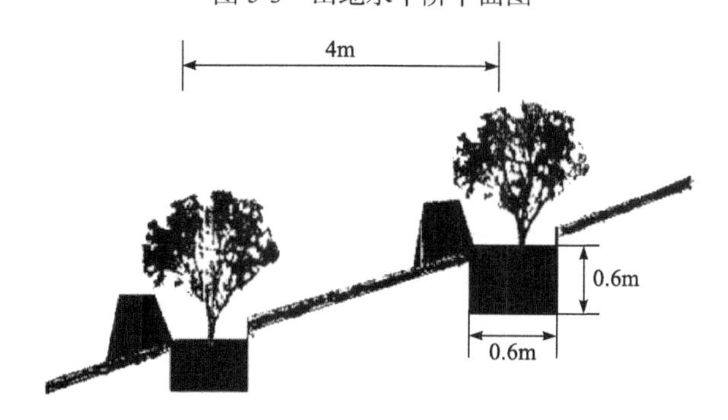

图 5-4　山地水平阶剖面图

(3) 穴状整地技术。在坡角小于 5°的平缓地带，开挖深度为 0.6m 左右、直径为 0.5m 左右的圆形穴坑。适宜于平缓的坡面、沟谷地、河滩地。

2. 抗旱保墒技术

山前地区降水量低于高山区，灌溉系统缺乏，除了在苗木栽植初期灌水，还可采用一定的抗旱保墒措施，在降水量少、灌水困难的山前地区，可以有效提高降水利用率和苗木成活率，保证苗木在造林初期的正常生长。

保水剂是一种高分子材料，具有保水、保土、保肥功能，通过自身的吸水持水性，施入土壤后大幅度提高土壤对水分的吸收能力，使水“固化”在树脂网络结构中，起到保水的作用(李晶晶和白岗栓，2012)。保水剂有合成聚合物类、淀粉类、纤维素类3种类型。聚丙烯酰胺类保水剂是由化工原料合成的颗粒状晶体，通常为白色，能吸收超过自身重量150～300倍的水分，并且具有良好的反复吸水功能。该保水剂使用周期、寿命较长，在土壤中的蓄水保墒能力可维持4年左右，但其吸水能力会逐年降低。

保水剂的使用方法有蘸根法、穴施法和叶面喷施法。造林中广泛应用穴施法，即将保水剂与土按一定的比例混匀，将其施入栽培沟或栽培穴中。

保水剂用量：①针叶类苗木的保水剂用量比较小，阔叶类苗木的用量比较多，经济林苗木用量最多。造林时，根据具体造林树种，因地制宜，决定保水剂用量。②保水剂用量视苗木规格而定，苗木越矮小且根系越少，保水剂的用量越少，反之则使用量越多。

应注意的问题：①直接与土壤混施时，保水剂必须与一定比例的土充分混合才能施入，如果混合不匀，保水剂用量过少的地方起不到保水作用，过多的地方会产生糊状凝胶(特别是粉状保水剂)，使局部土壤蓄水过高，严重影响土壤通气性能，造成根系腐烂，从而影响树木正常生长发育(沃君杰等，2007；史常青等，2007)。②适时灌水。使用保水剂后一定要浇足水，气候特别干旱时还要进行补水。施入保水剂后，如果长期不下雨，应每隔25～30d灌1次水，否则保水剂的供水能力会越来越差，最后失去供水能力。

3. 林灌草优化配置技术

根据造林的立地条件，选择适宜的林草种，进行合理、科学地优化配置，达到林草与自然环境的相互融合。

1) 树种选择

水土保持林的主要任务是减少、阻拦及吸收地表径流、蓄水，固定土壤免受侵蚀。树种选择的主要原则：①根系发达，具有固定土壤的能力，在表土疏松、侵蚀强烈的地方应用根蘖能力强的树种；②树冠浓密，枯枝落叶丰富，可以改良土壤，提高土壤肥力；③生长迅速，易郁闭成林，林下应形成良好的枯枝落叶层，以避免土壤冲刷；④具有耐干旱瘠薄或耐水湿的能力，依据不同水土流失类型配置不同树种。

经过调查，祁连山山前地区不同立地条件下，根据树种生物学、生态学特性(表 5-9 和表 5-10)(中国科学院中国植物志编辑委员会，2004)，主要造林树种有青海云杉、祁连圆柏、中国沙棘、华北落叶松、拧条锦鸡儿、金露梅、油松、甘肃山楂、山杏、青杨、榆树、山丹柳等树种。青海云杉是祁连山主要成林树种，主要栽植在海拔 1600～3800m 的河谷、阴坡、山顶等地；祁连圆柏生于海拔 2600～4000m 阳坡地带，耐旱性强；中国沙棘生于海拔 800～3600m 温带地区向阳的山嵴、谷地、干涸河床地或山坡，多砾石、沙质土壤或黄土上，耐寒、耐旱、耐瘠薄，是防风固沙、保持水土、改良土壤的优良树种。

表 5-9　不同树种生物学特性

序号	树种	拉丁学名	生物学特性
1	青海云杉	*Picea crassifolia* Kom.	常绿乔木，高达 23m；一年生嫩枝淡绿黄色，二年生小枝呈粉红色或淡褐黄色，有明显或微明显的白粉，或无白粉，老枝呈淡褐色、褐色或灰褐色；叶片较粗，四棱状条形，近辐射伸展；球果圆柱形或矩圆状圆柱形；种子斜倒卵圆形，种翅倒卵状，淡褐色，先端圆；4～5 月花期，9～10 月球果成熟
2	祁连圆柏	*Sabina przewalskii* Kom.	常绿乔木，高达 12m，稀灌木状；树干直或略扭，树皮灰色或灰褐色，裂成条片脱落；枝条开展或直伸；叶有刺叶与鳞叶，雌雄同株；球果卵圆形或近圆球形；种子扁方圆形，稀卵圆形
3	华北落叶松	*Larix gmelinii* var. *principis-rupprechtii* (Mayr)Pilg.	落叶松属乔木，高可达 30m；树皮暗灰褐色，不规则纵裂；枝平展，树冠圆锥形；叶窄条形，上部稍宽；球果长卵圆形或卵圆形，熟时淡褐色或淡灰褐色，有光泽；种子斜倒卵状椭圆形，灰白色；种翅上部三角状
4	中国沙棘	*Hippophae rhamnoides* subsp. *sinensis* Rousi	落叶灌木或乔木，高 1～5m，高山沟谷可达 18m；棘刺较多，粗壮，顶生或侧生；嫩枝褐绿色，密被银白色而带褐色鳞片或有时具白色星状柔毛，老枝灰黑色，粗糙；单叶对生，狭披针形或矩圆状披针形；果实圆球形，橙黄色或橘红色；种子小，阔椭圆形至卵形，黑色或紫黑色，具光泽；花期 4～5 月，果期 9～10 月
5	拧条锦鸡儿	*Caragana korshinskii* Kom.	落叶灌木或小乔木状，高 1～4m；老枝金黄色，有光泽；嫩枝被白色柔毛；羽状复叶；托叶宿存；叶轴脱落；小叶披针形或狭长圆形，先端锐尖或稍钝，有刺尖，灰绿色；花梗密被柔毛，关节在中上部；花冠旗瓣宽卵形或近圆形，先端截平而稍凹，具短瓣柄，翼瓣瓣柄细窄，稍短于瓣片，耳短小，齿状，龙骨瓣具长瓣柄，耳极短；子房披针形，无毛；荚果扁，披针形，有时被疏柔毛；花期 5 月，果期 6 月
6	金露梅	*Dasiphora fruticosa* (L.) Rydb.	落叶灌木，高 0.5～2m；树皮纵向剥落；小枝红褐色；羽状复叶，叶柄被绢毛或疏柔毛；小叶片长圆形、倒卵长圆形或卵状披针形，两面绿色；托叶薄膜质；单花或数朵生于枝顶，花梗密被长柔毛或绢毛；花瓣黄色，宽倒卵形，顶端圆钝；瘦果褐棕色近卵形；花果期 6～9 月
7	油松	*Pinus tabuliformis* Carrière	针叶常绿乔木，高达 25m；树皮灰褐色或褐灰色，裂成不规则鳞块；大枝平展或向下斜展，老树树冠平顶；小枝粗壮；针叶 2 针一束，深绿色，粗硬，边缘有细锯齿，两面具气孔线；雄球花柱形，聚生于新枝下部呈穗状；球果卵形或卵圆形；种子卵圆形或长卵圆形，淡褐色有斑纹

续表

序号	树种	拉丁学名	生物学特性
8	榆树	*Ulmus pumila* L.	落叶乔木，高达 25m；小枝无毛或有毛，淡黄灰色、淡褐灰色或灰色；叶椭圆状卵形、长卵形或椭圆状披针形，先端尖或渐尖，基部一边楔形、一边近圆，叶缘不规则重锯齿或单齿，无毛或脉腋微有簇生柔毛，老叶质地较厚；花簇生；翅果近圆形，熟时黄白色，无毛；3～4 月花先叶开放，果熟期 4～6 月
9	甘肃山楂	*Crataegus kansuensis* Wils.	灌木或小乔木，落叶，高 2.5～8m；枝刺多，锥形；小枝细，圆柱形；叶片宽卵形，先端急尖，基部楔形或宽楔形，边缘有尖锐重锯齿和不规则羽状浅裂片，裂片三角卵形；伞房花序，多花，总花梗和花梗均无毛；果实球形，红色；5～6 月开花，7～8 月结果
10	山杏(原变种)	*Armeniaca sibirica* var. *sibirica*	灌木或小乔木，落叶，高 2～5m；小枝无毛，稀幼时疏生短柔毛，灰褐色或淡红褐色；叶片卵形或近圆形，先端长渐尖至尾尖，基部圆形至近心形，叶缘有细钝锯齿，两面无毛，稀下面脉腋间具短柔毛；叶柄无毛，有或无小腺体；花单生，先于叶开放；果实扁球形，黄色或橘红色；核扁球形；花期 3～4 月，果期 6～7 月
11	山丹柳	*Salix shandanensis* C. F. Fang	灌木，落叶，高 1.5m；一年生小枝有灰色卷曲的柔毛；叶椭圆形或卵状椭圆形；叶柄短，密被柔毛；托叶小，半卵形，先尖端；蒴果狭圆锥形，果瓣干后开裂时向背面拳卷；花期 6 月下旬～7 月上旬，果期 7 月中旬
12	青杨(原变种)	*Populus cathayana* Rehd. var. *cathayana*	落叶乔木，高达 30m；树冠阔卵形；树皮初光滑，灰绿色，老时暗灰色，浅纵裂；枝圆柱形；叶柄圆柱形，无毛；蒴果卵圆形；3～5 月开花，5～7 月结果

表 5-10　不同树种生态学特性与分布

序号	树种	拉丁学名	生态学特性	分布
1	青海云杉	*Picea crassifolia* Kom.	生于海拔 1600～3800m 的河谷、阴坡、山顶等地，常在山谷与阴坡组成单纯林；抗旱性较强，为青海东部、甘肃北部山区和祁连山区的优良造林树种	祁连山区，青海、甘肃、宁夏及内蒙古大青山地带
2	祁连圆柏	*Sabina przewalskii* Kom.	生于海拔 2600～4000m 阳坡地带；耐旱性强，可作为干旱地区造林树种	青海(东部、东北部及北部)、甘肃
3	华北落叶松	*Larix gmelinii* var. *principis-rupprechtii*(Mayr) Pilg.	强阳性树种，极耐寒，对土壤适应性强，喜深厚肥沃湿润且排水良好的酸性或中性土壤，略耐盐碱；有一定的耐湿、耐旱和耐瘠薄能力；根系发达，对不良气候的抵抗力较强，并有保土、防风的效能，可作华北地区、黄河流域高山地区及辽河上游高山地区的森林更新和荒山造林树种；常与白杄、青杄、棘皮桦、白桦、红桦、山杨及山柳等针阔叶树种混生，或成小面积单纯林	河北、山西等地
4	中国沙棘	*Hippophae rhamnoides* subsp. *sinensis* Rousi	生于海拔 800～3600m 温带地区向阳的山嵴、谷地、干涸河床地或山坡，多砾石、沙质土壤或黄土上；具有耐寒、耐旱、耐瘠薄的特点，是防风固沙、保持水土、改良土壤的优良树种	河北、内蒙古、陕西、山西、甘肃、青海、四川西部

续表

序号	树种	拉丁学名	生态学特性	分布
5	柠条锦鸡儿	*Caragana korshinskii* Kom.	生于半固定和固定沙地；分蘖力较强；抗逆性强，能耐低温及酷热，抗旱性很强；优良固沙植物和水土保持植物，常为优势种	内蒙古(鄂尔多斯西北部、巴彦淖尔、阿拉善)、宁夏、甘肃(河西走廊)
6	金露梅	*Dasiphora fruticosa* (L.) Rydb.	生于海拔 1000～4000m 山坡草地、砾石坡、灌丛及林缘；生性强健，耐寒，喜湿润，但怕积水；耐干旱，喜光，在遮阴处多生长不良，对土壤要求不严，在砂壤土、素沙土中都能正常生长，喜肥而较耐瘠薄	黑龙江、吉林、辽宁、内蒙古、河北、山西、陕西、甘肃、新疆、四川、云南、西藏等北温带山区
7	油松	*Pinus tabuliformis* Carrière.	生于海拔 100～2600m 地带，多组成单纯林；喜光、阳性、深根性树种；喜干冷气候，抗瘠薄、抗风，在土层深厚、排水良好的酸性、中性或钙质黄土上均能生长良好	吉林南部、辽宁、河北、河南、山东、山西、内蒙古、陕西、甘肃、宁夏、青海及四川等省份
8	榆树	*Ulmus pumila* L.	生于海拔 1000～2500m 以下山坡、山谷、川地、丘陵及沙岗等处；阳性树，喜光，耐旱，耐寒，耐瘠薄，不择土壤，生长快，根系发达，适应性强，能耐干冷气候及中度盐碱，不耐水湿	东北、华北、西北及西南各省份
9	甘肃山楂	*Crataegus kansuensis* Wils.	生于海拔 1000～3000m 的杂木林、山坡阴处及山沟旁；对环境条件的适应性较强，有较强的抗旱性和耐寒性，喜砂壤土，耐瘠薄，喜光照，稍耐荫	我国西部和西北部
10	山杏(原变种)	*Armeniaca sibirica* var. *sibirica*	生于海拔 700～2000m 的干燥向阳山坡上、丘陵草原或与落叶乔灌木混生；适应性强，喜光，根系发达，深入地下，耐寒、耐旱、耐瘠薄；可绿化荒山、保持水土，也可作沙荒防护林的伴生树种	黑龙江、吉林、辽宁、内蒙古、甘肃、河北、山西等地
11	山丹柳	*Salix shandanensis* C. F. Fang	生于海拔 2750m 左右的山谷、山坡、山坡溪边；分布在灌丛，林缘、林中、落叶阔叶林中、疏林中、阴坡林中、杂木林中	甘肃、宁夏(六盘山)、青海
12	青杨(原变种)	*Populus cathayana* Rehd. var. *cathayana*	生于海拔 800～3000m 的沟谷、河岸和阴坡山麓；性喜湿润或干燥寒冷的气候，在暖地生长不良；对土壤要求不严，但适生于土层深厚肥沃湿润排水良好的土壤；能耐干旱，但不耐水淹，根系发达，分布深而广，生长快，萌蘖性强	华北、西北及辽宁、四川等地

2) 林草配置

种植点配置方式有正方形配置、长方形配置、正三角形配置(张富等，2007)，如图 5-5 所示。正方形配置：株行距相等，相邻株连线呈正方形，配置比较均匀，能使树冠发育匀称。长方形配置：行距大于株距，相邻连线呈长方形，有利于林地行间抚育管理。正三角形配置：即“品”字形配置，各相邻植株的株距都相等，行距小于株距。祁连山浅山地区乔木适宜的株行距为 2m×3m，灌木株行距为2m×2m。

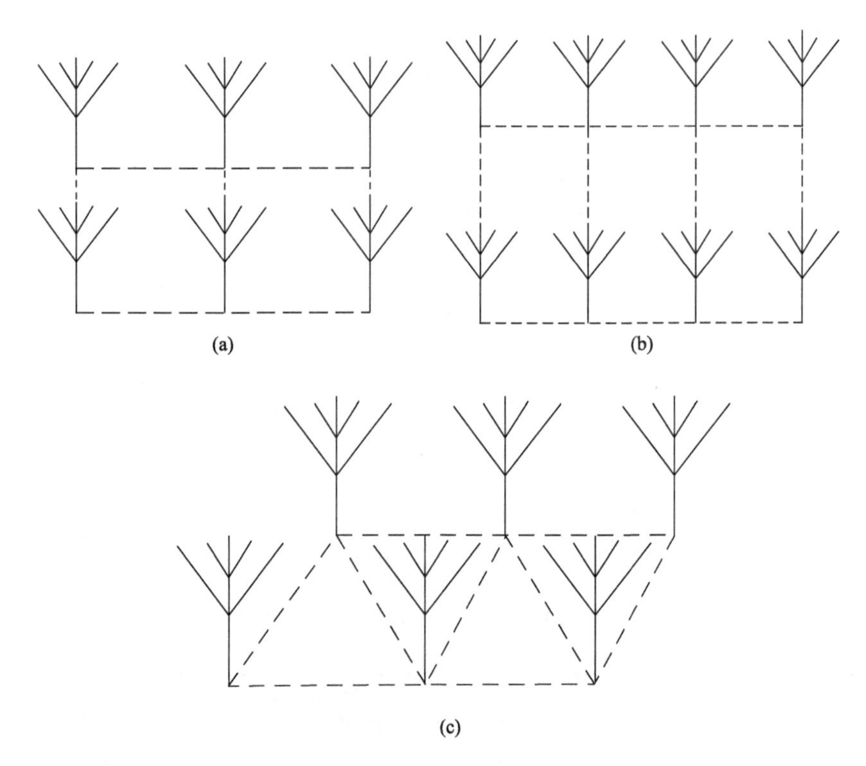

图 5-5　人工林栽植苗木配置
(a)正方形配置；(b)长方形配置；(c)正三角形配置

3) 配置模式

合理的树种配置可以提高林地抵抗气象灾害、病虫害的能力。混交方式包括株间混交、行间混交、带状混交。阴坡宜采用的造林树种有青海云杉、金露梅、中国沙棘，其根系发达，覆盖范围广，能有效起到固土蓄水的作用，适宜在水土条件较好的阴坡及半阴坡营造水源涵养林；阳坡宜采用树种有祁连圆柏、中国沙棘、拧条锦鸡儿等，其根系垂直分布较深，可以吸收土壤深层水分，最大程度提高苗木在干旱季节的存活率，适宜在干旱阳坡及半阳坡营造水土保持林(魏兰香，2017；张宏林等，2010)。林种配置模式如下。①乔木纯林：青海云杉纯林、祁连圆柏纯林、华北落叶松纯林；②灌木纯林：中国沙棘纯林、拧条锦鸡儿纯林；③乔灌混交林：青海云杉×金露梅、青海云杉×祁连圆柏×金露梅；④乔木混交林：青海云杉×油松(表 5-11)。

表 5-11　祁连山浅山区不同立地条件下乔灌木优化配置

<table>
<tr><th colspan="2">地形部位</th><th>乔木</th><th>灌木</th><th>树种配置</th></tr>
<tr><td colspan="2">山顶</td><td>青海云杉</td><td>中国沙棘</td><td rowspan="5">青海云杉纯林、中国沙棘纯林、祁连圆柏纯林、华北落叶松纯林、拧条锦鸡儿纯林、金露梅纯林、青海云杉×油松混交林、榆树×中国沙棘混交、拧条锦鸡儿×中国沙棘混交</td></tr>
<tr><td rowspan="4">阳坡</td><td>上</td><td>祁连圆柏、油松</td><td>中国沙棘、金露梅</td></tr>
<tr><td>中</td><td>祁连圆柏、油松、榆树、山杏</td><td>中国沙棘、拧条锦鸡儿、金露梅、</td></tr>
<tr><td>下</td><td>华北落叶松、油松、榆树、山杏</td><td>中国沙棘、拧条锦鸡儿、金露梅、</td></tr>
<tr><td>山谷</td><td>榆树</td><td>中国沙棘</td></tr>
<tr><td rowspan="4">阴坡</td><td>上</td><td>青海云杉</td><td>中国沙棘</td><td rowspan="4">青海云杉纯林、中国沙棘林、青海云杉纯林、山丹柳×中国沙棘混交</td></tr>
<tr><td>中</td><td>青海云杉、甘肃山楂</td><td>山丹柳、中国沙棘</td></tr>
<tr><td>下</td><td>青海云杉、甘肃山楂</td><td>山丹柳</td></tr>
<tr><td>山谷</td><td>青海云杉、青杨</td><td>山丹柳</td></tr>
<tr><td colspan="2">河岸</td><td>青杨、柳树</td><td>中国沙棘</td><td>青杨纯林、中国沙棘纯林</td></tr>
<tr><td colspan="2">林缘地带</td><td>青海云杉</td><td>中国沙棘、金露梅、山丹柳</td><td>山丹柳×金露梅灌木混交林</td></tr>
<tr><td colspan="2">公路区</td><td>榆树、青海云杉、柳树、杨树、油松</td><td>中国沙棘</td><td>榆树×青海云杉株间混交、杨树×柳树×油松株间混交、中国沙棘纯林</td></tr>
</table>

4. 水土保持造林优化配置技术效益分析

祁连山山前地区水土保持林地较高海拔处造林树种以青海云杉为主，栽植后成活率与保存率在 90%以上，栽植 3～4a，平均冠幅达到 2m^2，高度 2m 左右；较低海拔处以中国沙棘为主，平均冠幅 1.56m^2，高度 1.57m。青海云杉林、红桦树林地、中国沙棘林地土壤总孔隙度分别为 56.40%、58.06%、52.81%。不同立地条件林地土壤全氮含量樟子松林(1.22g·kg^{-1})>中国沙棘林(1.06g·kg^{-1})>祁连圆柏林(1.03g·kg^{-1})>华北落叶松林(0.85g·kg^{-1})>青海云杉林（0.82g·kg^{-1}）；有机质含量华北落叶松林(20.78g·kg^{-1})>华北樟子松林(13.41g·kg^{-1})>青海云杉林(12.32g·kg^{-1})>祁连圆柏林(8.27g·kg^{-1})>中国沙棘林(6.06g·kg^{-1})；全磷含量华北落叶松林(1.04g·kg^{-1})>樟子松林(1.01g·kg^{-1})>祁连圆柏林(0.92g·kg^{-1})>青海云杉林(0.80g·kg^{-1})>中国沙棘林(0.70g·kg^{-1})。0～60cm 土层，山顶中国沙棘林地饱和贮水量为 323.32t·hm^{-2}，滞留贮水量为 14.59t·hm^{-2}；坡面青海云杉林地饱和贮水量为 340.13t·hm^{-2}，滞留贮水量为 16.62t·hm^{-2}，红桦树林地饱和贮水量为 348.33t·hm^{-2}，滞留贮水量为 26.02t·hm^{-2}；沟谷祁连圆柏林地饱和贮水量为 273.44t·hm^{-2}，滞留贮水量为 13.66t·hm^{-2}，华北落叶松林地饱和贮水量为

270.51t · hm^{-2}，滞留贮水量为 13.66t · hm^{-2}。坡面林地贮水性>山顶林地贮水性>沟谷林地贮水性。

5. 退耕还林(草)地封育保护技术效益分析

经多年退耕还林(草)，中国沙棘平均生长冠幅达到 1.95m^{2}，高度 2m 左右；1～2a 后，青海云杉平均冠幅为 0.3m^{2}，高度 1.27m。中国沙棘林地土壤容重最小，为 1.03g · cm^{-3}，其次为封育 3 年草地(1.06g · cm^{-3})，未封育草地最大(1.16g · cm^{-3})。土壤总孔隙度中国沙棘林地(54.98%)>封育 3 年草地(54.39%)>未封育草地(52.56%)，土壤最大持水量中国沙棘林地(55.35%)>封育 3 年草地(52.02%)>未封育草地(45.86%)。土壤全氮含量中国沙棘林地(1.58g · kg^{-1})>封育 3 年草地(1.56g · kg^{-1})>未封育草地(1.23g · kg^{-1})，土壤有机质含量中国沙棘林地(49.48g · kg^{-1})>封育 3 年草地(52.45g · kg^{-1})>未封育草地(34.15g · kg^{-1})。土壤平均入渗速率中国沙棘林地(0.85mm · min^{-1})>未封育草地(0.47mm · min^{-1})>封育 3 年草地(0.29mm · min^{-1})。粒径>0.25mm 土壤机械稳定性团聚含量在 90.57%～94.36%，粒径>0.25mm 土壤水稳性团聚体含量在 69.18%～73.40%，其中封育 3 年草地最高，为 73.40%。中国沙棘林地土壤吸持贮水量、滞留贮水量和饱和贮水量都最大，分别为 320.36t · hm^{-2}、20.45t · hm^{-2}、340.81t · hm^{-2}；其次为封育 3 年草地土壤，分别为 309.29t · hm^{-2}、18.02t · hm^{-2}、327.31t · hm^{-2}；未封育草地土壤贮水量最小，分别为 304.05t · hm^{-2}、15.03t · hm^{-2}、319.07t · hm^{-2}。

5.2.4 山前地区保水潜力分析

保水潜力是在易于发生水土流失的区域利用一系列水土保持措施，在不破坏植被、土壤等前提下，将降水产生的径流合理分配、充分利用的潜力。由于山前地区地形地貌因素影响，自出山口至绿洲区，下垫面逐渐降低，降雨落下易于形成径流，下垫面土壤裸露缺乏植物保护时，陆地表面土壤随径流向下游流失，形成水资源流失和土地资源破坏。水土保持措施的实施，促进土壤对降水的入渗，涵养水源，又防止陆地表面土壤及养分流失，保护土壤资源，提高降水资源利用率。截至 2016 年，甘肃河西内陆河已实施水土流失综合治理面积达 111.1 万 hm^{2}，其中以小流域为单元的综合治理面积达 3.24 万 hm^{2}，封禁治理保有面积达 48.82 万 hm^{2}。

西北内陆区山前地区现有林地、灌木林地、中度以上盖度的草地等作为现有保水区域，该区域面积达到 153.49 万 hm^{2}，现状水平条件下的可实行保水化面积有 4.66 万 hm^{2}，对疏林地、低盖度草地及旱地等地类，利用水土保持造林、退耕还林(草)、林草优化对位配置等水土保持措施，潜在的可实行保水化区域面积预计达到 114.13 万 hm^{2}(表 5-12)。

表 5-12　西北内陆区(山前地区)保水区域面积

区域	情景	现状保水面积/万 hm^2	可实行保水化面积/万 hm^2
石羊河	现状水平条件	19.36	1.31
	保水指标条件	—	16.69
黑河	现状水平条件	33.27	2.85
	保水指标条件	—	75.17
疏勒河	现状水平条件	3.69	0.00
	保水指标条件	—	8.22
河西荒漠区	现状水平条件	0.00	0.00
	保水指标条件	—	0.00
青海湖水系	现状水平条件	0.00	0.00
	保水指标条件	—	0.00
柴达木盆地	现状水平条件	0.00	0.00
	保水指标条件	—	0.00
准噶尔盆地	现状水平条件	10.68	0.00
	保水指标条件	—	0.27
天山北麓诸河	现状水平条件	86.49	0.50
	保水指标条件	—	13.78
塔里木河流域	现状水平条件	0.00	0.00
	保水指标条件	—	0.00
西北内陆区	现状水平条件	153.49	4.66
	保水指标条件	—	114.13

5.3　绿洲灌区库-渠水量高效输配技术

5.3.1　季节冻土区输水渠道防渗抗冻胀技术

根据季节冻土区刚柔混合衬砌渠道冻胀机理的试验研究，结合渗流理论及断裂力学，建立寒区输水渠道防渗抗冻胀的耦合力学模型，研发出冻土、衬砌材料与结构相适应的干旱寒冷地区渠道防渗抗冻胀新型结构和新技术，如图 5-6 所示。

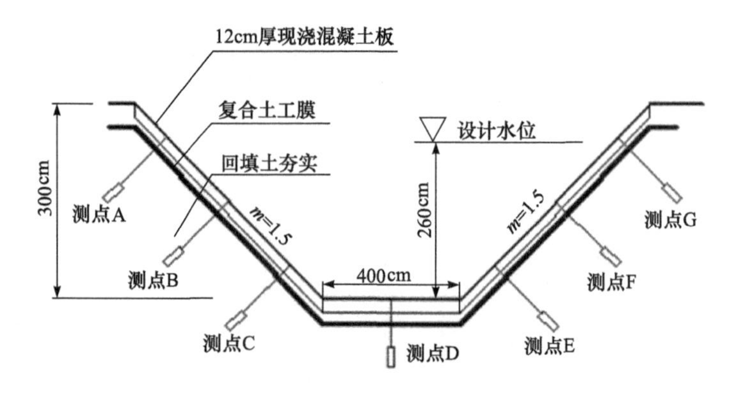

图 5-6　干旱寒冷地区输水渠道的冻胀机理原型试验

m 为坡比

通过试验发现，输水渠道的冻胀变形最大值位于渠底和阴坡 1/3 处，最大冻胀量为 11.2cm 和 13.1cm，衬砌结构向上隆起。冻结期，渠基土壤 0～60cm 深度内含水率随深度增加而增大，大于 60～120cm 深度的含水率随深度增大而逐渐减小。水分迁移率最大值发生在渠道底部，迁移率为 13.2%。

综合分析试验区日最高气温、日最低气温、输水渠道不同部位最低地温过程线、渠道不同测点冻深过程线(图 5-7～图 5-9)，利用防渗抗冻胀耦合力学模型，发现输水渠道阴坡和底部的冻胀应力较大，分别为 178kPa 和 163kPa，阳坡的冻胀应力较小(表 5-13)。冻胀应力的峰值出现在最低地温较低的时间和部位，大概处于渠道阴坡底部向上 1/3 的位置。冻胀应力随着最低地温的回升逐渐减小，最终处于一个稳定的负值(姜海波和田艳，2015)。

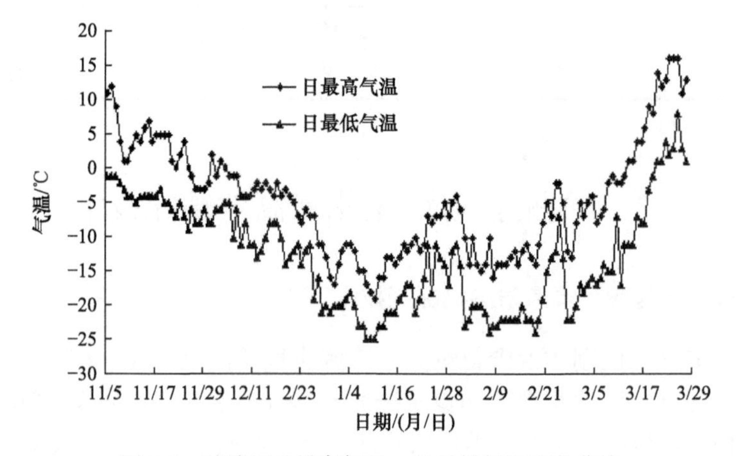

图 5-7　试验区日最高气温、日最低气温变化曲线

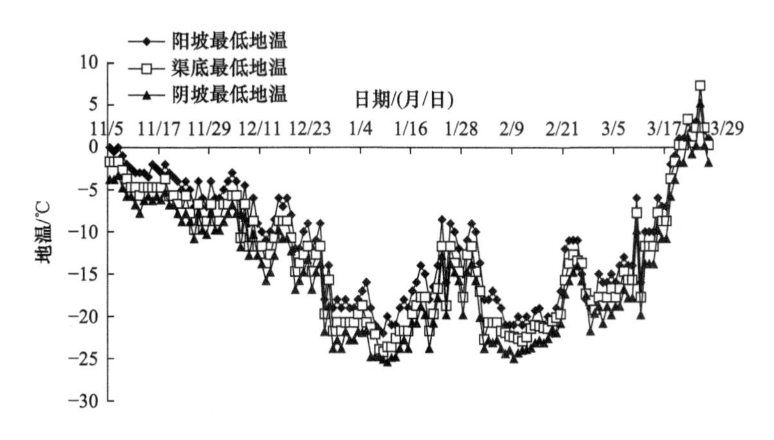

图 5-8　输水渠道不同部位最低地温过程线

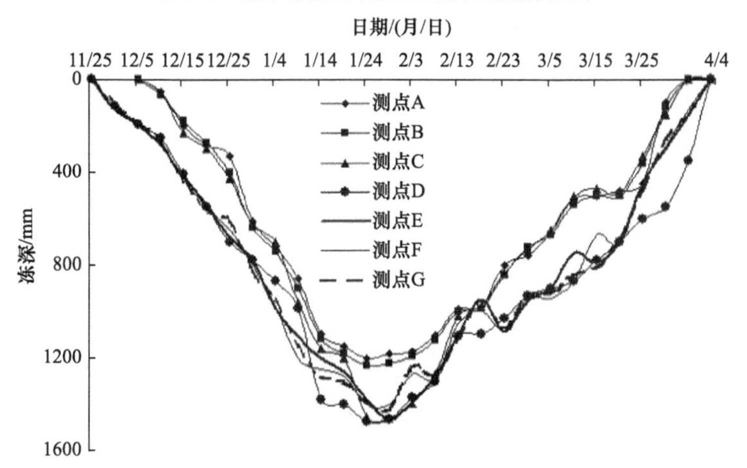

图 5-9　渠道不同测点冻深过程线

表 5-13　渠基土壤冻深、冻胀量及冻胀应力观测值

观测位置	测点	冻深/mm	冻胀量/mm	冻胀应力/kPa
阳坡	A	1200	65	123
	B	1235	41	154
	C	1200	56	153
渠底	D	1472	112	163
阴坡	E	1462	131	178
	F	1400	102	105
	G	1420	98	123

基于渗流理论和断裂力学，通过不同环境条件下的渠道冻胀应力对比分析，

提出在内陆干旱寒冷地区，主要有三种输水渠道的防渗抗冻胀技术：刚性衬砌结构防渗抗冻胀技术、刚柔混合衬砌结构防渗抗冻胀技术和适应、抵抗冻胀变形的防渗抗冻胀技术。根据不同地区的实际情况，可以集成干旱绿洲区输水渠道的防渗抗冻胀技术。

1. 刚性衬砌结构防渗抗冻胀技术

根据试验结果，输水渠道底板的冻胀破坏是沿渠道轴线方向的，在不均匀的冻胀力作用下，衬砌结构产生局部鼓胀上抬或纵向裂缝，易在渠底形成一条冻胀裂缝，渠坡较长时在 1/3 坡长左右形成一条冻胀裂缝(王正中，2008)。为适应、消减冻胀应力，在渠道施工中预先设置纵缝以释放不均匀冻胀变形，是一种消减冻胀破坏的有效工程措施。纵向缝一般设在边坡与渠底连接处，缝宽度一般为 1～3cm，缝中填料可采用沥青混合物、聚氯乙烯胶泥和聚氨酯弹性填料等止水材料，既可以起到防渗的作用，也可起到抗冻胀的效果，如图 5-10 所示。为了消减渠坡的冻胀破坏，也可用非冻胀性土料置换渠基土体，起到防渗抗冻胀的作用，如图 5-11 所示。在灌区节水改造中，新疆采用戈壁料和风积沙作为置换材料，不仅起到了很好的抗冻胀作用，而且减少了工程投资。该结构形式适用于季节性冻土地区及渠基土为冻胀性土、地下水位较低的大中型输水渠道。

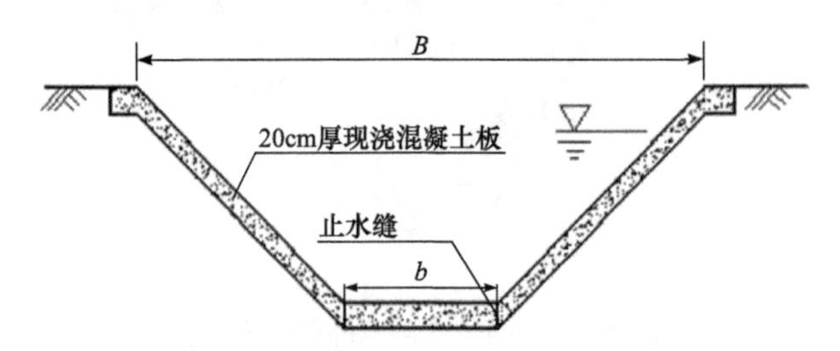

图 5-10　刚性混凝土衬砌板防渗抗冻胀结构形式

B 为顶宽；*b* 为底宽；下同

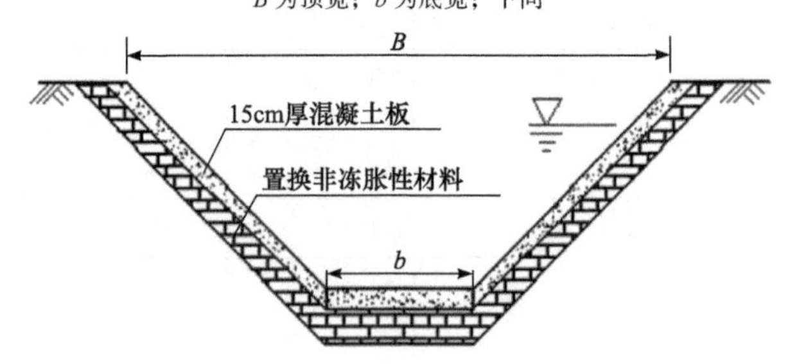

图 5-11　混凝土衬砌板+置换非冻胀性材料防渗抗冻胀结构形式

2. 刚柔混合衬砌结构防渗抗冻胀技术

在干旱寒冷地区，刚柔混合衬砌结构抗冻胀效果非常明显，而且冻胀变形、冻胀力分布更加均匀，是一种更为有效的渠道防渗抗冻胀结构(刘旭东等，2011)，能同时有效解决渗漏和冻胀问题。南水北调中线工程 S11 标段渠道全部采用刚性混凝土板衬砌下增设柔性复合土工膜的加强防渗结构形式(姜海波和田艳，2015；杨建平等，2009)，如图 5-12 所示。在刚性混凝土衬砌体下铺设一层柔性的复合土工膜或者柔性的防水卷材等，使刚柔混合衬砌渠道具有“双防”功能，既达到防水的目的又起到不冻或冻胀而不破坏的效果(宋玲和余书超，2009)。为了有效减小冻胀力，也可采用混凝土衬砌板+复合土工膜+置换材料防渗抗冻胀的结构形式，如图 5-13 所示。图 5-14 为内蒙古河套灌区永济干渠防渗抗冻胀形式，渠道边坡采用预制混凝土板+膜料+聚苯板，渠底采用膜料+土料保护层。这种刚柔混合衬砌结构防渗抗冻胀技术一般适用于季节性冻土地区及地下水位较低、渠道纵坡小、宽浅式的大中型渠道(何武全等，2012)。

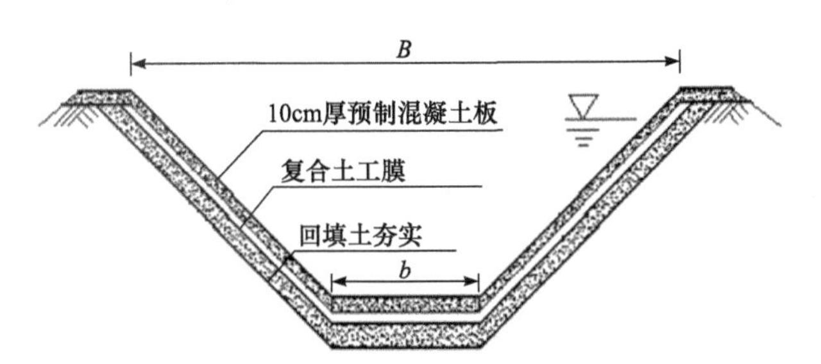

图 5-12　刚性混凝土板+柔性复合土工膜的加强防渗抗冻胀结构形式

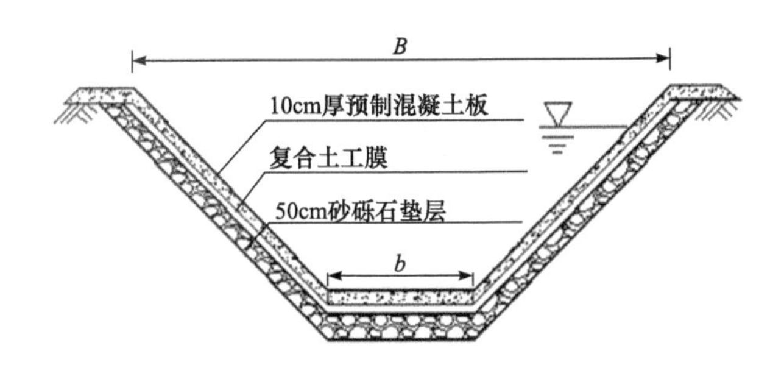

图 5-13　混凝土衬砌板+复合土工膜+置换材料防渗抗冻胀结构形式

3. 适应、抵抗冻胀变形的防渗抗冻胀技术

在干旱寒冷地区，昼夜温差变化较大，可以采用横断面为弧形坡脚梯形断面或弧形底梯形断面的输水渠道，适用于寒冷地区、渠基土为冻胀性土、地下水埋深较大、有非冻胀置换材料地区的渠道。渠坡采用混凝土衬砌，渠底采用浆砌

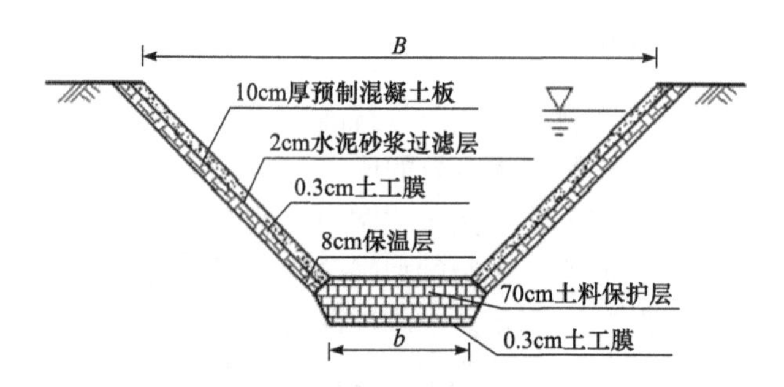

图 5-14　内蒙古河套灌区永济干渠防渗抗冻胀结构形式

卵石的结构形式，不仅抗冻胀效果好，而且可以有效地防止冲刷破坏。图 5-15 为渠坡混凝土衬砌+渠底浆砌卵石+弧形坡脚梯形断面+置换垫层抗冻胀结构形式，适用于大中型渠道；图 5-16 为渠坡混凝土衬砌+渠底浆砌卵石+弧形底梯形断面+置换垫层抗冻胀结构形式，适用于中小型渠道。在地下水位较高灌区，为适应不均匀变形、冻胀破坏等，将渠底预制混凝土板防渗形式改为柔性雷诺护垫形式，如图 5-17 所示，具有很好的透水性，能防止渠道底部的冻胀变形。从防渗排水技术机理考虑，也可采用滤透式刚柔耦合衬砌结构。滤透式刚柔耦合衬砌结构的应用很好地解决了北方地区冬季渠系渠底鼓包、冻胀、不均匀变形问题，便于季节性施工，无须维修。

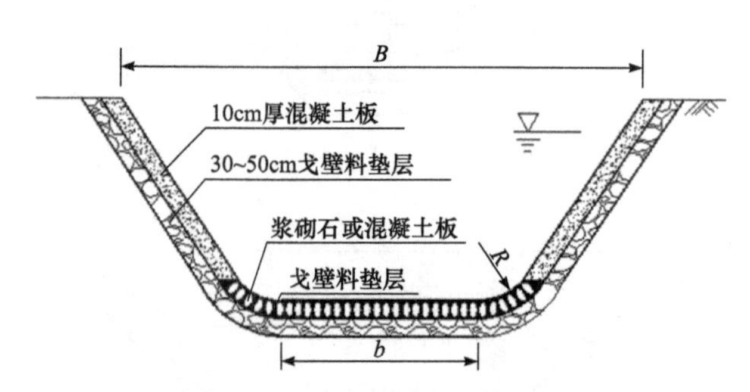

图 5-15　渠坡混凝土衬砌+渠底浆砌卵石+弧形坡脚梯形断面+置换垫层抗冻胀结构形式

R 为圆弧半径；下同

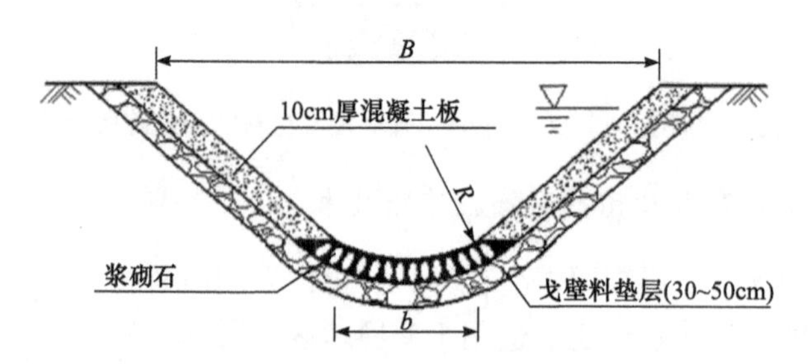

图 5-16　渠坡混凝土衬砌+渠底浆砌卵石+弧形底梯形断面+置换垫层抗冻胀结构形式

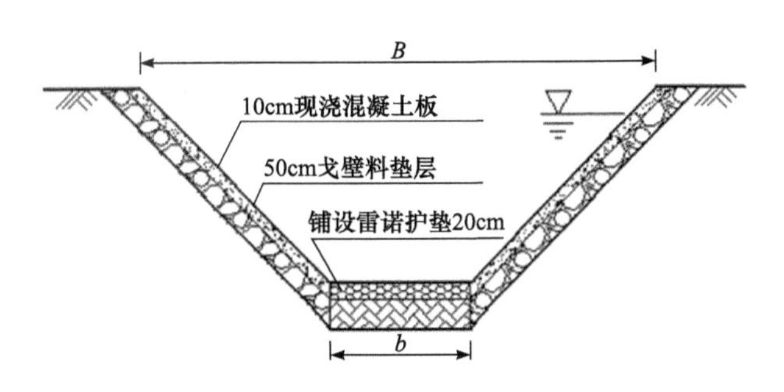

图 5-17　柔性雷诺护垫防渗抗冻胀结构形式

在寒冷干旱地区，输水渠道的冻胀破坏程度主要取决于渠床的土质条件、土体含水量、环境温度及工程结构形式等因素。在寒冷干旱地区输水渠道工程的设计中，基于衬砌垫层的保温隔热、防渗排水、渠基土体换填及加固处理、与衬砌结构的适应、抵抗冻胀变形等方面，提出了多种输水渠道的防渗抗冻胀技术。

在寒冷干旱地区，输水渠道的防渗抗冻胀技术主要有刚性衬砌结构防渗抗冻胀技术和刚柔混合衬砌结构防渗抗冻胀技术。在输水工程的防渗抗冻胀设计中，根据渠床土壤质地、环境温度及极端气候条件，采用防渗抗冻胀复合结构形式，达到减少渠道输配水损失、提高输配水效率的目的。根据工程实践，渠道水利用系数由衬砌前的 0.719 提高到 0.934，提高了 29.9%，输水渠道采取防渗抗冻胀技术后的效果非常明显。

5.3.2　典型灌区山区–平原水库群调蓄技术

以玛纳斯河灌区山区–平原水库群为研究典型对象，建立了山区–平原水库群联合调度模型，在保证灌区工业、生活、市政、生态等用水的前提下，以灌区经济收益为主要目标，进行山区–平原水库群优化调度。通过集成山区–平原水库群联合调度与渠道防渗抗冻胀技术，分析不同渠道防渗情景下灌区水库调蓄变化趋势，研究水利设施建设、行业、部门、生态系统水资源配置和水资源利用技术水资源优化等措施，分析提高水资源利用效率，从水资源管理层面上建立流域水资源安全动态适应性调控框架。

以渠系输水效率约束、作物最小种植比例、作物亩均收益、作物灌溉制度、水库渗漏损失、水库蒸发损失、生态需水量、水库各时段的其他水量、非灌溉用水量、地下水开采量约束、子灌区可利用其他水量、子灌区内渠道水利用系数、子灌区最低产值、水库初始蓄水量、子灌区允许最小灌水比例、各水库各旬蓄水量上下限、各渠道各时段水量损失比例、各渠道各旬允许最大输水量、各水平年河道来水量、种植面积约束这 20 个约束条件，构建灌区水资源利用效率目标函数：

$$I=\sum_{i=1}^{3}S(i)*\left(\sum_{j=1}^{m}g(i,j)*P(i,j)\right) \tag{5-1}$$

式中，I 表示总收益；i 表示第 i 分区；S 表示种植面积；j 表示第 j 种作物；g 表示亩产量；P 表示作物单价。

5.3.3　优化调度调蓄水量分析

在来水频率为 25%、50%和 75%下，水库群优化前后，由于子灌区允许最小灌水比例设定为 1(不允许缺水)，故各子灌区不会缺水。下野地灌区和莫索湾灌区可利用其他水量为 0，地下水和渠道供水可以根据需要进行调整，故不会产生多余水量，基本上不会产生弃水。优化前后水库群旬末蓄水量如表 5-14～表 5-16 所示。

表 5-14　来水频率为 25%时优化前后水库群旬末蓄水量　(单位：万 m^3)

旬	1	2	3	4	5	6	7	8	9	10	11	12
优化前	26096	26189	26305	26532	26690	26731	26925	27181	27503	26210	24815	22877
优化后	26668	27329	28067	28857	29575	30058	30807	31615	32543	31742	30133	28059
旬	13	14	15	16	17	18	19	20	21	22	23	24
优化前	22455	19875	19070	16742	12954	14519	15346	17587	19594	21105	19475	20245
优化后	27541	24873	23953	20712	15664	16408	16179	17568	17986	18283	15499	15677
旬	25	26	27	28	29	30	31	32	33	34	35	36
优化前	20614	20544	19806	19640	18855	17045	17079	17121	17701	17403	17126	16674
优化后	16084	16507	16062	16190	15292	13050	13028	13682	14860	15172	15499	15729

由表 5-14 可知，来水频率为 25%时，玛纳斯河水库群优化前蓄水总量在 17 旬降到最低，为 12954 万 m^3，接近于水库群死库容之和 12950 万 m^3，水库群面临全面缺水的困境；17 旬之后蓄水量先升后降，30 旬和 31 旬因灌区冬灌而水量有一定幅度的下降，但未接近死库容之和。优化后在 17 旬蓄水量下降到 15664 万 m^3，17 旬之后水库群蓄水总量呈波动性上升，但上升幅度不大；30 旬和 31 旬因冬灌用水蓄水量再次下降，优化后降低到 13050 万 m^3 和 13028 万 m^3，接近于水库群死库容之和，灌区面临全面缺水的局面，但由于已经是冬季，灌溉季节已经结束，对灌区影响不大。

来水频率为 25%时玛纳斯河水库群有两个用水紧张期，第一个出现在 17 旬(6 月中旬)，第二个出现在 30、31 旬(10 月下旬和 11 月上旬)。

表 5-15　来水频率为 50%时优化前后水库群旬末蓄水量　(单位：万 m³)

旬	1	2	3	4	5	6	7	8	9	10	11	12
优化前	26462	26979	27410	27599	27799	27983	28227	28530	29037	27731	26231	24924
优化后	27030	28111	29161	29910	30666	31290	32085	32937	34046	33229	31556	30013
旬	13	14	15	16	17	18	19	20	21	22	23	24
优化前	24557	22702	20893	17494	13250	12954	14717	15982	20694	20602	18983	20314
优化后	29538	26779	24710	20988	15257	14222	15265	14789	18079	16811	13650	14608
旬	25	26	27	28	29	30	31	32	33	34	35	36
优化前	21589	22240	21821	21810	21301	20174	20363	20507	21548	21753	21781	21585
优化后	15934	16960	16756	16972	16300	14745	14950	15710	17342	18143	18777	19242

表 5-16　来水频率为 75%时优化前后水库群旬末蓄水量　(单位：万 m³)

旬	1	2	3	4	5	6	7	8	9	10	11	12
优化前	26354	26852	27289	27655	27971	28176	28473	28826	29228	27892	26335	24829
优化后	26919	27978	29032	29953	30823	31466	32311	33209	34211	33360	31659	30047
旬	13	14	15	16	17	18	19	20	21	22	23	24
优化前	24389	22218	20799	18176	14000	13550	15166	16340	17842	15798	14153	15077
优化后	29544	27502	25591	22974	17939	17113	18500	18530	19079	16558	13982	14658
旬	25	26	27	28	29	30	31	32	33	34	35	36
优化前	15874	15961	15449	15355	14659	13072	13142	13234	14034	14150	13866	13386
优化后	15354	15774	15416	15520	14706	12983	13053	13730	15100	15800	16091	16262

由表 5-15 可知，来水频率为 50%时玛纳斯河水库群优化前蓄水量在 17 旬和 18 旬降到最低，分别为 13250 万 m³ 和 12954 万 m³，接近于水库群死库容之和 12950 万 m³，水库群面临全面缺水的局面；18 旬之后水库群蓄水量快速上升，在 23 旬再次下降，但下降幅度不大，也未接近水库群死库容之和，随后呈波动性上升。优化后蓄水量在 17 旬和 18 旬达到 15257 万 m³ 和 14222 万 m³，接近于水库群死库容之和；18 旬之后水库群蓄水量有所回升，在 23 旬下降到最低蓄水量，为 13650 万 m³，水库群面临全面缺水的局面。

来水频率为 50%时玛纳斯河水库群优化前、优化后最大蓄水量分别为 29037 万 m³、34046 万 m³，均出现在 9 旬(3 月下旬)，分别为水库群总库容之和 61910 万 m³ 的 46.9%、55.0%，说明山区水库建成后，来水频率为 50%时可以认为玛纳斯河灌区防洪问题已经基本解决。

来水频率为 50%时优化前玛纳斯河水库群有一个用水紧张期，该时期出现在 17、18 旬(6 月中旬、下旬)；优化后玛纳斯河灌区水库群有两个用水紧张期，第一个出现在 17、18 旬(6 月中旬、下旬)，第二个出现在 23 旬(8 月中旬)。

由表 5-16 可知，来水频率为 75%时玛纳斯河水库群在优化后蓄水量在 30 旬、31 旬、32 旬降到最低，分别为 12983 万 m^3、13053 万 m^3、13730 万 m^3，接近于水库群死库容之和 12950 万 m^3，水库群面临全面缺水的困境；优化前 17 旬、18 旬、23 旬蓄水量较低，分别为 14000 万 m^3、13550 万 m^3、14153 万 m^3，接近于水库群死库容之和；优化后 23 旬蓄水量较低，为 13982 万 m^3，接近于水库群死库容之和。

来水频率为 75%时玛纳斯河水库群优化前后最大蓄水量分别为 29228 万 m^3、34211 万 m^3，分别为水库群总库容之和 61910 万 m^3 的 47.2%、55.3%，说明肯斯瓦特水库建成后来水频率为 75%时可以认为玛纳斯河灌区防洪问题已经基本解决。

来水频率为 75%时下玛纳斯河水库群有一个用水紧张期，该时期出现在 30～32 旬(10 月下旬至 11 月中旬)，但由于是冬灌时期，作物主要灌溉季节已经结束，对灌区影响不大；优化前有两个用水紧张期，第一个出现在 17 旬、18 旬(6 月中下旬)，对灌区影响较大，第二个出现在 30～32 旬(10 月下旬至 11 月中旬)，对灌区影响不大；优化后有两个用水紧张期，第一个出现在 23 旬(8 月中旬)，对灌区影响较大，第二个出现在 30～32 旬(10 月下旬至 11 月中旬)，对灌区影响不大。

5.3.4　水库群优化调度节水量作用分析

根据灌区用水过程，结合渠系特征，经过水库群优化调度研究，得到各水平年骨干渠系输配水方案：实际规划中可以参照不同来水频率下的预测结果，根据管理人员的经验进行适当调整，但应尽量保证充分利用石河子灌区多余泉水，同时应将各子灌区地下水作为调峰水量，非灌溉季节尽量不要过多开采灌区地下水，以免到灌溉季节地下水可开采量不足，无法缓解灌区缺水情况。

进行水库群优化调度，相应水库年蒸发总量、年渗漏总量及年末水库群余水量如表 5-17 所示。

表 5-17　各水平年水库群优化调度前后年节水量

来水频率/%	调度方式	年蒸发总量/万 m^3	年渗漏总量/万 m^3	年末水库群余水量/万 m^3	总节水量/万 m^3
25	现状	6441	2756	12453	4741
	优化调度	2756	2150	18591	

续表

来水频率/%	调度方式	年蒸发总量/万 m^3	年渗漏总量/万 m^3	年末水库群余水量/万 m^3	总节水量/万 m^3
50	现状	6549	2641	14005	4710
	优化调度	2970	2168	20582	
75	现状	6368	5705	10937	1452
	优化调度	2853	2064	15657	

优化调度后在来水频率为 25%、50%、75%时可以分别通过优化水库群调度方式节约水量(主要是减少渠道渗漏量)1988.54 万 m^3、2331.40 万 m^3、943.56 万 m^3，总计节约水量 4741 万 m^3、4710 万 m^3、1452 万 m^3，相比于优化调度前增加年末水库群蓄水比例为 49.3%、48.0%、43.2%。

综合分析发现，灌区相同种植面积(来水频率为 25%、50%、75%)时，灌区水量损失整体随调度方式改进及渠道防渗率的提高而降低；优化调度后损失总量相比于现状调度前降低；水库群优化调度技术集成后，水库群总节水量在不同水平年为 1452 万～4741 万 m^3。

5.4　绿洲灌区农田作物高效节水技术

西北内陆区以水文分为塔里木河流域、天山北麓诸河、准噶尔盆地、疏勒河流域、黑河流域、石羊河流域、柴达木盆地、青海湖、河西荒漠区 9 个分区，按地区包括新疆、甘肃、青海和内蒙古的一部分。

据《中国水利统计年鉴 2017》，各地区不同种植类型灌溉面积分布中，耕地灌溉面积占比最大的是甘肃，为 86%，其次是新疆，为 77%；牧草灌溉面积最大的是内蒙古，为 53%，其次是青海，为 28%；林地灌溉面积除内蒙古外，其他占各自省份种植面积的 11%左右（图 5-18）。

农业用水新疆占比最高，为 86%，其次甘肃占 15%；工业用水甘肃占 43%，新疆占 46%；生活用水新疆占 56%，甘肃占 3%；生态用水新疆占 56%、甘肃占 35%。

各省份农业用水：工业用水：生活用水：生态用水的用水比例新疆为 45.58：1：1.19：0.56，甘肃为 8.53：1：0.75：0.37，青海为 7.65：1：1.08：0.42；新疆农业用水占总用水量的比例最高，生态用水比例最低，仅占 1.15%；甘肃与青海的生态用水占比为 3.5%左右，相差不大，说明新疆“三生水”的用水比例显著不平衡。

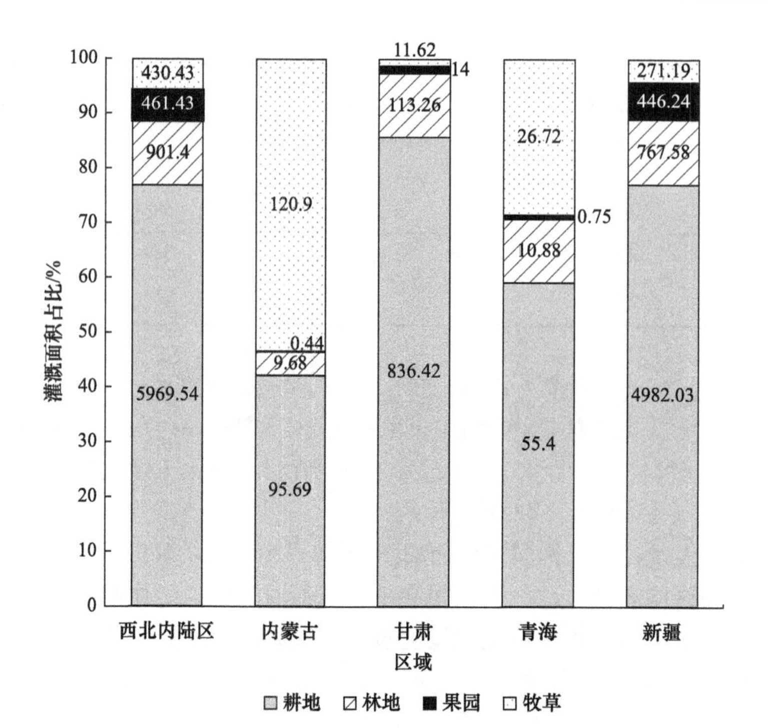

图 5-18　不同种植类型灌溉面积占比

柱中数据为不同种植类型灌溉面积

据《中国水利统计年鉴 2017》,西北内陆区采用的高效节水灌溉技术主要为喷灌、微灌、低压管道输水。定义高效节水灌溉面积占有效总灌溉面积的比值为节灌率。由图 5-19 知，节灌率最高的是石羊河流域(0.46)，其次是天山北麓诸河(0.41)。

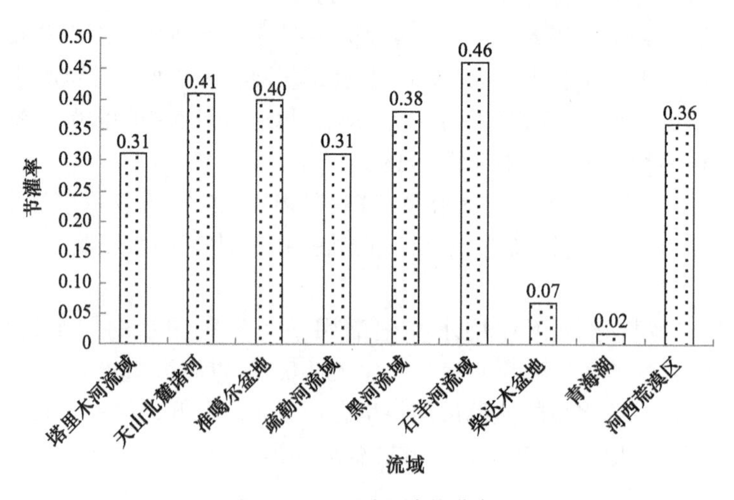

图 5-19　不同流域节灌率

定义灌溉水利用系数为灌入田间可被作物利用的水量与渠首引入总水量的比值，由图 5-20 知，最高的在天山北麓诸河，达到 0.63；西北内陆区流域平均的灌溉水利用系数为 0.49。

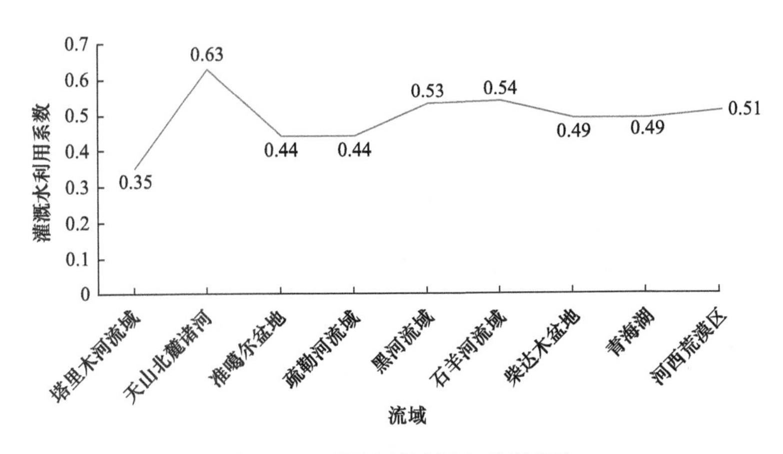

图 5-20　不同流域灌溉水利用系数

5.4.1　绿洲农田输配水系统节水技术

每个水文流域控制的农业分区不同，根据当地实际情况，发展与推广的节水技术也不尽相同，但都是以节约农业灌水量及防止高额蒸发为主(中华人民共和国水利部，2018)。

由图 5-21 可知，全国喷灌占比 12%，微灌占比 18%，低压管道输水占比 29%。西北内陆区中新疆微灌占比最大，为 86%，占全国微灌面积的 53%，占西北内陆区微灌面积的 93%；内蒙古喷灌占比 31%；青海低压管道输水占比 27%。总之，新疆、甘肃以微灌为主(滴灌)，内蒙古以微灌、喷灌为主，青海以低压管道输水为主。

1. 新疆膜下滴灌技术

适宜推广的地区：地面蒸发量大的干旱半干旱且具备一定灌溉水源的地区；适用于任何地形。

适宜应用的作物：适宜覆膜、穴播的作物，如棉花、小麦、玉米、加工番茄、辣椒、马铃薯、瓜类；另外还适用于叶菜、林果类。

适宜的生产规模和管理方式：最好具备连片条田，或者在一个灌溉井的范围内能统一管理。

适宜的设备和政策支持：需要质量保证、价格便宜的滴灌器材供应和技术服务保证。

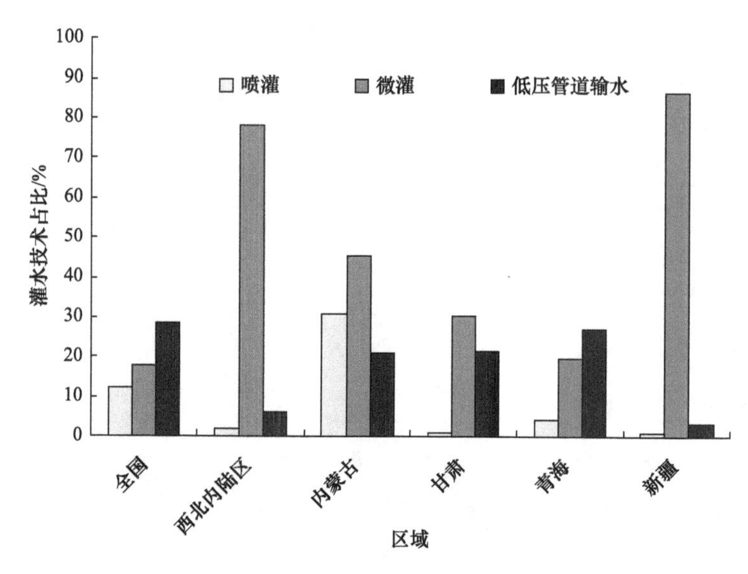

图 5-21　灌水技术占比

(1) 滴灌棉花。棉花理论株数为 25.5 万～30.0 万株；种植模式有四种：(0+40+20+60)cm(一膜一管四行)、(28+50+28+60)cm(一膜二管四行)、(10+66+10+66+10+66)cm(一膜二管六行)、(10+66+10+66+10+66)cm(一膜三管六行)；灌水 9～13 次，灌水定额为 150～450$m^3 \cdot hm^{-2}$，灌溉定额为 4050～5550$m^3 \cdot hm^{-2}$(南疆取高值)；施肥以氮肥为主，配合磷肥、钾肥，可根据不同产量进行追肥。

(2) 滴灌加工番茄。采用(40+100)cm(一膜一管两行)、(20+40+20+60)cm(一膜一管四行)种植模式；灌水 12 次，灌水定额为 150～375$m^3 \cdot hm^{-2}$，灌溉定额为 3450$m^3 \cdot hm^{-2}$；氮肥(纯氮)施肥量为 328.5$kg \cdot hm^{-2}$，磷肥(P_2O_5)施肥量为 331.5$kg \cdot hm^{-2}$，钾肥(K_2O)施肥量为 91.5$kg \cdot hm^{-2}$，硝酸钙施肥量为 30～45$kg \cdot hm^{-2}$。

(3) 滴灌玉米。种植模式为(30+70)cm(一膜一管两行)；灌水 9～10 次，灌水定额为 450～600$m^3 \cdot hm^{-2}$，灌溉定额为 4500～6750$m^3 \cdot hm^{-2}$；氮肥(纯氮)施肥量为 270～290$kg \cdot hm^{-2}$(20%做基肥)，磷肥(P_2O_5)施肥量为 90～100$kg \cdot hm^{-2}$(60%做基肥)，钾肥(K_2O)施肥量为 40$kg \cdot hm^{-2}$，硫酸锌施肥量为 15～22.5$kg \cdot hm^{-2}$。

(4) 滴灌小麦。采用(32.5+32.5+25)cm(一管六行)种植模式；灌水 9～12 次，灌水定额为 450～600$m^3 \cdot hm^{-2}$，灌溉定额为 4500～6450$m^3 \cdot hm^{-2}$；氮肥(纯氮)施肥量为 262～310$kg \cdot hm^{-2}$(20%做基肥)，磷肥(P_2O_5)施肥量为 162～198$kg \cdot hm^{-2}$(60%做基肥)，钾肥(K_2O)施肥量为 41～51$kg \cdot hm^{-2}$。

(5) 滴灌果树。①葡萄行距 1.8m，距主干 20cm 处铺滴灌带；灌水 15 次左右，灌水定额为 250～450$m^3 \cdot hm^{-2}$，灌溉定额为 3750～7500$m^3 \cdot hm^{-2}$(东疆、南疆取上限)；尿素施肥量为 270$kg \cdot hm^{-2}$，磷酸二氢钾施肥量为 120$kg \cdot hm^{-2}$。②红枣单

行种植 1.3 万～1.6 万株，行距 150cm，株距 40～50cm，滴灌带布置在距树干 15cm 处；双行种植 1.4 万株，株距 50cm，宽行 200cm，窄行 75cm，滴灌带布置在窄行中间；灌水 30 次左右，灌溉定额为 7200～8700$m^3 \cdot hm^{-2}$，灌水定额随不同区域和产量有所增减；氮肥(纯氮)施肥量为 660～690$kg \cdot hm^{-2}$，磷肥(P_2O_5)施肥量为 540～570$kg \cdot hm^{-2}$，钾肥(K_2O)施肥量为 285～315$kg \cdot hm^{-2}$(陈林和王海波，2016；尹飞虎和刘辉，2014；张志新，2012；张保东，2012)。

2. 内蒙古喷灌技术

适宜推广的地区：具备一定的灌溉水源，同时当地地块较大、不覆膜、作物生育季风速较小的干旱半干旱地区。

适宜应用的作物：小麦、蔬菜、林果。

优点：喷灌技术可以改善种植过程中的田间小气候，提高土壤含水率及田间的湿度，有利于作物进行光合作用，提高作物产量；可以有效改善土壤的墒情，提高土壤的储水量，为作物生长提供充足的水分。

缺点：喷灌系统通过管网输水，而且需要动力设备作为支撑，投资相对来说比较大；如果采用移动式或者半固定式喷灌设备的话，虽然可以在一定程度上减少投资，但是移动的过程比较麻烦，而且对农作物的损伤比较严重。

玉米喷灌技术参数：采用一台平移式大型喷灌机，株距 22cm，窄行 50cm，宽行 70cm，种植密度为 75000 株$\cdot hm^{-2}$；灌水 7～8 次，丰水年灌溉定额为 2400～3000$m^3 \cdot hm^{-2}$，平水年灌溉定额为 3000～3600$m^3 \cdot hm^{-2}$(程满金和郭富强，2017)。

3. 甘肃、宁夏覆膜沟灌技术

参数：先开沟，将作物沟挑成炕面状，拱高 15cm 即可，将做好的畦面覆膜，一般要求全部覆膜，也可在浇水沟底预留 10～15cm 渗水带，或者将沟底戳洞。

适宜推广的地区：干旱半干旱且具备一定灌溉水源的地区。

适宜应用的作物：棉花、玉米、番茄、西瓜、马铃薯等宽行距中耕作物。

优点：不会破坏作物根部附近的土壤结构，不导致田面板结，能减少土壤蒸发损失。

沟灌西瓜：沟宽 50cm 左右，垄宽 85～90cm，垄高 25cm 左右；西瓜每垄种 2 行，行距 80cm，株距 100cm，定植密度 1200 株$\cdot hm^{-2}$；灌水定额为 675～1050$m^3 \cdot hm^{-2}$，有机无机复合肥施肥量为 600$kg \cdot hm^{-2}$，磷酸二铵施肥量为 300$kg \cdot hm^{-2}$(张丽琴等，2013)。

4. 甘肃集雨补灌技术

参数：一般由集雨面、集流槽、沉淀池、蓄水罐(窖)、微灌施肥系统组成。

适宜推广的地区：年降水量小(250～500mm)、降水量相对集中的干旱半干旱地区。

适宜应用的作物：最适宜日光温室、塑料大棚中的作物。

优点：不但节约用水、防止土壤板结、省工省时、投资少、成本低，还可在作物需水的关键时期及时有效地补充土壤水分的不足，使作物健壮生长。

甘肃省自 2010 年来集雨补灌不断减少，2015 年补灌面积比上一年减少了 0.43 万 hm^2，减少率为 1.4%；集雨窖也比上一年减少了 1.7 万眼，减少率为 0.9%。甘肃省集雨补灌技术在大棚及人饮工程上应用较多(中华人民共和国水利部，2018)。

5. 青海低压管道输水灌溉技术

参数：以低压管道输水代替明渠输水，工作压强低于 0.2MPa，由管道出水口或者出水口连接软管输水，输送至田间的沟渠。

适宜推广的地区：北方井灌区。

适宜应用的作物：粮食作物、瓜果、蔬菜等。

优点：投资少、效益好、易施工、管理方便。

6. 新疆石河子灌区棉花膜下滴灌自动化技术

滴灌自动化有滴灌智能化、半自动化、手动控制三种形式，目前新疆使用较多的是人工控制灌水技术及人工与自动化结合的形式(半自动化)，即根据电磁阀等设备自动开关灌水阀门。由于新疆气候特点及灌水水质的影响，电子设备的使用受到很大限制，目前正在试验阶段，推广面积不是很大。

1) 自动化滴灌棉花精良灌溉制度

灌水：由于自动化灌溉系统设计灌水定额小，平均每次灌水定额为 14.81m^3/亩，灌水周期短，为 4d，灌水 17～19 次；减少单次灌水量，平均每次灌水定额为 222.15$m^3 \cdot hm^{-2}$，灌水量为 4220.85 $m^3 \cdot hm^{-2}$。只有自动化灌溉可以保证较高的灌水频率，与传统滴灌(灌水周期为 6～7d，灌水频率为 9～13 次，平均灌水定额为 333$m^3 \cdot hm^{-2}$，灌水量为 4329$m^3 \cdot hm^{-2}$)相比，较好地为棉花提供适宜的水分环境，更有利于作物生长。灌溉制度主要依据灌水阈值确定，各生育期灌水后土壤含水率如表 5-18 所示(牛靖冉等，2019；赵波，2017)。

表 5-18　各生育期灌水后土壤含水率

水分传感器距地表距离/ cm	土壤含水率/%				灌水次数
	苗期	蕾期	花铃期	吐絮期	
20	55～60	60～65	70～75	55～60	17～19
40	60～65	65～70	75～80	65～70	
60	55～60	70～75	80～85	65～70	

施肥：尿素[$CO(NH_2)_2$]和速溶磷酸甲胺[$KH_2PO_4 \cdot NH_4H_2PO_4$]按 2∶1 的质量比通过比例施肥机进行自动化随水施肥，生育期的总施肥量为 556kg · hm^{-2}。生育期滴施氮肥的次数为 7～10 次，施肥量为 371kg · hm^{-2}。依据棉花生育期需肥量进行滴施，各生育期施肥情况见表 5-19。

表 5-19　各生育期施肥情况

时期(施肥量占比)	次数	施肥量/(kg · hm^{-2})
播种前 20%基肥处理	1	74.20
出苗(2%)	1	7.42
蕾期(18%)	1～2	66.78
初花期(23%)	1～2	85.33
花期到花铃期(45%)	3～4	166.95
盛铃期(12%)	1	44.52

2) 自动化滴灌对农田小气候的影响

图 5-22 是不同滴灌方式对棉花农田空气温度和相对湿度的影响。T1 处理在各生育期四种高度空气温度都要显著高于 T2 处理($P < 0.05$)，且 T2 处理显著高于 T3 处理($P < 0.05$)。T1 处理地表、作物中部、冠层、冠层以上的平均空气温度分别为 32.03℃、32.20℃、31.63℃、31.78℃，T2 处理分别为 31.78℃、31.90℃、31.38℃、31.21℃，T3 处理分别为 31.19℃、31.31℃、31.26℃、31.01℃。T1 处理在各高度比 T2 处理分别高出 0.25℃、0.30℃、0.25℃、0.57℃，平均高出 0.34℃；T1 处理较 T3 处理分别高出 0.84℃、0.89℃、0.37℃、0.77℃，平均高出 0.72℃。各处理的空气温度在不同高度都呈现中部高、两边低的规律。

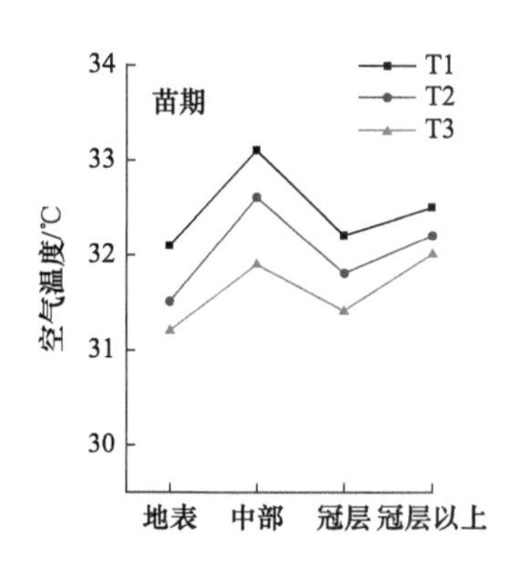

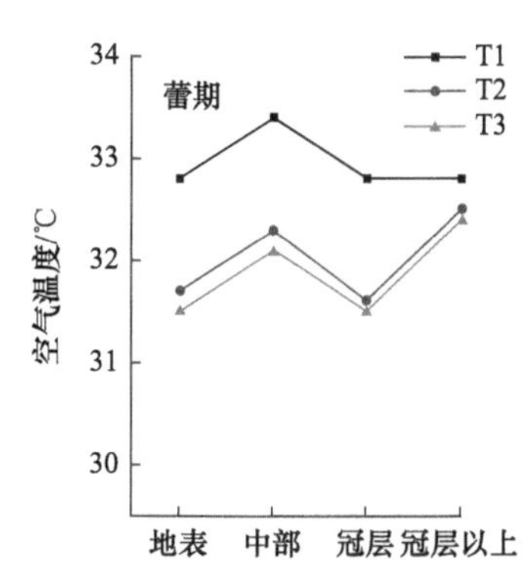

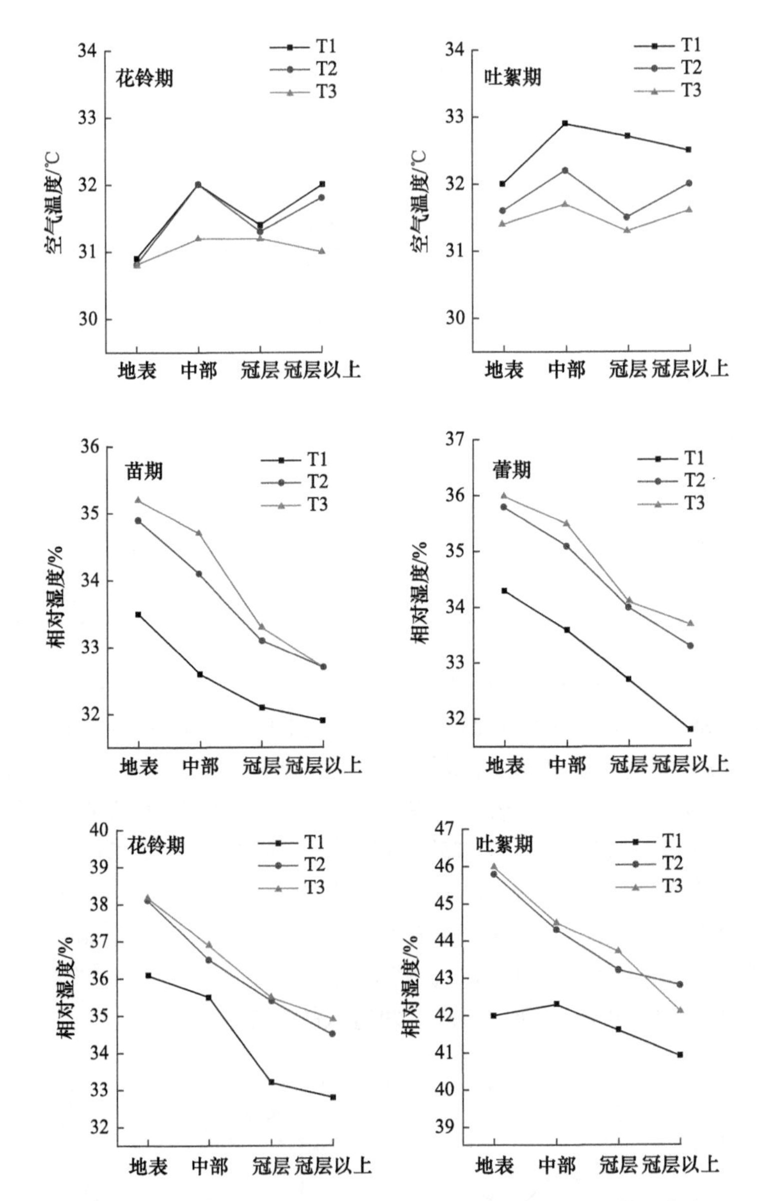

图 5-22　不同灌溉方式对棉花农田空气温度和相对湿度的影响

T1-膜上灌；T2-普通膜下滴灌；T3-自动化膜下滴灌

T3 处理在各生育期四种高度的相对湿度都要显著高于 T2 处理($P < 0.05$)，且 T2 处理显著高于 T1 处理($P < 0.05$)。T1 处理地表、作物中部、冠层、冠层以上的平均相对湿度分别为 40.69%、38.30%、35.36%、33.75%，T2 处理分别为 42.53%、40.21%、37.35%、34.25%，T3 处理分别为 44.88%、43.90%、42.50%、37.33%。

T3 处理在各高度比 T1 处理分别高出 4.19%、5.60%、7.14%、3.58%，平均高出 5.13%；T3 处理较 T2 处理分别高出 2.35%、3.69%、5.15%、3.08%，平均高出 3.57%。T3 处理在冠层以下相对于其他处理的相对湿度变化幅度大，且各处理总体均呈现出由地表至冠层逐渐降低的规律。

图 5-23 是不同灌溉方式对地温的影响，在各生育期各处理地温变化趋势一致，从早上 8:00 开始呈上升趋势，12:00～14:00 上升趋势最为明显，之后从 16:00 开始缓慢下降。日地温变化主要是当日太阳辐射、大气温度及压强变化引起的。在苗期，各处理地温没有显著差异，这可能是因为棉花生育初期并不存在植被覆盖率的差异，接收到的地面辐射等外界因素没有明显差异，且各处理使用同一种地膜，保温保墒效果也没有明显差异。之后的生育期中，T1 处理地温显著高于 T2 处理地温($P < 0.05$)，且 T2 处理地温显著高于 T3 处理地温($P < 0.05$)，在各时段 T1 处理比 T2 处理分别高出 0.2℃、0.1℃、0.3℃、2.0℃，平均高出 0.65℃；T1 处理比 T3 处理分别高出 0.4℃、0.3℃、0.5℃、2.3℃，平均高出 0.88℃。这种差异的出现可能与作物长势差异有关，T1 处理植被覆盖率较低，导致土壤表面接受的太阳辐射较多，受大气温度影响较大。花铃期各处理作物长势差异更加明显，且 T2、T3 处理灌水较频繁，土壤含水率一直保持一个较高的水平，土壤热容量较大，地温下降明显，因此这种差异更加明显一些。T1 处理较 T2 处理在各时段分别高出 0.2℃、0.9℃、0.2℃、0.4℃，平均高出 0.43℃；较 T3 处理分别高出 0.4℃、2.0℃、1.0℃、0.7℃，平均高出 1.03℃。在吐絮期，T1 处理较 T2 处理各时间段分别高出 0.7℃、1.0℃、0.4℃、0.3℃，平均高出 0.60℃；较 T3 处理分别高出 0.8℃、1.3℃、0.4℃、0.1℃，平均高出 0.65℃(牛靖冉，2020)。

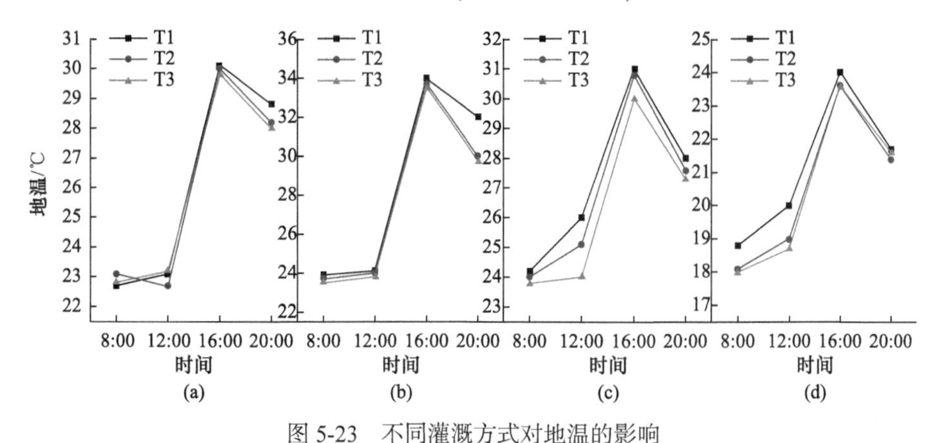

图 5-23　不同灌溉方式对地温的影响

(a)苗期；(b)蕾期；(c)花铃期；(d)吐絮期；T1-膜上灌；T2-普通膜下滴灌；T3-自动化膜下滴灌

综上可知，T3 处理的相对湿度在各生育期要显著高于 T2 处理及 T1 处理($P < 0.05$)，而空气温度和地温(除苗期外)显著低于 T2 处理及 T1 处理($P < 0.05$)。

即灌水频率的不同影响着空气温度与相对湿度，影响着土壤的地温，有利于调节棉花生长的环境。

3) 滴灌技术综合评价

通过对 3 种灌水模式三级模糊评价可知：与膜上灌(T1 处理)相比，普通膜下滴灌优势为灌溉水利用系数提高了 28.8%，节省了人力 35.7%，节水潜力约为 $1151m^3 \cdot hm^{-2}$，每公顷产量提升 2361kg；自动化膜下滴灌的优势为灌溉水利用系数提高了 38.7%，节水潜力约为 $1481m^3 \cdot hm^{-2}$，每公顷产量提升 2820.9kg，尤其是节约了 62.3%的人力。

4) 膜下滴灌技术使用限制及种植结构调整

为突出作物种植与高效灌水技术的配套，确定膜下滴灌技术的使用限制，并满足该限制下作物适合的种植比率，进行以经济效益最大为目标的单目标优化、经济效益及水分生产效益最大多目标优化。

单目标优化：①膜下滴灌技术运用比例限制为 0.84 或 0.82 时，保证了经济稳定，生态安全影响系数较高；②膜下滴灌技术运用面积减少 1938.7～2609.3hm^2，种植结构为小麦 1100.0hm^2、玉米 2373.3hm^2、棉花 17286.7hm^2、桃子 728.0hm^2 。

多目标优化：①膜下滴灌技术运用比例为 0.82 时，对生态环境的改善程度相对较高，农业生产的经济效益和水分生产效益的降低幅度小，对经济的稳定影响不大。②运用比例为 0.82 时，种植结构为膜下滴灌小麦 1607.20hm^2、玉米 2034.47hm^2、棉花 16450.91hm^2、葡萄 3362hm^2、桃子 738hm^2。相比单目标优化，小麦的种植面积增加 507.2hm^2，玉米减少 338.8hm^2，棉花减少 835.8hm^2，葡萄增加 3362hm^2，桃子增加 10hm^2，见图 5-24(李玥等，2019)。

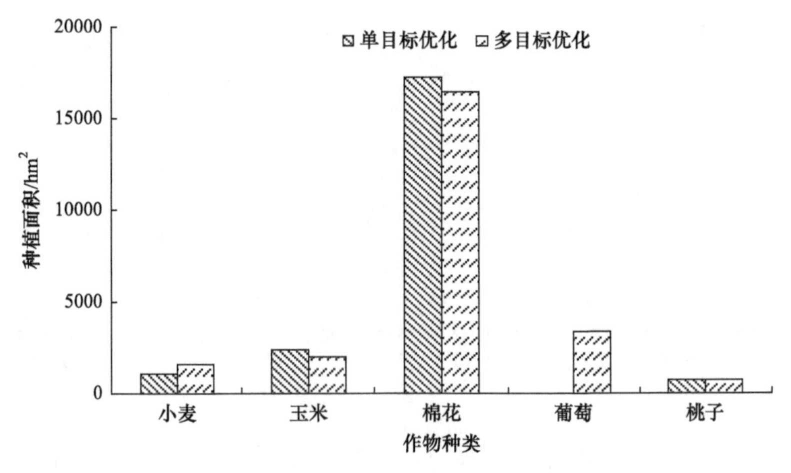

图 5-24　不同目标优化下石河子灌区种植结构

7. 新疆石河子灌区农业用水管理技术

农业用水管理分三步进行，用水总量控制的初始水权分配机制、基于成本测算的水价形成机制、水权交易机制。

1) 初始水权分配理论及实践

水权分配不可能是一次完成的，是一个动态的过程。在不同的社会发展时期，农业、工业、生活、生态对水资源的需求量是不同的(贺天明，2021)，通过动态的调整实现水资源的管理。以“节水优先”及“水资源三条红线”为依据，充分考虑节水设施投入、节水技术等效率性指标，以及对土壤环境造成污染的地膜、肥料使用量等生态优先性原则基础上，选取 12 个指标构建干旱区农业初始水权分配体系。利用遗传算法投影寻踪模型对数据进行降维优化处理。由计算得到的分配水量与现状水量关系图(图 5-25)可知：①若实现严格管控措施，则可比现状水量节约 2264.22 万 m^3，即可比现状节水约 15.67%；②从单个区域来看，143 团现状水量比分配水量少 43%左右，靠近市区的石总场分配水量少于现状水量超过 1000 万 m^3，分析其种植结构可知石总场种植普通棉花面积过大，须进行结构调整及节水技术投入；③可将近市区的一些工厂企业迁移，多余水分通过水权交易卖给企业，农民也可从中获利，增加农民收入，同时也可保护市区空气环境(贺天明等，2021a，2021b)。

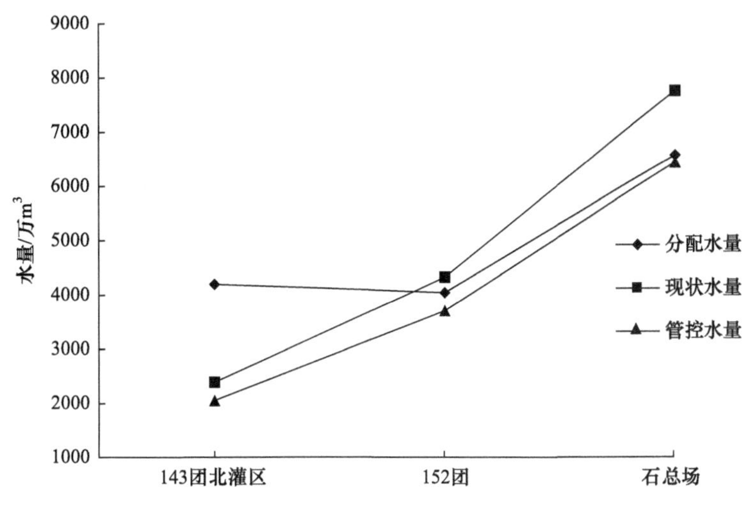

图 5-25　分配水量与现状水量关系图

2) 成本水价测算与农户承受力水价分析

供水生产成本、费用核算的内容包括职工薪酬、固定资产折旧费、维修费、水利工程保险费、工程日常运行及项目支出、水资源费、利润和税金。收集资料，按照《政府制定价格成本监审办法》(中华人民共和国国家发展和改革委员会令〔2017〕8 号)，结合《水利工程供水价格核算规范(试行)》，得到石河子灌区单方水农业供水成本为 0.39 元 · m^{-3} (完全成本水价)，水利运行成本水价为 0.24 元 · m^{-3} (表 5-20)；依据农户支出水平承受力数学模型，计算得出农民承受力水价为 0.439 元 · m^{-3}。与石河子灌区现行水价 0.25 元 · m^{-3} 相比，灌区水价存在很大的提升空间。在完全成本水价下，亩均灌水量可比田间实际灌水量节约 1078.35m^3/亩，约节约 15%，节水潜力较大(贺天明，2021)。

表 5-20　农业供水价格分析表

<table>
<tr><th colspan="5">项目</th><th>完全成本水价</th><th>运行成本水价</th></tr>
<tr><td rowspan="18">水利工程定价成本</td><td rowspan="15">农业供水生产成本</td><td colspan="3">事业单位人员工资/万元</td><td>3613.59</td><td>不计入</td></tr>
<tr><td colspan="3">运行观测工作购买服务费/万元</td><td>9515.92</td><td>9515.92</td></tr>
<tr><td colspan="3">事业单位人员公用经费/万元</td><td>889.92</td><td>不计入</td></tr>
<tr><td rowspan="2">直接材料费</td><td colspan="2">地表水原水水费/万元</td><td>2709.82</td><td>2709.89</td></tr>
<tr><td colspan="2">地下水电费/万元</td><td>711.69</td><td>711.69</td></tr>
<tr><td colspan="3">其他直接支出/万元</td><td>74.98</td><td>不计入</td></tr>
<tr><td rowspan="2">固定资产折旧费/万元</td><td colspan="2">财政补助及社会无偿投入部分(80%)</td><td>0.00</td><td>0.00</td></tr>
<tr><td colspan="2">地方自筹(20%)</td><td>2432.27</td><td>不计入</td></tr>
<tr><td rowspan="3">修理费</td><td colspan="2">大修理费/万元</td><td>3836.39</td><td>不计入</td></tr>
<tr><td rowspan="2">日常维护养护费用/万元</td><td>防洪功能工程(10.02%)</td><td>326.22</td><td>不计入</td></tr>
<tr><td>供水工程(89.98%)</td><td>4844.32</td><td>4844.32</td></tr>
<tr><td colspan="3">水资源费/万元</td><td>0.00</td><td>0.00</td></tr>
<tr><td colspan="3">水质检测费/万元</td><td>62.40</td><td>62.40</td></tr>
<tr><td colspan="3">水利工程保险费/万元</td><td>0.00</td><td>0.00</td></tr>
<tr><td colspan="3">其他制造费用/万元</td><td>0.00</td><td>0.00</td></tr>
<tr><td rowspan="3">期间费用</td><td colspan="3">营业费用/万元</td><td>0.00</td><td>0.00</td></tr>
<tr><td colspan="3">管理费用/万元</td><td>0.00</td><td>0.00</td></tr>
<tr><td colspan="3">财务费用/万元</td><td>0.00</td><td>0.00</td></tr>
<tr><td colspan="5">定价总成本/万元</td><td>29017.59</td><td>17844.22</td></tr>
<tr><td colspan="5">多年平均供水量/万 m^3</td><td>74065.40</td><td>74065.40</td></tr>
<tr><td colspan="5">单方水农业供水成本/(元 · m^{-3})</td><td>0.39</td><td>0.24</td></tr>
</table>

5.4.2　绿洲农田调盐和控盐技术

1. 冬、春灌淋盐技术

根据 2009～2010 年两年的化控改良试验可知，相比 2009 年，2010 年土壤含水率增量为负值，土壤盐分增量为正值，则说明连续两年无冬灌或春灌下棉田的墒情减弱，棉田的土壤含盐量在增加，增加幅度为 0.02%～0.44%。在没有任何改良措施的对照区，含盐量增加幅度最大为 0.44%，增加比例为 64.41%；在有改良措施的条件下，平均含盐量增加比例为 31.77%。含盐量增加比例简单按与试验年限呈线性计算：有、无改良措施条件下，分别在 4.15a 和 2.56a 后土壤含盐量翻倍，虽然施加化学改良剂试验区比对照区大约能使非生育期土壤初始含盐量达到 100%减缓 1.5a，但是在高含盐量区，棉田不进行大水洗盐(冬灌或者是春灌)持续大于 4a，棉田的盐分累积将迅速超过棉花的耐盐性，棉田产量受限(王春霞，2011)。

冬灌时综合分析盐分淋洗作用，发现大定额滴灌与大定额漫灌更有利于来年为作物创造良好的生长环境，小定额的灌水在新疆干旱区较易蒸发的条件下并不适宜，以滴灌方式进行冬灌能够有效保持土壤水分，蓄水保墒，做到冬水春用(陈小芹，2015)。综合考虑冬灌前后水分盐分的变化特点，冬灌对次年棉花苗期水分盐分的影响及对次年棉花生长和产量的影响，冬灌定额采取 2400～3600$m^3 \cdot hm^{-2}$，滴灌与漫灌两种方式必须根据不同地区的灌水模式差异而择优选择(陈小芹等，2014)。

春灌是干旱绿洲灌区一种常规的水盐管理措施，具有储水降盐等多种作用。常规春灌对于轻度盐渍化土壤，1350$m^3 \cdot hm^{-2}$的灌水定额是合适的；对于中度盐渍化土壤，可采用 1800$m^3 \cdot hm^{-2}$的灌水定额；对于重度盐渍化土壤，可采用 2250$m^3 \cdot hm^{-2}$的灌水定额。对于“干播湿出”“滴水春灌”等播种方式，灌水定额为 450～900$m^3 \cdot hm^{-2}$，是常规春灌定额的 50%左右，但作物出苗率较常规春灌并未降低，甚至还有所提高(杨鹏年，2015)。

2. 冻融期地表覆盖保墒调盐技术

试验处理：裸地、地膜覆盖、10cm 厚的秸秆覆盖(1.8$kg \cdot m^{-2}$)、5cm 厚活性炭覆盖(活性炭为当年试验站试验场种植的棉花秆经过不充分燃烧后加水冷却形成的充满空隙的块状或颗粒状炭粒)。

试验期内，0～10cm 土层，土壤储水量增幅排序为活性炭覆盖(13.89～15.52mm)>秸秆覆盖(5.54～6.03mm)>裸地(0.98～5.42mm)>地膜覆盖(4.85～5.15mm)，活性炭覆盖下土壤储水量增幅分别比秸秆覆盖、裸地、地膜覆盖提高 29.87%～31.24%、33.93%～33.98%、32.51%～48.09%，体现了良好的保墒效果和融雪水的较高利用。土壤单位面积储盐量增幅排序为裸地(2.78～2.80g)>地膜覆盖

(2.36～2.88g)>秸秆覆盖(2.03～2.79g)>活性炭覆盖(2.27～2.66g)，且裸地土壤储盐量变化率最高(27.92%～25.78%)，分别比活性炭覆盖、秸秆覆盖、地膜覆盖处理高 13.45%～17.84%、10.14%～10.18%、3.32%～3.91%，体现出地表覆盖具有显著的抑盐作用。

分析经历整个季节性冻融过程后不同处理对土壤的保墒调盐效果。地表覆盖比裸地具有较优的保墒效果，不同的覆盖材料之间保墒效果又有较大差异。土壤储水量方面，活性炭覆盖能够对 0～40cm 土层起到保墒增墒作用，其次是秸秆覆盖(0～30cm)；土壤储盐量方面，4 种处理不同土层储盐量均增加，但总体来看，活性炭覆盖、秸秆覆盖处理在 0～60cm 土层的平均储盐量变化率分别为 6.28%～7.47%、7.62%～9.50%，远小于地膜覆盖(9.97%～16.06%)和裸地(12.85%～17.07%)，表现出了显著的抑盐效果(唐文政，2018)。

3. 滴灌施氮调盐技术

为了探究盐碱土合理的施氮时序，提高水分调控施氮的效率，开展 9 组不同施氮时序影响下的二维土壤水分入渗试验。试验结果表明：从单点源整体上来看，含水率会随着湿润锋水平方向的推进和垂直方向的加深而变小，在滴头下方(0cm，0cm)含水率是最大的；交汇点含水率在会在剖面内部形成一个内聚面(两单点源内部提前交汇造成)。单点源的电导率随着湿润锋水平方向的推进和垂直方向的加深会越来越大，电导率最大值出现在最远的湿润锋处；在交汇点处的电导率洗盐效果表层土中比单点源处的大。在单点源下，N-W-N-W(N 表示施氮，W 表示灌水)时序下在此剖面(水平方向 0～30cm 和垂直深度 0～30cm 围成剖面)中的含水率最大，比 W 条件下平均含水率高出了 1.45%，比 N-W-W-N 高出了 1.26%，比 N-W 降低了 0.34%；N-W-W-N、N-W-N-W、N-W 时序下的电导率比初始值减少 392.15μS · cm^{-1}、177.57μS · cm^{-1}、389.30μS · cm^{-1}。交汇点 N-W-N-W 时序下的平均含水率比 W 时序下高出 0.57%，比 N-W-W-N、N-W 分别降低了 0.68%、2.26%；N-W-W-N、N-W-N-W、N-W 时序下的电导率比初始值减少 688.32μS · cm^{-1}、142.50μS · cm^{-1}、565.97μS · cm^{-1}。综合分析，得出 N-W-W-N、N-W-N-W、N-W 时序下保水能力和洗盐效果较好，该研究结果可为水肥一体化的实施提供参考依据(吴晨涛等，2020)。

4. 暗管排盐技术

排水暗管为 PVC 管，管径为 9cm，开孔率为 6%，铺设 3～5cm 厚细砂和粗砂作为滤层。暗管埋深为 1m，间距为 4m，埋设 2 根暗管，倾斜度为 5‰。连通管也为 PVC 管，管径为 3.2cm，开孔率为 10%，PVC 管周围包裹一层无纺布，连通管埋深为 1.8m，将地下水位控制在 1.2m 左右。灌溉水及地下水矿化度均为

$0.25g \cdot L^{-1}$，三次灌水试验结束后地下水矿化度增加到 $2.7g \cdot L^{-1}$。采用单翼迷宫式滴灌带，滴头流量为 $3.6L \cdot h^{-1}$，滴头间距为30cm，结合大田滴灌带布设模式，试验共铺设6条滴灌带(石培君等，2019)。

在地下水位以上20～40cm，采用埋设间距为4m、埋深为1m的暗管进行排水试验监测，研究分析暗管排水条件下膜下滴灌农田的排水规律及水盐运移特征。经过3次灌水淋洗试验研究表明，排水量随着排水历时的延长逐渐减小，并趋于 $1.5 \sim 3.5L \cdot h^{-1}$ 稳定状态；排水矿化度先增大后减小，这是因为对流弥散作用和土壤溶液浓度的共同影响。与初始土壤含盐量相比，0～40cm 土层含盐量小于 $2g \cdot kg^{-1}$，土壤脱盐率高达85%，达到了非盐化土水平，40～80cm土层含盐量达到了轻度盐化水平。经计算，暗管排盐量占0～80cm土层总含盐量的28.9%，其余盐分淋洗到 80cm 以下土层，或者溶解到地下水中，说明膜下滴灌条件下暗管排盐可降低土壤含盐量，提高灌溉用水洗盐效率，使膜下滴灌技术得以持续发展(石培君等，2019)。

5.4.3　高效节水灌溉技术使用条件下农业潜力分析

目前高效节水灌溉使用的有微灌、喷灌与低压管道输水，这三种技术的灌溉水利用系数分别为0.82、0.79、0.51。不同的农业分区灌水技术的使用有差异，在有连片土地及较稳定灌溉水源的前提下，建议推行滴灌技术。

西北灌区农业用水量为364.95亿 m^3，有效的灌溉面积为8770.38万亩，其中高效节水灌溉面积为3256.53万亩。依据2035年、2050年高效节水灌溉技术使用比例分别为0.65、0.82(滴灌技术使用的建议限值)，计算这两个水平年下农业工程节水量分别为68.01亿 m^3、92.03亿 m^3，占现状年农业用水量的19%、25%，见表5-21。

表5-21　西北内陆区工程节水预测

流域	水平年	有效灌溉面积/万亩	工程措施节水面积/万亩	净灌溉定额/(m^3/亩)	非工程措施节水面积/万亩	节灌率/%	节水量/亿 m^3
准噶尔盆地	2016年	1032.97	414.10	491	618.87	0.40	—
	2035年	939.57	610.72	450	328.85	0.65	8.44
	2050年	939.57	770.45	390	169.12	0.82	14.08
天山北麓诸河	2016年	3636.50	1486.68	319	2149.82	0.41	—
	2035年	3138.00	2039.70	308	1098.30	0.65	19.35
	2050年	3138.00	2573.16	295	564.84	0.82	23.43
塔里木盆地	2016年	2684.99	832.35	524	1852.64	0.31	—
	2035年	2075.29	1348.94	512	726.35	0.65	34.44
	2050年	2075.29	1701.74	458	373.55	0.82	45.73

续表

流域	水平年	有效灌溉面积/万亩	工程措施节水面积/万亩	净灌溉定额/(m^3/亩)	非工程措施节水面积/万亩	节灌率/%	节水量/亿 m^3
石羊河	2016年	374.26	172.97	355	201.29	0.46	—
	2035年	374.26	243.27	329	130.99	0.65	0.97
	2050年	374.26	306.89	290	67.37	0.82	2.43
黑河	2016年	614.53	231.82	352	382.71	0.38	—
	2035年	614.53	399.44	320	215.09	0.65	1.97
	2050年	614.53	503.91	310	110.62	0.82	2.58
疏勒河	2016年	194.76	60.80	352	133.96	0.31	—
	2035年	194.76	126.59	320	68.17	0.65	0.62
	2050年	194.76	159.70	310	35.06	0.82	0.82
河西荒漠区	2016年	130.83	48.02	308	82.82	0.37	—
	2035年	130.83	85.04	250	45.79	0.65	0.76
	2050年	130.83	107.28	218	23.55	0.82	1.18
青海湖水系	2016年	48.00	6.40	225	41.60	0.13	—
	2035年	48.00	31.20	210	16.80	0.65	0.07
	2050年	48.00	39.36	200	8.64	0.82	0.12
柴达木盆地	2016年	53.53	3.39	660	50.14	0.06	—
	2035年	53.53	34.79	400	18.74	0.65	1.39
	2050年	53.53	43.89	350	9.64	0.82	1.66
合计	2016年	8770.38	—	—	—	—	—
	2035年	7568.78	—	—	—	—	68.01
	2050年	7568.78	—	—	—	—	92.03

注：准噶尔盆地、天山北麓诸河和塔里木盆地区域减地面积较大，所以节水量较大。工程节水潜力=现状年农业用水量−高效节水灌溉技术占的比例(0.82)×面积×高效节水灌溉综合灌溉定额−普通灌溉技术下的用水量。

5.5 绿洲灌区农田防护林节水技术

5.5.1 节水模式下农田防护林体系格局演变特征

利用遥感技术，选取新疆石河子地区 1998 年、2007 年和 2017 年的 TM/OLI 影像数据，基于像元二分模型，分析三个不同时段的植被盖度和植被变化情况。结果表明，1998 年、2007 年和 2017 年植被盖度分别为 52%、60%和 48%，呈先增加后降低的趋势；Ⅱ级(差等)和Ⅲ级(中等)植被覆盖区分别以平均每年 1.17%和 1.56%的速率递增；Ⅰ级(劣等)、Ⅳ级(中高等)和Ⅴ级(高等)植被覆盖区面积分别以平均每年 0.05%、0.26%和 0.75%的速率递减。总体而言，该地区植被退化面积大于恢复面积。结合土地、气象、水文等资料分析，认为地下水的过度开采和城市化等人为因素是该地区植被发生退化的主要原因(王金强，2019)。

研究区植被覆盖主要以农耕地为主，与中部城市区域对比发现，城市面积不断扩大，其植被盖度相对较低，如图 5-26 所示。

研究区的植被盖度显示，研究期间植被盖度的最大值为 2007 年的 60%，1998 年和 2017 年植被盖度分别为 52%和 48%。对 NDVI 做密度分割，并统计不同等级的植被覆盖面积变化(表 5-22) (王金强等，2019a，2019b)。

1998 年研究区植被覆盖面积较大，其中Ⅰ级、Ⅱ级植被覆盖面积为 56.82km^2，占研究区面积的 11.64%；2007 年植被覆盖面积增加，Ⅰ级、Ⅱ级植被覆盖面积为 50.36km^2，占研究区面积的 10.32%，较 1998 年减少；2017 年植被覆盖度减小，中部地区植被缩减较大，Ⅰ级、Ⅱ级植被覆盖面积为 60.86km^2，占研究区面积的 12.45%。1998～2017 年研究区Ⅱ级和Ⅲ级植被覆盖面积增加，年均扩增速率分别为 1.17%和 1.56%；Ⅰ级、Ⅳ级和Ⅴ级植被覆盖面积减小，年均退缩速率分别为−0.05%、−0.26%和−0.75%(王金强，2019)。

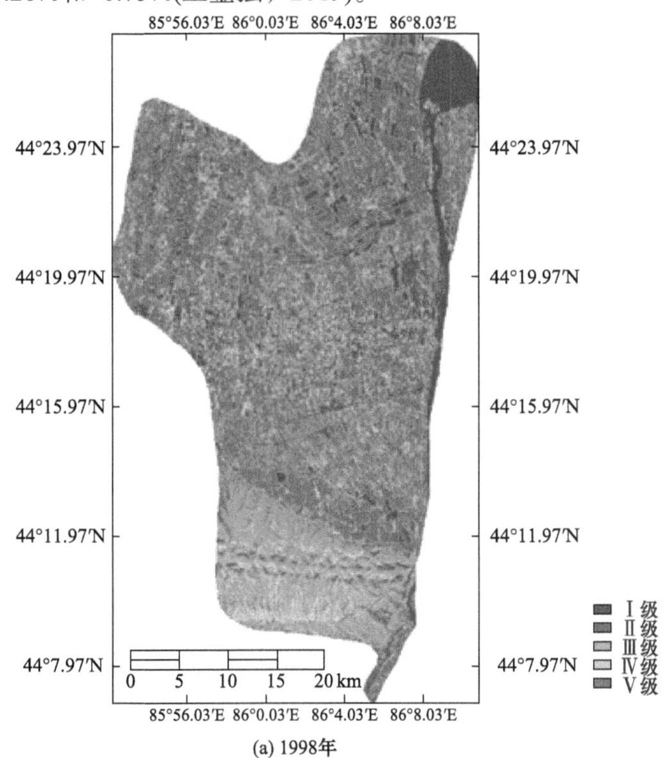

(a) 1998年

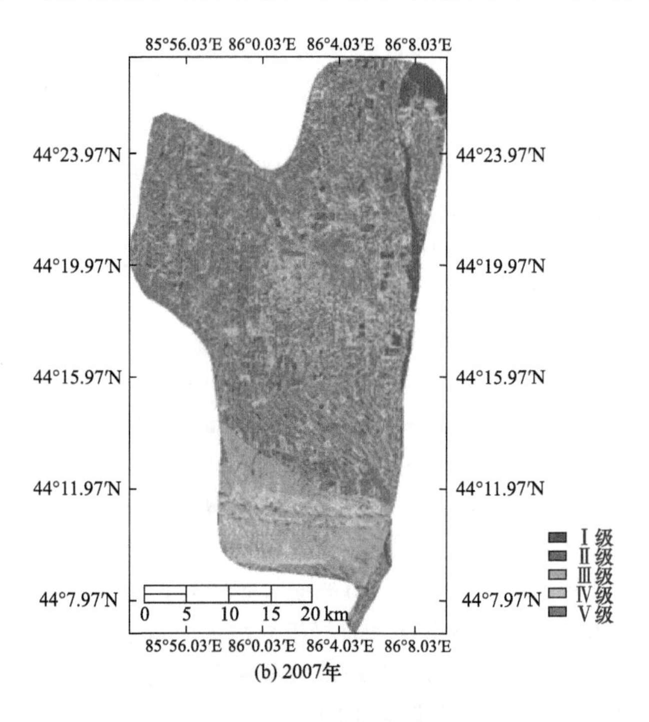

(b) 2007年

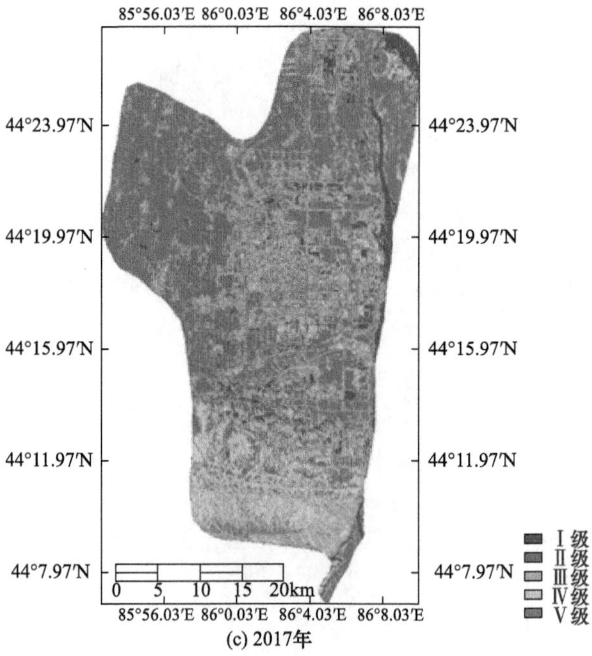

(c) 2017年

图 5-26　1998 年、2007 年和 2017 年的植被盖度等级分类结果(见彩图)

表 5-22　不同等级的植被覆盖面积变化

等级	面积/km²			面积占比/%			年均变化率/%
	1998 年	2007 年	2017 年	1998 年	2007 年	2017 年	
Ⅰ级	40.01	34.40	39.65	8.20	7.05	8.11	−0.05
Ⅱ级	16.81	15.96	21.21	3.44	3.27	4.34	1.17
Ⅲ级	85.99	66.69	117.14	17.61	13.66	24.08	1.56
Ⅳ级	142.38	101.01	135.17	29.16	20.69	27.66	−0.26
Ⅴ级	203.00	270.14	174.48	41.58	55.33	35.80	−0.75

1998～2007 年和 2007～2017 年植被覆盖面积转移矩阵分别如表 5-23 和表 5-24 所示。统计不同时段的植被覆盖面积转移矩阵，以便更加清楚地表达研究区植被盖度的时空变化过程。

表 5-23　1998～2007 年植被覆盖面积转移矩阵

等级	Ⅰ级		Ⅱ级		Ⅲ级		Ⅳ级		Ⅴ级	
	面积/km²	比例/%	面积/km²	比例/%	面积/km²	比例/%	面积/km²	比例/%	面积/km²	比例/%
Ⅰ级	9.78	24	4.16	25	8.21	10	4.48	3	7.75	4
Ⅱ级	1.91	5	1.45	9	7.28	8	3.32	2	2.00	1
Ⅲ级	3.99	10	3.07	8	25.84	30	26.49	19	7.31	4
Ⅳ级	3.90	10	2.72	16	20.02	23	49.48	35	24.89	12
Ⅴ级	20.42	51	5.41	32	24.64	29	58.61	41	161.05	79

表 5-24　2007～2017 年植被覆盖面积转移矩阵

等级	Ⅰ级		Ⅱ级		Ⅲ级		Ⅳ级		Ⅴ级	
	面积/km²	比例/%	面积/km²	比例/%	面积/km²	比例/%	面积/km²	比例/%	面积/km²	比例/%
Ⅰ级	12.14	35	1.94	12	3.47	5	4.03	4	18.47	7
Ⅱ级	4.06	12	1.99	13	3.58	5	2.75	3	8.82	3
Ⅲ级	8.63	25	8.11	51	32.00	48	31.52	31	37.10	14
Ⅳ级	4.41	13	2.92	18	23.78	36	48.68	48	55.08	20
Ⅴ级	5.11	15	1.00	6	3.86	6	14.03	14	150.70	56

注：因数据进行了舍入修约，部分比例合计不为 100%。

由表 5-23 可得，1998～2007 年有 50.72%的植被覆盖面积未发生变化，其中，

Ⅰ级植被覆盖转出面积为 30.22km^2，转入面积为 24.60km^2，转出面积大于转入面积，说明劣等植被覆盖面积在减少；Ⅱ级植被覆盖转出面积为 15.36km^2，转入面积为 14.51km^2，Ⅱ级植被覆盖转出与转入基本持平。

Ⅲ级植被覆盖转出面积为 60.15km^2，其中 24.64km^2 由Ⅲ级转变为Ⅴ级；转入面积为 40.86km^2，主要由Ⅳ级转入(26.49km^2)，说明Ⅳ级植被部分转变为Ⅲ级植被。

Ⅳ级植被覆盖转出面积为 92.90km^2，转入面积为 51.53km^2；Ⅴ级植被覆盖转出面积为 41.95km^2，转入面积为 109.08km^2。其中，58.61km^2 由Ⅳ级转入Ⅴ级，24.89km^2 由Ⅴ级转入Ⅳ级，说明Ⅳ级和Ⅴ级植被相互转化量较多。

1998～2007 年石河子地区植被盖度呈上升趋势，劣等、差等植被在减少，中等、中高等、高等植被面积在增加(王金强，2019)。

由表 5-24 可得，2007～2017 年未发生植被覆盖变化的区域面积有 50.97%，其中：Ⅰ级植被覆盖转出面积为 22.21km^2，转入面积为 27.91km^2，转出面积略大于转入面积，转出面积中转向中等植被的比例较大。Ⅱ级植被覆盖转出面积为 13.97km^2，其中 8.11km^2 由Ⅱ级转变为Ⅲ级植被覆盖，占总转出面积的 58.05%；转入面积为 19.21km^2，主要由Ⅴ级植被转入 8.82km^2，说明Ⅴ级植被转为Ⅱ级植被，即部分高等植被转向差等植被，差等植被覆盖面积增加。Ⅲ级植被覆盖转出面积为 34.69km^2，其中 23.78km^2 由Ⅲ级转变为Ⅴ级植被覆盖，占总转出面积的 68.55%；转入面积为 85.36km^2，主要由Ⅴ级植被转入 37.10km^2，说明Ⅴ级植被部分转变为Ⅲ级植被，即高等植被和中等植被在相互转化。Ⅳ级植被覆盖转出面积为 52.33km^2，其中 31.52km^2 由Ⅳ级植被转入Ⅲ级植被，占总转出面积的 60.23%；转入面积为 86.19km^2，主要由Ⅴ级植被转入 55.08km^2，说明Ⅴ级植被部分转变为Ⅳ级植被，即高等植被转向中高等植被。Ⅴ级植被覆盖转出面积为 119.47km^2，其中 55.08km^2 由Ⅴ级植被转入Ⅳ级植被，占总转出面积的 46.10%；转入面积为 24.00km^2，主要由Ⅳ级植被转入 14.03km^2；转出面积远大于转入面积，说明高等植被在退化。

表 5-25 为 1998～2017 年植被覆盖面积转移矩阵。可以从表中看出，1998～2017 年，研究区植被盖度呈先增加后减少的趋势，其中中部城市扩大的区域植被覆盖面积减少最为明显。通过对研究区的土地利用研究发现，研究区近 20 年城市用地面积不断扩大，农业用地面积有所减少，对植被覆盖造成了一定的影响。进一步研究植被覆盖的转移发现，1998～2007 年，Ⅰ级和Ⅱ级植被覆盖面积由 56.82km^2 减少到 50.36km^2，但是 2007～2017 年又反弹到 60.86km^2；Ⅱ级和Ⅲ级植被覆盖面积分别以平均每年 1.17%和 1.56%的速率扩增，Ⅰ级、Ⅳ级和Ⅴ级植被覆盖面积分别以平均每年−0.05%、−0.26%和−0.75%的速率减小，即劣等植被的覆盖面积在逐渐减少，说明劣等植被的扩张得到了遏制，但是中高等、高等植被

在中差等植被的转变增多，且由高级转向低级的植被覆盖面积大于由低级转向高级的植被覆盖面积，即退化面积大于恢复面积(王金强，2019)。

表 5-25　1998～2017 年植被覆盖面积转移矩阵

等级	Ⅰ级		Ⅱ级		Ⅲ级		Ⅳ级		Ⅴ级	
	面积/km^2	比例/%	面积/km^2	比例/%	面积/km^2	比例/%	面积/km^2	比例/%	面积/km^2	比例/%
Ⅰ级	10.79	27	2.97	18	5.84	7	5.88	4	14.32	7
Ⅱ级	2.86	7	1.92	11	5.43	7	3.37	2	7.10	3
Ⅲ级	7.61	19	4.81	29	28.92	41	40.04	28	30.00	15
Ⅳ级	5.93	15	3.33	20	21.90	25	57.43	40	46.43	23
Ⅴ级	12.83	32	3.78	22	14.25	20	35.65	25	105.15	52

注：因数据进行了舍入修约，部分比例合计不为 100%。

5.5.2　绿洲灌区农田防护林抗逆树种水分利用来源

1. 不同时间、不同树种防护林水分利用来源分析

利用稳定氧同位素($\delta^{18}O$)研究干旱绿洲区常见农田防护林胡杨、沙枣和榆树在农田节水灌溉模式下的水分利用机制，根据直接判断法、IsoSource 模型和吸水深度模型 3 种方法对结果进行对比分析。不同时间、不同树种防护林水分利用来源不同。研究表明，4 月胡杨主要利用 10～20cm 的浅层土壤水，利用率为 83.3%，平均吸水深度为 18cm；沙枣主要利用 80～120cm 和 120～160cm 的深层土壤水，利用率分别为 50.6%和 16.9%，平均吸水深度为 118cm；榆树主要利用 50～300cm 的深层土壤水和地下水，累计利用率为 82.5%，平均吸水深度为 95cm。5 月胡杨主要利用 0～30cm 的浅层土壤水，利用率为 57.1%，平均吸水深度为 28cm；沙枣和榆树转而利用表层 0～10cm 的土壤水，利用率分别为 50.8%和 52.7%，平均吸水深度都为 37cm。6 月胡杨利用 0～20cm 浅层土壤水和地下水，利用率分别为 38.7%和 10.5%，平均吸水深度为 25cm；沙枣有 76.9%的水分来源于 10～20cm 的浅层土壤，平均吸水深度为 34cm；榆树主要水分来源中有 49.1%来自 0～80cm 土层，平均吸水深度为 29cm，另有 12.3%来自于地下水。7 月胡杨主要利用 0～20cm 的浅层土壤水，利用率为 50.4%；沙枣对于 0～20cm 浅层土壤水分利用率为 26.8%，较 6 月大幅降低，对其余各土壤层位的水分利用较为平均，维持在 10%左右，对地下水的利用率为 16%，说明沙枣对浅层土壤水的利用率降低，增加了对地下水的利用；榆树主要利用 0～10cm 土层水分，利用率达到 63.6%，对其他层位的水分利用率都在 5%以下，说明榆树 7 月主要利用 0～10cm 浅层土壤水，利用率较 6 月有所增加，有 9.2%的水分来自地下水，对于地下水的利用较上月略

有降低。8 月胡杨对 0～20cm 土层的水分利用率达到了 56.8%；沙枣对 0～20cm 浅层土壤水利用率进一步减少，0～10cm 土层为 7.9%，10～20cm 土层为 7.7%，较为稳定地利用中间层和深层土壤水，对于 20～300cm 每层的水分和地下水利用率在 12%左右；榆树对 0～10cm 和 10～20cm 土层土壤水分利用率分别为 14.4%和 14.1%，对其他层位土壤水和地下水利用率维持在 10%左右。9 月胡杨对每层的水分利用率在 10%左右；沙枣主要利用 50～300cm 的深层土壤水，其中 160～200cm 和 200～300cm 土层的利用率分别为 25.5%和 27.7%，0～10cm 和 0～20cm 土层土壤水的利用率分别降低为 0.2%和 0.1%，利用率几乎为零；榆树对 0～10cm 和 10～20cm 土层土壤的水分利用率分别为 17.4%和 17.1%，其余水分利用率约为 10%，说明该月份榆树对每层水分的利用较为均匀(王金强，2019)。

2. 典型农田防护林树种水分利用机制

1) 典型农田防护林树种在农田灌水前后的水分利用

研究区典型农田防护林树种中，胡杨受农田灌水的影响较小，在整个农田灌溉期内的水分以利用 0～40cm 浅层土壤水为主。农田灌溉对沙枣和榆树的影响明显，在农田灌水前，沙枣主要利用 80～120cm 和 120～160cm 的深层土壤水；榆树对 0～50cm 土层的土壤水利用较少，而对 50～300cm 土层及地下水的水分利用较为均匀；农田灌水后，沙枣和榆树都转而利用表层 0～10cm 的土壤水。

2) 典型农田防护林树种水分利用来源

研究表明，4 月份胡杨主要利用浅层 10～20cm 的浅层土壤水，利用率为 83.3%。5 月胡杨主要利用 0～30cm 的浅层土壤水，利用率为 57.1%。6 月胡杨利用 0～20cm 浅层土壤水和地下水，利用率分别为 38.7%和 10.5%。7 月胡杨主要利用 0～20cm 的浅层土壤水。8 月胡杨对 0～20cm 土层的水分利用率达到了 56.8%。9 月份胡杨对于每层的水分利用率在 10%左右(王金强，2019)。

4 月沙枣主要利用 80～120cm 和 120～160cm 的深层土壤水，利用率分别为 50.6%和 16.9%。5 月沙枣转而利用表层 0～10cm 的土壤水，利用率为 50.8%。6 月沙枣有 76.9%的水分来源于 10～20cm 的浅层土壤。7 月沙枣对于 0～20cm 浅层土壤水分利用率为 26.8%，较 6 月大幅降低，对其余各土壤层位的水分利用较为平均，维持在 10%左右，对地下水的利用率为 16%，说明沙枣对浅层土壤水的利用率降低，增加了对地下水的利用。8 月沙枣对于表层 0～20cm 土壤水利用率进一步减少，0～10cm 土层为 7.9%，10～20cm 土层为 7.7%，较为稳定地利用中间层和深层土壤水，对 20～300cm 每层的水分和地下水利用率在 12%左右。9 月沙枣主要利用 50～300cm 的深层土壤水，其中 160～200cm 和 200～300cm 土层的利用率分别为 25.5%和 27.7%，对 0～10cm 和 0～20cm 土层土壤水的利用率分别降低为 0.2%和 0.1%，利用率几乎为零(王金强，2019)。

4 月榆树对 0～50cm 的土壤水利用率较少，而对 50～300cm 的深层土壤水及地下水的水分利用较为均匀，每层的利用率大约在 10%，累计达到 82.5%，进一步说明榆树主要利用深层土壤水。5 月榆树转而利用表层 0～10cm 的土壤水，利用率为 52.7%。6 月榆树主要水分来源中有 49.1%来自于 0～80cm 土层,另有 12.3%来自地下水。7 月榆树主要利用 0～10cm 水分，其利用率达到 63.6%，对于其他层位的水分利用都在 5%以下，说明榆树 7 月份主要利用 0～10cm 浅层土壤水，利用率较 6 月有所增加，有 9.2%的水分来自地下水，对于地下水的利用较上月略有降低。8 月榆树对 0～10cm 和 10～20cm 深度土层水分利用率分别为 14.4%和 14.1%，对其他层位土壤水和地下水水分利用率大约维持在 10%。9 月榆树对 0～10cm 和 10～20cm 土层土壤的水分利用率分别为 17.4%和 17.1%，其余水分利用率为 10%，说明该月份榆树对每层水分的利用较为均匀(王金强，2019)。

3) 典型农田防护林树种平均吸水深度

胡杨在农田一个灌溉期内的平均吸水深度为 18～35cm。沙枣和榆树在 4 月份的平均吸水深度为 118cm 和 95cm，5～9 月沙枣平均吸水深度为 24～38cm，榆树平均吸水深度为 19～37cm。

水分是影响植物生长的限制性因素。试验区为典型的干旱半干旱地区，胡杨、沙枣和榆树在农田灌溉期内主要利用浅层土壤水，靠近农田一侧的胡杨长势要好于远离农田侧的胡杨，说明胡杨利用了一部分农田灌溉水。农田防护林会与农作物之间产生竞水现象，且胡杨、沙枣和榆树之间互相有竞争现象。因此，选择农田防护林树种时，在保证防护林防护效益的同时，应选择搭配以深层土壤水或地下水为主要水分来源的种类，有条件的地区应该适当对农田防护林灌水，没条件的地区应在农田灌溉制度的基础上考虑农田防护林的用水，适当增加农田的灌水，从而保证农田防护林的存活率，以便更加高效地发挥农田防护林的防护作用，减小风沙等恶劣天气对农田的破坏，增加农作物产量(王金强，2019)。

5.5.3　直插式根灌技术

在新疆石河子莫索湾灌区选择 3 种主要类型农田防护林进行根灌和滴灌试验比较。

(1) 生态林渗水性比较好，沙生植物次之，渗水性最小的是沙枣树试验区，因此可以在不同的土壤类型上选择比较适宜的节水措施。

(2) 随着土壤深度的加深，阴阳离子浓度不平衡。当土壤深度在 0～60cm 时，土壤呈碱性(pH=8.1)；当土壤深度在 60～120cm 时，土壤偏酸性(pH=6.3)。

(3) 比较不同土壤水分入渗深度，相同时间内根灌入渗深度是滴灌的 2 倍以上，根灌更有利于提高土壤含水率，由此得出根灌的节水效率较高。对于西北干旱区农田防护林而言，根灌可以有效避免 0～60cm 耕作层防护林与农作物之间争水。

(4) 在试验样地，直插式根灌比地表滴灌节水效率高，综合计算得到水分利用效率直插式根灌比地表滴灌高出 19.74%。因此，西北干旱区的农田防护林可以依托农田灌水系统采用根灌供水，既保证了农田防护林的存活率，同时也为西北干旱区农田防护林的节水灌溉提供了新的思路。

参考文献

陈林, 王海波, 2016. 新疆主要农作物滴灌高效栽培实用技术[M]. 北京: 中国农业大学出版社.

陈小芹, 2015. 北疆滴灌棉田冬灌灌水关键技术研究[D]. 石河子: 石河子大学.

陈小芹, 王振华, 何新林, 等, 2014. 北疆棉田不同冬灌方式对土壤水分、盐分和温度分布的影响[J]. 水土保持学报, 28(2): 132-137.

程满金, 郭富强, 2017. 内蒙古农牧业高效节水灌溉技术研究与应用[M]. 北京: 中国水利水电出版社.

冯起, 2019. 祁连山生态系统保护修复理论与技术[M]. 北京: 科学出版社.

郭慧斌, 2013. 试论林场抚育的具体措施[J]. 农家科技, (1): 224.

何武全, 张绍强, 吉晔, 等, 2012. 季节性冻土地区渠道防渗防冻胀技术与应用模式[J]. 节水灌溉,(11): 67-70.

贺天明, 2021. 基于水权理论的农业用水管理技术研究与应用[D]. 石河子: 石河子大学.

贺天明, 王春霞, 何新林, 等, 2021a. 基于完全成本水价的农业水价承受力和节水潜力评估——以新疆建设兵团第八师石河子灌区为例[J]. 节水灌溉, (3): 89-93.

贺天明, 王春霞, 张佳, 2021b. 基于遗传算法投影寻踪模型优化的深层次农业用水初始水权分配——以新疆建设兵团第八师石河子灌区为例[J]. 中国农业资源与区划, 42(7): 66-72.

姜海波, 田艳, 2015. 季节冻土区刚柔混合衬砌梯形渠道冻胀机理试验[J]. 农业工程学报, 31(16): 145-151.

李晶晶, 白岗栓, 2012. 保水剂在水土保持中的应用及研究进展[J]. 中国水土保持科学, 10(1): 114-120.

李元鸿, 刘希芹, 2015. 祁连山天保工程区节水保墒造林技术[J]. 现代农业科技, (8): 192.

李玥, 王春霞, 何新林, 2019. 节水灌溉技术下农业种植结构优化模型研究[J]. 干旱地区农业研究, 37(3): 104-109.

刘旭东, 王正中, 闫长城, 等, 2011. 基于数值模拟的双层薄膜防渗衬砌渠道抗冻胀机理探讨[J]. 农业工程学报, 27(1): 29-35.

牛靖冉, 2020. 自动化滴灌农田土壤水盐运移规律及作物生长试验研究[D]. 石河子: 石河子大学.

牛靖冉, 王春霞, 吴晨涛, 等, 2019. 棉花半自动式膜下滴灌种植技术操作规程[J]. 新疆农业科技, (5): 13-15.

石培君, 刘洪光, 何新林, 等, 2019. 膜下滴灌暗管排水规律及土壤脱盐效果研究[J]. 排灌机械工程学报, 38(7): 726-730.

史常青, 王百田, 贺康宁, 等,2007. 林用保水剂应用技术[J]. 林业实用技术, (4): 41-43.

宋玲, 余书超, 2009. 季节冻土区防水卷材防渗渠道的特种衬砌方案研究[J]. 冰川冻土, 31(1): 124-129.

苏丽红, 2016. 浅析干旱半干旱地区抗旱造林技术[J]. 农民致富之友, (13): 285.

唐文政, 2018. 积雪—地表覆盖对石河子灌区土壤水热盐变化机制影响的试验研究[D]. 石河子: 石河子大学.

王春霞, 2011. 膜下滴灌土壤水盐调控与棉花生长特征间关系研究[D]. 西安: 西安理工大学.

王金强, 2019. 绿洲节水模式下农田防护林的水分利用特征[D]. 石河子: 石河子大学.

王金强, 李俊峰, 何新林, 等, 2019a. 基于像元二分模型的典型绿洲区近 20 年植被覆盖变化及分析[J]. 节水灌溉, (1): 96-101.

王金强, 李俊峰, 王昭阳, 等, 2019b. 干旱绿洲区 3 种典型农田防护林的水分来源[J]. 水土保持通报, 39(1): 72-77.
王学福, 郭生祥, 2014. 祁连山自然保护区浅山区土地荒漠化现状及防治对策[J]. 防护林科技, (8): 84-85.
王正中, 2008. 梯形渠道砼衬砌冻胀破坏的力学模型研究[J]. 农业工程学报, 20(3): 24-29.
魏兰香, 2017. 基于 USLE 模型的祁连山南坡土壤保持量评估[D]. 西宁: 青海师范大学.
魏星涛, 2018. 基于 InVEST 模型的祁连山南坡水源涵养功能研究[D]. 西宁: 青海师范大学.
沃君杰, 孟庆斌, 高海平, 2007. 抗旱造林中应用保水剂应注意的问题[J]. 内蒙古林业, (9): 20.
吴晨涛, 王春霞, 周亮, 等, 2020. 不同施氮时序对盐碱土水盐运移过程的试验研究[J]. 节水灌溉, (7): 113-123.
杨建平, 寿伟, 王铁强, 2009. 浅论复合土工膜在南水北调工程中的应用技术[J]. 南水北调与水利科技, 7(3): 109-111.
杨鹏年, 2015. 绿洲灌区春灌效应及定额研究[J]. 水文地质工程地质, 42(5): 29-33.
尹飞虎, 刘辉, 2014. 现代农业滴灌节水实用技术[M]. 北京: 金盾出版社.
张保东, 2012. 图说瓜菜果树节水灌溉技术[M]. 北京: 金盾出版社.
张富, 余新晓, 景亚安, 等, 2007. 黄土高原水土保持防治措施对位配置研究[M]. 郑州: 黄河水利出版社.
张宏林, 达光文, 王吉金, 等, 2010. 祁连山东段水源涵养林区造林树种选择试验研究[J]. 安徽农业科学, 38(3):1543-1545.
张丽琴, 米治明, 买自珍, 2013. 宁夏中南部地区西瓜垄作覆膜沟灌节水技术规程[J]. 宁夏农林科技, 54(12): 40-41.
张志新, 2012. 大田膜下滴灌技术及其应用[M]. 北京: 中国水利水电出版社.
赵波, 2017. 膜下滴灌棉花自动化灌溉控制指标研究[D]. 石河子: 石河子大学.
中国科学院中国植物志编辑委员会, 2004. 中国植物志[M]. 北京: 科学出版社.
中华人民共和国水利部, 2017. 中国水利统计年鉴 2017[M]. 北京: 中国水利水电出版社.

第6章　西北内陆区荒漠绿洲生态保护的水资源调控关键技术

荒漠绿洲在我国干旱半干旱区广泛分布，人工荒漠绿洲出现也已有千年历史，但对荒漠绿洲学的研究相对于其现实发展需要，还存在较大差距，直到20世纪末我国才兴起一股荒漠绿洲研究之风，从而使荒漠绿洲学研究的理论和实践得到了发展。我国荒漠绿洲学研究自80年代孕育、90年代兴起以来，无不蕴涵着深刻的社会历史发展背景和现实影响(李启森，2009)。人类干预程度逐步加重致使人工绿洲过分扩展和天然绿洲减少，干旱区及荒漠绿洲生态系统及环境问题严重。国家西部发展、绿洲学科发展的现实需要和绿洲研究中多种学科交叉等多重需求，是促进我国荒漠绿洲研究兴起和发展的主要因素，也是不断引领世界绿洲学理论创新与实践发展的动力(韩德林，1995；樊自立，1993)。

在西北干旱区，随着区域社会经济的不断发展及资源环境开发力度的不断加深，一些生态环境问题逐渐凸显，如水资源的日益紧缺及不合理利用、土地荒漠化、人工绿洲盲目扩大与天然绿洲面积波动减小、绿洲系统及环境出现不同程度退化等，势必会对荒漠绿洲系统及其资源环境的可持续稳定发展产生巨大的影响(冯起等，2012)。这些生态问题的产生，均源于对荒漠绿洲系统及资源环境的认识还存在较大的不足，特别是在绿洲植被发展与环境变化及影响等方面研究还不够深入(刘亚文等，2018)。荒漠绿洲植被作为干旱区绿洲生态系统中的重要组成部分，其生长发育及发展演变不仅受到气候、水土等环境条件变化的严重制约和影响，而且对绿洲系统及环境的稳定与发展也会产生巨大的作用和影响。因此，对荒漠绿洲植被发展与环境变化及其影响的内在机理和相互作用的研究，一直是绿洲学研究的重要领域(陈亚宁和陈忠升，2013)。

国内外学者对荒漠绿洲系统及其植被的研究较为广泛，并在其发生、发展演变过程、绿洲气候效应、绿洲农业和绿洲生态环境保护等方面取得了丰硕成果，但在干旱区荒漠绿洲系统及其植被与环境变化之间的对应性和相关性，以及二者之间相互作用与影响的内外在联系等方面的认识和研究有待加强(陈亚宁和陈忠升，2013)。近几十年的荒漠绿洲开发利用过程中，人类干预程度的不断加深，导致自然河流水系被人为大幅改造(如盲目扩展人工绿洲、大量截引和拦蓄地表水、过度开采地下水等)，造成维系荒漠绿洲生态系统稳定的水循环过程发生显著变化，如河流改道、断流，以及地表水与地下水间的转化不畅和时常受阻等，大片天然荒漠河岸林生态系统出现退化(张经天和席海洋，2020)，这些问题的出现迫使我们必须对绿洲演变的内外因素及影响机制开展更深入的研究。

荒漠绿洲是西北内陆区人类生存的主要场所。西北内陆区荒漠绿洲及其所在的荒漠盆地平原与周边山地共同构建的盆地地域系统，是我国干旱区典型的以地下水资源为主而发育和不断扩大的荒漠绿洲区。正确认识荒漠绿洲区水热耦合规律，尤其是水热耦合与生态环境空间的演化，已成为流域水资源可持续利用的基础。近十几年来，西北内陆区相关研究取得了较快的进展，但主要集中在水资源评价、水文环境变化、生态系统退化和恢复、农业生态系统或单一冠层结构的植物个体和种群尺度上的蒸散发研究，针对人工和天然绿洲生态系统的需水机理、对生态环境的适应性研究还需要在理论、方法和技术手段上不断完善。

荒漠绿洲植被是干旱环境条件下防风固沙的生物覆盖层，通过采取围栏封育管护、人工补植、合理配置等一系列措施，促进复壮更新，优良灌木和牧草引种栽培，最大程度地保护和恢复植被的技术即稳定荒漠绿洲区群落结构技术。绿洲生态向良性逆转的关键是调控地表水与地下水的动态关系，模拟地下水动储量、静储量、可利用量和地下水与植物蒸腾的动态关系，从而有效调控绿洲供水量和促进现有水资源最大程度的利用等，维护荒漠绿洲水分稳定。

通过几十年不断的理论探索和试验示范，我国学者研发建立了多项荒漠绿洲生态保护和恢复技术、荒漠绿洲结构功能稳定技术、维护荒漠绿洲生态系统恢复的水分调控技术、戈壁防风固沙生态林种植技术、荒漠河岸林保育技术、荒漠绿洲生态水效益提高技术、退化草地重建技术、地表与地下水联合调度技术。以上技术可为世界同类荒漠绿洲地区生态建设提供范例。部分荒漠绿洲的生态恢复技术已在《荒漠绿洲水热过程与生态恢复技术》(冯起等，2009)一书中详细介绍，本书简略介绍关键技术。

6.1　荒漠绿洲生态恢复技术

6.1.1　强风沙和无灌溉条件下流沙固定技术

强风沙和无灌溉条件下流沙固定技术，是在年降水量 80mm 左右的强风沙和无灌溉条件下的荒漠区，采用草方格沙障、黏土沙障、土工布沙障等辅助措施撒播固沙植物，将生物固沙与机械阻沙和输导防沙结合，从根本上解决流沙固定问题的技术。草方格沙障扎设 1∶1 半隐蔽式麦草方格，可达到稳定沙面、降低风速的目的；黏土沙障则是利用当地丰富的黏土，在沙丘上设置土埂，阻挡流沙移动；土工布沙障运用土工布沙袋就地装沙，摆放在沙地上，组成沙障。在固沙带前沿，采用树枝、芦苇等编织成约 1.2m 高、疏透度为 30%～40%的立式栅栏，以阻截外围流沙的进入。在阻沙带内侧栽植耐沙埋先锋植物，组成第二道防线。阻沙带建成后，沙丘移动速度可由原来的 3～4m/月，减低为 0～1m/月，建成以固为主、固阻结合的防护体系。在草方格、黏土、土工布沙障建成后，选择天然更新能力强且适应干旱、高温、严寒、风蚀、沙埋等恶劣环境条件的沙蒿撒播，进行生物固沙，形成人工植被建设体系。沙蒿的合理密度在平坦覆沙地为 1440～1800 株 · hm^{-2}，盖度为 7%～16%；在沙丘迎风坡的合理密度为 2700 株 · hm^{-2}，盖度为 13%～20%；在丘间低地的合理密度为 3000 株 · hm^{-2}，盖度为 15%左右。

该技术将生物固沙与机械阻沙和输导防沙结合，利用风沙流对地面侵蚀和堆积的规律，通过改变下垫面的性质来加速风沙流运动，使沙子不产生堆积地顺利通过欲保护的地段和区域，进行疏导防沙。该技术的应用可以从根本上解决年降水量 80mm 左右的强风沙和无灌溉条件下的流沙固定难题，缓解和遏制风沙危害。

该模式防沙体系的建立可使风沙口沙丘顶部输沙强度降低 10%以上，由原来的 31510.1 kg · $(m \cdot a)^{-1}$ 减小到 27632.1kg · $(m \cdot a)^{-1}$，输沙量减少 3576kg · $(m \cdot a)^{-1}$。防沙体系建成后，植被盖度增加 20%以上，防沙成本降低 13.5%。该体系在强风沙地区的大面积推广，将会产生巨大的防护和经济效益。该成果在甘肃省“十一五”期间水利建设“一号工程”“石羊河流域重点治理”中发挥了巨大的作用，遏制了巴丹吉林沙漠和腾格里沙漠的合拢，确保了民勤—武威绿洲生态安全。强风沙、无灌溉条件下的荒漠区，光能资源丰富，通过 “固、阻、输”结合的防沙治沙体系建立和应用，可以固定流沙并显著改善当地人民的生存环境，为发展沙产业、提高农牧民经济收入和生活质量、构建沙区良好生态环境和解决农牧民“三生”问题提供重要的技术保障。

草方格沙障 1m×1m 规格抗风蚀性较强，维持时间较久，应作为基本规格；1.5m×1.5m 规格仅限于沙丘非风蚀部位采用；2m×2m 规格易遭风蚀，不可采用。土工布材料以 1m×1m 规格土工网前缘沙埋，中部形成稳定的凹曲面，形成风沙流非堆积搬运的地表条件，产生相对稳定的下垫面，随沙障规格变大，防沙效果降低。从风蚀程度看，黏土沙障 1m×1m 规格保存较好；从粗糙度比较，1m×1m 规格为 2m×2m 规格的 4.4 倍，抗风蚀能力明显优于 1.5m×1.5m 和 2m×2m 规格的黏土沙障。“固、阻、输”综合防沙体系的建立，可使沙丘顶部输沙强度降低 10%以上。

雅布赖风沙口沙丘顶部合成输沙强度为 31510.1kg · $(m \cdot a)^{-1}$，合成输沙方向为 100°，与其他同类地区相比，该地区风沙活动非常活跃。塔克拉玛干沙漠腹地的复合沙垄顶部合成输沙强度最大为 3758.42kg · $(m \cdot a)^{-1}$，平均输沙强度为 2972.40kg · $(m \cdot a)^{-1}$，不到雅布赖合成输沙强度的 1/10。该技术可以直接推广到塔里木、腾格里等沙漠边缘的防沙工程。

针对处于沙漠区的交通干线、绿洲边缘、城镇和矿区的生态恢复工程，可以结合雨养生物固沙技术，即选择梭梭、柠条锦鸡儿、沙蒿、蒙古扁桃、沙冬青等抗旱植物进行人工植被种植，特殊条件采用咸水滴灌生物防沙固沙技术，可以快速进行固沙。滴灌造林方式：一种是依托现有咸水灌溉井，按照常规滴灌模式进行设计造林；另一种是以移动式水罐车代替首部枢纽的滴灌方式。选择梭梭、沙拐枣、柽柳等作为造林树种。两种灌溉方式比较，移动式水罐车代替首部枢纽的滴灌方式效果较好，节省成本，且保证成活率在 85%以上。

6.1.2　退化梭梭群落雨养恢复技术体系

人工梭梭林主要分布在绿洲边缘的流动沙丘、半固定沙丘和固定沙丘上，分布面积占梭梭林总面积的 97.6%，保存密度在 330 株 · hm^{-2} 左右，其中流动沙丘上的梭梭生长最好，主要体现在树体较高大、冠幅大、枝条数量多、新枝生长旺盛。梭梭生长衰败主要是受林地土壤水分的限制。

选择不同立地类型、不同林龄的人工梭梭林，通过比较梭梭枝条木质部与不同土壤层次的水分、潜在水源的稳定氢同位素(δD)或稳定氧同位素(δ^{18}O)比率，确定梭梭利用的主要水分来源，进而分析民勤人工梭梭衰退过程。针对梭梭退化和风沙危害现状，研发了退化梭梭矮化萌枝复壮技术、梭梭林地结皮破坏促入渗技术、尼龙网沙障固沙技术、小灌木沙蒿和油蒿雨季撒播技术，形成退化梭梭群落雨养恢复及防风固沙技术体系。该技术应用后，地表结皮不同程度(穴状、片状、带状)破坏都没有引起明显的风蚀现象，且大气降水入渗明显增加，其中以 0～20cm 土壤最为明显。梭梭生长有一定的改善，主要体现在新枝数量、长度、粗度等方面。退化梭梭矮化萌枝复壮技术以梭梭萌动前处理最宜，萌发新梢数量平均达 25.0 枝，而萌动后处理只有 16.2 枝；不同林龄梭梭矮化萌枝以二十年林龄梭梭效果较好，新梢平均数量为 32.6 枝，好于十年林龄梭梭(平均 24.1 枝)和三十年林龄梭梭(平均 18.2 枝)，且新枝木质化程度高，有利于越冬，但对梭梭矮化高度影响不是十分明显。该技术促进雨水入渗，提高土壤含水率，提高梭梭成活率。

该技术推广到民勤青土湖、老虎口、龙王庙等地后，植被总盖度由 19.2%提高到 34.7%，尼龙网沙障内近地表平均风速降低 45.3%，防护体系趋于稳定，风沙危害得到治理。该技术体系建成后，优化了梭梭防风固沙体系的结构，维护了绿洲边缘区的生态安全，为石羊河下游生态治理提供了科技支撑，可在民勤沙区及同类条件地区广泛应用。

6.1.3　退化白刺群落结构优化修复技术

在流动沙丘、草沙障沙丘、大田进行造林，流动沙丘和草沙障沙丘植苗造林模式为 1m×2m 行式和簇状栽植，除设置的干水和 5kg、10kg、15kg 灌水量处理的部分白刺外，其他白刺造林时一次性灌水 15kg，之后不再灌水。对比试验表明，白刺造林可采用植苗和扦插的方法，流动沙丘植苗造林不仅成活率、保存率接近大田造林，而且冠幅、地径生长状况优于大田和草沙障沙丘造林；流动沙丘扦插造林成活率和保存率低于大田，但远高于草沙障沙丘造林。插条长度和生根粉对白刺扦插的成活率和保存率有显著影响，用含浓度为 250mg · L^{-1} 生根粉的泥浆蘸根，60cm 长度插条扦插成活率和保存率分别达到 72.5%和 45.4%。针对民勤退化白刺沙堆生态系统风沙环境与沙化土地生境条件，研发了白刺伴生种(如苦豆子、刺沙蓬、雾冰藜、沙蒿、油蒿等植物)人工补播技术、白刺沙堆平茬技术(5cm 平茬高度效果较好)和白刺群落伴生种撒播技术。实地试验证明，沙蒿在白刺沙堆上撒播的出苗率、保存率最高，达到 80%以上。同时，研发了退化白刺沙堆丘间地伴生种沟播技术，即“开沟+播种苦豆子+覆沙”技术，效果较好。

研发的“白刺群落伴生植物种植+伴生种撒播+沟播+平茬复壮技术”，从种群结构优化、增加群落植物多样性及水量平衡方面试验示范，该技术模式主要是针对年降水量小于 100mm 的退化白刺沙堆生物生态系统，通过不同生境条件下退化白刺群落与环境关系研究，优化白刺群落结构与功能群组成，可以快速恢复中度和重度退化白刺沙堆。

该模式在民勤地区成功地大面积推广，使退化白刺群落的盖度从 20%～25%提高到 30%～35%，发挥防风固沙、生态防护功能。该模式能够在短期内优化白刺种群结构，保持白刺沙堆的生态稳定性，充分发挥生态防护功能。该技术模式易于操作和推广，投入少，经济效益显著。

6.1.4　绿洲退耕地植被恢复及生态治理模式

针对绿洲沙化和盐碱化退耕地天然植被的演替规律、人工植被的生长状况和稳定性，以及主要造林树种适应性的研究，结合植物蒸腾耗水规律、林地土壤水分平衡规律、植物抗逆性等前期应用基础研究的成果，提出内陆河流域下游地区沙化或盐碱化退耕地植被恢复及生态治理的技术模式。盐碱化退耕地生态恢复技术应用效果：1m×4m 的柽柳在造林三年后，其群落物种数可达 15 种，柽柳等灌木层植被盖度可达 40%；采用 2m×4m 的柽柳+梭梭混交林和 1m×4m 的柽柳+拧条锦鸡儿混交林，其群落物种数仅为 8 种。因此，1m×4m 柽柳人工林是盐碱化退耕地植被恢复比较理想的生态恢复模式。沙化退耕地整治采用 2m×8m 梭梭或 2m×8m 拧条锦鸡儿人工造林恢复技术、1m×4m 梭梭人工造林+嫁接肉苁蓉技术沙化退耕地恢复技术、2m×2m 或 1m×4m 柽柳人工造林恢复技术、黑果枸杞+黄毛头+封育技术的盐碱化退耕地恢复技术，可以实现退耕地植被与生态的快速恢复。植被盖度三年达到 25%以上，生态系统趋于稳定。

以上模式总结为四项技术：①低密度梭梭林恢复技术，适用于年降水量 110mm 左右沙化退耕地灌木植被的恢复；②梭梭接种肉苁蓉技术，适用于年降水量 110mm 但有灌溉条件的沙质退耕地；③柽柳恢复技术，适用于盐碱化退耕地；④黑果枸杞+黄毛头+封育技术，适用于地下水位高的盐碱化退耕地。该项技术模式能在民勤沙化或盐碱化退耕地上快速建立起比较稳定的植被生态系统。以上技术应用后，造林成活率在 85%以上，造林三年后可使退耕地植被盖度达到 25%以上。柽柳在民勤湖区盐碱化退耕地的造林成活率为 85%～90%，且生长良好，林分内伴生有白刺、黑果枸杞、花花柴、骆驼蓬等植物，植被盖度达到 35%以上，土壤盐分降低 25.38%，形成了较稳定的植被生态系统，实现盐碱化退耕地植被的快速恢复。

6.2　荒漠绿洲防护林节水技术

6.2.1　防护林体系建设及其存在问题

防护林体系是指在某个区域内，各类防护林按照总体规划的要求有机结合起来，形成具有一定防护功能和生态结构的完整森林植物体系(刘金荣和谢晓蓉，2003；周腊虎等，2001)。以防护为主要经营方向的防护林是目前我国现行五大林种之一，依据具体的防护对象和目的，防护林分为农田防护林、水土保持林、水源涵养林、防风固沙林、牧场防护林、海岸防护林、果园防护林、道路防护林和风景林等。

绿洲防护林体系的建设，既要考虑防护效益，又要考虑林木的耗水量(周洪华等，2012)。一般应包括三个组成部分，即前沿阻沙带、边缘固沙带和农田防护林网(程国栋，2009)。杨树、沙枣、杨树+柽柳、沙枣+柽柳四种类型前沿阻沙带都有明显的积沙作用，但积沙程度存在显著差异。从表 6-1 可以看出，在相同的株行距的情况下，沙枣的阻沙效果比杨树好，是因为阻沙效果与树种的株型相关。因此，栽植两年的杨树(树高 3m，株行距 0.5m×1.0m，4 行)比沙枣(树高 2m，株行距 0.5m×1.0m，4 行)的疏透度更高，尤其是靠近地面处，影响更明显(何志斌等，2005)。另外，在外缘配置灌木的阻沙带积沙厚度和积沙宽度均大于没有灌木的阻沙带(赵晓彬等，2010)。选择阻沙带还需要考虑树种的速生性和耐旱性。例如杨树的阻沙效果虽然较差，但它较沙枣、柽柳速生，能在短时间内发挥阻沙作用。因此，杨树+柽柳是建立绿洲前沿阻沙带较为理想的树种组合。建立乔、灌、草结合的节水经济性固沙带时，经济树种以枸杞、甘草、麻黄等为主，实现生态功能与经济效益的双重作用。

表 6-1　前沿阻沙带的积沙效应(程国栋，2009)

林带结构特征	疏透度	积沙厚度/cm	积沙宽度/cm
杨树，树龄两年，树高 3m，株行距 0.5m×1.0m，4 行	0.6～0.7	5±3.8	350±47
沙枣，树龄五年，树高 2m，株行距 0.5m×1.0m，4 行	0.3～0.4	15±7.6	420±67
杨树+柽柳，杨树林带特征同上，柽柳株行距 0.5m×1.0m，2 行，树高 1m	0.1～0.2	35±9.4	540±86
沙枣+柽柳，沙枣林带特征同上，柽柳林带特征同上	<0.1	42±13.6	780±120

河西地区绿洲防护林中杨树占 95%以上，二白杨又占绝大多数，其他树种种类少且栽植面积小，表现为树种单一的特点。单调的树种抗病虫害等自然灾害的能力弱，病虫害严重(廖空太等，2006)。杨树速生但胁地作用大，据研究，在杨树林两侧共 30m 的范围内可不同程度地使粮食作物减产。冬春风沙季防护林树木无叶，防护作用低，再加上杨树木材饱和等因素，使农民营造杨树防护林的积极性降低。为了节水，从水库到农田的各级渠道实现水泥化，尤其是农田边的毛渠、垄渠，原来是农田林网的主要造林区，现在这些区域难以造林，矛盾加剧，使小网格农田防护林营造遇到了挑战。总体上，河西走廊绿洲纯杨树及小网格防护林营造模式、绿洲边缘区防风固沙林营造模式已不适应河西绿洲防护林体系发展的要求(周颖等，2020)。

20 世纪 90 年代后，荒漠绿洲农田林网改造的主要目的，从单一的防治风沙危害逐渐发展为改造旧有农业生态系统，使之发挥多种效用，使防护林体系的结构和功能更具多样性。防护林不仅能防止各种自然灾害和改善当地的气候、水文、土壤和生物因素，还可以促进农牧业的稳产高产。防护林群落既增加了生态系统结构的多样性，又能充分利用空间和地下的潜在能源，大大地提高了这些地区的生产力，为人类提供更多的产品和适宜的环境。

防护林使用杨树、枣树、白蜡树、槐树、樟子松、油松、华北落叶松、二白杨等树种，进行半带更新、全带更新或间伐抚育等。为了提高抗病虫害能力和达到节水的目的，在林带改造时应注意树种组合，尤其是搭配一些常绿树种，如樟子松和落叶松。为了克服樟子松前期生长较慢的缺点，可以采取半带更新的方法，即先将林带的一半砍伐后栽植樟子松和华北落叶松，待五年左右新植的林带具有一定防护效益时，再将另一半砍掉栽植杨树。此外，还可以在砍伐的林带树桩上嫁接插条，或者对树桩上的萌条进行抚育使其成林。

6.2.2　防护林可持续经营技术

金博文等(2001)对河西防护林可持续经营技术提出以下建议：河西地区“三

北”防护林二期工程逐步向生态经济型过渡转变，防护林与经济林的比例以 4∶1 较好；防护林内部各林种比例以农田防护林、防风固沙林、牧场防护林比例为 1∶6∶3 为宜。建立防护林的地区，由于当地风沙大，降水稀少，宜选用抗旱性强树种(如杨柳类)，再配以其他树种(如沙枣等)混交。风沙危害严重的干旱沙地上选择沙枣、白榆为主栽树种，辅以拧条锦鸡儿、花棒等灌木树种；风沙较轻且灌溉条件较好的地区以杨树为主，旱柳、黄柳等为伴生树种。盐碱较重地区可选用沙枣和柽柳，远离沙漠地区营造速生杨树纯林或与白榆、旱柳混交造林。

农田防护林网按照“杨树等用材树种大网格、果树小网格”的思路，以设置在沙漠与农田接壤处的防风阻沙林带，设置在干、支、斗、农四级渠道及主干道路、支干道路、田间作业道三级道路两旁的防护林带为主体，构成农田防护林的“井”字形基本骨架。以村组为单位连片发展经济林，利用河滩地、边角地发展用材林，在居民区和庭院内外发展庭院经济。

以防风为目的的防护林，风沙前沿绿洲区主林带间距控制在成熟林分树高的 20～25 倍(300～500m)，副林带间距 500m 左右，网格面积 10.0～16.7hm^2；在风沙危害严重地区，主副林带间距可适当缩小，但最小网格面积不得小于 2.0hm^2，否则既不能充分发挥农田防护林的防护效能，又影响农田防护林的经济效益。

目前，河西地区农田防护林多以通风结构林带为主，透风系数为 0.3 左右，这种结构既经济又能发挥防护功能。绿洲内部主、副林带也是通风结构林，树种多为杨树，植树 2 行、4 行、6 行、8 行不等，株行距 1.5m×1.5m 或 1m×2m，林带宽度为 4.5～21.5m(包括渠路宽度 1.5～8m)，林带断面为矩形。当副林带定植经济苗木时，株行距增大到(1.5m×2m)～(2m×2m)。防风阻沙林带为稀疏结构林带，带宽 20～25m，植树 10～15 行，株行距 1.5m×1.5m，树种以杨树为主，辅以榆树、沙枣，断面多为矩形或三角形。

林带配置以抗逆性强的混交型复合林带为佳，经济林树种要求向阳栽植。拧条锦鸡儿、花棒等树种采用一年生苗造林；其他树种以二至三年生壮苗造林，个别树种则需更大的壮苗方可确保成活(如近几年采用的樟子松造林)。造林整地在前一年秋冬或早春进行，采用块状整地，挖穴植苗造林。

渠边配置的林带配合农作物进行灌水，每年灌水四次左右，需专门灌溉的林带每年灌水三次即可。对造林后死亡、生长不良及染病的苗木，应及时清除和补植。当林木生长过旺或定植过密导致林分防护功能下降和病虫害易于蔓延时，可在生长季节适当进行修枝。对经济林和土壤贫瘠地段的防护林，应及时施肥以保证林木正常生长。林带更新分为两次或皆伐更新两种，前者在树木成椽后先进行隔株植树造林间伐，到 15～20a 再进行皆伐更新，后者在 15～20a 一次性皆伐更新，采伐更新都要求隔带轮换以保证有效的防护功能。

目前，研发了“天然植被保护+雨养植被补植+低耗水树种引种”的封育固沙模式，可提高风沙育草带防风固沙能力；在绿洲边缘，研发了“高秆作物风障+灌草覆盖阻沙”技术，减少农田林网耗水量 20%，降低风速 53.4%；在绿洲内部，优化了“窄林带宽网格”技术，通过半带间伐林网改造，林网规格以 150m×200m、200m×300m 为宜，用枣树和柳树替代杨树，林木耗水量减少 30%。

6.2.3 防护林建设主要模式

基于前文介绍的技术，建立不同类型的防护林模式，其适宜条件、技术措施及不足如表 6-2 所示。通过对不同防护林的长期试验研究，提出较为有效的防护体系配置模式：封沙育草带、前沿阻沙带、植物固沙带和绿洲内部农田防护林网，即“三带一网” 的节水型植被防护体系模式。该模式的实施使绿洲边缘风速降低 50%以上，林网耗水减少 20%～30%。

表 6-2 不同防护林模式的适宜条件、技术措施及不足

防护林模式	适宜条件	技术措施	不足
宽林带大网格	地势平缓，易于灌溉，统一规划设计，统一造林，造林树种以乔木为主，适当选用灌木树种	主带基本垂直于主风向，副带基本垂直于主带的矩形林网；一般主带宽 20～22m，副带宽 14～16m，栽树 10 行以上，主林带间距 400～600m，副林带间距 800～1200m	设计不合理，宽度过大，占地面积大，防护效果不理想，管理要求较高
窄林带小网格	占地少，造林设计简单，对造林地要求不高，以速生杨树为主(王文全等，2001)，也有沙枣、榆树、柳树、槐树等乔木树种，灌木树种较少	主带基本垂直于主风向，副带基本垂直于主带的矩形林网；一般林带以植树 2～5 行、宽 5～8m 为宜，主林带间距 15～20m	林带老化，间距小，胁地作用大，渠道水泥化，树种单一，杨树病虫害严重，杨树木材饱和等，使农防林严重退化
窄林带大网格	适宜范围较小，主要在河西走廊离风沙前沿较远的绿洲南部、山区平原等地，适宜树种有杨树、沙枣、旱柳、白蜡树、国槐、刺槐、樟子松、青海云杉、侧柏等	造林技术与窄林带小网格相似，不同的是主林带间距一般超过 300m，副林带间距在 400～800m	林带间距超出了林带的有效防护距离，对农田内的微环境有较大的影响，对河西干热风的抵御能力降低
“四旁”林大网格、基本农田自由林	除荒漠、戈壁因干旱无水外，在绿洲内有“四旁”就有植树造林，树种以速生杨树为主，也有其他阔叶、针叶树种	大多株行距为(1.5～2.0)m×(2.0～2.5)m	林网大小不同，有些地域“四旁”林网纵横交错，林网大小适中，是很好的农防林网；有些地域“四旁”林较少，网络过多，自由林不整齐，防护效益差

续表

防护林模式	适宜条件	技术措施	不足
用材树种大网格、区域特色经济林小网格	石羊河流域中下游的绿洲及黑河流域中下游的绿洲	首先要考虑使用经济效益高的乡土经济树种(周颖等，2020)，其次是根系深、枝叶稀疏、不与农作物争水、对农作物的负担小的树种；最后为不与农田作物有共同病虫害的树种	有些果树(如枣树)展叶较迟，风季防护作用小；有些果树有争水争肥的胁地作用
用材树种大网格、沙旱生灌木小网格	沙区绿洲内，便利的灌溉条件可保证乔灌木的生长发育，依据土壤条件选择造林树种即可(北京林学院，1982)；树种以速生杨树为主，还有当地的其他柳、榆等树种	主林带间距以 10～15m 为宜，副林带间距可适度减小，林带株行距为(1.5～2.0m)×(2.0～2.5m)，林网内地埂上、陇渠闲地栽植的沙旱生灌木密度以单行、株距 0.5～1.0m 为宜	有些沙生旱生灌木有较强的串根现象，同时在地埂等处生长的灌木冠幅过大，影响作物的生长
自由林网	风沙危害严重、地块小、不正规的风沙边缘地带，绿洲内防护林网不完善的区域，农田林网未营造的区域	行列式栽植的林带，少则 1～2 行，多则 3～5 行，带距以风沙危害大小而定，有 50～100m 的，也有大于 200m 的，营造方向以地势而行，不一定垂直于主风向	由于其难以规划设计，造林规模小，网络不是小就是大，不规则，分布零星，防护作用有限
林粮间作	灌溉良好的绿洲内部果园子里	适宜树种为深根性或生长季节与常规作物有差异、树枝稀疏的树种，对光、热、水、肥要求较低、胁地作用小的树种，适宜低密度栽植且便于管理的树种(李剑凌等，2009；雷成云和周应杰，1996)	存在果园老龄化、经济效益低下的问题，也存在优质果树苗少、成活率和保存率低、发展缓慢、树种单调、病虫害严重、机械化耕种难和自然灾害等问题
片状特色经济林	有良好灌溉的绿洲，葡萄、枣树相对集中在绿洲中下游地区，梨、用材木、林木种苗相对在绿洲中上游生产力较大	根据林种生物学特性，选择适宜的土壤及生境进行片状特色经济林发展(周颖等，2020；金博文，1997)	存在树种单调、病虫害严重、一些树种适应性不强、果树产量低、品质不高、销路不畅等问题
绿洲边缘防护林	以旱生灌木为主营造防风固沙林，灌木耗水量比乔木小，且固沙、阻沙作用比乔木强，容易造林成功(Zhu et al.，2003；王继和等，1999；惠晓萍和洪涛，1997)	依据立地条件和气候条件，选择适宜的沙旱生灌木树种，避免营造纯林，适量灌溉，造林密度和混交树种选择可查阅相关资料(满多清等，2003；吴春荣等，2003)	林带内积沙量大，对林带的灌溉造成影响，树种单调，林木老化，病虫害严重，灌溉条件差的区域防护林退化严重
庭院经济林	适宜在河西地区农村庭院及居民点四周发展，依据当地自然条件，选择适应性强的经济树种营造庭院经济林	按新农村建设规划和设计要求，既要符合林种的生物学特性，又要选择适应性强、耐旱节水的优质果树种进行庭院经济林营造(薛文瑞等，2019)	树种单调，品种少，规模小，单庭院户多，缺乏统一规划设计，绿化美化作用小

续表

防护林模式	适宜条件	技术措施	不足
绿洲城镇经济林	适宜在河西地区城镇内发展，根据适地适树的原则，既要保证林木正常的生长发育，又要增加多样性和园林绿化效果(廖空太等，2006)	依据林木生长适应特性，在林种搭配、混交林营造、立地种植、控制污染等多方面考虑树种的选择和造型设计	普遍存在绿化美化效果差、适应性差、林木寿命短、生命周期短、防护效益不高等缺点，有些林木自身会对城市环境造成污染

6.3　荒漠绿洲区群落结构和水分稳定技术

内陆河流域下游属季节性河流，水量主要来源于高山冰雪融水和上、中游季节性洪水下泄。由于下游境内不产流，其行水期长短、地表径流量大小主要取决于上、中游水量的自然变化及人为用水的多少。

6.3.1　群落结构稳定技术

荒漠绿洲的植被是以地下水为主要水分来源的天然植物群落，内陆河流域下游荒漠绿洲的水资源系统是一个以外来径流补给为主的水资源系统。内陆河流域下游的输入水主要补给是地下水，且行水期与植物生长季节不同期，植物生存所需水分主要依靠地下水支撑，而地表水几乎不起作用。由于来水量受上、中游限制，加之土壤蒸发量高，地下水位不断下降，土壤旱化和盐化过程加剧，原生植物群落内部种类组成发生变化，群落结构发生重塑。一些湿生、中生、轻度耐盐植物渐被旱生、盐生植物替代，天然植被退化严重，绿洲景观向荒漠化景观演变(秦建明和黄永江，1999)。主要表现为芦苇、芨芨草等草甸植被矮化、疏化、成片枯死、面积退缩；荒漠河岸胡杨、沙枣林衰败，表现出两多两少的特点：过熟林多，中幼林少，天然更新不良，病腐枯死木多，健康木少；红柳灌丛迅速扩张，盐质荒漠和黏质荒漠面积不断增加。

荒漠绿洲生态系统在荒漠环境下存在和发展，绿洲圈层和植物群落结构是环境变化过程中自然选择的结果。荒漠绿洲植被衰败的主要原因，除了植物得不到足够的生长所需水分外，还有外围荒漠生态环境的侵袭，因而需要有保护带和外围带。实际上，稳定的荒漠绿洲存在着绿洲圈层结构和不同圈层植物群落结构的差别。为稳定绿洲，需要加强绿洲外围的防风固沙带，绿洲内的植被群落适应其生境条件和所处绿洲的圈层位置而有所差异，并以自然条件和种群竞争保持有其独特的多样性。荒漠绿洲区植物既是重要的自然资源，也是非常敏感的环境要素，对地下水系统变化有明确的指示意义，群落结构随地下水埋深的不断下降和地下水矿化度的逐渐增加而不同。因此，在维护绿洲区群落结构稳定、植被恢复过程中，植物物种的选择和配置，以原生树种为主，适当引进其他乔灌木乡土树种混交补植，辅以必要的灌溉管理措施，有利于调整绿洲植被的群体结构及生态系统的稳定。荒漠绿洲区群落结构见表 6-3。

表 6-3　荒漠绿洲区群落结构

植被景观	群落
草甸景观	芦苇、芨芨草群落
河岸林景观	胡杨、沙枣、柽柳、杂类草群落
灌丛景观	柽柳、杂类草群落
盐生植物景观	苏枸杞、盐爪爪群落
荒漠植被景观	红砂、麻黄、泡泡刺荒漠群落

针对荒漠绿洲植被的具体情况，应采用围封措施来维护群落结构的稳定。分析荒漠绿洲典型群落围栏封育效果的调查资料(表 6-4)，围栏封育 4a 与围栏封育 1a 的柽柳–杂类草群落相比，灌木高度增加 122cm，草类高度增加 44cm，平均高度增加 56%，植物种类增加 4 种；在芦苇–芨芨草围栏封育的 4a 中，高度、盖度、草产量逐年增加。结合实际调查结果，初步总结出荒漠绿洲主要灌(乔)木成林的合理密度范围：胡杨林 100～250 株 · hm^{-2}，梭梭固沙林 400～600 株 · hm^{-2}，柽柳 250～450 株 · hm^{-2}，沙枣密度应小于 200 株 · hm^{-2}。

表 6-4　典型群落围栏封育效果

群落类型	封育年限/a	灌木高度(草类高度)/cm	盖度/%	草产量/(kg · hm^{-2})	植物种类变化
柽柳–杂类草	1	86(19)	19	1997	柽柳、苦豆子
	2	112(22)	38	2395	柽柳、苦豆子、花花柴
	3	173(40)	56	3646	柽柳、苦豆子、芦苇、花花柴、骆驼刺、麻黄
	4	208(63)	75	4213	柽柳、苦豆子、芦苇、花花柴、狗尾草、骆驼刺
芦苇–芨芨草	1	20	14	1051	芦苇、黑果枸杞、白刺
	2	24	30	1489	芦苇、黑果枸杞、白刺、苦豆子、碱蓬
	3	42	48	2109	芦苇、黑果枸杞、白刺、苦豆子、甘草、碱蓬、旱蒿
	4	68	67	2732	芦苇、黑果枸杞、苦豆子、甘草、碱蓬、赖草

根据荒漠绿洲多年的封育实践，围栏封育措施简单易行、投资少、见效快，经围栏封育的荒漠河岸林完全能够实现更新复壮，并可取得显著的生态效益、经济效益和社会效益。因此，在当前条件下，推行围栏封育措施是保护群落结构稳定行之有效的方法。

总之，荒漠绿洲植被是干旱环境下防风固沙的优良树种，通过采取围栏封育、人工补种、合理配置等系列措施，促进复壮更新，最大程度地保护了生态环境。特别是优良灌木和牧草的引种栽培，在保护生态中发展经济，在发展经济中建设生态，最大程度地保护和恢复植被，改善了该区生态环境，遏制了生态系统恶化的趋势，逐步建立起良性循环的生态系统(冯起等，2022)。

6.3.2　群落水分稳定技术

虽然黑河下游额济纳绿洲的面积并不大，但对于我国西部地区诸多的绿洲而言，它的演化历程与现状有着极强的代表性。额济纳绿洲生态危机整治，作为一项实质性工作和跨世纪的宏伟工程，及时地落在实处，付诸实施，这不仅有利于当地经济的可持续发展，而且为我国类似地区的生态整治探索有益经验(冯起等，2022；田永祯等，2009)。

1. 技术原理

从生态学角度分析水分在荒漠与绿洲相互演化过程中的作用：原生的荒漠植物群落(包括动物)与其所处的无机环境，构成干旱区最为稳定的荒漠生态系统。无机环境一般可分为气候与土壤,仅靠稀少降水维持的荒漠植物群落尽管很简单，生产力低下，生长矮小，一般无层次分化，但是适应干旱区环境的稳定的顶级群落。当淡水以人为和自然方式进入干旱地区生态系统后，首先发生的是土壤水环境变好、土壤含水量上升、盐分降低；同时气候环境发生相应变化，最为明显的是近地层空气湿度增加，若能保证持续稳定供给水分，则可形成一种明显不同于荒漠的生境，此时绿色植物群落可以生存；当水分达到一定量便可形成绿地，绿地规模扩大就可形成绿洲。绿洲植物群落也可反作用于环境，形成局地小气候环境，如降低温差、增加空气湿度、减少风蚀、稳定地表等，一种区别于荒漠生态系统又适宜生物生存的绿洲生态系统便可形成。

必须注意的是，绿洲生态系统的建立和维护完全依赖于输入的地表水和地下水补给，水进入系统后才会改变荒漠生态进而形成绿洲生态。干旱区内陆河流域水资源有限，属于淡水资源，受到人类开发利用影响较为明显，水分配到内陆河流域下游受到地理条件、气候的影响与人为的干扰，一旦中、上游截流和改变分配方式，就会引起原有绿洲植被生存的生态平衡失调。尽管荒漠绿洲的生态植被具有较强的抗干旱能力，但也经不起这种水量减少、水质盐化和时间分配的剧变，而且还会发生干旱引起的病虫害和其他自然灾害，对绿洲植被造成打击(司建华等，2010)。

要维护荒漠绿洲水分稳定，不仅要使输入绿洲系统维持生态植被需水保持一个必保量，而且需要通过各种方式使输入的生态水分配到各类植被群落分布区。天然绿洲的来水主要通过河流分叉水道和地下水流分散到植物根部，在河道两岸靠河道输水浸润两岸的植物生长，同时通过沙质河床渗漏将地表水部分转化为地下水，维持地下水盆地的补给及地下水水位，使内陆河下游缓慢的地下径流伸展到整个绿洲面上；有时因低洼地形形成的积水甚至湖泊沼泽，也可使其周围及下游地区得到水分补给，供给植物生长。在现代条件下，适当河道输水辅以疏导水流、引水渠灌或抽水井灌，是达到绿洲水分合理分配和有效利用的重要措施。

2. 维护绿洲水分稳定技术

根据下游绿洲 1949 年以后经历的绿洲退化演变和 21 世纪初流域分水后绿洲恢复过程，总结维护荒漠绿洲水分稳定的技术措施如下。

1) 合理分配绿洲内用水，维持最低的生态需水量

2000 年开始实施黑河干流水量分配方案，该方案以黑河干流各河段按莺落峡、正义峡断面进行控制，实行黑河水量年度总量控制，夏、秋灌溉期间逐月调控及全年监督的流域水资源统一调度分配措施。2005 年开始实施分水方案，即在相当于莺落峡来水量 15.8 亿 m^3 的条件下(平水年)，正义峡下泄量达到 9.5 亿 m^3 的目标，2006 年后正义峡下泄量达到 10.0 亿 m^3。这些水进入额济纳绿洲之前，还受到上游甘肃省金塔县鼎新盆地农业灌溉及沿途渗漏消耗，进入额济纳三角洲顶端狼心山断面的地表径流量可达到 7.0 亿～7.5 亿 m^3，到达三角洲中部东河和西河合计的地表径流量为 5.0 亿～6.0 亿 m^3。尽管前期泄放到下游的水量不足，但随着实施分水年限的延续，基本上满足正义峡断面下泄量 9.5 亿 m^3，到达额济纳三角洲中部的水量达到 4.5 亿～5.0 亿 m^3。随着流域水资源统一管理和节水型社会建设，以及上游河川径流量增加，只要严格控制上游耗水，泄放进入下游的水量基本可以得到保障。

对中游来水采用多目标线性规划模型，对流域生态修复、产业结构调整、水资源合理配置进行规划。规划首先保证水资源满足优化产业结构的用水量，调整产业结构即用水结构，实现额济纳旗社会经济的可持续发展。

各目标的优先级在社会经济发展的各个阶段侧重点有所不同，为实现地区经济和生态环境的协调发展，将各个目标加以结合，以适应不同发展阶段的目标要求，现选取 3 个方案。

方案一：水资源目标、生态环境目标、经济目标并重为第一优先级；农牧业目标为第二优先级；水利工程目标约束为第三优先级；其他目标为第四优先级。

方案二：水资源目标约束为第一优先级；经济目标、生态环境目标为第二优先级；农牧业目标为第三优先级；水利工程目标约束为第四优先级；其他目标为第五优先级。

方案三：经济目标、生态环境目标为第一优先级；水资源目标为第二优先级；农牧业目标为第三优先级；水利工程目标为第四优先级；其他目标为第五优先级。

经方案比较，考虑东、西河绿洲分布，确定方案一为最优方案，即黑河入狼心山水量为 5.30 亿 m^3 时，东河分水 3.42 亿 m^3，西河分水 1.88 亿 m^3，可发展草场灌溉面积 12.1 万 hm^2，耕地面积 0.1 万 hm^2，发展草库伦面积 1.07 万 hm^2。

水资源的优化配置结果表明，额济纳绿洲上游沿河地区地下水埋深 1.0～2.0m，应以发展井灌为主；绿洲下游沿河地区地下水埋深 3.0～6.0m，应利用干渠衬砌渠道为黑河下游输水，以河水灌溉为主，且严格控制地下水的人工开采，以防止地下水形成漏斗而引起土地沙化(苏春宏等，2002)。

要维持额济纳旗现状绿洲生态稳定，一方面应完善地下水位监测监控设施，使下游生态地下水位保持在 2～4m；另一方面要补充回灌地下水，同时注意提高地下水的利用率，及时抽取地下水位较高地区的地下水加以利用，从而减少无效的潜水蒸发量(司建华等，2010)。

2) 充分利用盆地地下水调节，维持适宜地下水位

由于西北内陆区荒漠绿洲来水受到上游山区和中游地区输水量的强烈影响，河流水文存在丰水年、枯水年的变化。在枯水年，上游和中游来水难以维持下游额济纳绿洲水量稳定，个别年份上游来水短缺，其影响在植被生长当年就可以反映出来，特别是对人工植被和天然乔木植被，不仅出现枯梢和枝叶干枯，而且引起疾病毁灭。因此，充分利用河流下游地下水盆地的地下水调节，即使在枯水年上游来水不足情况下，也可供给植物生长的水分需求。

一般来说，内陆河流域下游存在一个巨型的尾闾湖，即地下水盆地。黑河下游额济纳旗居延海面积约 48km^2；塔里木河的尾闾湖泊台特玛湖，20 世纪 50 年代面积约 80km^2，2010 年面积为 300km^2；青土湖是石羊河的尾闾湖，面积达 26.7km^2；疏勒河尾闾湖哈拉湖重现于世，并形成 5km^2 左右的湖面。这些下游盆地不仅存在潜水含水层，而且还有深层承压水，曾经对下游绿洲的繁荣和长期存在起到重要作用。在上、中游泄放到下游水量持续减少的情况下，地下水位连续下降、承压含水层水头降低、水质盐化，使位于最下游的湖干枯和地下水下降，如额济纳地区地下水位下降 5～20cm · a^{-1}，导致绿洲植被难以吸收水分，造成生态环境急剧恶化。21 世纪实施分水过程中，泄放给下游的水量，除了补充三角洲上游河流沿岸植被水分外，更重要的是补充盆地的地下水，恢复地下水位。一般下游盆地分布范围较大，地势受风沙影响较为平坦，河流在输水过程中从顶部到扇缘，一方面浸润两岸土壤，另一方面入渗补给地下水，地下水沿坡度向下游流

动，使得在三角洲上河滩地及扇缘土地地下水位处在适宜的范围，并通过土壤毛细管作用源源不断地供给植物根系水分吸收，维持植物的稳定生长。因此，要维持下游荒漠绿洲的水分稳定，利用泄放到下游的河水来恢复盆地的地下水位很重要，不仅使绿洲区整个面上的地下水位得到恢复，满足绿洲植被的稳定供水，为大面积绿洲植被恢复提供基础，而且可为植被的长远生存提供可靠的水源保障。

3) 河道渗灌与辅助渠灌、井灌相结合

在我国内陆河流域下游地区，基本上人口相对稀少(除石羊河下游民勤县)，劳动力有限。恢复绿洲生态植被是以胡杨、沙枣、柽柳为主的河岸林，以及生长在低湿滩地上的以芦苇、禾草和一年生草本为主的草本植物。采用自然河道输水，充分利用沙质河道渗漏特性，不仅可沿河道供给林木水分，而且使渗漏水顺地下水坡度向下游流泄。以地下水形式保存珍贵的水分，避免地面强烈蒸发引起水量减少，而且不断补给盆地下游的水分。但是，这种沿用河道输水来灌溉绿洲，浪费水很严重。为此，逐步总结采用河道浸润灌溉，并辅以引水渠灌和提水井灌方式在绿洲内均匀分配水量，满足绿洲植被供水。

河道浸润灌溉：上游和中游水库开闸放水，建立输水干流河道和主要支流河道，通过河道浸润灌溉两岸，生成带状的荒漠河岸林等植被；生态闸适用于干流河道上分出岔流河道，其下游分布有沿河道或泄水区成片分布的植被。浸润灌溉通过输水河道的控制水闸、分水闸和节制闸，来控制河道水量和水位，防止河水漫溢，实现上游来水均匀分配到下游河道和分岔河道，以河道内下泄方式浸润两侧土层供给植被水分，一般可以使河道两侧 100～500m 得到水分补给；还可根据其下游分布的林草地种类和面积确定供水量和放水时间长短。这样，可浸润三角洲上河道两侧荒漠河岸林，并在干流河道两侧设置生态闸放水进入支流河道灌溉。

引水渠灌：在地形平坦地区形成地块或在经过人工平整的灌溉草场和饲草地，可以修筑渠道，引流河水进入渠道，以自流灌溉均匀地把水灌到地块，按一定灌溉制度达到作物和草地需水要求，并可维持生长季土壤水分的稳定，而在非生长季不必供水。这种灌溉需要根据地形引水和修建人工渠道，人为管理灌水。尽管可以有效地利用水量，并得到高产，但较为费工。

提水井灌：引水灌溉的地表水难以在旱季或干旱年份得到保证，而且在一些地下水位较高的地段强烈蒸发引起土壤盐碱化，可以抽取地下水来降低地下水位。一般在种植的饲草、果园、蔬菜和作物等需水要求较高时采用，也可与引水渠灌的人工草场和饲草地联合时配合采用。这种灌溉需要动力和精细的灌溉管理，不仅可以保证饲草和作物在干旱需水时得到满足，而且可提高泄放到下游的宝贵水资源的利用效益。抽水井深、井孔布置和开采地下水量需要根据水文地质条件、灌溉需水量、土质性状和气候条件来设计，比河道浸润灌溉和引水渠灌技术要求和成本高。

引洪灌溉：该技术一方面改变了地表含水状况，另一方面增加了沙层含水率，一定程度上补给了地下水，促进了固沙植物的种子繁殖和根蘖繁殖，可在较短时间大幅度提高植被盖度。一般三年左右，植被盖度即可由 3%～5%增加到 70%～80%(高永，2022)。

4) 合理调配地表水和地下水，充分发挥生态水效益

在干旱地区恢复退化绿洲植被或开展生态环境建设，可以通过合理调配地表水和地下水，开展生态节水，充分发挥生态水的效益。因此，需要经济上衡量用水，除了保存有一定“风景”意义的湖泊水面外，不需要过于“奢侈”水面，使得过多的水分浪费于无效蒸发。尽可能充分利用地表水和低地下水位地区蕴含水源，用以建设绿色人工湿地，充分发挥干旱地区水资源效益；也可在地下水位较高地区或地表水缺乏时，适当开采部分地下水来降低水位，减少区域地下水的蒸发耗水，发挥有限水资源的效益。进一步考虑荒漠绿洲的水利用效率和效益，可以改良草场和饲草料，种植高产牧草和饲料，或种植经济灌木和药材，提高单位水产出效益。同时，加强荒漠绿洲恢复的水资源管理，开展灌溉节水、城镇节水和家庭节水，污水资源化，咸水利用，还要进行生态节水。这无论在保护绿洲植被方面，还是在生态林草建设方面，都有较大的潜力。

6.4　沙地和戈壁造林与河岸林保育技术

6.4.1　沙地和戈壁造林技术

应用生态学原理，结合实际造林工作经验，从生物学特性、生长发育规律、生态适应条件、林地选择、栽种技术和种植规格等方面，采取以适量补水和保墒为中心的一系列抗旱技术措施，开展沙地和戈壁造林。

(1) 节水措施。内陆河流域下游河道多为季节性河流，一般只能在 3 月底、4 月初上游来水时形成一次春汛，该来水时间与造林季节吻合。为了保证各造林树种的顺利成活和生长，利用春汛来水的机遇，每年争取对林地进行一次适量的水分补充，一般灌水量为 1500～2250$m^3 \cdot hm^{-2}$(刘洪贵等，1999)。

(2) 抗旱措施。为了改变沙地和戈壁地表严酷的立地条件，在栽植前一年整地和开挖栽植沟。开挖栽植沟能积沙客土，改善土壤结构，提高土壤墒情和肥力，降低栽植穴的蒸发量，增强苗木抗旱和抗风沙能力。

(3) 苗林栽植措施。由于沙地和戈壁造林的难度大，只有严格把握树种选择、苗木质量、苗木保湿和及时精心栽植四个环节才能提高成活率。在关键技术的指导下，经过技术的推广应用，戈壁地带通过适量的引水灌溉、可行的栽植技术和有效的管理措施，可以逐步建立并恢复人工绿洲生态系统。

沙地和戈壁人工绿洲生态系统建成后，显著地削弱了近地表的风速。对林地内部、林带边缘和林外戈壁地表风速的同步观测表明，林带内部的风速较林地边缘和林外戈壁分别降低了 48.3%和 55.3%，并使林带附近 10m 左右的区域内风速有不同程度的降低。林带建设使小气候也在一定程度上得到改善。6 月下旬，对林带内部和林外戈壁气温、地温和相对湿度进行 24h 连续观测，如表 6-5 所示。观测结果表明，林地平均气温较戈壁下降了 0.4℃，变化不大；林地平均地表温度较戈壁下降 6.3℃，变化相当显著；戈壁平均相对湿度为 14.1%，林地上升到 28.8%，有了大幅度的提高。地表温度日较差在戈壁为 39.5℃，在林地下降到 33.5℃。显然，林地地表温度的变化不如戈壁剧烈，高温状况得到了明显的改善(刘洪贵等，1999)。

表 6-5　造林后局地小气候的变化

时刻	戈壁			林地		
	气温/℃	地表温度/℃	相对湿度/%	气温/℃	地表温度/℃	相对湿度/%
0:00	18.2	15.5	6.0	18.2	15.0	33.0
2:00	17.2	12.0	10.0	15.4	11.0	40.0
4:00	13.2	9.5	22.0	12.2	9.5	34.0
6:00	12.1	9.5	29.0	12.0	8.5	34.0
8:00	18.0	19.0	22.0	17.6	18.0	32.0
10:00	21.2	46.5	20.0	24.0	24.5	33.0
12:00	26.0	47.0	9.0	25.2	36.0	20.0
14:00	28.5	47.0	4.0	27.0	40.0	12.0
16:00	29.0	49.0	4.0	29.0	42.0	15.0
18:00	30.0	48.5	8.0	30.0	29.5	21.0
20:00	24.2	22.5	14.0	24.2	19.0	31.0
22:00	21.2	27.0	17.0	20.0	20.0	37.0
24:00	20.0	20.5	18.0	18.2	18.5	33.0
平均值	21.4	28.7	14.1	21.0	22.4	28.8
日较差	17.9	39.5	25.0	18.0	33.5	28.0
变率	5.8	16.3	7.6	6.0	11.3	8.8

林带的防风固沙作用，使大量沙粒和粉尘截留下来，从而加速了林地的成土过程。根据 1997 年的林地土壤调查结果，造林 7a 后(1990 年林地)，林地表层形成厚约 5.0cm 土壤；造林 11a 后(1986 年林地)，林地表层形成厚约 5.5cm 的土壤，造林 15a 后(1982 年林地)，形成厚约 9.5cm 的土壤(表 6-6)。植物枯枝落叶的作用使土壤结构和质地发生明显的变化，形成片状和团状结构，粒径大于 0.25mm 的细砂和粉粒含量

显著提高，粒径大于2mm的砾石含量大大降低(表6-7)(刘洪贵等，1999)。

表6-6　造林后土层厚度及土壤结构

造林年限	土层厚度/cm	土壤结构
1990年林地	5.0	片状
1986年林地	5.5	片状
1982年林地	9.5	片状、团块

表6-7　不同造林年限林地表层土壤粒径的组成

造林年限	深度/cm	该粒径范围的土壤颗粒质量分数/%				
		>2mm	2～1mm	1～0.5mm	0.5～0.25mm	<0.25mm
原始戈壁	0～5	74.97	6.19	3.95	5.01	9.97
1990年林地	0～5	17.28	8.67	13.58	18.58	41.88
1986年林地	0～5	6.65	3.79	14.32	21.22	53.97
1982年林地	0～5	10.45	6.25	9.60	18.11	56.57

6.4.2　荒漠河岸林保育技术

从生态学的角度考虑，荒漠绿洲生态环境极度脆弱，森林和草场是不能分割的统一体，具有破坏容易、恢复难的特点。因此，采用围栏封育，保护好胡杨残林和其他植被不继续遭到破坏，并充分利用季节性河道来水灌溉，封育结合，可提高林分的生产力和更新能力，改善林地水土条件，促进复壮与再生。

从生物学的观点出发，基于夏秋季水分无保证、不能进行胡杨自然落种更新的实际，本着因树制宜的原则，依靠胡杨根蘖能力强的特性，采取无性繁殖，并发挥胡杨的乡上优势，开展人工育苗和造林，促使胡杨残林提早复壮、更新，缩短围栏封育恢复周期(田永祯等，2009)。胡杨残林封育1～4a更新效果调查见表6-8，围封区与未封区胡杨生理指标对比见表6-9。

表6-8　胡杨残林封育1～4a更新效果调查

封育年限/a	幼树密度/(株·hm^{-2})	幼树长势	
		平均高度/m	平均地径/cm
1	285	0.9	0.8
2	1396	1.2	1.6
3	1711	1.6	2.8
4	1997	1.9	3.0

表 6-9　围封区与未封区胡杨生理指标对比

区域	样方面积/m^2	胡杨株数	平均树龄/a	平均高度/m	平均胸径/cm	胡杨鲜叶量/($t \cdot hm^{-2}$)	其他植被草产量/($kg \cdot hm^{-2}$)	郁闭度
未封区	1000	12	70	6.30	47.00	0.70	0.05	0.05
围封区	400	58	15	667.00	8.56	50.80	16.20	0.70

围栏封育对加快荒漠河岸林的复壮更新和林下天然植被的恢复起了积极且显著的作用。胡杨残林围栏封育面积占胡杨残林总面积的 3.6%，除普遍复壮外，恢复更新面积占围栏封育保存面积的 31.7%，表明有近 1/3 的围栏封育区达到了复壮更新的要求。林区在围栏封育之前，平均每公顷林地仅有 35 株树龄 60a 以上的胡杨树，经过短短四年的封育，就使胡杨株长势健壮。封育 3a 的样地内，每公顷母树仅 60 株，更新的幼树达 1291 株，幼树高 1.5m。2000 年，200hm^2 封育区一株胡杨树当年根蘖萌生幼苗 573 株，幼苗最高 1.22m，平均高度为 0.78m，平均地径为 1.1cm。形成乔、灌、草三层立体结构，利于防风固沙，草产量高，为畜牧业提供了冬暖夏凉、稳产高产的优质放牧地。丛状胡杨根蘖萌生的间苗定株、幼林整枝抚育、灭虫、卫生伐等营林的技术措施应用，改善了胡杨生境，加快胡杨残林的复壮更新，缩短围栏封育复壮更新周期，使幼龄林比重由 2000 年的 4.3%提高到 2004 年的 6.0%(田永祯等，2009)。

胡杨更新林的抚育管理内容归纳大体有三大内容，即林地管理、树体管理、群体管理。

林地管理的主要任务是抓好清林与灌溉。清林主要是及时清除林内病腐木、枯立木、风倒木及砍伐剩余物，以利于防治病虫害和其他营林工作的开展。灌溉是保证林木成活、促进林木生长的基础，特别在河水补给量减少和地下水位下降的情况下，更应抓住上游来水的有利时机灌足水，而且要年年坚持，直到更新换代为止。

树体管理主要任务是做好幼树修枝，以利于培养通直的干形和良好的冠高比。修剪的重点时期是幼龄期和中龄期，修剪的正确部位应该是树冠以下、树冠中的病腐、干枯枝。合适的冠高比为 2∶3，以利于树木有足够的光合作用空间。合理的枝下高应以树龄而定，对于成年树而言，枝下高应在 3m 以上(孙洪祥等，2000)。

一个良好的森林环境和群体结构必须以合理的林分密度为依托，合理的密度必须满足林木在发育高峰期各生长发育阶段对营养空间的基本需求，这是进行群体管理的基本原则(田永祯等，2009；孙洪祥等，2000)。胡杨合理密度的确定主要依据林分中树木个体的树高、胸径、冠幅等生长指标，其中最能反映树木自身价值的是树高、胸径。不同树龄胡杨最佳密度理论值见表 6-10。更新幼林的对象是幼龄期胡杨(树龄在 10a 以下)。

表 6-10　不同树龄胡杨最佳密度理论值

树龄/a	胸径/cm	冠幅/m^2	密度/(株 · hm^{-2})	株行距/m×m
5	0.29	0.63	25074.70	—
10	0.58	1.27	6241.74	1×1.5
20	1.57	3.45	839.40	3×4
30	2.63	5.83	294.40	4×5
50	4.03	9.03	122.74	9×9

根据胡杨林的生长发育规律，确定 0～60a 为一个抚育更新期，包括幼龄期(0～10a)、中龄期(11～20a)、近熟龄期(21～50a)、成熟龄期(51～60a)共 5 个生长发育时期。按各时期抚育管理任务与树木生长状况，安排牧业开放时间，并结合实际进行抚育更新(田永祯等，2009)。胡杨更新林合理密度参考表见表 6-11。

表 6-11　胡杨更新林合理密度参考表

样地类型	群落特征	幼龄期 (0～10a)	中龄期 (11～20a)	近熟龄期 (21～50a)	成熟龄期 (51～60a)
实验样地	密度/(株 · hm^{-2})	3330	1665	600	135
	株行距/m×m	1.5×2	2×3	4×4	8×9
参考样地	密度/(株 · hm^{-2})	3375	1700	666	132

在保护区核心地带，由于所受扰动小，可采取恢复重建对策，在缓冲区和实验区可采用改建对策。荒漠绿洲胡杨林的主要封育更新技术中，围栏封护、引水灌溉、禁牧轮牧等技术已在绿洲得到广泛使用。

有效实施封育，进行根蘖繁殖，通过比较封育与人工造林的成本和恢复速度，提倡以封育恢复为主。从生态效益来看，已经围栏封育胡杨残林的生境得到了较大的改善，多数已复壮更新以至成林，加快了整个植物群落的演替，生物多样性有所提高，形成了乔、灌、草多层次结构，增加了地表粗糙度，降低风速，防止风蚀(韦东山等，2003)。

6.5　荒漠绿洲生态水效益提高与草库伦建设技术

6.5.1　荒漠绿洲生态水效益提高技术

荒漠绿洲生态水效益的评价主要采用相对统一的方法，对同一种节水技术模式观测记载相同的内容，评价相同的技术指标，探索不同种植结构与节水技术模式的相关内容，评价其节水技术效果。

在来水量稳定的情况下，荒漠绿洲现有水资源的有效利用率低是当地水资源短缺和制约农牧业发展的一个重要原因。荒漠绿洲水资源的利用现状普遍采用漫灌，而且地块面积偏大，灌溉定额高。0.0667hm^2 大块灌水定额为 1500m^3 · hm^{-2} · 次$^{-1}$，0.2hm^2 条田的灌水定额为 2250～2700m^3 · hm^{-2} · 次$^{-1}$，0.6666hm^2 以上的为 4500m^3 · hm^{-2} · 次$^{-1}$。节水试验表明，采用小畦(0.0300hm^2)灌不仅比大水漫灌增产，而且在同等产量条件下，小畦(0.0300hm^2)灌比大水漫灌省水 22.9%(王祺等，2004)。地块面积与灌溉效益如表 6-12 所示。

表 6-12　地块面积与灌溉效益

地块面积/hm^2	灌溉定额/(m^3 · hm^{-2})	产量/(kg · hm^{-2})	水效益/(kg · m^{-3})
0.0066	5100.0	6375.0	1.25
0.0133	5287.5	6367.5	1.20
0.0213	5437.5	6300.0	1.16
0.0300	5566.5	6343.5	1.16
0.0333	5899.5	6237.0	1.06
0.0660	6151.5	6247.5	1.01
0.1200	6223.5	6103.5	0.96
0.2240	6420.0	5937.0	0.92

紫花苜蓿、地膜哈密瓜及毛笤子面积均为 0.2hm^2 的大水漫灌试验表明，紫花苜蓿的耗水系数是地膜哈密瓜的 30.8%，是毛笤子的 66.8%；紫花苜蓿的水生产效益是地膜哈密瓜的 5.63 倍，是毛笤子的 1.49 倍(表 6-13)。紫花苜蓿的水经济效益为 5.40 元 · m^{-3}，地膜哈密瓜为 3.35 元 · m^{-3}。从而可以推算出产生相同经济效益下紫花苜蓿、地膜哈密瓜、毛笤子耗水量的大小(表 6-14)。

表 6-13　不同作物大水漫灌时水效益比较

指标	紫花苜蓿(风干草)	地膜哈密瓜	毛笤子(风干草)
灌溉定额/($m^3 \cdot hm^{-2}$)	3600.00	3600.00	3600.00
年平均产量/($kg \cdot hm^{-2}$)	9727.00	3000.00	6500.00
市场平均价/(元 · kg^{-1})	2.00	7.00	0.28
水生产效益/($kg \cdot m^{-3}$)	2.70	0.48	1.81
水经济效益/(元 · m^{-3})	5.40	3.35	0.51

表 6-14　产生相同经济效益(100 元)的耗水量

指标	紫花苜蓿	地膜哈密瓜	毛笤子
水经济效益/(元 · m^{-3})	5.40	3.35	0.51
耗水量/(m^3/100 元)	18.52	29.85	196.08

提高荒漠绿洲生态水效益的实质是用较少的水生产较多的农林产品，是水资源高效利用最重要的指标。水效益的高低与下面几个方面关联：①重点放在小块农(林)地，指末级渠道(管道)控制的各块土地；②与植物生理过程关联，使蒸腾的产出效率提高；③与农艺技术关联，其作用在于减少与蒸腾伴随的蒸发水量；④与设施关联，使农林作物的施水更加精细和有效率。

6.5.2　经济–生态型草库伦建设技术

1. 草库伦建设技术

草库伦建设技术的提出与推广，有助于建成可持续发展的生态新村。为推广舍饲、半舍饲畜牧业，满足生态移民需要，以不开荒为原则，饲草料基地建设选定在退耕地上，在分析土地资源、水资源、农牧民生活水平及牲畜容纳量的基础上确定。丰富的土地资源是草库伦建设的先决条件，为满足生态移民的安置问题，在征求地方意见的基础上，对每个乡、村现有耕地面积进行分析。

饲草料基地采用井灌，地下水为灌溉水源。选择地下水条件较好的草库伦，如黑河下游的巴音宝格德和赛汉陶来草库伦，地下有潜水和承压水两个含水层地带。来自上游的地下水，受八道桥基岩阻隔，在本地储蓄，加之该区域地表河道密集，水源条件较好，本地潜水单井涌水量达 1000t · d^{-1} 以上。

节水措施：坚持高标准、高起点建设的原则，全部采取节水灌溉措施。以井为单元，埋设输水管道，管径根据单井出水量而定。当单井出水量在每小时 50t 左右时，主支管道直径为 110mm；当单井出水量在每小时 80t 左右时，主管道采用160mm管，支管道采用110mm管。管沟深度一般在10～13m，沟底要有一定坡度以利于排水。支管道间距应在100～120m，出水口间距为60m。

在主要依靠井水灌溉的同时，还须考虑利用河水补充灌溉。饲料品种应以作为青饲料的禾本科和豆科为主，选择青玉米、饲料高粱等，牧草应选择多年生豆科牧草(如紫花苜蓿)。根据饲草料地四周、地埂、道路、渠系分布状况，以栽植适合本地水土、气候等条件的沙枣、胡杨树为主。对于面积较大的饲草料基地，应布设主副林带。主林带间距为200m，垂直于风向布设，副林带间距为400m，垂直于主林带布设，主副林带宽度均为15m。

生态保护措施：本着生态优先的原则，每户最多3.3hm^{2}饲草料地，就地转移的农牧民要以种植多年生优质牧草为主。视生产经营能力，牲畜头数控制在300头以内为宜，从半舍饲逐步过渡到全舍饲。根据舍饲养户畜群的需要，可适当种植一年生优质牧草和饲料；由分散牧民向草库伦转移的农牧民在种植多年生、当年生优质牧草和饲料的同时，还可适当种植一些经济作物，牲畜头数控制在150头以内，全部实行舍饲圈养。

2. 恢复生态学评估

由于干旱地区生态恢复的目的是复壮更新胡杨残林，林业本身具周期长、见效慢的特点，生态效益和社会效益逐步显露，而且将会不断地增加，因此当前评价效益的重点是直接经济效益，特别是反映在资金的节约和为畜牧业服务的初期效益带来的经济效益上。

按“三北”地区干旱荒漠地带每公顷造林投资450元标准衡量，额济纳旗胡杨残林围栏封育复壮8300hm^2，仅以围栏封育区恢复更新面积2587hm^2。封育后的胡杨林，在短时间内就更新恢复成林，按每公顷平均产干叶450kg，产优质干草5796kg，间伐10m^{3}幼树，则19980hm^{2}的胡杨围栏封育区可产优质干草1.158亿kg,年产干叶900万kg,间伐幼树木材可达30万m^3;围栏封育区19980hm^{2}沿河林草每年可采挖甘草50万kg。围封12万hm^{2}梭梭林，可采集寄生于梭梭根部的肉苁蓉75万kg(陶黎等，1997)。

因生态环境改善而获得的间接收益，以及对周边地区环境产生有利影响的间接效益是无法估算的。以上几项估算产投比为1∶1.7，如果加上间接效益，其经济效益是十分可观的。

黑河下游额济纳旗戈壁人工绿洲生态系统建成后，显著削弱了额济纳旗近地表的风速。林带的防风作用，使林带西侧戈壁地表的风沙流达到饱和浓度，从而堆积在林带西侧林地边缘。林带西侧形成一条平均37.7m宽的风沙堆积带，平均积沙厚度为52.05cm，积沙量近5万m^3，年均积沙量5225m^3。林带建设使小气候在一定程度上得到改善。

黑河下游生态工程全部实施之后，额济纳绿洲的水资源得到充分利用，使居延绿洲 22 万 hm^2 天然乔、灌、木残林复壮更新，从而使植被盖度增加 60%以上，植物生长状况良好，植物群落步入良性循环；形成乔、灌、草多层次立体生态结构，生态系统内初级生产者(绿色植物)和消费者(牲畜)结构合理，畜草平衡，生物多样性增加；同时提高对能量的利用和物质循环效率，使生态系统处于相对平衡状态，农、林、牧产业结构趋于合理(陶黎等，1997)。

6.6 地表水与地下水联合调控技术

荒漠绿洲生态稳定的地表水与地下水联合调控技术体系包括方案制订、数据收集与整理、模型构建、提出方案和形成技术体系五个步骤。

6.6.1 地表水与地下水联合调控新模式

在当前水资源合理配置、地表水与地下水联合调控等相关研究的基础上，结合水资源配置的发展需求，提出“面向荒漠绿洲生态稳定的多维协同调控机制下的地表水与地下水联合调控新模式”，该模式以调控目标、调控维度和调控模块为基础内容，以多种调控机制为依托，为后续地表水–地下水联合调控模型的建立及应用奠定理论基础(乔子戌，2020)。

1. 调控目标

传统的地表水与地下水联合调控要求满足经济、社会、生态三方面综合效益最大化，并有效地促进水资源的合理利用与保护。对于荒漠绿洲区来说，需要综合考虑经济、社会、生态各自的发展及三者相互竞争关系，面向生态的地表水与地下水联合调控以生态效益为主。在荒漠绿洲地区，水量及地下水位是天然植被生长发育的重要因素，把达到荒漠绿洲不同时期植(作)物最适宜需水量(位)、维持荒漠绿洲生态稳定作为主要目标，并兼顾社会、经济发展目标，最终达到促进水资源开发、经济社会与环境保护之间的协调与可持续发展的目的，实现水生态文明。针对荒漠绿洲区农业用水不合理和农业缺水的问题，还要将灌溉制度、灌溉方式、种植结构规划最优化，以及用水效率最大化和运行成本最小化作为目标，同农业经济效益最大化相协调(乔子戌，2020)。

2. 调控维度

时间维度、空间维度、供需维度和调控机制维度相互关联，共同构成调控维度，如图 6-1 所示。

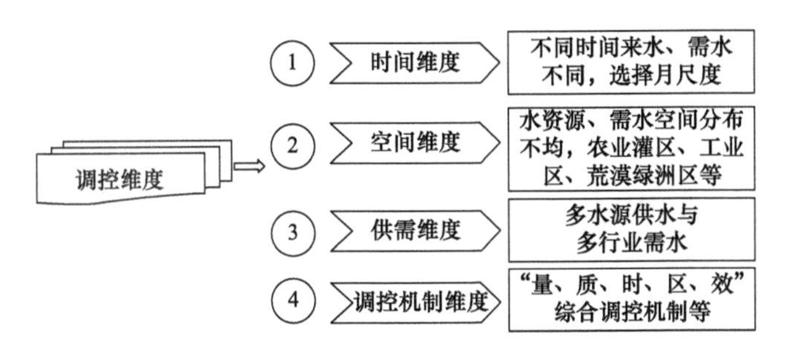

图6-1　调控维度

(1) 时间维度。一般以年际尺度为主，西北内陆区水资源年内分配不均，生态、农业等行业不同时段需水不同，应使不同时间来水满足不同时段的需水要求。因此，结合荒漠绿洲植(作)物需水规律及灌溉用水变化情况，分析植(作)物不同生育期地表水和地下水转换关系，按照不同植(作)物的生长发育期需水情况进行地表水与地下水联合调控，调控时间尺度选择月尺度。

(2) 空间维度。已有研究涉及的研究区类型较为单一，如高原、山地、平原、盆地，按人文地理类型划分还包括农业灌区和城市。荒漠绿洲区地理环境复杂，包括多种自然地理类型和人文地理类型，水资源空间分布不均匀，且不同地理类型条件下的植被类型、用水条件等不同。因此，需要进行区域划分，划分类别主要包括农业灌区、工业区、生活区、荒漠绿洲区及荒漠绿洲过渡带区等，以满足不同地区不同类型的需水要求。

(3) 供需维度。研究区供水水源包括地表水、地下水及其他水源的多水源供水，需水包括农业、工业、生活、生态等多行业需水，多水源供水与多行业需水构成了供需多维度。

(4) 调控机制维度。针对要实现的调控目标，需要探索并建立“量、质、时、区、效”综合调控机制、多方法多方式耦合调控机制、绿洲生态-农业协调发展的地下水位调控机制、地表水与地下水联合调控机制、协同耦合调控机制等，构成了调控机制多维度(乔子戍，2020)。

3. 调控模块

调控模块包括供水模块、需水模块、约束模块和方法模块等，如图6-2所示。

1) 供水模块

供水模块包括地表水、地下水和其他水源。地表水、地下水模块根据不同需水模块的需水量要求，调配各区域各时段地表水和地下水的供给量，进行不同比例的供水。在枯水季节，将地下水作为主要供水水源，可以保证各行业的正常运转。在丰水季节，以地表水为主要供水水源，利用各地地表水工程进行调控，同

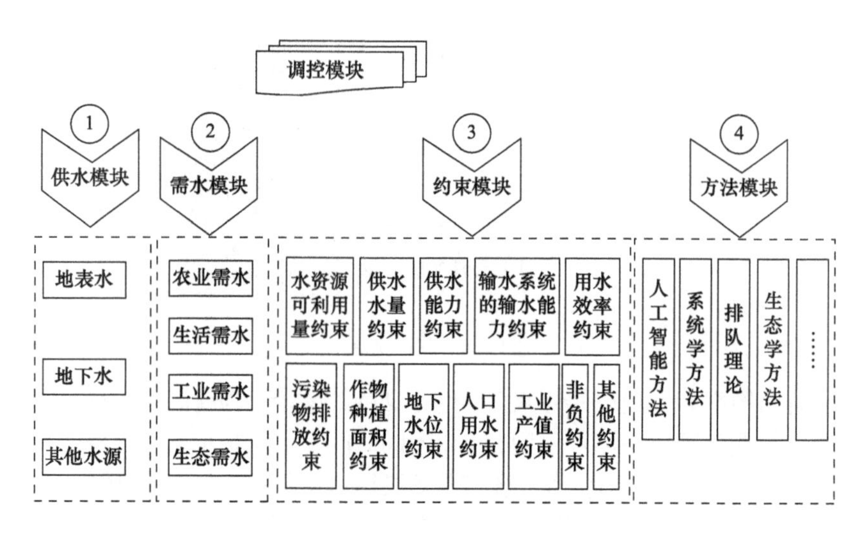

图 6-2　调控模块

时把多余的地表水资源灌入地下，以补充地下水库(乔子戌，2020)。

荒漠绿洲区微咸水分布广泛，目前对其开发利用经验丰富，利用模式日趋成熟，开发利用微咸水资源对于缓解水资源的自然承载压力具有重要意义。在极其干旱地区可以将微咸水作为非常规水源，在开发利用时优先利用，再进行地表水与地下水的联合调控。

利用水文站多年的径流资料，分析并确定天然河道和渠系的可供水量，统计各类水利工程的可供水量，计算不同时段可供水总量。利用研究区水文地质、地下水位等观测数据，分析并确定地下水可开采量及可供水量。收集并统计微咸水、再生水等其他水源的可供水量，得出研究区内其他水源不同时段可供水总量。

2) 需水模块

荒漠绿洲区行业用水效率相对较低，在各行业节水分析的基础上，尽可能降低需水要求。需水模块包括农业、工业、生活、生态等行业，配置水量时以生活与生态优先。

从荒漠绿洲区用水户来看，农业消耗水资源量较大，需要引入多个模块进行农业用水的优化，通过优化种植结构、灌溉方式、灌溉制度、灌水水质和渠系布设等方面，使农业灌溉效益最大化的同时，水资源量消耗达到最小(乔子戌，2020)。

种植结构优化。作物种植结构的不同会引起需水量与经济效益的不同，通过不同的作物种类、种植面积和单产价格等，得出需水量最小、经济效益最大情况下的作物种植种类及面积。

灌溉制度优化。结合作物需水规律，根据研究区气候、土壤、种植结构等基础条件，进行灌水时间和灌水量的调整，最终得到灌水量最小、作物产量最大条件下的最优灌溉制度。

水质优化。不同的作物对于水质的要求不同，有的作物需要水质较好的水进行灌溉，而有的作物在矿化度较高的水中也可以生存。建立水质分配模块，充分利用各类水源，做到优水优用。

渠系利用系数的最优化组合。在收集绿洲区渠系水利用系数资料、补充渠系水利用系数测试、绿洲区典型区域河(库)–渠轮灌试验的基础上，结合荒漠绿洲生态稳定的地下水位调控技术和荒漠绿洲地下水位、河流径流时空变化情况，分析河(库)–渠单灌条件下的特点，制订具有代表性的河(库)–渠轮灌方案，优选研发绿洲区河(库)–渠轮灌技术。结合绿洲区植(作)物空间分布情况与荒漠绿洲植(作)物需水规律，地下水位、河流径流年(月)时空变化与河渠补给情况，河(库)–渠轮灌成果，分析绿洲区渠系水利用系数的主要影响因子及渠系水利用系数同地下水位的关系，制订不同水位目标下渠系水利用系数组合方案。将系统学方法、人工智能方法、荒漠绿洲生态稳定的地下水位调控技术进行耦合，以满足农业用水、生态稳定的水量、地下水位为目标之一，形成渠系利用系数的最优化组合模拟模型，筛选确定荒漠绿洲较为适宜的渠系水利用系数组合方案。

生态需水包括河道内生态需水与河道外生态需水，河道外生态需水包括城镇绿化需水、荒漠绿洲需水、荒漠绿洲过渡带需水。荒漠绿洲区生态环境极其脆弱，农业和其他经济部门用水量的增长，挤占了中下游地区尤其是下游地区荒漠绿洲的生态用水，进一步导致生态环境恶化。为保证生态系统的健康发展，进行生态需水的计算，得出以稳定、发展为目标的生态需水量(位)(乔子戌，2020)。

3) 约束模块

图 6-3 为约束模块，分别从供水、输水、需水和排水四个方面建立约束条件，在各行业节水分析的基础上，尽可能降低需水要求。首先保证满足供水水源的水量平衡约束，需水模块主要包括农业、工业、生活、生态等行业的需水，优先满足生活需水和生态需水，工业和农业缺水最小化。

约束模块中的部分约束及其他部分约束定义如下。①地表水、地下水可利用总量(总量控制)约束：各行业的水资源供给量不能超过水资源可利用总量或总量控制线。②地表水、地下水可供水水量约束：每个区域的供水量不应超过实际需要的水量。③供水能力约束：一定时期内的供水应在供水设施最大供水能力范围内进行控制。④输水系统的输水能力约束：输送到各区域的水量小于输水系统最大输水能力所能输送的水量。⑤用水效率约束：各行业用水的用水效率阶段最大化。⑥排水约束：尽可能将废污水的排放减少到最低程度，将其保持在污染物排放总量控制线之内，对排放水质要求进行控制，实现水资源开

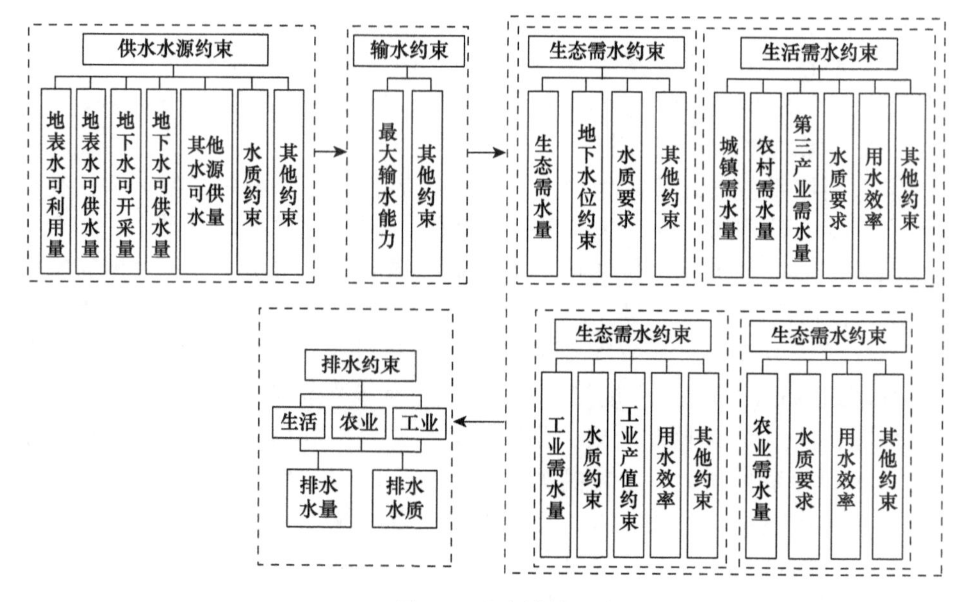

图 6-3　约束模块

发和保护相结合。⑦作物种植面积约束：限制农业种植面积的扩张，缩减农业需水量。⑧地下水位约束：不同区域不同时期地下水位均保持在合理范围内，既不造成土壤的盐碱化，也要保持植(作)物的健康生长。⑨人口用水约束：城镇与农村居民用水优先且水质较高。⑩工业产值约束：工业基本满足工业产值需求。⑪非负约束：涉及的所有变量都为正值。⑫其他约束：蒸发量、渠道渗漏等约束。灌区还要考虑种植面积、作物耗需水量、渠系用水效率等，城市地区还要将市政、环境、工业生产需水及各部门用水优先级考虑在内(乔子戌，2020)。

4) 方法模块

地表水与地下水联合调控的方法和方式有很多，如以线性规划、非线性规划、动态规划、排队论为代表的数学规划模型，以神经网络、遗传算法、模拟算法为代表的人工智能方法，以大系统分解协调理论为代表的系统学方法，以 Mike Basin、MODFLOW、SWAT 等为代表的软件等，都在地表水与地下水联合调控中有着广泛的应用。地表水与地下水联合调控是一个复杂的系统工程，将生态学方法、系统学方法、人工智能方法、排队理论等多方法和方式耦合使用，以实现有效且符合实际的联合调控(乔子戌，2020)。

6.6.2　地表水与地下水联合调控机制

调控机制模块包含五种调控机制，如图 6-4 所示。

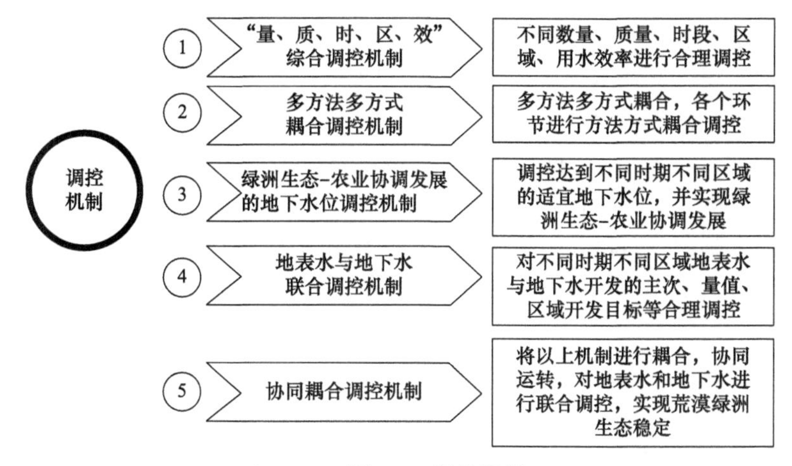

图 6-4　调控机制

(1) "量、质、时、区、效"综合调控机制。水资源"量、质、时、区、效"的综合调控已成为未来发展的一个趋势，水资源配置不仅需要对不同区域不同时段水量进行合理调控，也需要注重水质和用水效率，做到优水优用、高效利用。本节在优化各行业用水结构、全面节水的基础上，进行分区、分时、分质供水，建立"量、质、时、区、效"综合调控机制。

(2) 多方法多方式耦合调控机制。常规的规划模型不能精确模拟复杂水系统的真实情况，数值模拟、人工智能方法可以进行更精确的模拟计算，但其对于水资源时空的调配又缺乏图形化、直观化的展现。Mike Basin 等相关软件可以有很好的直观模拟效果，但所需参数较多，部分参数率定难度较大。同时，供用耗排等各环节在不同阶段应该有与之相适应的调控方法方式。因此，地表水与地下水联合调控可采用多方法多方式耦合的模式，并根据实际需要，在各个环节进行方法方式耦合调控。

(3) 绿洲生态-农业协调发展的地下水位调控机制。荒漠绿洲区植被、荒漠绿洲过渡带植被的健康生长及绿洲区农业生产的保障，是地表水与地下水联合调控的重要目标。绿洲区植(作)物健康生长的关键因素是水量及地下水位，要结合荒漠绿洲生态稳定的地下水位调控技术，确定不同区域植(作)物生态健康的地下水位，建立地表水与地下水转换数值模拟，识别不同时段的转换模式。通过河(库)-渠轮灌技术及渠系水优化技术确定最优的渠道(类型)布设方案，结合绿洲区地表水和地下水联合调控子模型，调控地下水位并达到不同时期不同区域的适宜地下水位，实现荒漠绿洲生态稳定的目标。

(4) 地表水与地下水联合调控机制。研究区水资源时空分布不均，在植(作)物生长及经济社会发展的不同时期，需要联合开发利用地表水与地下水。在枯水季节，以地下水为主要水源，辅以部分地表水；在丰水季节，以地表水为主要水源，辅以部分地下水。同样，不同时期，植(作)物生长所需水量(位)不同，经济社会发展需水也不同。这就需要在不同时期，对地表水与地下水开发利用的主次、量值、区域开发目标等进行合理调控。

(5) 协同耦合调控机制。将“量、质、时、区、效”综合调控机制、多方法多方式耦合调控机制、绿洲生态-农业协调发展的地下水位调控机制、地表水与地下水联合调控机制等进行耦合，协同运转，对地表水和地下水进行联合调控，以实现我国西北内陆荒漠绿洲区的生态稳定(乔子戌，2020)。

6.7　生态稳定的地表水与地下水联合调度

建立适用于西北内陆河中下游流域面向生态稳定的地表水与地下水联合调控模型，本节以黑河流域为例进行详细说明。

黑河上游诸多水系出山后流入中游盆地，中游盆地可划分为东部的张掖盆地、西部的酒泉盆地和中部的盐池-明花盆地。随着流域内经济活动的增加和各支流水利工程建设加快，流入酒泉盆地的西部子水系和流入盐池-明花盆地的中部子水系与黑河干流所在的张掖盆地失去了水力联系。

张掖盆地主要包含甘州区、山丹县、临泽县、民乐县、高台县。有 17 条河流汇入张掖盆地，最西边的是山丹河，最东边的是黄草坝河，黑河干流的流量最大，梨园河流量次之。黑河干流自莺落峡出山，流经甘州区、临泽县、高台县，汇梨园河至正义峡为黑河中游段。东部子水系的东部诸小河由于水库、渠系的修建不再直接汇入黑河，仅仅在黑河干流附近有小股泉水出露于河床(乔子戌，2020)。

6.7.1　水资源转换特点

水资源以气、液、固三种形式在地表、土壤、地下、空中相互转化，在这个转化过程中，人类活动进一步改变着水资源的转化形式与转化速率。

黑河莺落峡以下的山前地带为补给带，河水位与地下水位相差很大，含水层透水性较强，地表水主要以渗漏的形式补给地下水。由于人工绿洲的不断发展，人类活动对水资源转化的影响更加显著。在非农业灌溉期，河道的入渗规律为单纯的河道地表水垂向入渗；在农业灌溉时期(每年 3～11 月)，水资源转化的形式由单纯的河道地表水渗漏补给地下水转变为河道渗漏补给、渠系渗漏补给及田间渗漏补给的多源补给形式。

地下径流随着地形坡降由东南向西北流动，含水层导水性不断变弱，地下水位逐渐抬升，地下径流通过泉群溢出、黑河河床的排泄等转换为地表水。有研究证明，黑河中游的地表水与地下水补排关系转折点在 G312 黑河大桥附近。大桥以上为补给区，黑河沿程补给地下水，大桥以下为排泄区，地下水通过泉群溢出、河道排泄等方式补给河水，至黑河中游的出口断面——正义峡(乔子戍，2020)。

6.7.2　中游水文过程分析

根据地下水与地表水的补排关系，把张掖盆地划分为补给单元与溢出单元，其中补给单元根据水源划分为黑河干流单元和梨园河单元。单元的水循环计算通过水均衡原理进行，分别计算补排分区的河道渗漏量、河道蒸发量、地下水溢出量、植被蒸发量、裸地蒸发量。地下水溢出量按线性水库模型计算，植被蒸发量、裸地蒸发量按阿维里扬诺夫公式计算，其余均按照系数法计算，最终建立张掖盆地水平衡模型。

1. 黑河流域中游水平衡模型

补给单元中输入项为莺落峡和梨园堡水文站多年实测流量、地下水开采量、山前侧向流入量、降水量及气象数据，黑河干流灌区和梨园河灌区引水量、土地利用类型数据；输出项为地下水溢出量、河道内剩余水量、河道入渗量、渠系入渗量及田间入渗量。

溢出单元中输入项为黑河干流流到黑河大桥的剩余水量、黑河干流的沿程溢出水量、梨园河入黑河水量和降水入渗量。黑河地区降水量较少，特别是下游地区有限的降水对地下水的补给较少，基本全部消耗与蒸发。溢出带的排泄量包括地下水开采量、灌区内作物水利用量、自然植被蒸散发量及裸地蒸发量，蒸散发是溢出带主要的水资源消耗过程。

2. 模型识别及结果分析

张掖盆地月水均衡模型的输入项为莺落峡出山流量、各灌区引水量、梨园河入黑河量、地下水开采量、区域降水量、山前侧向流入量、各气象数据及各年卫片解译数据；输出项为河道渗漏量、渠系渗漏量、田间灌溉入渗水量、地下水溢出量、植被蒸散量、正义峡流量。

水均衡模型需要识别的参数有各渠道的渠系水利用系数和有效渗漏补给系数、各灌区灌溉水渗漏系数、各河道有效渗漏补给系数、地下水排水系数、植被和裸地的蒸发系数、降水入渗系数。选取 2000～2012 年作为模拟期，通过正义峡模拟径流量和实测径流量的拟合识别相关参数。通过模型识别，张掖盆地的月水均衡模型模拟正义峡径流量与实测径流量拟合较好，如图 6-5。相关系数达到 0.78，模型结果可信。

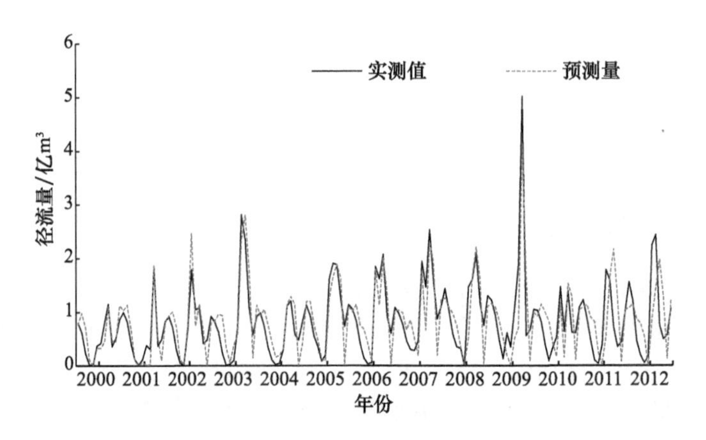

图 6-5　正义峡流量实测值与预测值

根据张掖盆地水均衡模型，2000～2012 年莺落峡和梨园堡的多年平均来水量为 20.47 亿 m^3，渠系引水量为 12.1 亿 m^3，其中有 43%的水量下渗补给地下水。地下水补给量中有 47%来自渠系及灌溉水的入渗，有 45%来自河道渗漏，其余均来自山前侧向补给及降水入渗。张掖盆地地表水与地下水转换频繁，地下水溢出量是支撑张掖盆地用水和正义峡下泄量的重要水源。受国家统一调水的影响，莺落峡及草滩庄枢纽的下泄量逐年增加，河道渗漏量随之逐年递增，地下水溢出量由 2000 年的 9.13 亿 m^3 增加到 2012 年的 12.77 亿 m^3。同样，正义峡的下泄量呈逐年增加的趋势，恢复了下游生态系统和保障人民生产生活(乔子戌，2020)。

6.7.3　联合调度模型

张掖盆地主要的水资源消耗量来自灌溉，人工绿洲的灌水量是正义峡下泄量的主要影响因素，为保障下游居民的生活生产用水、恢复下游天然绿洲的生机，配水主要基于前文构建的张掖盆地水文模型，针对中游人工绿洲区(甘州灌区、梨园河灌区、临高灌区)进行水资源优化配置模型的建立。

1. 目标函数

张掖盆地主要的水资源消耗与经济来源均为农业，农业用水不合理和农业缺水是荒漠绿洲生态用水紧缺的根本原因，实现农业水资源的合理配置(乔子戌，2020)。解决荒漠绿洲区农业用水不合理和农业缺水的问题，可以使更多的水资源回归生态，恢复下游荒漠绿洲往日的生机。因此，水资源优化配置模型选择两个目标建立，即生态效益最大化和农业经济效益最大化。

正义峡的下泄是黑河下游水资源的主要来源，增加正义峡的下泄量就是对下游生态效益最大化的保障。因此，将正义峡下泄量最大化作为生态效益的体现，模型描述如下：

$$\max F(x) = Q_z \tag{6-1}$$

式中，Q_z 为正义峡下泄量，由前文张掖盆地水文模型计算得到。

农业经济效益是张掖盆地最主要的经济效益，选用农业经济效益最大化作为第二个目标函数，通过优化种植结构、灌溉制度和渠系水利用系数等方面，使农业灌溉效益最大化的同时，水资源量消耗达到最小。以灌水量 x 和作物种植面积 a 建立目标函数模型，模型描述如下：

$$\begin{aligned}\max F(x,a) &= \sum_{l=1}^{L}\sum_{j=1}^{J} A_{lj}B_{lj}Y_{lj} - \sum_{l=1}^{L}\sum_{n=1}^{N}\mathrm{SJ}_n W_{ln} \\ &= \sum_{l=1}^{L}\sum_{j=1}^{J}\left(a_j\sum_{i=3}^{I}\sum_{n=1}^{N}X_{lijn}^2 + b_j\sum_{i=3}^{I}\sum_{n=1}^{N}X_{lijn} + c_j\right)A_{lj}B_{lj} - \sum_{l=1}^{L}\sum_{j=1}^{J}A_{lj}\sum_{i=3}^{I}\sum_{n=1}^{N}\mathrm{SJ}_n X_{lijn}/\eta_{ln}\end{aligned} \tag{6-2}$$

式中，N 为水源维度，1 表示地表水，2 表示地下水；I 为时间维度，表示 3 到 11 月份的农业灌溉期，取值 1～9；J 为作物种类，1 表示制种玉米，2 表示大田玉米，3 表示春小麦；L 为空间维度，1 表示甘州灌区，2 表示梨园河灌区，3 表示临高灌区；A_{lj} 为灌区 l 中每种作物 j 的面积；B_{lj} 为 l 灌区中作物 j 的单价；x_{ljin} 为 l 灌区 j 作物在 i 月份利用 n 水源的水量；a_j、b_j、c_j 为各作物水分生长函数的系数；SJ_n 为每种水源的价格；W_{ln} 为 l 灌区中 n 水源的用水量；η_{ln} 为 l 灌区不同水源的灌溉水利用系数。

2. 约束条件

1) 优化模型水量约束

(1) 地表水可利用量约束：

$$\sum_{l=1}^{L}\sum_{j=1}^{J}A_{lj}\sum_{i=3}^{I}x_{lji1}/\eta_{l1} < W_{l1\max} \tag{6-3}$$

(2) 地下水可开采量约束：

$$\sum_{l=1}^{L}\sum_{j=1}^{J}A_{lj}\sum_{i=3}^{I}x_{lji1}/\eta_{l2} < W_{l2\max} \tag{6-4}$$

(3) 灌区面积约束：

$$A_{l\max} \geqslant \sum_{l=1}^{L}A_l \tag{6-5}$$

(4) 粮食安全约束：

$$\sum_{j=1}^{J} Y_j < Y_{j\min} \tag{6-6}$$

(5) 非负约束：

$$x_{lji1} \geqslant 0,\ \ A_{lj} \geqslant 0,\ \ Y_{lj} \geqslant 0,\ \ W_{ln} \geqslant 0 \tag{6-7}$$

2) 水文模型水平衡约束

(1) 地表水平衡约束：

$$q(i,k+1) = q(i,k) + s(i,k) - l(i,k) - y(i,k) \quad (i = 1\sim 12,\quad k = 4) \tag{6-8}$$

式中，$q(i,k+1)$为第i时段河道节点$k+1$的来水量；$q(i,k)$为第i时段河道节点k的来水量；$s(i,k)$为第i时段河道节点k的泉水溢出量；$l(i,k)$为第i时段河道节点k到河道节点$k+1$的河道损失量；$y(i,k)$为第i时段河道节点k的河道引水量。

(2) 地下水平衡约束：地下水平衡通过地下水的线性水库模型实现。

(3) 优先级约束：维持现状生态效益的生态需水和生活需水保障第一优先级供水，具体需水量见前文需水预测。

目标函数和约束条件组合在一起，构成了黑河流域中游面向生态稳定的地表水与地下水联合调度模型，该模型是一个十分复杂的多目标、多水源、多用户的优化模型，本节计算采用遗传算法利用 python 进行求解(乔子戌，2020)。

6.7.4 面向生态稳定的地表水与地下水联合调度

1. 地下水埋深分析

额济纳绿洲年平均降水量为 40mm，地表水资源匮乏，植被生存主要依赖潜水，东、西河上段地下水埋深较浅，植被盖度较大，分布着大面积林草地；东河中段地下水埋深加大，植被稀疏，只有沿河的疏林地存在；西河上段、中段地下水埋深均不大，分布着大量的中、高盖度草地、灌木、乔木，西河下段埋深较大，只有少数中、低盖度植被存活(乔子戌，2020)。

2. 资源分区

根据植被盖度、植被面积、地下水埋深、需水状况、地形情况等划分为 16 个分区，其中人工绿洲区 3 个，分别为鼎新灌区、东风场区和额济纳旗政府所在地。

鼎新灌区植被长势较好，可维持现状。西河植被面积总体小于东河，这与狼心山分水闸 3∶7 的分水政策相吻合，也表明狼心山下泄量对额济纳绿洲自然植被的重要性；西河上段植被长势较好，西居延海湖区植被长势较差，地下水埋深较大，这与西河水量常年不能注入西居延海有关。东河自狼心山流出 18km 后向左分出纳林河，上段、中段植被盖度较低，地下水埋深由浅到深；下段植被盖度增加，地下水埋深由深到浅，纳林河最终流至达来呼布镇东消失，东河则流入东居延海湖区。综合考虑各段的植被情况与地理位置，由于两湖区与东河上段植被状况较差，东河下段为政府所在地，是整个地区的政治、经济、文化交流中心，生态恢复的重点区域应在东、西湖区和额济纳政府所在地(乔子戌，2020)。

3. 植被长势与地下水位的关系

荒漠绿洲区降水稀少，植物的生长发育主要依靠地下水，地下水位对植被的生长发育起着决定性的作用。据统计，地下水埋深为 2～4m 时，胡杨等乔木植被长势较好，在 2.6m 时出现频率最高(乔子戌，2020)。地下水埋深为 2～4m 时，柽柳等灌木植被长势较好，在 2.21m 时出现频率最高；芦苇等草本植被通常在地下水埋深为 1～3m 时长势较好，在 1.41m 时出现频率最高。采用不同地下水埋深与相应地段的植被盖度，可建立其相关关系模型：

$$Y = 4.733X^3 - 41.533X^2 + 12.269 \tag{6-9}$$

式中，Y 为植被盖度；X 为平均地下水埋深，计算时取 1.5～5m；相关系数 R=0.98。利用频率统计表和相关关系模型，可以建立不同植被在不同盖度下的适宜地下水埋深，见表 6-15。

表 6-15　不同植被在不同盖度下的适宜地下水埋深

<table>
<tr><th>植被类型</th><th>适宜地下水埋深/m</th><th>平均地下水埋深/m</th><th>盖度/%</th></tr>
<tr><td rowspan="5">胡杨</td><td>2.0～3.0</td><td>2.50</td><td>>75</td></tr>
<tr><td>1.0～2.0</td><td>1.50</td><td rowspan="2">25～75</td></tr>
<tr><td>3.0～5.0</td><td>4.00</td></tr>
<tr><td>0.5～1.0</td><td>0.75</td><td rowspan="2">5～25</td></tr>
<tr><td>5.0～10.0</td><td>7.50</td></tr>
<tr><td rowspan="5">灌木</td><td>2.0～3.0</td><td>2.50</td><td>>75</td></tr>
<tr><td>1.0～2.0</td><td>1.50</td><td rowspan="2">25～75</td></tr>
<tr><td>3.0～5.0</td><td>4.00</td></tr>
<tr><td>1.0～2.0</td><td>1.50</td><td rowspan="2">5～25</td></tr>
<tr><td>5.0～11.0</td><td>8.00</td></tr>
</table>

续表

植被类型	适宜地下水埋深/m	平均地下水埋深/m	盖度/%
草本	2.0～3.0	2.50	> 75
	1.5～2.0	1.75	25～75
	3.0～4.0	3.50	
	0.5～1.5	1.00	5～25
	4.0～7.0	5.50	

4. 黑河下游水文过程分析

狼心山流出后分为东、西两河，两河河道都为天然河道，断面不规则，河道渗漏量大。由于额济纳地区降水少，河道渗漏量是额济纳盆地地下水的主要补给项，也是控制地下水位的关键性因素。由于资料较少，河道渗漏量采用李云玲等(2005)的研究结果进行计算，地下水模型采用地下水均衡模型计算。

根据国务院批复的《黑河流域近期治理规划》(国函〔2001〕86 号)要求，额济纳绿洲规模应恢复到 20 世纪 80 年代水平，本研究分析认为 1987 年的绿洲规模可作为额济纳绿洲的可持续发展规模。《黑河下游生态水需求与生态水量调控》(冯起等,2015)一书中显示,1987 年额济纳绿洲植被为面积 3629.66km^2,植被盖度为 24%。各分区的植被类型、盖度以及面积见表 6-16，把 1987 年不同盖度植被的生态需水作为额济纳绿洲配水的目标。

5. 现状年植被盖度分析与生态需水量计算

现状年自然植被及裸土蒸发需水量采用 RS、GIS 结合蒸散发模型的方式计算，利用 2016 年 8 月 Modis 数据系列的 NDVI 产品计算植被盖度。

通过 NDVI 计算额济纳绿洲植被盖度，再利用 Arcgis 与植被类型进行叠加分析，得到不同盖度下不同植被类型的面积，见表 6-17。通过植被盖度与地下水位的关系，确定不同植被不同盖度下的适宜地下水位，并利用阿维里扬诺夫公式进行自然植被需水量计算。

6. 调度模型的建立

1)目标函数

面向生态的地表水与地下水联合调控以生态效益为主。额济纳绿洲区耗水以自然绿洲为主，水量及地下水位是天然植被生长发育的重要因素，所以把达到荒漠绿洲不同时期植(作)物最适宜需水量(位)、维持荒漠绿洲生态稳定作为主要目标，

表 6-16　各分区 1987 年植被类型、盖度和面积

植被类型	适宜地下水位/m	盖度/%	低覆盖绿洲区面积/km²	高覆盖绿洲区面积/km²	西河尾闾湖区(低埋深)面积/km²	西河尾闾湖区(中埋深区)面积/km²	中覆盖绿洲区面积/km²	东河上段灌区面积/km²	东河尾闾湖绿洲区(高埋深混合植被)面积/km²	额济纳耕地区面积/km²	沿河疏林带 2 面积/km²	沿河疏林带 1 面积/km²	东河尾闾湖绿洲区(中埋深混合植被)面积/km²	西河尾闾湖区(高埋深区)面积/km²	高覆盖林草混合区面积/km²	东居延海湖区面积/km²
胡杨	2.0～3.0	＞75	11.46	12.35	16.47	9.82	10.35	12.17	12.35	11.77	8.57	7.99	10.46	0	9.47	0
	1.0～2.0	25～75	3.04	3.28	4.37	2.61	2.75	2.08	2.12	2.02	1.47	1.37	1.79	0	1.62	0
	3.0～5.0	25～75	9.13	9.84	13.12	7.83	8.25	6.25	6.35	6.05	4.40	4.11	5.38	0	4.87	0
	0.5～1.0	5～25	0.57	0.62	0.82	0.49	0.52	0.24	0.24	0.23	0.17	0.16	0.21	0.08	0.19	0
	5.0～10.0	5～25	8.99	9.69	12.92	7.70	8.12	3.75	3.80	3.62	2.64	2.46	3.22	1.24	2.91	0
灌木	2.0～3.0	＞75	15.29	16.47	21.97	13.1	13.81	27.39	37.94	36.16	26.33	24.55	42.13	13.33	29.09	20.06
	1.0～2.0	25～75	15.71	16.93	22.58	13.46	14.19	17.58	17.84	17.00	12.38	11.54	15.11	6.01	13.68	15.60
	3.0～5.0	25～75	29.18	91.45	21.94	25.01	26.35	22.65	33.13	31.57	22.99	21.43	38.06	18.02	25.40	6.79
	1.0～2.0	5～25	22.19	63.91	31.89	19.01	20.04	17.63	17.89	17.05	12.41	11.57	15.15	16.06	13.72	6.23
	5.0～11.0	5～25	78.67	224.78	13.06	67.41	51.05	42.49	63.42	60.44	44.01	41.03	93.71	31.18	88.63	9.74
草本	2.0～3.0	＞75	3.44	3.71	4.95	2.95	3.11	6.13	6.22	5.92	4.31	4.02	5.26	1.45	4.77	7.43
	1.5～2.0	25～75	2.93	3.15	4.21	2.51	2.64	4.76	4.83	4.61	3.35	3.13	4.09	2.29	3.71	3.61
	3.0～4.0	25～75	3.72	4.01	5.35	3.19	3.36	6.06	6.15	5.86	4.27	3.98	5.21	2.92	5.72	4.60
	0.5～1.5	5～25	8.44	9.09	12.12	7.23	7.62	6.72	6.82	6.50	4.73	4.41	5.78	2.55	5.23	18.81
	4.0～7.0	5～25	18.78	50.23	26.98	16.09	16.96	14.96	15.18	14.47	10.54	9.92	12.86	5.68	12.41	8.42

表 6-17　各分区现状植被面积

植被类型	适宜地下水位/m	盖度/%	低覆盖绿洲区面积/km²	高覆盖绿洲区(沿河胡杨)面积/km²	西河尾闾湖区(低埋深)面积/km²	西河尾闾湖区(中埋深区)面积/km²	中覆盖绿洲区面积/km²	东河尾闾湖绿洲区(中埋深混合植被)面积/km²	东河上段灌区面积/km²	东河尾闾湖绿洲区(高埋深混合植被)面积/km²	额济纳耕地区面积/km²	沿河疏林带1区面积/km²	高覆盖林草混合区面积/km²	东居延海湖区面积/km²	西河尾闾湖区(高埋深区)面积/km²	沿河疏林带2区面积/km²
胡杨	2.0～3.0	＞75	7.94	8.56	7.41	4.80	8.47	10.47	5.43	8.56	7.77	4.11	5.03	0	0	5.94
	1.0～2.0	25～75	2.88	3.10	4.14	2.47	1.46	1.96	1.97	2.00	1.91	1.31	1.53	0	0	1.39
	3.0～5.0	25～75	6.17	6.65	8.87	5.29	5.49	6.37	4.23	4.29	4.09	2.01	3.29	0	0	2.98
	0.5～1.0	5～25	0.30	0.32	0.43	0.26	0.36	0.30	0.12	0.13	0.12	0.05	0.10	0	0.04	0.09
	5.0～10.0	5～25	9.81	10.57	8.10	8.41	7.59	4.70	4.09	4.15	3.95	3.14	3.18	0	1.35	2.88
灌木	2.0～3.0	＞75	13.22	19.25	19.00	11.33	11.21	54.51	3.37	32.81	31.27	9.76	15.16	17.35	11.53	22.77
	1.0～2.0	25～75	17.31	18.65	14.88	8.46	13.97	16.73	18.46	19.65	13.49	7.36	15.07	7.18	6.62	13.64
	3.0～5.0	25～75	26.49	83.01	9.92	13.21	23.89	42.92	20.56	30.50	18.47	10.73	16.49	6.17	16.24	20.87
	1.0～2.0	5～25	20.11	57.92	18.90	11.75	18.77	17.88	15.97	16.21	15.45	9.30	12.43	5.65	17.46	11.25
	5.0～11.0	5～25	73.95	251.30	12.28	53.37	33.19	124.73	13.99	59.61	46.99	36.72	53.31	9.16	29.31	51.37
草本	2.0～3.0	＞75	3.25	4.35	2.67	2.78	2.11	7.26	5.78	5.87	5.59	3.84	4.50	5.01	1.37	4.07
	1.5～2.0	25～75	2.40	2.59	3.45	2.06	1.76	5.97	3.91	3.97	3.78	2.26	3.04	2.26	1.88	2.75
	3.0～4.0	25～75	2.77	2.99	3.98	2.37	2.97	8.47	4.51	4.58	4.36	2.46	4.25	3.42	2.17	3.31
	0.5～1.5	5～25	6.46	6.96	9.28	5.54	6.43	7.95	4.13	5.22	4.98	2.78	4.01	10.41	1.95	3.63
	4.0～7.0	5～25	22.00	58.86	30.57	18.85	13.22	14.51	7.53	17.79	15.73	8.73	11.36	9.86	6.65	12.79

用各分区缺水量最小反映生态效益，生态配水量越接近生态需水量，生态效益越好。以生态配水量 x 为决策变量建立目标方程模型，模型描述如下：

$$\min Z(x)=\sum_{i=1}^{I}\sum_{j=1}^{J}(\mathrm{weu}_{ij}-\mathrm{we}(x_{ij})(k)) \tag{6-10}$$

式中，weu_{ij} 为目标年第 i 个子区第 j 个月份的生态需水量；$\mathrm{we}_{ij}(x_{ij})(k)$ 为第 k 个方案中第 i 个子区第 j 个月份的实际生态耗水量；x_{ij} 为第 i 个子区第 j 个月份的配水量。

2) 约束条件

(1) 水资源量约束：

$$\sum_{i=1}^{I}\sum_{j=1}^{J}x_{ij}\leqslant Q_1 \tag{6-11}$$

式中，Q_1 为狼心山下泄量。

(2) 生态地下水位约束：黑河下游绿洲区的生态地下水位应控制在 2～5m，地下水位高于 2m 会导致土壤盐渍化，地下水位低于 5m 会导致自然植被的生长受到抑制，甚至死亡。

$$2<P_{ij}-a_{ij}(\mathrm{weu}_{ij}-\mathrm{we}_{ij}(k))<5\quad(i=1,2,\cdots,16,\quad j=i=1,2,\cdots,12) \tag{6-12}$$

式中，P_{ij} 为各时段各区域的初始地下水位；a_{ij} 为各时段各区域的地下水补给系数。

(3) 最小生态需水量约束：各子区需要维持现状的植被水平，各子区水量不应低于现状生态耗水量：

$$\mathrm{we}_{ij}(x_{ij})(k)\geqslant\mathrm{wel}_{ij}\quad(i=1,2,\cdots,16,\quad j=i=1,2,\cdots,12) \tag{6-13}$$

式中，wel_{ij} 为各子区最小生态需水量，即现状生态耗水量。

(4) 优先级约束：优先满足生态需水和生活需水。

(5) 地表水平衡约束：

$$q(i,k+1)=q(i,k)-l(i,k)-y(i,k)\quad(i=1,2,\cdots,12,\quad k=1,2,\cdots,16) \tag{6-14}$$

式中，$q(i,k+1)$ 为第 i 时段河道节点 $k+1$ 的来水量；$q(i,k)$ 为第 i 时段河道节点 k 的来水量；$l(i,k)$ 为第 i 时段河道节点 k 到河道节点 $k+1$ 的河道损失量；$y(i,k)$ 为第 i 时段河道节点 k 的河道引水量。

(6) 非负约束：

$$x_{ij}\geqslant 0\quad(i=1,2,\cdots,16,\quad j=1,2,\cdots,12) \tag{6-15}$$

目标函数和约束条件共同构成了黑河流域下游地表水与地下水联合调度模型，本次计算采用遗传算法，利用 python 进行求解。

6.8 下游地区地表水与地下水联合调控模型

6.8.1 联合调控模型

通过地表水与地下水的联合调控，实现中下游生态稳定；总体目标为优先满足流域中下游各区域生态、生活需水，保障流域中下游生态稳定，同时尽量满足工业、农业对水资源的需求。通过中游、下游模型的耦合，最终建立黑河流域中、下游面向生态稳定的地表水与地下水联合调控模型。

1. 目标函数

以各分区配水量 x 、灌区面积 a 为决策变量建立目标方程模型，模型描述如下：

$$\max F(x,a)=w_1 f_1(x,a)-w_2 f_2(x) \tag{6-16}$$

式中，w_1 、w_2 分别为目标一、目标二的权重系数；f_1 为中游调度目标；f_2 为下游调度目标。

2. 约束条件

1) 中游约束

(1) 地表水可利用量约束：

$$\sum_{l=1}^{L}\sum_{j=1}^{J}A_{lj}\sum_{i=3}^{I}x_{lji1}/\eta_{l1}<W_{l1\max} \tag{6-17}$$

(2) 地下水可开采量约束：

$$\sum_{l=1}^{L}\sum_{j=1}^{J}A_{lj}\sum_{i=3}^{I}x_{lji1}/\eta_{l2}<W_{l2\max} \tag{6-18}$$

(3) 灌区面积约束：

$$A_{l\max}\geqslant\sum_{l=1}^{L}A_l \tag{6-19}$$

(4) 粮食安全约束：

$$\sum_{j=1}^{J}Y_j<Y_{j\min} \tag{6-20}$$

(5) 地表水平衡约束：

$$q(i,k+1)=q(i,k)+s(i,k)-l(i,k)-y(i,k)\quad(i=1\sim12,\quad k=4) \tag{6-21}$$

式中，$q(i,k+1)$ 为第 i 时段河道节点 $k+1$ 的来水量；$q(i,k)$ 为第 i 时段河道节点 k 的来水量；$s(i,k)$ 为第 i 时段河道节点 k 的泉水溢出量；$l(i,k)$ 为第 i 时段河道节点 k 到河道节点 $k+1$ 的河道损失量；$y(i,k)$ 为第 i 时段河道节点 k 的河道引水量(乔子戌，2020)。

(6) 地下水平衡约束：地下水平衡通过地下水的线性水库模型实现。

2) 下游约束

(1) 水资源量约束：

$$\sum_{i=1}^{I}\sum_{j=1}^{J} x_{ij} \leqslant Q_1 \tag{6-22}$$

式中，Q_1 为狼心山下泄量水资源总量。

(2) 生态地下水位约束：

$$2 < P_{ij} - a_{ij}(\mathrm{weu}_{ij} - \mathrm{we}_{ij}(k)) < 5 \tag{6-23}$$

式中，P_{ij} 为各时段各区域的初始地下水位，a_{ij} 为各时段各区域的地下水补给系数。

(3) 最小生态需水量约束：

$$\mathrm{we}_{ij}(x_{ij})(k) \geqslant \mathrm{wel}_{ij} \tag{6-24}$$

式中，wel_{ij} 为各子区最小生态需水量，即现状生态耗水量。

(4) 地表水平衡约束：

$$q(i,k+1) = q(i,k) - l(i,k) - y(i,k) \quad (i=1,2,\cdots,12,\quad k=1,2,\cdots,20) \tag{6-25}$$

(5) 地表水量约束：地表水配水总量不超过地表水可利用量。

$$\sum_{i=1}^{I}\sum_{j=1}^{J} x_{ij1} \leqslant Q_{\mathrm{smax}} \tag{6-26}$$

式中，Q_{smax} 为地表水可利用量；x_{ij1} 为各分区各配水时段的地表水配水量。

(6) 地下水量约束：

$$\sum_{i=1}^{I}\sum_{j=1}^{J} x_{ij2} \leqslant Q_{\mathrm{gmax}} \tag{6-27}$$

式中，Q_{gmax} 为地下水可开采量；x_{ij2} 为各分区各配水时段的地下水配水量。

(7) 优先级约束：优先生态与生活用水量。

(8) 非负约束：

$$x_{ij} \geqslant 0 \tag{6-28}$$

6.8.2　联合调度方案

黑河下游额济纳绿洲规模恢复到 1987 年水平，需要提高重点恢复区域的植被面积与盖度，同时控制低盖度植被的面积，探讨多年平均来水情况下额济纳绿洲规模的变化作为总体方案。

通过本节模型得到初步的配水结果，当莺落峡下泄量为多年均值(15.8 亿 m^3)时，在 2035 年需水水平下，正义峡下泄量为 9.85 亿 m^3，比《黑河生态水量调度方案》中的调度指标增加了 0.35 亿 m^3，狼心山下泄量为 5.46 亿 m^3，比调度指标增加了 0.46 亿 m^3，但仍不能满足方案一、方案二的生态需水量(表 6-18)。在 2050 年需水水平下，正义峡下泄量为 11.41 亿 m^3，狼心山下泄量为 7.02 亿 m^3，基本满足方案需水要求(表 6-19 和表 6-20)。

表 6-18　2035 年下游各分区配水量　　(单位：万 m^3)

分区	农业	工业	生活	生态	地表水	地下水	总水资源量
高覆盖绿洲区(沿河胡杨)	690	150	210	6543.8	6853.9	739.9	7593.8
低覆盖绿洲区 3(低埋深)	0	0	0	3489.3	3124.6	364.7	3489.3
低覆盖绿洲区 3(中埋深)	0	0	0	2931.0	2458.3	472.7	2931.0
东河上段灌区	440	416	0	18372.1	17030.0	2198.1	19228.1
东河尾闾湖绿洲区(高埋深混合植被)	0	0	0	3824.1	3458.3	365.8	3824.1
东河尾闾湖绿洲区(中埋深混合植被)	940	370	110	681.3	1857.5	243.8	2101.3
额济纳耕地区	1520	130	45	3896.8	4918.3	673.5	5591.8
高覆盖林草混合区	540	260	75	1205.7	1726.1	354.6	2080.7
西河尾闾湖区(低埋深)	0	0	0	4450.7	3036.5	1414.2	4450.7
西河尾闾湖区(高埋深区)	0	0	0	1940.6	1460.1	480.5	1940.6
西河尾闾湖区(中埋深区)	0	0	0	2006.2	1819.5	186.7	2006.2
沿河疏林带 1 区	0	0	0	3888.1	3526.3	361.8	3888.1
沿河疏林带 2 区	0	0	0	2073.6	1880.7	192.9	2073.6
合计	4130	1326	440	55303.3	53150.1	8049.2	61199.3

表 6-19　2050 年下游各分区配水量　　(单位：万 m^3)

分区	农业	工业	生活	生态	地表水	地下水	总水资源量
高覆盖绿洲区(沿河胡杨)	690	150	210	7608.8	6753.9	1904.9	8658.8
低覆盖绿洲区 3(低埋深)	0	0	0	4057.2	3164.6	892.6	4057.2

续表

分区	农业	工业	生活	生态	地表水	地下水	总水资源量
低覆盖绿洲区3(中埋深)	0	0	0	3408.0	2658.3	749.8	3408.0
东河上段灌区	440	416	0	21362.0	17330	4888	22218
东河尾闾湖绿洲区(高埋深混合植被)	0	0	0	4446.5	3468.3	978.2	4446.5
东河尾闾湖绿洲区(中埋深混合植被)	940	370	110	792.2	1857.5	354.7	2212.2
额济纳耕地区	1520	130	45	4531.0	4988.3	1237.7	6226.0
高覆盖林草混合区	540	260	75	1402.0	1776.1	500.9	2277.0
西河尾闾湖区(低埋深)	0	0	0	5175.0	4036.5	1138.5	5175.0
西河尾闾湖区(高埋深区)	0	0	0	2256.5	1760.1	496.4	2256.5
西河尾闾湖区(中埋深区)	0	0	0	2332.7	1819.5	513.2	2332.7
沿河疏林带1区	0	0	0	4520.9	3526.3	994.6	4520.9
沿河疏林带2区	0	0	0	2411.1	1880.7	530.4	2411.1
合计	4130	1326	440	64303.9	55020.1	15179.9	70199.9

表6-20　配水结果统计

指标	2016年	2035年	2050年	2016～2035年变化量	2035～2050年变化量	2016～2050年变化量
植被面积/km^2	3128.15	3238.56	3495.92	110.41	257.36	367.77
生态需水量/亿m^3	7.46	8.12	9.04	0.66	0.92	1.58

6.8.3　渠系水利用系数的最优化组合

渠系水利用系数的最优化组合、地表水优化配置模式见图6-6。结合绿洲区植(作)物空间分布情况与荒漠绿洲植(作)物需水规律，地下水位、河流径流年(月)时空变化与河渠补给情况、河-渠轮灌成果，分析绿洲区渠系水利用系数的主要影响因子及渠系水利用系数与地下水位的关系；制订不同水位目标下渠系水利用系数组合方案，以满足农业用水、生态稳定的水量、地下水位为目标之一；形成渠系水利用系数的最优化组合模拟模型，筛选确定荒漠绿洲较为适宜的渠系利用系数组合方案。

地表水优化配置以满足各节点(分区)的用水需求为原则，优先满足生活和生态需水，使农业和工业缺水最小化。在最大供水能力和最大可供水量的约束下，

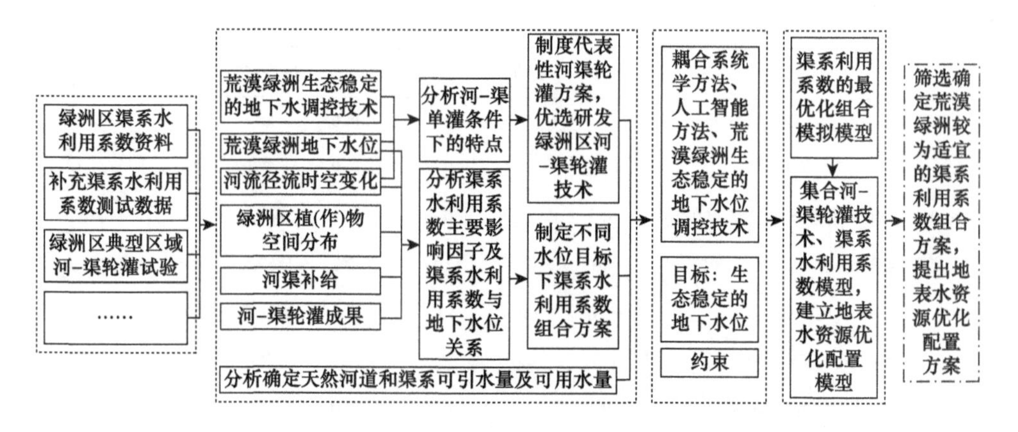

图 6-6　渠系利用系数最优化组合、地表水优化配置模式

供水水源首先以各节点的需水情况进行供水。在满足生态和生活需水的前提下，若不能满足农业和工业各部门需水，则供水水源按部门优先级供水，并采用公平分配原则按比例进行配水。

6.9　西北内陆区水资源供需平衡分析

6.9.1　生态需水量的估算

本小节基于遥感，采用植被蒸散量 ET 与植被面积 A 来计算得到植被生态需水量 W：

$$W = \sum \mathrm{ET}_i \times A_i \tag{6-29}$$

式中，W 为植被需水总量(m^3)；ET_i 为植被蒸散量(mm)；A_i 为植被面积；i 为植被类型。

土地利用数据，以各期 Landsat TM/ETM 遥感影像为主要数据源，根据土地利用/土地覆被遥感监测数据分类系统，通过人工目视解译、矢栅转换成果，得到土地利用数据。依据式(6-29)，计算得出 2000～2016 年不同水系植被生态需水量，见表 6-21。

表 6-21　2000～2016 年不同水系植被生态需水量　　(单位：亿 m^3)

水系	2000 年	2005 年	2010 年	2016 年
河西内陆河	114.23	151.81	143.94	135.98
青海湖水系	77.68	97.82	97.70	92.06
柴达木盆地	113.71	129.02	138.83	107.02

续表

水系	2000 年	2005 年	2010 年	2016 年
吐哈盆地小河	36.13	34.75	35.04	33.10
古尔班通古特荒漠区	7.49	7.32	7.54	7.34
天山北麓诸河	158.24	166.92	167.60	153.94
塔里木河源流	207.05	238.40	250.25	197.55
塔里木河干流	7.17	8.02	6.74	6.49
昆仑山北麓小河	12.07	14.84	15.10	12.47
塔里木盆地荒漠区	0.01	0.01	0.01	0.36
合计	733.78	848.91	862.75	746.31

2000～2016 年，研究区植被生态需水量呈先上升后下降趋势，总生态需水量从 733.78 亿 m^3 增加到 746.31 亿 m^3，2000 年研究区植被生态需水量为 733.78 亿 m^3，2010 年达到多年来植被生态需水量最大值(862.748 亿 m^3)，2016 年植被生态需水量为 746.31 亿 m^3。塔里木河源流、天山北麓诸河、柴达木盆地、昆仑山北麓小河生态需水量变化趋势与研究区总生态需水量变化趋势相同，2010 年达到 17 年来最高值，分别为 250.25 亿 m^3、167.6 亿 m^3，138.83 亿 m^3、15.10 亿 m^3。吐哈盆地小河、古尔班通古特荒漠区、塔里木河干流、塔里木盆地荒漠区 17 年来生态需水量变化较小，无明显趋势。塔里木河源流地区生态需水量多年来明显高于其他区域，由于植被覆盖面积较少，塔里木盆地荒漠区多年来植被生态需水量较低。

6.9.2　耕地需水量的计算

$$I = \mathrm{ET_c} - P_\mathrm{e} \tag{6-30}$$

式中，I 为作物灌溉定额；$\mathrm{ET_c}$ 为作物蒸发蒸腾量；P_e 为生长期内有效降雨量。

$$W = \left(I \times A\right) / \eta \tag{6-31}$$

式中，W 为作物需水量；I 为作物灌溉定额；A 为耕地面积；η 为灌溉水利用系数。

通过计算得到 2000～2016 年作物生长期内的实际蒸散发和有效降水量，结合 2000～2016 年耕地面积，计算得到西北内陆区各水系的耕地需水量，如表 6-22 所示。

表 6-22　2000～2016 年各水系耕地需水量　(单位：亿 m^3)

水系	2000 年	2005 年	2010 年	2016 年
河西内陆河	21.83	18.29	17.86	20.80
青海湖水系	4.20	1.85	1.96	1.92
柴达木盆地	6.40	0.57	4.50	0.59
吐哈盆地小河	0.11	1.66	1.72	1.67
古尔班通古特荒漠区	0.33	0.03	0.05	0.08
天山北麓诸河	4.56	22.89	27.08	29.71
塔里木河源流	6.58	26.62	31.61	29.79
塔里木河干流	0.46	1.84	1.30	1.63
昆仑山北麓小河	6.72	0.61	3.79	0.68
塔里木盆地荒漠区	0.00	0.00	0.03	0.03
合计	51.19	74.36	89.90	86.90

2000～2016 年，研究区耕地需水量呈上升趋势，需水量从 51.19 亿 m^3 增加到 86.89 亿 m^3。塔里木河源流、天山北麓诸河耕地需水量变化趋势相同，2010 年达到 17 年来最高值，分别为 31.61 亿 m^3、27.08 亿 m^3。柴达木盆地、昆仑山北麓小河耕地需水量变化趋势相同，2000 为 17 年最高值，分别为 6.40 亿 m^3、6.72 亿 m^3，河西内陆河、塔里木河干流耕地需水量趋势相同，呈下降后上升趋势。吐哈盆地小河、古尔班通古特荒漠区、青海湖水系 17 年来耕地需水量变化较小，无明显趋势。塔里木河源流、天山北麓诸河地区耕地 17 年来耕地需水量增长最快，河西内陆河耕地需水量多年来较其他区域高。

6.9.3　盐碱地生态需水量的计算

采用需水定额法计算盐碱地生态需水量，公式如下：

$$W_p = A_s \times m_s \tag{6-32}$$

式中，W_p 为盐碱地生态需水量；A_s 为盐碱地面积(km^2)；m_s 为盐碱土地生态需水定额($m^3 \cdot km^{-2}$)。

结合干旱区相关文献，获取 2000～2016 年盐碱地生态需水定额，结合 2000～2016 年盐碱地面积，计算得到西北干旱区各水系的盐碱地生态需水量如表 6-23 所示。

表 6-23　2000～2016 年各水系盐碱地生态需水量　(单位：亿 m^3)

水系	2000 年	2005 年	2010 年	2016 年
河西内陆河	1.00	0.93	1.00	0.92
青海湖水系	0.19	0.18	0.19	0.18
柴达木盆地	0.55	0.55	0.23	0.55
吐哈盆地小河	0.19	0.18	0.18	0.18
古尔班通古特荒漠区	0.14	0.13	0.13	0.13
天山北麓诸河	0.92	0.85	0.80	0.73
塔里木河源流	0.56	0.51	0.47	0.45
塔里木河干流	0.11	0.10	0.09	0.09
昆仑山北麓小河	0.14	0.14	0.14	0.13
塔里木盆地荒漠区	0.00	0.00	0.00	0.00
合计	3.80	3.57	3.23	3.36

2000～2016 年，西北内陆区盐碱地生态需水量在 3.23 亿 m^3 到 3.80 亿 m^3 变化。不同流域之间由于盐碱地分布面积的差异，盐碱地生态需水量分布不同，各流域盐碱地生态需水量的年际变化基本呈逐年下降的趋势。其中，河西内陆河的盐碱地生态需水量为年内最大，在 0.92 亿～1.00 亿 m^3 变化；塔里木盆地荒漠区没有盐碱地，其生态需水量为 0；天山北麓诸河、塔里木河源流、柴达木盆地流域的各年生态需水量均高于 0.4 亿 m^3(柴达木盆地在 2010 年出现了明显减少)，其余各流域的各年生态需水量均小于 0.2 亿 m^3，且年际变化幅度较小。由于在计算时采用定额法进行估算，各地各年份定额有所差别，因此盐碱地生态需水定额大小对计算结果存在一定程度的影响。

6.9.4　湖泊生态环境需水量的计算

湖泊生态环境需水量的计算方法如下：

$$W_i = A(E - P) \qquad (E > P) \tag{6-33}$$

$$W_i = 0 \qquad (E > P) \tag{6-34}$$

式中，W_i 为湖泊生态环境需水量；A 为各月平均湖泊水面面积(km^2)；E 为各月平均湖泊水面蒸发量(mm)；P 为各月平均降水量(mm)。通过计算得到西北内陆区各水系的湖泊生态环境需水量如表 6-24 所示。

表 6-24 2000～2016 年各水系湖泊生态环境需水量 (单位：亿 m^3)

水系	2000 年	2005 年	2010 年	2016 年
河西内陆河	0.14	0.06	0.17	0.23
青海湖水系	0.15	0.30	1.69	0.86
柴达木盆地	0.43	0.71	2.11	1.74
吐哈盆地小河	0.16	0.03	0.18	0.15
天山北麓诸河	0.34	0.62	1.24	0.80
塔里木河源流	0.80	1.44	2.09	1.24
塔里木河干流	0.26	0.28	0.80	0.83
昆仑山北麓小河	0.25	0.05	0.14	0.18
合计	2.53	3.49	8.42	6.03

2000～2016 年，西北内陆区湖泊生态环境需水量在 2.53 亿～8.42 亿 m^3 变化。不同流域之间由于湖泊的差异和不同年份蒸散量的变化，湖泊生态环境需水量分布差异和年际变化，各流域湖泊生态环境需水量的年际变化基本呈现先增后减的趋势，并在 2010 年达到最大。其中，塔里木河源流的湖泊生态环境需水量为年内最大，天山北麓诸河、塔里木河源流、柴达木盆地、青海湖水系、塔里木河干流的各年湖泊生态环境需水量相对较高且变化较大，各年均高于 0.30 亿 m^3，青海湖水系和柴达木盆地在 2010 年出现了明显的增加；河西内陆河湖泊生态环境需水量小于 0.20 亿 m^3，且年际变化幅度较小。

6.9.5 西北内陆区河道外总需水量

计算西北内陆区 2000～2016 年植被、耕地、湖泊、盐碱地等需水量，统计得到 2000～2016 年西北内陆区各水系河道外的总需水量如表 6-25 所示。

表 6-25 各水系河道外总需水量 (单位：亿 m^3)

水系	2000 年	2005 年	2010 年	2016 年
河西内陆河	137.20	171.09	162.97	157.94
青海湖水系	82.22	100.16	101.54	95.03
柴达木盆地	121.09	130.86	145.67	109.90
吐哈盆地小河	36.60	36.62	37.11	35.10
古尔班通古特荒漠区	7.96	7.48	7.72	7.56
天山北麓诸河	164.05	191.28	196.72	185.18

续表

水系	2000 年	2005 年	2010 年	2016 年
塔里木河源流	214.99	266.97	284.42	229.03
塔里木河干流	8.00	10.24	8.93	9.04
昆仑山北麓小河	19.18	15.64	19.17	13.46
塔里木盆地荒漠区	0.01	0.01	0.04	0.39
合计	791.30	930.35	964.29	842.63

2000～2016 年，研究区河道外总需水量呈先上升后下降趋势。分析研究区河道外总需水量可知，2000～2016 年，塔里木河源流、天山北麓诸河、柴达木盆地、青海湖水系总需水量变化趋势相同，2010 年达到 17 年来最大值，分别为 284.42 亿 m^3、196.72 亿 m^3、145.67 亿 m^3、101.54 亿 m^3。河西内陆河 2005 年河道外总需水量达到多年来最大值，为 171.09 亿 m^3。塔里木河干流、吐哈盆地小河、古尔班通古特荒漠区、昆仑山北麓小河 17 年来总需水量变化较小，无明显趋势。塔里木河源流地区 17 年来河道外需水量明显高于其他区域，对水资源需求较大。

6.9.6　供水量的估算

1. 研究方法

供水量结合 InVEST 模型的产水模块计算，其计算公式为

$$Y_{(x,j)} = \left(1 - \frac{\mathrm{AET}_{(x,j)}}{P_{(x,j)}}\right) \times P_{(x,j)} \tag{6-35}$$

式中，$Y_{(x,j)}$ 为第 j 类土地利用类型网格 x 的产水量；$\mathrm{AET}_{(x,j)}$ 为第 j 类土地利用类型网格 x 的蒸发量；$P_{(x,j)}$ 为第 j 类土地利用类型网格 x 的降水量。

$\mathrm{AET}_{(x,j)}/P_{(x,j)}$ 用于评估区域水量平衡的蒸散分区，计算如下：

$$\frac{\mathrm{AET}_{(x,j)}}{P_{(x,j)}} = \frac{1 + w_{(x)} R_{(x,j)}}{1 + w_{(x)} R_{(x,j)} + 1/R_{(x,j)}} \tag{6-36}$$

式中，$R_{(x,j)}$ 为第 j 类土地利用类型网格 x 的无量纲干燥指数；$w_{(x)}$ 为表征自然气候与土壤性质的非物理参数，由植被可利用含水量和预期降水量共同决定(宁亚洲等，2020)，分别计算如下：

$$R_{(x,j)} = \frac{K_{\mathrm{c}} \times \mathrm{ET}_{0(x)}}{P_{(x,j)}} \tag{6-37}$$

$$w_{(x)} = Z \times \frac{\mathrm{AWC}_{(x)}}{P_{(x,j)}} \tag{6-38}$$

式中，K_c为表征作物蒸散的作物系数；$\mathrm{ET}_{0(x)}$为网格x的参考蒸散量；$\mathrm{AWC}_{(x)}$为植被含水量；Z为表征季节降水分布的参数，在模型中取值范围为 1～30(丁家宝，2021)。ET_0、AWC 分别由如下公式计算：

$$\mathrm{ET}_0 = 0.0013 \times 0.408 \times \mathrm{RA} \times (T_{\mathrm{rag}} + 17) \times (\mathrm{TD} - 0.0123P)^{0.76} \tag{6-39}$$

$$\mathrm{AWC} = \min(\mathrm{soil\_depth}, \mathrm{root\_depth}) \times \mathrm{PAWC} \tag{6-40}$$

式中，RA 为太阳大气顶层辐射($\mathrm{MJ \cdot m^{-2} \cdot d^{-1}}$)；$T_{\mathrm{rag}}$为日最高温均值和日最低温均值的平均值(℃)；TD 为日最高温均值和日最低温均值的差值(℃)；P为月平均降水量(mm)；soil_depth 为土壤深度；root_depth 为根系深度；PAWC 为植被有效含水量，是田间持水量(FMC)和永久萎蔫系数(WC)的差值。FMC 和 WC 可利用经验公式通过土壤理化性质计算获得，计算如下：

$$\mathrm{PAWC} = \mathrm{FMC} - \mathrm{WC} \tag{6-41}$$

$$\begin{aligned}\mathrm{FMC} = &0.003075 \times \mathrm{sand}(\%) + 0.005886 \times \mathrm{silt}(\%) + 0.008039 \\ &\times \mathrm{clay}(\%) + 0.002208 \times \mathrm{OM}(\%) \times \mathrm{BD}\end{aligned} \tag{6-42}$$

$$\begin{aligned}\mathrm{WC} = &0.000059 \times \mathrm{sand}(\%) + 0.001142 \times \mathrm{silt}(\%) + 0.005766 \\ &\times \mathrm{clay}(\%) + 0.002208 \times \mathrm{OM}(\%) - 0.0261 \times \mathrm{BD}\end{aligned} \tag{6-43}$$

式中，sand、silt、clay 和 OM 分别为土壤中砂粒、粉粒、黏粒和有机质的质量分数；BD 为土壤容重($\mathrm{g \cdot cm^{-3}}$)。

2. 数据来源及处理

需要的土地利用/土地覆盖数据来源于中国科学院资源环境科学与数据中心。土壤基础数据中最大根系埋藏深度、土壤容重及土壤中砂粒、粉粒、黏粒、有机质的质量分数均来源于世界土壤数据库。气象数据来源于国家气象科学数据中心。模型需要准备的数据及来源见表 6-26。

表 6-26　数据及来源

数据类型	所需参数	数据来源
土地利用	土地利用类型、植被种类、植被根系	中国科学院资源环境科学与数据中心 (http://www.resdc.cn/)
土壤数据	土壤砂粒、粉粒、黏粒、有机质的质量分数，土壤容重，土层深度	国家冰川冻土沙漠科学数据中心 http://www.ncdc.ac.cn/portal/
气象数据	日降水量、最低最高气温、辐射量	国家气象科学数据中心 (http://www.nmic.cn/)

3. 产水量计算结果

利用 Invest 模型产水量模块，计算得出 2000～2016 年全区不同水系产水量，见表 6-27。

表 6-27　2000～2016 年各水系产水量　(单位：亿 m^3)

水系	2000 年	2005 年	2010 年	2016 年
河西内陆河	60.21	73.83	74.69	90.39
青海湖水系	19.35	55.03	38.14	62.02
柴达木盆地	76.97	76.90	91.84	60.18
吐哈盆地诸小河	39.34	34.57	32.55	42.12
古尔班通古特荒漠区	9.57	10.40	12.49	15.57
天山北麓诸河	156.60	134.61	169.83	267.27
塔里木河源流	164.53	196.55	284.14	294.02
塔里木河干流	1.19	3.07	2.15	3.96
昆仑山北麓小河	44.04	51.21	82.86	48.93
塔里木盆地荒漠区	0.68	2.29	3.58	2.79
合计	572.48	638.46	792.27	887.25

由表 6-27 可知，2000 年、2005 年、2010 年、2016 年间西北内陆区总产水量分别为 572.48 亿 m^3、638.46 亿 m^3、792.27 亿 m^3、887.25 亿 m^3，呈逐年递增趋势，多年产水量高值区集中分布于天山、昆仑山、祁连山山脉两侧及塔里木河源流区，其他地区相对较低。各年度分析来看，各年产水量最高的水系为塔里木河源流，产水量为分别为 164.53 亿 m^3、196.55 亿 m^3、284.14 亿 m^3、294.02 亿 m^3，产水量最低的水系为塔里木盆地荒漠区和塔里木河干流。

6.9.7　水资源平衡格局

1. 研究方法

对生态系统服务的供需平衡格局进行分析时，一个地区的水资源供给量与需求量的比值(供需比)是评估区域用水供需平衡状况的重要指标。由于水资源服务流在不同河段的巨大差异性，本小节采用水资源安全指数进行分析，水资源安全指数计算公式如下：

$$\mathrm{FSI}_i = \log_{10}\left(\frac{S_i}{D_i}\right) \tag{6-44}$$

式中，i 为子流域编号；S 为产水量；D 为需水量。

当FSI大于0，表示流域的水资源供给服务盈余，供给量大于需求量；当FSI小于 0，表示流域的水资源供给服务短缺，供给量小于需求量。为了更加清晰地表达出研究区供需水现状与空间变化特征，把水资源安全指数划分为4类，分别是<−1、−1～0、0～1、>1，按照从小到大的顺序评定为 1、2、3、4 四个等级，等级越高表明用水安全指数越大，水资源盈余越多。

2. 计算结果

计算得到2000～2016年西北内陆区水资源平衡格局分布，各水系水资源安全指数见表6-28。

表 6-28　2000～2016 年各水系水资源安全指数

水系	2000 年	2005 年	2010 年	2016 年
河西内陆河	−0.36	−0.37	−0.34	−0.24
青海湖水系	−0.63	−0.26	−0.43	−0.19
柴达木盆地	−0.20	−0.23	−0.20	−0.26
吐哈盆地小河	0.03	−0.03	−0.06	0.08
古尔班通古特荒漠区	0.08	0.14	0.21	0.31
天山北麓诸河	−0.02	−0.15	−0.06	0.16
塔里木河源流	−0.12	−0.13	0.00	0.11
塔里木河干流	−0.83	−0.52	−0.62	−0.36
昆仑山北麓小河	0.36	0.52	0.64	0.56
塔里木盆地荒漠区	1.83	2.36	1.95	0.85

由表 6-28 可知，2000～2016 年，西北内陆区的水资源安全指数均在二级及以上。其中，河西内陆河的水资源安全指数都在二级，水资源供需不平衡，安全指数递增，表明缺水情况正在得到缓解。吐哈盆地小河、天山北麓诸河、塔里木河源流、塔里木河干流、昆仑山北麓小河、青海湖水系的水资源安全指数呈波动上升的趋势，供需水矛盾逐步得到缓解。柴达木盆地的水资源安全指数均在二级，

水资源供需不平衡，变化情况不大，比较稳定。古尔班通古特荒漠区、塔里木盆地荒漠区地处荒漠区，但水资源安全指数等级较高。

由图 6-7～图 6-12 可知，西北内陆区耕地面积不断增大，2000～2010 年增速较快，2010～2016 年增长较缓慢；林地面积变化不大，在 2000～2005 年处于轻微破坏阶段，但在 2005～2016 年缓慢向好；草地与林地大致相同，2000～2005 年间部分低覆盖草地消失，高覆盖草地向中覆盖草地转变，2005～2016 年草地面积缓慢增长；水域面积 2000～2016 年缓慢减小，可能是全球变暖导致的冰川面积不断减小；建设用地面积 2000～2016 年持续增长，2000～2010 年增速较缓，2010～2016 年快速增长；未利用地面积自 2005 年逐年下降，除去无法利用的沙地、裸岩等，其他地类缓慢向低覆盖草地转变。

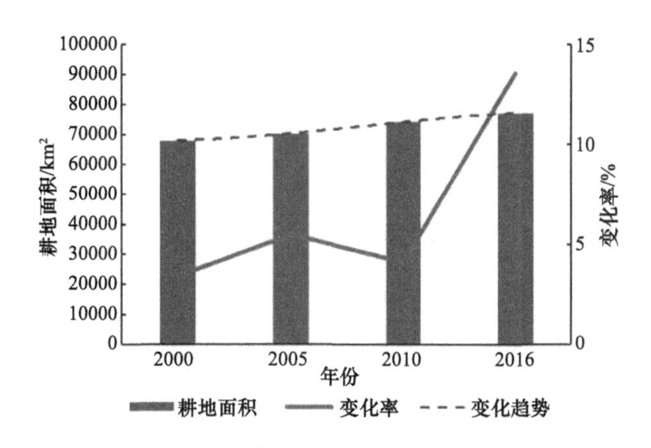

图 6-7　西北内陆区 2000～2016 年耕地面积变化

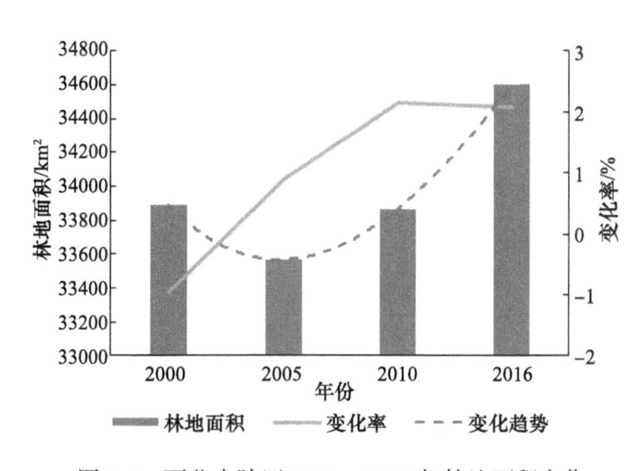

图 6-8　西北内陆区 2000～2016 年林地面积变化

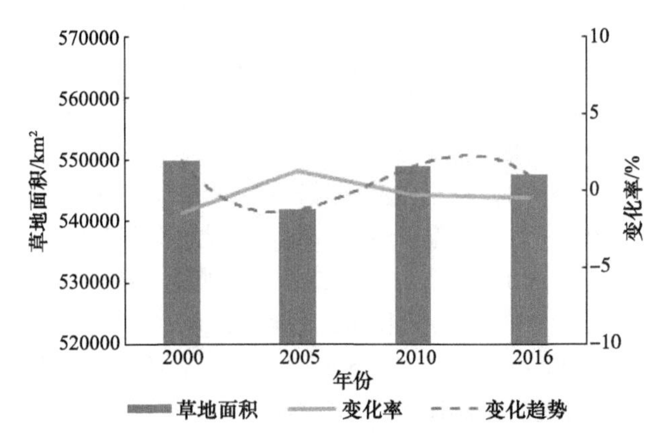

图 6-9　西北内陆区 2000～2016 年草地面积变化

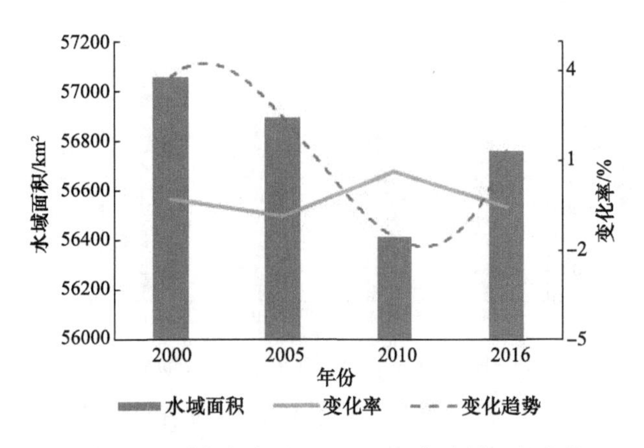

图 6-10　西北内陆区 2000～2016 年水域面积变化

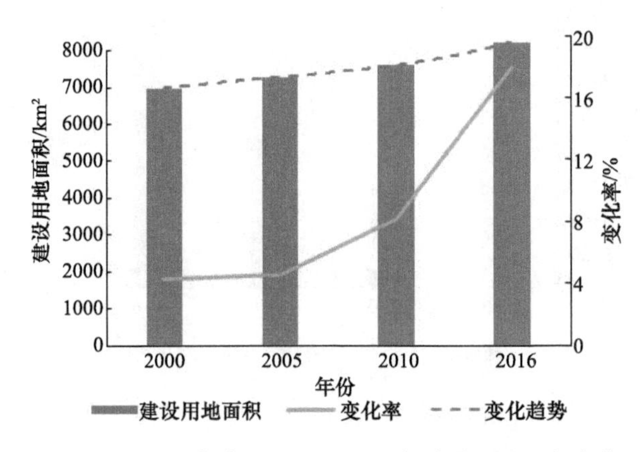

图 6-11　西北内陆区 2000～2016 年建设用地面积变化

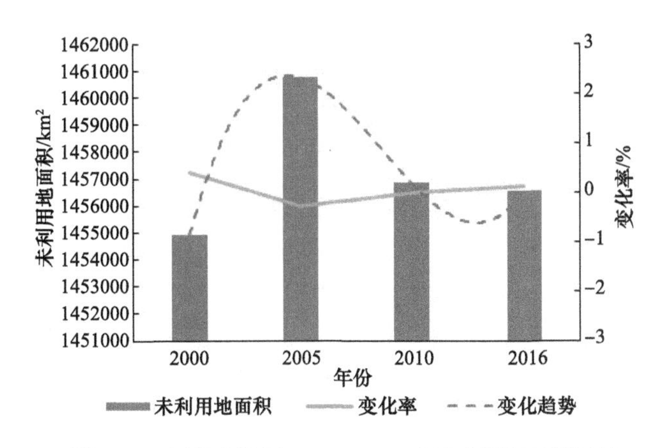

图 6-12　西北内陆区 2000～2016 年未利用地面积变化

参 考 文 献

北京林学院, 1982. 土壤学(上册)[M]. 北京: 中国林业出版社.

陈亚宁, 陈忠升, 2013. 干旱区绿洲演变与适宜发展规模研究——以塔里木河流域为例[J]. 中国生态农业学报, 21(1): 134-140.

程国栋, 2009. 黑河流域水-生态-经济系统综合管理研究[M]. 北京: 科学出版社.

丁家宝, 2021. 基于水供给服务流的黑河流域水资源供需平衡与优化配置研究[D]. 西安: 陕西师范大学.

樊自立, 1993. 塔里木盆地绿洲形成与演变[J]. 地理学报, 48(5): 421-427.

冯起, 李宗礼, 高前兆, 等, 2012. 石羊河流域民勤绿洲生态需水与生态建设[J]. 地球科学进展, 27(7): 806-814.

冯起, 李宗省, 张成琦, 等, 2022. 总体国家安全观视域下筑牢西部生态安全屏障的战略思考[J]. 发展, (4): 12-18.

冯起, 司建华, 席海洋, 2009. 荒漠绿洲水热过程与生态恢复技术[M]. 北京: 科学出版社.

冯起, 司建华, 席海洋, 等, 2015. 黑河下游生态水需求与生态水量调控[M]. 北京: 科学出版社.

高永, 2022. 沙柳沙障防沙治沙技术研究综述[J].内蒙古农业大学学报(自然科学版), 43(5): 56-60.

韩德林, 1995. 关于绿洲若干问题的认识[J]. 干旱区资源与环境, 9(3): 13-31.

何志斌, 赵文智, 屈连宝, 2005. 黑河中游绿洲防护林的防护效应分析[J]. 生态学杂志, 24(1): 79-82.

惠晓萍, 洪涛, 1997. 甘肃“三北”荒漠地区樟子松引种与推广[J]. 甘肃林业科技, 22(1): 39-42.

金博文, 1997. 张掖地区生态经济型防护林体系优化配置模式选择[J]. 甘肃林业科技, 22(3): 42-44.

金博文, 刘贤德, 王金叶, 2001. 河西走廊防护林体系可持续经营技术与途径探讨[J]. 防护林科技, (3): 60-64.

雷成云, 周应杰, 1996. 河西走廊东部农田防护林营造技术[J]. 中国沙漠, 16(增刊 2): 87-89.

李剑凌, 罗治理, 任志刚, 2009. 干旱风沙区退耕地树种选择和抗旱造林技术[J]. 防护林科技, (5): 114-116.

李启森, 2009. 黑河下游绿洲胡杨发育与水土等环境变化的对应[D]. 兰州: 兰州大学.

李云玲, 裴源生, 秦大庸, 2005. 黑河下游河道渗漏规律研究[J]. 自然资源学报, 20(2): 195-199.

廖空太, 满多清, 张锦春, 等, 2006. 河西绿洲防护林发展现状及发展趋势探讨[J]. 西北林学院学报, 21(5): 17-21.

刘洪贵, 李德平, 吕金虎, 等, 1999. 额济纳旗人工绿洲生态建设试验研究[J]. 中国沙漠, 19(2): 65-69.

刘金荣, 谢晓蓉, 2003. 河西走廊村镇生态环境与绿化问题及可持续发展对策[J]. 水土保持学报, 17(5): 132-134.

刘亚文, 阿不都沙拉木·加拉力丁, 阿拉努尔·艾尼娃尔, 等, 2018. 1989—2016 年吐鲁番高昌区绿洲时空格局变化及其驱动因素[J]. 干旱区研究, 35(4): 945-953.

满多清, 徐先英, 吴春荣, 等, 2003. 干旱荒漠区沙地衬膜樟子松育苗技术研究[J]. 水土保持学报, 17(3): 170-173.
宁亚洲, 张福平, 冯起, 等, 2020. 秦岭水源涵养功能时空变化及其影响因素[J]. 生态学杂志, 39(9): 3080-3091.
乔子戌, 2020. 黑河流域荒漠绿洲面向生态稳定的地表水与地下水联合调控研究[D]. 呼和浩特: 内蒙古农业大学.
秦建明, 黄永江, 1999. 浅析额济纳河水资源的变化对其流域天然植被演化过程的影响[J]. 内蒙古林业调查设计, (4): 144-146.
司建华, 冯起, 张艳武, 等, 2010. 荒漠-绿洲芦苇地蒸散量及能量平衡特征[J]. 干旱区研究, 27(2): 160-168.
苏春宏, 樊忠成, 张凌梅, 等, 2002. 额济纳绿洲水资源优化探析[J]. 内蒙古水利, 2002(1): 99-101.
孙洪祥, 王林和, 田永祯, 2000. 额济纳绿洲生态系统的演变与整治[J]. 干旱区资源与环境, 14(S1): 15-18.
陶黎, 张树礼, 潘高娃, 1997. 额济纳绿洲生态环境恢复与保护可持续发展规划[J]. 内蒙古环境保护, (1): 30-34.
田永祯, 程业森, 白莹, 等, 2009. 额济纳绿洲退化生态系统综合整治对策[J]. 防护林科技, (2): 42-44, 81.
王继和, 满多清, 刘虎俊, 1999. 樟子松在甘肃干旱区的适应性及发展潜力研究[J]. 中国沙漠, 19(4): 390-394.
王祺, 王继和, 徐延双, 等, 2004. 干旱荒漠绿洲紫花苜蓿的节水灌溉及水效益分析——以民勤县为例[J]. 中国沙漠, 24(3): 89-94.
王文全, 李秀江, 贾玉彬, 等, 2001. 沙地毛白杨速生丰产林节水灌溉研究[J]. 河北林学院学报, (1): 33-37.
韦东山, 张秋良, 王立明, 等, 2003. 额济纳地区胡杨林可持续经营策略[J]. 内蒙古科技与经济, (5): 26-28.
吴春荣, 王继和, 刘世增, 等, 2003. 干旱沙区樟子松合理灌水量的探讨[J]. 防护林科技, (1): 59-61.
薛文瑞, 满多清, 徐先英, 2019. 河西地区农田防护林体系建设与发展趋势[J]. 防护林科技, (12): 61-64.
张经天, 席海洋, 2020. 荒漠河岸林地下水位时空动态及其对地表径流的响应[J]. 干旱区地理, 43(2): 388-397.
赵晓彬, 党兵, 符亚儒, 等, 2010. 半干旱区沙地高速公路防风固沙林营造技术及其效益研究[J]. 中国沙漠, 30(6): 1247-1255.
周洪华, 李卫红, 冷超, 等, 2012. 绿洲-荒漠过渡带典型防护林体系环境效益及其生态功能[J]. 干旱区地理, 35(1): 82-90.
周腊虎, 赵克昌, 李茂哉, 2001. 河西走廊不同土壤类型二白杨农田防护林成熟龄和更新龄的探讨[J]. 林业科学, 37(2): 139-143.
周颖, 杨秀春, 金云翔, 等, 2020. 中国北方沙漠化治理模式分类[J]. 中国沙漠, 40(3): 106-114.
ZHU J J, FAN Z P, ZENG D H, et al., 2003. Comparison of stand structure and growth between artificial and natural forests of *Pinus sylvestris* var. *monglica* on sandy land[J]. Journal of Forestry Research, 14(2): 103-111.

第 7 章　西北内陆区水资源多维协同配置与安全保障

7.1　西北内陆区水资源多维属性特征与关联

7.1.1　水资源–社会经济–生态环境关联特征

水资源–社会经济–生态环境系统是一个开放的、远离平衡态的复杂巨系统，由水资源系统、社会经济系统、生态环境系统组成。水资源系统可包括天然水循环子系统和社会水循环子系统；社会经济系统包括人口子系统、国民经济子系统、土地利用与农业子系统等；生态环境系统包括生态子系统和环境子系统等(李爱花等，2011)。各种水事活动是联系子系统的纽带，形成水资源–社会经济系统、水资源–生态环境系统及水资源–社会经济–生态环境系统。各子系统之间、各系统之间围绕着水资源这一重要介质发生着极其密切且十分复杂的关联关系和交互作用(李爱花等，2011)，水资源–社会经济–生态环境复合系统如图 7-1 所示。

水资源系统为复合系统的核心，主要水源为当地地表水、地下水、外调水及再生水等。各类水源不仅为人类的生存必需，而且一定质与量的供水是国民经济发展的重要物质基础。随着人类社会经济的不断发展，为人类社会经济发展服务的社会水循环结构日趋明显，水除了在河道湖泊中流动外，还流入人类社会的城市管网和灌区渠系，形成社会水循环过程。水资源系统作为社会经济系统和生态环境系统发展的支撑系统，为其提供安全的水资源保障，三大系统形成相互依存又相互制约的交互关系。

社会经济系统是复合系统的一个主体组成部分，是一个以人类为主体的多因素复合的系统，承担着与外部系统的技术交流和经济保障。社会经济系统发展的过程中对水资源系统提出用水需求，同时又对水资源系统供水产生反馈响应(申晓晶，2018)。人口和城镇化发展水平提高促使科技进步、法律与制度的完善，科技的发展促进节水技术不断提高，法律与制度为水资源开发利用及综合调控提供政策保障。社会经济系统主要包括农业、工业和第三产业等要素，在经济要素发展过程中产生的废弃物对水资源系统造成污染，经济发展创造的利润又为水资源系统的治污与保护提供资金支持。因此，只有复合系统各要素之间协同发展，才能保证社会经济系统的有序循环。

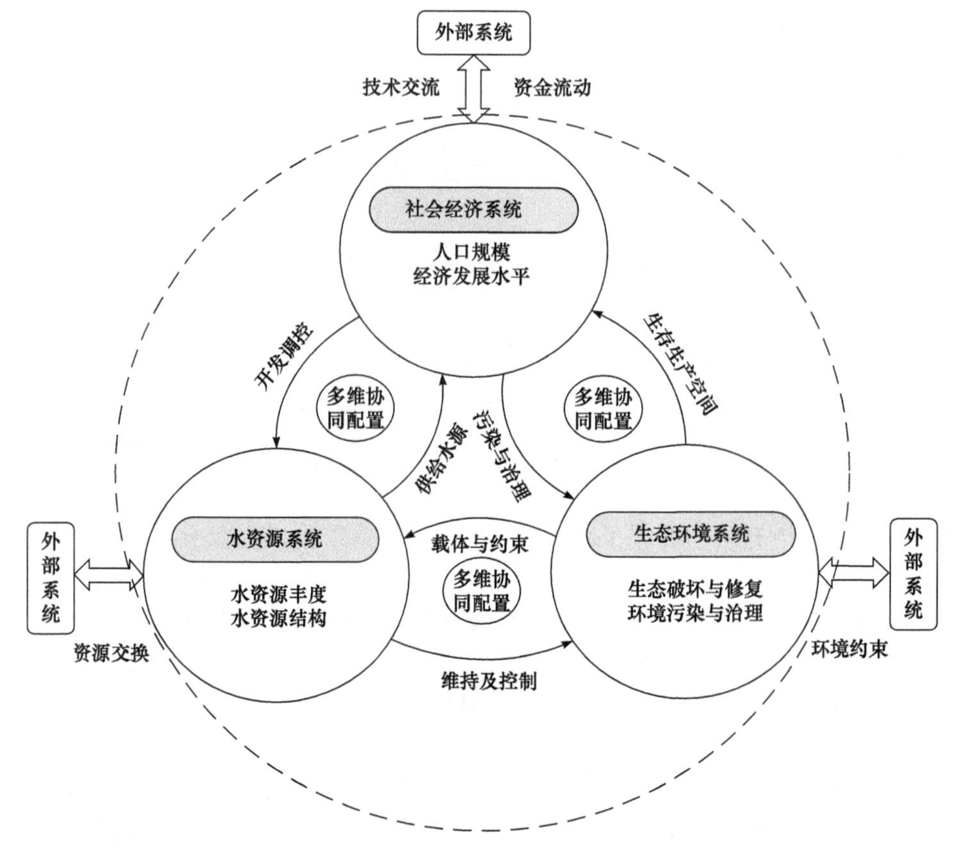

图 7-1　水资源-社会经济-生态环境复合系统

生态环境系统承担着吸纳外部系统能量以及与外部系统进行资源交换的重要任务。生态环境系统作为水资源系统载体的同时，也对水资源系统产生一定的约束作用。生态环境系统包含生物、天然生态环境和人工生态环境等要素，这些要素是否协同发展，直接影响着生态环境系统发展的有序性。天然生态环境为生物提供了生存空间，生物的生存与变异又顺应着天然生态环境的变化。此外，天然生态环境为人工生态环境的发展提供了空间与资源保障，人工生态环境的发展也必须顺应天然生态环境的变化。因此，在人类发展的过程中，需充分考虑资源环境承载力，从而使生态环境系统能够健康有序地循环(申晓晶，2018)。

水资源的开发、利用、保护和配置过程即“自然-社会”二元水循环，是水资源系统、社会经济系统和生态环境系统相互作用的基础。因此，本节基于西北内陆区“自然-社会”二元水循环特征及其伴生的生态系统演变规律，解析西北内陆区二元水循环与生态系统演变关联作用机理，进一步揭示水资源-社会经济-生态环境复合系统多维耦合关系。

7.1.2　西北内陆区水循环与生态系统演变关联

我国西北内陆区独特的山区降水集流、绿洲集约转化、荒漠耗散消失的二元水循环过程，形成了山区以森林、草甸为主体的山地生态系统和平原以人工绿洲、天然绿洲、绿洲-荒漠过渡带、荒漠渐次交错为圈层的平原生态系统，形成了西北内陆区独特的二元水循环及其伴生的生态系统演变格局。

人类活动的加剧，如土地利用类型改变、水利工程兴建、灌区修建与更新改造、城镇化与工业化发展等，打破了流域自然水循环原有的规律和平衡，极大地改变了降水、蒸发、入渗、产流和汇流等各个水循环过程，使原有的流域水循环由受单一自然因素主导的循环过程转变为受自然和社会双重影响与共同作用、更为复杂的循环过程，这种水循环称为“天然-人工”或“自然-社会”二元水循环。西北内陆区水循环二元分化使径流耗散结构发生了显著改变(王浩和贾仰文，2016)。在人类活动的强作用下，西北内陆区二元水循环过程和结构、通量发生了较大变化，社会水循环强烈改变了平原、盆地水循环过程和分配机制，使人工绿洲取用耗水通量大大增加，导致天然绿洲萎缩、荒漠面积扩大、蒸发通量大幅减少。这种改变使中游水分垂向循环加强，蒸发和下渗通量加大，甚至引发土壤次生盐渍化。下游水平方向径流通量减少，天然绿洲、绿洲-荒漠过渡带生态水量大幅减少，造成中游人工绿洲对水资源开发、利用和消耗程度的不断提高，下游河道断流、湖泊萎缩、湿地消失、天然绿洲萎缩、绿洲-荒漠过渡带退化、尾闾湖泊干涸或永久消失。反过来，这种生态系统演变格局又维系着与其息息相关的二元水循环过程，二者之间既相互依存又相互制约、相互影响，构成了西北内陆区独特的二元水循环与生态系统演变关联作用机理，研究框架如图 7-2 所示(李丽琴等，2019)。

西北内陆区，尤其是塔里木河流域、吐鲁番盆地、黑河流域和石羊河流域，过去因大规模开荒和发展灌溉面积，社会水循环通量无节制增大、自然水循环通量急剧衰减。这种此消彼长和不健康、不健全的二元水循环导致其伴生的生态系统演变格局发生根本性改变，人工绿洲盲目扩大、天然绿洲严重萎缩、土壤盐渍化、河道断流、湖泊萎缩、荒漠化加剧等生态系统演变严重失衡现象，造成了严重的生态灾难和大量生态移民。因此，迫切需要研究和构建二元水循环与生态系统演变之间的量化响应关系，寻找决定水资源-社会经济-生态环境复合系统协同有序演化的关键序参量及外部控制参量，为调整和优化水资源配置格局提供理论依据(李丽琴等，2019)。

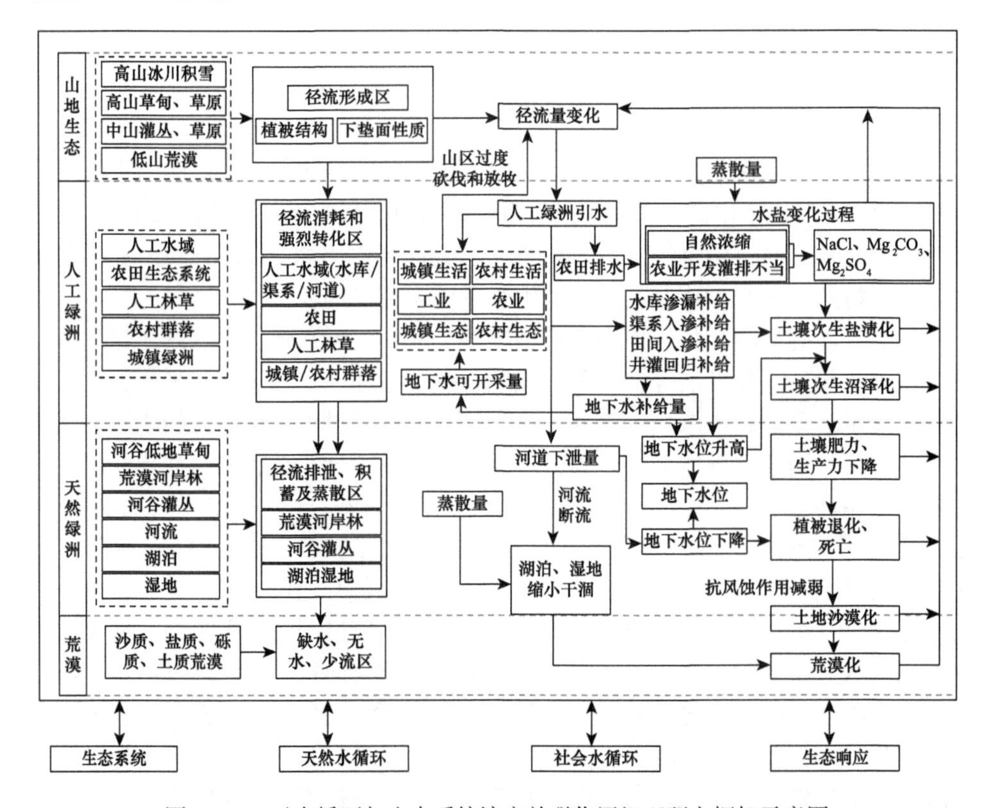

图 7-2　二元水循环与生态系统演变关联作用机理研究框架示意图

7.1.3　二元水循环与生态系统演变关联量化分析

基于西北内陆区二元水循环独特性及关联的生态系统演变过程，依据二元水循环与生态系统演变关联作用机理，以历史观测资料和试验数据为基础，分析水循环对生态系统演变的驱动作用。结合野外调查和勘探结果，分析和建立西北内陆区二元水循环与生态系统演变之间的量化响应关系，为进一步明晰对西北内陆区水资源多维协同配置起决定作用的序参量及外部控制参量奠定基础。

1. 河道输水量与地下水特征的关联响应

内陆河河道输水量的大小与地下水补给宽度和地下水水位变化呈显著相关关系，纵向随着河道输水量的减少，地下水的补给宽度逐渐减小。以塔里木河流域英苏断面为例，河道输水量(Q)与横向地下水位响应范围(X)存在显著二次函数关系（图 7-3）：

$$Q = 4.49947 - 0.0069824X + 5.297076 \times 10^{6} X^{2} \tag{7-1}$$

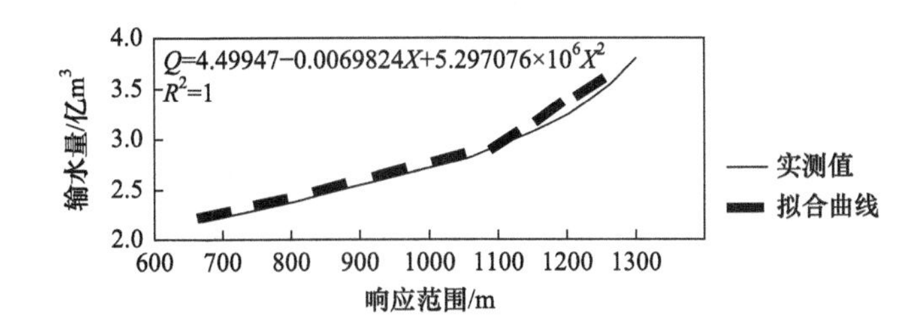

图 7-3　英苏断面河道输水量与地下水位响应范围的关系

在横向上，随着远离河道中心轴，地下水位的抬升幅度逐渐减弱。以塔里木河流域英苏断面为例,地下水位抬升幅度(Y)与横向地下水位响应范围(X)存在显著线性相关关系(图 7-4)：

$$Y = 2.9944 - 0.003X \tag{7-2}$$

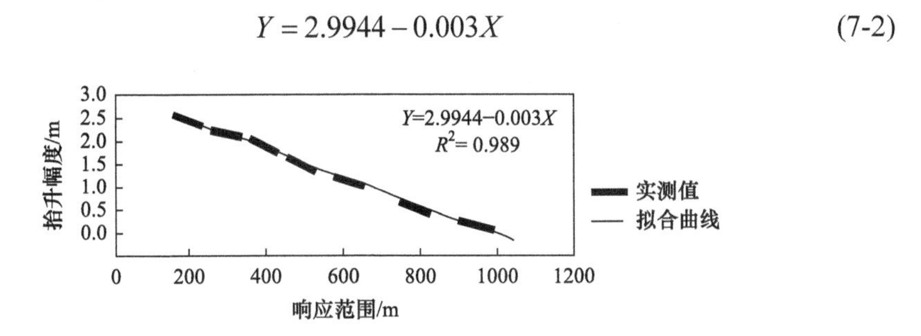

图 7-4　英苏断面地下水位抬升幅度与地下水位响应范围的关系

2. 地下水埋深与天然绿洲植被的响应

塔里木河流域地下水埋深与天然植被的分布、组成和长势有直接关系，对地下水埋深与胡杨枝径向生长量进行相关性分析，胡杨枝径向生长量(Y)与地下水埋深(X)存在显著负相关关系，$Y = 0.003X^4 - 0.078X^3 + 0.688X^2 - 2.854X + 6.695$ ($R^2 = 0.868$)。对函数求二阶导数可得到胡杨枝径向生长量变化率与地下水埋深的关系，当地下水埋深在 0.5～4.5m 时，胡杨枝径向生长量呈现递增趋势；地下水位埋深在 4.5～8.5m 时，胡杨枝径向生长量增长缓慢，地下水埋深在 8.5m 时，胡杨枝径向停止生长(图 7-5)(李丽琴等，2019)。

若地下水埋深 h 小于最小适宜埋深 h_{min}，由于潜水蒸发强烈，土壤积盐增强，会发生盐质荒漠化，不利于植被的生长；若地下水埋深 h 大于最大适宜埋深 h_{max}，潜水蒸发停止，毛管水不能达到植被根系层，补给植被生长需求，植被衰败，产生沙质荒漠化。因此，地下水合理生态水位的确定($h_{min} \leqslant h \leqslant h_{max}$)，对内陆干旱区生态环境保护至关重要。

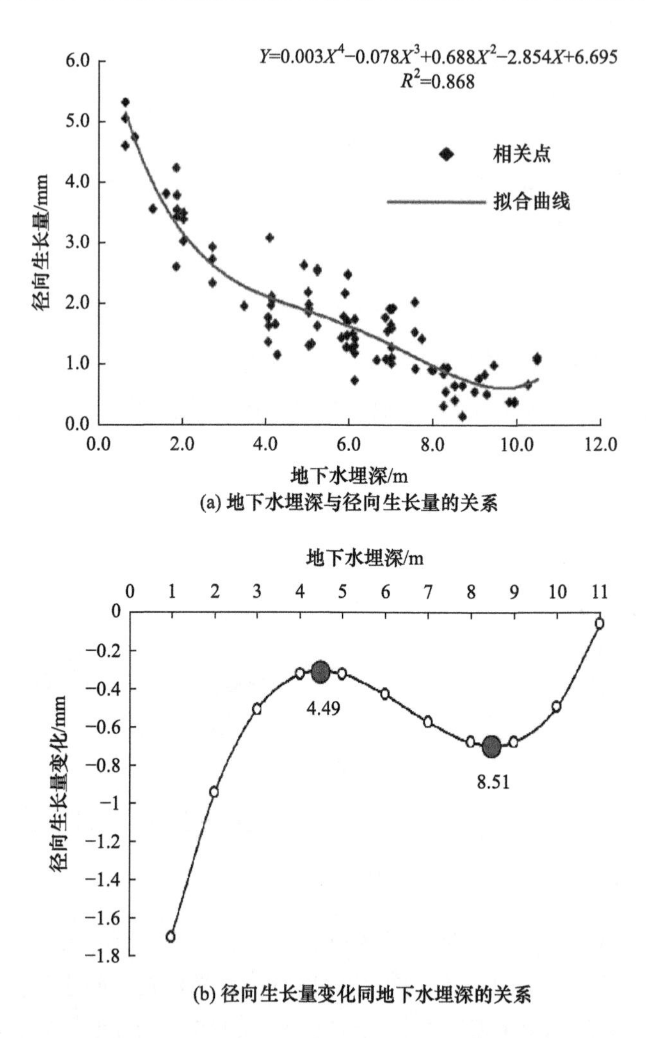

图 7-5　地下水埋深与胡杨枝径向生长量的响应

3. 河道输水时间与天然绿洲植被生长的关系

在河道来水量一定的情况下，输水时间对天然植被的生长有显著影响关系，当输水时间与植被种子成熟期、萌发期(一般为每年的 8～9 月)一致时，输水的生态效应达到最大。田间水分循环概念模型如图 7-6 所示。

1) 灌区排灌比与人工绿洲植被的响应

合理的排灌比、渠井灌溉用水比及节水灌溉方式可减少土壤盐渍化。灌区引水量和排水量与水盐平衡的相关关系、灌区积盐状态向脱盐状态的转变取决于临界排灌比的选取。以塔里木河流域渭干河灌区为例，灌区排灌比(K)与累积储盐

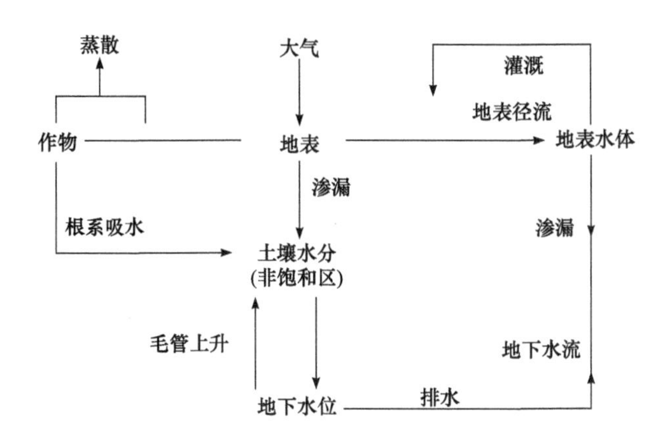

图 7-6　田间水分循环概念模型

量变化速率(ΔS)呈二次函数相关关系，$\Delta S = 0.78K^2 - 36.07K + 263.53\left(R^2 = 0.96\right)$ (图 7-7)。排灌比是一个动态变量，临界排灌比的选取与耕地的初始含盐量等诸多因素相关，内陆干旱区灌区临界排灌比大致在 10%～30%。在水资源优化配置中，灌区开发利用初期排灌比相对较大，尤其是由荒地开荒转化而来的耕地由于历史残留盐分过多，要适当加大排灌比，一般为 15%～30%。随着土壤中含盐量的降低，需调整排灌比至临界值，若没有特殊的地形要求，内陆干旱区长期排灌且盐渍化程度相对较低的灌区排灌比为 10%～15%。

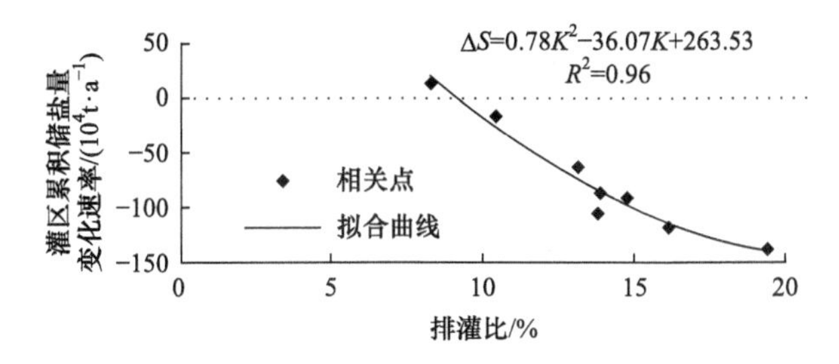

图 7-7　渭干河排灌比与灌区累积储盐量变化速率的关系

2) 渠井灌溉比例与人工绿洲植被的响应关系

渠首引水量和地下水开采量与人工绿洲灌区植被良性生长有一定的相关关系。在农田灌溉需水量一定的情况下，渠井灌溉用水比例越大，地下水位上升越明显，渠井灌溉用水比例越低，地下水位下降越明显。基于地下水埋深变化幅度最小的原则，可确定不同来水频率下的灌区适宜渠井灌溉比例，如图 7-8 所示。确定适宜的渠井灌溉比例，平水年(来水频率为 50%)为 2.9 左右，枯水年(来水频率为 75%)为 3.1 左右。

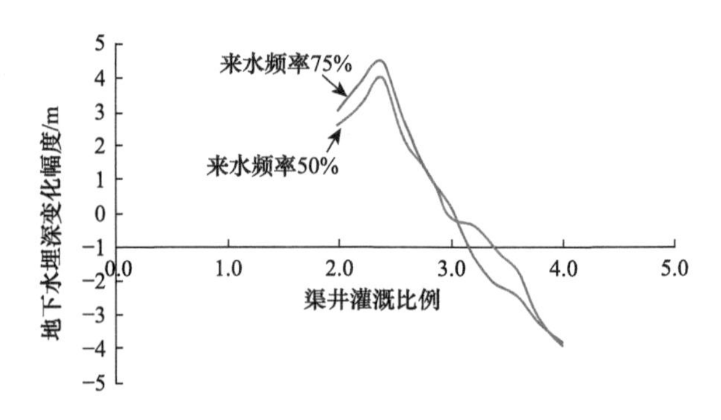

图 7-8　渠井灌溉比例与地下水埋深变化幅度的响应

3) 节水灌溉与人工绿洲植被的响应关联

节水灌溉通过减少渠系和田间的渗漏损失，降低地下水位上升引起的次生盐渍化风险。从生态良性循环的角度，节水灌溉是存在上限的，一般认为内陆干旱区渠系利用率的节水上限应为 0.5～0.6。因此，节水灌溉与防治土壤盐渍化的重点是在田间节水灌溉工程中适宜节水灌溉，可减少土壤耕作层的淋洗周期(李丽琴等，2019)。

7.1.4　多维属性关联下水资源系统演变

1. 径流量演变分析

由图 7-9～图 7-12 可知，1957～2013 年塔里木河流域四源流(阿克苏河、和田河、叶尔羌河、开都–孔雀河)出山口径流量呈现显著的上升趋势。20 世纪 50 年代至 90 年代，塔里木河流域地表径流量呈现缓慢增长趋势。进入 90 年代，气温升高和气温增加导致春季冰川和积雪融化，源流区的地表径流量主要是通过冰川融雪和雨雪补给的(冰川融雪补给占总补给量的 50%以上)，因此源流区的山区来水量呈明显增加趋势。2001～2013 年多年平均地表径流量比 1956～2000 年偏多 32.8 亿 m^3，增加 12.5%，属丰水年段。塔里木河流域按照 1956～2013 年水文系列计算，多年平均情形下，塔里木河流域地表径流量为 270.1 亿 m^3，比 1956～2000 年增加 7.4 亿 m^3。源流区山区来水量呈现较大幅度的增加，而源流区下泄至塔里木河干流的水量却变化不显著，有些反而呈现下降趋势。例如，叶尔羌流域的艾里克塔木断面 1993 年以来几乎无水下泄，根本原因是源流区耗水量大幅增加，下泄量减少。

基于以上分析可知，源流区地表径流量在过去的几十年里呈现一定程度增加趋势，下泄至塔里木河干流的地表径流量却呈现逐年的递减趋势。这一结果表明，人类活动改变了流域天然水循环的途径和机制，社会水循环通量增强是干流地表

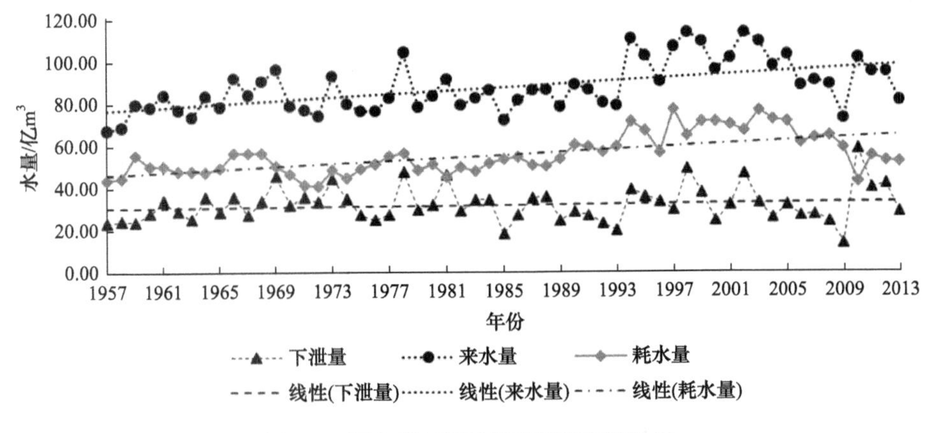

图 7-9　阿克苏河流域径流量演变趋势图

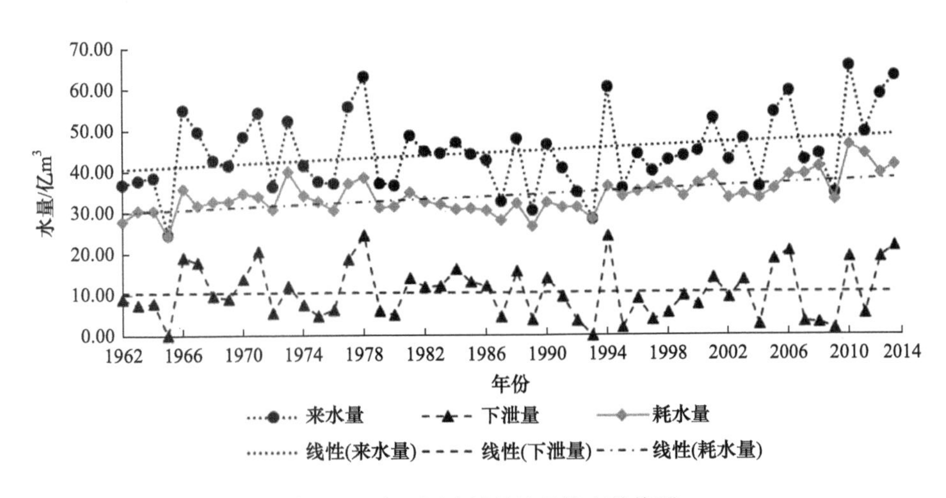

图 7-10　和田河流域径流量演变趋势图

水径流量减少的根本原因。

依据塔河流域“四源一干”地表水水量分配方案，按照“丰增枯减”的基本原则，在多年平均来水情况下，阿拉尔断面来水量要求达到 46.79 亿 m^3(阿克苏河 34.20 亿 m^3、和田河 9.29 亿 m^3、叶尔羌河 3.30 亿 m^3)，再加上开都–孔雀河注入塔里木河下游水量 4.50 亿 m^3，则下泄至塔里木河干流总水量为 51.29 亿 m^3。在 2001～2013 年丰水年段，四源流区下泄至干流的水量仍然未达到最低下泄目标(图 7-13～图 7-16)。下泄量最大的阿克苏河流域，实际下泄量与目标下泄量仍然存在很大差距，14 年年均下泄塔里木河干流实际水量比目标下泄量少 11.06 亿 m^3，2013 年实际下泄量比目标下泄量少 4.43 亿 m^3。

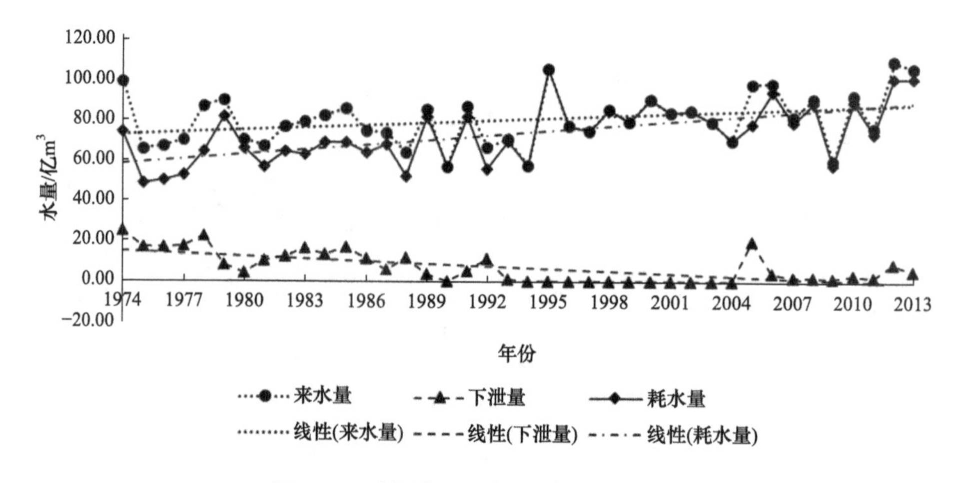

图 7-11　叶尔羌河流域径流量演变趋势图

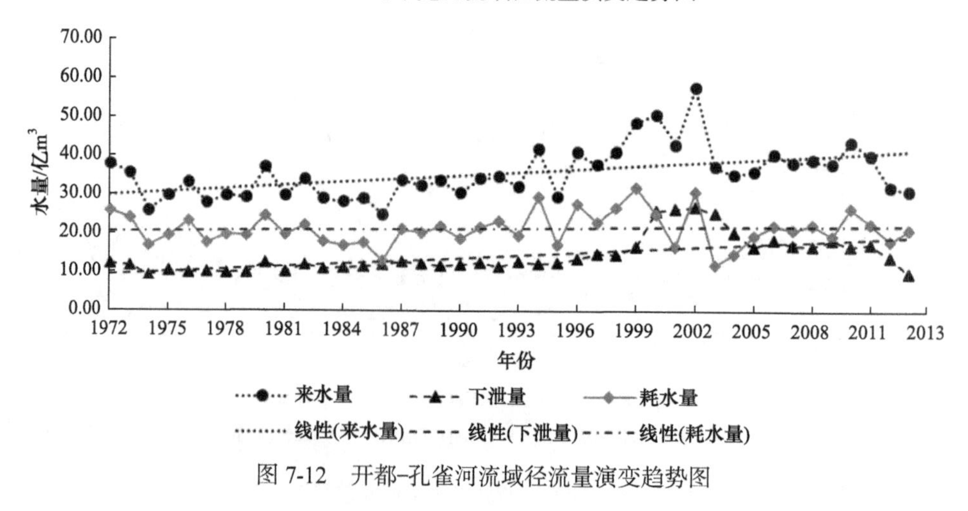

图 7-12　开都–孔雀河流域径流量演变趋势图

2. 地下水位特征演变分析

塔里木河流域地下水的补给源有两种：线形渗漏补给和面状渗漏补给。线形渗漏补给主要通过河道和引水渠道形式补给；面状渗漏补给主要通过流域内的湖泊、水库、塘坝和田间灌溉等形式补给。近年来，随着河道引水量增加、渠系田间水利用系数提高、节水灌溉推行和种植结构调整，水稻面积减少，棉花面积增加，流域内地下水补给量呈现减少趋势。以塔里木河干流下游大西海子以下为例，据文献记载 20 世纪 50～60 年代地下水埋深为 1.00～5.00m；70 年代地下水埋深为 2.90～7.90m，相对 60 年代下降了 1.90～2.90m；80 年代地下水埋深为 4.00～12.75m，

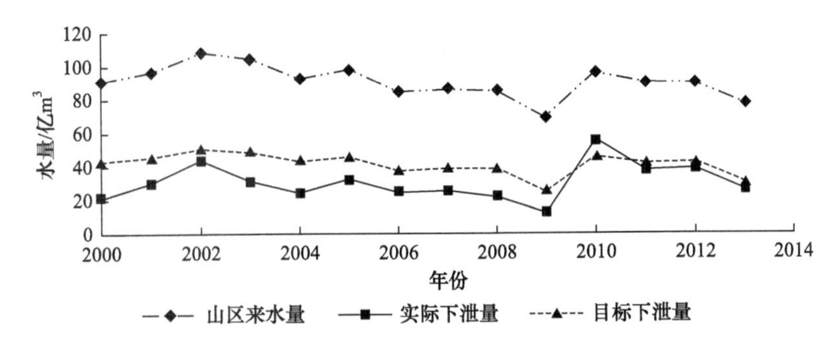

图 7-13　阿克苏河流域山区来水量与下泄量

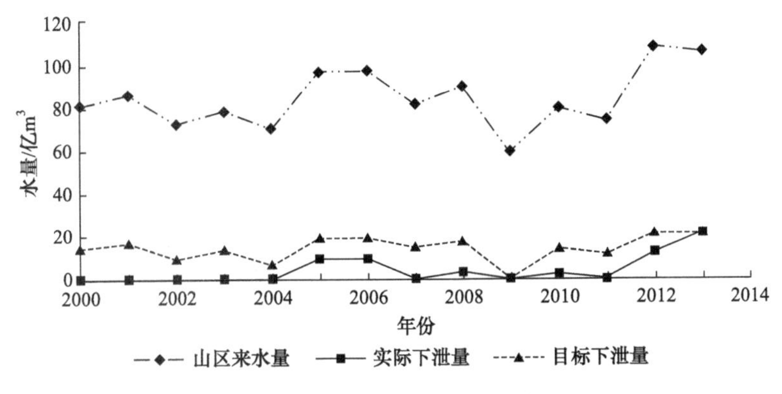

图 7-14　叶尔羌河流域山区来水量与下泄量

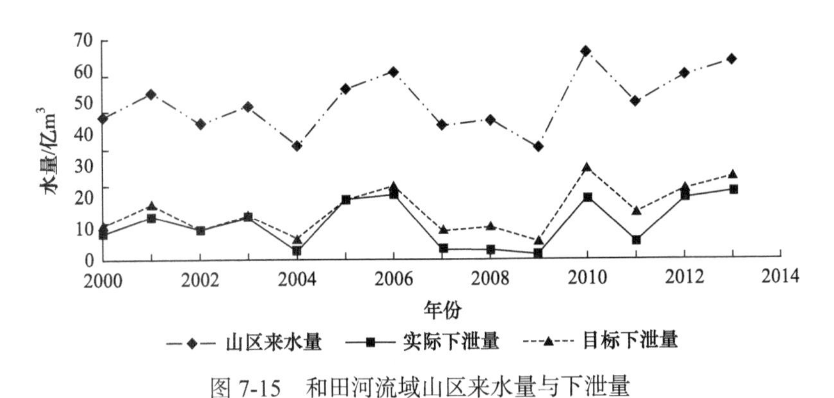

图 7-15　和田河流域山区来水量与下泄量

相对 70 年代下降了 1.10～4.85m；90 年代地下水埋深为 8.40～12.92m，相对 80 年代下降了 4.40～0.17m；2000 年以后受向干流下游输水的影响，地下水位开始出现回升现象，回升至 5.50～7.40m(图 7-17)。

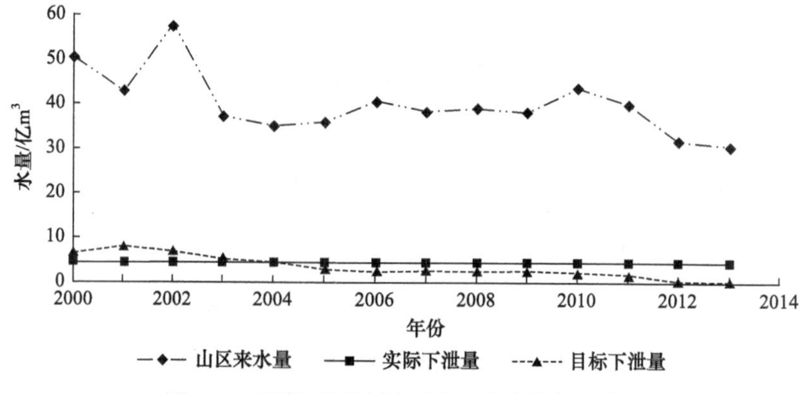

图 7-16　开都–孔雀河流域山区来水量与下泄量

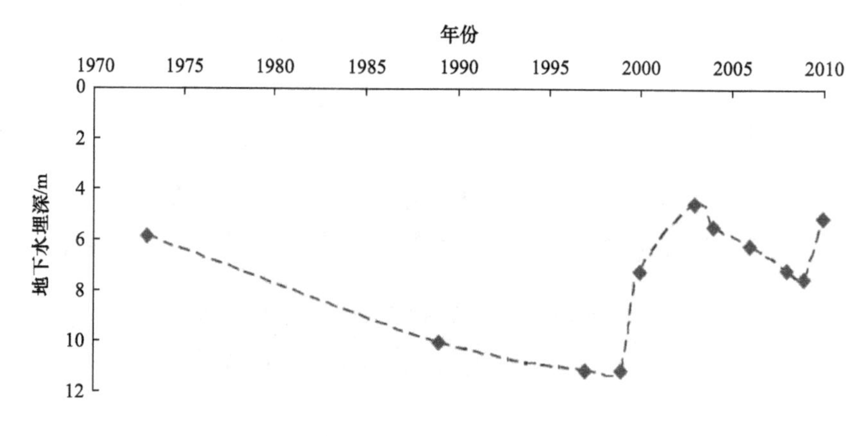

图 7-17　塔里木河流域下游地下水埋深变化

7.1.5　多维属性关联下社会经济系统演变

根据统计年鉴，对塔里木河流域(包括南疆五地(州)及分布在南疆的生产建设兵团)1988～2014 年社会经济系统演变历程做简要分析。

1. 人口与城镇化演变过程

1988～2014 年，塔里木河流域人口保持快速增长态势，总人口已由 1988 年的 672 万增长到 2014 年的 1127 万，相比 1988 年增加了 2/3，年均人口净增长率为 25.1‰，增速位居全国前列。从地域分布看，五地(州)增速均在 20‰以上，和田地区、喀什地区、巴音郭楞蒙古自治州、克孜勒苏柯尔克孜自治州、阿克苏地区五地(州)1988～2014 年的人口平均增速分别是 27.0‰、26.2‰、26.5‰、25.4‰、20.8‰。人口的快速增长，既为当地社会经济发展提供了较好的人力资源保障，也使得流域资源与环境压力不断加重(张沛，2019)。

从城镇化人口增长看，流域城市化进程相对顺利，2014 年流域城镇人口 325 万，流域城镇化率由 1988 年的 18.04%提高到 2014 年的 28.84%，城市化率年均提高约 0.4%。尤其是在 2000 年后，人口城镇化速度越来越快。

2. 经济演变过程

1) 国内生产总值变化

1988～2014 年，塔里木河流域经济保持快速增长，流域地区生产总值由 1988 年的 55.5 亿元增长到 2014 年的 2844.7 亿元，增长了约 50 倍。

从空间分布看，流域内经济日益趋向不平衡，各地(州)生产总值的份额发生了较大的变化，总体表现为巴音郭楞蒙古自治州经济总量份额在流域上越来越多，而喀什地区、和田地区、克孜勒苏柯尔克孜自治州的份额均呈现持续下滑，在流域经济中越来越少(张沛，2019)，如表 7-1 所示。

表 7-1　1988～2014 年塔里木河流域 GDP 份额变化　(单位：%)

年份	阿克苏地区	巴音郭楞蒙古自治州	喀什地区	和田地区	克孜勒苏柯尔克孜自治州
1988	25.0	20.0	35.1	14.6	5.2
1989	25.7	21.1	34.8	14.4	4.2
1990	27.2	21.2	34.5	13.4	3.9
1991	27.9	22.1	33.6	12.7	3.6
1992	27.9	24.5	32.1	12.1	3.6
1993	27.8	27.4	30.3	11.4	3.2
1994	29.6	27.8	27.8	12.4	2.4
1995	30.7	28.1	28.2	10.7	2.2
1996	29.0	32.7	25.8	10.2	2.2
1997	28.8	35.3	24.3	9.6	2.0
1998	29.5	34.7	23.9	9.8	2.1
1999	28.7	37.7	22.5	8.6	2.6
2000	27.6	39.8	22.2	8.0	2.4
2001	28.1	38.4	22.4	8.4	2.7
2002	29.0	37.1	22.9	8.3	2.7
2003	20.1	27.8	34.5	15.7	1.9
2004	27.4	41.0	21.4	7.7	2.6
2005	24.4	46.6	19.5	7.0	2.5

续表

年份	阿克苏地区	巴音郭楞蒙古自治州	喀什地区	和田地区	克孜勒苏柯尔克孜自治州
2006	23.0	48.6	19.5	6.6	2.3
2007	23.0	46.7	21.6	6.3	2.4
2008	22.6	48.4	20.6	6.2	2.3
2009	25.6	42.0	22.7	7.1	2.6
2010	25.7	41.6	23.4	6.7	2.5
2011	26.6	42.1	22.1	6.7	2.5
2012	27.3	40.4	23.0	6.6	2.7
2013	26.9	39.5	24.0	6.7	3.0
2014	26.4	39.3	24.2	7.0	3.1

注：因数据进行过舍入修约，部分年份的份额合计不为 100%。

2) 工农业发展变化

虽然近年来塔里木河流域工业化进程日益加快，但其仍是典型的传统农业经济区。直到 2005 年，流域工业增加值才超越第一产业增加值，工业才成为流域经济的第一支柱。到 2014 年，流域工业增加值为 966 亿元，第一产业增加值为 683 亿元。在丰富的石油天然资源支撑下，巴音郭楞蒙古自治州工业在流域工业中增长最快，2014 年前其工业增加值一直占流域工业增加值的 60%以上；2014 年受全球经济下滑与石化等能源产业疲软的影响，巴音郭楞蒙古自治州工业增加值相比 2013 年下降。在“全国援疆”的背景下，流域工业发展速度大大加快，2011～2014 年的 4 年间，流域工业增加值相比 2010 年几乎翻了一番。总体而言，流域工业发展水平处于一个原材料型资源工业层次，延长产业链、提升附加值的内涵式工业发展仍有巨大潜力(张沛，2019)。

3. 灌溉面积发展变化

塔里木河流域作为典型的农耕区，以发展农业为主来寻求经济效益，尤其是棉花等经济作物的大面积种植。塔里木河流域总灌溉面积由 1949 年的 47.9 万亩增加到了 2014 年的 196.6 万亩(图 7-18)，其中阿克苏河流域和叶尔羌河流域增加了近 46.7 万亩。2000 年以后，随着新疆地区“一黑一白”政策的实施，源流区河道两岸处几乎所有能开垦的土地都被种植上了棉花，干流的胡杨林自然保护区内也可见星星点点的棉花地。耕地消耗的水资源量远远超过了节水灌溉节约的水量，导致水资源过度开发，生态环境更加脆弱。要保证未来用水总量和用水效率控制红线不突破，就必须通过“退地节水”方式减少农业用水量，以满足和支持工业化与城镇化发展新增用水需求。

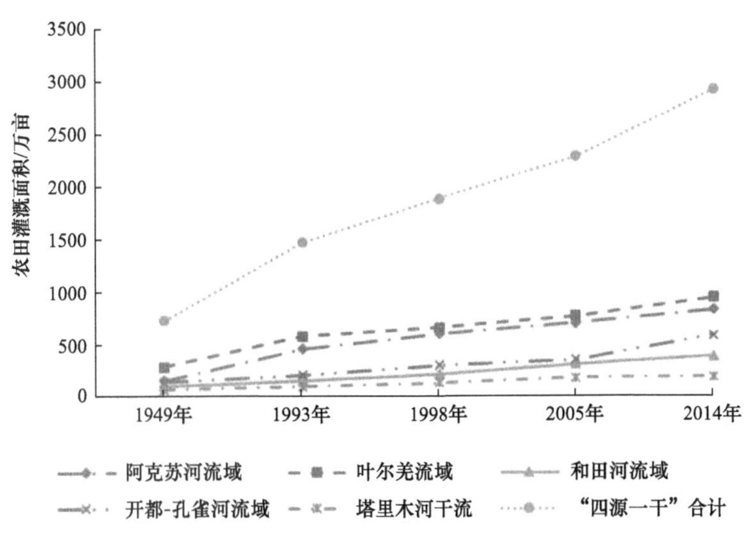

图 7-18　塔里木河流域农田灌溉面积演变趋势图

4. 生态环境系统演变

1) 景观格局演变分析

系统剖析塔里木河流域生态系统演变特征，以 1995 年、2000 年、2005 年、2010 年、2014 年的 TM 影像作为信息源，并进行 GIS 空间分析，从景观尺度上剖析塔里木河流域生态演化特征。塔里木河流域生态空间分为绿色生态空间和其他生态空间，其中绿色生态空间包括耕地、林地(有林地、灌木林地、疏林地、其他林地)、草地(高、中、低覆盖草地)、水域(湖库、河流、河渠、滩涂湿地)；其他生态空间包括建设用地(城镇用地、农村居民用地、其他建设用地)、冰川、未利用地(沙漠、戈壁)。

2014 年，塔里木河流域景观以未利用地(沙漠、戈壁)景观和草地景观为主，分别占流域总面积的 46.01%和 41.15%。相比之下，这两类景观的生命支持能力都非常弱。在绿色景观中，草地景观抵抗外界干扰的能力较弱，这也反映出塔里木河流域脆弱的生态背景特征。从景观的动态转移来看，耕地、林地、水域和建设用地等景观类型呈现扩张趋势，草地、冰川和未利用地景观类型呈现退缩趋势。如表 7-2 所示，从扩张景观的动态变化来看，耕地的扩张面积最大，增加了约 66%，净扩张面积为 2430.92km^2；其次为水域，增加了约 72%，净扩张面积为 732.88km^2；建设用地和林地的净扩张面积最小，分别增加了约 158%和 19%，净扩张面积为 375.94km^2 和 307.58km^2。从退缩景观的动态变化来看，草地的退缩面积最大，减少了约 6%，净退缩面积达到 2742.16km^2；其次为冰川，减少了约 55%，净退缩面积达到 2685.47km^2(李云玲等，2005)：未利用地退缩面积最小，减少了约 3%，净退缩面积为 1562.7km^2。

表 7-2　1995～2014 年塔里木河流域景观类型的变化

景观类型	面积/km^2					变化率/%				
	1995 年	2000 年	2005 年	2010 年	2014 年	1995～2000 年	2000～2005 年	2005～2010 年	2010～2014 年	1995～2014 年
耕地	3682.12	4014.60	4579.48	4736.25	6113.04	9.03	14.07	3.42	29.07	66.02
林地	1634.45	2107.13	2049.58	2013.84	1942.03	28.92	−2.73	−1.74	−3.57	18.82
草地	43230.48	42390.37	42021.24	42002.89	40488.32	−1.94	−0.87	−0.04	−3.61	−6.34
水域	1012.21	1339.38	1354.90	1300.11	1745.09	32.32	1.16	−4.04	34.23	72.40
建设用地	237.25	223.55	241.51	262.93	613.19	−5.77	8.03	8.87	133.21	158.46
冰川	4914.17	4843.22	4843.22	4843.22	2228.70	−1.44	0.00	0.00	−53.98	−54.65
未利用地	46834.03	45965.84	45932.28	45913.82	45271.33	−1.85	−0.07	−0.04	−1.40	−3.34

这种趋势与 20 世纪末新疆开始推行“一黑一白”和 2010 年全国开始新一轮援疆相关政策的时间节点一致。塔里木河流域作为新疆乃至全国的优质棉花种植基地、农牧和特色瓜果生产基地，大规模的开荒高潮使得流域耕地面积急剧增加；大规模修建人工渠系引水工程使得流域水域面积增加；建设用地呈现较大的增长趋势，主要跟流域的城市化和新农村建设有关，塔里木盆地作为我国最大的含油气沉积盆地，石油和天然气产业的发展也会使得流域内建设用地急剧增加；全球气候变暖加速了冰川积雪的消融。

为了描述 1995～2014 年塔里木河流域各种景观类型的转移情况，通过利用 GIS 计算出该时段景观类型的转移矩阵，见表 7-3。塔里木河流域 1995～2014 年景观类型转移变化最大的是耕地、草地和未利用地。流域内耕地面积转入 4319.64km^2，转出 1481.53km^2，从耕地的动态变化来看，耕地的扩张主要是通过草地和未利用地景观的综合开发。流域内草地面积转入 19406.9km^2，转出 22023.34km^2，从草地的动态变化来看，退缩区的绝大部分转变成未利用地，这也是流域尺度上荒漠化的集中体现。从草地的扩张区来看，其扩张主要是通过荒漠化的综合治理而来，但较之沙漠化的侵蚀，扩张程度还是非常微弱的(李云玲等，2005)。流域内未利用地面积转入 21668.18km^2，转出 20105.48km^2，从未利用土地的动态变化来看，其扩张主要是因为草地退化和冰川融化。

表 7-3 1995～2014 年塔里木河流域景观类型转移矩阵

景观类型	林地面积/km²	草地面积/km²	水域面积/km²	冰川面积/km²	建设用地面积/km²	未利用地面积/km²	耕地面积/km²	1995 年总面积/km²	土地利用变化	
									变化面积/km²	年变化率/%
林地	184.92	657.15	28.16	1.69	6.90	602.71	148.44	1629.97	304.82	0.96
草地	1053.27	20249.53	586.48	292.99	117.41	17827.73	2145.46	42272.87	−2616.44	−0.35
水域	30.96	215.75	191.99	0.68	13.31	386.37	170.51	1009.57	721.54	3.04
冰川	11.16	1932.39	28.21	614.30	0.05	2082.09	0.71	4668.91	−2780.02	−4.90
建设用地	7.82	51.44	4.97	0.01	7.51	64.47	100.26	236.48	376.70	5.44
未利用地	516.11	15755.52	778.71	979.18	321.70	25165.85	1754.26	45271.33	1562.70	0.19
耕地	130.55	794.65	112.59	0.04	146.30	704.81	1793.17	3682.11	2430.70	2.86
2014年总面积	1934.79	39656.43	1731.11	1888.89	613.18	46834.03	6112.81	—	—	—

2) 景观破碎化演变分析

塔里木河流域 1995～2014 年各景观的斑块密度呈现增加趋势,景观破碎化程度增大。1995 年，景观斑块密度从大到小依次为草地>林地>未利用地>水体>耕地；2005 年景观斑块密度从大到小依次为草地>林地>水体>耕地>未利用地；2014 年景观斑块密度从大到小依次为水体>草地>林地>未利用地>耕地。从以上分析可以看出，草地、林地和水体破碎化程度高，耕地的斑块密度虽然逐年增大，但由于人类活动的影响主要呈现集中连片分布，面积大而斑块数目少。塔里木河流域 1995～2014 年各景观分割度均接近于 1，表明各景观内小斑块数目多，景观破碎化程度高(表 7-4)。

表 7-4 1995～2014 年塔里木河流域景观格局变化特征

类型	斑块数目			面积/hm²		
	1995 年	2005 年	2014 年	1995 年	2005 年	2014 年
草地	14767	26221	29925	25919636	25025782	23465424
耕地	4773	6089	7935	2455547	3053826	4078940
林地	9177	13984	20307	1061748	1338267	1279433
水体	5008	10726	31302	3464156	3540729	2095626
未利用地	5719	5831	8784	157751	160568	414296
合计	39444	62851	98253	33058838	33119172	31333719

续表

类型	景观分割度/%			斑块密度/(斑块数/100hm²)		
	1995 年	2005 年	2014 年	1995 年	2005 年	2014 年
草地	0.9488	0.9505	0.9535	0.0146	0.0259	0.0296
耕地	0.9951	0.9940	0.9919	0.0047	0.0060	0.0079
林地	0.9979	0.9974	0.9975	0.0091	0.0138	0.0201
水体	0.9932	0.9930	0.9958	0.0049	0.0106	0.0310
未利用地	0.9997	0.9997	0.9992	0.0057	0.0058	0.0087

7.2 河流水力联系及水资源系统网络

西北内陆区依地貌可分为塔里木盆地、准噶尔盆地、柴达木盆地、青海湖盆地、河西走廊、阿拉善高原等独立地貌单元。这些地貌单元均为高山环抱，除青海湖盆地中心是青海湖外，其他盆地中心都分布着广袤沙漠，这就决定了西北内陆河的形成必然以分散的中小河流为主。有独立出山口和常流水的大小河流 500 余条，其中径流量接近或大于 10 亿 m^3 的河流有 10 余条。这些河流以高山降水和冰川积雪融水为主要水源，流经山前冲洪积平原，流入沙漠中的湖泊湿地或消失于沙漠中。我国西北地区较大的内陆河与著名的大沙漠均分布于此，本节对西北内陆区主要河流概况及水力联系进行分析。

7.2.1 塔里木河河流水力联系

塔里木河流域由四条大的源流、一条干流及三个尾闾湖泊组成。

1. 源流区

源流区地处塔里木盆地北、西、南三面高山环抱之中，总土地面积 62.6 万 km^2，涉及南疆 5 个地(州)及生产建设兵团 4 个农业师。河流发源于周边高山区，海拔 4000m 以上终年积雪，现代冰川发育，降水量较大，是全流域的产流区。

阿克苏河、叶尔羌河、和田河和开都–孔雀河是塔里木河流域较大的四个水系，流域面积 24.1 万 km^2，占全流域面积的 24%。多年平均水资源量 274.88 亿 m^3，占全流域水资源总量的 74.4%，对塔里木河的形成、演化及全流域社会经济发展都起着决定性作用。

阿克苏河由源自吉尔吉斯斯坦的库玛拉克河和托什干河两大支流组成，河流全长 588km，两大支流在喀拉都维汇合后，流经山前平原区，在肖夹克汇入塔里木河干流。流域面积 6.23 万 km^2，其中山区 4.32 万 km^2，平原区 1.91 万 km^2(陈兆波，2008)。

叶尔羌河发源于喀喇昆仑山北坡，由主流克勒青河和支流塔什库尔干河组成，进入平原区后，还有提兹那甫河、柯克亚河和乌鲁克河等支流独立水系。叶尔羌河全长 1165km，流域面积 7.98 万 km^2，其中山区 5.69 万 km^2，平原区 2.29 万 km^2。叶尔羌河在出平原灌区后，流经 200km 的沙漠到达塔里木河(陈兆波，2008)。

和田河上游的玉龙喀什河与喀拉喀什河，分别发源于昆仑山和喀喇昆仑山北坡，在阔什拉什汇合后，由南向北穿越塔克拉玛干大沙漠 319km 后，汇入塔里木河干流。流域面积 4.93 万 km^2，其中山区 3.80 万 km^2，平原区 1.13 万 km^2。

开都河发源于天山中部，全长 560km，流经超 100km 的焉耆盆地后注入博斯腾湖。博斯腾湖是我国最大的内陆淡水湖，湖面面积为 1000km^2，容积为 81.5 亿 m^3。从博斯腾湖流出后为孔雀河。

2. 干流区

塔里木河干流位于塔里木盆地腹地，从肖夹克至台特玛湖全长 1321km，流域面积 3.16 万 km^2，属平原型河流。肖夹克至英巴扎为上游，河道长 495km，河道纵坡 1/4600～1/6300，河床下切深度 2～4m，河道比较顺直，很少汊流，河道水面宽一般在 500～1000m，河漫滩发育，阶地不明显。英巴扎至恰拉为中游，河道长 398km，河道纵坡 1/5700～1/7700，水面宽一般在 200～500m，河道弯曲，水流缓慢，土质疏松，泥沙沉积严重，河床不断抬升，加上人为扒口，致使中游河段形成众多汊道。恰拉以下至台特玛湖为下游，河道长 428km，河道纵坡较中游段大，为 1/4500～1/7900，河床下切深度一般为 3～5m，河床宽约 100m，比较稳定。

塔里木河尾闾是三个相对独立的洼地。北为罗布泊，海拔 728～780m。中间是喀拉和顺湖，海拔 788m。最南面是台特玛湖，海拔 801～802m。历史上三个洼地层形成三个湖泊，首尾相接，水流相连。

7.2.2　天山北麓诸河河流水力联系

天山山脉自西向东连绵 1700 余千米，以天山为分水岭，在其北坡发育形成了若干独立河流，自南向北或流向湖泊洼地，或归于沙漠。天山北麓诸河西起博尔塔拉蒙古自治州，东至哈密山区的伊吾–巴里坤盆地，南依天山，北至古尔班通古特沙漠南缘，总面积 14.9 万 km^2(王智，2011)。

该区河流发源于天山，有大小河流 123 条，其中年径流量 1 亿 m^3 以上的 16 条，均以天山北麓的冰雪雨水为主要补给源。河流出山口后，在山前过渡带变化很快，有的河流渗入地下，在平原前缘又以地下水的形式溢出地表形成泉水和泉集河，较小的河流或变为季节性河段，或消失于山前洪积平原戈壁之中，只有少数水量较大的河流才能流入准噶尔盆地的沙漠。天山北麓诸河依地形和水系可划分为西、中、东三段。西段指以艾比湖为归宿的环湖诸河，共同形成了艾比湖流域。中、东段以乌鲁木齐为界，中段诸河河流较多，水量较丰，人工绿洲已相连成片；东段诸河河流短小，人口稀少，草原牧场广布，人工绿洲散布其间。

1. 西段艾比湖流域

艾比湖位于天山北麓西段，是准噶尔盆地西南缘的最低汇水中心，湖区富含镁盐，为盐湖，近年湖面面积在 500～800km^2 波动。艾比湖汇纳环湖诸河后，构成艾比湖水系，地跨博尔塔拉蒙古自治州、奎屯市，以及塔城地区和克拉玛依市的部分地区，流域总面积 4.98 万 km^2。多年平均降水量 294mm，年均地表径流量 42.2 亿 m^3。环湖有大小 23 条河流汇入，主要是博尔塔拉河、精河、奎屯河等。

博尔塔拉河发源于西部国境线，自西向东沿程汇纳乌尔达克赛河等大小河沟和泉群后，流入艾比湖，干流全长 252km，流域面积 1.14 万 km^2，多年平均径流量 4.73 亿 m^3。

精河发源于艾比湖南部婆罗科努山北坡，自南向北汇入艾比湖，干流全长 114km，流域面积 0.22 万 km^2，年均径流量 4.72 亿 m^3。

奎屯河发源于天山北麓，流域位于艾比湖区东南方，干流全长 320km，流域面积 2.83 万 km^2，多年平均径流量 6.59 亿 m^3。

2. 中段诸河

天山北麓中段诸河西接艾比湖水系的奎屯河，往东止于白杨河与东段诸河相连。地跨克拉玛依市、石河子市、乌鲁木齐市、昌吉回族自治州、塔城地区的沙湾市和布克赛尔县，以及巴音郭楞蒙古自治州和静县和吐鲁番市托克逊县的少部分地区，总面积 8.14 万 km^2，占天山北麓诸河总面积的 55%。多年平均降水量 274mm，年均地表径流量 53.51 亿 m^3。该区经济发达，人口稠密，乌鲁木齐市、石河子市、克拉玛依市等工业重镇位于本区。2016 年总人口 450 万人，占天山北麓诸河总人口的 76%，人口密度达到 55 人 · km^{-2}。区内主要河流有玛纳斯河、呼图壁河、乌鲁木齐河、巴音沟河、金沟河、塔西河、三屯河、头屯河、白杨河等。

玛纳斯河发源于天山中部冰川区，是天山北麓最大的河流，流经石河子市、克拉玛依市等工业重镇，干流全长 450km，流域面积 1.07 万 km^2，年均径流量 13.2 亿 m^3，尾闾为玛纳斯湖。

呼图壁河发源于天山北麓喀拉马成山，流经呼图壁县城，再向北流消失于沙漠中，干流全长 258km，流域面积 1.03 万 km^2，年均径流量 4.71 亿 m^3。

乌鲁木齐河发源于天山北麓连哈比尕山分水岭，流经新疆维吾尔自治区首府乌鲁木齐市，再向北归宿于准噶尔盆地南缘洼地东道海子，干流全长213km，年均径流量2.36亿m^3。

3. 东段诸河

天山北麓东段诸河西接中部白杨河，东到哈密盆地，包括昌吉回族自治州的奇台县、吉木萨尔县、木垒哈萨克自治县，流域总面积1.77万km^2。多年平均降水量186mm，年均地表径流量9.87亿m^3。东段诸河由于所在天山山势较低，产水较少，河网稀疏，较大河流仅有开垦河，年均径流量1.61亿m^3。

7.2.3 柴达木盆地诸河河流水力联系

柴达木盆地位于青海省西部，是青藏高原北缘上一个巨大的山间构造盆地，东西长约800km，南北宽约300km，面积27.51万km^2，是我国四大盆地之一。盆地四周高山环抱，地势高亢，盆地中间则地势低平。发源于周边山区的河流数目多而分散，流程短，并从盆地四周向盆地中间的几十个湖泊洼地汇聚，形成了若干以分散独立的尾闾湖泊洼地为归宿的河湖群，被统称为柴达木盆地诸河。

柴达木盆地集水面积在500km^2以上的河流有53条，其中常年有水的河流40余条，分别归宿于8个湖泊洼地。人们依习惯按照尾闾湖泊洼地划分并命名为8个水系，各水系主要河流情况如下。

1) 那仁郭勒河(东西台吉乃尔湖水系)

那仁郭勒河是柴达木盆地最大的河流，发源于东昆仑山海拔6860m的布喀达坂峰，北流归宿于东西台吉乃尔湖。干流全长440km，出山口以上流域面积2.08万km^2，多年平均径流量10.3亿m^3。

2) 格尔木诸河(东西达布逊湖水系)

格尔木河是柴达木盆地的第二大河，发源于盆地南部昆仑山北坡，流经格尔木市，归宿于东达布逊湖。河长323km，出山口以上流域面积1.9万km^2，多年平均径流量7.66亿m^3。

乌图美仁河位于那仁郭勒河以东20km，源自东昆仑山北翼支脉，最后注入西达布逊湖(涩聂湖)。河长154km，出山口以上流域面积0.62万km^2，多年平均径流量1.01亿m^3。

3) 柴达木诸河(南北霍鲁逊湖水系)

柴达木河上游称香日德河，源于布尔汗布达山和阿尼玛卿山，北流归宿于南霍鲁逊湖。河长231km，出山口以上流域面积1.23万km^2，多年平均径流量4.53亿m^3。

诺木洪河发源于布尔汗布达山北坡，历史上曾是柴达木河支流，因河水减少及沿途消耗，现已与干流脱离水力联系，亦不再有水注入霍鲁逊湖。河长 123km，出山口以上流域面积 0.38 万 km^2，多年平均径流量 1.55 亿 m^3。

察汗乌苏河又名都兰河，源出鄂拉山，历史上曾为柴达木河支流，现已与干流脱离水力联系，亦不再有水注入霍鲁逊湖。河长 152km，出山口以上流域面积 0.44 万 km^2，多年平均径流量 1.54 亿 m^3。

4) 巴音郭勒河(可鲁克湖–托素湖水系)

巴音郭勒河发源于盆地北部祁连山系的哈尔科山南坡，南流经德令哈市而后注入水流连通的可鲁克湖–托素湖。河长 223km，出山口以上流域面积 0.73 万 km^2，多年平均径流量 3.32 亿 m^3。

5) 其他河流

盆地北部平行分布着东西走向的党河南山、土尔根达坂山、柴达木山，以这些山体为依托，发源并形成了三个较大水系，自北向南依次如下。①苏干湖水系，由大小哈尔腾河组成，流域面积 0.60 万 km^2，多年平均径流量 2.68 亿 m^3。②宗马海湖水系的鱼卡河，流域面积 0.23 万 km^2，多年平均径流量 1.22 亿 m^3。③位于柴达木盆地西北端的还有尕斯库勒湖水系的铁木里河，该河全长约 300km，流域面积 1.44 万 km^2，多年平均径流量 2.53 亿 m^3。

7.2.4 青海湖水系水力联系

流入青海湖区的主要河流见表 7-5，流长大于 5km 的有 50 余条。较大河流有布哈河、沙柳河、哈尔盖河、泉吉河、黑马河 5 条，合计集水面积 1.79 万 km^2，占青海湖流域面积的 60%，多年平均径流量 13.4 亿 m^3，占青海湖流域的 83%。其中，布哈河是青海湖流域最大的河流，发源于祁连山疏勒南山，河长 272km，流域面积 1.43 万 km^2，占青海湖流域面积的 48%，年径流量 7.76 亿 m^3，占全流域环湖河流水量的 48%。

表 7-5 青海湖流域主要河流水文特征表

河流名称	控制站名称	控制站位置		集水面积/km^2	河长/km	控制站多年平均径流量/亿 m^3
		东经	北纬			
布哈河	布哈河口	99°44′12″	37°02′13″	14337	272	7.821
泉吉河	沙陀寺	99°52′35″	37°13′37″	567	63	0.221
沙柳河	刚察	100°07′49″	37°19′20″	1442	85	2.507
哈尔盖河	哈尔盖	100°30′16″	37°14′25″	1425	86	1.308
黑马河	黑马河	99°47′00″	36°43′23″	107	17	0.109

注：资料系列为 1956～2000 年。

青海湖湖水呈弱碱性，微咸带苦，含盐量 1.25%～1.52%，密度为 1.011kg · L^{-1}，湖中营养元素缺乏，属贫营养型湖泊。除青海湖外，面积大于 1km^2 的湖泊 12 个，如海晏湖、尕海、沙岛湖等。

青海湖流域河网呈明显不对称分布，西北部河网发育，径流量大；东南部河网稀疏，多为季节性河流，径流量小。

1) 布哈河

布哈河是青海湖流域第一大河，大部分河段流经天峻县境内，下游河口段左右岸分属刚察县和共和县管辖。它发源于疏勒南山，源头海拔 4513m，源流段自西北流向东南，称亚合陇贡玛，至多尔吉曲汇口偏转南流，继转东南接纳右岸支流亚合隆许玛，再纳右岸支流艾热盖后称阳康曲；继续东南流，纳左岸支流希格尔曲后始称布哈河。与纳让沟汇合后，河道偏转向南，过夏尔格曲汇口复东南流，到上唤仓水文站。过上唤仓水文站约 10km 后，河流出山谷，河槽逐渐展宽，比降变缓，水流分散，至天峻县江河镇南部最大支流江河，自左岸汇入。往下纳左岸支流吉尔孟河，河道分流串沟，地下潜流丰富，主流向东经布哈河口水文站，最后注入青海湖。布哈河河长 272km，河道平均比降 2.76‰，布哈河口水文站多年平均径流量 7.821 亿 m^3。

2) 泉吉河

泉吉河也称乌哈阿兰河，位于青海湖北岸刚察县境内，发源于尔德公贡，源头海拔 4308m。河源地区地势较平坦，分布有大面积沼泽地，支流密布，水系呈树枝状，植被良好；干流自北向南，流经中游的峡谷地带，砂卵石河床，水流集中，河宽约 25m，水深约 0.8m；下游为广阔的湖滨滩地，水流缓慢，河床渗漏严重，大部分河水潜入地下。最后经泉吉乡，至沙陀寺水文站，河道分成两股注入青海湖，至沙陀寺水文站河长 63km，集水面积 567km^2，河道平均比降 12.1‰，多年平均径流量 0.221 亿 m^3。

3) 沙柳河

沙柳河也称伊克乌兰河，位于青海湖北岸刚察县境内，发源于大通山的克克赛尼哈，河源海拔 4700m。源流段自西北流向东南，穿行于峡谷之中，河宽 13m 左右，河床由砂卵石组成；至瓦音(彦)曲汇入后，由北向南略偏东流，河谷渐宽，两岸为砂卵石台地，河道分流串沟，形成众多长满沙柳的河滩沙洲；其间左岸支流鄂乃曲、夏拉等河汇入，干流水量倍增，主流河宽 30m。出山口后，流向东南，经刚察水文站，入青海湖湖滨平原。到河口段河水漫流穿过湖滨沼泽区，最后汇入青海湖。沙柳河流域集水面积 1442km^2，河道比降 8.16‰，多年平均径流量 2.507 亿 m^3。

4) 哈尔盖河

哈尔盖河位于青海湖北岸，流经刚察县和海晏县，源头位于大通山脉赞宝化久山西南台布希山西北，河源海拔 4271m。源流段自西北向东南，漫流于高山沼泽之中，泉流源源不断汇集河流，并有多处温泉涌出；两岸支沟较多，呈羽状分布，至海德尔曲汇口，河流偏向南流，经热水煤矿，河流逐渐进入宽谷带，至支流青达玛汇口，以上河段为上游区，长 52km，河道稳定，水流集中，河宽 15m 左右；河谷两岸为阶地，宽约 700m，最宽可达 2km 之多。自青达玛汇口到最大支流查那河汇口为中游段，河道走向从北向南，河道宽 20m，水深 0.5m 左右，砂卵石河床，水流平缓而分散，有渗漏现象。查那河汇口以下到河口为下游段，经哈尔盖水文站后，干流分成多股水流蜿蜒穿行于冲洪积扇及湖滨平原之中，砂砾石河床，汛期冲淤变化大，主槽摆动，河水渗漏严重，枯水季节，部分河段全部下潜，至湖滨复出地表，形成大片沼泽区，汇集成涓涓细流注入青海湖。河口高程 3195m，至哈尔盖水文站河长 86km，集水面积约 1425km^2，河道平均比降 5.64‰，多年平均径流量 1.308 亿 m^3。

5) 黑马河

黑马河位于青海湖西南岸共和县黑马河镇境内。上游分成两支，北支称日格尔河，源于橡皮山北麓，时令河；南支为正源，发源于橡皮山东南的亚勒岗，河源海拔 4477m，自西南流向东北；两支于黑马河镇政府驻地以上 1km 处汇合后经黑马河水文站，过湖滨草原注入青海湖。两支源流汇口以上山区坡度大，砂卵石河床，沿岸水草丰茂。河口附近湖滨地带河床有渗漏现象，枯季经常断流。集水面积 107km^2，河道平均比降 52.1‰，多年平均径流量 0.109 亿 m^3。

青海湖流域湖泊较多，除青海湖外，面积大于 0.04km^2 的湖泊有 75 个，其中面积大于 0.5km^2 的湖泊有 14 个，大于 1km^2 的有 4 个，分布于流域西北部的布哈河河源地区和东南部的湖滨地带。分布于西北部的多为淡水湖，分布于东南部的多为咸水湖(罗颖，2011)。流域内湖泊因水源补给不足，湖面逐渐退缩，最明显的是青海湖。由于青海湖湖面退缩，不断分离出新的子湖，目前已分离出四个较大的子湖，由北而南分别为尕海、新尕海、海晏湾和洱海。

7.2.5 疏勒河流域水力联系

疏勒河发源于祁连山脉的岗格尔肖合力岭冰川，经青海省天峻县和甘肃省肃北县、玉门市、瓜州县、敦煌市，由东向西曾流入罗布泊，干流全长 670km，为甘肃省三大内陆河之一。疏勒河流域位于甘肃省河西走廊西端，流域面积 4.13 万 km^2，多年平均年降水量 47～63mm，年蒸发量 2897～3042mm，年平均气温 6.9～8.8℃，属典型的内陆干旱性气候。流域年水资源总量为 11.34 亿 m^3，其中地表水总资源量为 10.82 亿 m^3(疏勒河干流多年平均径流量为 10.31 亿 m^3，石油河多年平均径流量为 0.51 亿 m^3)，与地表水不重复的地下水资源量为 0.52 亿 m^3。流域内辖昌马、双塔、花海三大灌区，承担着玉门市、瓜州县 22 个乡镇、6 个国营农场 8.96

万 hm^2 耕地的农业灌溉和甘肃矿区等单位的工业供水、辖区生态供水及水力发电供水等任务。

经过多年大规模的水利建设，尤其是疏勒河综合开发项目的建成，已初步形成以蓄、引、调、排为主的骨干工程体系。灌区有昌马、双塔、赤金峡三座水库，总库容 4.722 亿 m^3。有干渠 17 条(445.86km)，支干渠 11 条(116.77km)，支渠 120 条(548.10km)，斗渠 619 条(1105km)，农渠 6247 条(2950km)，已形成较为完善的灌溉系统，是甘肃省百万亩以上大型自流灌区之一(程斌强，2015；陈海锋和陈红如，2014)。

7.2.6 黑河流域水力联系

黑河流域发源于祁连山的大小河流共有 35 条，其中集水面积大于 100km^2 的河流有 18 条，以黑河为干流。历史上各主要支流均汇入黑河干流，1947 年在讨赖河建成鸳鸯池水库后，讨赖河、洪水河湮灭于金塔盆地。黑河流域东部子水系和中西部子水系已于 20 世纪 70 年代初期失去了水力联系，按目前地表水力联系及尾闾归宿可分为东、中、西三个相对独立的子水系。其中，东部子水系包括黑河干流、梨园河及 20 多条沿山支流，流域面积 11.6 万 km^2；中部子水系为酒泉马营河至丰乐河诸小河流水系，为浅山短流，归宿于肃南裕固族自治县明花乡至高台县盐池盆地，流域面积 0.6 万 km^2；西部子水系为酒泉洪水河至讨赖河水系，流域面积 2.1 万 km^2，多为浅山短流，只有洪水河与讨赖河贯穿酒泉盆地，讨赖河经鸳鸯池水库进入北部金塔盆地后改称“北大河”(王学良和吴宜芳，2010；李大鹏，2008)。

黑河流域东部子水系由黑河干流及分布在左右岸的 20 余条小河组成,这些河流均发源于南部的祁连山。除梨园河在正义峡以上汇入黑河干流外，其他支流出山后即被引灌或渗失于山前冲积扇，无地表水注入黑河干流。

黑河干流发源于青海省祁连县，从祁连山发源地到尾闾居延海，全长约 928km。干流莺落峡以上为上游，河道长 313km，流域面积 1.0 万 km^2，上游地势高峻，气候严寒湿润，年均降水量 350mm，近代冰川发育。莺落峡至正义峡为中游，河道长 204km，流域面积 2.56 万 km^2，中游地区绿洲、荒漠、戈壁、沙漠断续分布，是河西走廊的重要组成部分。正义峡以下为下游，河道长 411km，流域面积 8.04 万 km^2，下游阿拉善高平原属于马鬃山至阿拉善台块的戈壁沙漠地带，气候非常干燥，植被稀疏，是戈壁沙漠围绕天然绿洲的边境地区。

中西部子水系主要河流从东到西依次有马营河、丰乐河、观山河、红山河、洪水河、讨赖河，分别发源于木龙、金龙、玛苏河、朱龙关、古浪峡、纳嘎尔当等处，多年平均径流量超过 1.0 亿 m^3 的河流有讨赖河、洪水河、马营河，其他 3 条河流均小于 1.0 亿 m^3。6 条河流的共同特点是径流量年际变化不大，但年内变化较大，汛期(7～9 月)来水量占全年来水量的 46.8%～77.0%。水量补给以冰川融水、降水和地下水为主，其中冰川融水占 0.9%～35.4%。除以上河流外，流域内沿祁连山还有涌泉坝、黄草坝、榆林坝、磁窑口、屈家泉口、文殊沙河等 9 条小沟小河，正常年份一般不产生地表径流或地表径流较小(常桂强等，2016)。黑河流域中西部子水系主要河流水文特征见表 7-6。

表 7-6　黑河流域中西部子水系主要河流水文特征

水系	河名	站名	集水面积/km^2	均值/亿 m^3	Cv	Cs/Cv	不同来水频率年径流量/亿 m^3		
							50%	75%	95%
中部子水系	马营河	红沙河	619	1.090	0.15	2.0	0.873	0.792	0.719
	丰乐河	丰乐河	568	0.940	0.15	2.0	0.917	0.819	0.712
	观山河	金佛寺	135	0.154	0.18	2.0	0.145	0.131	0.117
西部子水系	红山河	红山河	117	0.173	0.14	2.0	0.256	0.234	0.215
	洪水河	新地	1581	2.549	0.26	2.0	2.473	2.065	1.606
	讨赖河	冰沟	6883	6.234	0.17	2.5	6.172	5.486	4.613

注：Cv 为径流变异系数；Cs 为径流偏态系数。

7.2.7　石羊河流域水力联系

石羊河流域自东向西由大靖河、古浪河、黄羊河、杂木河、金塔河、西营河、东大河、西大河八条河流及多条小沟小河组成，河流补给来源为山区大气降水和高山冰雪融水，产流面积 1.11 万 km^2，多年平均径流量 15.60 亿 m^3。

石羊河流域按照水文地质单元又可分为三个独立的子水系，即大靖河水系、六河水系和西大河水系。大靖河水系主要由大靖河组成，隶属大靖盆地，其河流水量在本盆地内转化利用；六河水系上游主要由古浪河、黄羊河、杂木河、金塔河、西营河、东大河组成，该六河隶属于武威南盆地，其水量在该盆地内经利用转化，最终在南盆地边缘汇成石羊河，进入民勤盆地，石羊河水量在该盆地全部被消耗利用；西大河水系上游主要由西大河组成，隶属永昌盆地，其水量在该盆地内利用转化后，汇入金川峡水库，进入金川–昌宁盆地，在该盆地内全部被消耗利用(蒋洁茹，2018；淦述敏，2008)。

7.3　非常规水调控技术

针对西北内陆区保水节水、多水源利用、生态水调控的主要技术，在西北内陆区水资源供需平衡分析的需水预测、供水分析、供需分析原则中，将以上内容集成在内，开展西北内陆区 2030 年水资源供需分析，为提出水资源安全保障体系框架提供供需分析决策依据。

7.3.1　微咸水、矿井疏干水、再生水开发利用

西北内陆区城镇生活用水指城镇居民生活用水和城镇公共用水。近年来，随着城镇化的快速推进，要求供水保证率高，供需矛盾较为突出，迫切需要提高城镇用水效率和效益。

根据资料统计分析，西北内陆区微咸水天然补给量共 80.19 亿 $m^3 \cdot a^{-1}$，数量相当可观，其中新疆微咸水天然补给量为 46.21 亿 $m^3 \cdot a^{-1}$，甘肃为 24.32 亿 $m^3 \cdot a^{-1}$，内蒙古(西部)为 9.66 亿 $m^3 \cdot a^{-1}$；新疆和甘肃的微咸水天然补给量分别占西北内陆区微咸水天然补给量 57.6%和 30.3%，具有较大的微咸水天然补给量。若能对这部分微咸水资源进行开发，将对西北内陆区微咸水利用和缓解西北内陆区淡水资源利用紧张起到十分重要的作用和意义。

西北内陆区微咸水天然补给量共 80.19 亿 $m^3 \cdot a^{-1}$，可开采量为 31.87 亿 $m^3 \cdot a^{-1}$，现状开采量为 12.36 亿 $m^3 \cdot a^{-1}$，可以看出微咸水利用具有非常大的潜力。同时，合理利用微咸水进行灌溉，对安全有效利用微咸水、合理开发微咸水资源、修复退化的生态植被、推动地区“沙产业”经济的良性发展、解决水资源危机、维持绿洲生态与社会和谐发展具有非常重要的意义。

经分析，西北内陆区矿井涌水量 4.94 亿 $m^3 \cdot a^{-1}$，其中新疆 0.57 亿 $m^3 \cdot a^{-1}$、甘肃 1.88 亿 $m^3 \cdot a^{-1}$、青海 0.96 $m^3 \cdot a^{-1}$、内蒙古 1.53 亿 $m^3 \cdot a^{-1}$。西北内陆区煤炭资源非常丰富，但水资源量十分紧缺，每年矿井疏干水利用率却不足 26%。矿井疏干水水量丰富，但利用率偏低，尚有较大的开发利用潜力，同时矿井疏干水外排会引发严重的环境问题。

乌鲁木齐市再生水利用的主要干预计划如下。①加大节水力度：将工业用水重复利用率增加 10%，减少城市各行业用水定额至现状的 80%。②提高再生水可利用量：增大 10%的排水投资增长率，以加快再生水利用基础设施建设。

预测结果显示，乌鲁木齐市干预后的再生水需求量增速大于再生水供应量，2030 年之后，由于用户接受程度达到最高值，再生水需求量增长速度趋于平缓，供需平衡指数将再次回到 1 左右，干预效果明显。

7.3.2　西北内陆区可集成多水源利用技术

结合在多水源利用方面开展的研究，对西北内陆区多水源利用技术集成内容进行分析，具体见表 7-7～表 7-9。

表 7-7　面向生态的再生水利用技术集成

序号	技术名称	已应用区域	适用范围	技术特点
技术1	MBR	①北京市房山区大石河水环境综合治理项目，投资 5.5 亿元； ②北京密云再生水厂(我国第一座万吨级 MBR 再生水厂)至今已稳定运行 11 年； ③吉林省吉林市污水处理厂(东北地区最大的 MBR 工程，验证了 MBR 工艺在高寒地区的适用性； ④陕西省西安市经开区草滩污水处理厂(西北地区最大的 MBR 工程)； ⑤云南省昆明市第十污水处理厂(西南地区最大的全地下式污水处理厂)； ⑥广东省珠海市前山水质净化厂(华南地区最大的全地下式污水处理厂)	适合新建和中小污水处理厂，尤其适合人类可直接接触水的处理、高浓度有机废水的处理、纯水的预处理及中水回用	①研究膜污染的机理，解决膜污染问题； ②MBR 生物反应器内微生物的代谢特性及其对出水水质、污泥活性等的影响，从而确定适宜的微生物生长及代谢条件； ③以节能、处理特殊水质对象、兼具脱氮除磷、操作维护简便、可以长期稳定运行等为目标，开发新型的膜生物反应器
技术2	生物滤池	①北京市酒仙桥再生水厂； ②广东省深圳市西丽再生水厂； ③北京市高碑店再生水厂(国内最大的再生水厂)； ④山东省青岛市青岛啤酒污水处理厂； ⑤北京市卢沟桥再生水厂； ⑥河北省唐山市北郊再生水厂	市政污水、食品加工废水、微污染源水处理、难降解有机废水处理、中水回用	①加强与微生物学科之间的结合，利用不同微生物的吸食特性融合进入滤池的生态环境，设置有层次的针对性去除有毒物质的微生物种群生物膜，进一步扩大生物滤池的应用范围； ②加强对填料的材质、粒径和填料高度等研究，通过低价位、高性能的填料增强生物滤池的除污能力； ③优化和探索生物滤池的最佳运行参数，探讨生物滤波内微观的生态系统中食物链与食物网关系对污水处理效果的影响
技术3	混凝沉淀过滤及其改进工艺	①吉林省白山市江源区污水处理厂； ②北京市高碑店再生水厂(国内最大的再生水厂)； ③河北省张家口市下花园区污水处理厂提标改造工程； ④内蒙古通辽市污水处理厂改扩建工程； ⑤天津市纪庄子再生水厂； ⑥江苏省徐州市经济技术开发区中水厂； ⑦北京市槐房再生水厂	使用微生物絮凝剂进行处理采用生物过滤技术，减少堵塞、污染问题	适用性广、造价低，处理效果较好，能满足大部分使用需求

续表

序号	技术名称	已应用区域	适用范围	技术特点
适用于西北内陆区的最优技术	混凝沉淀过滤及其改进工艺	①吉林省白山市江源区污水处理厂；②北京市高碑店再生水厂(国内最大的再生水厂)；③河北省张家口市下花园区污水处理厂提标改造工程；④内蒙古通辽市污水处理厂改扩建工程；⑤天津市纪庄子再生水厂；⑥江苏省徐州市经济技术开发区中水厂；⑦北京市槐房再生水厂	该处理工艺运行广泛，多回用于工业用水，特别是火电厂的循环冷却水等对水质要求不高的部门，其次是景观用水，西北内陆区生态景观缺水严重，该工艺处理的出水水质稳定、水价不高，有很大的应用前景	①研究、开发和使用微生物絮凝剂进行水处理，在微生物和传统混凝剂的结合应用方面进行更多的研究和探讨，以开发出能广泛应用的新型产品；②发展生物过滤技术，降低物理过滤技术遇到的堵塞、污染等一系列的问题，提高污染物去除效果

表 7-8　微咸水资源利用技术集成

序号	技术名称	已应用区域	适用范围	技术特点
技术 1	微咸水农田灌溉技术	华北、沿海地区	干旱半干旱区、盐渍化地区	对于淡水资源十分紧缺的地区，可直接利用微咸水进行灌溉，利用微咸水灌溉来保障作物的产量，解决灌溉水资源的短缺
技术 2	微咸水滴灌技术	全国各地	干旱半干旱区、盐渍化地区	精密控制作物所需水分，减少土壤水分在深层的渗透损失，使地下水水位下降
技术 3	微咸水膜下滴灌技术	西北地区	干旱半干旱区、盐渍化地区	精密控制灌溉水量，减少水分在深层土壤的渗透损失，还可降低地下水水位；减少土壤水分蒸发，调节土壤温度，提高作物品质和提高产量
技术 4	微咸水灌溉维持水盐平衡灌水定额技术	全国各地	干旱半干旱区、盐渍化地区	微咸水灌溉条件下盐分离子的转移与平衡规律进行系统研究，从而确定适宜的微咸水灌溉方式
技术 5	微咸水淡化技术	全国各地	干旱半干旱区、盐渍化地区	微咸水淡化是解决人畜饮水一条投资少、见效快、成本低的途径，减少深层水源开采，节省淡水资源，微咸水淡化设备排出的浓盐水又可用于水产养殖，做到循环生产，产生较好的生态效益、经济效益和社会效益
适用于西北内陆区的最优技术	微咸水膜下滴灌技术	—	—	精密控制灌溉水量，降低水分在深层土壤的渗透损失，还可降低地下水水位；减少土壤水分蒸发，调节土壤温度，提高作物品质和提高产量。

表 7-9 矿井疏干水资源利用技术集成

序号	技术名称	已应用区域	适用范围	技术特点
技术 1	聚合氯化铝混凝法	国内外应用都相当广泛	矿井疏干水混凝处理	混凝是去除悬浮物杂质最关键的工序，可以解决矿井疏干水中悬浮物与混凝剂亲和能力弱、混凝过程中矾花形成困难等问题
技术 2	反渗透	全国各地	高矿化度矿井疏干水	反渗透是目前高矿化度矿井疏干水处理的主体工艺，因投资和运行成本都较高，对设备还要求做好防爆、防潮、防静电等工作，只适合于小水量的处理，在井下应用较少
技术 3	自动控制电渗析工艺	全国各地	高矿化度矿井疏干水	可实现自动加药、自动排泥和全过程监控；运行实践证明，该系统具有较好的灵活性、较高的可靠性和可维护性
技术 4	一体化净水器	全国各地	悬浮物矿井疏干水	集反应、沉淀和过滤于一体，具有占地面积小、建设周期短等优点，但由于一体化净水器的设计参数接近地表水水质，结果水处理量通常只能达到设计水量的 50%左右，水质经常出现不合格，不仅造成投资浪费，而且影响了煤矿的正常生产
技术 5	ReCoMag TM 超磁分离水体净化系统	全国各地	—	解决矿井疏干水处理过程中占地面积大，流程比较长的问题，设备可靠耐用，可连续运行，无须反洗，电耗低，但是每次处理水量有限
技术 6	固体废弃物吸附	全国各地	—	使用固体废弃物吸附处理矿井疏干水，工艺简单，成本低，达到以废治废的效果
适用于西北内陆区的最优技术	固体废弃物吸附	—	—	使用固体废弃物吸附处理矿井疏干水，工艺简单，成本低，达到以废治废的效果

7.3.3 多水源利用技术集成增加可供水量

对空中水资源、矿井疏干水、微咸水利用等技术的集成，估算出这些非常规水资源在现状年、2035 年和 2050 年的可供水量，如表 7-10 所示。

表 7-10 西北内陆区非常规水资源预测 (单位：亿 m^3)

非常规水资源	实际可供水量			相对常规水资源量比例		
	现状年可供水量	2035 年可供水量	2050 年可供水量	现状年可供水量	2030 年可供水量	2050 年可供水量
空中水	17.53	17.27	16.26	2.83	2.79	2.62
微咸水	31.86	25.49	15.29	5.14	4.11	2.47

续表

非常规水资源	实际可供水量			相对常规水资源量比例		
	现状年可供水量	2035 年可供水量	2050 年可供水量	现状年可供水量	2030 年可供水量	2050 年可供水量
矿井疏干水	3.41	2.22	2.18	0.55	0.36	0.35
可再生水	8.40	10.03	13.54	1.36	1.62	2.18
合计	61.20	55.01	47.27	9.88	8.88	7.62

注：西北内陆区常规水资源量为 620 亿 m^3(除外流河)。

7.4　常规水资源节水技术

7.4.1　节水用水技术

西北内陆区灌溉用水效率不高，节水有较大潜力。节水的方向：一是减少地下水潜水蒸发中超过作物吸收能力的无效蒸发损失；二是减少田间大水漫灌的水面无效蒸发损失；三是减少平原水库库区水面的蒸发损失；四是减少渠系输水的蒸发损失。节水的手段有多种，主要是通过地表水与地下水联合利用降低地下水位，减少灌溉定额以减少田间的无效蒸发，进行平原水库改造以减小水库水面面积并保持有效库容，渠系改造、整理、衬砌，减少输水损失。配合采用地膜覆盖和各种先进的节水灌溉方式，可以做到在节水的同时实现农业的稳产高产(冯起等，2019)。

节水的重点应放在中低产田上，主要原因如下：一是西北内陆区中低产田主要为盐碱地，如黑河中游的罗城灌区，地下水埋深小，潜水蒸发量大，节水潜力较大；二是通过竖井灌排方式，既减小了潜水蒸发强度，又能阻断地下水对耕作层的盐分补给，在节水的同时有助于盐碱化的治理；三是在中低产田上的节水效果显著，各方面的积极性均较高(冯起等，2019)。

7.4.2　种植结构调整

西北内陆区农业用水占到总用水量的 90%以上，进行种植结构调整，减少高耗水作物种植面积，增加低耗水、经济价值高的作物种植面积，可以优化水资源利用，提高水资源综合价值。

种植结构调整的需水效应分析主要涉及几个关键要素，如图 7-19 所示，包括雨养区、灌溉区各类作物种植面积和各类作物全生育期需水量。

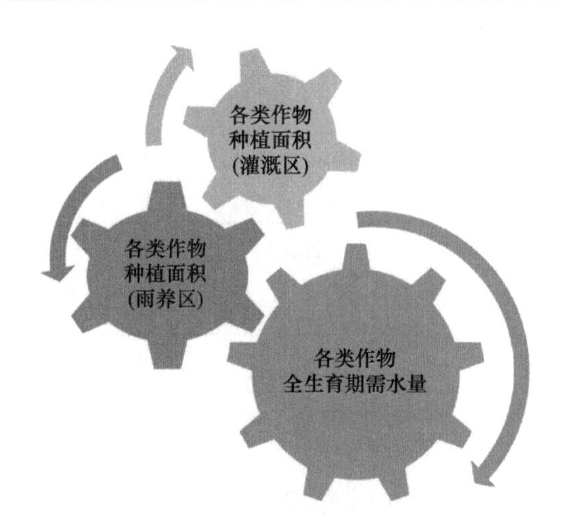

图 7-19 种植结构调整主要影响因素

7.4.3 荒漠绿洲生态保护的水资源调控

西北内陆区脆弱的生态环境需要优先满足水资源的要求，基于生态优先的水资源配置越来越受到重视，首先进行荒漠绿洲生态保护的水资源调控。面向荒漠绿洲生态保护的水资源调控关键技术，主要为面向生态用水需求的多目标水资源优化配置模型，包括绿洲区地表水优化配置技术、河–渠轮灌技术、适时补水优化技术，在以上技术基础上构建维持荒漠绿洲生态稳定的地表水与地下水联合调控技术。同时，研发荒漠绿洲过渡带植被群落结构优化的水分稳定技术，集成荒漠绿洲过渡带天然植被保护、雨养植被补植、低耗水植被引种技术；提出面向生态的水库群与引水工程联合调度准则，研发不同流域生态水量调度技术，提出基于生态用水安全的流域尺度水资源优化配置技术及调度方案。

7.4.4 西北内陆区水资源管理侧安全保障技术

制度建设是水资源综合规划的重要组成部分，是保障水资源可持续利用支撑社会经济可持续发展的重要措施。

1. 建立健全水资源管理体制

《中华人民共和国水法》规定了各级人民政府水行政主管部门和流域管理机构在所辖范围内行使法律、法规规定和水行政主管部门授予的水资源管理和监督职责。贯彻实施《中华人民共和国水法》，应当对水资源实行统一管理，建立流域与区域相结合的水资源管理体制。

西北内陆区河流众多、分散，差异较大，应结合不同流域的水资源状况、开发利用和管理情况，进一步明确流域与行政区域的管理职责。建立分工负责、各方参与、民主协商、共同决策的流域议事决策机制和高效的执行机制。建立适应社会主义市场经济要求的集中统一、依法行政、具有权威的水资源管理新体制，加强水资源统一配置、统一调度。

加强对流域水资源的统一管理，理顺管理体制，建立权威、高效、协调的统一管理体制，有效协调各部门、各地区间的关系，更好地解决流域水资源管理中的重大问题。加强行政区域内水资源综合管理，健全完善水资源管理和配套法规、规章，明确流域管理机构与地方水行政主管部门的事权，各司其职、各负其责，以实现水资源评价、规划、配置、调度、节约、保护的综合管理，推进水务的统一管理。

2. 完善建立用水总量控制和定额管理制度

西北内陆区水资源匮乏，为确保水资源可持续利用，必须实行严格的用水总量控制和定额管理制度。各地区要根据本行政区域的总量控制目标，逐级分配用水总量控制指标，实行年度计划用水制度，逐步扩大计划用水的实施范围，按照统筹协调、综合平衡、留有余地的原则，各级水行政主管部门要按照上级主管部门审批的用水计划控制本辖区的用水，确保实际用水不超过分配给本行政区域的用水指标，保障合理用水，抑制不合理需求。

完善用水定额及标准体系，在开展水平衡测试和分析现状用水水平的基础上，各地区组织有关行业主管部门，按照职责分工，结合节水型社会建设的发展需要，科学制订本行政区域内行业用水定额，由省级人民政府公布。重点区域和重点行业的用水定额和节水标准要率先制订。

3. 完善取水许可水资源有偿使用制度

严格审查和批准取水许可，加强取用水的监督管理和行政执法。加强建设项目水资源论证管理，除对建设项目实行水资源论证外，国民经济和社会发展规划、城市总体规划、区域发展规划、重大建设项目的布局、工业园区的建设规划、城镇化布局规划等宏观涉水规划，也要逐步纳入水资源论证管理(杨立彬等，2011)。

与取水许可制度实施范围相应，确定水资源费征收范围；建立水资源费调整机制，适时调整水资源费征收标准，对超计划或超定额取用水累进收取水资源费；制订水资源费征收管理实施细则，加大水资源费征收力度，加强水资源费征收使用的监督管理。

4. 水权流转机制与技术

水权流转是利用市场机制实现水资源优化配置的重要方式，可以优化用水结构、提高用水效率。

1) 国内外水权的经验

在美国，水权作为私有财产，可以转让，节水者可以转让水定额获取补偿。加利福尼亚州每年农业用水的 5%～15%流向城镇和环境部门。澳大利亚水权永久性分配和水权转换率限制结合，水价完全由市场决定。墨西哥、智利的水权可自由交易。我国水权制度起步较晚，但发展很快。2000 年浙江首创我国第一例东阳—义乌水权交易。2016 年 6 月，国家级水权交易平台——中国水权交易所正式开业，截至 2018 年累计实现交易水量 11.8 亿 m^3，交易价款 7.32 亿元。

2) 西北地区水权转让实施情况

2002 年，甘肃省张掖市作为水权改革试点，截至 2016 年节水 2200 万 m^3，水费亩均减少近 7 元。2003 年，宁夏、内蒙古开展了水权转让试点工作。2014 年，水利部将内蒙古、宁夏、甘肃等列为全国 7 个水权试点之一。2016 年 6 月底，宁蒙地区共批复项目 61 项，批复的水权转让水量为 4.36 亿 m^3。2017 年～2018 年，宁夏、内蒙古水权试点相继通过验收，新疆塔里木河流域水权水市场建设还处于探索阶段。

3) 成功案例——内蒙古水权转让试点

2003 年，经水利部批准，内蒙古试点开展盟市内水权转让，利用工业企业投资，对黄河流域近 200 万亩引黄灌溉面积进行节水改造，同时加强水资源配置和管理。2016 年，内蒙古盟市间每年 2000 万 m^3 水权交易签约，解决了近 60 个大型工业项目的用水指标问题，为约 2600 亿元工业增加值提供了水资源支撑，同时为沿黄灌区筹措了 60 多亿元的节水改造资金，引黄耗水量从转让前的 60 亿 m^3 降为 40 多亿 m^3。

4) 西北地区水权转让存在的问题和展望

西北地区水资源的特点是农业用水量大、灌溉水效率低、用水结构不合理、节水和水权转让潜力大。存在的问题是初始水权界定不明晰、法律制度不健全、水资源监控能力不足等。西北地区水权转让空间大，前景广阔，应根据宁夏、内蒙古等先进试点工程经验进行大力推广。

5. 建立科学合理的水价形成机制

继续推进水价改革，对非农业用水合理调整供水价格，对农业用水实行终端水价，改革水费计收方法，逐步建立促进水资源高效利用的水价体系。

按照补偿成本、合理收益、优质优价、公平负担的原则，完善水价形成机制。建立反映水资源供求状况和紧缺程度的水价形成机制，逐步提高水利工程水价、城市供水水价，合理确定中水水价。做好污水处理费的征收，合理确定水资源费与终端水价比价关系，逐步提高水费征收标准。未开征污水处理费的地方，要限期开征，已开征的地方，按照用水外部成本市场化的原则，逐步提高污水排污收费标准，运用经济手段推进污水处理市场化进程(杨立彬等，2011；国家发展改革委等，2007)。

对不同水源和不同类型用水实行差别水价，使水价管理走向科学化、规范化轨道。逐步推进水利工程供水两部制水价、城镇居民生活用水阶梯式计量水价、生产用水超定额超计划累进加价，缺水城市要实行高额累进加价，适当拉开高用水行业与其他行业用水的差价。同时，保证城镇低收入家庭和特殊困难群体的基本生活用水。水源丰枯变化较大、用水矛盾突出的地方，要实行丰枯水价。

合理确定水利工程、城市供水及再生水水价，充分发挥价格杠杆在水需求调节、水资源配置和节约用水方面的作用。完善农业水费计收办法，推行到农户的终端水价制度。扩大水费征收范围，提高水费征收率。

6. 完善水功能区管理制度

切实加强水资源保护，结合西北内陆区实际情况，建立并完善水功能区管理制度，划定水功能区，核定水域纳污总量，制订分阶段控制方案，依法提出限排意见；划定地下水功能区，制订地下水保护规划，全面完成地下水超采区的划定工作，压缩地下水超采量，开展流域地下水保护试点工作。要科学划定和调整饮用水水源保护区，切实加强饮用水水源保护。

将水功能区污染物入河控制总量分解到排污口，加强排污口的监督管理；新建、改建、扩建入河排污口要进行严格论证和审查，强化对主要河段的监管，坚决取缔饮用水水源保护区内的直接排污口。

7. 建立水资源应急调度制度

针对西北内陆区各流域的特点，西北内陆区各省(自治区)要建立与流域特大干旱、连续干旱及紧急状态相适应的水资源调配和应急战略。建立旱情和紧急状态水量调度制度，建立健全应急管理体系，加强指挥信息系统，做好生态补水、调水工作，保证重点缺水地区、生态脆弱地区用水需求。推进城市水资源调度工作，开展水资源监控体系建设，启动水资源管理系统建设，加强流域和区域水资源监控，提高水资源管理的科学化和定量化水平。

进一步健全抗旱工作体系，加强抗旱基础工作，组织研究和开展抗旱规划，建立抗旱预案审批制度，继续推进抗旱系统建设，提高旱情监测、预报、预警和指挥决策能力及相应的应对措施。

进一步加强饮用水水源地保护管理，强化对主要河段排污的管制，建立重大水污染事件快速反应机制，提高处理突发事件能力(梅梅，2009)。

7.4.5 高效节水技术集成

1. 生活节水技术与节水量分析

西北内陆区城镇生活用水指城镇居民生活用水和城镇公共用水，城镇节水主要采取对策措施如下。

(1) 强化公共用水管理。严格限制城市公共供水范围内建设自备水源；逐步扩大计划用水和定额管理的实施范围；全面实行计量收费和超定额累进加价；缺水地区严禁盲目扩大用于景观、娱乐的水域面积，合理限制洗浴、洗车等高用水服务业用水；加快缺水地区雨水、污水等非常规水源的开发利用，建设城市污水处理设施的同时安排污水回用设施的建设。

(2) 全面推行节水器具。加强城市计划用水和定额管理，积极组织开展节水器具和节水产品的推广和普及工作；政府机关、商场宾馆等公共建筑必须全面使用节水器具；新建、改建、扩建的公共和民用建筑，禁止使用国家明令淘汰的用水器具；引导居民尽快淘汰现有住宅中不符合节水标准的生活用水器具。

(3) 加快城市供水管网改造，降低管网漏失率。对供水管网进行全面普查，建立完备的供水管网技术档案，制订供水管道维修和更新改造计划，加大新型防漏、防爆、防污染管材的更新力度；完善管网检漏制度，推广先进的检漏技术，提高检测手段，降低供水管网漏失率。

创建节水型城市是增强城市可持续发展重要手段。各省(自治区)行政主管部门要会同有关部门进一步开展“节水型城市”的创建工作，加快创建节水型城市步伐。西北内陆区 2030 年城镇综合生活节水成果见表 7-11。

表 7-11 西北内陆区 2030 年城镇综合生活节水成果

区域	节水量/亿 m^3	节水器具普及率/%	管网漏失率/%
新疆	0.39	61.4	11.9
青海	0.02	85.2	8.0
甘肃	0.11	54.1	9.8
内蒙古	0.05	100.0	9.1
西北内陆区	0.57	64.7	11.2

2. 工业节水技术措施集成与节水量分析

西北内陆区工业用水情况复杂，供需矛盾最为突出，工业节水兼有节水和防污双重任务。

(1) 优化区域产业布局，加大工业布局调整力度。根据水资源条件和行业特点，通过区域用水总量控制、取水许可审批、用水节水计划考核等措施，按照以供定需的原则，引导工业布局和产业结构调整，以水定产，以水定发展；加强用水定额管理，逐步建立行业用水定额参照体系，促进产业结构调整和节水技术的推广应用；积极发展节水型产业和企业，通过技术改造等手段，加大企业节水工作力度，促进各类企业向节水型方向转变；新建企业必须采用节水技术；缺水地区要严格限制发展高用水、高污染工业项目，运用行政、经济等措施引导高用水行业逐步向水资源丰富地区转移。

(2) 大力发展循环经济。坚持走新型工业化道路，推行清洁生产，大力发展循环经济，杜绝盲目发展高用水、高污染工业；把转变经济增长方式、推行清洁生产同结构调整、技术进步和企业管理结合起来，实现从末端治理为主向全过程管理为主的转变；建设循环经济示范试点工程，大力发展水资源能够得到充分、高效利用的循环型或清洁型产业，以高新技术改造传统用水工艺，努力使工业重点行业及产品的单位用水量向国际先进水平靠近。

(3) 加大工业节水改造力度，推广先进节水技术和节水工艺，建设高效节水技术改造示范工程；加大以节水为重点的企业技术进步力度，采取“推广”“限制”“淘汰”“禁止”等措施，指导节水技术的发展；努力提高工艺用水重复利用率，循环用水，一水多用。重点推进火力发电、石化、造纸、钢铁、纺织、化工、食品等高用水重点行业节水技术改造。

(4) 强化企业计划用水和内部用水管理。强化企业计划用水，制订行业用水定额，建立和完善工业节水标准和指标体系；建设企业节水监测和技术服务体系，对企业的用水进行目标管理和考核，规范企业用水推进报表，完善三级计量体系，强化用水计量管理，推广供水、用水、排水和水处理的在线监控技术，提高企业用水、节水管理水平(史瑞兰等，2021)。

西北内陆区 2030 年工业节水成果见表 7-12。

表 7-12　西北内陆区 2030 年工业节水成果

区域	节水量/亿 m^3	投资/亿元	重复利用率/%	综合用水定额/(m^3/万元)
新疆	2.62	34.00	69.5	39.2
青海	0.79	9.55	70.0	87.6
甘肃	1.51	19.57	71.6	68.5
内蒙古	0.68	8.20	71.2	53.0
西北内陆区	5.60	71.62	70.3	47.5

3. 农业节水技术措施集成与节水量分析

1) 西北内陆区农业用水及高效节水灌溉技术现状

农业节水对于保障西北内陆区粮食安全、水资源安全和维护生态环境安全具有重要的意义。西北内陆区农业用水效率相对较低。相关资料显示，我国农业用水量占全国总用水量的60%左右，其中农田灌溉用水量可占农业用水量的90%～95%，农业用水量占到西北内陆区总用水量的85%左右，且西北内陆区的用水效率只有东部、中部及西南地区的24%～39%。西北地区耕地质量总体较差，农田灌溉水的利用率较低，陕西、甘肃、宁夏和新疆灌溉水利用系数分别为0.545、0.537、0.514和0.506。2012年，国务院发布《关于实行最严格水资源管理制度的意见》，提出到2030年农田灌溉水有效利用系数提高到0.6以上。目前，发达国家的农田灌溉水有效利用系数已经达到0.7～0.8，我国与之相距甚远，采用有效的节水灌溉措施势在必行。

2) 农业节水标准和节水指标

农业节水标准和节水指标主要以灌溉水利用系数和灌溉定额为代表。对于渠道防渗输水灌溉工程，大型灌区灌溉水利用系数要达到0.5以上，中型灌区灌溉水利用系数要达到0.6以上，小型灌区灌溉水利用系数要达到0.7以上，地下水灌区应达到0.8以上；喷灌节水灌溉水利用系数要达到0.8以上，微灌节水灌溉水利用系数要达到0.85以上，滴灌工程不应低于0.9。节水指标的拟定以西北内陆区各省(自治区)颁发实施的各行业用水定额为主要参考资料，考虑各省(自治区)现状用水水平和将来节水指标实现的可行性与可能性进行拟定。

3) 农业节水对策措施

(1)节水工程措施。节水工程措施是节水灌溉的基本措施，主要节水工程措施有渠系工程配套与渠系防渗、低压管道输水、喷灌和微灌节水措施。

(2)非工程节水措施。在搞好节水工程措施的同时，必须采取配套的非工程节水措施——农业措施和管理措施，充分发挥节水灌溉工程的节水增产效益。一是大力推行耕作保墒和农田覆盖保墒技术，通过深翻改土、增施有机肥料、秸秆积肥还田、种植绿肥等措施，改善土壤结构，增大活土层，提高土壤蓄水能力，减少土壤水分蒸发；二是积极引进培育优良作物品种，优先推广抗旱品种，使用化学保水剂、抗旱剂及旱地龙等生物工程措施，提高作物的抗旱能力；三是合理调整作物种植结构，大力推广旱作农业，采用立体复合种植技术，减少灌溉次数。

4)绿洲灌区农田作物高效节水潜力分析

根据石河子灌区的水资源状况、农业种植分布，结合区域产业规划，利用模型优化农业种植结构；同时，针对高效灌水技术在灌区的使用，对比分析节水技术的节水效益(表7-13)。

表 7-13　西北内陆区 2030 年农业节水计算

区域	有效灌溉面积/万亩	节水工程措施节水面积/万亩					节灌率/%	非工程节水措施节水面积/万亩	节水量/亿 m^3
		渠道	管灌	喷灌	滴灌	小计			
新疆	5092.14	2929.68	89.22	348.92	648.87	4016.69	78.9	1531.83	40.20
青海	169.35	166.30	0.00	0.60	0.00	166.90	98.6	48.00	2.86
甘肃	786.45	650.00	84.00	21.63	26.82	782.45	99.5	164.95	10.05
内蒙古	176.08	87.78	38.76	18.82	1.50	146.86	83.4	90.00	0.20
西北内陆区	6224.02	3833.76	211.98	389.97	677.19	5112.90	82.2	1834.78	53.60

图 7-20 中曲线 AB 和曲线 CD 分别代表某灌区在 $I_{净1}$ 和 $I_{净2}$ 耗水水平下的灌溉用水曲线。其耗水水平之间的关系为

$$I_{净1} > I_{净2} \tag{7-3}$$

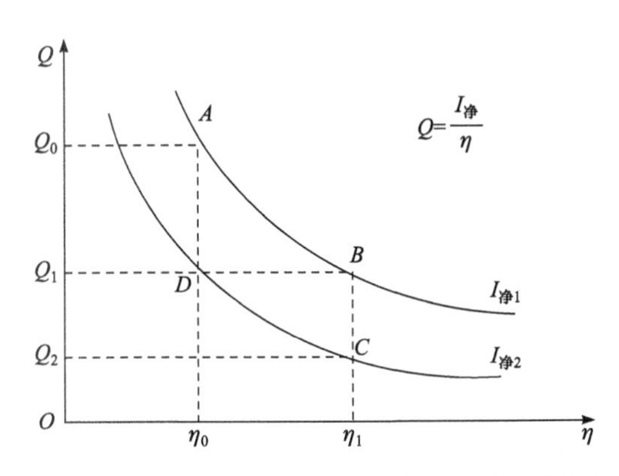

图 7-20　灌溉用水量与灌溉水利用系数、净灌溉定额的关系

点 A 表示最初的灌溉水平($Q_0, I_{净1}, \eta_0$)，由于灌溉水利用系数较小，净灌溉用水量比较大，因此毛灌溉用水量 Q_0 较大。

首先，分析提高灌溉水利用系数的节水潜力。在净灌溉定额 $I_{净1}$ 不变的前提下，节水灌溉措施的实施将灌溉水利用系数由最初的 η_0 提高到 η_1，对应的灌溉水平是 $B(Q_1, I_{净1}, \eta_1)$。由图 7-20 清楚地显示，提高灌溉水利用系数后的节水量为

$$\Delta Q = Q_0 - Q_1 \tag{7-4}$$

其次，分析减少田间无效蒸发、降低净灌溉定额的节水潜力。$I_{净1}$ 由曲线 AB 的水平降低到曲线 CD 的水平。在灌溉水利用系数不变的前提下，此时的灌溉水

平是 $D(Q_1, I_{净2}, \eta_0)$，节水量为仍为 $\Delta Q = Q_0 - Q_1$ (雷波等，2011)。

对比提高 η 后的节水量和降低 $I_{净}$ 后的节水量可以发现，尽管从节水总量来看二者的效果可以相等，但其节水的内涵是有本质差别的。提高 η 减少的是渗漏损失，而降低 $I_{净}$ 则是减少了无效耗水。二者的计算方法也不一样，对于提高 η，其单位面积节水量的大小为

$$\Delta Q = I_{净}\left(\frac{1}{\eta_0} - \frac{1}{\eta_1}\right) \tag{7-5}$$

对于降低 $I_{净}$，其单位面积节水量的大小为

$$\Delta Q = \frac{I_{净1} - I_{净2}}{\eta_0} = \frac{\Delta I_{净}}{\eta_0} \tag{7-6}$$

最后，分析同时提高灌溉水利用系数和降低净灌溉定额的综合节水潜力。无论灌溉水平是由 A 经过 B 到 C，还是由 A 经过 D 到 C，C 点对应的灌溉水平为 $C(Q_2, I_{净2}, \eta_1)$。此时的单位面积节水量为

$$\Delta Q = Q_0 - Q_2 = \frac{I_{净1}}{\eta_0} - \frac{I_{净2}}{\eta_1} \tag{7-7}$$

渠道防渗是降低渠道水量损失最根本和最有效的措施，西北内陆区现状渠道防渗还具有一定发展潜力。各流域不同地区应根据地方具体情况，结合末级渠系改造项目，因地制宜选择合适的渠道防渗类型，尤其在大中型地表水灌区加大建设力度。经过几十年的发展，高效节水正逐渐向规模化发展，同时在西北缺水地区已经开始在大田粮食作物上运用。各流域不同地区应根据自然、社会经济、农业发展等特点，因地制宜发展高效节水灌溉技术。

(1) 在有地形条件的地表水自流灌区，实施“管代渠”输水方案，充分利用地形条件实现自压供水；

(2) 在地表水提水灌区，积极推进管灌，在特色作物区优先考虑输水使用管道，田间实施微灌及喷灌；

(3) 对于地下水井灌区或井渠结合灌区，在地下水资源丰富、水质满足灌溉要求的地区，全面采用管道输水方式，田间灌溉技术方面推广管灌，有条件的地区积极发展喷灌及微灌；

(4) 在特色类、经济林果类等优势作物区，严重缺水及生态脆弱的大田粮食作物区，实行喷灌和滴灌结合的方式(杨翊辰和刘柏君，2021)。

西北内陆区地域广阔，应充分考虑地域差异，因地制宜地选用节水工程措施。对于新疆片区，加快大中型灌溉节水改造步伐，完善渠系工程配套，减少、杜绝大水漫灌等粗放灌水方式，提高大中型灌区灌溉水利用系数。对于塔里木河流域，

通过采取骨干渠道衬砌防渗的节水措施，同时在田间推行标准沟、畦灌、膜上灌等常规节水灌溉技术，努力提高灌区灌溉水利用系数。在有条件的地区，优化调整作物种植结构，大力推行高新技术节水措施，如棉花膜下滴灌等措施，提高用水效率和生产效益。天山北麓诸河灌区经济条件较好，常规节水灌溉技术已得到普及，该区应在继续普及高标准田间常规节水灌溉技术的基础上，大面积推行高效节水灌溉技术，如喷灌、微灌和管道输水灌溉等。对于河西内陆河的黑河、石羊河和疏勒河流域，由于该区资源性缺水，生态环境恶化严重，农业节水主要措施是控制和压缩农业灌溉面积，退耕还林还草，优化农林牧业产业结构。

7.5　水资源多维协同优化配置模型构建

7.5.1　水资源配置思路分析

加强水资源科学调度和管理，合理调配水资源，在满足生活用水的前提下，优先保障河湖基本生态用水，合理配置生产用水。结合地理特点、水资源分布条件和生态安全保障等，西北内陆区水资源配置应坚持以下主要原则。

(1) 要统筹兼顾流域社会经济发展和生态系统安全的各方面需求，协调好生活、生态、生产用水的关系；加强水资源科学调度和管理，合理调配水资源，在满足生活用水的前提下，优先保障河湖基本生态用水，合理配置生产用水。

(2) 系统考虑山田农林湖草治理，坚持上、中、下游统筹兼顾，地表水、地下水统一配置，保证干支流主要断面生态环境用水满足需求。

(3) 在水资源紧缺及过度开发地区，优化产业结构，促进产业转型升级，逐步提高水资源集约节约利用水平。同时，考虑适当从域外调配水源，增加本地区水资源可配置量，逐步恢复本地生态系统。

西北地区水资源相对缺乏，适合发展旱作农业；东部、中部地区农业资源多样，劳动力、技术等资源具有优势，适合发展多样化农业和都市农业；西南地区地少水丰，丘陵、山区并存，适合发展特色农业。资源禀赋多元决定了产业发展类型的多元。应立足于不同资源禀赋和生产条件，发挥区域比较优势，因地制宜确定农业发展方向(张红宇，2019)。

要解决西北地区水资源短缺问题，必须以科学发展观为指导，针对西北生态环境脆弱的实际，从满足西北国土空间开发战略与格局、建立资源节约型和环境友好型社会的要求出发，把实施最严格的水资源管理制度、建设节水型社会作为根本举措，同时适时适度建设跨流域调水工程和区域性水源调配工程，在保障区域社会经济又好又快发展的同时，进一步修复和改善生态环境，走内涵式的发展道路。

1. 实施最严格的水资源管理制度

西北内陆区一方面水资源十分短缺，另一方面用水结构不合理，用水方式粗放，废污水处理率低，生态用水挤占严重，水资源管理存在不足，因此必须把实施最严格的水资源管理制度、建设节水型社会作为根本举措。目前，西北内陆区各项用水指标均低于全国和东部平均水平，农业用水比重较高且浪费严重。

2010 年国务院批复的《全国水资源综合规划》对 2030 年解决西北地区水资源短缺问题安排了一整套具体措施；2012 年国务院发布的《关于实行最严格水资源管理制度的意见》，对实行最严格水资源管理制度作出全面部署和安排。解决西北内陆区水资源短缺问题的当务之急是在充分利用当地水资源、加强农业用水管理、调整产业结构等的基础上，通过实施最严格的水资源管理制度和节水型社会建设，制订比全国三条红线更严格的第四条红线，即灌溉面积不能超限，强化全社会的节水、用水意识，进一步提高区域水资源的利用效率和效益。

2. 适度建设跨流域调水工程和区域性水源调配工程

针对西北不同地区水资源开发利用实际，适时适度建设跨流域调水工程和区域性水源调配工程。继续推进南水北调西线工程前期工作，及早实施南水北调西线工程，以不断满足青海、甘肃、内蒙古相关城市和地区工业、生活用水的需求。

同时，在水资源仍然具有开发潜力、具备建设条件、生态环境影响可接受的前提下，建设一批骨干水库调蓄工程和区域性调水工程。目前，黄藏寺水利工程已建设，西北内陆区可规划建设正义峡、蓄集峡、引江济柴等水库工程，进一步提高对当地天然径流的调控能力；建设引额供水、引哈济党、艾比湖生态环境保护等区域性调水工程，以逐步缓解西北内陆区粮食安全、经济发展及城镇化进程的水资源供需矛盾，支撑和保障西部地区社会经济发展和生态环境的用水需求。

7.5.2 水资源多维协同配置模型系统

水资源多维协同配置模型是基于水文单元–区域–流域的“自然–社会”二元水循环过程调控，涉及水资源、社会、经济、生态、环境等多目标的决策问题，以协同学“支配性原理”为基础，将水资源系统、社会经济系统和生态环境系统作为有机整体。由控制参量预测模块、优化配置模块和有序度评价模块三部分组成，以优化配置模块为核心，以控制参量和序参量为抓手，以多重循环耦合迭代技术为手段，以预测模块的控制参量为主要输入变量，将各子系统序参量融入水资源配置目标函数及约束条件中，以水资源–社会经济–生态环境复合系统的有序演化为总目标，运用有序度协同各序参量时空分布，通过模型多重循环耦合迭代计算，实现系统协同作用，使各子系统、各种构成要素围绕系统的总目标产生协同放大作用，最终达到系统高效协同状态，实现水资源–社会经济–生态环境复合系统协同有序发展。水资源多维协同配置模型系统见图 7-21。

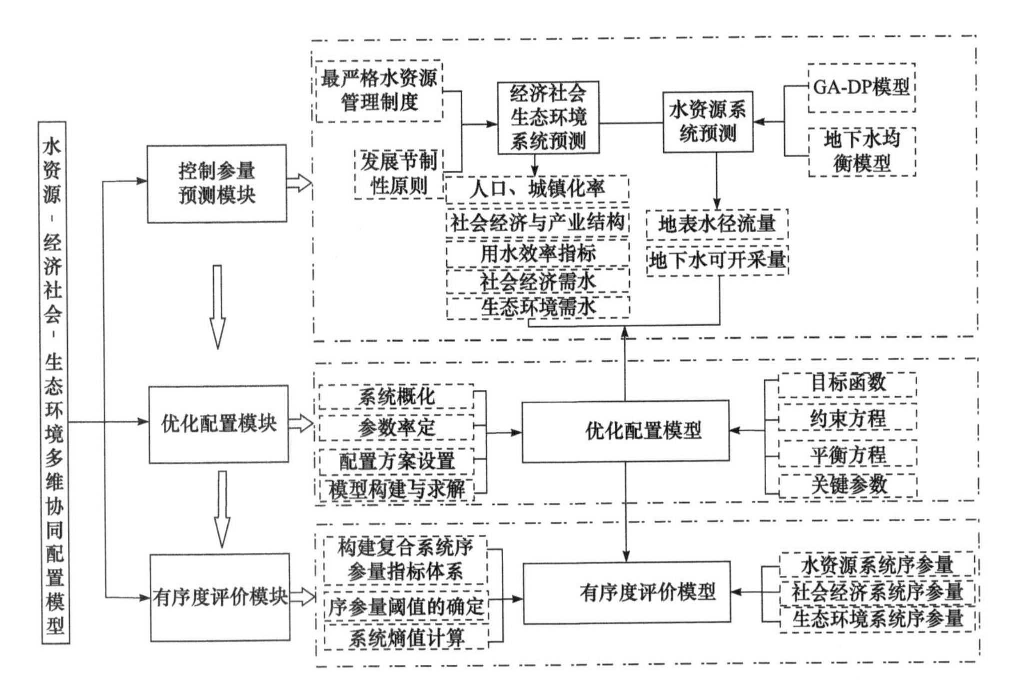

图 7-21　水资源多维协同配置模型系统

控制参量预测模块：①在社会经济、水土资源、生态环境等规划的指导下，结合所处的流域位置、发展现状及发展战略等，在充分考虑水资源禀赋条件、产业结构调整、节水和治污、生态环境保护等方面的前提下，基于水资源、水环境承载能力和“以水定城、以水定地、以水定人、以水定产”的原则，对社会经济指标、产业结构和用水效率指标进行合理预测，生成社会经济和生态环境系统需水侧控制参量，为方案设置做准备；②基于 Mann-Kendall 法对地表水径流量进行趋势分析，进而利用构建的 GA-BP 模型对未来水平年地表水径流量进行预测，利用地下水均衡模型与配置模型的动态耦合，定量刻画和模拟不同水资源开发利用模式下地下水可开采量，生成水资源系统供给侧控制参量，为方案设置做准备。

优化配置模块：基于水文单元–区域–流域的“自然–社会”二元水循环过程调控，涉及水资源、社会、经济、生态、环境等多目标的决策问题，将水资源系统、社会经济系统和生态环境系统作为有机整体，由目标函数、决策变量和约束条件等组成，运用运筹学原理在优化配置模块牵引下实现水资源在不同时空尺度(水文单元–区域–流域，年/月)、不同水源、不同行业等多个维度上满足水资源–社会经济–生态环境协同配置要求的多重循环迭代计算。

有序度评价模块：为合理评价多种水资源配置方案的优劣，根据协同学理论中的序参量和有序度，对水资源系统、社会经济系统、生态环境系统各设置了一正一负的序参量指标，给出阈值范围和有序度的计算公式，构建基于协同学原理的有序度评价模型，对流域水资源优化配置方案集进行评价和筛选。

7.5.3　控制序参量预测模块

水资源配置应受未来需水量预测结果、水资源量、模型求解精度等因子共同影响，其中未来需水量预测结果和水资源量是众多影响因子中的重要影响因子，可视为影响水资源配置主要因素。因此，将其作为模型的主要控制性参量，即主要输入变量。需水量预测结果受社会经济发展指标和需水定额发展水平共同影响，进行需水量预测时，通常以国家、地区、行业发展规划为依据，预测社会经济发展指标和需水定额。受规划定期修编和政策连贯性影响，较之相关预测模型，该法预测未来需水量具有一定的前瞻性和可靠性。水资源量在参与未来供水方案生成时，多以已有长系列降水、径流、地下水监测等资料为基础，采用典型年法或长系列年法、补给量法进行计算。近年来气候变化异常，极端天气频发，受温室效应等影响，地区降水时空分布、产汇流时空分布、地下水位都较历史发生了一定变化，这些都使未来水资源量变化存在一定的未知性，进而影响水资源配置方案结果。因此，本小节同时考虑流域地表水、地下水的动态变化，对其进行动态预测，作为模型的水资源系统供给侧输入参量(供给侧控制参量)。

1. 社会经济系统预测

如何合理有效地预测需水量，避免投资浪费，减少用水危机发生，合理预测水量需求，对于社会、经济和环境的协调发展，对于重大水资源工程的正确决策和实施，乃至市场经济条件下的用水管理，均具有重大意义。经过长期研究和工作实践，形成了多种多样的需水预测方法，如图 7-22 所示。从自变量与因变量的关系角度出发，即预测所用的样本数据与用水量之间的关系，可将需水预测方法分为主观预测法、时间序列法、结构分析法及系统分析法四大类，每一类都有其代表性的方法。根据预测周期的长短，需水量预测可以分为单周期预测方法和多周期预测方法。往往随着预测周期的延长，各类不确定因素积累，导致预测误差增大。目前，常用的方法有趋势分析法、工业用水弹性系数法、系统动力学法、人工神经网络法、灰色预测法及指标定额法等。由于水资源配置系统中需水结构复杂，预测结果涉及国民经济发展的方方面面，只能采用指标定额法分析经济、人口、政策等因素综合确定各个行业及用水户在多种景下的用水需求；其他方法由于自身的局限性，往往只能给出部分行业及部门的需水参考，缺乏对社会经济发展的综合考虑。通过整理分析研究区以往长系列发展数据、各种相关规划、城市发展定位、国际形势及国家政策方针等，采用指标定额法分多种情景确定研究区未来需水方案，为研究区实现水资源配置提供可靠的数据支撑(周翔南，2015)。

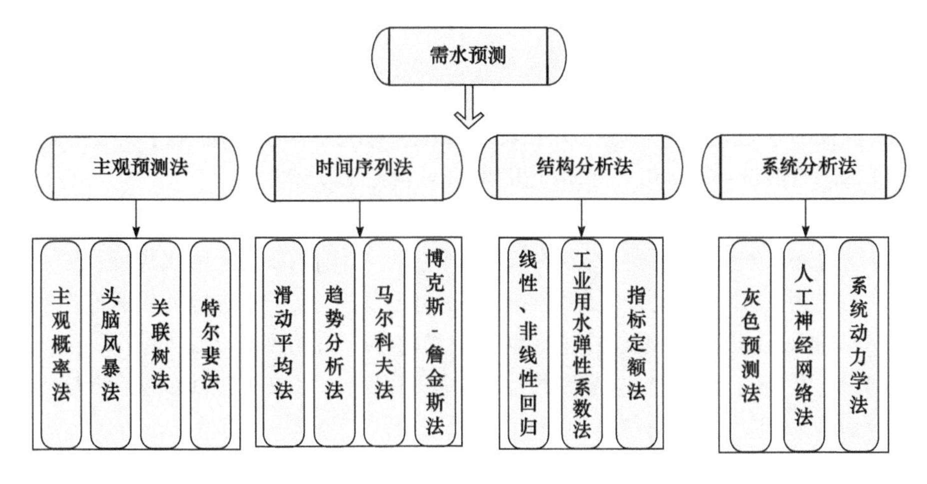

图7-22　需水预测的几种方法

人口预测是需水预测中的关键一环，无论是直接与人口数量密切关系的生活需水量，还是和人口发展有间接关系的建筑业及第三产业需水量，或者是采用人均综合需水量预测方法预测的总需水量，人口的数量及变化趋势都直接影响着这几种需水量的预测结果。人口增长与国家政策、地方发展规划及当地经济水平有关。一般情况下，有计划的人口增长是以一定的、较低的增长率缓慢增长，多年的数据会形成一条平滑的有趋势曲线。在这种情况下，对于短期预测可以采用简单的时间序列法，即可迅速有效地预测未来人口。需要注意的是，城镇人口和农村人口在生活用水方面有较大差别，因此在人口预测中需要分别预测城镇人口数和农村人口数。此外，区域城镇化水平与一个区域的经济发展水平是相联系的。

经济指标预测相对人口预测更为复杂，首先将经济增长部分分为几项，根据农业、工业、第三产业等不同规划分别进行预测。经济增长率确定的主要依据是国家宏观政策及当地长短期规划，并结合当地条件及发展现状，预测其发展潜力和未来的发展方向。通常的需水预测工作中，农业经济部分的预测选用种植面积、灌溉面积(粮食作物面积、经济作物面积)、标准牲畜数量等分类预测后，结合相应的需水定额进行需水量计算。工业行业种类过多，分类预测十分烦琐且分行业用水定额难以测定，因此一般方法是将工业行业分为高耗水工业和一般耗水工业，分别预测相应的产值增长率，得到工业产值或增加值。建筑业及第三产业的预测一般是结合城镇化率来进行，因为三者之间联系比较紧密。根据当地实际情况预测所有分项经济指标后，综合经济总增长率，相对人口形成人均 GDP 作为校核，最后相对总需水量形成万元 GDP 需水量作为校核。

2. 水资源系统预测分析

考虑未来来水条件对规划水平年水资源配置结果会有重要影响，需对研究区域地表水径流量进行有效预测，并在此基础上，对配置模型系统进行数据库更新。

1) 基于 Mann-Kendall 秩次检验的地表径流趋势分析

Mann-Kendall 秩次检验法也称作无分布检验法，其最大优点为不需要样本遵从一定的分布特征，也不受少数异常值的干扰，操作简单、定量化程度高、检测范围广，较为适用于水文、气象等非正态分布序列数据变化趋势的检验和分析。利用 Mann-Kendall 秩次检验法进行地表径流趋势分析的基本步骤如下。

(1) 对于具有 n 个独立分布的原始时间序列，水文站点地表径流样本为 $x=(x_1,x_2,\cdots,x_n)$，构成一秩序列统计量：

$$S_k=\sum_{i=1}^{k}r_i\ ,\ k=1,2,\cdots,n \tag{7-8}$$

式中，S_k 为 x_i 大于 x_j 的个数累计值；

$$r_i=\begin{cases}1,\ \ x_i>x_j\\0,\ x_i\leqslant x_j\end{cases},j=1,2,\cdots,i \tag{7-9}$$

(2) 原序列随机独立且有相同连续分布时，定义 S_k 的均值和方差分别为

$$E(S_k)=\frac{k(k+1)}{4} \tag{7-10}$$

$$\mathrm{var}(S_k)=\frac{k(k-1)(2k+5)}{72} \tag{7-11}$$

(3) 定义 S_k 标准化后的统计量 UF_k 为

$$UF_k=\frac{S_k-E(S_k)}{\sqrt{\mathrm{var}(S_k)}} \tag{7-12}$$

(4) 将径流样本序列 x_i 逆序排列，同理计算得到另一条统计量序列曲线 UB，且统计量 UB_k 为

$$\begin{cases}UB_k=-UF_k\\k=n+1-k\end{cases},k=1,2,\cdots,n \tag{7-13}$$

(5) 采用双边趋势进行检验，给定显著性水平α，查正态分布表，得到α显著性水平下临界值$U_{\alpha/2}$。可通过置信区间检验来判断是否具有明显的变化趋势。具体判断标准：若$|UF_k| > U_{\alpha/2}$，则表明径流系列存在明显的变化趋势；当$UF_k > 0$时，序列呈上升趋势；反之，则为下降趋势。

(6) 曲线UF与曲线UB在置信区间内的交点即为径流突变点。

2) 基于 GA-BP 模型的径流预测

采用遗传算法优化的误差反向传播算法(genetic algorithm-back propagation，GA-BP)模型对流域地表径流进行预测。

利用 GA 算法较强的宏观搜索及全局优化能力，可以有效避免 BP 神经网络存在的收敛速度较慢、易陷于局部极值等缺点。该模型利用 GA 算法对神经网络的权值、阈值进行寻优，并在缩小搜索范围后利用 BP 网络进行精确求解，使得神经网络能够在较短时间内达到全局最优且避免局部极值出现。

GA-BP 模型主要包括三个主要部分：①BP 神经网络结构确定；②GA 优化；③BP 神经网络预测。其中，第一部分主要根据该模型输入输出参数的个数来确定其结构，同时能确定 GA 个体长度；第二部分 GA 优化 BP 神经网络的权值及阈值，GA 种群中每个个体都包含了一个网络所有权值及阈值，并通过适应度函数来计算个体适应度值，GA 再通过选择、交叉和变异等操作进而找到最优适应度值对应的个体(宋明明，2018)；第三部分通过第二部分寻找到的最优个体对神经网络初始权值和阈值进行赋值，神经网络经训练后得到预测的输出结果。GA-BP 优化模型的算法步骤如下。

(1) 初始化种群P，包括其交叉概率P_c、交叉规模、突变概率P_m、初始权值ω_{ih}和ω_{ho}；采用实数对其进行编码。

(2) 对个体评价函数进行计算并排序：

$$p_i = f \Big/ \sum_{i}^{N} f_i \tag{7-14}$$

$$f_i = 1/E(i) \tag{7-15}$$

$$E(i) = \sum_{k}^{m} \sum_{o}^{q} \left(d_o - \gamma O_o\right)^2 \tag{7-16}$$

式中，i为染色体数目；o和q为输出节点数；k和m为样本数目；d为期望输出；γO为实际输出。

(3) 用交叉概率P_c对个体G_i和G_{i+1}进行交叉操作，进而产生新个体G_i和G_{i+1}，未被交叉操作的个体直接复制采用；根据突变概率P_m突变产生新个体G_j。

(4) 将(3)产生的新个体均插入到种群P中，并根据式(7-14)～式(7-16)计算新个体的评价函数。

(5) 判断算法是否结束，结束转向(6)，若不结束转向(3)。

(6) 算法结束，对最优个体解码即为优化后网络的连接权值系数，将该系数赋值给 BP 网络进行训练及预测输出。

3. 地下水可开采量动态预测模型

1) 模型建立原则

地下水开采量一般用地下水可开采量控制。一般在水资源配置模型中根据有关资料分析得出多年平均地下水可开采量，作为地下水开采量的定值上限约束，即地下水开采量不能超出可开采量。但实际情况是可开采量主要取决于地下水补给量和开采条件，当地下水补给量发生变化时，可开采量也会相应发生变化。在地下水模型设计中，通过计算不同单元、不同时段的地下水各项补给量，得出分时段、分地区地下水可开采量。在遵循多年平均不超采的原则下，以地下水动态可开采量作为地下水开采量上限约束，将地表水和地下水配置模块紧密联系起来，实现地下水动态采补平衡(刘晓霞，2007)。

2) 计算流程

将配置结果中的管网渗漏补给量、河湖水库渗漏补给量、田间渠系渗漏补给量及井灌回归补给量等输入水均衡模型，计算出地下水总补给量，进而计算地下水可开采量，具体流程见图 7-23，计算步骤如下。

(1) 根据水资源调查评价结果，给出地下水可开采量 W_j 作为水资源配置模型输入初值，并且 $j=0$。

(2) 将 W_j 和各类参数、参量及各种约束等输入配置模型数据库，通过配置模型长系列逐月调节计算，确定水资源配置结果。

(3) 将各水源供水的管网渗漏补给量、河湖水库渗漏补给量、田间渠系渗漏补给量及井灌回归补给量等输入水均衡模型，计算各均衡单元地下水总补给量，并确定地下水可开采量 W_j (j 为迭代次数，$j=1,2,\cdots,n$)。

(4) 如果 $\left|W_{j+1}-W_j\right|/W_j \leqslant \varepsilon$，$\varepsilon$ 为地下水可开采量相对误差，则转向(5)；否则，转向(2)，并置 $j=j+1$，重复前一次运算过程。

(5) 判断此时地下水可开采量是否处于合理开采或允许超采范围内，如果满足条件则进入(6)，如果不满足条件则对供水能力、需水量及相关参数进行适当调整并返回(2)。

(6) 停止迭代计算，输出最终地下水可开采量。

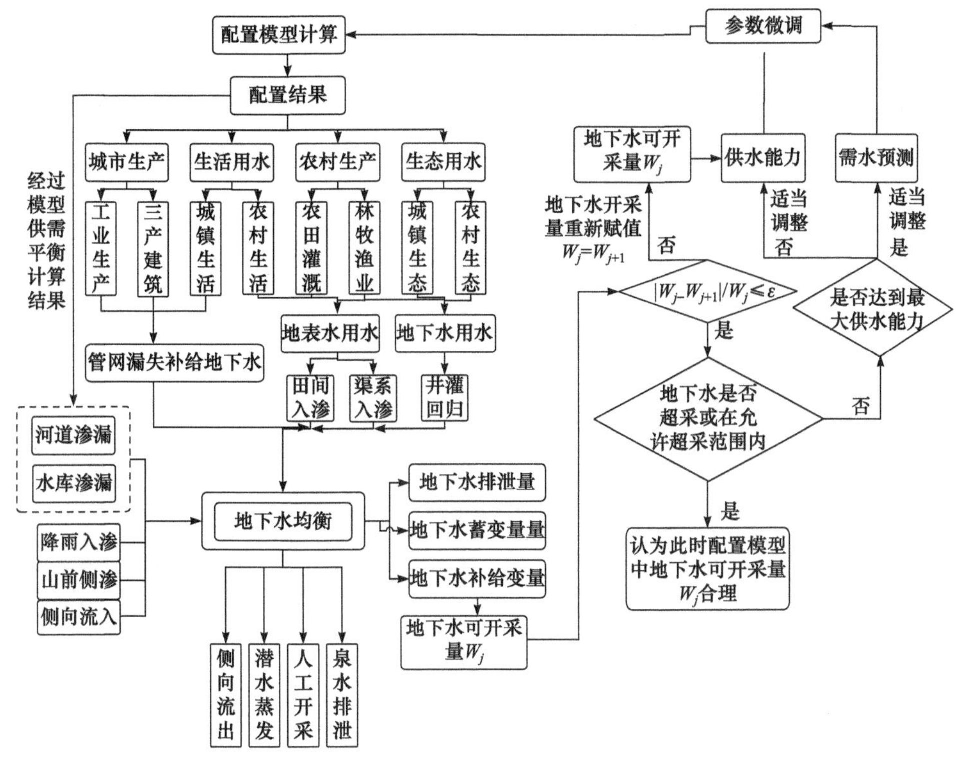

图 7-23　地下水可开采量交互迭代计算流程图

7.5.4　优化配置模块

1. 建模思路

水资源优化配置模型是根据水资源配置系统中人类经济活动形成的水资源供用耗排关系及其特点的描述，建立以“三生”用水需求与天然水资源在水利工程调度运行下的供给与需求之间平衡计算为基础的模型。

模型以水资源配置系统“点、线、面”的水量平衡关系作为水资源平衡计算的基础，包括流域或区域分区的水资源供需平衡及水资源供用耗排过程的水量平衡、水量转化和水源转化的平衡分析计算等。其中，“点”的水量平衡计算主要对象为水资源配置系统中各节点，包括计算单元节点、水利工程节点、分水汇水节点、控制断面等，其平衡关系为计算单元的供需平衡、水量平衡、水量转化关系、水源转化关系，水利工程的水量平衡和分水汇水节点或控制断面的水量平衡等；“线”的水量平衡计算对象为水资源配置系统中各类输水线段，包括地表水输水管道、渠道、河道、跨流域调水的输水线路、弃水传输线路、污水排放的传输线路等，其平衡关系为供水量、损失水量和接受水量间的平衡、地表水和地下水的水量转化关系等；“面”的水量平衡计算对象主要为流域或完整区域，其平衡关系为流域或区域的水资源供需平衡、水量平衡和水量转化关系。

将水资源配置系统的各类水量平衡关系概化为对系统内“点”“线”“面”对象关系的供需平衡、水量平衡和水量转化计算的描述，可极大地提高模型系统运行有效性(李鹏，2013)。

水资源配置模型由数据输入、模型参数、目标函数、平衡方程、约束条件、结果输出等部分组成，模型变量、参数、集合含义见表 7-14。

表 7-14　模型变量、参数、集合含义一览表

变量名称	含义	变量名称	含义
XZGC	地下水供城镇生活水量	XZSNA	河网槽蓄水供农业水量
XZGI	地下水供工业水量	XZSNO	河网调蓄后泄水量
GAXZ	地下水供农业水量	XCSRC	地表水渠道供城镇生活水量
XZGE	地下水供生态水量	XCSRI	地表水渠道供工业水量
XZGR	地下水供农业水量	XCSRA	地表水渠道供农业水量
XZSFC	当地可利用水供城镇生活水量	XCSRE	地表水渠道供生态水量
XZSFI	当地可利用水供工业水量	XCSRR	地表水渠道供农村生活水量
XZSFA	当地可利用水供农业水量	XCDRC	外调水渠道供城镇生活水量
XZSFE	当地可利用水供生态水量	XCDRI	外调水渠道供工业水量
XZSFR	当地可利用水供农村生活水量	XCDRA	外调水渠道供农业水量
XZTI	再生回用水供工业水量	XCDRE	外调水渠道供生态水量
XZTA	再生回用水供农业水量	XCDRR	外调水渠道供农村生活水量
XCDE	外调水供生态水量	XCPRC	提水渠道供城镇生活水量
XCDR	外调水供农村生活水量	XCPRI	提水渠道供工业水量
XCPC	提水供城镇生活水量	XCPE	提水供生态水量
XCPI	提水供工业水量	XCPR	提水供农村生活水量
XCPA	提水供农业水量	XZTE	再生回用水供生态水量
XZMC	城镇生活缺水量	XZTR	污水处理回用水量
XZMI	工业缺水量	XCSC	地表水供城镇生活水量
XZMA	农业缺水量	XCSI	地表水供工业水量
XZME	城镇生态缺水量	XCSA	地表水供农业水量
XZMR	农村生活缺水量	XRQ	河道过流量

续表

变量名称	含义	变量名称	含义
XCSE	地表水供生态水量	XCPRA	提水渠道供农业水量
XCSR	地表水供农村生活水量	XCPRE	提水渠道供生态水量
XCDC	外调水供城镇生活水量	XCPRR	提水渠道供农村生活水量
XCDI	外调水供工业水量	XZSO	节点退水量
XCDA	外调水供农业水量	XRSV	水库蓄水库容
XQTS	污水处理量	XCSRL	地表水渠道供水量
XRSLO	水库渗漏损失	XCDRL	外调水渠道供水量
XCPRL	提水渠道供水量		
参数名称	含义	参数名称	含义
PZWC	城镇生活毛需水量	PRSL	水库死库容
PZWI	工业毛需水量	PRSU	水库最大库容
PZWE	城镇生态毛需水量	PNSF	节点入流量
PZWA	农业毛需水量	PWSFC	计算单元未控径流系数
PZWR	农村生活毛需水量	PZGTU	时段地下水开采上限系数
PCSC	河流渠道有效利用系数	PZTCT	城镇生活污水处理率
PWSF	计算单元未控径流	PZTCR	城镇生活污水回用率
PCSCC	城镇生活供水有效利用系数	PZTIT	工业污水处理率
PCSCI	工业供水有效利用系数	PZTIR	工业污水回用率
PZTCD	城镇生活污水排放率	PCSL	河道最小流量
PZTID	工业污水排放率	PCSU	河道过流能力
PWRA	灌溉水补给河道系数	PQD	外调水可供水量
PRSF	水库入流量	PQT	再生水可供水量
PZGW	年地下水可利用量		
集合名称	含义	集合名称	含义
N	所有水库、节点及计算单元	$\mathrm{lr}(l)$	河道
$\mathrm{u}(n)$	上游元素集合	$\mathrm{lo}(l)$	排水渠道
$d(n)$	下游元素集合	$lk(n)$	所有湖泊、湿地
$nd(n)$	渠道、工程节点	$l(n,n)$	连接上下游的河流渠道
$ls(l)$	地表水渠道	$tm(t)$	计算时段、月份

续表

集合名称	含义	集合名称	含义
$ld(l)$	外调水渠道	$ir(i)$	蓄水工程
$lp(l)$	提水渠道	$j(n)$	所有计算单元

数据输入：基本元素主要包括行政分区、水资源分区、计算单元、水库、节点、水功能区、湖泊湿地、需水部门分类、规划水平年、水源分类、计算时段选择等；河渠系网络包括当地地表水渠道连线、外调水渠道连线、提水连线、河流连线、排水连线、流域水资源分区连线等；河渠道基本信息包括地表水渠道、外调水渠道、提水渠道、排水渠道、河道等的工程特性参数；计算单元信息包括需水过程、计算单元未控径流量、河网调蓄能力、污水处理参数、灌溉水利用系数、地下水可利用量等；水利工程基本信息包括水库特征参数、水库和节点入流等；其他信息包括湖泊湿地信息，如保护面积、耗水期望值等。

模型参数：渠系、河道、排水渠道的蒸发和渗漏比例系数，当地未控径流的可利用水量比例系数，地下水供水的年、月开采上下界系数等，计算单元灌溉渠系蒸发、渗漏、入河道比例系数等。

平衡方程和约束条件：计算单元、水库、节点、外调水工程等水量平衡方程，水库、渠道、污水回用、地下水、当地未控径流、湖泊、湿地、河道、农业“宽浅式破坏”等的约束条件。

目标函数：社会系统目标、经济系统目标、生态系统目标这几类目标函数，可用统一的数学结构表达。

数据输出：按水资源分区、行政分区、供水水源、水利工程、节点、渠道等提供各类统计结果，计算单元、节点、渠系等的长系列月过程，可根据需要统计各类结果。

2. 目标函数

1) 经济系统目标

水资源配置经济子系统的主要功能是尽量满足河道外需水要求，因此，选用供水量最大化，实现对经济子系统的序参量调控：

$$
\begin{aligned}
F_1 = \max\Bigg\{ & \sum_{t=1}^{T}\sum_{i=1}^{I}\sum_{j=1}^{J}\alpha_{\text{sur}}\left(\text{XCSC}_{ijt}+\text{XCSI}_{ijt}+\text{XCSE}_{ijt}+\text{XCSA}_{ijt}+\text{XCSR}_{ijt}+\text{XCSV}_{ijt}\right) \\
& +\sum_{t=1}^{T}\sum_{i=1}^{I}\sum_{j=1}^{J}\alpha_{\text{div}}\left(\text{XCDC}_{ijt}+\text{XCDI}_{ijt}+\text{XCDE}_{ijt}+\text{XCDA}_{ijt}+\text{XCDR}_{ijt}+\text{XCDV}_{ijt}\right)
\end{aligned}
$$

$$+\sum_{t=1}^{T}\sum_{i=1}^{I}\sum_{j=1}^{J}\alpha_{\mathrm{grd}}\left(\mathrm{XZGC}_{ijt}+\mathrm{XZGI}_{ijt}+\mathrm{XZGE}_{ijt}+\mathrm{XZGA}_{ijt}+\mathrm{XZGR}_{ijt}+\mathrm{XCGV}_{ijt}\right)$$
$$\left.+\sum_{t=1}^{T}\sum_{i=1}^{I}\sum_{j=1}^{J}\alpha_{\mathrm{rec}}\left(\mathrm{XZTI}_{ijt}+\mathrm{XZTE}_{ijt}+\mathrm{XZTA}_{ijt}+\mathrm{XZTV}_{ijt}\right)\right\} \tag{7-17}$$

式中，F_1为流域供水总量，其值越大，表明流域水资源优化配置的经济效益越好；α_{sur}、α_{div}、α_{grd}、α_{rec}分别为地表水、外调水、地下水、再生水的供水权重系数；XCSC_{ijt}、XCSI_{ijt}、XCSE_{ijt}、XCSA_{ijt}、XCSR_{ijt}、XCSV_{ijt}分别为t时段第i个子流域内第j个行政单元地表水供城镇生活、工业、城镇生态、农业、农村生活和农村生态的供水量，外调水(XCD)、地下水(XZG)及再生水(XZT)的符号含义以此类推，再生水仅对工业、城镇生态、农业及农村生态供水；T为总的计算时段，以月为单位；I为子流域个数；J为行政分区个数。

2) 社会系统目标

实现水资源在不同行业及不同地区间的供水公平，是水资源配置社会子系统的最终目标。因此，运用供水基尼系数概念，通过优化有限水资源在不同行业和不同流域间的分配方式，以最小化供水基尼系数实现社会经济系统的序参量调控(李丽琴等，2019)。

$$\begin{cases} F_2=\min\left\{\sum_{t=1}^{T}\sum_{k=1}^{K}\sum_{k'=2,k'>k}^{K}\left(\dfrac{\alpha^k W_{ijt}^k/D_{ijt}^k-\alpha^{k'}W_{ijt}^{k'}/D_{ijt}^{k'}}{T\times K\times M_{ijt}}\right)\right\} \\ F_3=\min\left\{\sum_{t=1}^{T}\sum_{j=1}^{J}\sum_{j'=2,j'>\varphi}^{J}\left(\dfrac{W_{it}^j/D_{it}^j-W_{it}^{j'}/D_{it}^{j'}}{T\times K\times M_{it}}\right)\right\} \\ M_{ijt}=\sum_{k=1}^{K}\dfrac{\alpha^k W_{ijt}^k}{D_{ijt}^k}\text{；}M_{it}=\sum_{j=1}^{J}\sum_{k=1}^{K}\dfrac{W_{ikt}^j}{D_{ikt}^j}\text{；}W_{it}^j=\sum_{k=1}^{K}W_{ikt}^j\text{；}D_{it}^j=\sum_{k=1}^{K}D_{ikt}^j \end{cases} \tag{7-18}$$

式中，F_2和F_3分别为行业供水基尼系数和行政分区基尼系数，其值越小，表明水资源配置在各行业和各行政分区间的公平性越好；W_{ijt}^k和D_{ijt}^k分别为t时段第i个子流域内第j个行政分区k行业的供水量和需水量；k、k'为行业，包含城镇生活、农村生活、工业、农业、城镇生态、农村生态；K为行业个数；α^k为第k个行业的供水优先序参数；$W_{ijt}^{k'}$、$D_{ijt}^{k'}$、$\alpha^{k'}$的含义以此类推；M_{ijt}为t时段第i个子流域内第j个行政分区全部行业供水量与需水量比值之和；M_{it}为t时段第i个子流域全部行政分区供水量与需水量比值之和；W_{it}^j为t时段第i个子流域行政分区j总供水量；D_{it}^j为t时段第i个子流域行政分区j总需水量(李丽琴等，2019)。

3) 生态环境系统目标

西北内陆区河流尾闾河岸林荒漠化严重，基于西北内陆区水循环与生态系统演变的耦合量化响应关系，保证流域重要控制断面最小下泄量是实现西北内陆区生态环境系统良性循环的关键措施。因此，选用最大化断面最小生态环境水量满足程度实现对生态环境子系统的序参量调控。

$$F_4 = \max \sum_{t=1}^{T} \sum_{l=1}^{L} \left\{ \alpha_t \frac{W_{lt}^{\mathrm{e}}}{D_{lt}^{\mathrm{e}}} \right\} \tag{7-19}$$

式中，F_4 为河道生态环境满足度系数，其值越大，表明河道内生态环境需水满足程度越高；W_{lt}^{e}、D_{lt}^{e} 分别为第 t 时段第 l 个河道断面的河道生态环境下泄量和河道生态环境需水量；α_t 为第 t 时段河段下泄量敏感系数，基于输水时间与植被种子成熟、萌发期相关性设置敏感参数(李丽琴等，2019)。

4) 综合目标

根据效益层级服从原理，对于不同配置单元，全面考虑其水资源及生态环境承载能力，对不同子系统的供水效益目标赋予合理的权重系数，使其水资源配置的综合目标达到最优。

$$Z = \lambda_1 F_1 - \lambda_2 F_2 - \lambda_3 F_3 + \lambda F_1 \tag{7-20}$$

式中，Z 为综合目标；λ_1、λ_2、λ_3 分别为水资源系统、社会经济系统和生态环境系统的权重参数。

3. 平衡方程

模型的关键平衡方程主要包括水库、节点和计算单元的水量平衡方程，具体表达式如下，各变量、参数的含义见表 7-14。

1) 水库水量平衡方程

$$\begin{aligned}
\mathrm{XRSV}_{tm}^{ir} = {} & \mathrm{XRSU}_{tm-1}^{ir} + \mathrm{PRSU}_{tm}^{ir} + \sum_{ls(u(ir),ir)} \mathrm{PCSC}^{ls(u(ir),ir)} \cdot \mathrm{XCSRL}_{tm}^{ls(u(ir),ir)} \\
& + \sum_{ls(u(nd),ir)} \mathrm{PCSC}^{ls(u(nd),ir)} \cdot \mathrm{XCSRL}_{tm}^{ls(u(nd),ir)} + \sum_{ld(u(ir),ir)} \mathrm{PCSC}^{ld(u(ir),ir)} \\
& \cdot \mathrm{XCDRL}_{tm}^{ld(u(ir),ir)} + \sum_{ld(u(nd),ir)} \mathrm{PCSC}^{ld(u(nd),ir)} \cdot \mathrm{XCDRL}_{tm}^{ld(u(nd),ir)} \\
& + \sum_{lp(u(ir),ir)} \mathrm{PCSC}^{lp(u(ir),ir)} \cdot \mathrm{XCPRL}_{tm}^{ld(u(ir),ir)} + \sum_{lp(u(nd),ir)} \mathrm{PCSC}^{lp(u(nd),ir)} \\
& \cdot \mathrm{XCPRL}_{tm}^{ld(u(nd),ir)} + \sum_{lo(u(j),ir)} \mathrm{PCSC}^{lo(u(j),ir)} \cdot \mathrm{XZSO}_{tm}^{lo(u(j),ir)}
\end{aligned}$$

$$
\begin{aligned}
&-\sum_{ls(ir,d(j))}(\mathrm{XCSRC}_{tm}^{ls(ir,d(j))}+\mathrm{XCSRI}_{tm}^{ls(ir,d(j))}+\mathrm{XCSRA}_{tm}^{ls(ir,d(j))}\\
&+\mathrm{XCSRE}_{tm}^{ls(ir,d(j))}+\mathrm{XCSRR}_{tm}^{ls(ir,d(j))})-\sum_{ld(ir,d(j))}(\mathrm{XCDRC}_{tm}^{ld(ir,d(j))}\\
&+\mathrm{XCDRI}_{tm}^{ls(ir,d(j))}+\mathrm{XCSRE}_{tm}^{ls(ir,d(j))}+\mathrm{XCSRR}_{tm}^{ls(ir,d(j))})\\
&-\sum_{ld(ir,d(j))}(\mathrm{XCDRC}_{tm}^{ld(ir,d(j))}+\mathrm{XCDRI}_{tm}^{ld(ir,d(j))}\\
&+\mathrm{XCDRA}_{tm}^{d(ir,d(j))}+\mathrm{XCDRE}_{tm}^{ld(ir,d(j))}+\mathrm{XCDRR}_{tm}^{ld(ir,d(j))})\\
&-\sum_{lp(ir,d(j))}(\mathrm{XCPRC}_{tm}^{lp(ir,d(j))}+\mathrm{XCPRI}_{tm}^{lp(ir,d(j))}+\mathrm{XCPRA}_{tm}^{lp(ir,d(j))}\\
&+\mathrm{XCPRE}_{tm}^{lp(ir,d(j))}+\mathrm{XCPRR}_{tm}^{lp(ir,d(j))})-\sum_{ls(ir,d(j))}\mathrm{XCSRL}_{tm}^{ls(ir,d(ir))}\\
&-\sum_{ls(ir,d(nd))}\mathrm{XCSRL}_{tm}^{ls(ir,d(nd))}-\sum_{ld(ir,d(j))}\mathrm{XCDRL}_{tm}^{ld(ir,d(ir))}\\
&-\sum_{ld(ir,d(nd))}\mathrm{XCDRL}_{tm}^{ld(ir,d(nd))}-\sum_{lp(ir,d(j))}\mathrm{XCPRL}_{tm}^{lp(ir,d(ir))}\\
&-\sum_{lp(ir,d(nd))}\mathrm{XCPRL}_{tm}^{lp(ir,d(nd))}-\mathrm{XRSLO}_{tm}^{ir}
\end{aligned}
\tag{7-21}
$$

2) 节点水量平衡方程

$$
\begin{aligned}
&\mathrm{PNSF}_{tm}^{nd}+\sum_{ls(u(ir),nd)}\mathrm{PCSC}^{ls(u(ir),nd)}\cdot\mathrm{XCSRL}_{tm}^{ls(u(ir),nd)}+\sum_{ls(u(nd),nd)}\mathrm{PCSC}^{ls(u(nd),nd)}\\
&\cdot\mathrm{XCSRL}_{tm}^{ls(u(nd),nd)}+\sum_{ld(u(ir),nd)}\mathrm{PCSC}^{ld(u(ir),nd)}\cdot\mathrm{XCDRL}_{tm}^{ld(u(ir),nd)}\\
&+\sum_{ld(u(nd),ir)}\mathrm{PCSC}^{ld(u(nd),nd)}\cdot\mathrm{XCDRL}_{tm}^{ld(u(nd),nd)}+\sum_{lp(u(ir),nd)}\mathrm{PCSC}^{lp(u(ir),nd)}\\
&\cdot\mathrm{XCPRL}_{tm}^{ld(u(ir),nd)}+\sum_{lp(u(nd),ir)}\mathrm{PCSC}^{lp(u(nd),nd)}\cdot\mathrm{XCPRL}_{tm}^{ld(u(nd),nd)}\\
&+\sum_{lo(u(j),nd)}\mathrm{PCSC}^{lo(u(j),nd)}\cdot\mathrm{XZSO}_{tm}^{lo(u(j),nd)}-\sum_{ls(nd,d(j))}(\mathrm{XCSRC}_{tm}^{ls(ir,d(j))}\\
&+\mathrm{XCSRI}_{tm}^{ls(nd,d(j))}+\mathrm{XCSRA}_{tm}^{ls(nd,d(j))}+\mathrm{XCSRE}_{tm}^{ls(nd,d(j))}+\mathrm{XCSRR}_{tm}^{ls(nd,d(j))})\\
&-\sum_{ld(nd,d(j))}(\mathrm{XCDRC}_{tm}^{ld(nd,d(j))}+\mathrm{XCDRI}_{tm}^{ld(nd,d(j))}+\mathrm{XCDRA}_{tm}^{ld(nd,d(j))}\\
&+\mathrm{XCDRE}_{tm}^{ld(nd,d(j))}+\mathrm{XCDRR}_{tm}^{ld(nd,d(j))})-\sum_{lp(nd,d(j))}(\mathrm{XCPRC}_{tm}^{lp(nd,d(j))}+\mathrm{XCPRI}_{tm}^{lp(nd,d(j))}\\
&+\mathrm{XCPRA}_{tm}^{lp(nd,d(j))}+\mathrm{XCPRE}_{tm}^{lp(nd,d(j))}+\mathrm{XCPRR}_{tm}^{lp(nd,d(j))})-\sum_{ls(nd,d(j))}\mathrm{XCSRL}_{tm}^{ls(nd,d(ir))}\\
&-\sum_{ls(nd,d(nd))}\mathrm{XCSRL}_{tm}^{ls(nd,d(nd))}-\sum_{ld(nd,d(j))}\mathrm{XCDRL}_{tm}^{ld(nd,d(ir))}-\sum_{ld(nd,d(nd))}\mathrm{XCDRL}_{tm}^{ld(nd,d(nd))}
\end{aligned}
$$

$$-\sum_{lp(nd,d(j))}\mathrm{XCPRL}_{tm}^{lp(nd,d(ir))}-\sum_{lp(nd,d(nd))}\mathrm{XCPRL}_{tm}^{lp(md,d(nd))}=0 \tag{7-22}$$

3) 计算单元水量平衡方程

计算单元水量平衡方程主要包括计算单元供需平衡方程、计算单元地表水供水平衡方程、计算单元外调水供水平衡方程和计算单元提水供水平衡方程等。

计算单元供需平衡方程：

$$\mathrm{PZWC}_{tm}^{j}=\mathrm{XZSFC}_{tm}^{j}+\mathrm{XCSC}_{tm}^{j}+\mathrm{XCDC}_{tm}^{j}+\mathrm{XCPC}_{tm}^{j}+\mathrm{XZGC}_{tm}^{j}+\mathrm{XZMC}_{tm}^{j} \tag{7-23}$$

$$\mathrm{PZWI}_{tm}^{j}=\mathrm{XZSFI}_{tm}^{j}+\mathrm{XCSI}_{tm}^{j}+\mathrm{XCDI}_{tm}^{j}+\mathrm{XCPI}_{tm}^{j}+\mathrm{XZTI}_{tm}^{j}+\mathrm{XZGI}_{tm}^{j}+\mathrm{XZMI}_{tm}^{j} \tag{7-24}$$

$$\mathrm{PZWE}_{tm}^{j}=\mathrm{XZSFE}_{tm}^{j}+\mathrm{XCSE}_{tm}^{j}+\mathrm{XCDE}_{tm}^{j}+\mathrm{XCPE}_{tm}^{j}+\mathrm{XZTE}_{tm}^{j}+\mathrm{XZGE}_{tm}^{j}+\mathrm{XZME}_{tm}^{j} \tag{7-25}$$

$$\begin{aligned}\mathrm{PZWA}_{tm}^{j}=&\mathrm{XZSFA}_{tm}^{j}+\mathrm{XCSA}_{tm}^{j}+\mathrm{XCDA}_{tm}^{j}+\mathrm{XCPA}_{tm}^{j}\\&+\mathrm{XZTA}_{tm}^{j}+\mathrm{XZSNA}_{tm}^{j}+\mathrm{XZGA}_{tm}^{j}+\mathrm{XZMA}_{tm}^{j}\end{aligned} \tag{7-26}$$

$$\mathrm{PZWR}_{tm}^{j}=\mathrm{XZSFR}_{tm}^{j}+\mathrm{XCSR}_{tm}^{j}+\mathrm{XCDR}_{tm}^{j}+\mathrm{XCPR}_{tm}^{j}+\mathrm{XZGR}_{tm}^{j}+\mathrm{XZMR}_{tm}^{j} \tag{7-27}$$

计算单元地表水供水平衡方程：

$$\mathrm{XCSC}_{tm}^{j}=\sum_{ls(u(ir),j)}\mathrm{PCSC}^{ls(u(ir),j)}\cdot\mathrm{XCSRC}_{tm}^{ls(u(ir),j)}+\sum_{ls(u(nd),j)}\mathrm{PCSC}^{ls(u(nd),j)}\cdot\mathrm{XCSRC}_{tm}^{ls(u(nd),j)} \tag{7-28}$$

$$\mathrm{XCSI}_{tm}^{j}=\sum_{ls(u(ir),j)}\mathrm{PCSC}^{ls(u(ir),j)}\cdot\mathrm{XCSRI}_{tm}^{ls(u(ir),j)}+\sum_{ls(u(nd),j)}\mathrm{PCSC}^{ls(u(nd),j)}\cdot\mathrm{XCSRI}_{tm}^{ls(u(nd),j)} \tag{7-29}$$

$$\mathrm{XCSA}_{tm}^{j}=\sum_{ls(u(ir),j)}\mathrm{PCSC}^{ls(u(ir),j)}\cdot\mathrm{XCSRA}_{tm}^{ls(u(ir),j)}+\sum_{ls(u(nd),j)}\mathrm{PCSC}^{ls(u(nd),j)}\cdot\mathrm{XCSRA}_{tm}^{ls(u(nd),j)} \tag{7-30}$$

$$\mathrm{XCSE}_{tm}^{j}=\sum_{ls(u(ir),j)}\mathrm{PCSC}^{ls(u(ir),j)}\cdot\mathrm{XCSRE}_{tm}^{ls(u(ir),j)}+\sum_{ls(u(nd),j)}\mathrm{PCSC}^{ls(u(nd),j)}\cdot\mathrm{XCSRE}_{tm}^{ls(u(nd),j)} \tag{7-31}$$

$$\mathrm{XCSR}_{tm}^{j}=\sum_{ls(u(ir),j)}\mathrm{PCSC}^{ls(u(ir),j)}\cdot\mathrm{XCSRR}_{tm}^{ls(u(ir),j)}+\sum_{ls(u(nd),j)}\mathrm{PCSC}^{ls(u(nd),j)}\cdot\mathrm{XCSRR}_{tm}^{ls(u(nd),j)} \tag{7-32}$$

计算单元外调水供水平衡方程：

$$\mathrm{XCDC}_{tm}^{j} = \sum_{ld(u(ir),j)} \mathrm{PCSC}^{ld(u(ir),j)} \cdot \mathrm{XCSRC}_{tm}^{ld(u(ir),j)} + \sum_{ld(u(nd),j)} \mathrm{PCSC}^{ld(u(nd),j)} \cdot \mathrm{XCSRC}_{tm}^{ld(u(nd),j)} \tag{7-33}$$

$$\mathrm{XCDI}_{tm}^{j} = \sum_{ld(u(ir),j)} \mathrm{PCSC}^{ld(u(ir),j)} \cdot \mathrm{XCSRI}_{tm}^{ld(u(ir),j)} + \sum_{ld(u(nd),j)} \mathrm{PCSC}^{ld(u(nd),j)} \cdot \mathrm{XCSRI}_{tm}^{ld(u(nd),j)} \tag{7-34}$$

$$\mathrm{XCDA}_{tm}^{j} = \sum_{ld(u(ir),j)} \mathrm{PCSC}^{ld(u(ir),j)} \cdot \mathrm{XCSRA}_{tm}^{ld(u(ir),j)} + \sum_{ld(u(nd),j)} \mathrm{PCSC}^{ld(u(nd),j)} \cdot \mathrm{XCSRA}_{tm}^{ld(u(nd),j)} \tag{7-35}$$

$$\mathrm{XCDE}_{tm}^{j} = \sum_{ld(u(ir),j)} \mathrm{PCSC}^{ld(u(ir),j)} \cdot \mathrm{XCSRE}_{tm}^{ld(u(ir),j)} + \sum_{ld(u(nd),j)} \mathrm{PCSC}^{ld(u(nd),j)} \cdot \mathrm{XCSRE}_{tm}^{ld(u(nd),j)} \tag{7-36}$$

$$\mathrm{XCDR}_{tm}^{j} = \sum_{ld(u(ir),j)} \mathrm{PCSC}^{ld(u(ir),j)} \cdot \mathrm{XCSRR}_{tm}^{ld(u(ir),j)} + \sum_{ld(u(nd),j)} \mathrm{PCSC}^{ld(u(nd),j)} \cdot \mathrm{XCSRR}_{tm}^{ld(u(nd),j)} \tag{7-37}$$

计算单元提水供水平衡方程：

$$\mathrm{XCPC}_{tm}^{j} = \sum_{lp(u(ir),j)} \mathrm{PCSC}^{lp(u(ir),j)} \cdot \mathrm{XCSRC}_{tm}^{lp(u(ir),j)} + \sum_{lp(u(nd),j)} \mathrm{PCSC}^{lp(u(nd),j)} \cdot \mathrm{XCSRC}_{tm}^{lp(u(nd),j)} \tag{7-38}$$

$$\mathrm{XCPI}_{tm}^{j} = \sum_{lp(u(ir),j)} \mathrm{PCSC}^{lp(u(ir),j)} \cdot \mathrm{XCSRI}_{tm}^{lp(u(ir),j)} + \sum_{lp(u(nd),j)} \mathrm{PCSC}^{lp(u(nd),j)} \cdot \mathrm{XCSRI}_{tm}^{lp(u(nd),j)} \tag{7-39}$$

$$\mathrm{XCPA}_{tm}^{j} = \sum_{lp(u(ir),j)} \mathrm{PCSC}^{lp(u(ir),j)} \cdot \mathrm{XCSRA}_{tm}^{lp(u(ir),j)} + \sum_{lp(u(nd),j)} \mathrm{PCSC}^{lp(u(nd),j)} \cdot \mathrm{XCSRA}_{tm}^{lp(u(nd),j)} \tag{7-40}$$

$$\mathrm{XCPE}_{tm}^{j} = \sum_{lp(u(ir),j)} \mathrm{PCSC}^{lp(u(ir),j)} \cdot \mathrm{XCSRE}_{tm}^{lp(u(ir),j)} + \sum_{lp(u(nd),j)} \mathrm{PCSC}^{lp(u(nd),j)} \cdot \mathrm{XCSRE}_{tm}^{lp(u(nd),j)} \tag{7-41}$$

$$\mathrm{XCPR}_{tm}^{j} = \sum_{lp(u(ir),j)} \mathrm{PCSC}^{lp(u(ir),j)} \cdot \mathrm{XCSRR}_{tm}^{lp(u(ir),j)} + \sum_{lp(u(nd),j)} \mathrm{PCSC}^{lp(u(nd),j)} \cdot \mathrm{XCSRR}_{tm}^{lp(u(nd),j)} \tag{7-42}$$

4. 约束条件

约束条件主要包含可供水量约束、河道生态约束、水库库容约束、河道渠道过流能力约束等。具体约束条件表达式如下，各变量、参数的含义见表 7-14。

1) 可供水量约束

计算单元当地可利用水供水约束方程：

$$\mathrm{XZSFC}_{tm}^{j}+\mathrm{XZSFI}_{tm}^{j}+\mathrm{XZSFA}_{tm}^{j}+\mathrm{XZSFE}_{tm}^{j}+\mathrm{XZSFR}_{tm}^{j}\leqslant \mathrm{PWSFC}^{j}\cdot \mathrm{PWSF}_{tm}^{j} \tag{7-43}$$

计算单元地下水供水约束方程：

$$\mathrm{XZGC}_{tm}^{j}+\mathrm{XZGI}_{tm}^{j}+\mathrm{XZGA}_{tm}^{j}+\mathrm{XZGE}_{tm}^{j}+\mathrm{XZGR}_{tm}^{j}\leqslant \mathrm{PZGTU}^{j}\cdot \mathrm{PZGW}_{tm}^{j} \tag{7-44}$$

计算单元外调水供水约束方程：

$$\mathrm{XCDRC}_{tm}^{j}+\mathrm{XCDRI}_{tm}^{j}+\mathrm{XCDRA}_{tm}^{j}+\mathrm{XCDRE}_{tm}^{j}+\mathrm{XCDRR}_{tm}^{j}\leqslant \mathrm{PQD}_{tm}^{j} \tag{7-45}$$

计算单元再生水供水约束方程：

$$\mathrm{XZTI}_{tm}^{j}+\mathrm{XZTA}_{tm}^{j}+\mathrm{XZTE}_{tm}^{j}\leqslant \mathrm{PQT}_{tm}^{j} \tag{7-46}$$

计算单元污水回用约束方程：

$$\sum_{j=1}^{n}\mathrm{XZTR}_{tm}^{j}\geqslant \lambda^{j}\cdot \mathrm{XQTS}_{tm}^{j} \tag{7-47}$$

式中，λ^{j} 为第 j 个计算单元的规划再生水回用率，且

$$\begin{aligned}\mathrm{XZTR}_{tm}^{j}=&(\mathrm{PZWC}_{tm}^{j}-\mathrm{XZMC}_{tm}^{j})\cdot \mathrm{PCSCC}_{tm}^{j}\cdot \mathrm{PZTCD}_{tm}^{j}\cdot \mathrm{PZTCT}_{tm}^{j}\cdot \mathrm{PZTCR}_{tm}^{j}\\&+(\mathrm{PZWI}_{tm}^{j}-\mathrm{XZMI}_{tm}^{j})\cdot \mathrm{PCSCI}_{tm}^{j}\cdot \mathrm{PZTID}_{tm}^{j}\cdot \mathrm{PZTIT}_{tm}^{j}\cdot \mathrm{PZTIR}_{tm}^{j}\end{aligned} \tag{7-48}$$

2) 河道生态约束

$$\mathrm{XRQ}_{\max}^{l}\geqslant \mathrm{XRQ}^{l}\geqslant \mathrm{XRQ}_{\min}^{l} \tag{7-49}$$

式中，$\mathrm{XRQ}_{\max}^{l}$ 为第 l 条河流的河道最大过流量；XRQ^{l} 为第 l 条河流的实际过流量；$\mathrm{XRQ}_{\min}^{l}$ 为第 l 条河流的最小生态需水流量。

3) 水库库容约束

$$\mathrm{PRSL}_{tm}^{tr}\leqslant \mathrm{XRSV}_{tm}^{tr}\leqslant \mathrm{PRSU}_{tm}^{tr} \tag{7-50}$$

式中，

$$\mathrm{PRSU}_{tm}^{ir}=\begin{cases}\mathrm{PRSU1}_{tm}^{ir}, & tm\text{为非汛期}\\ \mathrm{PRSU2}_{tm}^{ir}, & tm\text{为汛期}\end{cases} \tag{7-51}$$

4) 河流渠道过流能力约束

$$\mathrm{XCSRC}_{tm}^{ls(u(n),j)}+\mathrm{XCSRI}_{tm}^{ls(u(n),j)}+\mathrm{XCSRA}_{tm}^{ls(u(n),j)}+\mathrm{XCSRE}_{tm}^{ls(u(n),j)}+\mathrm{XCSRR}_{tm}^{ls(u(n),j)}=\mathrm{XCSRL}_{tm}^{ls(u(n),j)} \tag{7-52}$$

$$\begin{aligned}&\mathrm{XCDRC}_{tm}^{ld(u(n),j)}+\mathrm{XCDRI}_{tm}^{ld(u(n),j)}+\mathrm{XCDRA}_{tm}^{ld(u(n),j)}\\&+\mathrm{XCDRE}_{tm}^{ld(u(n),j)}+\mathrm{XCDRR}_{tm}^{ld(u(n),j)}\\=\;&\mathrm{XCDRL}_{tm}^{ld(u(n),j)}\end{aligned} \tag{7-53}$$

$$\begin{aligned}&\mathrm{XCPRC}_{tm}^{lp(u(n),j)}+\mathrm{XCPRI}_{tm}^{lp(u(n),j)}+\mathrm{XCPRA}_{tm}^{lp(u(n),j)}\\&+\mathrm{XCPRE}_{tm}^{lp(u(n),j)}+\mathrm{XCPRR}_{tm}^{lp(u(n),j)}\\=\;&\mathrm{XCPRL}_{tm}^{lp(u(n),j)}\end{aligned} \tag{7-54}$$

$$\mathrm{PCSL}_{tm}^{ls}\leqslant\mathrm{XCSRL}_{tm}^{ls}\leqslant\mathrm{PCSU}_{tm}^{ls} \tag{7-55}$$

$$\mathrm{PCSL}_{tm}^{ld}\leqslant\mathrm{XCDRL}_{tm}^{ld}\leqslant\mathrm{PCSU}_{tm}^{ld} \tag{7-56}$$

$$\mathrm{PCSL}_{tm}^{lp}\leqslant\mathrm{XCPRL}_{tm}^{lp}\leqslant\mathrm{PCSU}_{tm}^{lp} \tag{7-57}$$

5. 参数率定

模型参数率定方法基于水资源配置的思路，通过基准年水资源分区的耗水平衡分析确定模型的各类参数。水资源调查评价、开发利用评价及耗水平衡分析等成果，是分析现状水资源分区供用耗排关系的基础，通过分析整理可以确定基准年社会经济和生态环境的耗水水平。在该耗水水平下进行基准年水资源供需和耗水平衡分析，可初步确定模型的各类参数；根据建立的基准年与未来水平年的耗水关系，通过对基准年和各水平年耗水平衡分析的反复计算和调整，综合确定模型的参数。

模型参数率定需要考虑的主要因素有地表水供水量、地下水供水量、地表水可利用量、水资源分区经济耗水系数、主要控制断面下泄量、社会经济耗水量与生态环境耗水量比例、水资源分区蓄水变量的控制等。

(1) 地表水与地下水供水量：地表水供水量参照近年来各业用水量统计数据；地下水供水量参照各计算单元近年地下水平均供水量和可开采量，扣除超采部分；综合分析确定计算单元缺水量。

(2) 地表水可利用量：各水资源分区地表水耗水量不大于可利用量。

(3) 水资源分区经济耗水系数：根据水资源开发利用等成果，确定各水资源分区农业耗水系数和经济耗水系数，再由初步给定的参数计算各水资源分区农业耗水量和经济耗水量，得到农业耗水系数和经济耗水系数。对比两者的结果，若不接近，则调整相关的参数，使农业和经济耗水系数达到预定值。与农业耗水系数相关的主要参数有灌溉水利用系数，渠系蒸发、渗漏和排入河道比例系数，田间净水量补给地下水比例系数等。与经济耗水系数相关的主要参数有城镇生活、工业污水排放率，相应的渠系输水蒸发和农业耗水系数的相关参数。

(4) 主要控制断面下泄量：控制断面的下泄量综合反映了控制断面上游区域的耗水水平，特别是近 10～20a 的平均耗水量可作为基准年耗水水平的参考依据。理论上，断面的天然径流量减去实测径流量等于总耗水量。因此，评估和判断断面天然径流量的还原精度是确定断面上游合理耗水水平的基础。当确定了社会经济耗水量、生态环境耗水量及两者合理的比例，即可确定断面的下泄量。

(5) 地下水补给量与开采量：在不发生区域性水位持续下降的情况下，地下水的补给量与开采量是平衡的，通过调整与地下水补给有关的各种参数达到采补平衡。若发生区域性水位持续下降，应综合确定合理的地下水补给量。

(6) 社会经济耗水量与生态环境耗水量比例：根据各水资源分区平衡计算结果，分析两者比例是否合理。若不合理，则调整社会经济耗水量、生态环境耗水量、河道下泄量(或入海水量、河道尾闾湖泊湿地)三者的比例。

(7) 水资源分区蓄水变量：在流域水资源稳定、地下水采补基本平衡的情况下，多年平均流域水资源分区的蓄水变量、平原区地下水的蓄水变量趋于零。由于不确定因素和各种误差，应将蓄水变量控制在一定的均衡差内。若不满足，则进行调整。

模型参数率定的主要基本步骤如下。

(1) 从整体上控制计算单元地表水与地下水的供水量、耗水量不超过地表水可利用量和地下水可开采量。

(2) 调整基准年水资源分区农业耗水系数和综合耗水系数达到或接近目标值。

(3) 确定主要控制断面河道下泄量：以近 10～20a 水文站实测径流系列资料和天然径流系列资料为主要依据，考虑断面上游水利工程和湖泊湿地调蓄、下垫面变化等的影响，综合确定断面河道下泄量。

(4) 根据各水资源分区耗水平衡计算结果，分析社会经济耗水量与生态环境耗水量比例合理性。

(5) 控制流域单元蓄水变量在一定的均衡误差内。

6. 模型输入、输出及求解

模型输入主要分为八大类，分别是基本元素、网络连线、河渠系参数、计算单元信息、水利工程信息、湖泊湿地信息、流域单元信息及其他信息。基本元素包括行政分区、水资源分区、计算单元、河流、水功能区、水库、节点及湖泊湿地；网络连线包括地表水供水渠道、调水渠道、提水渠道、河段、排水渠道；河渠系参数包括地表水渠道参数、地表水渠道过流能力、外调水渠道参数、外调水渠道过流能力、提水渠道参数、提水渠道过流能力、河段参数、河段生态基流、城镇排水及农村排水；计算单元信息包括需水方案设置、降水过程、需水过程、水面蒸发过程、本地径流量、灌溉水利用参数、污水处理参数、河网槽蓄能力、地下水供水参数、浅层地下水开采能力、承压水开采能力及地下水补给排泄参数；水利工程信息包括水库基本信息、水库入流、水库蒸发系数、水库渗漏系数、水库优化调度规则、水库常规调度规则、节点入流、节点分水比例、水电站相关信息；湖泊湿地信息包括湖泊湿地参数及湖泊湿地时段蒸发过程；流域单元信息包括当地产水量、径流性水资源消耗及流域单元间连线；其他信息包括水质相关参数及节点计算次序。

输出部分：①基于各计算单元、各行政分区、各流域分区的多年平均及长系列逐时段的水资源供需平衡结果；②各水库、节点、断面的长系列逐时段的计算结果；③各河流、渠道的长系列逐时段过水过程；④各计算单元、各行政分区及各流域分区长系列逐时段的地下水平衡结果；⑤各行政分区、流域分区长系列耗水量的平衡结果。水资源多维协同配置模型采用协同遗传算法求解，算法求解原理和配置模型分别见图 7-24 和图 7-25。

7.5.5　有序度评价模块

根据协同学理论，有序度作为序参量的状态函数，可以表征系统有序或混乱的程度。因此，可以引入有序度来衡量各子系统之间的协同作用，判断系统的演化方向。水资源配置系统包含水资源、社会经济、生态环境三类子系统及多类序参量，衡量各类序参量对系统有序度的贡献，可以通过序参量对各子系统有序度贡献的集成实现，即复合系统的总体性能不仅取决于各序参量值的大小，而且还取决于子系统的组合形式。因此，基于协同论原理，本小节构建了水资源多维协同配置方案评价模型，为决策者优选水资源配置方案提供决策依据(刘丙军和陈晓宏，2009)。

1. 序参量评价指标体系确定

水资源–社会经济–生态环境复合系统能否有序，取决于系统中的序参量是否协同，也就是取决于水资源系统、社会经济系统、生态环境系统的序参量是否能发生协同作用、如何协同。协同作用程度高，则有序化程度高，产生的效果最终达到系统协调状态，并向有序方向演化；协同作用程度低，产生的负作用力会破坏水资源系统、社会经济系统、生态环境系统间的协调，导致内部损耗，并促使系统向不协调状态演化(李彦，2010)。因此，本小节对水资源系统、社会经济系统、生态环境系统各设置了一正一负的序参量，见表 7-15。

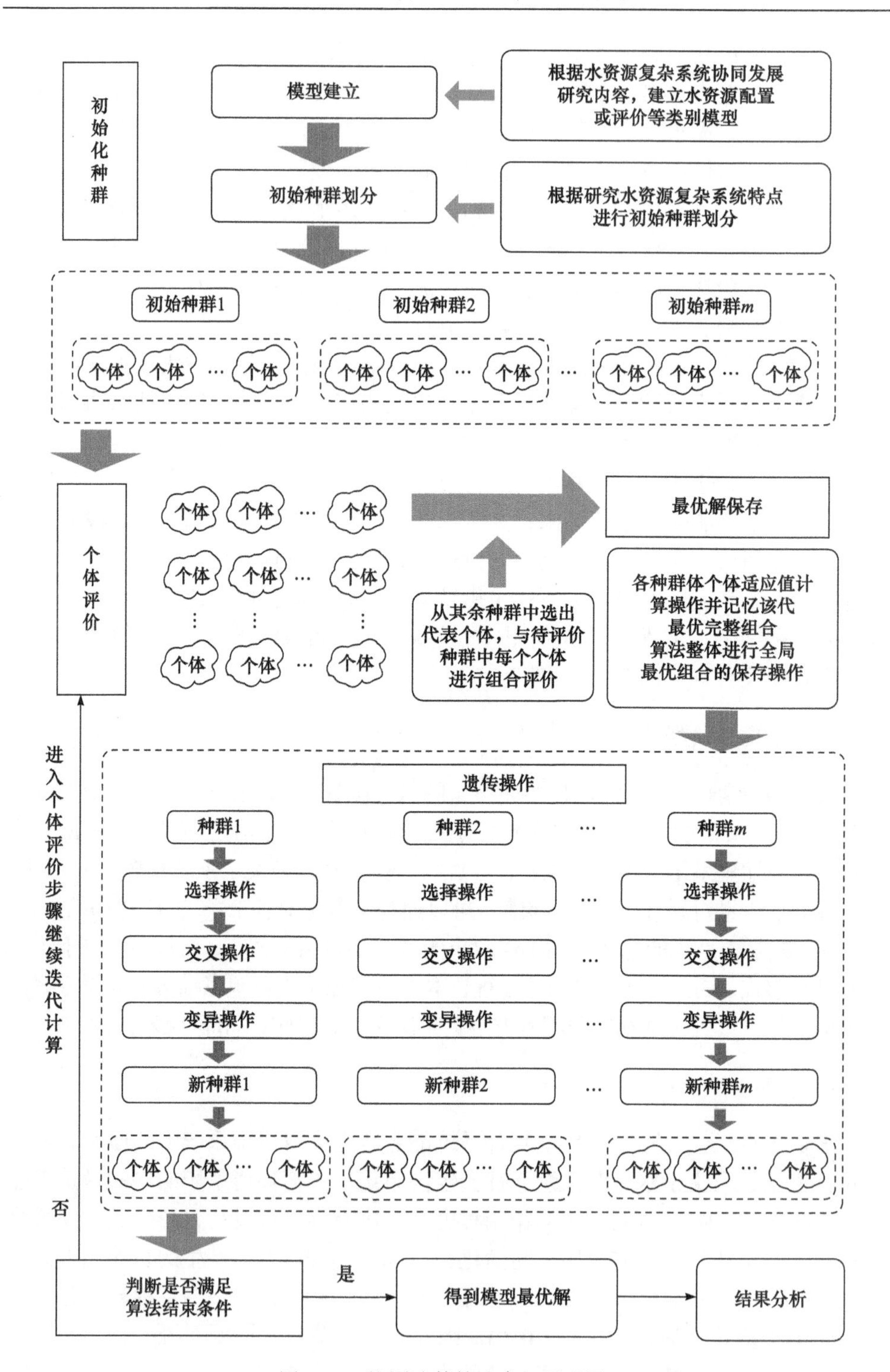

图 7-24　协同遗传算法求解原理图

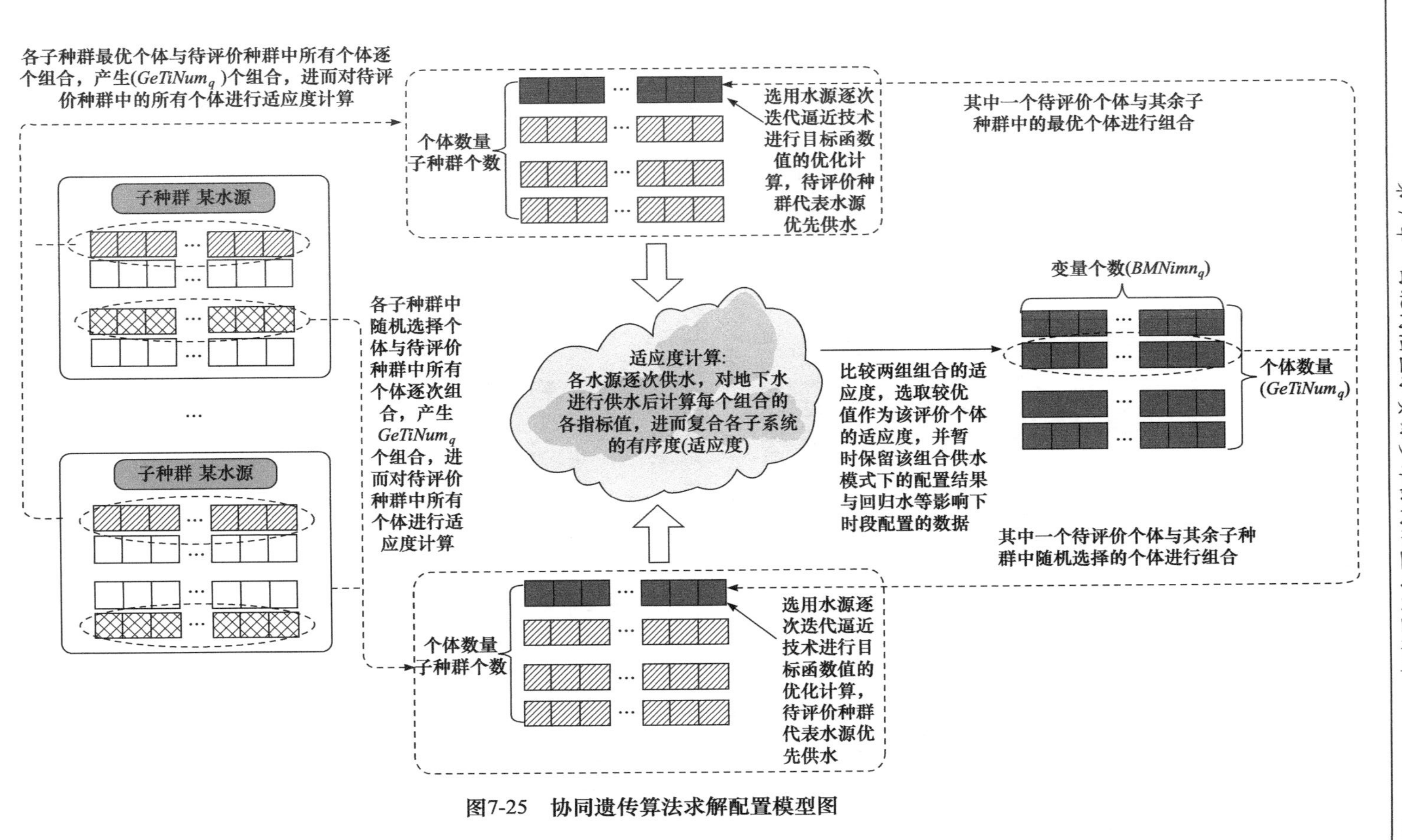

图7-25　协同遗传算法求解配置模型图

表 7-15　配置方案水资源复合系统序参量

系统名称	序参量
社会经济系统	供水保证率
	供水综合基尼系数
水资源系统	供水量
	水资源开发利用率
生态环境系统	废污水排放量
	河道关键控制断面生态环境供水保证率

水资源系统的经济效益主要取决于国民经济各部门的供水效益，供水效益是供水量的正函数，可选流域供水量作为水资源系统的正向指标；国际上公认的水资源合理开发利用率的警戒线是不超过 40%，水资源开发利用率反映的是流域水资源开发利用情况，从侧面反映了人均用水量状况，是水资源系统有序演化的决定性因素，可选择水资源开发利用率作为负指标反映水资源系统序参量。因此，本小节水资源系统选择供水量和水资源开发利用率一正一负指标作为序参量。

社会经济系统的发展主要体现在社会公共福利的提高和社会的稳定。选取供水保证率、供水综合基尼系数分别作为反映社会经济效益的序参量，供水保证率是要求越高越好，而供水综合基尼系数是要求越低越好。因此，也是选取了一正一负指标作为社会经济系统序参量。

基尼系数是一个比值，取值范围在 0～1，本小节采用人口、GDP 和水资源量分别与用水量求得的各分项基尼系数，计算供水综合基尼系数，来反映水资源分配与社会人口、经济发展及水资源禀赋条件的匹配程度(申晓晶，2018)。计算方法如下：

$$\text{Gini}_j = 1 - \sum_{i=1}^{n} (X_i - X_{i-1})(Y_i + Y_{i-1}) \tag{7-58}$$

$$\text{Gini} = \lambda_1 \text{Gini}_1 + \lambda_2 \text{Gini}_2 + \lambda_3 \text{Gini}_3 \tag{7-59}$$

式中，Gini_j 为各分项的基尼系数(j=1,2,3)；X_i 为第 i 个行政区的人口、GDP 和水资源量的累计百分比；Y_i 为第 i 个行政区的用水量累计百分比，$(X_0, Y_0) = (0,0)$；λ_1、λ_2、λ_3 分别为各分项基尼系数对用水量分配公平性影响的权重系数，且 $\lambda_1 + \lambda_2 + \lambda_3 = 1$。根据协同论子系统同等重要律，体现三个分项条件同等重要的原则，取 $\lambda_1 = \lambda_2 = \lambda_3 = 1/3$。

生态环境系统是其他系统赖以存在的空间基础，有序程度主要体现为水污染引起的水环境和生态环境的变化，以及人类采取相应的措施和手段治理、保护生态环境。因此，可选用废污水排放量、河道关键控制断面生态环境供水保证率作为生态环境系统序参量(刘丙军等，2011)。

2. 有序度计算

系统的演化方向，有可能走向新的有序，也可能走向无序。将协同学理论引入水资源配置，是希望通过把握少数变量(序参量)判别系统的演化方向。因此，有必要引入有序度来衡量在某种方案下序参量的协同作用。

系统序参量组 $S_j(j=1,2,3)$ 分别为水资源系统、社会经济系统和生态环境系统，其序参量变量为 $e_j=(e_{j1},e_{j2},\cdots,e_{jn})$，其中 $n \geqslant 1$，序参量分量 e_{ji} 的有序度为 $O_j(e_{ji})$。子系统的有序度体现了子系统中各序参量相互作用的有序程度。子系统中的序参量分为正序参量和负序参量。其中，正序参量是指序参量的值越大，系统有序度越高，如供水保证率、供水量和生态环境供水保证率，第 j 个子系统的第 i 个序参量 e_{ji} 的有序度 $O_j(e_{ji})$ 采用式(7-60)计算；负序参量是指序参量的值越小，系统有序度越高，如供水综合基尼系数、水资源开发利用率和废污水排放量，第 j 个子系统的第 i 个序参量 e_{ji} 的有序度 $O_j(e_{ji})$ 采用式(7-61)计算(申晓晶，2018)：

$$O_j(e_{ji})=\frac{e_{ji}-\beta_{ji}}{\alpha_{ji}-\beta_{ji}} \tag{7-60}$$

$$O_j(e_{ji})=\frac{\alpha_{ji}-e_{ji}}{\alpha_{ji}-\beta_{ji}} \tag{7-61}$$

式中，$\beta_{ji} \leqslant e_{ji} \leqslant \alpha_{ji}$，$\alpha_{ji}$ 和 β_{ji} 分别为第 j 个子系统第 i 个序参量的临界阈值。各序参量的取值在 0～1，且 $O_j(e_{ji})$ 的取值越大，其对第 j 个子系统有序度的贡献越大。第 j 个子系统的有序度 $O_j(e_{ji})$ 为

$$\begin{cases} O_j=\sum_{i=1}^{n}\lambda_i O_j(e_{ji}) \\ \lambda_i>0 \\ \sum_{i=1}^{n}\lambda_i=1 \end{cases} \tag{7-62}$$

式中，λ_i 为第 j 个子系统的第 i 个序参量有序度对子系统有序度影响的权重系数。本小节认为，对于每个子系统而言，所选取的两个序参量同等重要，因此 λ_i 均取相同值，即对于每个子系统选取的两个序参量，$\lambda_1=\lambda_2=1/2$。

西北内陆区水资源的有限性和稀缺性必然导致水资源配置系统内社会经济和生态环境子系统之间相互竞争，各类子系统有序度不能同时达到最优，即某一子

系统有序度提高，可能导致其他子系统有序度降低。由于复合系统总体有序度不仅取决于各子系统有序度的大小，而且取决于子系统有序度的组合形式(刘丙军和陈晓宏，2009)。因此，根据 Shannon 信息熵原理，按照式(7-63)计算水资源复合系统有序度：

$$O(S)=-\sum_{j=1}^{3}\frac{1-O_j}{3}\log\frac{1-O_j}{3} \tag{7-63}$$

水资源复合系统作为一个社会经济、自然资源、生态环境相互耦合的开放系统，具有开放性、远离平衡态、内部存在非线性相互作用和涨落现象等耗散结构特征，可以利用耗散结构识别系统的演化规律，即可以利用系统熵值 $O(S)$ 描述水资源复合系统演化方向。复合系统熵值大，其有序度低；反之，复合系统熵值小，其有序度高。对于水资源配置系统，可通过最小化复合系统熵值，协同控制各子系统序参量，促进水资源复合系统向有序状态演化(刘丙军和陈晓宏，2009)。

3. 系统概化与模型参数设置

水资源配置系统网络图是指导水资源配置模型编制，确定各水源、用水户、水利工程相互关系，以及建立系统供、用、耗、排关系的基本依据。系统网络图绘制要求：①要充分反映流域水资源系统，如水资源系统的供用耗排特点及各种关系(各级水系关系、各计算单元的地理关系、水利工程与计算单元的水力联系、水流拓扑关系等)；②是要恰如其分地满足水资源配置模型的需要，通过系统图的绘制正确体现模型系统运行涉及的各项因素(如各种水源、各类工程、各类用水户及各类水资源传输系统等)。

根据塔里木河流域水资源系统特点和现状、规划的水利工程情况及水资源配置的要求等，将流域水资源系统中各类物理元素(重要水利工程、计算单元、河渠道交汇点等)作为节点，各类水利工程为供水节点，各分区计算单元为需水节点，河流、隧洞、渠道及长距离输水管线的交汇点或分水点为输水节点，各节点间通过水资源供、用、耗、排传播系统的各类线段连接，形成流域水资源配置系统网络。

根据系统概化原理，塔里木河流域范围包括巴音郭楞蒙古自治州、阿克苏地区、克孜勒苏柯尔克孜自治州、喀什地区、和田地区。涉及西北内陆河、国际河流国内部分等，水资源分区共划分为 1 个一级区、4 个二级区、5 个三级区，水资源三级区套县市级行政分区最终确定 42 个计算单元，确定主要水文控制站点、概化引水节点、排水节点、流域水资源分区断面等 45 个节点，已建和规划水库 34 座，概化地表水供水渠道 66 条，河段 140 条，排水渠道 42 条。

由于模型系统参数众多，涉及面比较广，本小节仅给出关键参数率定和校核结果，见表 7-16。通过基准年供需平衡分析、耗水平衡分析，对关键控制断面(阿克苏流域拦河闸断面、叶尔羌河流域黑尼亚孜断面、和田河流域肖塔断面和开都–孔雀河流域 66 分水闸断面)下泄量进行模拟，与实测数据校核拟定参数的可靠性(图 7-26～图 7-29)。

表 7-16　关键控制断面下泄量校验结果

阿克苏河流域			叶尔羌河流域			和田河流域			开都–孔雀河流域		
实测下泄量/亿 m^3	模拟下泄量/亿 m^3	Nash 效率系数	实测下泄量/亿 m^3	模拟下泄量/亿 m^3	Nash 效率系数	实测下泄量/亿 m^3	模拟下泄量/亿 m^3	Nash 效率系数	实测下泄量/亿 m^3	模拟下泄量/亿 m^3	Nash 效率系数
30.47	28.69	0.62	1.31	1.27	0.67	11.24	9.23	0.64	3.52	3.33	0.81

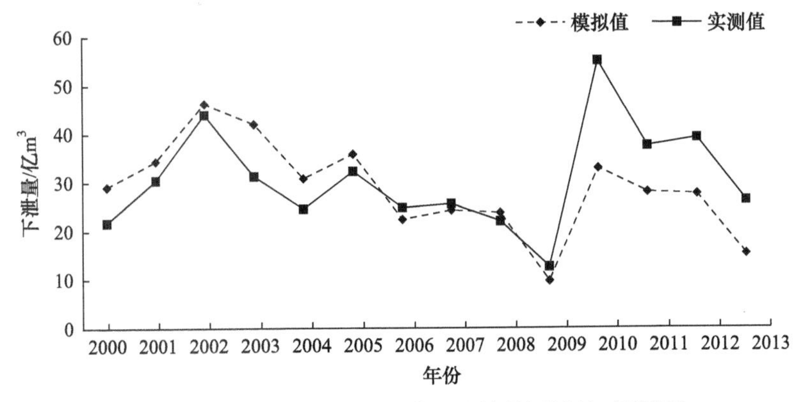

图 7-26　2000～2013 年阿克苏河流域拦河闸断面下泄量

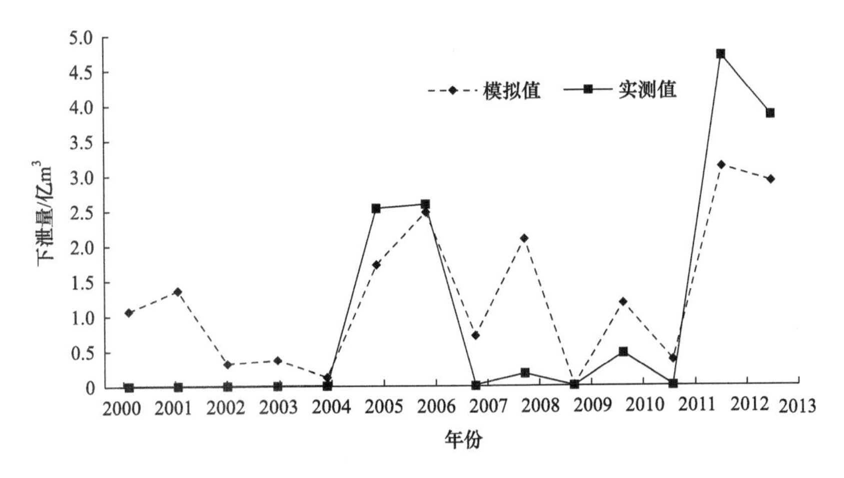

图 7-27　2000～2013 年叶尔羌河流域黑尼亚孜断面下泄量

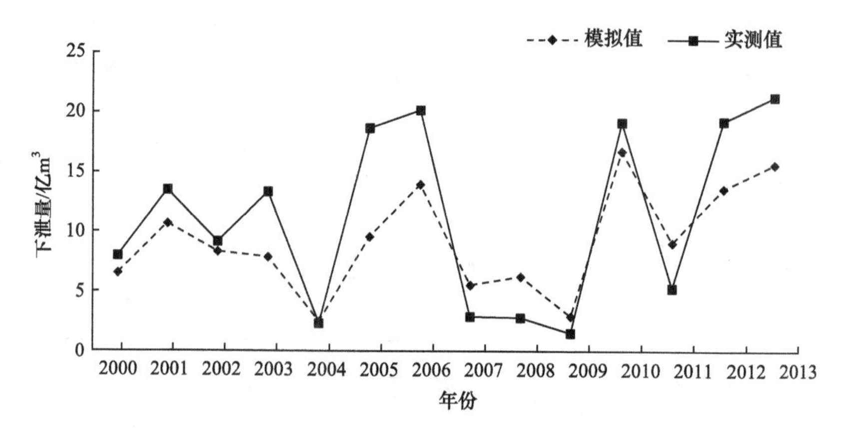

图 7-28　2000～2013 年和田河流域肖塔断面下泄量

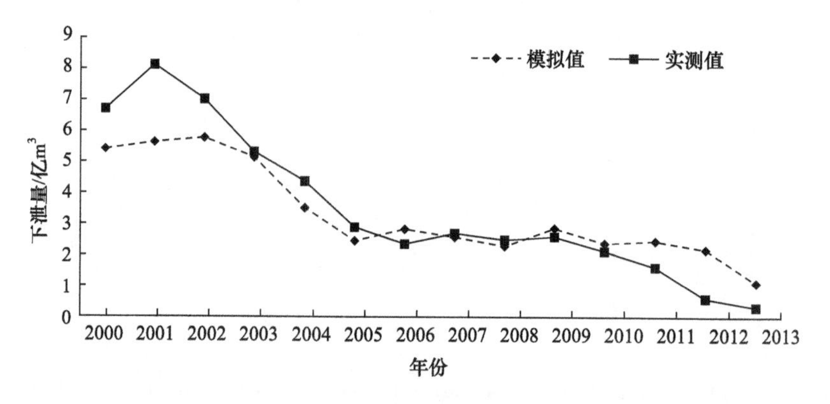

图 7-29　2000～2013 年开都-孔雀河流域 66 分水闸断面下泄量

模型模拟效果采用模拟值与控制断面实测值的 Nash(纳什)效率系数进行评价，结果显示各断面下泄量模拟的 Nash 效率系数均在 0.62 以上，整体模拟 Nash 效率系数平均值为 0.67，从水资源配置模拟的角度出发，这个精度的验证结果是比较理想的。

4. 水资源配置与分析

塔里木河流域资源丰富，未来工业用水将会进入高速增长期，而工业用水的保证率要求很高。因此，适时修建控制性山区枢纽工程，增加水利工程调蓄能力，加大“退地、减水、增效”力度，并充分利用再生水，在保证生活、农业和生态用水需求的基础上，尽量满足工业新增用水需求。塔里木河流域顺利实现由“传统水土资源开发一元模式”向“水土资源开发与水能资源开发并重的二元模式”转变，实现以水资源的可持续利用支撑全流域社会经济的可持续跨越式发展。

根据未来不同水平年方案设定情况，利用构建的水资源配置模型及开发的系统软件，通过长系列逐月调节计算，确定塔里木河流域地下水不超采情景下水资源配置结果，见表 7-17。

表 7-17　2030 年塔里木河流域水资源配置结果　(单位：亿 m³)

保证率	需水量	按水源供给量				按用户供水量				缺水量	缺水率/%
		地表水	地下水	非常规水	小计	生活	工业	农业	小计		
50%	283.72	233.89	34.54	3.68	272.11	9.23	7.01	255.87	272.11	11.61	4.09
75%	283.72	224.44	37.63	3.79	265.86	9.23	7.01	249.62	265.86	17.86	6.30
95%	283.72	217.34	41.03	3.86	262.23	9.23	7.01	246.00	262.24	21.48	7.57
多年平均	283.72	236.24	34.20	3.51	273.95	9.23	7.01	250.50	266.74	16.98	5.98

本次配置方案是“以水定产、走自律式外延发展”，在保守来水条件下，对应社会经济高速发展和强化节水，在确保流域基本农田总量控制的基础上，加大农业节水和退地力度，全力支持工业发展。2030 年用水总量完全控制在三条红线用水总量控制指标内，各来水频率下塔里木河流域缺水主要为农业缺水，有序度计算结果见表 7-18。

表 7-18　水资源配置有序度计算结果

子系统	序参量	有序度
社会经济系统	供水综合基尼系数	0.58
	供水保证率	0.80
	子系统	0.69
水资源系统	供水量	0.85
	水资源开发利用率	0.70
	子系统	0.77
生态环境系统	废污水排放量	0.72
	河道关键控制断面生态环境供水保证率	0.63
	子系统	0.67
水资源复合系统		0.29

2030 年塔里木河流域总需水量 283.72 亿 m³。多年平均情景下总供水量 273.95 亿 m³，按水源分，地表水供水 236.24 亿 m³、地下水供水 34.2 亿 m³、非常规水供水 3.51 亿 m³；按用户供水量分，生活供水 9.23 亿 m³、工业供水 7.01 亿 m³、农业供水 250.50 亿 m³；多年平均情景下缺水量 16.98 亿 m³，缺水率 5.98%。50%情景下总供水量 272.11 亿 m³，按水源分，地表水供水 233.89 亿 m³、地下水供水 34.54

亿 m^3、非常规水供水 3.68 亿 m^3；按用户供水量分，生活供水 9.23 亿 m^3、工业供水 7.01 亿 m^3、农业供水 255.87 亿 m^3；50%情景下缺水量 11.61 亿 m^3，缺水率 4.09%。75%情景下总供水量 265.86 亿 m^3，按水源分，地表水供水 224.44 亿 m^3、地下水供水 37.63 亿 m^3、非常规水供水 3.79 亿 m^3；按用户供水量分，生活供水 9.23 亿 m^3、工业供水 7.01 亿 m^3、农业供水 249.62 亿 m^3；75%情景下缺水量 17.86 亿 m^3，缺水率 6.30%。95%情景下总供水量 262.24 亿 m^3，按水源分，地表水供水 217.34 亿 m^3、地下水供水 41.03 亿 m^3、非常规水供水 3.86 亿 m^3；按用户供水量分，生活供水 9.23 亿 m^3、工业供水 7.01 亿 m^3、农业供水 246.00 亿 m^3；95%情景下缺水量 21.48 亿 m^3，缺水率 7.57%。

塔里木河流域地下水主要由地表水转化入渗补给，其中河道渗漏补给量占总补给量的 38.6%，灌区转化补给量(渠系渗漏补给、田间入渗补给、井灌回归补给、库塘渗漏补给)占总补给量的 53.7%，地下水山前侧向和降水入渗补给量仅占总补给量的 7.7%。规划水平年，随着阿克苏流域、和田河流域、叶尔羌河流域和开都–孔雀河流域上游修建山区水库，流域内部产业结构调整，农田灌溉方式改变和退地还水等措施的实施，未来水资源开发利用格局改变，未来塔里木河流域河道渗漏补给量呈增加趋势，灌区补给量呈减少趋势，山前侧向和降水入渗补给量基本保持不变。通过水资源优化配置模型和地下水模型耦合计算得到规划水平年推荐方案水资源优化配置结果下的地下水可开采量，规划水平年塔里木河流域地下水可开采量呈减少趋势，规划水平年地下水供水量在可开采量合理范围内。

2030 年，农田灌溉面积退减到 168.3 万 hm^2，较 2016 年退减 41.45 万 hm^2，其中节水灌溉面积将达到 133.57 万 hm^2。塔里木河流域不同水平年水资源可利用量与农田灌溉面积的洛伦茨曲线对比分析显示，基准年塔里木河流域水资源可利用量–农田灌溉面积洛伦茨曲线距离公平曲线更远些，随着未来水平年的优化配置，水土平衡洛伦茨曲线越来越趋近于公平曲线，说明水土资源匹配程度逐渐增强(图 7-30)。

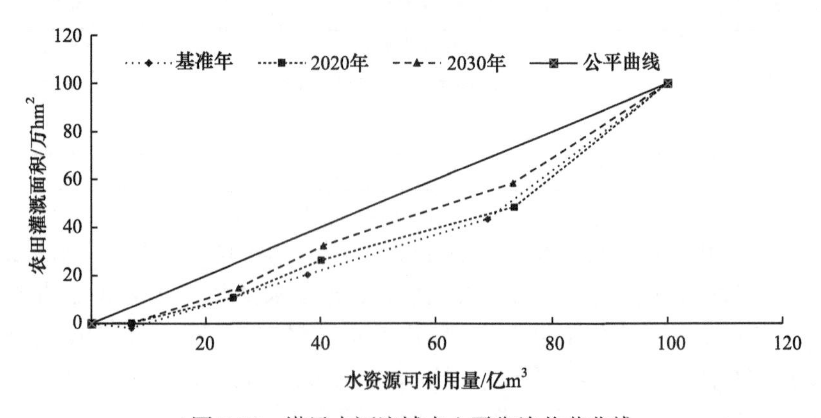

图 7-30　塔里木河流域水土平衡洛伦茨曲线

2030 年塔里木河流域主要控制断面(来水频率为 50%)河道下泄量偏大的月份主要集中在 6～10 月，如图 7-31～图 7-34 所示，正好与植被种子成熟、萌发期(每年 8～9 月)相一致，此时输水的生态效应达到最大，且都满足生态环境供水保证率要求。

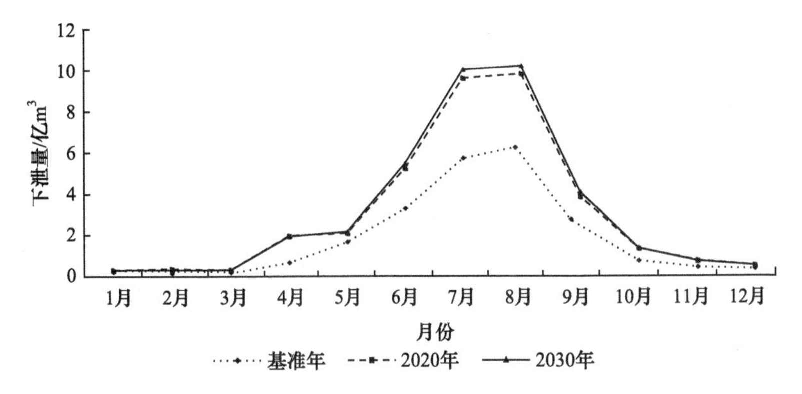

图 7-31　阿克苏河流域拦河闸断面下泄量过程线图

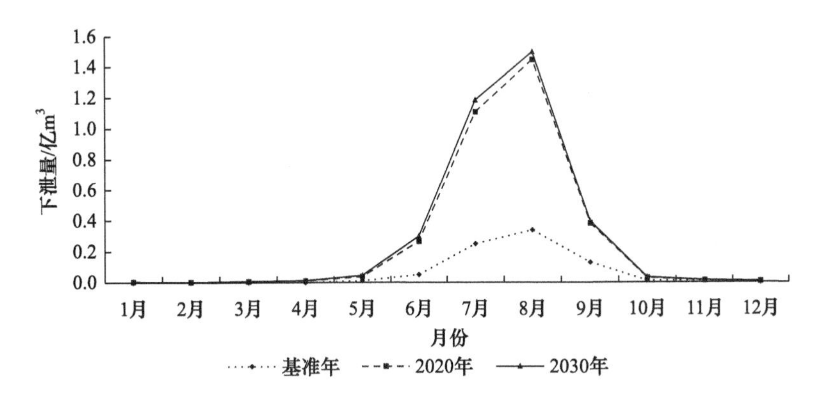

图 7-32　叶尔羌河流域黑尼亚孜断面下泄量过程线图

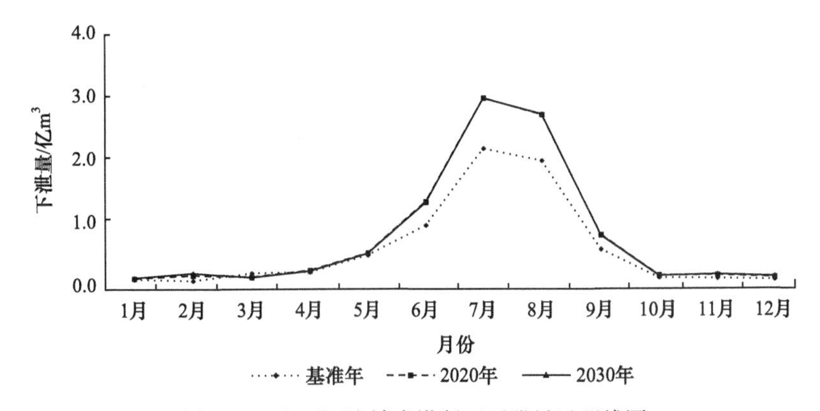

图 7-33　和田河流域肖塔断面下泄量过程线图

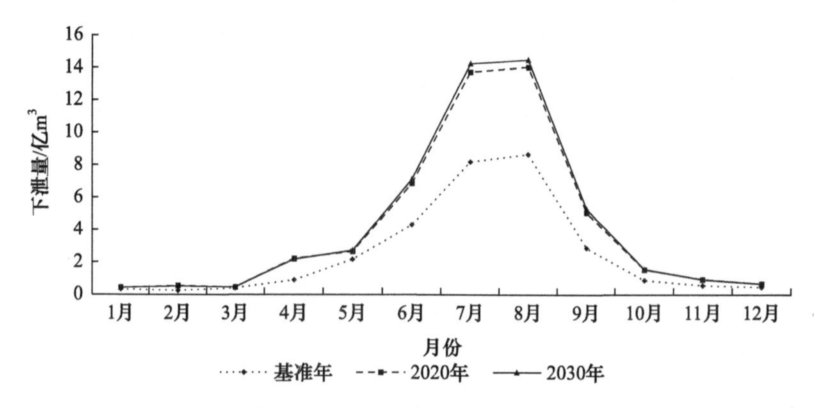

图 7-34　塔里木河干流阿拉尔断面下泄量过程线图

现状年塔里木河流域灌区土壤盐渍化较为严重的区域主要分布在阿克苏流域、开都–孔雀河流域和塔里木河干流三个流域的中下游河道沿线附近。规划水平年在水资源配置中根据灌区的基本性质(渠灌区、井灌区和渠井双灌区)通过灌排结合和地下水的合理开发利用，有效降低地下水位与减少潜水无效蒸发量。未来水平年塔里木河流域灌区排灌比在逐渐降低，基本保持在 5%～30%合理的排灌指标阈值内，如图 7-35 所示。

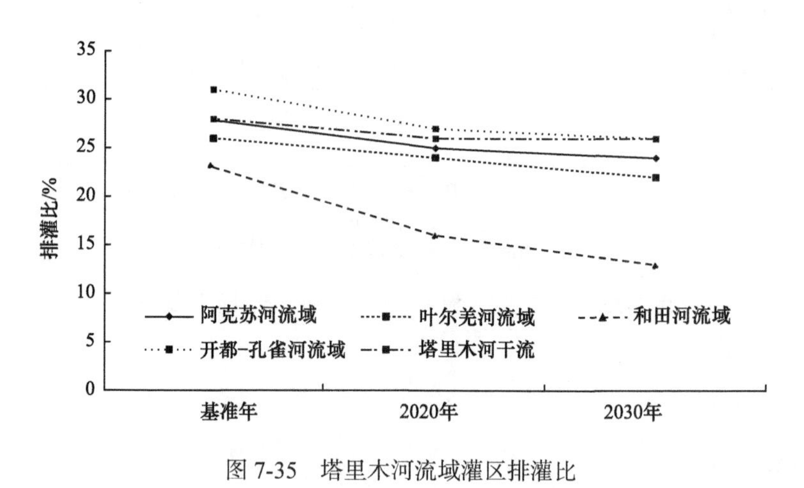

图 7-35　塔里木河流域灌区排灌比

7.6　水资源安全保障框架体系初步构建

根据西北内陆区水资源安全保障的功能需求，按照“节水优先、空间均衡、系统治理、两手发力”的治水方针，从水资源需求侧、供给侧、管理侧等方面分析水资源安全保障综合配置格局、技术、制度与工程措施，提出水资源安全保障综合配置思路，将城乡水安全、粮食安全、城镇供水安全作为西北内陆区水资源安全保障的重点领域，并建立安全保障体系。

7.6.1　水资源安全保障目标

维持河流健康生命，就是要实现人类社会与生态系统共享水资源，以求可持续发展。因此，既要接受历史经验教训，强调保护和恢复河流生态系统的重要性，又要承认在生态系统承受能力范围内人类合理开发水资源的合理性，并对人类活动已经造成的生态破坏进行适当修复和补偿。面对西北内陆区干旱缺水和土地荒漠化的突出问题，当前维持河流健康生命首先要保证河流和天然绿洲基本的用水需求，以维持其水系完整、绿洲茂盛、水质洁净、物种繁衍。基于这一指导思想和当前西北内陆区生态环境现实情况，需要自律人类水事活动，保护河流和绿洲，并在地面水源配置、地下水配置、水环境保护、天然绿洲保护等方面制订具体目标。

1) 河湖畅通，地表水系稳定

维持地表水系正常的空间展布功能是保持河流水系完整和循环功能的重要基础。一般情况下，西北内陆河流水系稳定及正常展布功能应包括以下内容。

(1) 流路畅通，输水到达尾闾湖泊(湿地)。保持干流与支流之间及上、中、下游直达尾闾湖泊(湿地)的流路畅通，是河流健康生命的重要标志之一。河流情况不同，河流流路畅通、生命健康的含义也因河而异，有的河流或河段要求全年通水，有的要求年内间歇通水，也有的河流河段在现实条件下仅可维持年际间相继通水(如黑河下游西河河段)。健康河流流路畅通水平虽然可以不同，但流路长期不畅通、水系不稳定的河流健康性较弱。

(2) 时空水量配置适当。在水资源非常紧缺的情况下，一条具有健康生命的内陆河，其水量在空间和时间上应有合理配置。当前的情况是不少西北内陆河由于人类无序开发，用水不合理，人类活动用水与生态环境用水之间、干支流之间、上中下游及年际年内不同时段之间水量配置失当。总的情况是社会经济用水挤占了生态环境用水，尤其是枯水年份和灌溉高峰期上、中游用水多，进入下游及尾闾水量少。主要河流均应制订分水方案，建立水权秩序，实行有序配水，尤其要确定社会经济用水与生态环境用水的适当比例，如黑河正常年份要保证进入下游河段 9.5 亿 m^3 水。通过合理配置水资源，保证各河段植物生长季节具有一定的过水时间，部分河流河段还要保持必要的洪水泛滥机遇。

(3) 稳定尾闾湖泊(湿地)。黄河的尾闾和归宿是大海，河口断流海水就会入侵倒灌。西北内陆河的归宿是尾闾湖泊和湿地，也是其抵挡沙漠以求自保的前沿屏障，一旦失去尾闾湿地，沙漠就要入侵扩张。由于不同时期、不同河流内在潜力和功能要求不同，尾闾湖泊(湿地)规模也就不同。只有保证并稳定必要规模的尾间湖泊或湿地，才是一条完整的内陆河。

2) 采补平衡，地下水位稳定

西北内陆区地表径流与地下径流交换异常活跃，维持地下水采补平衡，以保证正常的时空循环更新功能是干旱地区内陆河健康的重要条件。西北内陆河下游地区多为季节性河流，靠河川径流补充地下水，再通过地下水为人类需水和天然绿洲需水提供时空水源保障。具有健康生命的西北内陆河，其地下水应达到以下要求：天然绿洲地下水位保持适当埋深，一般宜控制年均埋深在 4m 以内；浅层地下水采补平衡，年际间水位相对稳定；严格控制开采中深层地下水，一般情况下不得用于平常的生活、生产及绿化用水。

3) 绿洲不萎缩，生态系统稳定

西北内陆河及其哺育的河流绿洲共同组成了当地复杂的生态系统。绿洲靠河流来哺育，河流也依赖绿洲为生态屏障。西北内陆区干旱少雨，生态系统自我修复功能要较我国中东部地区弱，水土资源及绿洲生态系统承载能力较低，因此更要求人们多方面爱护天然绿洲，保持其健康正常的自我修复功能。西北干旱地区天然绿洲稳定应至少具备两方面条件：①保持天然绿洲的必要用水，维持地下水位稳定和适宜埋深；②保护森林草原和荒漠植被，禁止超载过牧及对植被区的滥挖、滥采、滥伐等破坏行为，对于珍稀物种(如胡杨林)更要重点加以保护。

4) 污染不超标，河流水质稳定

维持地表与地下水体正常的环境自净功能，从而保持优良水质，是河流健康生命的又一重要标志。西北内陆河流水量少，决定了水环境容量与自净能力有限，在西部大开发的新形势下，控制水体(包括地下水)污染就显得尤其重要。其一，要求用水户“达标”排放废污水；其二，将区域排污总量控制在纳污水体(河流、湖泊)的环境容量以内，保证水体正常的环境自净功能使其循环净化，以保证水质符合国家规定。

7.6.2 西北内陆区水资源供给侧安全保障技术

1) 水资源区间调配案例

水资源区间调配一般指跨流域或跨区域调水，解决水资源分布不均和社会经济缺水的问题。目前已建、在建和拟建的大规模、长距离、跨流域世界调水工程已达 160 多项，分布在 24 个国家和地区。世界上有名的调水工程有澳大利亚东水西调、美国东水西调、埃及西水东调、以色列南水北调、我国南水北调等。

美国加利福尼亚州北水南调工程是比较成功的案例。北加州气候湿润，雨季常有洪水发生，而南加州降雨少，阳光充沛，因此提出北水南调的设想。年调水量 50 亿 m^3，70%用于城市，30%灌溉农田(面积超 133.3 万 hm^2)，受益人口

2300 万。

2) 西北地区主要已建调水工程

西北六省（自治区）都兴建了调水工程。新疆的调水工程主要是塔里木河生态应急输水(调水量 3.1 亿 m^3)。青海引大济湟工程，从大通河向湟水河调水 7.5 亿 m^3。甘肃有引大济西(大通河—西大河，2.5 亿 m^3)、引大入秦(大通河—兰州，3.6 亿 m^3)、引洮供水(洮河—甘肃中部，5.32 亿 m^3)和景泰川电力提灌工程(4.75 亿 m^3)等，甘肃省 2000～2016 年跨流域调水量见图 7-36。陕西有引汉济渭(在建，汉江—渭河，15 亿 m^3)、黑河引水(西安供水，4 亿 m^3)等。

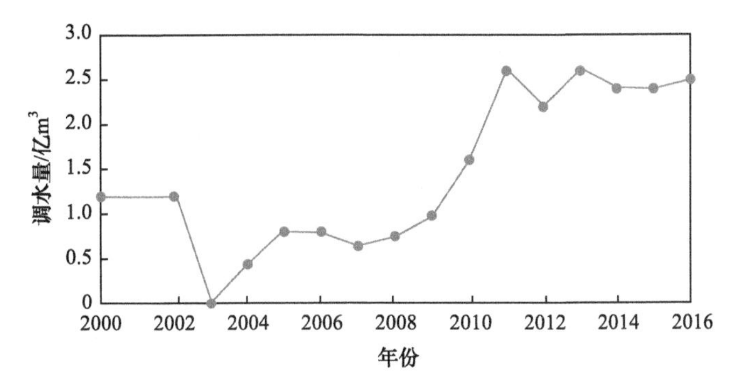

图 7-36　甘肃省 2000～2016 年跨流域调水量

西北内陆区目前已经实施的跨流域调水工程，大部分是从黄河流域调水至内陆河流域，加重了黄河流域水资源短缺，属于西北地区内部调水，无法缓解黄河上、中游和西北内陆区的缺水状况。

3) 未来西北地区调水方案设想

未来西北内陆区主要调水工程有：南水北调西线分三期调水至黄河上游，解决我国西北青海、甘肃、宁夏、内蒙古、陕西等地区干旱缺水问题。2002 年，国务院批复了《南水北调工程总体规划》。

7.6.3　西北内陆区调水需求分析

西北内陆区水资源总量严重不足，社会经济发展相对落后，也是我国少数民族聚集地区，战略地位重要。2020 年实现了全面建成小康社会，为深入实施“一带一路”，从满足未来国家不同的发展目标来看，除强化节约用水、提高水资源利用效率、全面推进节水型社会建设等措施缓解区域水资源供需紧张矛盾外，在西北相关地区可能存在“一点”“一线”和“一面”等三个方面新的调水需求。

1) 固边稳疆需要加大水资源优化配置力度

未来新疆将着力缩小南北疆差距，实现南北疆协调发展同步全面小康。据塔里木河流域 1959～2016 年天然径流资料，塔里木河流域三源流径流量显著增加，但干流径流量显著减小。三源流径流量的变化受降水、气温升高引起的冰雪融化等影响显著，源区人类活动加强引起的用水量增加导致干流径流量减少，进一步加剧流域内水资源空间布局的紧张矛盾。根据现有规划，到 2030 年水平，严格控制需水增长，塔里木河流域控制地表水供水量较现状减少近 21 亿 m^3，同时进一步增加河道内的生态环境用水量，水资源供需将长期处于紧平衡状态。

2) 支持丝绸之路经济带需要强化水资源保障

河西走廊地区石羊河、黑河和疏勒河流域水资源总量不足 70 亿 m^3，长期以来大规模的开耕土地和引水灌溉，造成三条河流不堪重负，水量减少，河道下游断流，尾闾湖不断萎缩乃至消失。当地水资源开发利用已超过极限，平原区浅层地下水超采十分严重，生态环境用水赤字巨大。按照有关规划，未来仍将严控发展用水需求，到 2030 年水平，减少地表供水近 14 亿 m^3。

西北内陆区作为西北丝绸之路经济带的咽喉要地，随着“一带一路”的逐步实施和城镇化、工业化进程的加速，相关地区煤炭、石油、天然气及太阳能、风能等能源资源基地建设将进一步提速，河西走廊和南疆等地区的城镇生活和工业用水将呈刚性增长，现有的水资源条件将远远不能满足未来社会经济发展的新增用水缺口。从维护区域稳定与发展、修复和改善区域生态环境出发，尤其是建设甘肃河西走廊黄金通道、打造新疆丝绸之路经济带核心区等，应及早开展外流域调水方案研究工作，为河西走廊及南疆等地区的未来发展提供水资源支撑和保障。

3) 加大西北内陆区土地资源开发需要加大水资源供给

在我国土地资源供求矛盾十分严峻的形势下，“引水换地”在维护和改善区域生态环境的前提下，实施适度的外流域调水，有序开发西北内陆区较为丰富的后备耕地资源，以逐步缓解工业化、城镇化等对东部耕地资源形成的胁迫，进一步优化我国的水土资源格局，支撑全国工业化、城镇化和国家现代化进程。总体上看，我国已进入工业化后期阶段，城镇化、工业化的进一步增速将对本已十分稀缺的土地资源持续提出新的刚性需求。随着我国人口数量的增加及建设用地的增长，守住 18 亿亩耕地红线的压力巨大。结合可能的调水条件和后备耕地资源状况，西北内陆区适宜开发的后备耕地资源主要分布在河西走廊及南疆地区。初步分析，河西走廊地区具备直接发展为农牧业耕地的后备耕地资源有 3100 万亩，南疆地区适宜开发的宜农后备耕地资源有 5800 万亩。因此，适度调水入河西走廊等地区，开展集约式、集中式农牧业后备耕地资源开发，通过西南、西北地区水土资源的优化组合及东部、西部地区土地用益权的交易转让，破解我国东部地区耕地资源的瓶颈制约，可为国家经济安全、社会安全、粮食安全和生态安全提供基础支撑和保障。

4) 南水北调西线工程

西线调水可以缓解西北缺水、黄河缺水的严重性。社会专家学者及热心人士对社会经济环境可持续发展的重视，对西部大开发的关心，对南水北调西线工程的迫切要求，恰恰说明了南水北调西线工程建设的必要性。

受水区不是保障国家粮食安全的重点地区，大部分属于限制或禁止开发区，应严格控制高耗水产业发展，禁止盲目开荒。2014 年，甘肃、青海、新疆三省(自治区)粮食总产量为 2618.3 万 t，仅占全国粮食产量的 4%。解决西北内陆区未来用水问题的核心在于坚持节水优先、调整用水结构，在局部地区适度调水(南水北调西线工程)。在强化节水模式下，2030 年西北内陆区通过新增当地地表水供水工程、充分利用其他水资源及局部区域调水工程增加供水量，可基本实现区域内水资源供需平衡。

7.7　西北内陆区水资源安全保障分析

7.7.1　西北内陆区水资源治理重要指标

研究西北内陆区主要水系流域涉及的部分重要指标与标志，初步提出西北内陆区水资源安全保障的河流治理目标与指标。

1. 生态环境用(耗)水比例

保障西北内陆区水资源安全，首先要将水资源可持续利用和流域生态环境建设提升到地区可持续发展的高度。为了既能保障社会经济发展的基本用水，又能以水资源的可持续利用保护生态环境的良性发展，当前需要在人类活动用水与天然生态环境用水之间划定一个恰当的比例，也可为不断扩张的人类活动限定一个不可超过的“保护区”，作为人与自然和谐相处的重要用水标志。钱正英(2003)针对我国西北内陆干旱区提出了水资源合理配置标准，在西北内陆干旱区，生态环境和社会经济系统的耗水以各占 50%为宜。生态环境耗水是指人工绿洲、灌区、城镇范围以外的山地林草、天然绿洲和荒漠植被以及河流、湖泊的生态耗水。人工绿洲、灌区、城镇的各种防护林，都应包含在它们各自区域的社会经济耗水指标中。按社会经济平均耗水率为用水量的 70%折算，今后内陆河流用水量的最高开发利用率应不超过 70%。

极度干旱缺水的西北地区，期望各方面都达到令人满意的理想状态几乎是不可能的，西北内陆河健康生命只能是相互妥协与多方权衡情况下的目标。既要考虑相关地区社会经济的适度发展与居民生活水平的提高，又要维持正常的河流水循环与生态环境的良性发展，以维持资源环境的可持续性。因此，西北内陆河健康生命只能是相对意义上的健康，同时允许具有一定的弹性。

钱正英(2003)提出社会经济与生态环境系统耗水量各占流域水资源总量 50%的观点，作为宏观框架性的指导意见，符合西北内陆区总体情况。西北内陆区河湖众多，为了具体反映众多河流的复杂差异性，对于河流健康生命重要指标需要进一步量化。

鉴于当前西北地区社会经济用水挤占生态环境用水的普遍倾向，河流健康生命的指标设置应适当突出生态环境用(耗)水。建议以流域为单元，以流域内最低生态环境耗水量作为流域水资源配置的重要指标，流域水资源总量减去最低生态环境耗水量，则为社会经济的最大允许耗水量。

将西北内陆区七大主要河流分为以下三种类型。

第一种类型，以黑河、石羊河为代表。在当前及今后较长时期内，基于人类社会可能承受的最大压力和可能采取的种种措施，社会经济耗水量最多也只能降低至流域水资源总量的 60%左右，相应生态环境耗水量最多只能提高到流域水资源总量的 40%左右。在国家和社会共同努力采取种种有效措施以后，黑河干流保证生态环境耗水量的近期目标与中期目标，分别规划为达到流域水资源总量的 26%与 35%。对于远期目标，本小节研究认为，经过更大努力以保证生态环境耗水量进一步提高到流域水资源总量的 40%以上非常必要，但存在诸多困难。

第二种类型，以塔里木河、天山北麓诸河、疏勒河为代表。基于流域整体情况并考虑部分河流合理可行地调引外水补充当地水源后，生态环境与社会经济耗水量以各占本流域水资源总量的 50%左右为宜。

第三种类型，以柴达木盆地诸河、青海湖水系为代表。就流域整体情况而言，在兼顾社会经济供水安全、河流健康与生态环境良性发展的条件下，两个流域生态环境耗水量最低也应分别保持在流域水资源总量的 80%与 90%。

2. 尾闾湖泊(湿地)状态

尾闾湖泊(湿地)是内陆河的归宿，也是河流健康的重要标志。当前的突出问题是，西北内陆河尾闾湖泊大部分处于萎缩进程之中或者已经干涸。与西北内陆区的自然状态相比较，尾闾湖泊受到两种因素的影响：①干旱的气候环境使西北内陆湖泊以非常缓慢的速度萎缩，尤其是水面辽阔的大型湖泊，如青海湖。②人类社会要发展，经济生活就要用水，也就必然减少水资源原本紧缺的西北内陆河进入其尾闾湖泊的水量。当前面临的主要问题是，在客观的自然环境和历史遗留的客观现实面前，如何既保证社会经济供水安全，又能保护好或者部分恢复西北内陆河的尾闾湖泊。维持西北内陆河健康生命，应视不同河流的具体情况，提出各个河流尾闾湖泊(湿地)恢复与保护的方向建议。

3. 其他指标

对于其他一些指标，下一步将视具体河流情况，提出具体的水资源安全保障框架，如天然绿洲保护规模、地下水位回升要求及特殊河段水质标准等。

7.7.2　主要河流水系水资源安全保障体系研究

7.7.2.1　塔里木河

1. 塔里木河流域治理概况

2001 年 6 月，国务院批复了《塔里木河流域近期综合治理规划报告》，提出“恢复下游绿色走廊”，以“四源一干”为治理范围，以干流下游为重点，以 2001～2005 年为实施周期。在多年平均来水条件下，到 2005 年，“四源一干”天然生态需水量将由现状的 109.5 亿 m^3 增长到 127.0 亿 m^3；塔里木河干流阿拉尔来水量达到 46.5 亿 m^3，(其中阿克苏河、叶尔羌河、和田河进入干流水量分别为 34.2 亿 m^3、3.3 亿 m^3、9.0 亿 m^3)，开都–孔雀河向干流输水 4.5 亿 m^3，大西海子断面下泄量 3.5 亿 m^3，水流到达台特玛湖，使塔里木河干流上、中游林草植被得到有效保护和恢复，下游生态环境得到初步改善。该规划最终要实现三项近期治理目标，即天然生态环境耗水量达到“四源一干”水资源总量 274.88 亿 m^3 的 46.2%，适度恢复尾闾湖泊之一台特玛湖，适度恢复干流绿洲。

2001～2016 年，中游径流量比多年平均径流量减少约 30%。2000 年后，下游径流量呈现增加趋势，这主要是因为塔里木河流域近期综合治理实施后，自上、中游向下游输水量增大。

塔里木河流域实现“四源一干”行使水资源统一管理、流域综合治理和监督职能，新疆塔里木河流域管理局(简称塔管局)通过完善水资源管理法律法规、改革流域管理体制、落实“三条红线”要求、加大水量统一调度管理和向下游及胡杨林区输水等一系列措施，流域水资源管理不断得到强化，主要取得了如下成效(刘新华，2019)。

1) 流域水资源管理法制基础得到夯实

1997 年，新疆维吾尔自治区人民代表大会常务委员会审议通过了我国第一部流域水资源管理地方性法规——《新疆维吾尔自治区塔里木河流域水资源管理条例》。该条例分别于 2005 年和 2014 年进行了修订，修订后的条例以强化流域水资源统一管理为主线，以流域内水资源实行流域管理与行政区管理相结合、行政区管理服从流域管理的管理体制为基础，以流域内国民经济和社会可持续发展为核心，依据自治区批复流域水资源管理体制改革的文件精神，明确了不同性质、级别管理部门的事权，重点修订完善了水资源配置、地下水管理、禁止开荒、水量调度、河道管理等内容。

2) 流域涉水管理制度得到完善

依据《塔里木河流域水资源管理条例》赋予塔管局的流域管理职责，充分运用行政、法律、经济手段，严格实施总量控制、水资源论证、取水许可、涉河建设方案论证等制度(刘新华，2019)。

3) 协调高效的流域水资源管理新体制得到建立

2011 年以前，塔管局主要负责干流的水资源管理和调配，其他源流由地方水行政主管部门下设的流域管理处管理，由于流域管理体制不顺，极大地影响了流域综合治理规划目标的实现。按照《塔里木河流域近期综合治理规划报告》关于建立健全流域管理与区域管理相结合的管理体制要求，同时借鉴水利部黄河水利委员会管理黄河流域水资源的模式。2011 年，新疆维吾尔自治区人民政府决定将塔里木河流域四个源流管理机构(阿克苏河、叶尔羌河、和田河和开都–孔雀河流域管理机构)整建制(包括河道水工程)移交至塔管局，打破行政地域界限，将现有源流管理机构统一划归塔管局直接管理，建立了统一协调高效的流域水资源管理新体制(刘新华，2019)。

4) 流域用水总量得到有效控制

据统计，塔里木河流域“四源一干”2000 年用水量为 194.80 亿 m^3，超出三条红线总量控制指标 42 亿 m^3。2000 年起塔里木河流域实施限额用水，通过限额用水管理，2002～2011 年流域年均用水量 174.38 亿 m^3，比 2000 年减少 20.42 亿 m^3。2012～2017 年流域年均用水量下降到 156.29 亿 m^3，比 2000 年减少 38.51 亿 m^3，成效十分显著。特别是 2017 年，用水量 149.7 亿 m^3，比 2000 年减少 45.10 亿 m^3，比“三条红线”地表水用水总量控制指标少 3.1 亿 m^3。国民经济用水量得到有效控制，更多的水量还于生态，促进流域地下水位抬升和生态环境持续向好(刘新华，2019)。

5) 流域水量统一调度得以实现，超额用水得到有效控制

为落实年度供水计划，塔管局统筹源流与干流、上游与下游、地方与兵团用水量，加强实时调度和精细调度，密切关注水情、雨情和墒情，在控制用水总量的基础上，将用水指标分解到月，按月向各流域管理单位下达调度指令，严格按计划供水。对超计划用水的，及时采取关闸闭口或压闸减水措施，扣减超用水量。在调度期末，制订并实施倒计时的供水方案，逐日调度。通过实时调度，优化流域水资源配置，减少用水矛盾，兼顾生产、生活和生态用水，提高水资源利用率，超限额用水情况得到有效控制(刘新华，2019)。

6) 信息化监测水平得到提升

流域管理单位对“四源一干”引水口进行全面监测，依托国控水资源监控项目实施，在主要渠道和引水口安装自动监测、监视设施，部分枢纽安装监控设备，

实现水量的自动监测和远程监控。截至 2019 年，流域已建成多处水情自动监测点，实现对流域 80%以上用水量的自动监测(刘新华，2019)。

7) 生态输水带来显著的生态效益

塔里木河近期综合治理项目实施以前，塔里木河下游大西海子以下河道断流近 30a，塔里木河下游生态环境急剧恶化，“绿色走廊”濒临消失。为挽救“绿色走廊”，2000 年以来，先后组织实施了 19 次向塔里木河下游生态输水。塔里木河流域分布着全国 70%的天然胡杨林种群，为进一步巩固和扩大塔里木河近期治理成果，2016 年起，在塔里木河源流区和干流上中游区的胡杨林保护区和湿地输送生态水(刘新华，2019)。

(1) 干支流下泄量明显增加。根据相关文献统计，2000 年，塔里木河上游阿克苏河、叶尔羌河、和田河三源流合计下泄干流水量为 29.35 亿 m^3，2002～2011 年平均下泄量为 40.47 亿 m^3，2012～2017 年平均下泄量为 57.65 亿 m^3。2012～2017 年与 2000 年、2002～2011 年平均相比，分别增加 28.30 亿 m^3、17.18 亿 m^3，源流向塔里木河干流下泄量稳步增加。2002～2011 年，大西海子断面年均下泄量为 2.81 亿 m^3，2012～2017 年(流域综合治理后)平均下泄量为 5.86 亿 m^3，下泄量增加明显。流域源流和干流、干流上下游空间用水量更加均衡(刘新华，2019)。

(2) 下游绿色走廊重现生机。2000～2018 年流域不断加强生态输水工作，通过组织实施向塔里木河下游连续 19 次生态输水，逐渐加大下泄量，水头 14 次到达台特玛湖，结束了下游河道连续干涸近 30a 的历史，台特玛湖尾闾及其周边湿地水域迅速恢复。据统计，2000 年台特玛湖水域近乎干涸，2002～2011 年水域面积平均为 104.12km^2，2012～2018 年水域面积平均为 207.09km^2。2017 年大西海子断面下泄量达到历史最大值，总计输送生态水约 12.14 亿 m^3，2017 年 10 月 12 日，台特玛湖水域面积达 511.34km^2，形成生态输水以来的历史最大水面。

《塔里木河流域近期治理规划报告》实施后，塔里木河下游两岸地下水位(1km^2 范围内)由治理前的 8～12m 逐步恢复到现在的 2～4m，水质矿化度下降，两岸天然林草植被和胡杨林重现生机，生态植物种群由 17 种增加到 46 种，沙化面积减少 7 万 hm^2，现下游两岸经常可见野生动物出没，下游绿色走廊逐步有了生机，下游生态环境日趋恶化的现象得到了初步遏制。推进塔里木河流域综合治理，结束了下游河道连续干涸近 30a 的历史，台特玛湖恢复了 400km^2 的水面和湿地，下游绿色走廊再现生机。

2016 年起在塔里木河流域胡杨林保护区实施生态输水。通过科学调度、合理配置，满足国民经济用水的同时，最大程度地向源流和干流上中游胡杨林保护区和湿地输送生态水，输水范围包括塔里木河“四源一干”。据统计，2016～2018 年累计向塔里木河流域胡杨林保护区生态输水 29.58 亿 m^3，每年都超额完成胡杨林保护区生态输水任务计划(刘新华，2019)。

(3) 用水总量控制目标提前达成。根据国务院批准的《塔里木河流域近期综合治理规划报告》，自 2002 年起，按照新疆维吾尔自治区批准的《塔里木河流域“四源一干”地表水水量分配方案》，塔里木河流域开始实施限额用水管理，即对各单位用水进行限额控制。每年年初由塔里木河流域管理委员会主任与各单位签订年度用水目标责任书，实施限额用水行政首长负责制，塔管局负责监督执行。2016 年开始，全面贯彻落实最严格水资源管理制度，塔里木河流域水量分配方案转到了“三条红线”用水总量控制指标上来。

为落实年度限额用水任务，从 2002 年起，新疆维吾尔自治区在全流域实施了水量统一调度。按照“统一调度，总量控制，分级管理，分级负责”的原则，塔管局负责全流域水量统一调度管理工作，流域各地(州)、兵团各师在分配的用水限额内负责区域水资源的统一调配和管理，实行行政首长负责制。通过加强水量调度管理，有效控制了用水总量。

据统计，2002 年塔里木河流域“四源一干”实际用水 171.4 亿 m^3。2012～2018 年，流域“四源一干”年均用水比 2000 年减少 38.5 亿 m^3，3 年平均用水 152.7 亿 m^3，提前 10 年达到 2030 年“三条红线”地表水用水总量控制指标(刘新华，2019)。

2. 塔里木河流域水资源安全存在主要问题分析

塔里木河流域水量较充沛，但时空分布不均，流域地形主要为平原坡地，调蓄工程少调蓄能力差，导致水资源可利用量低。随着社会经济的发展及用水需求的增加，水资源开发利用形势严峻。

1) 干流水量受气候变化与人类活动影响显著

1960～2016 年，塔里木河上游三源流径流量呈现出增加趋势，特别是阿克苏河增加趋势极为明显，塔里木河干流中游减少趋势极为明显。塔里木河上游三源流主要形成于山区，在上游三源流径流形成区，人类活动很少，影响上游三源流径流变化的因素主要有气温升高导致冰川融化剧烈、降水增加等造成河流来水增加等，气候变化是上游三源流径流变化的主因。上游三源流径流形成后，进入了人类活动频繁的平原区，人为活动越剧烈，引水量越多，补给塔里木河干流径流越少，人类活动是塔里木河干流尤其是中游径流变化的主要影响因素(孟现勇等，2016)。

2) 水资源节约集约利用水平低

废污水处理及中水回用率较低，水污染形势较为严峻。目前污水收集管网还不完善，废污水集中处理率不高。城市废污水处理回用率仅 5%，尾水基本直接入河。同时，农业生产大量使用化肥农药后带来的农业面源污染，以及大量生活污水直接向河道排放，致使地表水体纳污量不断增加，水功能区水质有进一步恶化的风险(孙嘉等，2022)。

3) 用水高峰期水资源供需矛盾突出

流域内水资源不足，需依靠外调水补给。流域内干旱缺水年份与流域、区域基本同步，需水量大时来水量少，且水田面积比例较大(孙嘉等，2022)。

4) 河道淤积较为严重，调蓄能力较差。根据相关研究成果，塔里木河流域平均淤积深度达 0.36m，总淤积量 1470 多万 m^3，使河网容蓄水量大大减少(孙嘉等，2022)。

3. 塔里木河流域水资源安全保障体系构建措施研究

水资源天然禀赋与人类活动剧烈使得目前塔里木河流域社会–经济–生态之间的用水矛盾仍然突出，与解决这一矛盾密切相关的生态调度问题、水权交易与生态补偿问题、跨流域调水等问题，都是塔里木河流域水资源安全体系构建措施研究中需要重点关注的方面。

按照新时期治水思路对塔里木河流域水资源安全保障体系构建总的原则概括如下。①转变治水理念，更新管理观念，着眼于统筹上游、中游、下游，统筹生产、生活、生态用水，补齐流域治理工程短板，全面强化流域水利监管，共同抓好大保护，协同推进大治理；②进一步落实最严格水资源管理制度，大力推进农业、工业、城市节水及流域水资源统一管理，推动用水方式由粗放向节约集约转变；③以河湖突出问题专项整治、岸线保护与利用规划编制、流域生态系统性保护修复、塔里木河流域生态输水为重点，持续抓好流域生态环境保护；④推进流域骨干控制性工程建设，加快完善防洪减灾体系，着力夯实乡村振兴水利基础，抓好重点项目前期工作，全面提升水旱灾害综合治理能力；⑤建立务实高效管用的监管体系，不断提升“强监管”工作效能(孜比布拉·司马义等，2020)。

对于塔里木河流域水资源安全保障体系构建，结合《塔里木河流域近期综合治理规划报告》与相关研究成果，对水资源安全保障措施进行研究，经分析，现阶段提出如下措施。

1) 开展水资源节约与集约利用

长期以来，塔里木河流域的水利设施较为落后，大水漫灌方式也导致水资源的损耗巨大。流域当前的灌溉水利用系数为 0.52，还有很大的提升空间。因此，应抓住土地整治和高标准农田建设的良好契机，大力发展田间节水设施及技术，如喷灌、滴灌、根灌、渗灌等，这可以大幅提高农水的利用率，降低灌溉定额，从根本上节约灌溉用水。继续深入开展节水型社会建设，将“四源一干”流域内的生态环境耗水量提高到水资源总量的 50%以上(王月健，2018)。

2) 实施水资源统一管理

目前，塔里木河流域治理由水文部门负责径流观测、水质的监测等，掌握最基本的水文情势；水利部门负责管理和分配水资源给各用水部门；农业部门主要考虑灌溉水资源分配带来的农业经济效益，忽略其他因素；环境保护部门认为天然生态系统作为防沙治沙的屏障，应该比其他用水户享有更高的优先地位，这导致塔里木河流域的水资源在满足不同利益相关者的需要和需求方面，协调非常困难，流域的水资源处于无序的管理状态。应成立塔里木河水资源协调管理委员会，对流域地表水和地下水实施集中统一管理，并建立流域水资源的动态监测和预警体系(艾克热木·阿布拉等，2019)。

3) 完善适用于塔里木河流域的水权转换机制

在流域层面制订规章、制度、条例、法规等，支持水权转移和水量重新分配，对水权交易者给予补偿或支持，实现水资源的优化分配。鼓励在流域内部租赁水权，在水资源的紧缺期，推动塔里木河流实现高水高用，优水优用。

水权配置制度和水权市场建设，将为协调区域间、行业间用水矛盾提供有力的市场调节手段。水权配置包括初始分配和再分配。其中初始分配是国家把水资源所有权出让和分配给用水户，而再分配则指各用水户之间的水权交易过程(王光焰等，2018)。

4) 开展流域规划编制

逐一开展喀什噶尔河、迪那河、渭干河与库车河、克里雅河、车尔臣河五大源流流域规划，加快推进开都–孔雀河流域综合规划修编。重点解决社会经济发展目标及用水安排、生态环境最低耗水比例及天然绿洲重点保护规划、源流河道是否接入干流及尾闾安排等。通过中、远期继续治理，塔里木河全流域生态环境耗水量达到流域水资源总量的50%以上，更多源流恢复与干流及尾闾湖泊水力联系，维持塔里木河健康生命，实现流域人口、资源、环境与社会经济的协调发展。

5) 科学合理开展水价调整

塔里木河流域目前的水价普遍偏低，为实现流域水资源节约与集约利用，通过制订合理水价、推行阶梯水价、完善水价执行机制是促进水资源节约与集约利用的有效方式。

6) 生态输水精细化管理与研究

塔里木河流域2001～2018年已经由大西海子水库向下游累计生态输水19次，输水量累计超过70亿m^3，带来了显著的生态环境改善效果。为更好地发挥生态输水效益，需要将生态输水管理向精细化转变，并开展地下水环境变化、植被群落对生态输水的响应过程，不同输水方式(单通道、双通道、汊河、面状)、输水时机、输水量等对输水效果的影响等相关研究工作。

7) 开展跨流域调水前期论证

《塔里木河流域近期综合治理规划报告》在中远期规划中提出，在全流域综合治理规划、骨干工程建设、实施“跨流域调水，引外调水注入塔里木盆地”的基础上，“使塔里木河的最后归宿罗布泊恢复生机，全面解决塔里木河流域社会经济与生态环境协调发展问题”。

7.7.2.2　天山北麓诸河

结合相关规划成果，分析天山北麓诸河主要治理目标如下。

1) 艾比湖水系

艾比湖位于阿拉山口大风区的主风道，位置特殊。由于上游用水增加，艾比湖水面面积从 20 世纪 50 年代的 1200km^{2}缩减到 90 年代的 500～800km^2。干涸湖底以疏松粉尘状镁盐为主要成分，狂风刮起粉细盐尘，严重影响下游地区天山北麓经济带环境质量。因此，艾比湖流域应以保护生态环境为主要目标，建议近期保持艾比湖当前水面面积约 800km^2，远期达到 1000km^{2}以上。若要达到此目标，估计生态环境耗水量(包括甘家湖)近期需要保持在流域水资源总量的 50%以上，远期需要达到 60%以上，与此相适应，须将社会经济耗水分别控制在 50%和 40%以下。

2) 天山北麓中段

以玛纳斯河、呼图壁河、乌鲁木齐河为代表，水资源开发程度较高，下游地下水位下降，尾闾湖泊干涸或萎缩。考虑到该区城镇林立，人口密集，缺水严重，以及河流下游及尾闾所处的古尔班通古特沙漠多年平均降水量可达到 100mm 左右等种种情况，需要区分具体河流，逐一作出具体水资源配置规划。在近期没有外来补水的条件下，控制社会经济耗水量在水资源总量的 60%以下，相应生态环境耗水量不低于水资源总量的 40%，适度恢复下游地下水位。中远期在有外来补水条件下，控制社会经济耗水量在水资源总量的 50%以下，相应生态环境耗水量可达水资源总量的 50%以上，适度恢复玛纳斯湖等河流尾闾湖泊。此外，天山北麓诸河应严格控制工业与生活对水源的污染。

3) 天山北麓东段

控制包括人工生态在内的社会经济用水，增加天然绿洲用水比例，使之不低于流域水资源总量的 50%，以维持诸小河道下游地区地下水位。

目前天山北麓诸河特别是艾比湖流域水资源供需矛盾突出，生态用水难以得到保障，在气候变化和未来人类活动影响加剧的背景下，艾比湖流域水资源开发利用状况不容乐观，结合相关研究与规划成果，对天山北麓诸河重点是艾比湖流域水资源安全保障主要措施进行分析。

(1) 严格执行最严格水资源管理与“三条红线”控制。天山北麓诸河农业用水量大、灌溉面积过高是水资源分配不均衡、生态用水无法保障的重要原因。为了确保水资源安全，新疆维吾尔自治区宣布从 2013 年起严格实施最严格水资源管理，按照新疆维吾尔自治区下达给博州的“三条红线”分解指标。规划年流域水资源管理应严格遵循最严格水资源管理制度。

(2) 推进水市场交易和水价改革。目前在艾比湖流域春季灌溉量占灌溉总量的 35%以上，水资源时空分布导致春季水短缺是一个持续严重的问题，导致农业生产大幅减少，对此可考虑通过开展水权交易的方式缓解或解决春节用水紧缺问题。目前流域水价普遍偏低，科学合理提升水价可作为促进水资源节约与集约利用的有效方式，在用水过程中可积极推行阶梯水价，完善水资源收费和处罚力度。

(3) 实施水资源统一管理与生态调度。可仿效塔里木河流域综合治理的成功经验，采取行政手段，成立协调博州、县(市)与兵团第五师水资源利用的水资源协调管理机构，对流域地表水和地下水集中统一管理，建立流域水资源动态监测和预警体系，对艾比湖持续开展生态补水调度工作(王月健，2018)。

(4) 建设山区地下水库。结合相关研究或规划成果，根据艾比湖流域的水文地质构造，在温泉至博乐市小营盘西地带存在一个巨大的地下水储水构造带，静储量在 80 亿 m^3 左右，温泉山区的降水量大，对地下水的补给较为容易。该储水构造带在上游区埋藏较深，径流流速较大，在下游区部分的地下径流可以补给多个含水层形成潜水、承压水补给艾比湖。另外，考虑到绿洲和荒漠的蒸发强烈，修建地下水库可以减少大量的无效蒸发，更有效地利用水资源，在一定程度上改善流域水资源的调蓄、供水等情势(王月健，2018)。

(5) 开展水资源集约节约利用。现状天山北麓诸河水利设施较为落后，粗放的灌溉方式造成了水资源的浪费，据统计，现状灌溉水利用系数为 0.58 左右，仍有提升空间。因此，需要抓住土地整治和高标准农田建设的好机会，大力发展田间节水设施并采取节水灌溉方式，提高灌溉水利用系数，实现水资源节约与集约利用。

(6) 山区水源涵养与云水资源化技术推广。结合相关研究成果，艾比湖流域山区如果形成水源涵养林，将在一定程度上增加年降水量，并且由于新疆有空中水资源的巨大潜在开发优势，结合云水资源化技术可在艾比湖流域上游水汽聚水区建立山区人工增雨区。在每年 6～8 月夏季径流的高峰期和 12 月至次年 3 月冬春雨雪水汽较为丰富的时期，增加流域的降水量与径流量。

(7) 实施污废水资源化、微咸水灌溉工程。天山北麓诸河污废水处理回用现状未规模化开展，在发展循环经济和清洁生产的背景下，可以考虑在流域实施废污水资源化工程，多重利用非常规水资源。对于流域下游的碱化土地，结合新疆生态移民政策，可考虑发展盐土农业，实施微咸水灌溉，建设人工湿地示范工程，可作为提高水资源安全保障的有效措施。

7.7.2.3　柴达木盆地诸河

柴达木盆地是我国产水模数较低的地区之一，属于环境高度敏感地区。客观的自然地理环境决定了生态环境耗水量应占水资源总量的较大比重。2000 年，社会经济总用水量仅占盆地诸河水资源总量的 19%，考虑到用水方式粗放，估计社会经济耗水量仅占水资源总量的 10%左右。由于自然原因及 20 世纪人类对细土带灌草植被的大量破坏，以天然绿洲植被萎缩为特征的生态环境严重恶化，维持柴达木盆地诸河健康生命以支撑地区可持续发展不同于一般地区，必须采取以下对策。

1) 合理安排社会经济布局

柴达木盆地一方面区位优势明显，矿产资源富集，战略地位非常重要；另一方面水土资源承载能力又非常低下，社会经济发展要高效集约开发与限制人口发展并重。

(1) 城镇工矿业的发展要求采取“点式开发”(如察尔汗盐湖基地)方式，后勤基地可采用远距离异地安置。

(2) 限制农牧业规模。其一，利用工矿业开发机遇，转移部分农业和牧业人口到工矿部门，以减轻水土资源压力。其二，东部地区种植业规模不再扩大，西部地区种植业限于城市高科技农业。其三，限制牲畜数量。

2) 保护天然绿洲

柴达木盆地海拔高，积温低，植物干物质生长积累缓慢，细土带植被一旦破坏，恢复困难。要制订规划，保护天然森林、灌丛、草原及荒漠植被。禁止毁林毁草开荒，限制超载过牧，禁止对植被的滥挖、滥采、滥伐，要求工业、交通、国防等基本建设尽量减少对天然植被的破坏。

3) 维持当前河湖格局，限制社会经济用水

柴达木盆地生态环境脆弱，要将维持当前河湖格局作为维持柴达木盆地诸河健康生命的重要目标之一。为此，需要严格限制人类活动用水，可通过农业节水挖潜以解决工矿业发展的新增用水需求，将柴达木盆地生态环境最低耗水量基本维持在盆地水资源总量的 80%为宜。

7.7.2.4　青海湖

青海湖水系包括环湖河流与青海湖湖区两部分。环湖河流水资源量为 22.27 亿 m^3，加上青海湖水面降水量后达到 37.88 亿 m^3。2000 年社会经济耗水量为 0.7 亿 m^3，分别占环湖河流水资源量的 3.1%和考虑湖面降水量后青海湖水系水资源总量的 1.8%。当前青海湖湖泊水面年蒸发量 40.5 亿 m^3，大于湖水总补给量(36.9 亿 m^3)，年均湖水亏损量 3.6 亿 m^3，青海湖仍处于其生命节律的萎

缩进程中。结合青海湖流域水资源规划与相关成果，分析青海湖流域水资源安全保障主要措施。

2030 年，青海湖流域水资源安全保障达成的目标为初步建成节水型社会，农业灌溉水利用系数提高到 0.65；万元工业增加值取水量下降到 70m^3，工业用水重复利用率达到 80%，城镇供水管网漏失率下降至 13%；多年平均河道外用水总量控制在 1 亿 m^3；满足河道内生态环境用水量及过程，布哈河口水文站断面多年平均生态环境用水量不少于 21000 万 m^3，其中 6～9 月不少于 20000 万 m^3；刚察水文站断面多年平均生态环境用水量不少于 5900 万 m^3，其中 6～9 月不少于 5800 万 m^3；在遏制生态环境恶化的势头后，使青海湖流域生态环境走上良性循环的轨道；大力发展生态畜牧业建设，优化产业结构，同时增强流域内人工补饲能力建设，实现草畜平衡；深化农牧区供水管理体制改革，强化水源保护、水质监测和社会化服务，建立健全城乡人畜饮水安全保障体系；流域内城镇生活污水处理率达到 80%，水功能区全面实现水质达标，水污染得到根本遏制。

主要措施如下。

1) 建立科学用水模式

(1) 强化节约用水，建设节水型社会，提高水资源利用效率和效益。农业节水要以提高灌溉水利用系数为核心，加强灌区配套与节水改造。工业节水要通过严格定额管理、取水许可审批、用水与节水计划考核等措施，促进企业节水，提高工业用水的重复利用率。城市节水要加强供水管网改造，减少跑冒滴漏，加大污水处理力度，提高再生水利用程度，同时加快节水型服务业建设。通过以上措施，减少用水定额，提高用水效率和效益。

(2) 调整用水模式，严格控制用水总量增长。青海湖流域要以水定供，农牧业发展要禁止盲目扩大灌溉面积，积极调整种植结构，积极推进草畜平衡，控制超载过牧，在控制用水量的情况下求发展；工业方面要根据水资源条件积极推进产业结构和工业布局调整，加强用水需求管理，控制高耗水产业发展，严格控制用水量增长速度。

2) 制订水资源配置方案

(1) 水资源总体配置方案。根据青海湖水量消耗规律，以优先保证城乡生活用水和基本的生态环境用水为出发点，严格控制入湖河流主要断面下泄量，统筹安排工业、农业和其他行业用水，同时通过增加青海湖流域地表供水工程能力和适当增加地下水开采量，保障社会经济可持续发展和生态环境保护对水资源的合理需求。

(2) 保障重点领域和地区供水安全。在节约用水的前提下，合理调配水源，改造和扩建现有水源地，科学规划新建水源地，提高供水能力，保障城乡饮水安全；在已有灌区大力加强节水配套改造、提高农业用水效率和效益的基础上，在水土资源较匹配的地区适度增加灌溉面积，为农牧业生产提供水资源保障。加强对水源的涵养，加快应急备用水源建设，提高水资源应急调配能力(杨立彬，2011)。

3) 加强水资源保护

(1) 实行污染物入河总量控制。以保障饮用水安全、恢复和保护水体功能、改善水环境为前提，根据水功能区的功能目标要求核定水域纳污能力，提出污染物入河限制排放总量意见。

(2) 加强点污染源和非点污染源的治理与控制。通过多部门协作，加大水污染治理力度。工业企业废污水全部实现达标排放，加快城镇污水管网和处理设施建设，提高污水处理程度和处理水平，减少废污水和污染物的排放量；加大对重要水源地水污染防治和水资源保护的力度。同时，要通过提高城镇垃圾和畜禽养殖污染物的收集处理水平与程度，采取有利于生态环境保护的土地利用方式和农牧业耕作方式，科学使用化肥、农药；完善农牧区生态环境综合整治、草地封育、涵养水源、水土流失防治等流域综合治理措施，逐步控制非点源污染负荷，减少非点源污染物入河量。

4) 修复和保护水生态

合理安排生态用水、维护河流健康。根据河流的水资源条件和生态保护的要求，确定维护河流健康和改善人居环境的生态需水量，合理配置河道内生态用水，保障河道内基本的生态用水要求。要在积极调整产业结构，充分挖掘本地水资源潜力的基础上，统筹配置区域水资源，在保障供水安全的同时，逐步退还挤占的生态环境用水，逐步修复河湖湿地水生态。要建立河湖生态环境用水保障和补偿机制，维护河湖健康。要加强地下水资源的保护和涵养，以应对特殊干旱时期和突发紧急情况下的应急用水要求(杨立彬，2011)。

5) 加强水资源综合管理

(1) 建立健全区域水资源可持续利用协调机制，完善以区域为主的水资源管理体制，建立适应社会主义市场经济要求的集中统一、依法行政、具有权威的管理体制，探索建立以区域为主的科学决策民主管理机制(杨立彬，2011)。

(2) 建立以水功能区为基础的水资源保护制度。制订水功能区管理条例，以主要河流水功能区为单元，根据水功能区纳污能力控制污染物入河总量；加强对入河排污口的登记、审批和监督管理，实行入河排污总量控制；合理划定城市饮用水水源地的保护范围，加强对饮用水水源地的保护和安全监督管理。

(3) 逐步建立水生态保护制度。根据水资源承载能力，合理确定主要河流生态用水标准、控制指标及地下水系统的生态控制指标，在水资源配置中统筹协调人与自然用水，建立生态用水保障机制和生态补偿机制，发挥水资源的多种功能，维护河湖健康。

7.7.2.5　疏勒河

1) 疏勒河流域现状水资源管理成效

目前疏勒河流域实行流域机构与行政部门并行的管理体制，涉及的主要管水单位有其相应的水资源管理范围。水资源主要由 4 个部门负责管理，昌马、双塔、花海 3 大灌区及管理中下游生态用水地表水的疏勒河管理局(简称疏管局)，其余河流小灌区(白杨河、石油河、榆林河、桥子灌区)地表水和全部地下水(灌溉及城镇、农村生活用水)由玉门市水务局、住房和城乡建设局及瓜州县水务局管理(黄珊等，2018)。

疏勒河地表水采取专业管理和群众管理相结合的管理模式，即支渠以上(含支渠)国有骨干工程由疏管局管理，支渠以下由用水者协会管理。水管单位计划配水、分水、斗口计量、收费到用水者协会，协会按照农田面积配水、计量、开票到农户。农户申请取水、配水为自下而上申报用水计划，自上而下总量控制的分配模式：农户→用水者协会→水管站→水管所→灌溉管理处→疏管局，逐级上报用水计划，疏管局则根据省级水利厅用水总量控制，按作物需水量、需水时间和种植面积，综合预估降水量与来水量变化，再逐级下达用水计划(黄珊等，2018)。

疏勒河水资源管理遵照“五位一体”“四个全面”总布局，坚持创新、协调、绿色、开放、共享的新发展理念，深入贯彻落实最严格水资源管理制度，甘肃省水利厅、酒泉市和玉门市政府、瓜州县政府逐级制订下达了水量分配总量控制指标，疏勒河管理局统一调度各灌区用水，建设了完整的量水设施和自动化测报系统，灌区水量自动化测报水平全国领先，以村为单元组建农民用水者协会 104 个，对斗口以下渠系工程和水量分配实施自主管理。2011 年，大规模建设灌区节水工程，向疏勒河双塔灌区下游排放生态用水 7800 万 m^3。2014 年，完成了水资源使用权确权登记，全面推行水权制度，向农民用水户协会颁发农业用水水资源使用证 221 本，确定农业用水水权面积 9.23 万 hm^2，分配水权总水量 9.4 亿 m^3。其中生活用水确权水量 2323.88 万 m^3，农业用水确权水量 73807.05 万 m^3，工业用水确权水量 4925.11 万 m^3，生态用水确权水量 2683.96 万 m^3，政府预留水量 10260 万 m^3，占比分别是 2.5%、78.5%、5.2%、2.9%、10.9%。搭载中国水权交易所股份有限公司平台建立了疏勒河水权交易平台，实现了水权在线交易，为全国水权改革提供了借鉴经验。2016 年，启动了疏勒河流域水流产权确权试点工作，疏勒河灌区将实施水域及岸线水生态空间确权、水资源确权和水资源用途管制机制体制建设。积极推进河长制和农业供给侧结构性改革，不断强化水资源节约集约利用和水环境保护(刘建军，2018)。

2) 目前水资源安全保障存在问题分析

针对疏勒河流域水资源开发利用与管理现状，总结目前疏勒河流域影响水资源安全保障的主要存在问题。

(1) 地表水资源短缺。疏勒河灌区用水完全依赖于疏勒河干流地表水径流，疏勒河干流的地表水资源产于祁连山区和阿尔金山区，消耗于走廊平原区。走廊北山径流很小，基本渗漏补给地下水。据 1956～1979 年系列成果，疏勒河干流地表水资源量为每年 9.94 亿 m^3，来水特点：一是季节性变化大，每年 4～6 月灌溉临界期来水量占年径流量的 22.07%，7～9 月汛期来水量占 58.1%，必须人工调蓄才能合理利用；二是年际变化较大，据 1956～1998 年水文观测同步系列分析，疏勒河历史有连续 9 年的枯水年份，对水生态用水安全极为不利(刘建军，2018)。

(2) 地下水超采严重。地下水超采已成为疏勒河灌区的主要生态危机，疏勒河灌区所在行政区地下水区域性超采量为每年 2.82 亿 m^3，其中瓜州县 0.67 亿 m^3，玉门市 0.51 亿 m^3。超采地下水造成地下水位过度下降。以昌马灌区为例，统计分析 2011～2016 年地下水位变化情况，2016 年监测井地下水平均埋深 7.3m，最深 15.95m，最浅 0.69m。2016 年与 2011 年对比，同一监测井地下水埋深年际变化下降的有 4 个，最大降幅 0.95m，上升的有 6 个，最大涨幅 0.51m，最小涨幅 0.07m，保持不变的有 2 个。综合分析各地下水监测井数据，疏勒河灌区地下水埋深年际变化较大，多年变幅在 1m 以上，近年来地下水位普遍下降，大部分井 5 年降幅已超过了 1m，最大降幅 2.7m。疏勒河灌区地下水平均埋深已经达到了 7.3m，普遍超过了 5m，到了影响植被正常生长的边缘。2014 年双塔灌区的极旱荒漠国家级自然保护区内“局部土壤在受到人类活动和气候影响而退化严重，引起局部地下水位下降、局部污染、水质恶化，局部地质地貌和湿地环境发生变化”(刘建军，2018)。

(3) 水资源过度开发利用。从可持续发展的角度分析，疏勒河地表水资源开发利用过度。2016 年，疏勒河流域地表水年用水量 9.2 亿 m^3，其中昌马、双塔、花海 3 个灌区农业灌溉用水量为每年 8.33 亿 m^3，工业用水量 0.83 亿 m^3，其他工业用水量为每年 0.05 亿 m^3，占水资源量的 89%。留给天然生态的水量占水资源量的 11%，远低于生态环境耗水量不低于水资源总量的 50%的水资源配置要求，疏勒河流域仅工农业用水量已超过了水资源的承载能力(刘建军，2018)。

(4) 从水资源管理体制上看，流域机构的引入结束了一贯以来自上而下的单一行政管理模式，但疏管局仅是甘肃省水利厅的执行机构，属于事业单位，很少有利益相关方代表，不能全面反映各方用水者利益(黄珊等，2018)。

(5) 农民用水者协会职能未得到充分发挥。成立用水者协会是实现灌区管理的发展趋势，它有利于培养公民参与公共事务管理的责任感与积极性，促进社会自主组织的发展与壮大。农民用水协会成员工作量繁重而工资偏低，仅为 300 元/月，少有农户(用户)愿意主动承担任此职务，建立起来的用水者协会很难发挥其应有的作用(黄珊等，2018)。

(6) 水价制度不完善，水权制度进程缓慢。水价是提高用水效率常用的经济激励手段，尽管疏勒河流域一直实行地表水水价管理制度，但现行水价标准偏低，低于保本运行的水价。疏勒河流域的地表水标准水价也较石羊河流域(0.24 元 · m^{-3})和黑河流域(0.165 元 · m^{-3})低，这不仅造成农民节约用水的意识不强，而且水费难以维持农田水利设施的正常运行与维护，尚未真正实现降低用水成本、提高用水效益和节约水资源的最终目标(黄珊等，2018)。

3) 水资源安全保障目标分析

在甘肃河西地区，疏勒河流域人口相对较少，但水资源开发利用不合理，效率较低。提高天然绿洲生态用水比例，使其耗水量由当前占水资源总量的 36%提高到 50%以上，相应社会经济耗水量降到 50%以下。恢复干流尾闾西大湖、党河月牙泉等湖泊湿地。同时，改善局部污染河段水质状况。

地表水取水量控制在每年 5.02 亿 m^3 以内，在平水年份，双塔水库下泄生态水量为每年 7800 万 m^3，敦煌盆地土地沙化、绿洲边缘天然(草地)生态恶化初步得到遏制，敦煌西湖国家级自然保护区生态基本维持稳定。

地下水开采量控制在允许开采量的 50%以内，地下水开采处于采补平衡状态，重点区域地下水位较现状有所回升。盐碱地面积控制在耕地面积 10%以内，有效遏制耕地土壤次生盐碱化(刘建军，2018)。

4) 疏勒河流域水资源安全保障体系构建措施研究

针对目前疏勒河流域水资源开发利用与管理存在的主要问题，研究提出以下水资源安全保障措施。

(1) 建立协调机制，协调各利益团体间的权益；立法赋予流域管理机构更大的权限，加强其职能。目前流域缺乏一个强有力的协调、监督组织来权衡与协调各利益相关方的权益。针对流域机构立法不足而形成的疏管局与地方水务局在水资源管理中的争端问题，可借鉴国外先进流域管理经验和立法革新，明确流域机构的法律地位，使其在行使水资源管理权时有法可依，实现研究区地表和地下水资源的协调统一管理(黄珊等，2018)。

(2) 发挥用水协会的作用。大部分协会管理人员由村委会成员兼任，将用水者协会的职责和义务融入现存的行政职务中，可采取固定财政工资与运行管理费报酬机制实现协会正常运行，适应长期以来农村传统管理体制，有利于水资源管理中沟通协调等工作的开展。

(3) 完善农业水价制度，深化水权改革。根据疏勒河流域的实际情况，该流域可按照灌溉方式、作物种类等实施不同的水价，引导农户选择节水的灌溉方式，种植高效节水的作物；实行以水定地、以水定作物的严格配水制度，对超出规定的水量实行阶梯水价制度，提高和增强农户的节水意识；国家和地方政府要加大农业基础设施与节水技术的资金投入等。加大水权分配基础工作资金投入，健全水资源信息管理体系，尽快完成初始水权分配机制，赋予不同实体对水的使用权、收益权等，尽可能明晰微观用水者的水权。在此基础上健全水权交易市场，为发挥水市场的水资源配置基础作用提供制度保障。

加快《疏勒河流域水资源管理条例》立法进程，建立地表水与地下水相统一、区域管理服从流域管理的水资源管理新体制；研究水资源承载能力，以水定规模，以水定发展，严格控制流域内灌溉面积，推行水权有偿转让制度，遏制高耗水工业发展；加大水环境保护力度，水资源开发与环境保护相结合，加强水功能区管理，杜绝水污染，科学合理地利用水环境容量，保护水源地环境，促进水功能区水质目标的实现(黄珊等，2018；刘建军，2018)。

(4) 加强水资源保护。对灌区内部的防护林网、自然湿地、天然草场、生态园区等，结合具体的区域特性、供水方式、灌区水利工程现状，实施生态供水工程规划和水量调度计划。对于昌马河自然保护区、桥子生态保护区、北石河生态区、西湖自然保护区等生态保护区的生态供水，实施专门的供水工程设施、保障措施和水量调度管理制度。

实施水资源优化配置、地下水开采量压减、灌区洗盐排碱、中小河流治理、水土保持项目、水污染防治等工程和管理措施，确保疏勒河干流天然河道不断流、湿地不萎缩，水质不恶化，水污染得到有效防治，水土流失得到彻底治理，生物多样性得到保育，自然生态环境得到全面保护(刘建军，2018)。

7.7.2.6　石羊河流域

石羊河流域综合治理已经结束，治理规划确定的水量分配指标已经完成，生态恶化趋势得到有效遏制，但现有成果是在政府主导下通过短期节水补水强制管理达到的。生态系统有其内在规律，生态修复不可能通过短期措施一蹴而就。石羊河流域生态功能全面修复至流域生态系统稳定运行仍然需要依靠强有力的水资源安全保障来实现(张彦洪等，2019)。

1) 水资源管理目标

石羊河流域位于河西走廊与黄河流域接合部，人口稠密，战略地位重要，人类对于石羊河的过度开发已有 80 余年之久，最近 50 余年尤甚。石羊河流域治理的长远目标应逐步提高全流域天然生态用水比例，达到流域水资源总量的40%以上，其中进入下游地区(民勤及昌宁盆地)的水量应不少于流域水资源总量的 20%；逐步恢复下游民勤盆地与昌宁盆地地下水位，适当恢复青土湖湿地，阻挡沙漠合拢。

2) 石羊河流域水资源安全保障主要措施分析

目前石羊河流域治理工作进入新的阶段，如何在流域管理人员少、管理手段落后、水资源短缺的现实条件下，探寻科学高效合理的水资源安全保障措施与模式，是石羊河流域研究的重要内容。

(1) 推行水资源统一调度，持续推进流域生态文明建设。立足流域社会经济发展和水利改革实际，严守水资源水环境水生态红线，以共抓大保护、提高区域高质量发展为原则，加强水资源统一调度，确保蔡旗断面约束性过水目标持续实现；加大地下水管控力度，持续消减地下水开采量，积极开展河道整治，进一步恢复河道生态健康；积极推动开展后续治理项目前期工作(马雁萍，2018)。

(2) 贯彻强监管治水方针，维护流域良好水事秩序。实施《石羊河流域2018—2030年水资源分配方案》，完善流域水法律法规体系。组织开展地表水量调度，持续优化水资源配置，提高水资源利用效率。推进计量设施升级改造，实施取水精准计量和远程实时监控。

(3) 完善水市场运行管理，丰富水权交易方式。水权交易是利用市场手段实现水资源优化配置的重要方式，是政府管理的重要补充。建立规范有序的水权交易市场，有利于在流域统一管理下实现水权合理流动，满足社会个性化用水需求。要在农业水权交易基础上，探索农业水权向工业和服务业专业的交易模式，通过水权向不同行业用户流动，强化全社会的节水意识，带动包括水资源在内的社会资源的高效配置(张彦洪等，2019)。

(4) 积极推进智慧流域建设，提升水资源监管能力。充分利用已建信息系统成果，整合各部门监测数据，深度融合水资源业务，重构软件系统，搭建云应用平台，实现水资源管理的云服务“同一平台”、信息集成“同一数据库”、直观展示“同一张图”、结果分析“同一应用”的“四个同一”资源共享和业务协同，全面提升水资源调配决策水平，以信息化推动水资源管理规范化、调度精准化、执法高效化。

(5) 生态修复与资源开发并进，制订沙漠湿地经济发展规划。随着民勤生态调水持续进行，青土湖水面逐年扩大，湖区生态环境将逐步改善(马雁萍，2018)。

(6) 持续开展科研攻关，推进流域后续治理项目落实。针对流域水资源总量不足、生态治理成果巩固后劲不足的实际，依托高等院校和科研院所，在后续治理新思路、水资源管理新模式、信息技术新应用等方面开展课题研究，持续攻关地表水调度能力薄弱、地下水流动水情不明、外调水技术路线复杂等问题，为石羊河流域后续治理项目立项和水资源科学管理提供理论支持(马雁萍，2018)。

7.7.2.7　准噶尔盆地

1) 准噶尔盆地水资源开发利用存在的主要问题

准噶尔盆地当地产业结构中农业占比最大，绿洲耕地增幅大，且传统的灌溉模式导致农业用水量很大，一方面扩增耕地侵占草场及荒漠生态面积，另一方面农业用水挤占生态用水。准噶尔盆地特殊的地理位置和自然环境决定了生态环境的复杂性、失衡性及脆弱性。有限的耕地资源、脆弱的生态环境、落后的用水灌溉方式、单一的产业结构等加剧了水资源与生产、生态的供求矛盾。

(1) 土地利用难度大。由于研究区土地利用难度较大，耕地面积仅占土地面积不足 10%，且 80%以上的耕地土壤低肥。土壤开发利用难度大、盐渍化严重及水资源短缺等，造成耕地的中低产田占到 80%左右。仅靠单纯开发土地增加耕地面积保障农业经济增长，不是现阶段及今后农业可持续发展模式。

(2) 生态环境问题。区域人口密集带多在山前冲洪积扇下部、冲洪积平原及冲积平原中上部，扩增耕地已南至低山地带，破坏了坡地的原始土壤结构，是水土流失的人为因素。

(3) 用水结构不合理。农、林、牧等行业的万元产值耗水量远高于工业与其他行业，区域中低产田居多，水资源大部分在农田绿洲区开发利用，使准噶尔盆地腹地沙漠屏障带因水资源缺乏而生态环境脆弱，加剧了荒漠化程度(丁学伟，2014)。

2) 准噶尔盆地水资源安全保障主要措施

(1) 结合第三次水资源调查评价成果，摸清区域现状水资源量及其分布情况；

(2) 全面开展准噶尔盆地耕地、牧地、林地、盐碱化地及沙漠面积调查工作，本着“以水定地，生态从重”原则，结合国家西部大开发等战略规划的实施落地，合理调整区域内产业结构与布局，促进产业用水节约集约化。

(3) 开展低质低产农田改造与发展农田高效节水。引进先进农田生产技术，提高农田亩均粮食产量，可减少开荒需求，在现有耕地基础上，把提高农业综合生产能力与保护生态环境结合起来，发展农田高效节水，提高农田灌溉水利用系数，以节水措施提高农田产量，缓解水土资源矛盾，为产业结构调整提供空间，促进区域社会经济走上可持续发展轨道。

7.8 重点领域水资源安全保障

7.8.1 城乡饮水安全保障

保障西北内陆区长治久安，推进水资源节约集约利用，推进区域高质量发展等，研究水资源安全保障思路和举措，以及机制、政策、法规等保障措施。

西北地区生态环境脆弱，基于生态保护的水资源保障体系包括：①内陆河流域径流形成的保护区；②内陆河下游生态严重退化区的改善和保护；③大型灌区以盐碱治理为中心的中低产田改造。

节水的重点应放在中低产田上。一是西北内陆区中低产田主要是盐碱地，如黑河中游的罗城灌区，由于地下水埋深小潜水蒸发量大，节水潜力较大。二是通过竖井灌排方式，既减小了潜水蒸发强度，又能阻断地下水对耕作层的盐分补给，在节水的同时有助于盐碱化的治理。三是在中低产田上节水的效果显著，各方面的积极性均较高。

城乡饮水安全方面的水资源安全保障目标与任务如下。

(1) 农村饮水安全。至2020年，基本解决农村人口的饮水安全问题，建立起较为完善的农村饮水安全保障体系；至2030年，农村饮水安全问题得到全面解决，满足全面实现新农村建设目标对饮水安全的要求。

(2) 城市饮水安全。在水量和供水保证率满足城市发展要求的基础上，至2020年全面改善城市和县级城镇的饮水安全状况。集中式饮用水水源地得到全面保护，重要的湖库型饮用水水源地入库泥沙和面源污染得到基本控制，水质水量得到有效保障；构建水源地突发污染事件应急体系。至2030年维持城市饮水安全状况，维持小康社会对饮水安全的要求。

城乡饮水安全方面的水资源安全保障主要对策措施如下。

(1) 保障农村饮水安全对策。为实现农村饮水安全总目标和任务，需要采取工程和非工程相结合的对策措施，保护现有水质良好水源地，提高饮水安全的保障能力。

建立和完善水源保护区，实施水源保护工程。为保障饮用水水源的水质，应按照《中华人民共和国水法》《饮用水水源保护区污染防治管理规定》等相关法律法规，对没有划定水源保护区的集中饮用水水源地划定保护区，保护区内严禁存在可能影响水源水质的污染源。

实施饮用水源保护工程，清除保护区内的点污染源，如垃圾、厕所、码头、水产养殖、排污口等。在水源保护区内，发展有机农业或种植水源保护林，避免农药、化肥、畜禽养殖等面源污染，减少水土流失，涵养水源。

水源保护区外也应加强点源污染治理，防治采矿等引起的地表水和地下水污染。加强农村环境卫生综合整治，引导农民科学施用化肥、农药，做好废污水、垃圾处理，减少面源污染(王芳，2014)。

(2) 因地制宜，发展各种类型农村供水工程。对具备水源条件、人口较密的农村地区，通过管网延伸和新建水厂，发展集中供水。距城镇等现有供水管网较近的农村地区，利用已有自来水厂的富余供水能力，或扩容改建已有水厂，延伸供水管网，发展自来水；距城镇现有供水管网较远且人口稠密、水源水量充沛的地区，可根据地形、管理、制水成本等条件，结合当地村镇发展规划，统筹考虑区域供水整体发展，兴建适度规模的跨村镇连片集中供水工程；水源水量较少，居民点分散时，兴建单村集中供水工程。

对居住分散的农户，兴建单户或联户的分散式供水工程。在有浅层地下水的地区，采用浅井供水工程；在有山溪(泉)水的地区，建设引溪(泉)水设施；在水资源缺乏或开发利用困难的地区，建设雨水集蓄饮水工程。

对于当地水质很难处理或处理费用较大的情况，可因地制宜，饮用水与其他生活用水分质供水，保障饮用水水质。在高氟水、高砷水、苦咸水等难以找到良好水源的地区，采取特殊水处理措施，制水成本较高时，兴建集中供水站，实施分质供水。处理后的优质水用于居民饮用和做饭，原有供水设施(如手压井、水窖)提供洗涤、饲养牲畜等其他生活用水。

(3) 建立水质监测体系，保障供水安全。加强村镇集中式饮用水源水质监测，加强对农村饮用水源地污染防治监管。逐步建立村镇饮用水源安全预警制度(王芳，2014)。

7.8.2　粮食安全保障

西北内陆区作物蒸腾蒸发量大，生产同样的粮食其灌溉用水量一般高于华北地区 1 倍。因此，西北内陆区粮食生产应以满足本地区需求为目标，人均占有粮食到 2030 年保持 400kg。考虑人口增长，预计 2030 年总人口将达到 3666 万，2030 年粮食总需求量为 1466 万 t，则要求西北内陆区新增 303 万 t 的粮食生产能力。

为了保障粮食安全，在严格保护现有耕地、调整农业结构、改良品种等措施的前提下，必须建立和形成不断扩大高产稳产、旱涝保收灌溉面积的长效机制，确立西北内陆区粮食安全的水资源保障对策。

1) 加强以节水为中心的灌区更新改造，提高灌区粮食生产能力

由于水资源短缺，再靠外延式地增加农业供水发展灌溉是行不通的，必须以节水求发展，以节水促发展。目前西北内陆区平均灌溉水利用系数与先进国家的 0.6～0.8 还有较大差距。今后的重点是要以节水改造为中心，加快实施大、中型灌区续建配套和更新改造，完善灌排体系，改善灌溉条件；抓好小型农田水利设施建设，重点建设田间灌排工程、小型灌区。通过对现有灌区进行续建配套节水改造和现代化建设，恢复和改善灌排条件，通过建设标准粮田，大力保护和提高粮食综合生产能力，提高单产水平(赵银亮等，2011)。

2) 发展农业科技，提高粮食单产

在水源条件相对较好的地区，结合重点水利枢纽工程建设，规划和开工建设一批新灌区，进一步扩大灌溉面积，开发粮食生产的后备战略资源。

3) 提高农业用水保障程度

西北内陆区农业用水占总用水量的 90%以上，为了满足粮食生产及农业发展的用水要求，在强化农业节水和合理配置水资源的前提下，本次规划安排了一批水资源工程和配水工程，优化水资源配置，在正常年份 2030 年西北内陆区农业供水总量将达到 578 亿 m^3，约占西北内陆区农业总需水量的 98.4%，基本保证农业

用水。同时，随着重点水利枢纽工程建设及水资源调度管理水平的提高，水资源时空调配能力增强，农业用水的及时性也得到提高。上述规划安排，既保障了西北内陆区粮食安全，也有力地推动了社会主义新农村的建设。

7.8.3　城镇供水安全保障

现状年西北内陆区城镇人口 1223.6 万，占总人口的 40.4%。现状年西北内陆区建制市为 31 座，其中地级以上城市 7 座，县级城市 24 座。西北内陆区城镇建设呈扩张性发展的同时，城镇特别是城市的水资源供给设施及城镇水环境综合治理的进程却相对滞后，城镇发展面临着水资源短缺、水污染严重、用水效率不高、供水水源单一等问题。

为了保障干旱内陆区人口密集区的城镇水资源安全供给，拟采取如下对策。

1) 强化节水，控制水资源需求过快增长

建立西北内陆区用水、节水考核指标体系，制订区域的行业用水定额和节水标准，加大对城镇计划用水和节约用水的管理力度，促进工业企业节水技术改造，提倡清洁生产，逐步淘汰耗水量大，技术落后的工艺和设备，使工业万元增加值用水量降低至 2030 年的 48m^3 左右，工业用水的重复利用率提高到 72%左右；进一步降低供水及配水管网的漏失率，城镇供水管网漏失率控制在 11%左右；居民住宅、机关、企事业单位推行使用节水器具，普及节水知识，搞好生活用水的节约；制订合理的水价政策，利用经济手段，推动节水工作的开展；要强化国家有关节水技术政策和技术标准的贯彻执行力度，开展创建节水型企业和节水型城市的活动(伏牛，2004)。

2) 加强污水处理力度，保护城镇供水水源地

提高污水处理率、增加回用量不但是减少污染、保护环境的必要途径，同时由于城市污水量大而且集中，水量相对较稳定，经过处理后可成为稳定的供水水源，是解决城镇缺水的一个重要途径。到 2030 年城镇污水处理率提高到 90%，污水处理再生利用率提高到 45%。采取工程措施和非工程措施保护城镇供水水源地。

3) 多渠道开源，保障城镇发展的用水要求

未来城镇供水在加强节约用水、污水处理回用的前提下，通过合理开发当地蓄、引、提等新水源工程，加强雨水等其他水源的利用，科学利用中小洪水。

4) 制订枯水年份应急供水对策

(1) 在水资源出现短缺、供水紧急状态下，应首先保证城市居民生活用水需要，维护社会安定为基本原则，保障人民基本生活供水；其次是保证生活必需品的生产供水；再次保证城市支柱产业的重点工业用水。

(2) 在紧急情况下，进行城市间、地表水与地下水间的联合调度，合理调度

应急储备水源。

(3) 紧急情况下实行控制性供水。适当控制城市居民用水量，保障基本生活用水。对事业单位、机关团体、宾馆等公共场所实行用水总量控制。

(4) 在地下水没有严重超采地区，遇枯水年份时，适当增加地下水开采量和深层井的开采。

对于其他一些指标，可视具体河流情况，必要时提出方向性要求与建议，如天然绿洲保护规模、地下水位回升要求及特殊河段水质标准等。

参考文献

艾克热木·阿布拉, 王月健, 凌红波, 等, 2019. 塔里木河流域水资源变化趋势及用水效率分析[J]. 石河子大学学报(自然科学版), 37(1): 112-120.

常桂强, 张霞, 任淑娟, 等, 2016. 黑河流域中西部水系农业节水分析[J]. 农业科技与信息, (23): 124-126.

陈海锋, 陈红如, 2014. 基于疏勒河流域水资源管理的工作要点分析[J]. 水利技术监督, 22(2): 33-35.

陈兆波, 2008. 基于水资源高效利用的塔里木河流域农业种植结构优化研究[D]. 北京: 中国农业科学院.

程斌强, 2015. 疏勒河流域水资源承载力评价[J]. 甘肃农业科技, 40(4): 34-38.

丁学伟, 2014. 浅析新疆准噶尔盆地水资源量与土地用水矛盾分析[J]. 吉林水利, 2014(04): 54-58.

冯起, 龙爱华, 王宁练, 等, 2019. 西北内陆区水资源安全保障技术集成与应用[J]. 人民黄河, 41(10): 103-108.

伏牛, 2004. 原水利部副部长刘向三: 不息江河万古流[J]. 城乡建设, (9): 30-31.

淦述敏, 2008. 石羊河流域水资源管理体制研究[D]. 兰州: 兰州大学.

国家发展改革委, 水利部, 建设部, 2007. 关于印发节水型社会建设“十一五”规划的通知[EB/OL]. (2007-01-25)[2023-02-02]. http://www.mwr.gov.cn/zw/slbgb/201702/P020170213633989355479.pdf.

黄珊, 冯起, 齐敬辉, 等, 2018. 河西走廊疏勒河流域水资源管理问题分析[J]. 冰川冻土, 40(4):846-852.

蒋洁茹, 2018. 石羊河流域生态环境敏感性评价[D]. 兰州: 兰州理工大学.

雷波, 刘钰, 许迪, 2011. 灌区农业灌溉节水潜力估算理论与方法[J]. 农业工程学报, 27(1): 10-14.

李爱花, 李原园, 郦建强, 2011. 水资源与经济社会及生态环境系统协同发展初探[J]. 人民长江, 42(18): 117-121.

李大鹏, 2008. 黑河流域额济纳绿洲生态恢复研究[D]. 西安: 西安理工大学.

李丽琴, 王志璋, 贺华翔, 等, 2019. 基于生态水文阈值调控的内陆干旱区水资源多维均衡配置研究[J]. 水利学报, 50(3): 377-387.

李鹏, 2013. 基于 MIKE BASIN 的松花江流域哈尔滨断面以上区域水资源配置方案研究[D]长春: 吉林大学.

李彦, 2010. 区域土地利用系统协同管理的理论与方法研究[D]. 南京: 南京农业大学.

李云玲, 严登华, 裴源生, 等, 2005. 黑河流域景观动态变化研究[J]. 河海大学学报(自然科学版), 33(1): 6-10.

刘丙军, 陈晓宏, 2009. 基于协同学原理的流域水资源合理配置模型和方法[J]. 水利学报, 40(1): 60-66.

刘丙军, 陈晓宏, 雷洪成, 等, 2011. 流域水资源供需系统演化特征识别[J]. 水科学进展, 22(3): 331-336.

刘建军, 2018. 疏勒河灌区严格水资源管理，促进水生态文明建设[J]. 农业科技与信息, (1):47-49.

刘晓霞, 2007. 基于地表水和地下水动态转化的水资源优化配置模型研究[D]. 北京: 中国水利水电科学研究院.

刘新华, 2019. 塔里木河流域强化水资源管理实践探索和成效浅析[J]. 陕西水利, (8): 32-34, 38.

马雁萍, 2018. 对石羊河流域水资源可持续利用的几点思考[J]. 中国水利, (5): 21-23.

梅梅, 2009. 加强水资源管理制度建设，促进水资源可持续利用[J]. 治淮, (8): 46-48.

孟现勇, 王浩, 刘志辉, 等, 2016. 内陆干旱区实施最严格水资源管理的关键技术研究——以新疆呼图壁河流域为典型示范区[J]. 华北水利水电大学学报(自然科学版), 37(4): 12-20.
钱正英, 2003. 西北地区水资源配置、生态环境建设和可持续发展战略研究[J]. 中国水利, (09): 17-24, 5.
申晓晶, 2018. 基于协同论的水资源配置模型及应用[D]. 北京: 中国水利水电科学研究院.
史瑞兰, 李锐, 刘永峰, 等, 2021. 西北生态脆弱区废污水回用方向研究分析——以察尔汗重大产业基地为例[C]. 2021年全国能源环境保护技术论坛, 宁波.
孙嘉, 刘文斌, 夏依买尔旦, 2022. 基于流域统一管理的塔里木河流域水资源管理体制框架设计研究[J]. 水利发展研究, 22(1): 50-54.
王东城, 徐扬欢, 段伯伟, 等, 2020. 数据驱动的热轧带钢边部线状缺陷智能预报模型[J]. 钢铁, 55(11): 82-90.
王芳, 2014. 我国水污染现状及其影响因素分析: 2003—2011——基于跨省面板数据的实证研究[J]. 未来与发展, 37(4): 17-21.
王光焰, 王远见, 桂东伟, 2018. 塔里木河流域水资源研究进展[J]. 干旱区地理, 41(6): 1151-1159.
王浩, 贾仰文, 2016. 变化中的流域"自然-社会"二元水循环理论与研究方法[J]. 水利学报, 47(10): 1219-1226.
王学良, 吴宜芳, 2010. 黑河流域水文站网现状及设站年限分析[J]. 甘肃水利水电技术, 46(9): 13-16.
王月健, 2018. 干旱区湖泊流域水资源变化及其对生态安全的影响研究[D]. 乌鲁木齐: 新疆大学.
王智, 2011. 新疆地区植被覆盖变化与气候、人文因子的相关性探讨[D]. 乌鲁木齐: 新疆大学.
杨立彬, 2011. 西北诸河水资源利用情势与保护对策[N]. 黄河报, 2011-11-17(1).
杨立彬, 赵银亮, 杨慧娟, 2011. 黄河水资源管理制度的探讨与思考[J]. 人民黄河, 33(11): 64-65, 68.
杨晓东, 2019. 深入贯彻习近平生态文明思想，推动开都-孔雀河流域生态环境持续好转[N].巴音郭楞日报(汉), 2019-11-08(1).
杨翊辰, 刘柏君, 2021. 黄河流域典型灌区节水潜力评估[J]. 海河水利, (3):10-15.
张红宇,2019. 探索中国特色农业现代化道路[J]. 理论导报, (05):64.
张沛, 2019. 塔里木河流域社会-生态-水资源系统耦合研究[D]. 北京: 中国水利水电科学研究院.
张彦洪, 李生潜, 王磊, 等, 2019. "后石羊河流域治理时代"水资源管理策略[J]. 中国水利, (5):19-21.
赵银亮, 宋华力, 毛艳艳, 等, 2011. 黄河流域粮食安全及水资源保障对策研究[J]. 人民黄河, 33(11): 47-49.
周翔南, 2015. 水资源多维协同配置模型及应用[D]. 北京: 中国水利水电科学研究院.
孜比布拉·司马义, 杨胜天, 杨晓东, 等, 2020. 环塔里木盆地绿洲城市发展与水环境质量协调度[J]. 中国沙漠, 40(1): 88-96.

彩　图

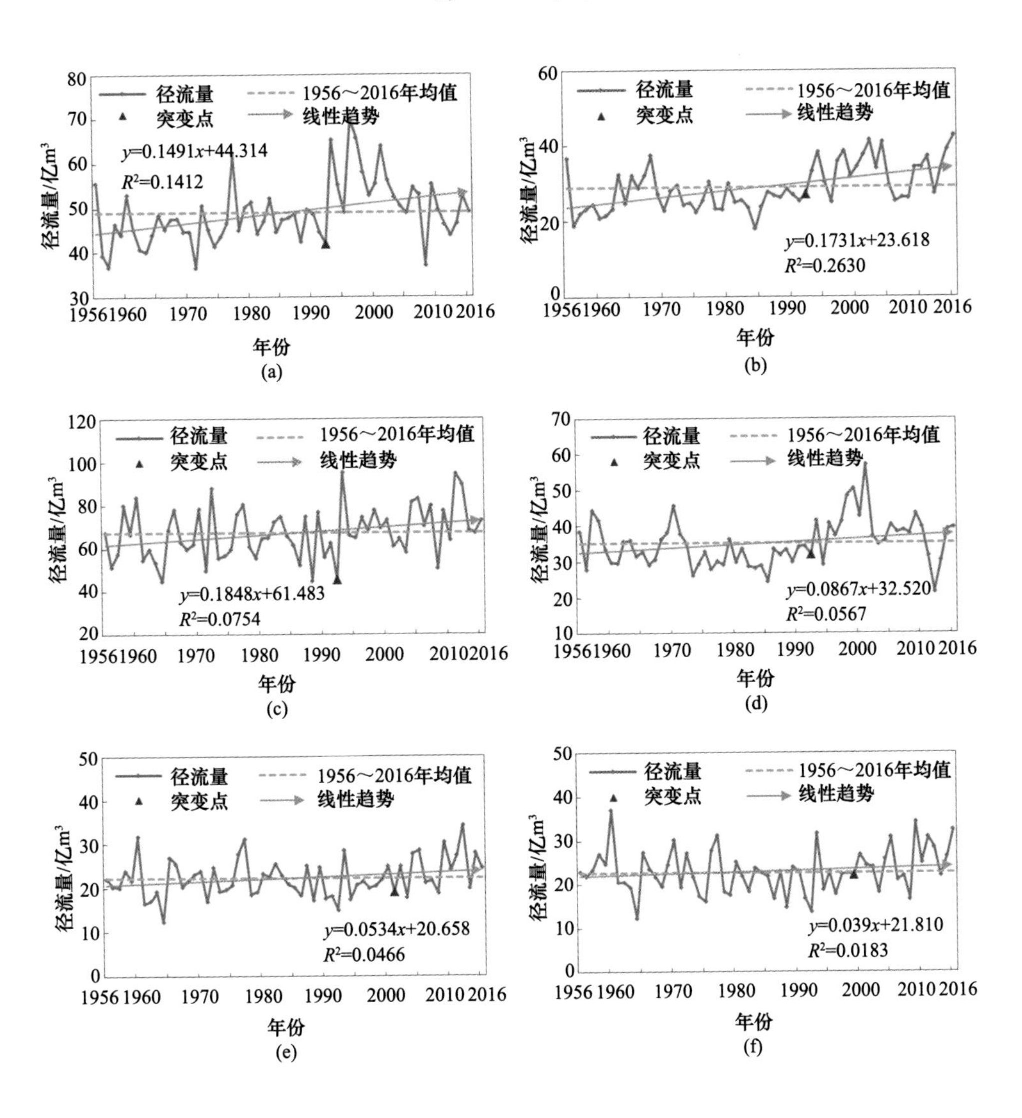

径流量
1956～2016年均值
突变点
线性趋势
y=0.1491x+44.314
R2=0.1412
径流量/亿m3
年份
(a)
y=0.1731x+23.618
R2=0.2630
(b)
y=0.1848x+61.483
R2=0.0754
(c)
y=0.0867x+32.520
R2=0.0567
(d)
y=0.0534x+20.658
R2=0.0466
(e)
y=0.039x+21.810
R2=0.0183
(f)

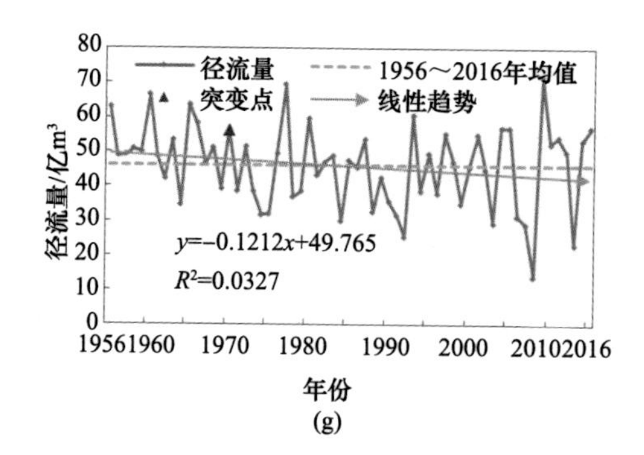

(g)

图 1-1　塔里木河流域典型河流径流演变趋势

(a)阿克苏河协合拉站；(b)阿克苏河沙里桂兰克站；(c)叶尔羌河卡群站；(d)开都–孔雀河大山口站；(e)和田河乌鲁瓦提站；(f)和田河同古孜洛克站；(g)塔里木河干流阿拉尔站

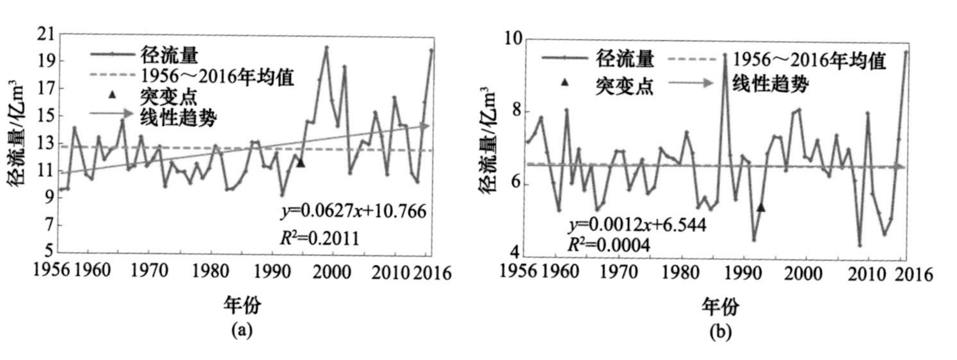

图 1-2　天山北麓诸河典型河流径流演变趋势

(a)玛纳斯河肯斯瓦特站；(b)奎屯河将军庙站

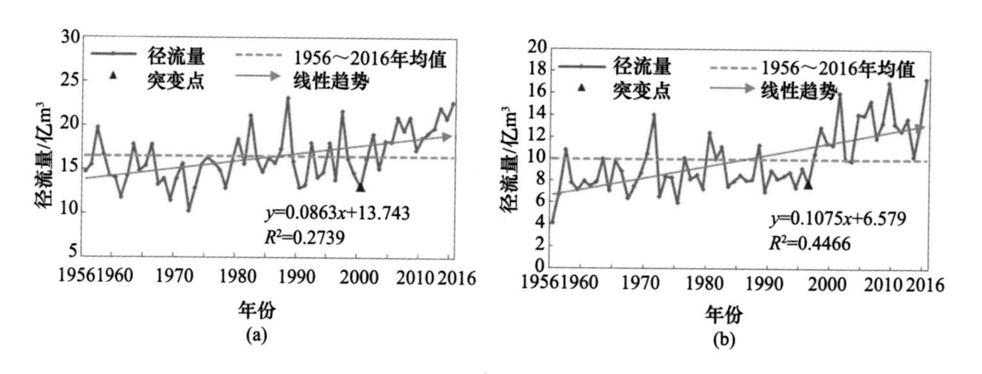

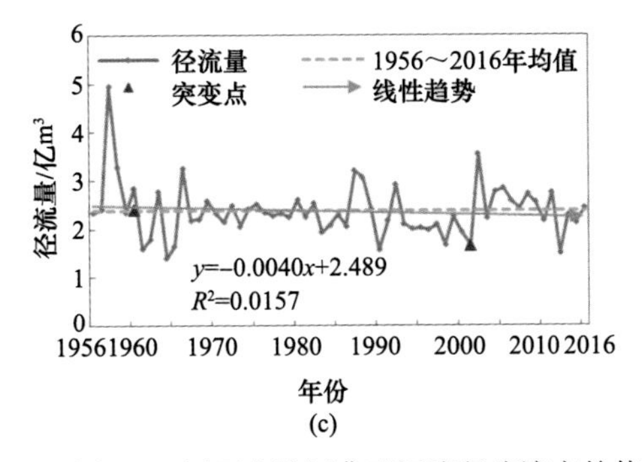

图 1-3　河西内陆河典型河流径流演变趋势

(a)黑河莺落峡站；(b)昌马河昌马堡站；(c)杂木河杂木寺站

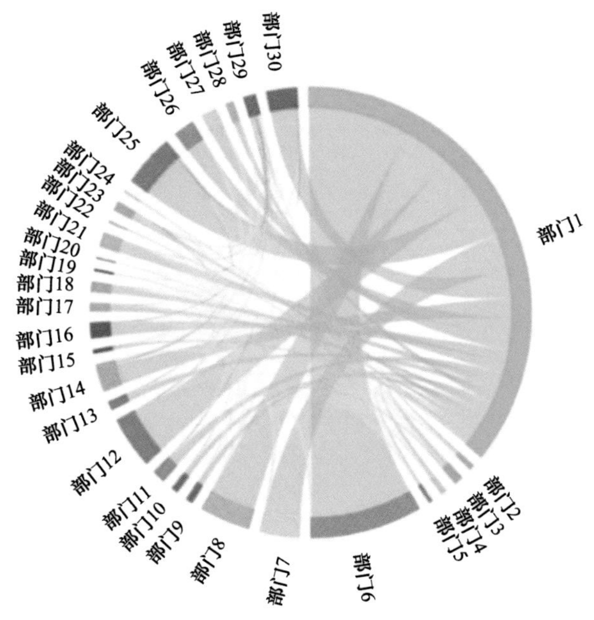

部门1 农林牧渔业
部门2 煤炭开采和洗选业
部门3 石油和天然气开采业
部门4 金属矿采选业
部门5 非金属矿及其他矿采选业
部门6 食品制造及烟草加工业
部门7 纺织业
部门8 纺织服装鞋帽皮革羽绒及其制品业
部门9 木材加工及家具制造业
部门10 造纸印刷及文教体育用品制造业
部门11 石油加工、炼焦及核燃料加工业
部门12 化学工业
部门13 非金属矿物制品业
部门14 金属冶炼及压延加工业
部门15 金属制品业
部门16 通用、专用设备制造业
部门17 交通运输设备制造业
部门18 电气机械及器材制造业
部门19 通信设备、计算机及其他电子设备制造业
部门20 仪器仪表及文化办公用机械制造业
部门21 工艺品及其他制造业
部门22 废品废料
部门23 电力、热力的生产和供应业
部门24 燃气生产和供应业
部门25 建筑业
部门26 交通运输、邮政及仓储业
部门27 住宿和餐饮业
部门28 批发和零售业
部门29 水的生产和供应业
部门30 其他服务业

图 1-4　2012 年西北内陆区社会经济系统内部虚拟水转移图

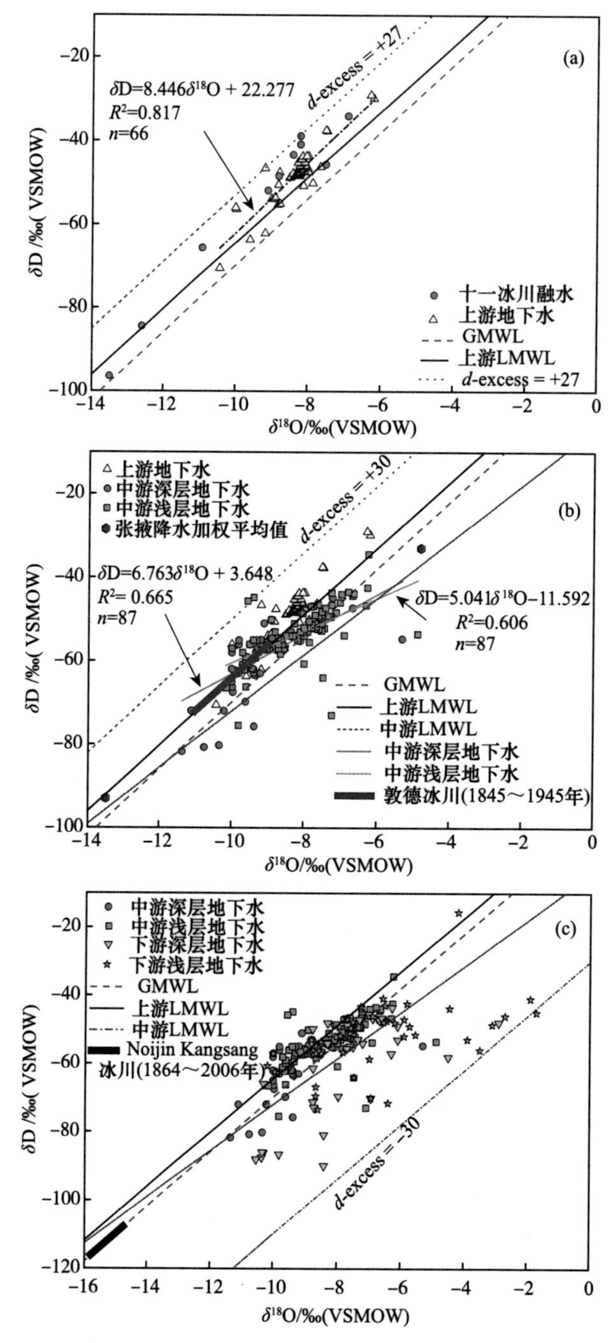

图 2-18 黑河流域地下水 $\delta^{18}O$-δD 关系点与当地大气降水线关系

(a)上游地下水和十一冰川融水；(b)中游地下水和敦德冰川；(c)下游地下水、中游地下水和 Noijin Kangsang 冰川；n 为样点数

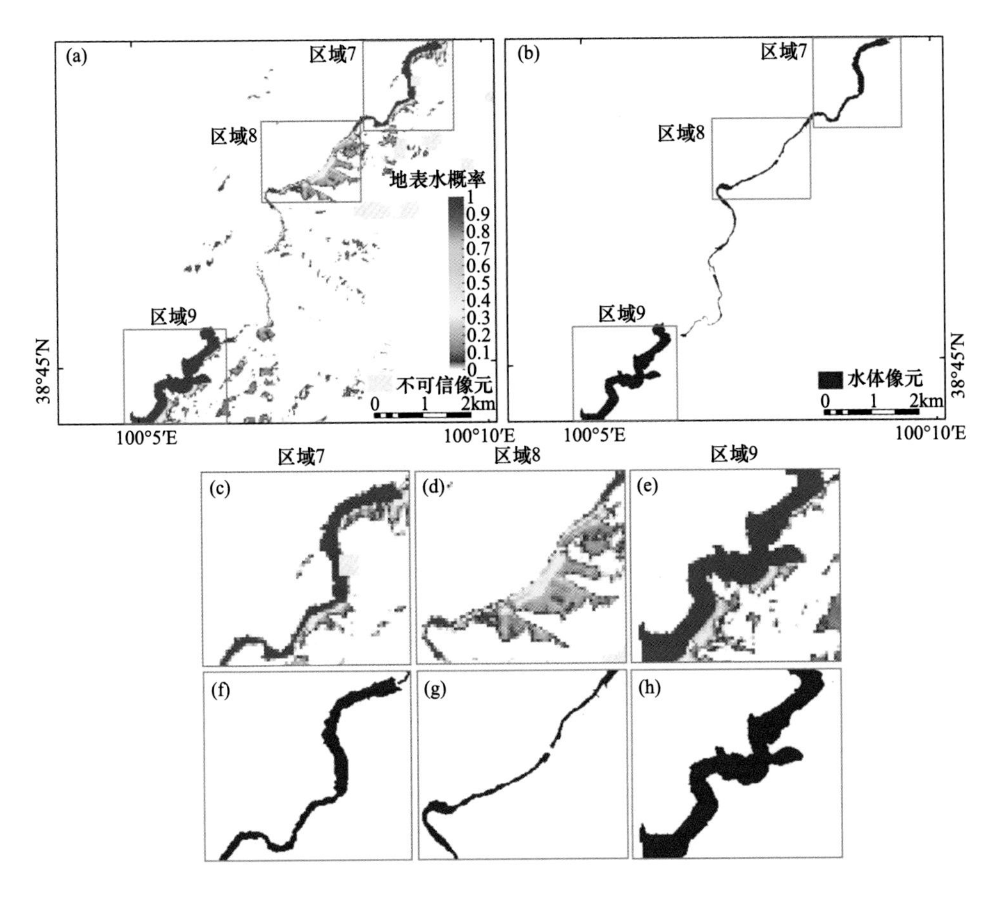

图 2-25 黑河莺落峡河段不确定性水体提取及真实水体(Liu et al.，2020)

(a)不确定性水体提取；(b)真实水体；(c)～(e)区域 7～9 不确定性水体提取；(f)～(h)区域 7～9 真实水体

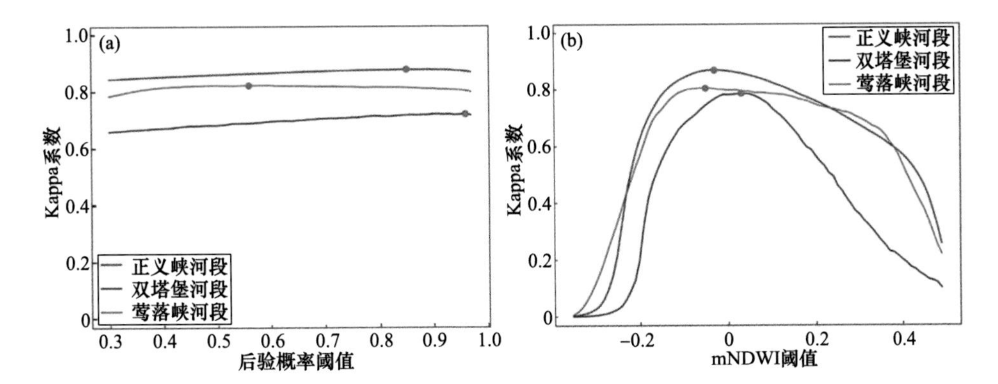

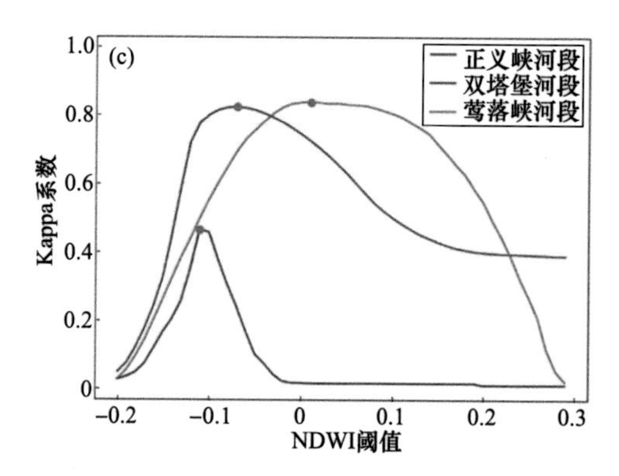

图 2-27　三个研究区使用不同阈值时 Kappa 系数的变化趋势(Liu et al., 2020)

(a)后验概率阈值；(b)mNDWI 阈值；(c)NDWI 阈值；最优阈值用圆点标出

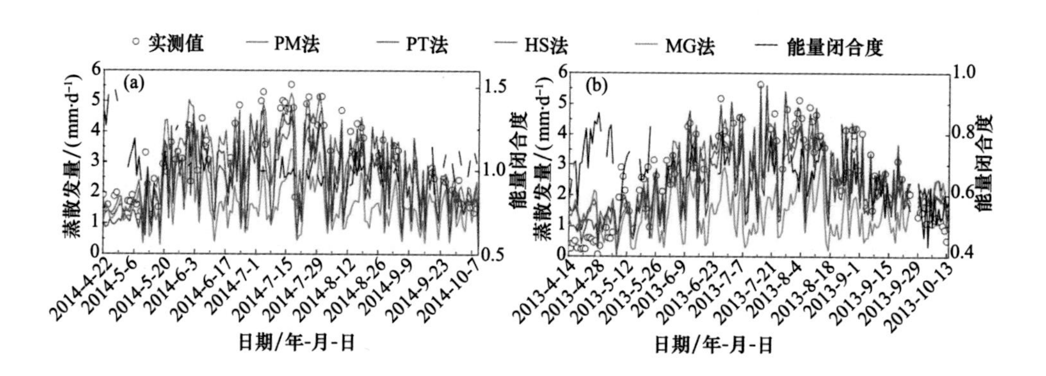

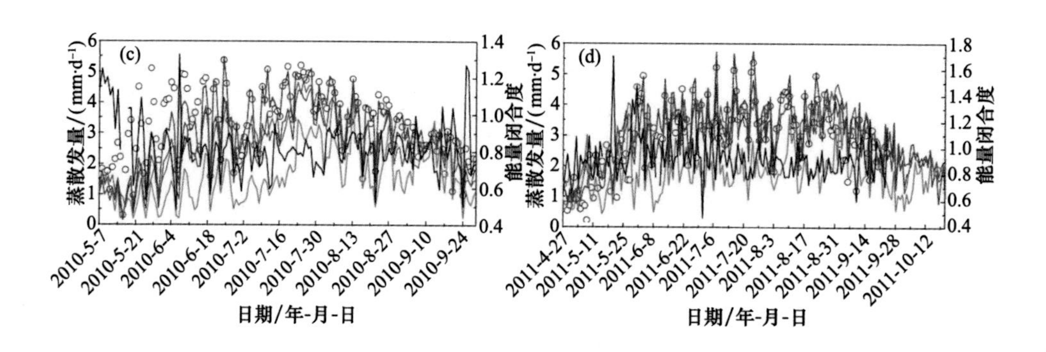

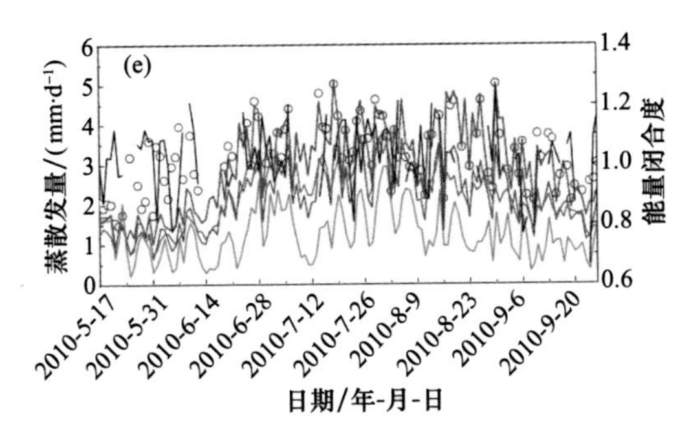

图 2-30 不同方法估算的生长季蒸散发量对比(Chang et al.，2017)

(a)阿柔站；(b)葫芦沟站；(c)苏里站；(d)那曲站；(e)唐古拉站

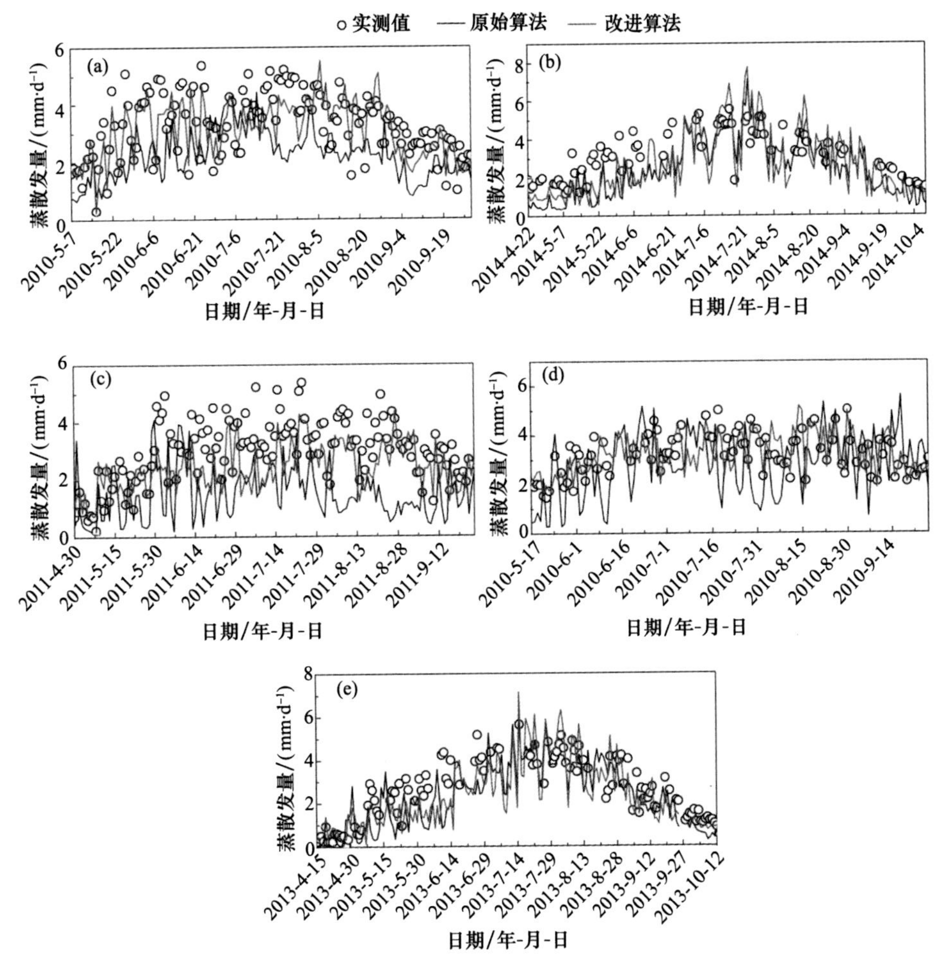

图 2-31 改进前后的 MOD16 算法估算与涡动观测的蒸散发量对比

(a)苏里站；(b)阿柔站；(c)那曲站；(d)唐古拉站；(e)葫芦沟站

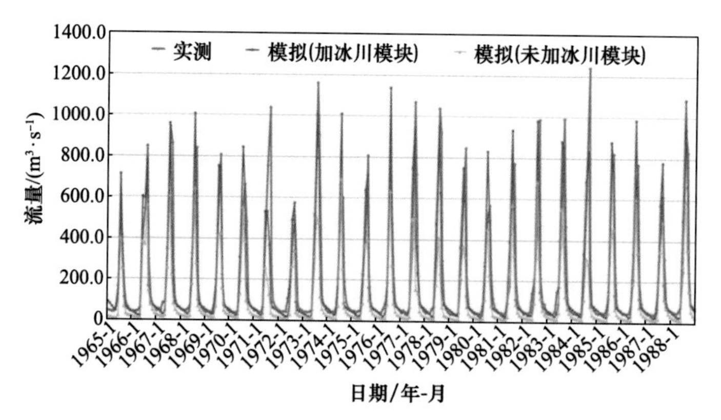

图 2-32　校准期叶尔羌河月平均流量模拟结果

校准期 1965 年 1 月～1988 年 12 月，卡群水文站以上区域

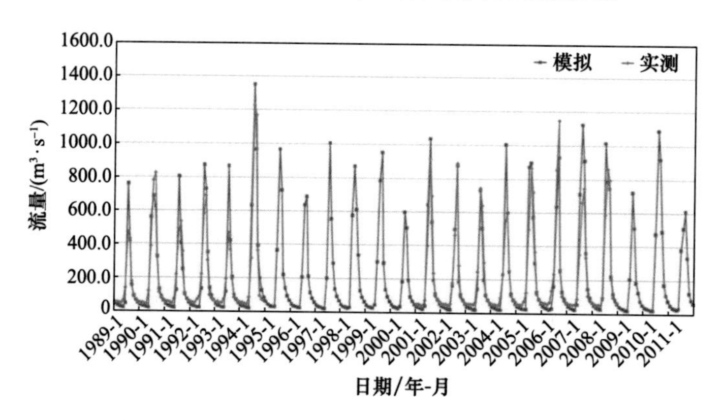

图 2-33　验证期叶尔羌河月平均流量模拟结果

验证期 1989 年 1 月～2011 年 12 月，卡群水文站以上区域

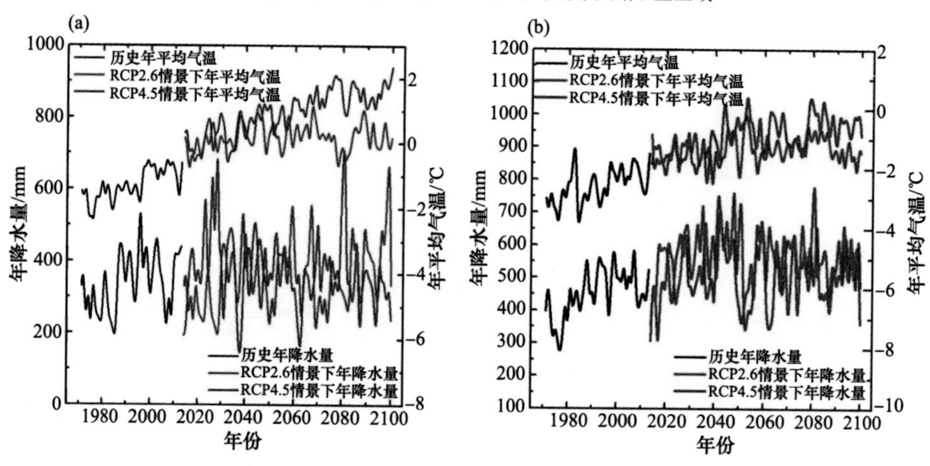

图 2-43　天山南北坡年平均气温与年降水量预估结果(陈仁升等，2019)

(a)天山南坡；(b)天山北坡

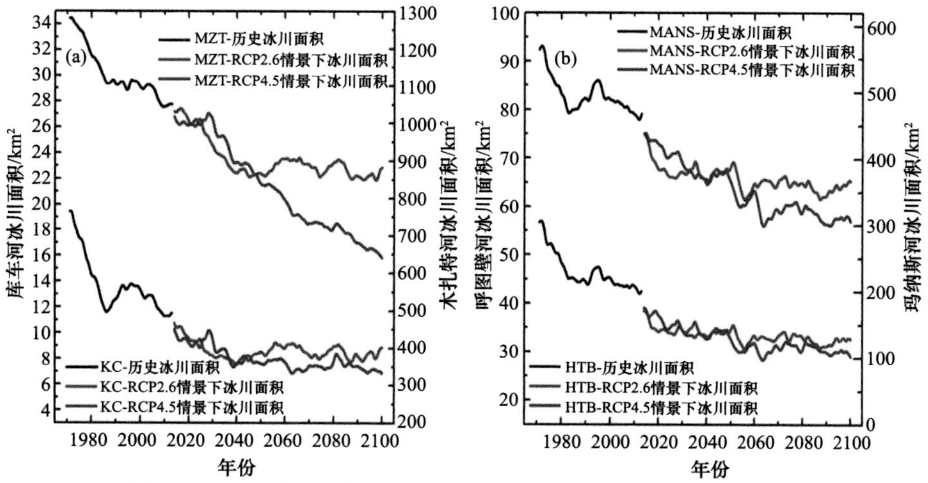

图 2-44　天山南北坡典型流域冰川面积预估结果(陈仁升等，2019)

(a)天山南坡；(b)天山北坡

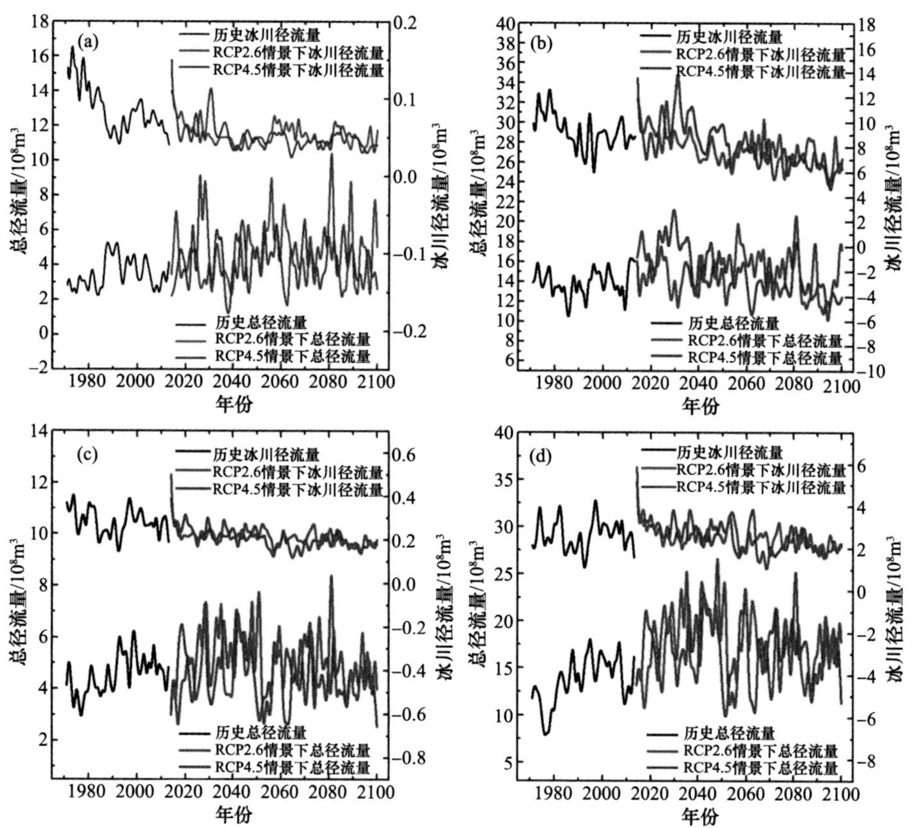

图 2-45　天山山区典型流域径流量预估结果(陈仁升等，2019)

(a)库车河；(b)木札特河；(c)呼图壁河；(d)玛纳斯河

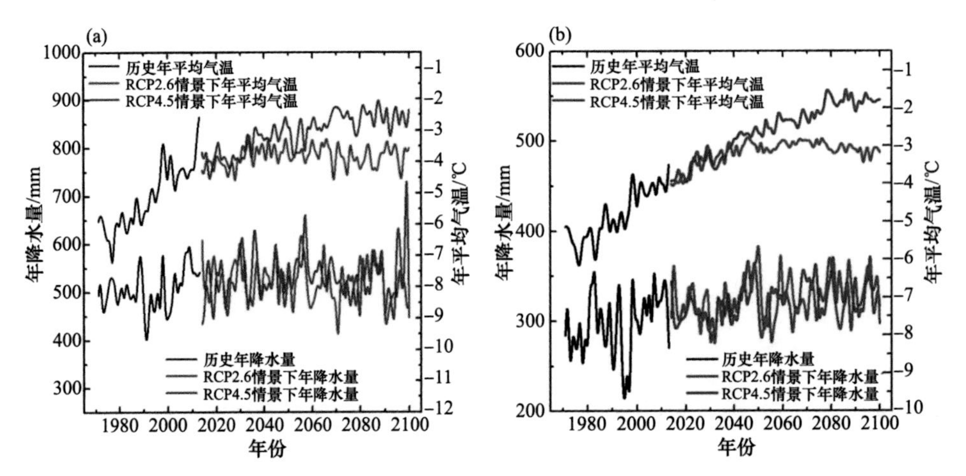

图 2-46　祁连山典型流域年平均气温和年降水量的未来可能变化(陈仁升等，2019)

(a)黑河；(b)疏勒河

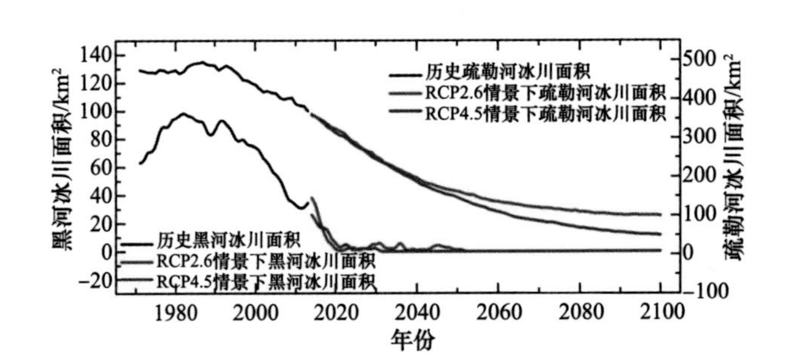

图 2-47　祁连山典型流域冰川面积预估结果(陈仁升等，2019)

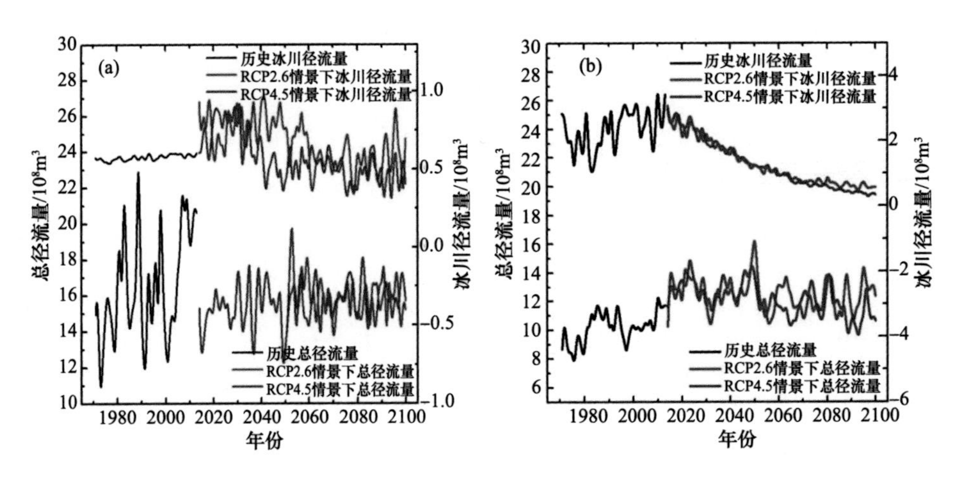

图 2-48　祁连山典型流域径流量预估结果(陈仁升等，2019)

(a)黑河；(b)疏勒河

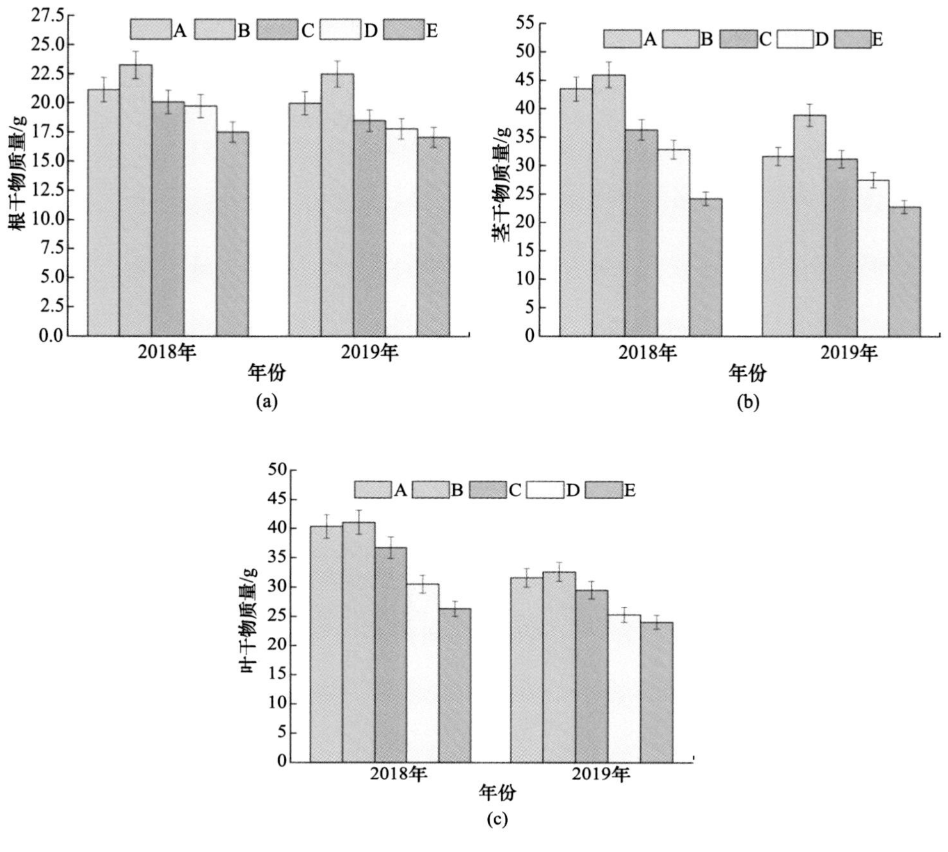

图 4-13　不同矿化度处理条件下棉花的干物质量

(a)棉花的根干物质量；(b)棉花的茎干物质量；(c)棉花的叶干物质量

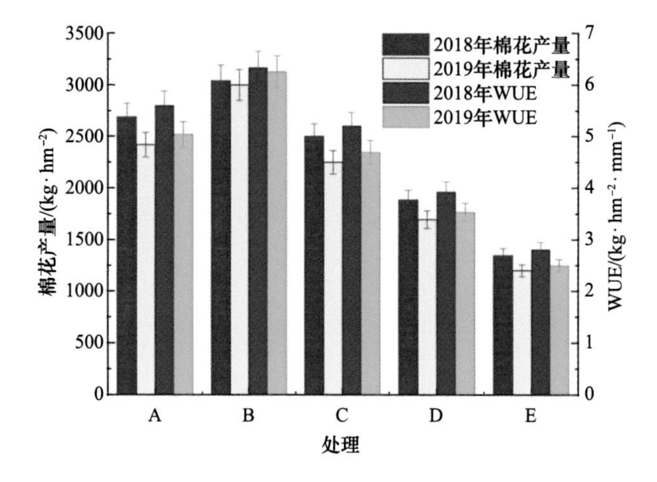

图 4-14　不同矿化度处理条件下棉花的产量和水分利用效率

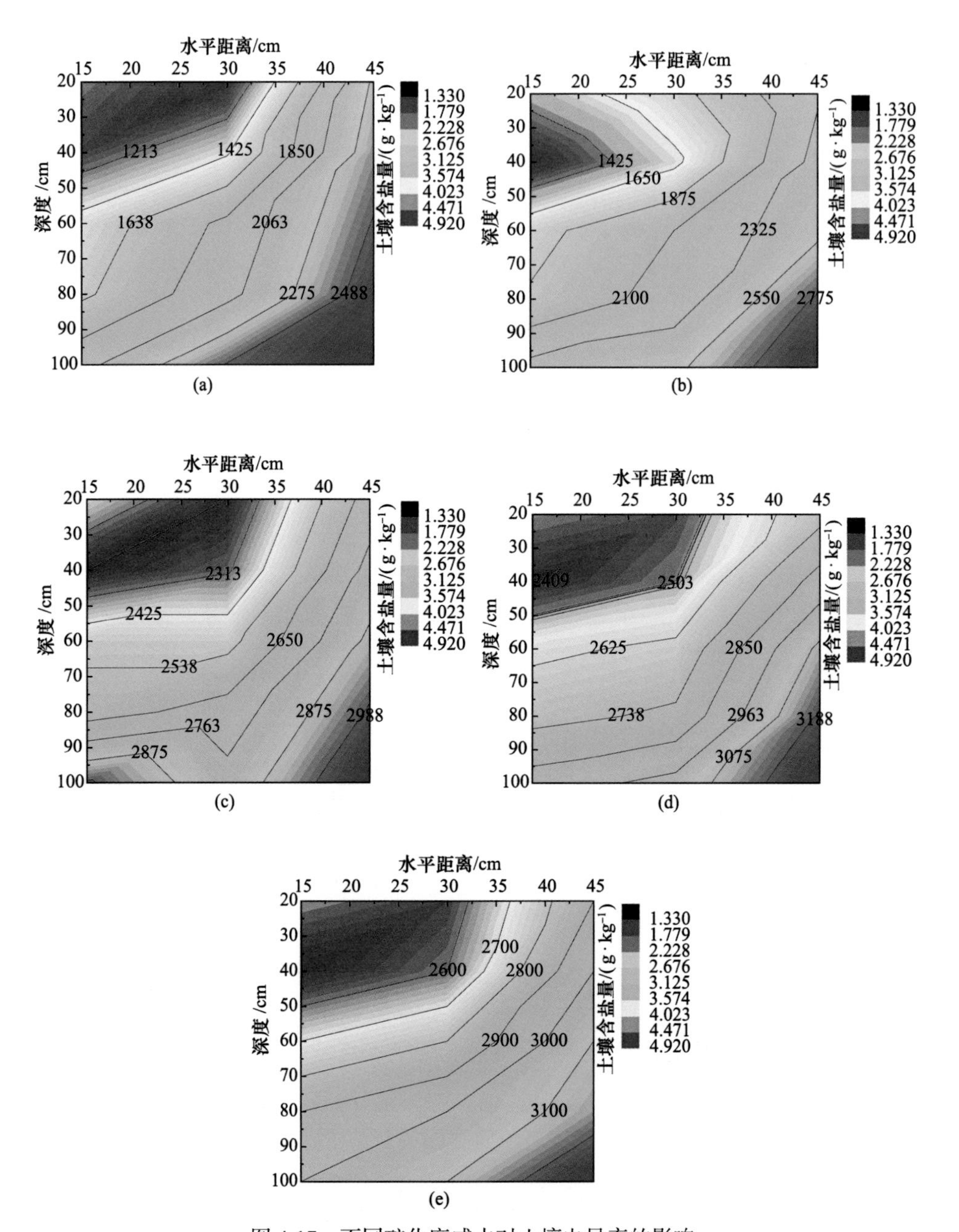

图 4-17　不同矿化度咸水对土壤电导率的影响

(a)矿化度为 $1g\cdot L^{-1}$；(b)矿化度为 $3g\cdot L^{-1}$；(c)矿化度为 $6g\cdot L^{-1}$；(d)矿化度为 $9g\cdot L^{-1}$；(e)矿化度为 $12g\cdot L^{-1}$

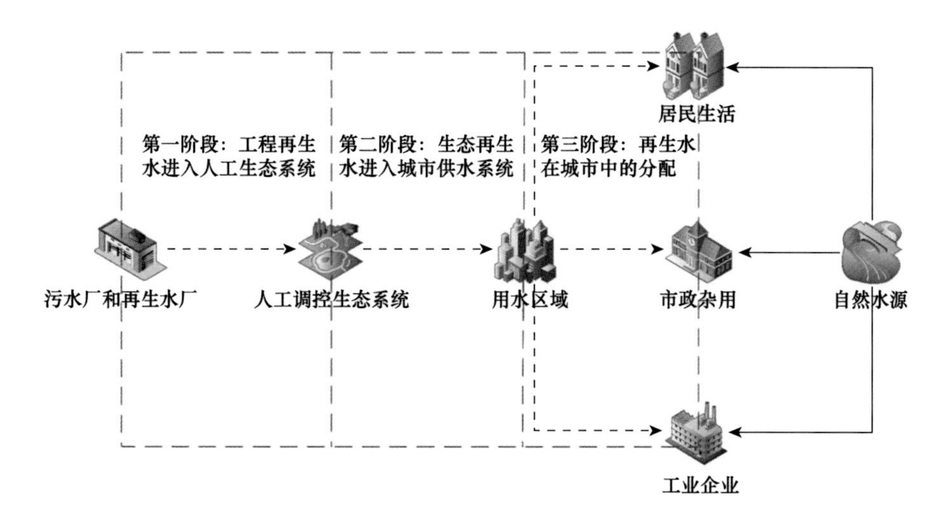

图 4-30　基于生态调控的再生水多阶段输配水示意图

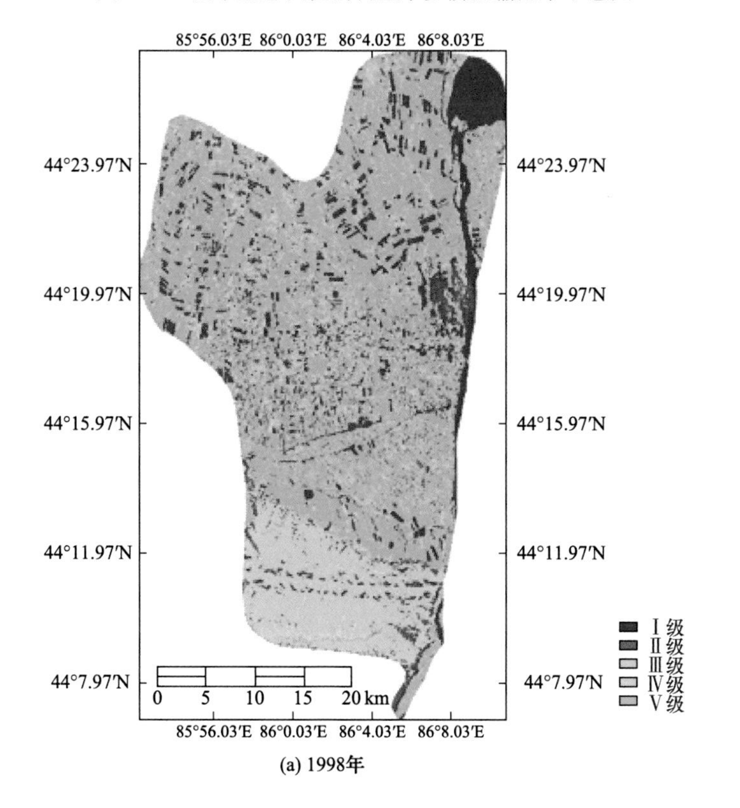

(a) 1998年

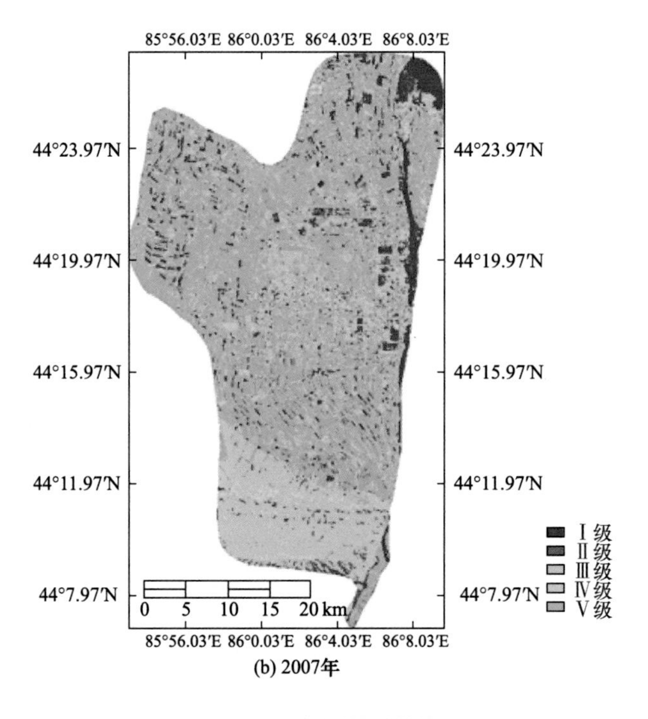

(b) 2007年

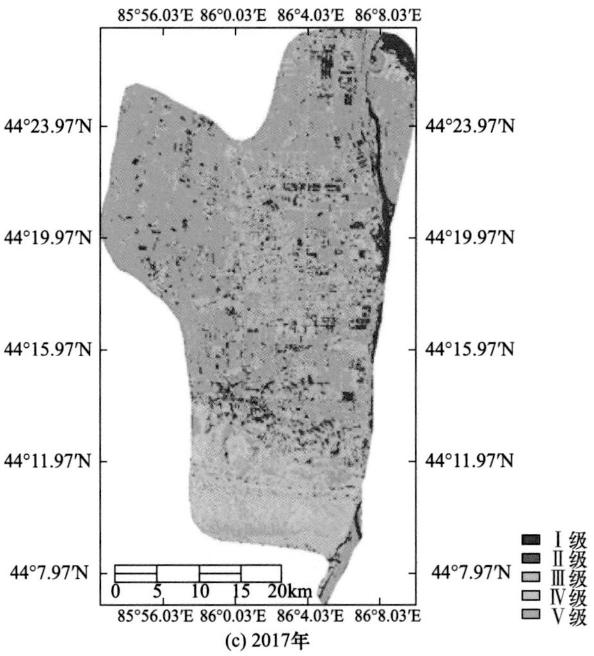

(c) 2017年

图 5-26　1998 年、2007 年和 2017 年的植被盖度等级分类结果